无人机系统特征技术系列

总主编 孙 聪

无人机集群
控制理论与方法

UAS Swarms
Control Theory and Methods

王祥科 沈林成 李 杰 等 著

上海交通大学出版社
SHANGHAI JIAO TONG UNIVERSITY PRESS

内容提要

本书是"无人机系统特征技术系列"丛书之一。本书基于集群 OODA 回路中的分布式"决策和行动"展开,旨在为读者建立小型固定翼无人机集群控制的概念体系和知识框架。全书共 8 章,全面介绍了无人机集群绪论、体系架构、组网与通信、集群无人机系统、集群协同飞行、飞行安全控制、自主决策与规划、技术发展趋势等内容。本书内容自成体系,各章内容相对完整,基本涵盖了各关键环节的问题描述、挑战、解决方案和试验验证,反映了无人机集群控制领域的新发展和新成果。

本书可供智能自主无人机系统技术领域的研究人员、工程技术人员参考,也可作为高等院校相关专业的参考书。

图书在版编目(CIP)数据

无人机集群控制理论与方法/ 王祥科等著. —上海:上海交通大学出版社,2021.7(2022.5 重印)
(无人机系统特征技术系列)
ISBN 978 - 7 - 313 - 23944 - 0

Ⅰ. ①无… Ⅱ. ①王… Ⅲ. ①无人驾驶飞机-集群-自动飞行控制 Ⅳ. ①V279

中国版本图书馆 CIP 数据核字(2020)第 203751 号

无人机集群控制理论与方法
WURENJI JIQUN KONGZHI LILUN YU FANGFA

著　者:王祥科　沈林成　李　杰　等

出版发行:上海交通大学出版社　　　　　　　地　　址:上海市番禺路 951 号
邮政编码:200030　　　　　　　　　　　　　电　　话:021 - 64071208
印　制:上海万卷印刷股份有限公司　　　　经　　销:全国新华书店
开　本:710 mm×1000 mm　1/16　　　　　印　张:34.75
字　数:598 千字
版　次:2021 年 7 月第 1 版　　　　　　　　印　次:2022 年 5 月第 2 次印刷
书　号:ISBN 978 - 7 - 313 - 23944 - 0
定　价:280.00 元

作 者 简 介

　　沈林成,1965 年 10 月出生,国防科技大学研究生院院长、教授、博士生导师。长期从事智能无人系统和飞行器任务规划等研究工作,是我国无人系统自主控制技术的主要推动者之一,担任国务院学位委员会第七届学科评议组成员、中央军事委员会装备发展部(以下简称"军委装备发展部")无人系统技术预研专业组组长、中国自动化学会常务理事等职务,国家"985"工程"无人作战系统"科技创新平台负责人、国防"973"项目技术首席科学家。主持国防"973"项目、演示验证、型号研制等国家和军队重大科研项目 20 余项,出版专著/译著 5 部,发表SCI 论文 50 余篇、EI 论文 100 余篇,获军队/省级科技奖一等奖 2 项、二等奖3 项,荣立二等功、三等功各 1 次。

　　王祥科,1981 年 12 月出生,IEEE 高级会员,国防科技大学智能科学学院教授。中央军事委员会科学技术委员会(以下简称"军委科技委")某重大培育项目技术总师,中国自动化学会机器人专业委员会委员,中国指挥与控制学会集群智能与协同控制专业委员会委员。主要从事无人机自主和集群控制相关研究与应用工作。近年来,以第一或者通信作者在 IEEE Transactions on Robotics 等期刊发表 SCI 论文 30 余篇,出版译著 1 部;作为项目负责人或者主持人先后承担创新特区项目、国防"973"项目、武器装备预先研究项目、自然科学基金面上项目等 20 余项科研项目。

无人机系统特征技术系列编委会

总　序

　　无人机作为信息时代多学科、高技术驱动的创新性成果之一,已成为世界各国加强国防建设和加快信息化建设的重要标志。众多发达国家和新兴工业国家,均十分重视无人机的研究、发展和应用。《"十三五"国家战略性新兴产业发展规划》(2018年)及我国航空工业发展规划中都明确提出要促进专业级无人机研制应用,推动无人机产业化。

　　无人机是我国具有自主知识产权的制造名片之一。我国自从20世纪50年代就开始自主开展无人机研究工作,迄今积累了厚实的技术和经验,为无人机产业的后续发展奠定了良好的基础。近年来,我国无人机产业更是呈现爆发式增长,我国无人机产品种类齐全、功能多样,具备了自主研发和设计低、中、高端无人机的能力,基本形成了配套齐全的研发、制造、销售和服务体系,部分技术已达到国际先进水平,成为我国经济发展的新亮点,而且也必将成为我国航空工业发展的重要突破口。

　　虽然我国无人机产业快速崛起,部分技术赶超国际,部分产品出口海外,但我国整体上仍未进入无人机强国之列,在精准化、制空技术、协作协同、微型化、智能化等特征/关键技术方面尚需努力,为了迎接无人机大发展时代,迫切需要及时总结我国无人机领域的研究成果,迫切需要培养无人机研发高端人才。因此,助力我国成为无人机研发、生产和应用强国是"无人机系统特征技术系列"丛书策划的初衷。

　　"无人机系统特征技术系列"丛书撰写目的是为建立我国无人机的知识体系,助力无人机领域人才培养,推动无人机产业发展;丛书定位为科学研究和工程技术参考,不纳入科普和教材;丛书内容聚焦在表征无人机系统特征的、重要的、密切的相关技术;丛书覆盖无人机系统特征技术的基础研究、应用基础研究、应用研究、工程实现。丛书注重创新性、先进性、实用性、系统性、技术前瞻性;丛书突出智能化、信息化、体系化。

无人机系统特征技术的内涵如下:明显区别于有人机,体现出无人机高能化、智能化、体系化的特征技术;无人机特有的人机关系、机械特性、试飞验证等特征技术;既包括现有的特征技术的总结,也包括未来特征技术的演绎;包括与有人机比较的,无人机与有人机的共性、差异和拓宽的特征技术。

本系列丛书邀请中国工程院院士、舰载机歼-15型号总设计师孙聪院士担任总主编,由国内无人机学界和工业界的顶级专家担任编委及作者,既包括国家无人机重大型号的总设计师,如翼龙无人机总设计师李屹东、云影无人机总设计师何敏、反辐射无人机总设计师祝小平、中国飞行试验研究院无人机试飞总师赵永杰等,也包括高校从事无人机基础研究的资深专家,如飞行器控制一体化技术国防重点实验室名誉主任陈宗基、北京航空航天大学无人系统研究院院长王英勋、清华大学控制理论与技术研究所所长钟宜生、国防科技大学智能科学学院院长沈林成、西北工业大学自动化学院院长潘泉等。

本系列图书的出版有以下几点意义:一是紧紧围绕具有我国自主研发特色的无人机成果展开,积极为我国无人机产业的发展提供方向性支持和技术性思考;二是整套图书全部采用原创的形式,记录了我国无人机系统特征技术的自主研究取得的丰硕成果,助力我国科研人员和青年学者以国际先进水平为起点,开展我国无人机系统特征技术的自主研究、开发和原始创新;三是汇集了有价值的研究资源,将无人机研发的技术专家、教授、学者等广博的学识见解和丰富的实践经验以及科研成果进一步理论化、科学化,形成具有我国特色的无人机系统理论与实践相结合的知识体系,有利于高层次无人机科技人才的培养,提升无人机研制能力;四是部分图书已经确定将版权输出至爱思唯尔、施普林格等国外知名出版集团,这将大大提高我国在无人机研发领域的国际话语权。

上海交通大学出版社以他们成熟的学术出版保障制度和同行评审制度,组织和调动了丛书编委会和丛书作者的积极性和创作热情,本系列丛书先后组织召开了4轮同行评议,针对丛书顶层设计、图书框架搭建以及内容撰写进行了广泛而充分的讨论,以保证丛书的品质。在大家的不懈努力下,这套图书终于完整地呈现在读者的面前。

　　我们衷心感谢参与本系列丛书编撰工作的所有编著者，以及所有直接或间接参与本系列图书审校工作的专家、学者的辛勤工作。

　　真切地希望这套书的出版能促进无人机自主控制技术、自主导航技术、协同交互技术、管控技术、试验技术和应用技术的创新，积极促进无人机领域产学研用结合，加快无人机领域内法规和标准制定，切实解决目前无人机产业发展迫切需要解决的问题，真正助力我国无人机领域人才培养，推动我国无人机产业发展！

无人机系统特征技术系列编委会

2020 年 3 月

前　　言

　　无人机集群是指将大量无人机系统在开放体系架构下综合集成，以平台间协同控制为基础，以提升协同任务能力为目标的分布式系统。一般而言，无人机集群以信息局部交互为特征，通过相邻无人机之间的交互，实现机群的群体行为，达到全局性协同目标。通常，无人机集群中的个体能力有限，但群体具有"去中心化""自主化"和"自治化"三个典型特征。

　　相比于单架无人机，无人机集群在协同执行任务方面具有诸多优势。比如：无人机集群具有分布并行的感知、计算和执行能力，更好的容错性和鲁棒性，更好的包容性和可扩展性；可以提升任务执行能力，完成单机不能完成的任务，实现超过单机系统叠加的功能和效率；具有更高的经济可承受性，通过合理的布局和协同，能够用分散的低成本无人机集群系统代替成本高昂的单个复杂系统，实现更高的经济效益。

　　无人机集群协同执行任务已经成为无人机系统应用的重要发展趋势。在民用领域，无人机集群在智能交通、物流运输、森林火灾监测、地质灾害探测、农业植保、国土资源监测、对地观测和遥感、高速公路管理、小区环境监测等场景中具备特有的优势。比如：在国土资源监测中，无人机集群以协同模式对区域实现同步监控，增加有效覆盖面积，节约执行任务时间；在军事领域，无人机集群将带来作战模式的颠覆性变革，可广泛应用于广域搜索侦查监视、边境巡逻搜救、城市反恐维稳等领域，并可衍生新的作战模式，有望在协同探测、协同攻击、干扰压制等方面发挥巨大作用。2016 年 5 月，美国空军发布了《小型无人机系统飞行规划：2016 — 2036》，从战略层面肯定了小型无人机系统的前景和价值，并对集群作战的概念进行了阐述。

集群控制是无人机集群系统协同的核心。无人机集群控制是指多机平台以集中、分布的方式,配合完成感知–判断–决策–行动(observe-orient-decide-act,OODA)回路,使各平台在"正确的时间到达正确的地点执行正确的任务",获得"1+1>2"的集群协同效能,且具备去中心化、自主化和自治化的特点。无人机集群控制的关键技术贯穿OODA回路,势必将成为大国竞争的技术制高点。

近10年来,在军委科技委国防科技创新特区项目、国防"973"项目、武器装备预先研究项目、空军装备预先研究项目、国家自然科学基金面上/青年项目等课题的持续支持下,国防科技大学无人机团队针对小型固定翼无人机集群控制的体系架构、关键技术和系统集成进行了较为全面的研究,并开展了大量的飞行试验验证,形成了一定的研究积累。

本书旨在为读者建立小型固定翼无人机集群控制的概念体系和知识框架,专注于OODA回路中的末端环节,围绕分布式"决策和行动"展开。全书共8章,具体内容如下:

第1章绪论。本章介绍了无人机集群系统的基本概念,从集群协同模式、分布式指挥体系、核心关键技术和集群验证等方面总结了集群领域的代表性工作;梳理了集群控制核心内涵、技术挑战和关键问题。

第2章无人机集群体系架构。在介绍集群体系架构的内涵和研究现状的基础上,本章提出了一种任务导向的适合集群系统使用的复合式集群体系架构,并给出了体系架构的分层设计,互操作协议和软、硬件实现,最后给出了体系架构的试验验证。

第3章无人机集群组网与通信。在综述现有集群组网通信研究的基础上,本章分析了集群通信的需求特点,介绍了一种集群通信组网的总体设计方案,并重点针对组网接入协议、路由协议和补网中继等关键技术,进行了关键算法和仿真对比验证研究。

第4章面向集群使用的无人机系统。在对集群无人机研究现状综述的基础上,本章给出了适用于集群使用的无人机平台和飞行控制的性能需求,同时介绍了集群无人机的平台设计、飞行控制设计和起降系统设计,给出了部分半实物仿真和飞行验证结果。

第5章无人机集群协同飞行。在分析问题的基础上,本章对无人机集群飞行问题进行了建模;按照任务剖面,分别介绍了无人机集群盘旋集结控制,以及基于混杂控制的无人机集群协同飞行控制和基于拟态物理法的无人机集群协同飞行控制这两种控制方法。

第6章无人机集群飞行安全控制。在对集群飞行安全问题建模和分析的基础上,本章提出了"外层规划—中层控制、优化—内层应急机动"的系统性三层安全控制框架;接着专注于中间层的控制、优化方法,分别介绍了基于模型预测控制(model predictive control,MPC)的集群飞行安全和基于优化的集群冲突消解。

第7章无人机集群自主决策与规划。在集群决策与规划问题描述和研究现状总结基础上,从典型任务剖面出发,本章分别介绍了无人机集群区域覆盖搜索规划、无人机集群自组织任务规划方法、无人机集群分布式机载航路自主重规划和无人机集群多子群多目标跟踪决策与引导等关键技术。

第8章总结了全书,并展望了未来工作。

附录介绍了半实物仿真、飞行验证系统和本书用到的基本概念、定义。

本书内容自成体系,各章内容相对完整,基本涵盖了各关键环节的问题描述、挑战、解决方案和试验验证,期望本书能够为进一步提高无人机集群的任务能力和自主控制水平,促进相关领域的跨学科交流和发展,抛砖引玉。

本书由国防科技大学沈林成教授组织和审阅。各章节分工如下:第1章由沈林成教授和王祥科教授撰写,第2章由刘志宏博士和王祥科教授撰写,第3章由尹栋副研究员和丛一睿博士撰写,第4章由赵述龙博士和王祥科教授撰写,第5章由王祥科教授、陈浩博士、余杨广博士等撰写,第6章由王祥科教授、杨健博士、王亚静博士撰写,第7章由李杰副教授撰写,第8章由王祥科教授撰写。

感谢本领域相关同事和国内外同行专家、学者在本书撰写过程中给予的热心指导和宝贵建议。特别感谢国防科技大学智能科学学院无人机系统研究室的全体成员。

希望在无人机集群控制领域能给读者贡献一本理论与实践结合的好书,囿于作者水平,书中难免存在疏漏和不妥之处,恳请各位专家和广大读者批评指正。文中涉及外国专家等名字,根据实际情况,有的用中文,有的用英文。

王祥科

Email:xkwang@nudt.edu.cn

2020年11月于国防科技大学

目　　录

1 绪 论

自 20 世纪 90 年代以来，无人机系统得到了空前的重视与发展。与传统有人机相比，无人机省去了时间漫长、代价高昂的飞行员训练过程，便于迅速大规模部署，并且拥有持续工作时间长、成本低等优势，在军用以及民用领域都发挥着越来越重要的作用。在军用领域，由于无人机具有隐蔽性好、巡航时间长、成本低、作战损失小等特点，可广泛用于情报侦察、目标监视、火力打击、电子对抗、靶机训练等军事任务。在民用领域，由于无人机具有操作简单、使用便捷、易适应恶劣环境、可搭载不同任务载荷（如高清相机、药水箱）等优势，可广泛应用于森林防火、农业植保、空中测绘、商业演出、通信中继、灾害监测、地质勘测、交通管制及交通事故处理、快递运输等任务。无人机典型应用场景如图 1-1 所示。

随着应用的推广，无人机工作环境越加复杂。在复杂环境中，如复杂恶劣的战场环境、遮蔽物众多的城市环境等，由于机载设备数量、感知范围受限等，单机，特别是低成本的无人机系统，无法满足对感知范围、任务复杂度以及系统容错性的要求。因此，由多架无人机组成任务上相互关联的集群，即无人机集群执行任务的形式成为运用无人机的趋势之一。比如，无人机领域的专家 Vijay Kumar 教授在 2017 年 8 月的全球人工智能与机器人峰会（CCF - GAIR 2017）[1] 上指出无人机方向的 5S 趋势：Small（小型）、Safe（安全）、Smart（智能）、Speed（敏捷）和 Swarm（集群）。

此外，在自然界中，为弥补个体有限的能力，诸多生物种群都能通过个体相互之间或者局部区域的交流和合作而呈现出某种群体行为，如鱼群结群游弋、鸟群聚集迁徙以及蚂蚁协同搬运等。这些生物界的现象激励了研究人员深入探索集群系统群体行为的原理和模式，以期实现仅通过系统内局部的信息交换，使外部呈现出规则有序的协同行为的工作机制。受此激励,人们希望开发像鸟群、鱼群一样自由集结、可以执行全局任务的无人机集群系统。

图 1-1　无人机典型应用场景

(a) 快递运输;(b) 交通管制及交通事故处理;(c) 农业植保;(d) 空中测绘

　　无人机集群系统因其潜在的巨大应用价值得到快速发展。一般而言,集群借助无人机之间的局部交互实现机群的群体行为,从而解决全局性的协同任务。固定翼无人机集群,能够以分布方式完成大量单机系统,或者由群体更有效完成的任务。特别地,小型固定翼无人机具有小体积、低成本、易使用的优点,是适宜于大规模集群使用的最佳平台。近年来,控制和无人机等领域的研究人员对无人机集群的关键技术和工程实践进行了深入的研究,并实现了一些具有典型代表意义的无人机集群系统。在此背景下,本书专注于无人机集群这一新型协同模式,以小型固定翼无人机组成的大规模集群系统为研究对象,围绕集群协同的核心关键技术和工程实践展开。

1.1 无人机集群系统概述

1.1.1 无人机集群系统的基本概念

无人机集群系统是将大量无人机系统在开放体系架构下综合集成,以平台间协同控制为基础,以提升协同任务能力为目标的分布式系统。一般而言,集群中的无人机不具有全局信息,通过相邻无人机之间的交互,实现机群的群体行为,达到全局性协同目标[2-4]。由于无人机集群行为是个体之间交互的结果,并不依赖于起主控作用的个体,因此集群系统通常具有鲁棒性、规模弹性和灵活性[3-4]。

从生物集群,如蚁群、蜂群等典型群体的特点出发,集群中的个体通常自主能力有限,但是群体通常具有三个典型特点:

(1) 去中心化。没有一个个体处于中心主导地位。一旦任何一个个体消失或丧失功能,整个群体依然能有序地执行任务。集群中的无人机可以同构或者异构,通常地位平等;在某些决策、规划或者飞行等执行任务过程中,可以有临时中心,但是这些临时中心不会影响整体功能的分布性。

(2) 自主化。在飞行期间,无人为操控,所有个体只观察/利用邻近个体信息,自主决定自己的行为,不对任何其他个体产生主观影响。无人机不需要地面站遥控飞行;地面站通常只下达上层的指令性任务,而感知、决策、规划、飞行等行为主要依靠机载在线完成。

(3) 自治化。独立执行任务的个体都有共同的目标,即"散而不乱",群体能够形成合力,共同完成指定的任务。进一步讲,一旦任何一个个体脱离群体,集群会重新组织,不会影响核心任务的完成。

无人机集群系统是个复杂的巨系统。从系统组成看,无人机集群系统包含集群飞行安全控制、集群地面控制站、无人机集群控制等,如图 1-2 所示。

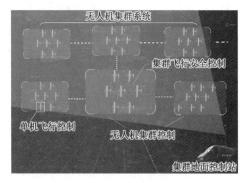

图 1-2 无人机集群系统组成

从功能模块看,无人机集群系统可以自底向上划分为平台层、载荷层、任务层和智慧层等。同时,为最大效益地发挥集群效能,还需要综合考虑无人机集群系统的分布式架构设计,如图 1-3 所示。

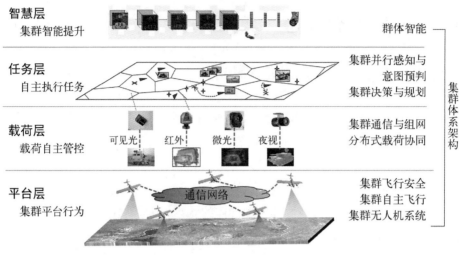

图 1-3　无人机集群系统功能模块

（1）平台层。该层主要与无人机平台、机载集群控制器以及底层飞行相关，包括低成本模块化无人机系统、无人机集群控制器设计、集群自主飞行和集群行为生成等关键技术。

（2）载荷层。该层主要解决集群感知、打击、通信等与任务载荷相关的设计和处理，包括集群各类轻质化载荷设计及其智能化协同处理、集群自组织网络（集群无人机之间通信组网及信息分发）等关键技术。

（3）任务层。该层主要面向任务的集群"感知—决策—规划"相关问题。它包括集群的并行感知和意图预判，即基于机载传感器生成环境和态势信息；在态势基础的分布式协同决策与规划下，生成无人机单机/集群的基本行为，同时还需考虑集群指控，将指挥员的意图融入集群任务。任务层的输入和约束由平台层和载荷层产生，输出的基本行为驱动由平台层和载荷层执行。

（4）智慧层。该层主要为集群的群体智能相关技术，引导其他各层的技术迭代进步。其他各层为其提供基础性的数据集和样本集，同时反过来作为智慧层技术的具体实现和应用。

相比于传统的多架无人机协同，无人机集群的内涵在"数""价""质""变"四个方面均有不同[5]。"数"是指两者数量规模不在一个量级，集群规模通常为上百架无人机，甚至数千架无人机。"价"是指两者平台造价不在一个水平，组成集群的单机平台通常价格低廉、体积较小、功能相对单一，可大量装备，即使使用时有损失，也不会过于惨重。"质"是指两者技术水平差距大，在智能传感、环境感知、分析判断、网络通信、自主决策等方面均不在一个层次。集群中的无人机在任务上相互关联，能够实现较高水平的合作，表现出较强的涌现性。"变"是指两者适变和应变能力差距大，无人机集群可针对威胁等突发状况进行复杂协作、动态调整以及自愈组合。比如，由于具有自适应性与合作性等特点，无人机集群系统在执行任务时，可以容忍部分无人机由于燃油耗尽或突发故障等脱离集群，也可以自动适应新无人机因任务变化等加入集群。

1.1.2　无人机集群系统协同执行任务的优势

固定翼无人机集群协同执行任务已经成为无人机系统应用的重要发展趋势。因响应速度快、使用成本低、部署灵活等独特优势，无人机被普遍认为是未来信息化发展的重要平台。但是，由于环境复杂性和任务多样性，单机通常难以满足很多实际任务需求，如复杂恶劣的战场环境、遮蔽物众多的城市环境等，由于机载设备数量、感知视点及范围受限等缺陷，单机通常难以执行持续目标跟踪、全方位饱和攻击等任务。故而集群协同执行任务逐渐成为趋势。相比于单架无人机(单机)，拥有分布式特征的无人机集群系统在协同执行任务方面具有诸多优势。

(1) 具有分布并行感知、计算和执行能力，更好的容错性和鲁棒性，更强的任务执行能力等优点。集群中的多架无人机可以通过异质传感器的互补搭配，实现传感的并行响应；可以通过执行器分别执行子任务，实现任务的分布执行。当部分无人机出现故障时，其余无人机可以替代它完成预定任务，使集群系统具有较高的容错性和鲁棒性。比如：在使用集群执行察打一体任务时，无人机集群可调整不同无人机携带的不同侦察设备(如光电吊舱、合成孔径雷达(synthetic aperture radar，SAR))的姿态，对目标进行全方位、多角度侦测，提高感知范围和精度；可从多视角进行态势感知，如重点区域/敏感目标的三维实时重构、隐藏/伪装目标的深度挖掘和学习分类等，并获取不完全甚至冲突的局部态势信息；可对显著目标的异常行为进行分析和预判，如敌方人员是否准备发动袭击、车辆/坦克是否集结进入作战准备、导弹是否进入发射状态、作战飞机是否准备起飞等；可从不同角度对同一高价值目标同时发动全方位饱和攻击，提高杀伤力和命中率。当由于自身故障或敌方攻击造成部分无人机损失时，无人机集群系统可通过敏捷重组，确保对重点目标的观测或打击效能不降级。

(2) 可提升任务执行能力，完成单机不能完成的任务。协作的无人机集群系统能够实现超过单个智能无人机系统叠加的功能和效率，具备良好的包容性和扩展性。在大地测量和气象观测等领域,无人机集群携带分布载荷可完成单机无法完成的多点测量任务。在环境监测领域,无人机集群可组成移动传感器网络有效监测大范围的空气质量。在军事领域,无人机集群可以形成点面结合、灵活分组的自主系统,完成单个大型无人机无法完成的任务。比如:无人机集群在执行协同察打任务时,部分无人机可以执行未知区域搜索的任务,部分无人机可以执行重点目标跟踪的任务,部分无人机可以执行目标打击任务,甚至部分无人机可通过接力方式实现对穿越山洞等遮蔽环境目标的持续跟踪等。

(3)具有更高的经济可承受性。通过合理的布局和协同控制,分散式的低成本无人机集群系统能够代替高昂成本的单个复杂系统,获得更多的经济效益。基于小型化、集成化、模块化的设计理念,以及信息化、自动化、网络化的管理使用方式,可极大降低无人机平台的生产、运输、维护、保障、使用成本。1 000架规模的无人机集群系统,其成本将低于一颗侦察卫星或一架有人机,但其综合效能有望超越一颗侦察卫星或一架有人机。

1.1.3 无人机集群系统的广泛应用

面对日益复杂的任务环境,小型固定翼无人机集群的运用越发广泛。由多机组成、在任务上相互关联的集群执行复杂任务的样式将成为未来军事领域和民用领域中对无人机使用的一种重要样式,目前已在货物递送[6]、环境保护[7]、灾难响应[8]、农林作业[9]、森林防火[10]、安防巡逻[11]、目标搜索与追踪[12]等场景中得到应用。

在民用领域中,无人机集群系统在智能交通、物流运输、森林火灾监测、地质灾害探测、农业植保、国土资源监测、对地观测和遥感、高速公路管理、小区环境监测等场景中具备特有的优势。比如:在国土资源监测中,无人机集群系统以协同模式同时对区域进行监控,可以很大程度上实现区域的同步监控,增加有效覆盖面积,节约执行任务时间。

在军事领域中,无人机集群系统势必成为未来作战的主流趋势。无人机集群系统将带来作战模式的颠覆性变革,可广泛应用于广域搜索侦查监视、边境巡逻搜救、城市反恐维稳等场景,并可衍生新的作战模式,提升体系作战效能。从2001年至2019年,美国先后发布了8版无人机/无人机系统路线图,指导无人机系统的顶层设计和规划发展。早在2005年,美国国防部发布的《无人机系统路线图2005—2030》将无人机自主控制等级分为1~10级,包括单机自主、多机自主、集群自主(分布式控制、群组战略目标、全自主集群)三个层面,并预计

2025 年后无人机将具备全自主集群能力[13]。2016 年 5 月,美国空军发布了《小型无人机系统飞行规划：2016—2036》,从战略层面肯定了小型无人机系统的前景和价值,并对无人机集群作战概念进行了阐述[14]。

无人机集群系统因其典型优势,有望在未来战场的协同探测、协同攻击、干扰压制等方面发挥巨大作用,成为一支不可忽视的新质力量。

(1) 在协同探测方面,无人机集群系统在战场上可以协同执行各种侦察、监视任务,对某一军事敏感区域实行常态化不间断监控,以全面获取战场环境监测和评估信息;在通信中继、电子对抗和欺骗迷惑等方面,无人机集群系统也具有更高的成功率。特别地,分布式的系统拓扑结构使系统无中心脆弱点抗毁性好,即部分平台的损失对集群整体任务能力的影响不大;同时,无人机集群系统补充替换简便,维护成本低。

(2) 在协同攻击方面,无人机集群攻击可避免飞行员伤亡,并且成本可承受,这是完全不同于以往的一种新的“缠斗”方式。任何飞行器,不管是有人还是无人的,都可能被单个导弹打下来,但是无人机集群却能够承受多次打击,继续完成任务。无人机集群系统将迫使敌人形成“大炮打蚊子”的作战劣势,即使部分无人机被对方摧毁,也不影响集群系统的整体作战能力,通过队形的重组和任务的重新分配,实现核心攻击任务能力不降级。

(3) 在干扰压制方面,无人机集群系统在攻防两端具有显著成本不对称。集群中的无人机通常是典型“低小慢”目标,易于躲避敌人雷达防空系统,对无人机实施打击却通常需要动用精确打击武器,如果敌人发动饱和式攻击,将耗尽其防御武器。以美军“提康德罗加”级巡洋舰为例,该巡洋舰装备了“宙斯盾”系统,最多可同时监视空中 240 个目标。如果无人机集群超过 250 个,同时又是一种“低小慢”的空中目标,将导致其监视能力达到饱和。因此,无人机集群系统可以“引诱式”耗尽对手的高价值攻击武器,从而增加对手攻击的相对成本,以规模优势给对方造成惨重的损失。又如,利用无人机集群系统搜索隐形战斗机和导弹发射车引诱对方开机,让可消耗的无人机“自杀式”打前阵,让昂贵的有人机/有人车殿后,这可能有助于在未来战争中减少人员和昂贵装备的损失。在过去,数量较少的极度昂贵的有人机是战场的标准配置,但是在未来的几年中,大量便宜的、消耗性的无人机将广泛地出现在战场上。

以无人机集群为代表的无人集群系统以数量、成本和功能的优势,可以进一步被扩展至不同领域[15-16]。比如：在航天领域中,航天器集群能够有效降低系统成本,提高可靠性和生存能力,能够通过分布式协作使低成本航天器完成高性能航天器的功能,甚至实现单个航天器无法完成的任务,如图 1-4 所示;在工业领域中,以移动机器人集群为核心的智能物流和仓储系统能够极大地降低成本并提升效率,而当涉及搬运物品质量、体积或者形状超限的情况时,可通过多移动机器人协作搬运物体,如图 1-5 所示;在娱乐领域中,RoboCup 足球机器人可以组队对抗踢足球,呈现出高度动态的对抗性,如图 1-6 所示。

图 1-4　卫星编队实现复杂功能

图 1-5　多移动机器人协作搬运车辆

图 1-6　多机器人足球比赛

在军事领域中,日益增多的无人系统,势必引起无人系统使用模式的颠覆性变革。全球已经有 60 多个国家的军队装备了无人系统,种类超过 200 种,数量超过 20 万。在无人机方面,美国已发展了多个系列、多种型号的军用无人机,现役无人机数量超过 7 000 架,已经多于其现役的有人机数量。其中"全球鹰""捕食者"等无人机已经过了阿富汗、伊拉克等战争的考验;并且美国还在积极发展 X-47B 等无人作战飞机。在地面机器人方面,自 2003 年伊拉克战争以后,已有 12 000 多台地面军用机器人在美军中承担诸如搜寻狙击手、战场环境侦查探测、排除路边炸弹等多种军事任务。近 10 年来,无人巡逻系统、无人补给系统、排雷机器人、单兵机器人、空中侦查无人机、察打一体无人机、反恐无人系统等,无人系统已经成批量地进入了战场,并逐步扮演着核心角色。

随着无人机、无人车、无人艇/船以及无人潜航器等系统的迅猛发展和广泛应用,集群使用模式应运而生。比如:无人机集群系统以编队形式进入复杂战场环境完成侦查任务,弥补智能无人系统获取环境信息有限的感知能力,如图 1-7 所示。特别是随着现代战争形态由机械化向信息化和智能化的转变,组建智能无人系统部队已经成为国家战略发展的重要目标。可以预测,随着越来越多的智能无人系统进入战斗序列,势必会推动相关军事组织围绕智能无人系统作战进行大规模的转型。在这方面,美国走在世界前列,支持军事无人系统的发展。美国于 2009 年颁

图 1-7　军用智能无人系统协作侦查

布了《机器人战略白皮书》,雄心勃勃地为美军机器人战略制订系统路线图。纵观近代几场典型局部战争,可以清晰地看到无人系统能够卓有成效地承担各种多样化军事任务,特别在战场监视,情报侦查,反爆炸装置,以及发现、识别和选定目标等多个领域。毫无疑问,在面对广阔且复杂多变的战场环境时,单个智能无人系统作战效能显然是有限的,只有将担任不同任务的集群智能无人系统通过合理有效的组织才能充分地发挥其作战效能。随着军用智能无人系统潜力的进一步挖掘,可以预测智能无人系统平台将同其他海陆空武器设施、地面传感器网络和无线技术集成,从而通过高度综合的无缝全球信息网格,增强一体化作战能力。

1.2　无人机集群系统发展现状

近年来,无人机集群成为各国争先研究的热点,不断出现集群项目的突破性报道。本节从集群协同模式、指挥体系架构、基础性研究、集群验证四个视角总结近年的代表性工作。

1.2.1　创新协同理论,探索集群协同模式

日益增多的无人机集群系统,势必引起其使用模式的颠覆性变革。目前,美军装备的无人机数量已经多于 1 万架,超过了有人机的数量。如此众多的无人机系统,如何最大效能地发挥作用? 集群使用模式应运而生。正如二战初期坦克由分散到集中使用带来了"闪电战"的革新,小型无人机的集群化应用可能会像坦克"闪电战"一样,形成新的颠覆性军事能力。

为充分发挥集群数量和低成本优势,并融于现有体系,以美军为代表,人们探索了各种集群协同模式,并设计了大量作战想定,从顶层指导无人机系统集群

的发展。典型协同模式包括：无人机集群协同，无人机集群与有人机协同、与大型载具协同，以及与其他无人装备的跨域协同等。

1）无人机集群协同

无人机集群协同是指采用大量（大于10数量级）低成本无人机平台，以无人机之间通信为基础，以无人机之间智能协同为核心，形成大规模的同构集群系统。美国海军研究生院2012年发表了"无人机群攻击：驱逐舰的防护系统选择"，为探讨驱逐舰对无人机系统集群协同攻击的防护问题，设计了小型固定翼无人机集群协同作战的想定，如图1-8所示。假设一艘驱逐舰受5~10架从各个方向飞来的"自杀式"无人机攻击，想定双方装备对比如表1-1所示。

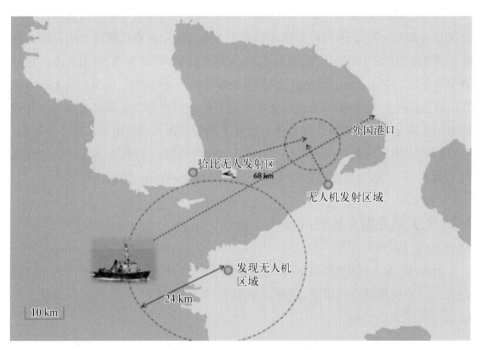

图1-8　美国海军无人机系统集群攻击驱逐舰想定

表1-1　想定双方装备对比

装 备 名 称	对 比 情 况
驱逐舰	"宙斯盾"系统，集成了干扰器、诱饵弹、"标准"系列面对空导弹、127 mm舰炮和2座"密集阵"近防武器系统
无人机集群系统	8架无人机，速度为250 km/h； 部分自主飞行，部分受附近渔船遥控； 攻击雷达天线

研究团队对这一作战模式进行大量模拟仿真。500 次仿真结果的蒙特卡罗(Monte Carlo)分析表明:平均约 3.82 架无人机能够突破驱逐舰的防御系统;在电子干扰、雷达诱饵、烟幕弹等额外防护手段中,最有效的为增加 2 门近防炮进行拦截,即使如此,仍平均约 2.5 架无人机击中驱逐舰。该结果意味着可以使用大量廉价的无人机攻击严密防守的舰艇,这些无人机总成本仅与一枚导弹相当,具有极高的效费比。

2)无人机集群与有人机协同

无人机集群与有人机协同指的是将无人机集群和有人机一起混合编组,共同执行任务。短期内无人机的智能化水平难以达到有人机平台的程度;故而,在相当长的一段时间内,无人机平台和有人机平台将相互补充,分工协作,共同完成复杂的作战任务,形成颠覆性的作战能力[17]。为此,人们设计了各种无人机集群与有人机协同的作战想定。其中典型想定为美国通用原子能公司提出的"复仇者"(Avenger)无人机集群与 F-22 战斗机协同对地攻击概念[18]。想定中,4 架 F-22 战斗机和 16 架"复仇者"组成两个集群。F-22 机组位于后端指挥支援,"复仇者"集群协同突防,摧毁敌地空导弹阵地。

3)无人机集群与大型载具协同

为解决无人机集群的快速/远距可达的问题,可以将无人机集群与各种大型载具协同。采用航母或者空中母机携带无人机集群抵达作战区域,而后快速释放无人机,形成威慑性作战能力。比较典型的想定包括 X-47B 集群与航空母舰(以下简称"航母")协同想定[19]、美国国防部预先研究计划局(Defense Advanced Research Projects Agency, DARPA)的"空中航母"构想。

(1) X-47B 集群与航母协同想定。美国海军构想 3 艘航母组成打击集群,即航母打击群(carrier strike group, CSG),在相对安全区域起飞 30~40 架隐身无人机,代替有人机对重点目标分批次打击,如图 1-9 所示。在 6 019 km 外时,12 架隐身无人机形成一个中队出动,重点打击沿海区域的防空力量;接着,当CSG 行进至距海岸 3 241 km 时,6 架隐身无人机形成集群前出,降低反介入威胁,增加水面舰艇的安全性;最后,CSG 行进至距海岸 926 km 时,7 架隐身无人机形成集群和防空压制,CSG 开始密集攻击。此时,水面舰艇和有人驾驶战斗机加入战斗。该集群作战构想为航母提供更强大的防区外攻击能力,并增强海军的前沿部署和持续作战能力。特别需要指出的是,目前虽然 X-47B 无人机已经转化为空中加油机项目,但是以无人机集群代替有人机进行第一波次的攻击,仍然是《无人系统路线图 2005—2030》中的主要作战模式之一。

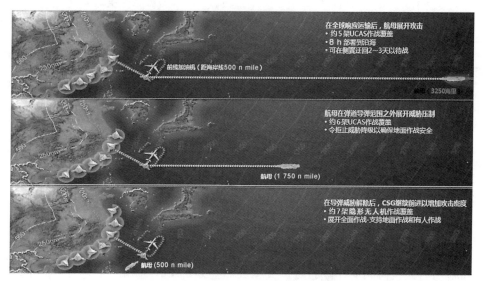

在全球响应运输后，航母展开攻击
· 约5架UCAS作战覆盖
· 8 h 部署到沿海
· 可在侧翼迂回2~3天以待战

航母（3250海里）

航母在弹道导弹范围之外展开威胁压制
· 约6架UCAS作战覆盖
· 令拒止威胁降级以确保地面作战安全

航母（1 750 n mile）

在导弹威胁解除后，CSG继续前进以增加攻击密度
· 约7架隐形无人机作战覆盖
· 展开全面作战-支持地面作战和有人作战

航母（500 n mile）

前线加油机（距海岸线500 n mile）

图 1-9　X-47B 集群和航母协同攻击想定[19]

（2）DRAPA 的"空中航母"构想。所谓"空中航母"就是保障无人机空中运载、操作使用和任务控制的大型航空平台。它能够在飞行中释放无人机，对无人机的作战运用进行控制，并对完成任务的无人机进行回收、加油、挂弹和维修等保障作业。传统空中作战任务大都采用大型有人机完成，但存在牺牲飞行员生命的风险；采用无人机虽然能够克服这些风险，但它们的飞行高度较低，航程和续航能力有限。因此，用大型有人驾驶飞机携带、发射和回收多个小型无人机联合作战的方案，将能最好地将两者各自的特点相结合：既可以同时延长有人驾驶有人机和无人机的作战航程，又增强了整体的安全性，从而能以有效成本实现突破性的功能，用于执行情报、监视、侦察和作战各种任务。"空中航母"构想如图 1-10 所示。

4）无人机集群与其他无人装备跨域协同

无人机集群与其他无人装备跨域协同指的是将无人机集群与无人车、无人艇或者无人潜航器等无人装备协同，共同执行任务。不同无人装备之间的跨域协同，有利于发挥各自的优势，更有针对性地高效完成任务。代表性的想定为DARPA 的"进攻性蜂群使能战术"（offensive swarm-enabled tactics，OFFSET）项目[20]。城市作战中，高耸的建筑物、狭窄的空间以及受限的视野形成的"城市峡谷"，限制了军事移动和战术实施。无人机和无人车在城市地区的空中侦察和建筑清剿作战中具有明显优势。为此，DARPA 启动了 OFFSET 跨域协同设想项目，如图 1-11 所示，旨在利用大规模空中和地面自主机器人，大幅提升城市作战能力。项目设想利用 250 个以上的无人机或无人车的跨域集群,在 8 个城市街区自主执行 6 h 的区域隔绝任务。

图 1 - 10 "空中航母"构想

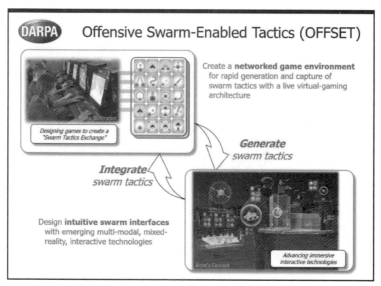

图 1 - 11 OFFSET 跨域协同设想[20]

1.2.2 强调体系协同,构建分布式指挥体系架构

分布式体系作战概念已成为指导美军装备发展的重要思想。无人机集群系统

是典型的分布式作战力量。为克服高成本、单一庞大的多功能平台的内在问题,发挥网络化无人平台优势,在 DARPA 等机构牵引下,美军持久开展分布式作战体系研究,力争构筑新的分布式指挥体系架构。分布式指挥体系架构主要项目包括拒止环境中协同行动(collaborative operations in denied environment, CODE)[21]、系统集成技术和试验体系(system of systems integration technology & experimentation, SoSITE)[22]和分布式作战管理(distributed battle management, DBM)[23]等项目。

（1）CODE 项目:旨在开发基础性的算法和软件,使得现有无人机能够以最小代价,在最小监督下协同工作,使得当前多人操作 1 架无人机的模式能够扩展到 1 人同时操作 6 架或更多的无人机,提高美军在拒止或对抗空域中分布式行动能力。CODE 项目研究人员计划构建一个模块化的软件架构,即可弹性适应带宽受限、通信中断等意外,且与现有标准兼容,只需较少成本就可改装到现有平台上。此软件架构涉及 4 个关键技术,包括单个平台级的自主性、人-系统交互、团队层级的自主性和开放式架构。在满足通信需求的前提下,这 4 个关键技术能尽可能减小通信带宽和抵抗通信干扰。项目按照计划分 3 个阶段执行(见图 1 - 12)。2018 年 11 月,项目演示了装备 CODE 软件的无人机系统在"反介入区域拒止"环境下适应和响应意外威胁的能力。在真实/虚拟/构造环境中,6 架真实无人机和 24 架虚拟无人机接收指挥官的任务目标后,自主协同导航、搜索、定位,并在通信和全球定位系统(global positioning system, GPS)拒止环境中,与模拟综合防空系统保护下的计划和突发的目标作战。CODE 项目的可扩展能力极大增强了现有空中平台的生存性、灵活性和有效性,并减少了无人系统的开发时间和成本。

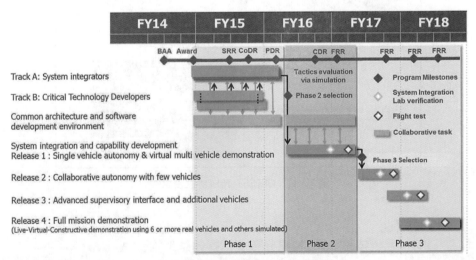

图 1 - 12　CODE 项目阶段计划[21]

（2）SoSITE 项目：开展分布式航空作战体系架构研究，发展能够快速集成任务系统/模块到体系的技术，并验证体系在战场中的有效性和鲁棒性。SoSITE 项目目标是使用简单的、廉价的无人机等组成集群，在开放性系统架构下，进行多作战平台和信息传输整合，最终优化作战，形成分布式战斗力的方法（如连接有人机和无人机，或者空中和地面载具，或者多种基础设施组件）。

项目计划分两个阶段进行，如图 1-13 所示。2018 年 7 月，洛马公司臭鼬工厂和 DARPA 开展了系列 SoSITE 项目飞行试验，验证了如何应用系统之系统（system of system，SoS）方法和手段在对抗环境中对包括空、天、地、海、网络空间的各个作战域内的系统进行快速、无缝的集成。在经济上可承受的情况下，该项目的成果可将任务系统快速集成到现有架构中，这有助美军在瞬息万变的作战环境中维持作战优势。

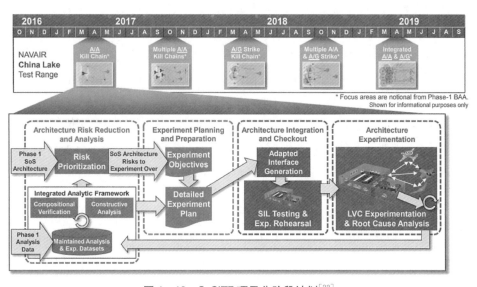

图 1-13 SoSITE 项目分阶段计划[22]

（3）DBM 项目：SoSITE 项目明确提出了发展分布式空战的概念、架构及技术集成工具，这必然带来组合爆炸的难题。针对这一挑战，DBM 项目借助开发和验证分布式决策辅助软件，提供分布式规划、控制以及态势理解等解决方案，以指导空战管理和空对地攻击等任务。在完成第一阶段论证和关键算法设计后，2017 年 9 月，DARPA 和美国空军研究实验室（Air Force Research Laboratory，AFRL）进行了首轮飞行试验，验证了通信中断后多机系统可继续执行任务能力；2018 年 3 月，英国航空航天公司（BAE）赢得了最终阶段合同。

1.2.3 加强基础性研究,突破核心关键技术

集合人工智能、控制理论、机器人、系统工程和生物学等领域专家,从自然集群的自组织机理着手,突破分布式集群体系架构、集群持久协同、协同 OODA、群体智能等核心技术,并将其应用到集群系统中。关键技术的研发大多由高校和具有强大科研实力的科技公司主导完成。

美国麻省理工学院乔纳森•豪斯(Jonathan How)教授领导的小组自 2006 年起开展"无人机集群健康管理"(UAV SWARM Health Management)项目[24]。大规模分布式飞行器集群在长时间任务中是有很大潜力以提供性能优势的。然而,如果没有一个高度集成的健康管理系统,这些性能优势是很难发挥出来的。基于此,项目设计了无人机机群和地面车辆健康状态的任务规划算法,如确定平台失效对任务的影响、使用真实硬件设备来验证加油和维护调度的最优策略等。10 架四旋翼无人机系统的 300 余次测试验证了算法的有效性。

美国宾夕法尼亚大学通用机器人自动控制、传感器和感知(generd robotics, automation, sensingand perception, GRASP)实验室研究人员认为:未来将依赖于小型平台和传感器组成的大型网络在动态、资源有限的敌对环境中执行任务。为此,他们围绕集群协同 OODA 回路展开研究,包括体系架构、分布感知、协同同步定位建图、编队飞行等。特别值得提及的是:2012 年他们成功地让 16~20 架小型四旋翼无人机(73 g)在室内组成各种形状的飞行编队[25](见图 1-14),这是研究人员第一次实现了 10 架以上无人机的集群飞行,取得了轰动性的演示效应。

在 GRASP 实验室旋翼机编队飞行的激励下,中美两国的科技公司在无人机集群数量上不断突破,使得无人机集群灯光秀逐步成为各类大型活动的"标配"。2015 年 11 月,英特尔(intel)公司在德国汉堡实现了 100 架四旋翼的室外灯光秀表演,拉开了无人机集群灯光秀的序幕[26]。在表演中,4 名工程师每人操控 25 架无人机。100 架无人机在空中 100 m 处组成了"intel"字样,随后还按照"贝多芬第五交响曲"的节奏进行舞动表演,如图 1-15 所示。组成集群的无人机由德国 Ascending 公司研制,为四旋翼无人机,质量约为 700 g。2018 年,英特尔公司在其成立 50 周年的庆典上放飞 2 018 架无人机,曾创造了当时一次性使用无人机数量最多的世界纪录[27]。

我国广州亿航智能技术有限公司(亿航)[28]、深圳市高巨创新科技开发有限公司(高巨创新)[29]等,也多次完成无人机集群灯光秀表演。2019 年 7 月,高巨创新在建国 70 周年之际,完成了 2 100 架无人机集群的灯光秀表演(见

图 1-16）。一般认为,灯光秀表演中的每一架无人机都已预先设定好轨迹,以轨迹跟踪或集中控制的方式完成[30]。

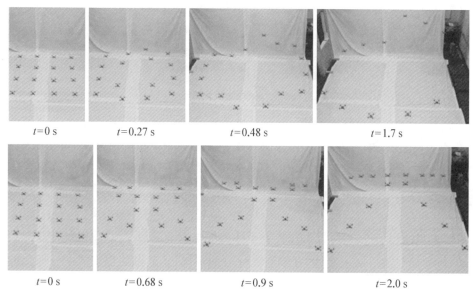

| $t=0$ s | $t=0.27$ s | $t=0.48$ s | $t=1.7$ s |

| $t=0$ s | $t=0.68$ s | $t=0.9$ s | $t=2.0$ s |

图 1-14 16 架无人机形成三维螺旋(上)和金字塔(下)

图 1-15 英特尔公司的无人机灯光表演

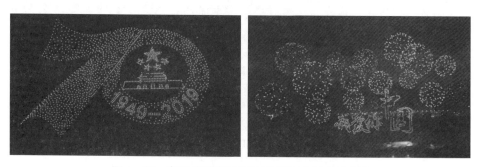

图 1-16 高巨创新庆祝建国 70 周年的灯光秀表演

集群协同算法的开发和验证在地面机器人集群上开展得更为深入。考虑到规模因素，地面机器人集群往往严格控制单机器人的体积和成本。瑞士洛桑联邦理工学院开发了用于教学的 E-puck 机器人，每个机器人的直径仅为 7.5 cm，造价约 250€[31]；在此基础上，实现了 20 个 E-puck 机器人的聚集、觅食等协同行为[32]。德国斯图加特大学设计了尺寸为 $(30 \times 30 \times 20)$ mm 的 Jasmine 机器人，并在 (3×3) m 的区域内实现了规模达到 105 个机器人的聚集行为[33]。美国哈佛大学 Radhika Nagpal 教授的团队设计的 Kilobot 机器人，每个机器人的直径为 3.3 cm，造价仅为 14 \$，机器人只能通过振动的方式以 1 cm/s 的速度运动[34]。该团队设计了觅食、编队等协同行为，并进行了上千规模（1 024 个）的集群演示。当主控台发出指令后，1 024 个 Kilobot 机器人在 12 h 左右的分工合作后，能够自动排出五角星、"K" 字样以及扳手等图案[35]（见图 1 - 17），这也是机器人集群规模首次达到千量级。该研究的重要意义在于：在执行任务中，每个机器人只能和邻近机器人沟通，没有个体能够知道全局情况。但是，这种局部感知、行为简单的机器人个体，在没有领导者的情况下，通过协作完成了任何个体都无法完成的任务。

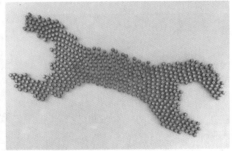

图 1 - 17　Kilobot 机器人及其形成的扳手图案

群体智能也普遍被视为是集群系统能力提升的关键技术，受到了多个领域研究者的普遍关注。群体智能往往被看作是对自然界生物智能的模拟，通过设计简单规则使能力较弱的一群个体最终进化成具有较复杂的群体行为。大量的代表性成果发表在 *Nature* 和 *Science* 及其子刊上。除 Kilobot 机器人外，近年来取得的代表性成果还有：哈佛大学的 Justin Werfel 等受白蚁启发，设计了 3 个机器人，基于简单规则和局部感知最终可搭建金字塔等形状[36]；比利时布鲁塞尔自由大学的 2 位研究人员使用 E-puck 构建的 20 个机器人集群经过群体演化后，能够自行学会并掌握先前设计者对其指明的动作序列[37]。2019 年，中国青年学者李曙光与他的合作者共同完成设计的粒子机器人登上了 *Nature* 封面。该机器人通过信息交换和力学协同模拟了生物细胞的运动,能够实现搬运物体和向光源移动[38]。

1.2.4 加紧集群验证,形成非对称优势

为推动无人机集群形成任务能力,在协同模式和关键技术的牵引下,国内外研究机构开展了大量的集群协同飞行试验验证,力争尽快形成非对称集群优势。美国正在开展的代表性项目包括低成本无人机集群技术(low-cost unmanned aerial vehicle swarming technology,LOCUST)[39]、"山鹑"无人机集群[40]、近战隐蔽自主一次性无人机(close-in covert autonomous disposable aircraft,CICADA)[41]、可空中回收无人机集群"小精灵"[42]等项目。典型无人机集群项目基本情况如表 1-2 所示。

表 1-2 典型无人机集群项目基本情况

典型蜂群系统	应用场景	无人机平台能力	规模/架	发射/回收	主管单位
LOCUST	舰船前出侦察	郊狼无人机(时速 140 km,航时 1 h,质量<5.9 kg)	30(2016 年)	管射(1 架/s),陆地滑降	美国海军研究办公室
"山鹑"无人机集群	代替空射诱饵,执行诱导欺骗、前出侦察等任务	"山鹑"无人机(3D 打印,机长<0.3 m,质量<0.5 kg)	103(2017 年)	飞机抛撒	美国国防部战略能力办公室
CICADA	形成探测矩阵,用于收集气象资料	微型无人机(3D 打印,质量<65 g)	>100(2019 年)	大型无人机抛撒	美国海军研究实验室
可空中回收无人机集群"小精灵"	区域 ISR(信息收集、监视及侦察)、电子战、破坏导弹防御系统	"小精灵"无人机(质量 320 kg,速度 0.8×1 225 km/h,载重>50 kg,作战半径>900 km,航时为 3 h,重复使用 20 次以上)	8(2020 年)	B52/C13 投送,C130 回收(30 min 4 架)	DARPA

(1) LOCUST 项目:该项目由美国海军研究办公室(Office of Naval Research,ONR)主导,佐治亚理工大学参与,旨在快速释放大量小型无人机,通过自适应组网及自主协同,以压倒性数量优势赢得战争。该项目发展了如郊狼

(Coyote)等系列小型折叠翼无人机和多管发射装置,可在陆地或舰艇甲板上,以1架/s的速度发射上百架管射小型无人机。2016年4月,美国海军实现了30架郊狼无人机的快速发射(1架/s)和自主编队飞行的技术验证。LOCUST项目的郊狼无人机及编队飞行如图1-18所示。

(a)　　　　　　　　　　　　　(b)

图1-18　LOCUST项目的郊狼无人机及无人机编队飞行[39]

(a)郊狼无人机(时速约140 km,航时1 h,质量<5.9 kg);(b)无人机编队飞行

(2)"山鹑"无人机集群项目:该项目由美国国防部战略能力办公室(Strategic Capabilities Office, SCO)发起,美国空军开展验证,采用有人战机投放无人机集群代替空射诱饵等,执行诱导欺骗、前出侦查等任务。试验用无人机为3D打印的"山鹑"无人机,如图1-19所示。"山鹑"无人机长不足0.3 m,重不足0.5 kg,但是证实能在高空强风中平稳飞行。无人机之间能够通过数据链通信,当每个无人机释放出来后,自动寻找其他无人机聚集,组成类似"蜂群"的队伍,根据任务要求一起协作控制、导航、聚集、解散。据报道,"山鹑"无人机已经在阿拉斯加州进行了150次试验。2016年10月,3架F/A-18战斗机空中投放103架"山鹑"无人机,集群展现了一些高级的行为,如集群决策、自适应编队以及集群自愈性。

(3)CICADA项目:该项目由美国海军研究实验室(Naval Research Laboratory,NRL)发起。该项目旨在开发低成本一次性无人机,每架只携带微型电子传感器,如天气、温度、湿度和气压传感器等,借助大型载体像播种一样向某个区域大量"播种",形成庞大而稳定的"探测矩阵"。2017年4月,美国海军从P-3侦察机上一次性释放32架CICADA无人机;2019年4月,4架大型无人机(Hives)释放了100多架小型CICADA无人机集群,用于收集区域的气象资料。CICADA无人机集群演示如图1-20所示。

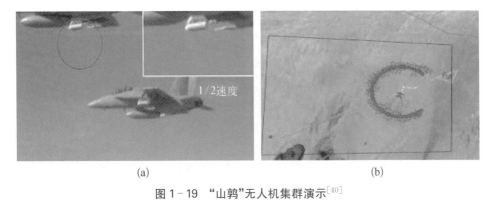

(a) (b)

图 1-19 "山鹑"无人机集群演示[40]

(a) F/A-18 抛洒"山鹑"无人机(3D 打印,机长<0.3 m,质量<0.5 kg);(b) 集群行为展示

(a) (b)

图 1-20 CICADA 无人机集群演示[42]

(a) CICADA 无人机(3D 打印,质量 65 g);(b) Hives 释放 100 多架 CICADA 无人机集群

(4) 可空中回收无人机集群"小精灵"项目:该项目由 DARPA 主导。该项目设想让现有大型飞机充当"空中航母",在敌防御射程外发射成群小型无人机;当任务结束后,C-130 运输机将小型无人机回收,在 24 h 内完成重置并等待下次使用。该项目于 2015 年 9 月启动,已完成第 3 阶段,具备了在 C-130 上 1 个操作员最多控制 8 架无人机,半小时内空中回收 4 架无人机的能力。"小精灵"项目如图 1-21 所示。

除美国之外,其他各区域强国也积极开展各类集群试验。欧盟在未来空战系统中,将空射无人机集群作为未来实施防区外精确战术打击和集群式饱和攻击的核心手段。印度也于 2019 年发布了首个无人机集群概念项目(air-launched flexible asset-swarm,ALFA-S),计划通过战斗机发射大量察打一体无人机,执行对地防空打击任务[43]。土耳其国防技术工程与贸易公司展示了 20 架 7 kg 的四旋翼无人机集群作战反恐的概念演示[44]。

(a)   (b)

图 1 - 21 "小精灵"项目[41]

(a) 作战构想：突防一定距离后以集群方式对威胁进行探测或干扰；(b) C - 130 回收"小精灵"示意图

我国也积极开展固定翼无人机集群的飞行验证[4]。中国电子科技集团先后完成了 67 架、119 架、200 架的固定翼无人机集群飞行。2018 年 1 月，国防科技大学(以下简称"国防科大")智能科学学院无人机系统创新团队针对无人机集群自主协同展开试验飞行[4,45]，20 余架无人机相继起飞，在空中集结编队，飞向指定区域完成侦察任务，验证了分组分簇自适应分布体系架构、并行感知与行为意图预判、按需探测自组织任务规划、极低人机比集群监督控制、以意外事件处理为核心的集群自主飞行控制等多项关键技术。北京航空航天大学(以下简称"北航")仿生自主飞行系统研究组结合生物群体智能深入研究了无人机集群编队、目标分配、目标跟踪、集群围捕等任务的关键技术，并于 2018 年 5 月完成基于狼群行为机制的无人机协同任务分配的飞行验证[3]。我国开展的典型集群飞行演示试验如图 1 - 22 所示。

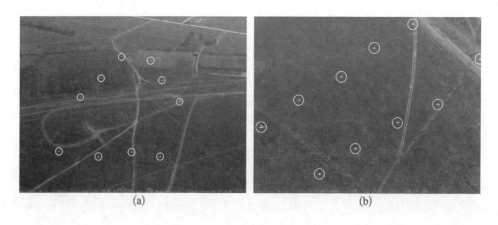

(a)   (b)

(c)　　　　　　　　　　　　　　(d)

图 1-22　我国开展的典型集群飞行演示试验

(a) 国防科大集群飞行——八一队形；(b) 国防科大集群飞行——横二队形；
(c) 中国电力科学研究院集群飞行试验；(d) 北航集群飞行试验

1.3　无人机集群控制及其挑战

本书主要面向大规模小型固定翼无人机集群控制问题。以无人机为典型代表的无人机集群系统中，如此众多的单机为何能不冲突地一起工作？关键在于集群控制。

1.3.1　无人机集群控制的内涵

无人机集群控制是指多机平台以集中/分布的方式，配合完成 OODA 回路，使各平台"在正确的时间，到达正确的地点，执行正确的任务"，获得"1+1>2"的集群协同效能，且具备去中心化、自主化和自治化的特点。集群控制是无人机集群系统协同的核心。一般而言，它指采用无人机之间的局部交互，达到群体性的行为，并最终完成全局性的任务。图 1-23 从 OODA 回路的视角，给出了目前关于集群协同的典型研究方向。典型研究方向包括协同观测、协同侦察、协同定位与建图、任务分配、任务规划、聚集、蜂拥、编队等。

图 1-23　OODA 回路典型任务

面对日益复杂的任务环境,小型固定翼无人机集群的应用越发广泛。无人机集群协同控制的关键技术贯穿 OODA 循环的全任务、全回路,势必将成为未来高技术战争背景下各大国之间竞争的技术高点。本书主要专注于集群 OODA 回路中的末端环节,围绕分布式"决策和行动"的关键技术展开。

1.3.2 无人机集群控制的挑战

无人机集群控制本质上可以看作是寻找对整个大系统的最优控制策略,其复杂性主要体现在以下几个方面:

(1) 数量多。无人机集群通常考虑上百,甚至上千架无人机,其协同的难度随着平台数量的增加而急剧增加。

(2) 异构性。集群成员通常具有相同基础平台,但是配置的传感器、侦察、武器载荷可能不同,导致完成特定任务的能力也不同。在执行任务过程中需要对集群成员按照不同能力进行合理分配。

(3) 任务多。集群通常需要同步并行完成不同的任务;不同类型的任务具有不同的要求,且任务之间可能存在约束关系。

(4) 约束多。除无人机系统性能约束外,无人机集群控制还包括战术要求约束、战场环境约束、通信约束、平台空间约束、时间约束、任务耦合约束、航迹防撞约束……以及约束间大量错综复杂的耦合交联关系。

(5) 动态变化。集群执行任务面对的态势通常动态变化,且目标、威胁、任务以及无人机本身状态均处于不断变化中;特别地,在对抗环境中,决策和行动可能受到敌方决策和行动的影响。

(6) 不确定性。由于传感器信息的不确定性和通信信息的不确定性,无人机对当前态势的感知也是不确定的。

以上各个方面的因素交织在一起,形成的建模具有复杂性、组合多样性、信息不确定性、战场对抗性、计算复杂性、时间紧迫性,以及无人机集群成本受限、动力学复杂、机载资源有限等特点,这使得无人机集群控制问题极富挑战,如图 1-24 所示。

无人机集群控制的挑战主要体现在以下几个方面:

(1) 质量、功耗、空间、成本限制对机载通信、计算和存储能力的约束。小型固定翼无人机可供载荷使用的质量、功率和空间非常有限。以"双子星"小型固定翼无人机为例,其可用载荷质量(不包括电池、机体质量)不大于 1.5 kg,可用载荷体积小于(10×10×15)cm,可用功率小于 60 W。同时,要建立成本可承受的无人机集群系统,单机成本不能过高;考虑到无人机系统的安全和冗余设计,分摊到各核心载荷上的成本非常受限。苛刻的载荷质量、功耗、空间以及成本约束,使得自驾仪、计算/存储设备、自定位/无人机之间定位设备、通信/感知等载荷的集成设计非常具有挑战性。考虑到设备性能、功耗、体积、质量、价格等因素往往互相制约,故而各类载荷的性能必须折中设计,这使得机载通信、计算和存储的性能非常受限。

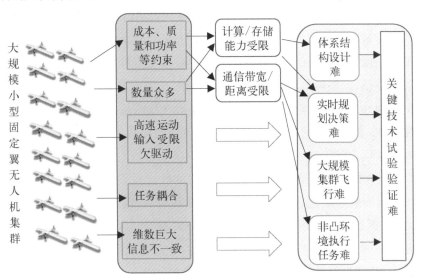

图 1-24　大规模小型固定翼无人机集群控制的挑战

(2)数量规模给集群控制带来的挑战。集群系统的性能受梅特卡夫定律的影响,即数量规模的增大将导致协同难度的指数上升,在系统实现、集群管理、协同控制等技术上存在拐点效应,在系统性能如收敛性和稳定性等方面存在天花板效应。同时,小型固定翼无人机集群系统的通信距离和带宽等性能存在受限,通信网络拓扑结构的设计存在约束,难以做到大容量的无人机之间信息分发和任意拓扑结构传输,进一步压缩了大集群系统在理论上的最优性能。特别地,当无人机之间信息流和数据流存在拥塞时,集群系统的性能会急剧恶化。故而,大集群和通信受限都对体系结构设计、协同规划决策、集群飞行控制、低人机比指控等提出了苛刻的要求。如何实现大规模的无人机集群协同控制,尚是一个极富挑战的课题。

(3)任务耦合、局部信息不一致和维数爆炸给集群控制带来的挑战。集群通常可以采用"点面结合"的方式同时遂行多重任务,但是集群任务通常具有不确定性,且彼此耦合。例如,在集群协同区域侦查和目标抵近跟踪的典型任务中,侦察与跟踪任务耦合,地面目标数量及其运动状态不断变化(动态出现、被遮蔽、不规则运动等),无人机数量不断变化(部分损毁、部分返航补充燃料、部分通信失联等)、环境区域复杂(山区环境,通常为不规则的非凸构型)等,导致集群任务协同通常无法得到闭式的全局优化解。进一步,集群采用分布式感知、通信和邻域协作方式,无人机之间的信息传递步长有限,导致无人机之间信息不一致,更进一步加剧了优化的难度。此外,集群协同需要考虑多平台空间约束、时间约束、任务耦合约束、航迹防撞约束等,以及约束间大量错综复杂的耦合交联关系,使得决策变量数量成倍增加;小型固定翼无人机动力学的复杂性更增添了优化约束的复杂度。故而,任务的复杂性、多样性,以及集群数量导致决策空间急剧膨胀和高度耦合,使得集群控制问题建模困难,求解困难。维数的增加必然带来规划的时间性能降低。对于时敏性任务,必须在算法最优性与时间性能之间权衡。特别地,集群系统的计算、存储能力极度受限而数量规模巨大,更是对集群控制带来了巨大的挑战。

(4) 无人机动力学给集群任务协同带来的挑战。黄琳院士指出:"运动体所变现出的具有强非线性、强实时变、强耦合性和高不确定性的特征使得问题变得特别困难,例如……非线性非完整约束……欠驱动问题……"[46]小型固定翼无人机是典型的欠驱动、非线性的高速运动体,存在巡航速度,最大速度,角速度,最小速度、角速度等约束,且其空气动力学参数和飞行速度密切耦合。以"双子星"无人机为例,其巡航速度约为 16 m/s,失速速度约为 12 m/s,最大速度约为 23 m/s。并且,小型固定翼无人机在飞行中不可避免地受到机体震颤和阵风等影响,由于机体质量小、推力小,其主动抗风性能较差。故而,小型固定翼无人机的强非线性特征,为集群协同的规划决策、通信组网、集群飞行等方面均带来了巨大的挑战。

1.3.3　无人机集群控制的关键问题

无人机集群系统是由大量物理独立、功能紧密耦合的小型无人机组成的复杂系统,其功能发挥涉及 OODA 循环的全任务回路。以集群协同遂行 OODA 回路为背景,集群系统研究的关键问题包括集群体系架构、集群通信与组网、集群无人机系统、集群协同飞行、集群飞行安全控制、集群决策与规划等。

1) 集群体系架构

采用何种结构将多个无人平台组合起来发挥更大效能,是集群实现首先要解决的问题。体系架构指一个智能机器人系统中的智能、行为、信息、控制的时空分布模式。不同于单机体系架构,集群体系架构必须综合设计集群间以及单机内部结构。大规模无人机集群为众多分散系统构成的巨系统,遂行任务时通常处于环境动态不确定等情况。对此,如何构建无人机集群体系架构,解决无人机集群系统中无人机平台、载荷、指挥控制站等硬件模块之间的组织体系和连通关系问题,解决状态感知、规划决策、飞行控制等软件模块之间的组织体系和连通关系问题,以及解决支持跨平台、跨指挥体系的互操作问题,是保证无人机集群系统在复杂环境下正常运转的基础,也是无人机集群最大化发挥协同效能、保证集群资源高效利用的体制保证。

2) 集群通信与组网

无人机之间通信是集群协同的基础之一。集群通信一般考虑空中无人机与地面控制站之间以及集群无人机之间的通信。无人机集群的地面控制站通常配备通信设备,采用一点对多点或广播方式,向无人机发送控制命令和接收遥测数据[47]。集群无人机之间的通信主要依靠无人机之间的状态和载荷信息交互,其中无人机之间的通信是无人机集群协同的物质基础。小型固定翼无人机集群节点数量多、任务种类多、飞行速度快、相对时空关系变化频繁以及信息传递的即时性和突发性等,使得集群之间的通信和组网具有节点高速移动性、拓扑高动态变化性、分布稀疏性、任务多样性等要求,对集群通信系统的软、硬件实现提出了很大的挑战性。

3) 集群无人机系统

集群无人机系统包括平台和飞行控制系统,是集群形成能力的基础。集群具备的优势与无人机系统的特性息息相关,合理的平台设计和精确的飞行控制能大幅提升集群性能。与单机相比,适用于集群使用的无人机功能通常较为单一,但成本约束、鲁棒性和模块化等需求更严。无人机飞行控制系统为无人机提供了精确飞行和适应复杂环境的能力,但模型不精确、动力学交叉耦合、测量噪声和风扰等给系统实现提出了很大的挑战性。

4) 集群协同飞行

集群协同飞行是无人机协同执行任务的基础,也是在复杂环境中遂行集群突防、分布探测和分布打击等任务的基本单元。集群协同飞行是指设计分布式控制律使无人机集群保持特定三维结构的姿态和位置稳定飞行,达到时间和空间的同步,并能自动根据外部环境和任务动态调整队形。小型固定翼无人机集群系统是由欠驱动、非线性高速运动体构成的紧耦合关联系统,受失速速度、巡航速度、最大角速度、最小角速度、最小安全距离、通信受限等约束,且其空气动力学参数和飞行速度密切耦合。为保持最优飞行效能,各无人机的飞行速度最好保持在巡航速度附近而不做大幅度调整。同时,环境中不可避免地使无人机之间存在时断时续、干扰抑制、拓扑时变等非理想通信的情况,不完整的无人机之间测量与信息交互使得无人机集群协同飞行控制非常具有挑战性。如何基于固定翼无人机特殊的动力学特性,在集群非理想通信的约束下,设计规模可扩展、系统可实现的无人机集群协同控制律,仍然是一个非常具有挑战性的问题。

5) 集群飞行安全控制

集群飞行安全控制是系统在集成空域能够顺利执行任务的关键技术之一。一方面,无人机集群的任务环境通常较为复杂,如建筑物密布的城市环境、山峰悬崖林立的山区环境、树木飞鸟集聚的森林环境,甚至动态未知的战场环境等,无人机集群飞行中不可避免地面临与环境中各种障碍物发生碰撞的危险;另一方面,无人机的数量规模不断扩大,集群内各无人机在队形变换以及任务调度过程中极有可能因为路径交叉、飞行不确定性等因素而发生碰撞。因此,集群系统的飞行安全控制至关重要。小型固定翼无人机飞行速度快,但无人机之间和无人机对障碍感知的距离有限,通常留给规避安全控制的响应时间很有限。响应快速性、任务复杂性和极端可靠性给集群飞行安全控制提出了苛刻的要求。集群系统如何在复杂未知环境中,特别是在感知、测量、任务不确定的条件下,自主安全地执行任务,并避免彼此之间可能的冲突,这成为一个巨大的挑战。

6) 集群决策与规划

集群决策与规划是无人机集群分布式执行任务的关键之一,决策与规划效率的高低直接决定着无人机集群任务性能的高低。集群通常以并行方式同时遂行多重任务,但是各子任务往往具有时变性和不确定性,且彼此耦合。同时,集群采用分布式感知、分布式通信和邻域协作方式执行任务,但是各无人机的局部信息往往不一致;集群中个体数量众多,决策与规划状态维数多且耦合,容易产生维数爆炸。与地面机器人相比,无人机速度更快,动力学系统更复杂,机载计算能力更有限。故而,为适应瞬息万变的复杂动态环境,如何实现兼顾优化性和快速性的动态决策、任务重规划、航迹重规划,仍然是一个具有挑战性的问题。此外,随着集群中无人机平台数量、类型的不断增加,任务类型的不断扩展,如何高效地管控无人机集群,实现低人机比的集群指挥控制面临着严峻的挑战。

1.4　结语

本章主要从无人机集群系统内涵、现有典型项目、关键问题等角度出发,介绍了小型固定翼无人机集群系统。其中,在无人机集群系统内涵方面,首先介绍了无人机集群系统的基本概念,分析了无人机集群协同执行任务的优势,给出了其在军用和民用领域的广泛应用;在现有典型项目方面,从集群协同模式、指挥体系架构、基础性研究、集群验证四个视角总结现有典型项目;在关键问题方面,总结了集群体系架构、通信与组网、集群无人机系统、集群协同飞行、集群飞行安全控制、集群决策与规划等核心要素。

参│考│文│献 ••

[1] https://gair.leiphone.com/gair/2017/.

[2] ROBERT O W, THOMAS P E. The unmanned combat air system carrier demonstration program: A new dawn for naval aviation? [R]. Washington, D.C.: Center for Strategic and Budgetary Assessments, 2007.

[3] DUAN H B, YANG Q, DENG Y M, et al. Unmanned aerial systems coordinate target allocation based on wolf behaviors[J]. Science China Information Sciences, 2019, 62(1): 205 - 207.

[4] 段海滨,申燕凯,王寅,等.2018 年无人机领域热点评述[J].科技导报,2019,37(3): 82 - 90.

[5] 段海滨,邱华鑫,陈琳,等.无人机自主集群技术研究展望[J].科技导报,2018,36(21): 90 - 98.

[6] SPURNÝ V, BÁČA T, SASKA M, et al. Cooperative autonomous search, grasping, and delivering in a treasure hunt scenario by a team of unmanned aerial vehicles [J]. Journal of Field Robotics, 2019, 36(1): 125 - 148.

[7] HAN J, XU Y, DI L, et al. Low-cost multi-UAV technologies for contour mapping of nuclear radiation field [J]. Journal of Intelligent and Robotic Systems, 2013, 70(1 - 4): 401 - 410.

[8] MAZA I, CABALLERO F, CAPITÁN J, et al. Experimental results in multi-UAV coordination for disaster management and civil security applications [J]. Journal of Intelligent and Robotic systems, 2011, 61(1 - 4): 563 - 585.

[9] TECHY L, SCHMALE I, DAVID G, et al. Coordinated aerobiological sampling of a plant pathogen in the lower atmosphere using two autonomous unmanned aerial vehicles [J]. Journal of Field Robotics. 2010, 27(3): 335 - 343.

[10] MERINO L，CABALLERO F，MARTINEZ-DE DIOS J R，et al. A cooperative perception system for multiple UAVs：Application to automatic detection of forest fires [J]. Journal of Field Robotics，2006，23(3－4)：165－184.

[11] KELLER J，THAKUR D，LIKHACHEV M，et al. Coordinated path planning for fixed-wing UAS conducting persistent surveillance missions [J]. IEEE Transactions on Automation Science and Engineering，2017，14(1)：17－24.

[12] MENG W，HE Z，SU R，et al. Decentralized multi-UAV flight autonomy for moving convoys search and track [J]. IEEE Transactions on Control Systems Technology，2017，25(4)：1480－1487.

[13] Defense Industry Daily staff. USA's Unmanned Aircraft Systems Roadmap，2005－2030 [OL]［2019－11－14］. https://www.defenseindustrydaily.com/usas-unmanned-aircraft-systems-roadmap-20052030-01094/.

[14] Air Force Public Affairs. Flight plan outlines next 20 years for RPA［OL］［2019－11－14］. https://www.af.mil/News/Article-Display/Article/774728/flight-plan-outlines-next-20-years-for-rpa/.

[15] 王祥科,李迅,郑志强.多智能体系统编队控制相关问题研究综述[J].控制与决策,2013 (11)：4－16.

[16] WANG X K，ZENG Z W，CONG Y R. Multi-agent distributed coordination control：Developments and directions via graph viewpoint［J］. Neurocomputing，2016(199)：204－218.

[17] 陈杰,辛斌.有人/无人系统自主协同的关键科学问题[J].中国科学：信息科学,2018，48(9)：1270－1274.
CHEN J，XIN B. Key scientific problems in the autonomous cooperation of manned-unmanned systems [J]. Scientia Sinica：Informationis，2018，48(9)：1270－1274.

[18] 牛轶峰,肖湘江,柯冠岩.无人机集群作战概念及关键技术分析[J].国防科技,2013，34(5)：37－43.
NIU Y，XIAO X，KE G. Operation concept and key techniques of unmanned aerial vehicle swarms [J]. National Defense Science and Technology，2013，34(5)：37－43.

[19] LILIEN L T，BEN OTHMANE L，ANGIN P，et al. A simulation study of ad hoc networking of UAVs with opportunistic resource utilization networks [J]. Journal of Network and Computer Applications，2014(38)：3－15.

[20] DARPA. Offensive Swarm-Enabled Tactics (OFFSET)［OL］［2019－11－14］. https://www.darpa.mil/program/offensive-swarm-enabled-tactics.

[21] DARPA. Collaborative Operations in Denied Environment (CODE)［OL］［2019－11－14］. https://www.darpa.mil/program/collaborative-operations-in-denied-environment.

[22] DARPA. System of Systems Integration Technology and Experimentation (SoSITE)［OL］［2019－11－14］. https://www.darpa.mil/program/system-of-systems-integration-technology-and-experimentation.

[23] DARPA. Distributed Battle Management (DBM)［OL］［2019－11－14］. https://www.darpa.mil/program/distributed-battle-management.

[24] VALENTI M, BETHKE B, HOW J P, et al. Embedding health management-into mission tasking for UAV teams[C]//2007 American Control Conference. IEEE, 9 - 13 July 2007: 5777 - 5783.

[25] KUSHLEYEV A, MELLINGER D, POWERS C, et al. Towards a swarm of agile micro quadrotors [J]. Autonomous Robots, 2013, 35(4): 287 - 300.

[26] HIESLMAIR M. Drone 100: A world record featuring 100 points [OL] [2019 - 09 - 14].https://ars.electronica.art/feature/en/drone100/.

[27] Intel. Experience a record breaking performance [OL] [2019 - 09 - 14]. https://www.intel.com/content/www/us/en/technology-innovation/aerial-technology-light-show.html.

[28] Ehang. Ehang drone formation flight [OL] [2019 - 11 - 14]. http://www.ehang.com/formation/.

[29] High Great. 30 Cities-lighting up China [OL] [2019 - 11 - 14]. http://droneshow.hg-fly.com/en/.

[30] VÁSÁRHELYI G, VIRÁGH C, SOMORJAI G, et al. Optimized flocking of autonomous drones in confined environments [J]. Science Robotics, 2018, 3(20): eaat3536.

[31] MONDADA F, BONANI M, RAEMY X, et al. The E-puck, a robot designed for education in engineering [C]//Proceeding of the 9th Conference on Autonomous Robot Systems and Competitions, 2009(1): 59 - 65.

[32] FRANCESCA G, BRAMBILLA M, BRUTSCHY A, et al. AutoMoDe: A novel approach to the automatic design of control software for robot swarms [J]. Swarm Intelligence, 2014, 8(2): 89 - 112.

[33] KERNBACH S, THENIUS R, KERNBACH O, et al. Re-embodiment of honeybee aggregation behavior in an artificial micro-robotic system [J]. Adaptive Behavior, 2009, 17 (3): 237 - 259.

[34] RUBENSTEIN M, AHLER C, HOFF N, et al. Kilobot: A low cost robot with scalable operations designed for collective behaviors [J]. Robotics and Autonomous Systems, 2014, 62(7): 966 - 975.

[35] RUBENSTEIN M, CORNEJO A, NAGPAL R. Programmable self-assembly in a thousand-robot swarm [J]. Science, 2014, 345(6198): 795 - 799.

[36] WERFEL J, PETERSEN K, NAGPAL R. Designing collective behavior in a termite-inspired robot construction team [J]. Science, 2014, 343 (6172): 754 - 758.

[37] GARATTONI L, BIRATTARI M. Autonomous task sequencing in a robot swarm [J]. Science Robotics, 2018, 3(20): eaat0430.

[38] LI S, BATRA R, BROWN D, et al. Particle robotics based on statistical mechanics of loosely coupled components [J]. Nature, 2019, 567(7748): 361 - 365.

[39] ONR. LOCUST: Autonomous, swarming UAVs fly into the future [OL] [2019 - 09 - 14]. https://www.onr.navy.mil/en/Media-Center/Press-Releases/2015/LOCUST-low-cost-UAV-swarm-ONR.

[40] MEHTA A. Pentagon launches 103 unit drone swarm [OL] [2019 - 09 - 14]. https://www.defensenews.com/air/2017/01/10/pentagon-launches-103-unit-drone-swarm/.

[41] The Maritime Executive. NASA，U.S. navy team up to test microdrones［OL］［2019 - 09 - 14］. https：//www. maritime-executive. com/article/nasa-u-s-navy-team-up-to-test-microdrones.

[42] DARPA. Gremlins on track for demonstration flights in 2019［OL］［2019 - 09 - 14］. https：//www.darpa.mil/news-events/2018 - 05 - 09.

[43] India TV News Desk. Development of swarms of drones underway to take out airstrikes like Balakot［OL］［2019 - 11 - 14］. https：//www.indiatvnews.com/news/india-swarms-of-drones-balakot-airstrike-534581.

[44] Defense Systems & Equipment International (DSEI). STM introduces mini-uav systems to the world［OL］［2019 - 11 - 14］. https：//armadainternational. com/2019/09/stm-introduces-mini-uav-systems-to-the-world/.

[45] WANG X，SHEN L，LIU Z，et al. Coordinated flight control of miniature fixed-wing UAV swarms：methods and experiments[J]. Science China Information Sciences，2019，62(11)：212204

[46] 黄琳.为什么做,做什么和发展战略——控制科学学科发展战略研讨会约稿前言[J]. 自动化学报，2013, 39(2)：97 - 100.

[47] CAMPION M，RANGANATHAN P，FARUQUE S. UAV swarm communication and control architectures：a review［J］. Journal of Unmanned Vehicle Systems，2019，7(2)：93 - 106.

2 无人机集群体系架构

随着技术的进步,无人机执行的任务模式逐步从单机向多机再到集群的方向发展,任务类型逐步从简单向复杂再到多样化发展。当使用无人机集群时,采用何种结构将多个无人平台组合起来发挥更大效能,是首先要解决的问题。本章针对无人机集群体系架构展开,首先介绍了集群体系结构内涵和发展现状,在此基础上提出了任务导向的复合式集群体系架构和集群互操作协议,最后给出了复合式体系架构实现和试验验证。

2.1 集群体系架构内涵

"体系架构主要涉及系统组件的结构、组件之间的关系,以及系统设计与演化的准则及协议。简单地说,体系架构是构建系统及整合系统内各组成部分的详细设计蓝图"[1]。

无人机集群体系架构旨在解决无人机集群系统中无人机平台、载荷、指挥控制站等硬件模块之间,以及环境感知、规划决策、飞行控制等软件模块之间的组织体系和连通关系问题,支持跨平台、跨指挥体系的互操作问题,促使各子系统、各模块高效集成。大规模无人机集群为众多分散系统构成的巨系统。如何构建无人机集群体系架构,是保证集群系统在复杂环境下正常运转的基础,也是集群最大化发挥协同效能、高效利用集群资源的体制保证。

无人机集群体系架构涉及任务控制方式、通信组网、互联互通等多方面内容。不同于单机体系架构,集群体系架构在考虑单机内部结构的基础上,必须综合考虑单机间的组织方式、信息交互模式和互操作等集群间的基础性问题;不仅需要解决系统控制体系问题,而且需要同时实现扩展性、兼容性、开放性,并满足跨平台、跨指挥体系的发展需求。

2.2   集群体系架构发展现状

集群体系架构包括群体的拓扑组织方式、模块化设计方式,以及个体之间的互操作等基础性问题。本节分别从集群拓扑组织方式、模块化设计方式和集群互操作协议等方面综述研究现状,并分析无人机集群体系架构的挑战。

2.2.1   集群拓扑组织方式

从拓扑结构看,常见的集群体系架构组织方式可分为集中式、分布式和集散式。集中式结构具有唯一的中央节点,且中央节点作为集群的中央控制节点,各节点将状态信息传送给中央节点,由中央节点进行集中决策与协调,并将决策控制结果传输给无人机节点执行。集中式结构如图 2-1(a)所示,中央节点与其他无人机节点具有主从关系。集中式结构具有良好的全局统筹和优化能力,具备容易获得全局最优解、全局信息一致的优点。但是,集中式结构中所有的计算功能集中于中央节点,计算量大,求解大规模复杂问题消耗的时间过长,无法满足大规模集群执行协同任务的需求。同时,集中式结构由于功能的过度集中,中央节点往往成为整个系统的瓶颈,存在单点失效问题。

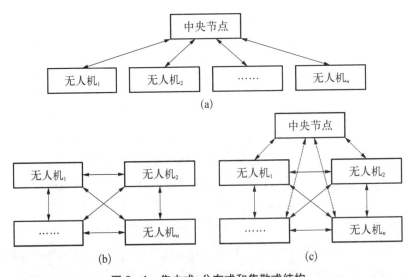

图 2-1   集中式、分布式和集散式结构

(a) 集中式结构;(b) 分布式结构;(c) 集散式结构

与集中式结构相比,分布式结构不采用中央节点对集群系统进行控制,而是采用自治和协作的方式解决集群协同问题。系统中所有无人机节点是对等关系,各节点交互状态信息和领域,并进行分布式决策执行,其组织结构如图 2-1(b)所示。分布式结构具有计算、通信量较低以及扩展性强等优点,但是该种方式会使得各无人机之间的信息不一致,获得全局最优解较为困难。

集散式结构将集中式结构和分布式结构进行结合[2],如图 2-1(c)所示。集散式结构具有中央节点,中央节点与各无人机形成集中式结构,而各无人机之间构成分布式结构。在没有收到中央节点指令情况下,集群进行分布式决策。同时,中央节点实时监控各架无人机,若改变任务或发现更有效的决策时,中央节点亦可以进行集中决策并将结果传输给其他节点执行。集散式结构可以有效地弥补两者的缺点,并兼备两者的优点。但是,集散式结构通常采用分层分组的方式进行组织,构建方式较为复杂,同时信息交互较多。

分布式和集散式结构在获得系统最优解方面可能不及集中式结构,但其拓扑结构简单可靠、信息量小,比较容易避免信息冲突;从工程角度看,它具有较好的扩充性和容错性,能够将突发影响限制在局部范围内。比如,任务突然变更,需要新的无人机加入集群,或者某架无人机由于故障不能继续完成任务,需要脱离集群并补充新的无人机时更便于实现和维护。故而,分布式和集散式结构更适合大规模集群系统。

目前,国外对集群信息交互的研究热点也逐渐由集中式结构转向分布式和集散式结构。例如,美国麻省理工学院、科内尔大学、加州理工学院和加利福尼亚大学洛杉矶分校四所大学在联合研究的复杂环境下分布式自主平台协同控制项目中,针对未来大规模网络化环境下,无人机系统面临的受限通信、大规模平台、不确定性环境和突发敌对威胁等技术挑战,设计了动态可重配置网络拓扑,以实现多机系统复杂、自适应和灵活的行为。

国内各科研单位也对集群拓扑组织方式进行了较为深入的探索。针对无人机平台的运动和通信拓扑的变化使得集中式协调控制结构难以实现的问题,本书提出了以最小通信量为基础的分布式协同控制方法。该方法具有可扩展性、异构性和动态可重构性等特点[3-4]。针对多机平台分布式协同的特点和要求,建立了集中式和分布式相结合的多机平台协同控制系统结构——集中式任务管理系统。它主要完成目标分配、通信管理和编队管理功能,分布式协同部分主要实现局部任务规划、协调策略及协调控制等功能[5]。但是,考虑到无人机数量的增大和结构的自组织性,集群体系结构的研究还需要进一步探索。

2.2.2 模块化设计方式

集群体系架构需要高效地连接平台、载荷、指挥控制站等硬件模块，以及环境感知、规划决策、飞行控制等软件模块。作为一个复杂的巨系统，集群设计要素众多；集群体系架构的设计通常采用模块化的思想进行软、硬件实现。

美国"面向未来开放式无人机系统的应用"于 2014 年提出了 CODE 体系架构，即采用软、硬件模块化思想，借助开放式平台、通用通信接口和总线技术，构建兼容异构无人机平台的面向服务的协同体系结构。如图 2-2 所示，在 CODE 体系架构中，无人机系统采用开放式模块化设计，机载设备模块通过航空电子服务总线集成；无人机通过通信适配设备与地面和其他无人机进行组网通信，地面控制站利用战术服务总线与情报信息系统交互，所有战场信息通过企业总线方式互联互通。

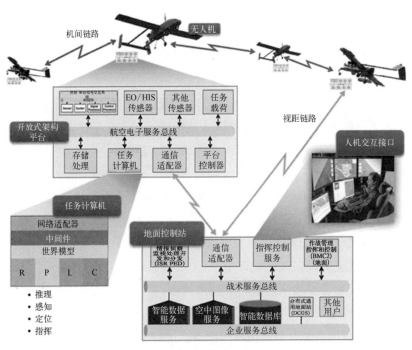

图 2-2 CODE 体系架构

西班牙马德里大学 Sanchez-Lopez 等人针对多机系统提出了一种混合反应/慎思式的开源体系架构 AeroStack。该架构包含了反射、执行、慎思、反思和社会等 5 层[6-7]，如图 2-3 所示。然而，它为非实时架构，无法应用于时敏性强的底层控制（如姿态控制、执行器控制等），可能无法满足无人机高速运动的实时性要求。

Grabe 等人提出了一种异构无人机集群的端到端控制架构 Telekyb，如图 2-4 所示。该架构提供了无人机集群状态估计、轨迹跟踪、目标跟踪等协同任

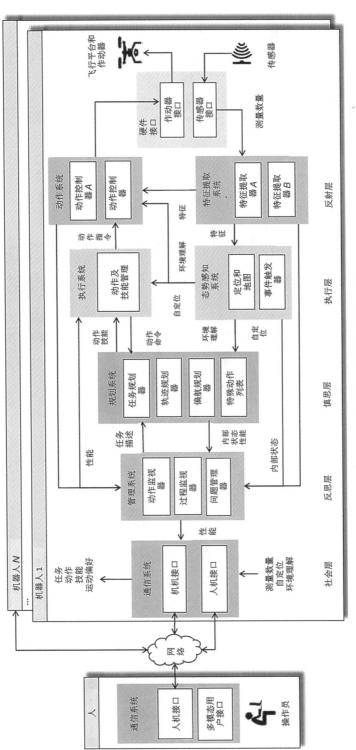

图 2-3 混合反应/慎思式的开源体系架构 AeroStack

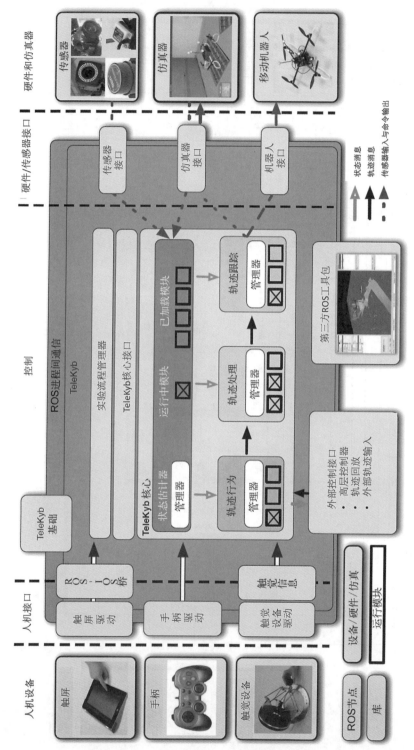

图 2 - 4　异构无人机集群的端到端控制架构 TeleKyb

务的控制功能,并建立了人-集群控制的交互接口。但是,在该架构中,其高层任务(如任务规划等)集中运行在地面端,因此难以保证任务的实时性控制以及规模的可扩展性[8]。

Boskovic 等人提出了无人机集群的六层分层结构 CoMPACT,如图 2-5 所示。该结构有效结合了任务规划、动态重分配、反应式运动规划和突发式生物启发群体行为等[9]。然而,CoMPACT 将任务执行分为任务、功能、团队、班排、无人机等级别,每级别都需设计与其他无人机协同的管理者,显著增加了任务管理者的负担。

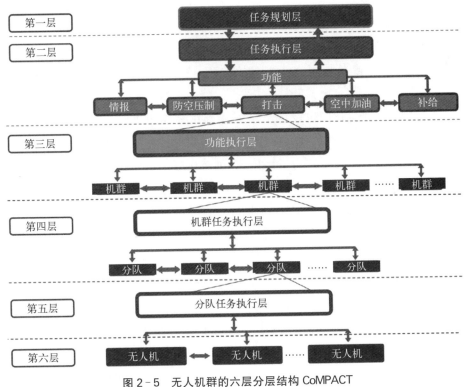

图 2-5　无人机群的六层分层结构 CoMPACT

2.2.3　集群互操作协议

集群体系架构需要支持跨平台、跨指挥体系的互操作问题。美军发布的多版无人系统发展路线图都明确表示,无人系统互操作性是解决各跨平台互联互通的关键技术。美国空军在 2016 年发布的《美空军小型无人机系统飞行计划:2016—2036》[10]中,再次强调联合互操作性概念对于小型无人机系统能力发展必不可少。

国际无人机系统标准化组织制定了一系列互操作标准,包括北约组织发布的标准化协议(NATO STANAG, NS)[11]和美国机动车工程师协会无人机系统工作组 SAEAS-4 发布的联合无人系统体系结构(JAUS)系列标准[12-14]。NATO STANAG 系列标准是联合技术框架,适用于无人机、无人水下航行器、无人海面艇等系统的情报、监视、侦察系统的标准,大致可分为数据标准、接口标准、通信标准和控制标准,覆盖了无人机系统互操作应用的所有关键环节,形成一套完整互操作标准体系。JAUS 系列标准由美国国防部等多部门联合制定,适用于空中、水下和海面等多种无人系统,主要面向无人机系统的顶层设计,以组件为基础的信息传输结构,规定了计算节点之间的数据格式和通信方式,定义了独立于技术、计算机硬件、操作使用和平台的信息、组件行为。JAUS 系列标准包括无人机系统结构框架、传输规范、接口定义语言、核心及机动性服务、历史和域模型等 17 项标准。

针对无人系统,各国也设计了系列互操作标准和协议。美国国防部副部长办公室的无人作战平台互操作性倡议小组制订旨在提高无人作战平台互操作性的总体战略,以转变能力发展模式,创造更好的协同作战环境。为了实现互操作性,在系统开发中必须采用开放式体系结构。开放式体系结构利用一套通用接口与服务、相关数据模型、标准数据总线以及信息共享方法。只要可行,开放式体系结构在各个层次的系统设计商都应使用公开标准接口的现有民用组件。这种方法可避免烟囱式发展模式的不足,有利于创新成果在系统设计中得到更好的应用,简化系统测试于集成过程。《美国空军无人机系统发展路线图 2013—2038 年》[15]指出,空军通过跨无缝的空、天和网电空间领域接口的一套网络化的系统,实现空中力量的有效协同作战。同时,此发展路线图提出联合无人机系统一体化概念,如图 2-6 所示,通过提供互操作性,形成区域内无人机、有人机以及地面无人平台之间协同任务所需的组织结构、指挥控制、信息传递与分发、武器运用和空域管制等基本要素。为实现这一设想,必须提高跨联合作战环境的系统互操作性,制定数据、数据链和面向服务的体系结构的具体标准。

国内在推进无人机系统通用化测控与信息传输系统中开展了相关标准研究[16],并制定了《无人机测控与信息传输系统通用链路协议》《无人机测控与信息传输系统端机性能通用要求》《无人机测控与信息传输系统消息格式》《无人机测控与信息传输系统通用信道要求》等多项标准,已经具备了一定的研究基础和技术储备。相比国外无人机系统互操作性标准，国内标准体系还不完善，标准之间协调性不强，且现有标准的技术覆盖面与型号通用性方面还存在一定差距。

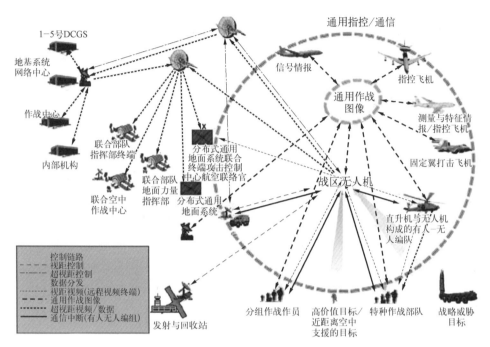

图 2-6 联合无人机系统一体化概念视图

2.2.4 集群体系架构的挑战

为满足集群去中心化、自主化、自治化的需求，集群体系架构通常采用分布式和集散式结构。无人机集群数量众多，常用来执行广域、时敏、复杂的多样化任务；任务环境通常受动态不确定、通信距离和带宽等性能的限制。这使得集群体系架构的构建具备较高的需求。

（1）规模可扩展性。集群规模较大，集群控制体系应能支持大规模个体协同；同时，随着规模增加，协同控制的开销和性能应能保持。目前，大多数相关工作只在小规模系统（通常 2 到 5）验证。但是，随着规模增加，不论在理论研究还是系统实现上，集群系统的难度将指数级上升，体系结构设计也更具挑战性。进一步，无人机集群遂行任务时，环境通常动态不确定，通信距离和带宽等性能受限，进一步压缩了大规模集群系统在理论上的最优性能。故而，集群体系架构的设计要能够适应克服规模的天花板效应，能够适应数量的动态变化。

（2）任务多样性。无人机集群常用来执行广域、时敏、复杂的多样化任务。现有方案通常只关注特殊领域，如编队飞行[17-18]、任务规划[19-20]、目标识别与跟踪[21-22]等，很少适用多种任务。故而，集群体系架构设计需要满足不同应用需求的多样化任务，同时支持新增任务的开放、可扩展。此外，固定翼无人机飞行速度快，执行任务复杂度高、时敏性强，体系架构的设计需要既支持群体OODA回路，也支持不同快慢反应回路，以拓展集群的多样化任务支持。现有的集群架构设计主要针对旋翼无人机集群，还欠缺适宜于执行多样化任务的大规模固定翼无人机集群的体系架构。

（3）互操作性。无人机集群系统涉及要素众多，为降低系统成本，提升系统易用性，需要支持开放式的通用接口与服务、相关数据模型、标准数据总线以及信息共享方法，支持跨平台、跨指挥体系的通用互联与信息共享。现有的互操作性研究在应用领域和标准内容方面存在诸多重叠，对跨平台、跨指挥体系的信息共享与通用互联方面的标准还未形成。如何确立通用性强、兼容性好的集群互操作标准与规范，尚面临巨大挑战。

2.3　任务导向的复合式集群体系架构

针对集群体系架构规模可扩展性，任务多样性、开放性等挑战，本节设计了一种任务导向的复合式集群体系架构，它适宜于小型固定翼无人机集群等大规模无人系统在通信受限条件下执行复杂多样化任务。该复合式集群体系架构将无人机集群的任务协同与控制分成多个层次，每个层次对应于特定尺度下协同与控制功能的实现，最终形成功能式、行为式和混合式的分层自主任务控制体系结构，可实现无人集群中无人作战平台、指挥控制站、任务载荷等硬件模块的有效互联，以及感知、决策、规划、控制等软件功能模块的有机组织，使无人集群在复杂不确定的战场环境中完成特定的目标任务。在下文中，将从体系架构的总体设计和分层设计2个层面对任务导向的复合式集群体系架构进行阐述。

2.3.1　总体设计

复合式集群体系架构总体设计分为3个方面。首先，设计群-组分级且可扩展的复合体系，实现异步的分层扁平化架构，能够适应无人平台数量的增减变化，并从软件和硬件2个层次，分别设计标准化的软件组件和模块化硬件组件，适应不同环境中不同规模、不同类型的多样化任务，支持群体OODA回路，支持不同快慢反应回路。其次,在分层扁平化集群架构的基础上,设计自适应重构与自组织体系,结合任务需求、环境态势、通信条件、体系指标以及既有队形库,灵活地切换集群架构的组织形式。最后,对系统中的数据流和信息流进行协同设计,摒弃传统的周期性时序控制方法,考虑由突发任务等非周期事件驱动的触发机制,构建基于事件驱动的协同组织模式,在不过于降低系统性能前提下,降低无人机之间信息交互的频率。

2.3.1.1 分层分布式扁平化集群体系结构

体系结构决定无人机集群的协作能力和整体性能。本节将对所设计的无人机集群体系结构框架进行阐述。该体系结构实现了集群无人机的感知、建模、规划、决策、行动等模块的有机结合,使无人机集群在不确定的动态环境中完成特定的目标任务。根据不同的任务需求,将无人机集群的协同与控制分成如图 2-7 所示的 5 个特定层次,包括人机交互层、通信网络层、智能协同层、高层控制层和底层控制层。每个层次对应于特定尺度下协同与控制功能的实现,最终形成功能式、行为式和混合式的分层自主控制体系结构,提升控制系统的鲁棒性和自组织体系的通用性,实现无人机集群的快速协同控制。本节所设计的集群体系结构具有层次结构开放、信息分布式处理、数据分发近实时、系统功能模块化的特点,能够满足互操作性、可移植性、灵活性和可伸缩性的内在要求。

将集群系统划分为五层结构可以降低大型系统的构建复杂性。其中,由于底层控制层主要负责姿态控制和执行器控制等飞行控制,将其部署于嵌入式实时操作系统中,可确保系统中断延迟和线程切换延迟,进而满足底层控制的实时性需求。高层控制层部署于高性能处理板上。凭借高性能处理板的计算能力,它可以运行计算密集型任务,如高维感知、任务规划和编队控制等,从而构成能遵守 OODA[23] 过程的各个功能模块。智能协同层根据用于协作任务的无人机之间的协商(如任务分配)来封装功能。通过智能协同层,每个无人机可以与其他无人机协商以获得自由冲突解决方案。与高层控制层一样,此模块也部署在高性能处理板上。通信网络层管理所有无人机与地面控制系统之间的消息传输。它包括通信基础结构的设计(硬件方面)和通信管理(软件方面)。人机交互层部署于地面控制站中,并提供用于可视化情况的界面,包括无人机状态、数据和地理环境。此外,人机交互层还为操作员提供命令接口,从而对无人机集群系统进行指挥控制。

该体系结构采用模块化的思想,将整个系统进一步划分为许多模块,各模块可以视为具有输入和输出接口的黑匣子。这使得每个模块专注于自身设计,并抽象出其他模块的详细信息,简化了开发实现过程,提高了系统的可扩展性。

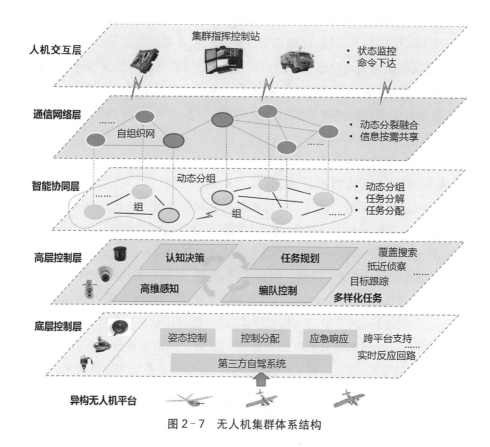

图 2-7   无人机集群体系结构

该体系结构本质为一种集散式的体系结构,在具备良好可扩展性的同时,能够对集群系统进行有效的管控。每架无人机可在线自主决策。这样,它消除了中央控制器对任务协调的单点依赖。而且,该架构根据任务要求和通信能力将无人机集群动态地划分为各个协调组,每个协调组可分配一个组长。各组内无人机进行状态信息交互,各组间由担任组长的无人机进行信息交互。这使得每架无人机上维护的状态的规模不会随着集群规模的扩大而极速膨胀,从而可以提高群体系统的可扩展性。

为了满足不同级别的群体系统控制的时序和计算要求,该体系结构利用了低功率微控制器单元和高性能微处理单元。在低功率微控制器单元中安装嵌入式实时操作系统,可以部署对实时性要求很高的任务(如姿态控制和执行器控制),低层控制层所负责的任务可以部署于该处理器单元中。在高性能微处理单元中安装分时操作系统,可以部署计算密集型任务(如目标识别和任务计划),这些任务对应于高层控制层和智能协同层。因此,这种分层处理的设计不仅补偿了实时平台的计算能力不足,而且为实现计算密集型算法带来了更多的灵活性。

　　该体系结构不限于特定种类的空中平台。不同的平台可能具有不同的配置,如有效载荷、推进方式、形状和质量。然而,相同的飞行控制信号(如速度、姿态、高度等)可以为具有不同配置的平台产生不同的执行器控制输出。通过引入控制分配矩阵来区分空中平台,集群系统可以根据平台的配置动态地将低电平控制信号转换为兼容的执行器控制输出。此外,为了设计轻巧和小型化的集成航电系统,将各种机载硬件(如处理板、感知设备、通信有效载荷、电路和冷却设备)集成到一个紧凑的控制器中。控制器与平台松耦合连接。因此,通过移植集成的控制器,各种类型的空中平台可在集群系统中互联互通,具备跨平台能力。

　　信息协同是实现无人机集群协同控制的基本保证。进一步进行信息协同设计,使得各个节点能够对所收到的数据进行预处理(如数据冲突的检测与消解、时空校准、失配补偿、置信度规格化),为将观测数据分配给可能需要的实体(即数据关联)做准备。同时,给出可行度高、可验证性强的数据关联假设,并进行评估、选择和修正。借助机器人操作系统(robot operating system,ROS)按照五层架构设计标准化的软件模块,包含从人机接口、通信管理、群体 OODA、导航控制、载荷管理、执行控制等不同模块,支持不同快慢反应回路(从感知决策的分、秒级到底层执行的毫秒级),并根据不同任务和载荷自动加载对应的功能模块。标准化的无人机集群软件模块结构如图 2-8 所示。

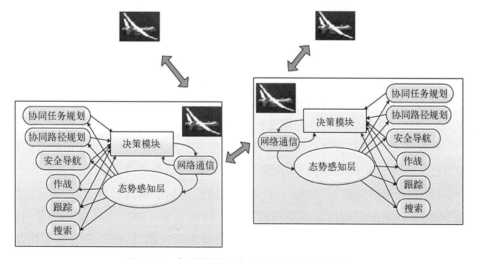

图 2-8　标准化的无人机集群软件模块结构

2.3.1.2　自适应演化与自组织重构

在分层扁平化集群架构的基础上,根据任务性质、集群能力以及任务变化,不断动态调整集群结构,具有高度适应性和灵活可配置性,分别从功能演化和架构重构两个方面,将优化的维度降低到计算可承受的范围,实时优化组织架构和拓扑结构。如图2-9所示,以区域巡查、反恐作战、环境监测、森林防火等无人机集群应用为例,自适应演化与自组织重构面向不同的应用,根据任务需求、环境态势、通信条件,结合体系指标及既有队形库,动态切换集群组织形式、拓扑结构及聚集方式。

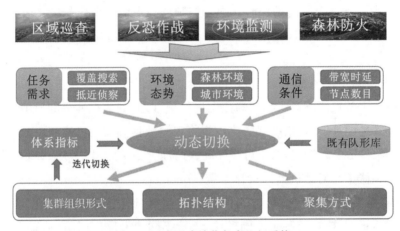

图2-9　自适应演化与自组织重构

在复杂环境中,传统单一的集群体系结构已不能满足大规模集群自主控制的要求。结合顶层的任务需求及当前的态势,灵活地切换集群体系结构的组织形式。在低任务强度时,由集群地面控制站的指挥员进行观察、监控、判断、决策及任务下达;在高任务强度时,在结构底层,由各子群组自主组织实施,集群根据任务意图及距离约束,自主地分组,各组之间进行分布式协同,共同完成顶层下达的任务,并将自身所感知、理解的态势由下而上向顶层汇报。

2.3.1.3　事件驱动的协同触发机制

集群体系结构必须考虑协同系统的信息流和控制流,以及信息和数据的触发方式。在传统的体系结构中,大多按照严格的时间戳来驱动信息流和数据流。例如,按照固定时间周期(如30 ms)来更新信息流和数据流。但是,在实际应用中,不同事件所要求的信息更新和控制执行频率并不一致。在环境和任务信息不变的情况下,信息更新和控制解算的频率通常可以很低;在任务发生变化,即新的事件产生时,信息更新和控制执行的频率要求较高。特别地,在规模比较大的集群系统中,当发生非时序任务事件时,如果按照固定频率进行信息更新和控制执行,则无事件时浪费了大量的通信带宽;事件发生时信息需求可能也不及时。故而,可以结合事件驱动思想,考虑突发任务等非时序意外事件,设计事件驱动的触发机制,驱动信息更新和控制执行。驱动条件一般包括某种测量误差超过给定的阈值;无人机任务状态或编队环境改变时,无人机需要改变原有队形以适应新的任务或环境需求。因此,将这些改变定义成离散的事件,当事件发生时,及时触发无人机集群的通信或控制目标发生响应的调整。

集群协同中定义四类触发无人机集群快速响应的事件:集群任务变化、无人机数量变化、飞行环境变化和任务状态变化。

(1) 集群任务变化。在无人机集群执行任务的过程中,当集群的任务发生变化时,多数情况下需要改变部分无人机功能以及相应构型以适应新的任务。比如,刚开始时所有无人机均执行区域搜索任务,一旦发现新的目标,则自动调动部分无人机执行环航跟踪任务。又如,地面目标数量、运动状态不断变化时,也会导致集群任务发生局部变化。

(2) 无人机数量变化。部分损毁、部分返航补充燃料、部分通信失联等导致集群无人机数量增加与减少。比如,执行区域覆盖任务的部分无人机损毁,剩余无人机任务重构才能保证区域最大覆盖。又如,部分无人机通信中断脱离集群,通信恢复时又补充到集群中。

(3) 飞行环境变化。飞行环境变化主要包括集群安全受到威胁或通信质量发生改变。比如,在非凸环境中,当探测到环境障碍时,无人机集群需要快速改变队形以避免碰撞;当通过障碍物区域后,集群恢复原任务队形。又如,当受到电磁干扰或能见度降低影响无人机之间的相互探测时,集群构型可能需适当收缩,以保证通信拓扑或相互观测关系不变。

(4) 任务状态变化。任务状态变化包括集群飞行或者环航跟踪中误差超过预设阈值、遭遇突然风扰等。

2.3.2 分层设计

针对无人机集群系统规模庞大、模块、功能众多,组织关系复杂,采用层次化的思想,将集群系统划分为底层控制层、高层控制层、智能协同层、通信网络层和人机交互层 5 个层次。每个层次相互关联但又责权分明,可以有效地降低集群系统的构建复杂性,同时满足集群可扩展性、任务多样性和互操作性的需求。在下文中,将对体系架构中每个层次的设计进行阐述。

2.3.2.1 底层控制层

底层控制层主要负责姿态控制、信息融合、控制分配等飞行控制业务。在此层中,加速度计、磁罗盘、气压计等机载传感器为无人机提供实时的、精准的位置和姿态信息,同时在第三方自驾系统的基础上[24-25],对无人机姿态控制、控制分配和应急响应等功能进行功能扩展,从而与高层控制层共同完成无人机集群的自主协同控制功能。这类业务实时性要求较高,计算量需求不大,将其部署于实时操作系统之上,能够保证系统中断及线程切换时延。

底层控制层将接受高层控制层的制导控制指令。制导控制指令内容为"俯仰速率、滚转速率、偏航速率、油门"。在接收到制导控制指令后,底层控制层中的姿态控制模块将结合制导控制指令的要求生成姿态控制信号,并由控制分配模块根据无人机平台类型生成作动器的控制信号。当底层控制层检测到异常情况时,如在飞行过程中控制指令中断,应急响应模块将对异常情况进行处理,导引无人机返航。

2.3.2.2 高层控制层

高层控制层主要负责高维感知处理、任务规划、制导控制等协同控制业务。这类业务对计算及存储的性能需求大,实时性要求相对飞行控制业务较低,将其部署于高性能处理板上,能够保证无人机的计算及存储能力。如图 2 - 10 所示,高层控制层依据 OODA 回路的要求,实现了单机自主 OODA 的功能。在下文中,将对高层控制层中的核心模块进行阐述。

高维感知处理模块运用高维感知载荷,如光电、合成孔径雷达、红外灯,对环境进行高维感知,并对感知图像进行分析处理。它主要包括目标识别、目标定位、障碍检测、感知载荷管理等业务。其中,目标识别指通过感知图像对目标所属类型进行识别。目标定位指结合图像坐标及无人机姿态进行目标的定位。障碍检测指通过感知图像对障碍进行检测。感知载荷管理指对挂载的载荷进行接收图像、转动控制等管理。

任务规划模块主要负责根据子任务要求生成规划序列,主要包括邻居信息处理、规划序列生成、事件监控等业务。其中,邻居信息处理指接受自身无人机及其他无人机的状态信息。规划序列生成指根据自身无人机及其他无人机的状态信息进行规划,生成规划序列。事件监控指对子任务执行过程中的邻居及自身状态进行监视,若发生子任务执行冲突,可对任务进行重规划、消解。

制导控制模块主要负责根据规划序列要求生成制导控制指令,主要包括邻居信息处理、控制序列生成、事件监控等业务。其中,邻居信息处理指接受自身无人机及其他无人机的状态信息。控制序列生成指根据自身无人机及其他无人机的状态信息进行制导控制,生成制导控制指令。事件监控指对子任务执行过程中的邻居及自身状态进行监视,若发生意外事件,如无人机之间距离小于安全距离,则进行应急制导控制。

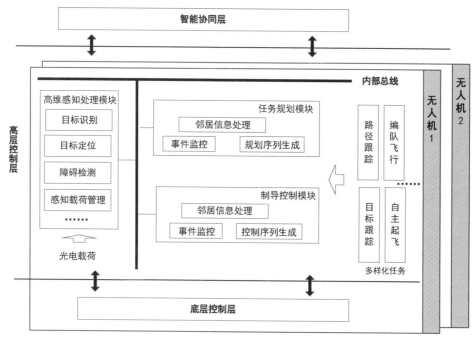

图 2-10 高层控制层设计

2.3.2.3 智能协同层

智能协同层主要负责与无人机之间的协商有关的任务,从而进行任务协调,如任务分解、任务分配、任务调度和进度监视业务等。智能协同层设计如图 2-11 所示。智能协同层根据任务需求和通信范围,将无人机集群动态地划分成多个协调组,各协调组指派一架无人机作为组长,并实现组内无中心分布式协同,组间有中心协同。通过这种方式,组内无人机相互共享状态信息,使得每架无人机上维持的状态不会随着集群规模的增加而急速膨胀。此外,智能协同层还负责将任务分解为子任务,并在协调组内的无人机之间进行任务分配。任务分解指将接收到的任务分解为多个子任务,如多目标跟踪任务被分解为目标 1 跟踪、目标 2 跟踪和目标 N 跟踪等多个子任务。任务分配指将子任务在邻居无人机中进行分配,如目标 1 跟踪由无人机 1 负责,目标 2 跟踪由无人机 2 和无人机 3 负责等。任务调度指对分配给所在无人机自身的子任务进行调度执行。进度监视业务指对子任务执行过程中的邻居及自身状态进行监视,若发生子任务执行与其他无人机子任务冲突,可进行任务重新分配或消解。值得注意的是,智能协同层负责对任务进行分解、分配,而不会为子任务生成详细的任务计划,如航迹规划、子任务序列执行规划等。这部分工作由高层控制层中的任务计划器完成。此外,智能协同层还会对各无人机任务执行情况进行监控,当检测到冲突时会重新分配任务以及任务序列。

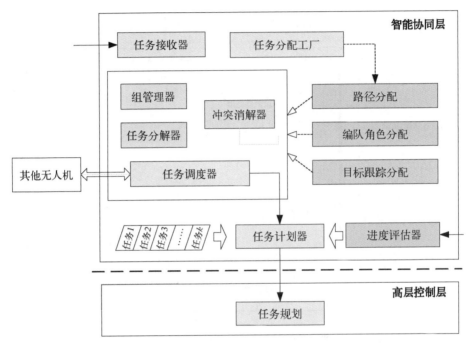

图 2-11　智能协同层设计

对于不同的任务,无人机集群之间的协商流程及内容会有所不同。例如,编队飞行的任务分配目标是确定哪些无人机是领导者或追随者,而目标跟踪的分配目标是确定哪些无人机负责跟踪哪些目标。因此,类似于任务计划模块,应用工厂模式[26]来整合面向不同任务的任务分配器。一旦收到任务,任务分配工厂模块将根据任务类型启动关联的任务分配器。每个任务分配器都由组管理器、任务分解器、冲突消解器和任务调度器组成。更具体地说,分组管理器根据任务的要求和通信范围来确定协调小组,如可以采用聚类算法用于划分组。任务分配器在协调组中的无人机之间分配任务以及任务序列,可以采用许多任务分配方法,如基于市场的[27]和基于优化的[28]机制。任务分解器根据预设配置将任务分解为多个子任务。冲突消解器检测到潜在冲突时,会触发重新分配流程。任务调度器在确定任务序列后,会在任务序列队列中一一调度任务。请注意,从调度的角度来看,任务有两种类型:阻塞任务和非阻塞任务。阻塞任务的后续任务,必须等待阻塞任务完成后才可以启动;非阻塞任务的后续任务,可以在非阻塞任务启动的同时进行启动。

2.3.2.4　通信网络层

通信网络层主要负责无人机之间,以及无人机与地面控制站之间的信息交互业务。它主要包括在硬件层面上通信方式的设计,以及在软件层面上通信协议的设计。

1) 通信端机设计

由于无人机集群通常采用低成本、小型化的无人平台,具有低功耗、轻量化需求,机载设备中的通信端机在功耗、质量、成本上存在限制。因此,以最大限度延长无人平台航时和满足小型化无人平台的应用为目标,需对机载通信端机和智能天线进行针对性低功耗和轻量化设计。对于使用电池供电的机载数据链端机和天线,其平均功率消耗影响无人机在战场的可运作时间。因此,机载端机的相关硬件设计和软件设计都必须把端机和天线的大小、质量,以及电源的设计作为首要的考虑事项。从动态时钟调整、电源供应调整、操作模式、工作周期影响、静态和动态电源对比、硬件电源的小型化考虑,以及可编程逻辑和专用集成电路(application specific integrated circuit, ASIC)的设计对比等多方面进行研究,构建灵活的软件无线电平台体系结构。同时,可以采用机体与天线相结合的设计方式,充分利用机翼、机身以及机头等部位,部署定向波束天线,多方向拼接为全方位天线阵列。

2) 通信网络架构设计

为了满足不同类型信息对带宽、时延等网络质量的不同要求,通信网络层利用不同类型无线技术,设计 3 条通信链路,如图 2 - 12 所示。① 数据链路,主要用于传输感知图像带宽要求高、时延需求相对较低的业务;② 控制链路,主要用于传输指令和协同状态信息等时延性要求高、带宽需求低的业务;③ 遥控链路,主要用于操作手对无人机进行远程遥控,在出现意外情况下进行应急保护。

3) 按需即时信息分发与传递

在无人机集群信息需求分析和预测的基础上,针对无人机集群协同执行任务过程中的信息处理、分发与传递机制开展研究,建立了信息分发传递的 3 类优化模型,支持无人机集群系统在多种信息分发传递负荷情形下的信息分发与传递。进一步分析了无人机集群系统中涉及的飞机状态、编队构型、链路状态、任务计划、传感器数据、武器数据、任务数据等多种信息类型,以及无人机集群系统在不同阶段中信息需求导致的信息分发传递负荷情况,分别从数据层、特征层、决策层等方面讨论了信息处理的等级与信息处理方法。在此基础上,根据不同节点上的信息需求类型与信息需求规模,将一组待分发传递的信息分别封装为一组信息分发传递任务,并通过信息类型、数据量、任务优先级、源节点、目标节点等属性对该任务进行描述,在多机协同系统的网络带宽、通信时延等因素的约束下,将上述问题转化为对信息分发传递任务的最优规划问题,分别采用预规划、优先级、滚动时域等方式进行问题建模与求解。通过对不同信息分发传递负荷情况的试验分析,讨论上述建模方法的适用场景与应用效果。

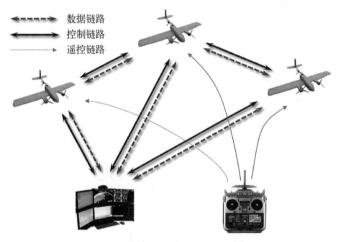

图 2‑12　通信网络架构设计

2.3.2.5　人机交互层

人机交互层主要负责无人机集群系统状态及感知环境的监视,以及指控命令的下达,主要包括集群系统状态、感知环境可视化接口和指控命令接口。人机交互层一般由指挥控制站实现。由于无人机集群由大量无人机组成,海量的状态信息会使得指挥控制站的指控人员难以捕捉到重要信息,不能高效地对无人机集群进行指挥控制。因此,人机交互层具有以下特点:

(1) 状态及环境可视化接口方面:① 状态信息和感知图像在显示时,需进行分析处理,对重要信息进行强调;② 显示窗口、工作面板、内容条目可以由指控人员动态打开或关闭。

(2) 指控命令接口方面:① 可选择语音助手进行当前状态播报和命令下达;② 提供高层任务指令,如编队飞行、目标搜索、目标跟踪等;③ 提供任务序列管理,如起飞→盘旋→编队飞行→目标搜索。

2.4 集群互操作协议

无人机集群系统互操作标准已成为世界范围内无人机集群系统研制方和使用方共同关注的焦点。通过建立合适的互操作协议,包括技术标准、接口标准和协议转换程序,增强无人机集群技术,以及设备的兼容性和通用性,可以有效减少无人机集群系统的构建与维护成本,实现跨用户、跨平台、跨指挥体系的互联互通和数据共享,简化操作和指挥控制,从而提高无人机集群任务执行的效能。为此,将从跨平台互操作协议标准、基于面向服务的架构(service-oriented architecture,SOA)的开放集成接口和多数据/控制链报文协议的转换 3 个方面对互操作协议进行阐述。

2.4.1 跨平台互操作协议标准

无人机集群系统跨平台互操作协议标准框架是在参考《面向北约无人作战飞机互用性的无人作战飞机控制系统标准化接口(4586 标准)》(以下简称"STANAG 4586 标准")基础上研究并完成的。整个文电标准的设计充分考虑了信息支持系统的通用化、模块化。该标准主要包括数据链接口报文、指挥与控制接口报文、人-系统接口报文等。

(1) 通用化。主要参考 STANAG 4586 标准对数据链接口协议进行了设计[29],在此基础上,开发了相应的飞机专用模块开发包(VSM SDK),并在仿真平台上进行了试验。采用的方法是梳理控制与监视无人机集群、载荷、任务等所需最基本的接口协议,分离平台特定的接口协议。在指挥控制接口方面,主要采用的是自定义接口协议,如威胁的接入、任务计划的接入等。软件设计主要考虑软件重用性、封装的规范化。横向考虑不同类型无人机控制接口的通用化;纵向考虑多机控制接口的通用化,如一站控制一机、一站控制多机。

(2) 模块化。模块化主要包括两个方面:地面控制站功能的模块化和接口的模块化。

在地面控制站功能的模块化方面,由平台监控功能、载荷监控功能、任务规划功能组成。平台监控功能主要涉及无人机的控制、无人机的监视、飞行模式的选择、武器投放、控制权移交控制和监视、C4I[①] 图像显示等基本业务;载荷监控功能主要涉及载荷控制、载荷监视、载荷控制权移交的控制和监视、运动图像显

---

① C4I 为指挥、控制、通信、计算机和情报。

示、传感器部署、武器投放机制标识、载荷余量显示等基本业务；任务规划功能主要负责整个任务的控制与监视，涉及对任务计划的创建、编辑、保存，对外部任务计划的输入、查看、保存，即时更新当前任务计划，上传、下载任务计划等。

在接口的模块化方面，针对数据链接口协议开发 VSM SDK。VSM SDK 提供独特的通信协议、接口时间和数据格式，供相关的飞机使用。VSM SDK 所包括的数据链接口应用程序接口支持包括处理维护和多机的连接、发送和接收标准的数据链路接口（data link interface，DLI）报文、发送和接收用户指定的报文、发送报文至单机和多机平台、处理授权请求、自动检测报文的一致性、设置和获取报文的字段、枚举已连接的无人机平台等在内的多种功能。

结合上述标准，在 STANAG 4586 标准的基础上对复合体系架构的互操作协议进行扩展。其中，互操作协议包括多机控制协议指令、指挥控制接口自定义协议、控制权移交/切换流程与相关指令。

（1）多机控制协议指令。随着近年来"一站控多机""单操作员控制多机""多机协同"等控制方式的大量使用与趋于成熟的趋势，针对多机控制的要求对协议进行了扩充，并对多机控制需要的数据链接口协议进行了重载定，同时在数据链接口协议的使用机制上也做了相应修改。

（2）指挥控制接口自定义协议。在 STANAG 4586 标准中，指挥控制接口主要面向的是包括美国在内的北约等国的指挥控制部门，其接口内容大多未对外公布，并且北约的指挥控制系统体制与我国存在着很大的差别。因此，对于指挥控制接口的设计主要采用的是自定义方式。现今，指挥控制接口自定义协议主要针对外部世界信息的接入、外部任务计划的接入、图像情报信息的输出、感知目标信息的接入等。

（3）控制权移交/切换流程与相关指令。考虑到无人机移交、控制过程的必要性，以及在控制权移交/切换的过程中存在不小的风险（如移交地面站双方都丢失对无人机的控制链路，或者移交过程中无人机正在做大的机动动作等），项目将控制权移交/切换单独作为标准化协议的一部分，重点对其主要的移交/切换流程进行设计，梳理出流程中哪些指令可以用标准化协议中的指令、数据链接口协议来表达或实现所需辅助信息。另外，还设计了移交/切换时接收端信息支持系统飞行仪表和控制运行正常运行可参照的计划表单。

2.4.2　基于 SOA 的开放集成接口

随着无人系统的技术发展，异构无人系统互操作性的兼容性成为研究的重点。2007 年,美国国防工业协会的标准委员会在"互操作性标准分析报告"中提出,为了避免 NATO STANAG[14] 与 JAUS 系列标准之间的冲突,实现真正意义的互操作,达成标准的一致性,两者均以 SOA 为发展目标,逐步实现融合。其具体策略为采用 SOA 将提供较好的途径实现无人系统的互操作性。JAUS 委员会提出了 SOA 的实现设计文档。同时,STANAG 4586 委员会计划在 NATO STATAG 4.0 版本中引入 SOA。在 SOA 对两种协议进行融合过程中,既保持了两者的先行性和完整性,又实现了两者的顶层服务融合。

基于对 NATO STANAG 与 JAUS 系列标准现状分析可知,无人机系统的互操作性标准从本质上是要提供信息在各个域实体包括无人系统、有人系统、控制单元与载荷等之间的数据传输的方法;支持和发现实体的动态注册与重构;规范所有通信层次与开放式系统互联参考模型,增强通用性。

SOA 是一个组件模型,它将应用程序的不同功能单元(服务)通过这些服务之间定义良好的接口与契约联系起来。接口是采用中立的方式定义的,它应该独立于实现服务的硬件平台、操作系统和编程语言。这使得构建在系统中的服务可以以一种统一和通用的方式进行交互。这种具有中立的接口定义(没有强制绑定到特定的实现上)的特征称为服务之间的松耦合。松耦合系统的好处有两点:一点是它的灵活性;另一点是当组成整个应用程序的每个服务的内部结构和实现逐渐发生改变时,它能够继续存在。此外,紧耦合意味着应用程序的不同组件之间的接口与其功能和结构紧密相连,因而当需要对部分或整个应用程序进行某种形式的更改时,它们就显得非常脆弱。协同控制系统运行在线计算系统时,系统中各类功能、算法服务(模块)通过服务接口,遵循总线协议方式,接入机载航电服务总线,经平台通信适配模块(通信接口)与无人机之间数据链网络。在协同控制体系中,各子系统、功能、算法模块以服务方式抽象化为标准服务形式,在服务管理机制的执行和调度下,为体系内各无人-有人机提供服务,实现跨异构平台之间的协同控制。同时,依据典型协同模式和平台的互操作能力,制订各种服务的权限和等级,确保协同控制的有效性。

本节设计的基于 SOA 的开放接口具有以下主要特点:

(1)基于 SOA 设计方法构建基础架构,采用基于组件的软件开发(component based development,CBD)的思想构建抽象化[30-31]、标准化服务层,以服务的方式支撑 OODA 协同控制流程,兼容各类异构无人机平台,具有较好的扩展性。

(2)采用 IP 组网通信模式的底层数据链网络环境,以服务请求和提供的方式实现协同控制,不受底层通信接口和协议的约束,支持无人机随时加入或退出,支持作战单元动态组网通信。

(3)构建基于簇的服务管理机制,以指派或选定无人机为簇首,发现、发布并管理服务列表,其他无人机通过簇首获取服务;构建分布式对等管理机制,无人机以自组织方式,通过服务请求广播方式发现并获取服务,各平台维护、更新局部服务列表和服务信息,在无人机战损时,重新构建服务管理信息。

(4)支持 OODA 协同控制回路各阶段、不同类型和不同传输质量要求的信息传递。为无人机观察信息的传输建立数据通信方式,确保大信息量连续传输;为判断信息传递建立基于消息通信机制,实现信息及时到达;为决策和执行控制指令的传输建立服务请求和提供服务的交互方式,完成决策上传以及控制指令的实时发送。因此,参考企业服务总线(enterprise service bus,ESB),考虑协同控制的实效性,建立数据、消息、服务总线,支持协同控制过程各类信息的传递,满足不同时效性、信息形式、传递方式等方面的要求。

(5)面向无人机平台航电系统环境,建立体系内部通用服务接口标准和协议,确保体系的扩展性和开放性。

基于表现层状态转化(representational state transfer,REST)原理[32]实现面向服务的功能组件封装为服务,构建基础服务层和联合服务层,建立面向分布式架构的服务集成与管理,实现分布式协同控制环境构建。服务描述是实现 SOA 的松耦合性的基础之一,通过服务描述定义了服务提供者与服务消费者之间的服务契约的主要内容。自描述是服务的基本特征。通过自描述,作为开放网络构件的服务以编程语言无关的方式对外公布其调用接口和其他相关特征。通过服务描述,服务屏蔽了其实现细节,使服务提供者与服务消费者之间能以一种松耦合的方式协作。

服务描述通过服务契约来定义,描述内容如下:① 服务的输入和输出参数(根据服务层数据模型定义的文档类型);② 服务的安全概要,如权利、访问控制列表、保密及不可否认性等;③ 服务质量(quality of service,QOS),如优先级、可靠传送、事务特征和恢复语义等;④ 服务水平协议,如响应时间、可用率等。

将分布式网络上的所有事物(包括体系内各功能组件和底层业务框架)抽象为资源,每个资源对应唯一的资源标示符,通过通用接口对资源进行操作,且所有的操作都是无状态的。

服务集成系统为分布式框架分系统提供对其他分系统(平台)的业务逻辑进行集成、定制以及协作管理,支撑协同控制流程,主要实现:① 将业务系统按照服务的方式进行组织,为各个业务系统服务提供统一的注册机制;② 支持对多个业务系统服务进行流程定制;③ 在多个相互协作、相互关联的业务服务之间进行智能、自适应的路由和流量控制;④ 服务集成子系统,通过代理服务实现不同业务服务之间的数据绑定格式、通信协议的转换工作,并实现对消息的过滤;⑤ 对业务系统的访问请求提供负载均衡的机制。

服务集成系统包括 8 个主要功能模块。注册-发布模块和流程定制模块为架构分系统提供服务管理的能力,主要针对具体的服务实体进行管理;路由-流控模块、数据协议转换模块、负载均衡模块和消息过滤模块提供服务协作管理的能力,主要维护多服务实体间的协作、组合关系的稳定性和准确性;运维监控代理和配置控制台提供辅助功能,主要实现对子系统的监控与配置功能。

(1) 注册-发布模块。该模块维护一个服务注册的目录,并对外提供统一的服务调用界面。该模块接收并校验各业务系统向架构分系统提出的服务注册请求。对校验通过的注册请求,依据请求中包含的服务元信息,以及权限/等级生成代理服务。之后将代理服务地址与业务服务的实际地址在目录中登记,完成服务注册过程。最后对外提供代理服务地址的检索查找功能,实现基于代理服务的业务服务发布功能。

(2) 流程定制模块。业务系统提供的服务往往需要组合后才能完成一个相对完整的业务过程。该模块为业务系统提供一个设计组合服务、定制业务流程的功能。使用该模块,可以通过代理服务将若干个业务服务进行编制,并指定数据流与控制流的流程。最后实现按照业务流程注册并发布组合服务的能力。一个代理服务可以参与多个业务流程。

(3) 路由-流控模块。该模块首先为各业务系统服务之间的消息交互即数据交换提供地址映射、转换和寻址的能力。为使分布式体系架构中各分系统的集成于协作,架构分系统通过代理服务向各分布式业务系统暴露统一的调用接口,隐藏实际业务服务部署物理位置的差异性。为了实现功能调用的可用性,架构中各无人-有人机端协同控制系统必须提供路由的能力。该模块的另一个功能是控制流量,通过对路由到各个业务服务的数据量的动态监控,根据服务的实时性要求,制订路由和传输方式,并实现对发向繁忙业务服务的流量的延迟发送,避免拥塞,提高系统的响应能力。

(4) 数据协议转换模块。数据协议转换模块的功能主要是实现对常见的通信协议、架构分系统内部使用的标准通信协议与数据绑定格式的相互转换与翻译。通过该模块的转换和翻译,可以屏蔽各业务服务实现的差异化。各业务系统服务也可以通过扩展该模块,实现对自身使用的某些特殊协议与数据绑定格式的转换。

（5）负载均衡模块。在分布式体系中，由于服务请求可能集中于一个平台或一个服务提供者，会出现某个服务的底层支撑资源被大量应用系统同时访问的情况。因此，构建负载均衡模块，通过多服务副本、资源动态扩充、服务请求迁移等策略，协调分布式体系中各类服务请求与响应。

（6）消息过滤模块。该模块提供了一个基本的消息过滤机制。业务服务可以实现基于发送方、基于类型以及基于内容等多种消息过滤策略。通过代理服务，可以实施消息过滤策略，避免业务服务处理错误的消息类型，提高业务系统服务的使用效率。

2.4.3　多数据/控制链报文协议的转换

对于不同平台和不同指挥体系，无人机集群系统存在着多种不同类型的数据/控制链报文。数据/控制链报文包括数据、控制报文内容，以及数据/控制协议。数据/控制报文内容可能存在文本、语音、图像和结构化数据。数据/控制协议也存在着面向自身平台或指挥体系的自定义协议格式。因此，需要研究报文协议的转换方法，完成不同协议体制下信息的共享，以实现跨平台、跨指挥体系的互操作。

多数据/控制链路报文协议的转换开发平台设想如图 2-13 所示。首先，建立通用数据/控制链报文标准，以解决烟囱式系统跨平台信息共享问题，这项工

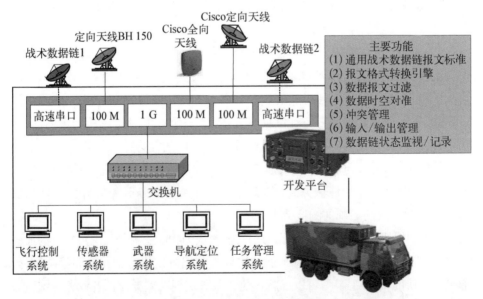

图 2-13　多数据/控制链路报文协议的转换开发平台设想

作是实现多报文协议转换的关键。目前可以参考 STANAG 4586 标准来建立无人机链路报文标准框架,获取国内航空 U/V 链、JIDS 链的数据链报文标准,并依此进行不断修改和完善。

其次,搭建多链路报文协议转换的基本开发平台,用以实现通用数据链报文标准、报文格式转换引擎、数据报文过滤、数据时空对准、冲突管理、输入/输出管理、数据链状态监视/记录等基本功能。

最后,将不同平台、不同指挥体系的链路进行对接,考虑机械与电气接口、数据率限制、回路延迟等问题,验证报文协议的转换引擎的全部功能、实时特性。

2.5 复合式体系架构实现和试验验证

体系架构体现的是构建系统及整合系统内各组成部分的设计方法与理念。对此,为在无人机集群系统中实现所提出的体系架构方法,完成集群系统的构建,需将体系架构的设计方法与理念具象化为物理对象,从而在无人机平台中部署使用。

2.5.1 基于 ROS 的模块化机载软件

复合体系架构的核心实现为基于 ROS 的模块化机载软件。针对体系架构对多样化任务可扩展性、支持异构平台的兼容性需求,基于开放式模块化的思想,本书设计了基于 ROS 的无人机集群体系架构软件,如图 2-14 所示。涉及的模块主要有指挥控制站、机载管理模块、任务管理与分配模块、高维感知处理模块、任务规划模块、制导控制模块、底层控制模块等。无人机集群体系架构软件充分利用 ROS 开发性、模块化的能力,采用多进程对各模块进行模块化的封装。同时,各模块间通过发布/订阅机制、客户/服务机制进行通信,极大地保持了无人机集群体系架构软件各模块的松耦合结构。各子模块可以视为一个软件黑盒,模块外部通过标准化的接口对模块功能进行调用,而不需要涉及其他模块的内部细节,能够极大地提高软件的可扩展性。

指挥控制站发送指控命令及数据给指定无人机,接收无人机回传的任务状态信息、飞行状态信息和感知图像信息。

机载管理模块发送任务请求给任务管理与分配模块,发送载荷控制指令给高维感知处理模块,发送任务状态信息、飞行状态信息和感知图像信息给指挥控制站,接收指挥控制站发送的指控命令,接收其他无人机发送的任务状态信息和飞行状态信息,接收任务管理与分配模块发送的任务状态信息,接收高维感知处理模块发送的感知图像信息,接收底层控制模块发送的飞行状态信息。

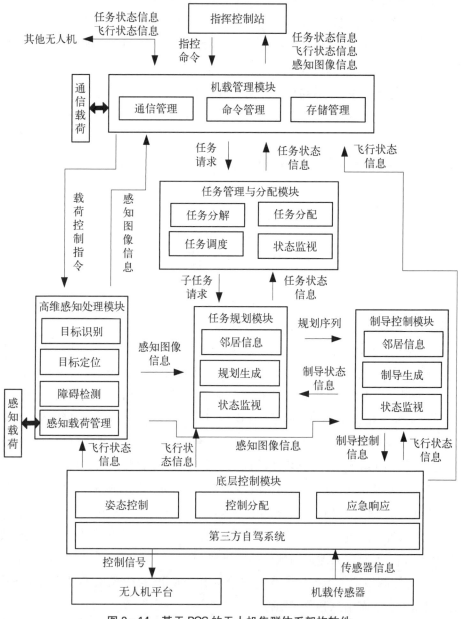

图 2‑14 基于 ROS 的无人机集群体系架构软件

任务管理与分配模块发送子任务请求给任务规划模块,发送任务状态信息给机载管理模块,接收机载管理模块发送的任务请求,接收任务规划模块发送的任务状态信息。

高维感知处理模块发送感知图像信息给机载管理模块、任务规划模块和制导控制模块,接收机载管理模块发送的载荷控制指令,接收底层控制模块发送的飞行状态信息。

任务规划模块发送规划序列给制导控制模块,发送任务状态信息给任务管理与分配模块,接收任务管理与分配模块发送的子任务请求,接收高维感知处理模块发送的感知图像信息,接收底层控制模块发送的飞行状态信息,接收制导控制模块发送的制导状态信息。

制导控制模块发送制导控制信息给底层控制模块,发送制导状态信息给任务规划模块,接收任务规划模块发送的规划序列,接收底层控制模块发送的飞行状态信息,接收高维感知处理模块发送的感知图像信息。

底层控制模块发送控制信号给无人机平台,发送飞行状态信息给制导控制模块,发送飞行状态信息给任务规划模块、高维感知处理模块、机载管理模块,接收制导控制模块发送的制导控制信息,接收机载传感器发送的传感器信息。

2.5.2 复合式体系架构试验验证

为了验证所提复合体系架构的性能,基于上述复合体系架构,本书构建了20 架无人机集群飞行演示验证系统,并在 5 km² 范围的场地中进行了一系列的飞行验证试验。试验系统采用附录 A 中的无人机集群飞行验证系统。

2.5.2.1 规模可扩展性验证

为验证所提体系架构的规模可扩展性,在不断增加集群规模的过程中,评估集群系统的性能。以编队飞行任务为例,采用不同数量规模的无人机集群系统,进行了一系列的飞行验证,对编队飞行的编队效果进行评估。针对编队效果评估,选用平均位置误差(average mean position error,AMPE)[33] 作为指标,公式如下:

$$AMPE = \frac{1}{T_k} \sum_{t=1}^{T_k} MPE(t)^{①}$$

$$MPE(t) = \frac{1}{N} \sum_{i=1}^{N} \| P_i^{D}(t) - P_i^{R}(t) \|$$

式中:N 为无人机集群中无人机平台的数量;T_k 为在编队飞行过程中时间戳的

---

① $MPE(t)$ 为定位误差函数。

数量；$P_i^D(t)$ 和 $P_i^R(t)$ 分别为无人机 i 在时间戳 t 时刻的期望位置和实际位置。图 2-15 展示了当无人机数量为 3,7,10,14,21 架时,编队飞行的平均位置误差。从图中清晰地看出,随着无人机数量的增加,编队飞行的平均位置误差为 10 m 左右。现有研究中虽然不乏实物飞行验证,但是大部分工作的验证试验中都为小规模(2～5 架无人机),由此可见,本节所提的复合体系架构具有良好的可扩展性。

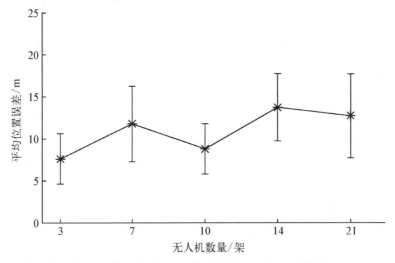

图 2-15   在无人机集群规模增大过程中的平均位置误差

2.5.2.2   多样化任务支持验证

在本节中,通过在所构建的飞行试验验证系统中进行一系列包含多种任务的试验,对所提复合体系架构的多样化任务支持能力进行验证。下面,以编队飞行和目标识别和跟踪等任务为例进行介绍。

1) 编队飞行

21 架无人机集群在编队飞行试验的快照如图 2-16 所示。在试验中,无人机集群分为 3 组。每组中有 2 架领航无人机和 5 架跟随无人机。领航无人机执行制导控制法则的协调路径,而跟随无人机执行领导者跟随制导法则。每组中的 7 架无人机形成 2 条垂直线。在试验过程中,无人机集群还执行了队形的变换与重构测试。图 2-17～图 2-19 展示了在试验中不同的编队执行形成图案的示例。请注意,分别针对领航无人机和跟随无人机采用不同的编队模式重构策略。对于领航机,可通过协调的路径规划和跟踪来实现重新配置。关于跟随机,在切换队形时改变其与领航机的相对位置。

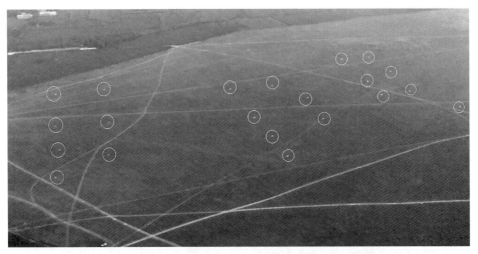

图 2-16 21 架无人机集群编队飞行试验的快照

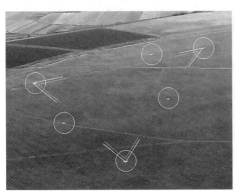

图 2-17 三角队形

图 2-18 V 字队形

2) 目标识别和跟踪

图 2-20 显示了使用 3 架无人机进行目标识别和跟踪试验的快照。每架无人机在运行时都通过其光电吊舱捕获视频。无人机通过目标检测和识别算法检测目标。一旦检测到目标,通过应用目标定位和多架无人机数据融合算法,无人机可以获取目标信息并根据运行时状态更新目标的轨迹估计。图 2-21 显示了其中一

图 2-19 二字队形

图2-20 3架无人机协同跟踪一地面

图2-21 机载相机捕获目标图像

图2-22 在单架无人机被遮挡情况下的双机目标跟踪

架无人机的机载相机捕获目标图像。在跟踪目标方面,在试验中,采用协作目标跟踪导引控制方法。3架无人机以100 m的半径围绕目标飞行圆形轨道,每架无人机之间保持120°的角距。这可以实现多个角度的监视。这种跟踪方法在目标被诸如建筑物和树木之类的掩体遮挡的情况下能发挥突出的作用,如图2-22所示。

2.5.2.3 集群自主起降能力验证

通常情况下,小型无人机平台的续航能力有限,直接影响集群任务执行能力。为了减少将无人机集群部署到空中的时间开销,快速发射和回收无人机集群是执行任务的基本要求。但是,与单架无人机相比,发射和回收大量无人机更具挑战性,尤其对于固定翼无人机。由于无人机集群在发射和恢复时会使得大量无人机聚集在有限的空域内,因此需要合理的规划空域和航迹,从而避免发生碰撞。在构建的无人机集群系统中,通过短距滑跑——发射和回收无人机。发射和回收的平均滑跑距离分别为20 m和50 m。图2-23说明了21架无人机集群起飞降落的全过程,展示了自发送发射命令以来在空中无人机的数量。很显然,该飞行试验持续了1 257 s,而在110.43 s内,21架无人机都发射成功。与文献[34]研究类似,使用两次发射间隔的平均时间作为衡量无人机集群发射速率的标准,即

$$Rate_{\text{Launch}} = \frac{1}{N}\left(\tau^1_{\text{launch}} + \sum_{i=2}^{N}(\tau^i_{\text{launch}} - \tau^{i-1}_{\text{launch}})\right)$$

式中：τ^i_{launch} 为从无人机集群起飞命令发出开始到第 i 架无人机升空的时间间隔。通过此方式，可以计算出无人机集群的发射速率为 5.25 s。这一结果远优于文献[34]所构建集群系统的 33.5 s 发射速率。

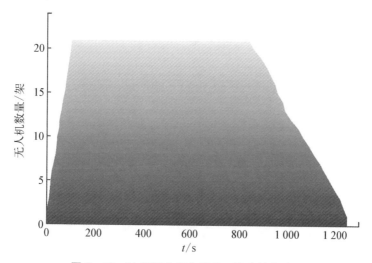

图 2‑23 21 架无人机集群起飞降落的全过程

类似地，可以采用以下公式测量无人机集群的回收率，即

$$Rate_{\text{land}} = \frac{1}{N}\left(\tau^1_{\text{land}} + \sum_{i=2}^{N}(\tau^i_{\text{land}} - \tau^{i-1}_{\text{land}})\right)$$

式中：τ^i_{land} 为从无人机集群降落命令发出开始到第 i 架无人机降落着地的时间间隔。通过此方式，可以计算出无人机集群的发射速率为 21.71 s。虽然文献[34]没有在文中提供其无人机集群系统降落速率的数据，但从文献[34]中图 7 不难发现，该工作完成 50 架无人机集群需要花费约 25 min。因此，可以估算出文献[34]的回收速率为 30 s。可以看出，本节所构建集群系统的回收速率同样较现有研究快速。

2.6 结语

首先，本章介绍了集群体系架构的内涵，阐述了集群体系架构涉及的主要内容及功能，分析了集群体系架构对集群效能发挥的基础性意义。其次，本章从集群组织结构拓扑组织方式、模块化设计方式、集群互操作协议等方面出发对集群体系架构的发展现状进行了分析,总结了集群体系架构的挑战。在此基础上,本章提出了一种任务导向的复合式集群体系架构和集群互操作协议,对体系架构的总体设计及分层设计进行了阐述,并给出了集群互操作协议设计的基本考虑。最后,结合复合式集群体系架构,本章设计了基于 ROS 的模块化机载软件,并基于集群飞行试验验证系统,对集群体系架构的规模可扩展性、多样化任务支持及集群自主起降能力进行了验证。

参|考|文|献 ···

[1] MARY S, DAVID G. Software architecture: perspectives on an emerging discipline[M]. Englewood diffs, New Jersey: Prentice-Hall, 1996.

[2] 曹文静,徐胜红.多无人机协同体系结构及其性能分析[J]. 战术导弹技术, 2017(3): 52 - 58.

[3] 段海滨,李沛.基于生物群集行为的无人机集群控制[J].科技导报,2017,35(7): 17 - 25.

[4] 段海滨,邱华鑫,陈琳,等.无人机自主集群技术研究展望[J].科技导报,2018,36(21): 90 - 98.

[5] LIU Z H, WANG X K, SHEN L C, et al. Mission oriented miniature fixed-wing UAV swarms: a Multi-layered and distributed architecture[J]. arXiv preprint arXiv, 2019 (13): 1 - 13.

[6] SANCHEZ-LOPEZ J L, PESTANA J, PUENTE P D L, et al. A reliable open-source system architecture for the fast designing and prototyping of autonomous multi-uav systems: simulation and experimentation[J]. Journal of Intelligent & Robotic Systems, 2015(84): 1 - 19.

[7] SANCHEZ-LOPEZ J L, FERNANDEZ R A S, BAVLE H, et al. Aerostack: An architecture and open-source software framework for aerial robotics[C]//Unmanned Aircraft Systems (ICUAS), International Conference on. IEEE, 2016: 332 - 341.

[8] GRABE V, RIEDEL M, BULTHOFF H H, et al. The telekyb framework for a modular and extendible ros-based quadrotor control[C]//2013 European Conference on Mobile Robots. IEEE, 2013: 19 - 25.

[9] BOSKOVIC J, KNOEBEL N, MOSHTAGH N, et al. Collaborative mission planning & autonomous control technology (COMPACT) system employing swarms of UAVs[R]. AIAA - 2009 - 5653, 2009.

[10] OTTO R P. Small Unmanned Aircraft Systems (SUAS) flight plan: 2016 - 2036 Bridging the gap between tactical and strategic[R]. Air Force Deputy Chief of Staff Washington dc Washington dc United States, 2016.

[11] NATO Standardization Agency. STANAG 4586 — Standard interfaces of UAV control

system (UCS) for NATO UAV interoperability[S]. 2012.

[12] AS‐4 Unmanned Systems Committee. AIR5664-jaus history and domain Model[S]. 2006.

[13] ROWE S, WAGNER C R. An introduction to the joint architecture for unmanned systems (JAUS)[J]. Ann Arbor, 2008(1001): 48108.

[14] NDIA Standards Committee. Interoperability Standards Analysis[J]. NDIAMeeting, 2007(13): 1 – 17.

[15] WINNEFELD J A, KENDALL F. Unmanned systems integrated roadmap FY 2013 – 2038[J]. Approved for Open Publication Reference, 2013 (14 – S): 0553.

[16] 曾佳,黄永葵,马滢,等.无人机系统互操作性标准研究[J].航空电子技术,2011(2): 52 – 56.

[17] PREISS J A, HONIG W, SUKHATME G S, et al. Crazyswarm: a large nano-quadcopter swarm[C]//IEEE International Conference on Robotics and Automation. IEEE, 2017: 3299 – 3304.

[18] SUN Z, BRONZ M, HATTENBERGER G, et al. Circular formation control of fixed-wing uavs with constant speeds[C]//Intelligent Robots and Systems (IROS), 2017 IEEE/RSJ International Conference on. IEEE, 2017: 5298 – 5303.

[19] BAI X, YAN W, GE S S, et al. An integrated multi-population genetic algorithm for multi-vehicle task assignment in a drift field[J]. Information Sciences, 2018(453): 227 – 238.

[20] JIN L, LI S. Distributed task allocation of multiple robots: A control perspective [J]. IEEE Transactions on Systems, Man, and Cybernetics: Systems, 2018, 48(5): 693 – 701.

[21] PHAM H X, LA H M, DEANS M C,et al. A distributed control framework of multiple unmanned aerial vehicles for dynamic wildfire tracking [J]. IEEE Transactions on Systems, Man, and Cybernetics: Systems, 2020, 50(4): 1537 – 1548.

[22] MINAEIAN S, LIU J, SON Y, et al. Vision-based target detection and localization via a team of cooperative UAV and UGVS[J]. IEEE Transactions on Systems, Man, and Cybernetics: Systems, 2016, 46(7): 1005 – 1016.

[23] BREHMER B. The dynamic OODA loop: amalgamating boyd's OODA loop and the cybernetic approach to command and control[C]. Proceedings of the 10th international command and control research technology symposium, 2005: 365 – 368.

[24] MEIER L, TANSKANEN P, FRAUNDORFER F, et al. Pixhawk: a system for autonomous flight using onboard computer vision [C]//2011 IEEE International Conference on Robotics and Automation. IEEE, 2011: 2992 – 2997.

[25] EBEID E, SKRIVER M, TERKILDSEN K H, et al. A survey of open-source UAV flight controllers and flight simulators[J]. Microprocessors and Microsystems, 2018 (61): 11 – 20.

[26] MARTIN J, ODELL J J. Object oriented analysis and design[M]. Englewood Cliffs (New Jersey): Prentice-Hall, 1992.

[27] CHOI H L, BRUNET L, HOW J P. Consensus-based decentralized auctions for robust

task allocation[J]. IEEE transactions on robotics, 2009, 25(4): 912-926.

[28] WU Z, LI Z, DING Z, et al. Distributed continuous-time optimization with scalable adaptive event-based mechanisms [J]. IEEE Transactions on Systems, Man, and Cybernetics: Systems, 2018, 50(9): 1-6.

[29] 曲东才,陈伟良,陈琪,等.无人机控制站交互性操作的标准化接口技术[J].飞机设计, 2006(2): 36-40.

[30] KRAFZIG D, BANKE K, SLAMA D, et al. Service-Oriented Architecture Best Practices[M]. Indiana: Prentice Hail, 2005.

[31] 左爱群,黄水松.基于组件的软件开发方法研究[J].计算机应用,1998(11): 4-6.

[32] RICHARDSON L, RUBY S. RESTful web services[M]. Cambridge: O'Reilly Media, Inc., 2008.

[33] ABASCAL G, MATIA F. A proposal of a set of metrics for collective movement of robots, in Proc. Workshop on Good Experimental Methodology in Robotics, 2009.

[34] CHUNG T H, CLEMENT M R, DAY M A, et al. Live-fly, large-scale field experimentation for large numbers of fixed-wing uavs[C]//2016 IEEE International Conference on Robotics and Automation (ICRA). IEEE, 2016: 1255-1262.

3 无人机集群组网与通信

组网与通信是集群协同的基础之一。大规模无人机集群组网与通信的核心问题在于：数量庞大、区域广阔、组织结构多变的无人机节点如何"建链组网、网络路由与中继补网"，即节点怎么联、信息怎么传和拓扑怎么通等。本章针对上述核心问题，从组网接入协议、路由协议和中继补网3个关键技术点展开，结合集群任务提出可行、适用的组网与通信设计方法。首先，在分析集群通信需求和总结研究现状的基础上，给出了集群组网与通信面临的挑战；接着分别对大规模节点的自组网介质访问控制（medium access control，MAC）协议、路由协议，以及面向集群的协同通信规划展开评述。

3.1 集群通信需求和总体设计

集群通信一般考虑空中无人机与地面控制站之间，以及集群无人机之间的通信。与地面控制站的通信通常在地面控制站配备通信设备（常使用未经许可的无线电频段，如900 MHz），采用点对多点或广播方式，向无人机发送控制命令和接收遥测数据。遥测数据通常包括GPS信息、无人机状态信息以及机载载荷感知信息等。集群无人机之间的通信主要用于无人机之间的状态和载荷信息交互。

固定翼无人机集群由于节点数量多、任务种类多、飞行速度快、相对时空关系变化频繁，以及信息传递的即时性和突发性等，使得集群之间的组网与通信具有很大的挑战性。本节首先总结了集群组网与通信的研究现状，接着分析了集群组网与通信面临的挑战，并提出了一种集群通信总体设计。

3.1.1 集群组网与通信的研究现状

面向大规模无人机集群的组网与通信,集成自组网既要具有灵活性、可动态重构性特点,又要具备自主性和自治性强等优势。目前,国内外对无人机组网与通信研究主要处于关键技术攻关与验证阶段。美国科罗拉多大学基于 Ad Hoc 研究了无人机组网技术[1];约翰斯·霍普金斯大学提出了基于 Ad Hoc 扩展的无人机群通信体系结构[2]。实际上,移动自组网(mobile ad hoc network,MANET)采用 Internet 最主要的体系结构——传输控制协议/网际协议(transmission control protocol/internet protocol,TCP/IP)五层结构[3]。这种方案通信效率低(先天性缺陷),不适用于高度动态、实时多媒体传输、多架无人机组网,其结构未从根本上解决通信效率和质量问题。为应对节点移动性,提高通信效率,保证通信质量及安全,目前国内外主要对 TCP/IP 五层结构进行适应性改进,如移动 IP、改进 TCP;增层或扩展虚拟层,如 IPsec①、多协议标签交换(multi-protocol label switching,MPLS)和 HIP②[4],但这种"补丁"式的改进系统结构会导致整体效能降低。此外,针对无线网络研究跨层设计[5],Internet 采用控制平面[6],重复操作,支持动态服务组合的结构[7],这些均不能很好地适用于动态无线网络环境。

通信体系结构是无人机组网整体设计的核心内容之一,是无人机之间协调、控制和传输的核心,直接影响网络化无人机集群执行任务的成败。合适的网络结构可以提高通信数据以及上层任务执行的效率和可靠性。当前的无人机集群通常采用两种通信架构形式之一,分别为基于基础设施的集群通信架构和基于分布式自组网的集群通信架构。前者以 WiFi,3G,4G - LTE 网络为代表;后者以飞行自组网(flying ad-hoc networks,FANET)等为代表。

3.1.1.1 基于基础设施的集群通信架构

基于基础设施的集群通信架构包含基站(如与地面控制站相连的地面基站或者通信卫星),所有无人机都与基站直接相连[8]。基站接收集群中所有无人机的遥测信息,并转发给其他所有或部分无人机。故而,该架构也可称为以基站为中心的组网与通信。该架构优势在于:① 可以借助地面高性能计算设备进行复杂的实时计算和优化;② 无人机之间联网不是必需的,可以减少无人机的有效负载[9-10]。

大量移动通信领域的网络技术已应用到集群系统中。研究人员逐步提出了基于 3G、4G - LTE③移动网络的集群通信技术,针对小范围社区级应用的大

---

① 英文全称为 interent protocol security。

② 英文全称为 host identity protoco。

③ LTE,长期演进(long term evolution)。

功率 WiFi 组网技术等[11-12]，实现了高带宽、低延时、快接入、大容量的通信能力。表 3-1 给出了常用有中心的通信技术传输性能比较。

表 3-1 常用有中心的通信技术传输性能比较

组 网 方 式	传输速率(1 Mb/s)	传输距离(>1 km)	通信代价
卫星通信	是	是	高
WiFi	是	否	低
WiMAX①	是	是	中
4G-LTE	是	是	中
ZigBee	否	否	低
蓝牙	否	否	低
UWB②	是	否	低

基于基础设施的架构发展迅速，但是也存在系列局限：① 严重依赖于基站，需要基站、路由器等中心接入设备。单个基站覆盖的通信范围有限，要求所有无人机都必须在基站的传播范围内，难以实现在紧急情况下机动部署和快速开展大范围应急响应。特别地，小型无人机的负载能力极有限，与基础设施建立可靠通信所需的硬件可能会限制基于基础设施的集群功效，限制了集群无人机的运动范围。② 缺乏冗余性。基站与无人机之间的通信可能容易受到干扰，如果基站受到攻击或干扰，整个集群的可操作性将受到损害。③ 缺乏分布式协同能力。与集中式体系架构类似，该架构通常通过地面控制站协调所有无人机的决策。随着规模的增加，通信数量、决策变量等存在维数爆炸的问题，限制了集群规模的增加；同时，不可避免地存在通信时延，使得系统难以实时响应决策。

3.1.1.2 基于分布式自组网的集群通信架构

常见自组网包括 MANET、车载自组网(vehicular ad-hoc network，VANET)、航空自组网(airborne ad-hoc network，AANET)等。其中后两者实质上为 MANET 在地面车辆和航空领域的具体应用扩展。

基于自组网的集群通信是指多机之间的通信不完全依赖于地面控制站或卫星等基础通信设施，而是将无人机作为网络节点，彼此之间直接通信[13]。各节

---

① WiMAX，全球微波接入互操作性(world interoperability for microware access)。

② UWB，超宽带(ultra wide band)。

点相互转发控制指令,交换态势感知、搜集情报等数据,并自动建立一个网络;节点之间采用动态组网、无线中继等技术实现无人机之间的互联互通,具备自组织、自修复能力和高效、快速组网等优势,使得无人机集群形成整体去执行任务。2016 年,Gupta 等人[14]指出无线自组网是最适合无人机的通信网络架构,但考虑通信链路动态拓扑、网络断续、功率受限等特点,还需要在路由、异构网切换、能量等方向展开深层次的研究。东南大学梁一鑫等人[15]对机载网络体系结构与网络协议栈进行综述,针对平面和分层网络结构进行对比,指出需要在网络体系结构设计、移动模型、路由机制、传输控制机制方面进行研究。Chen 等人[16]则提出了一种可切换模式的高动态 MANET 架构方案。然而,仅少数研究人员搭建出较为实用的自组织网络。Chen 等人[17]基于 802.11 b/g 实现了一个小型无人机自组网演示验证系统,优化了路由和传输协议,实现了基于 H.264 的视频传输系统和基于离线数字证书的安全通信协议。该系统仅包括 1 个指挥终端和 3 个移动终端,并进行了实飞验证。

FANET 可以定义为节点为无人机的 MANET 的一种新形式。在飞行自组网中,无人机通信必须借助无人机之间的自组织网络来实现。它在无人机集群通信中扮演重要角色,适用于集群规模可扩展飞行。飞行自组网和 MANET 在设计上有许多共同的考量。飞行自组网可以归类为 VANET 的一个子集,VANET 又是 MANET 的一个子集。飞行自组网作为一个新兴的研究领域,与 MANET 和 VANET 有许多共同的特点,同时也存在一些差异,即存在节点移动性、移动模型、节点密度、拓扑结构变化、无线电传播模型、功耗与网络寿命、计算能力和定位不同。由于飞行自组网、MANET 与 VANET 之间存在上述区别,可将飞行自组网作为一个独立的自组织网络家族加以研究。

飞行自组网与常见的自组网一样,主要包括物理(Physical,PHY)层、MAC层、网络层、传输层,以及跨层架构。

1) PHY 层

PHY 层处理基本的信号传输技术,如调制或信号编码。通过改变信号的频率、幅度和相位,可以用不同的波形来表示不同的数据位序列。MANET 系统的性能高度依赖于 PHY 层,并且节点的高速移动性给飞行自组网带来了额外的问题。为飞行自组网开发具有鲁棒性且可持续的数据通信架构,必须充分了解并恰当定义 PHY 层条件。近年来,无人机与地面控制站之间通信想定在仿真和实际环境中得到了较为广泛的研究。研究结果显示:影响飞行自组网 PHY 层设计的关键因素是无线电传播模型和天线结构。

2） MAC 层

虽然 MANET,VANET 和飞行自组网各自具备不同的特点,面临着不同的挑战,但本质上飞行自组网是 MANET,VANET 的一个特殊子集。故而,飞行自组网的 MAC 层通常采用 IEEE 802.11 协议和全向天线。全向天线是 MANET 最常用的介质访问控制层之一。通过请求发送(request to send,RTS)和清除发送(clear to send,CTS)信号交换机制,IEEE 802.11 协议可以处理隐藏节点问题。

3） 网络层

网络层主要为路由协议。早期的飞行自组网研究主要以 MANET 路由协议为基础。由于飞行自组网节点具有高移动性,所以维护路由选择表不是最优的方式。目前,主流路由方式有基于节点位置信息的路由策略、定向天线的飞行自组网路由协议、时隙按需路由协议、面向地理位置移动性路由协议、分层分簇协议与以数据为中心的路由协议等。

4） 传输层

飞行自组网设计的成功与通信架构的可靠性密切相关。建立可靠的传输机制至关重要,特别是在高度动态的环境中。飞行自组网传输协议的主要职责是为传输提供可靠性,并进行拥塞控制与流控制。

5） 跨层架构

尽管分层架构在有线网络中已经得到了很好的应用,但它们并不适合许多无线通信应用。为了克服无线环境下的性能问题,跨层架构应运而生。跨层架构设计可以定义为违反分层通信架构的协议设计。与分层设计原则不同,跨层架构设计有多种方法:相邻层可以设计为一个超级层;支持非相邻层之间的交互;在所有层之间共享协议状态信息,以满足特定要求。

3.1.2　集群组网与通信的典型特点和挑战

3.1.2.1　集群组网与通信的典型特点

分布式网络架构更适合集群系统,自组网作为典型的分布式网络已成为当今研究热点。与 MANET,VANET 等传统组网方式相比,无人机集群组网与通信通常具备以下几个主要特点:

1） 节点的高速移动性

这是无人机集群组网与 MANET,VANET 等传统组网方式的显著区别之一。典型的 MANET,VANET 等节点通常是人和汽车,无人机集群组网节点则是高速飞行的固定翼无人机。后者的飞行速度通常为 100～460 km/h,一般远高于人和汽车的移动速度。这种高速移动性会对网络的路由协议、移动性管理等产生重要影响。进一步,不同于随机移动和受限于公路约束的地面移动机器人组网,无人机节点在执行任务中的运动通常不具备明显的运动约束性。无人机可以随机移动,也可以有组织地成群移动,不仅可以在二维空间移动,还可以在三维空间移动,而且位置变化很快。车辆节点只能在道路上移动,并且限制于二维空间内。但是,具有自主性的无人机飞行航迹不是预定的,如在飞行中,飞行轨迹可以根据任务需要进行重规划。因此,移动模型在通信性能上起着至关重要的作用。现有的移动模型(如描述 MANET 中节点行为的随机移动模型和适用于 VANET 的街道随机移动模型或曼哈顿模型)不适用于无人机集群网络。

2)网络拓扑的高动态变化性

集群网络拓扑一般为分布式网络。若是完全分布式网络,各节点以自组织方式接入,那么集群节点之间不得不通过大量信息交互实现网络架构的维持,这样会极大降低网络传输性能。因此,无人机集群网络通常采用拓扑结构分层分簇、网络各层多模式相结合的复合式架构。无人机集群在执行任务过程中,分群分簇在某一区域中飞行,并根据任务需求,调整群簇分布,多群簇融合或者在某一群簇中进一步划分 2 个或多个群簇,因此集群网络架构需要适应群簇形成子网,以及子网进一步分离或者融合等动态变化过程。同时,无人机的高移动性通常会造成拓扑结构的高动态变化,从而对网络连通性和协议性能产生严重影响。与许多其他无线网络不同,无人机网络的拓扑结构随着节点和链路数量的变化,以及节点的相对位置的变化而变化。无人机可能会根据不同的应用程序以不同的速度飞行,这将导致通信链接间歇性中断。一方面,无人机平台的通信失效和视距通信链路的不稳定性会造成链路中断和拓扑更新;另一方面,集群中的无人机随时可以接入或者退出集群,或者根据任务重构拓扑子网。这些都对网络拓扑结构的高动态性提出了要求。

3)节点稀疏性和网络异构性

集群中的无人机在执行任务时通常是分散分布的,无人机之间距离大都远大于 MANET 或 VANET 节点间的距离。另一方面,无人机应用大多针对特定任务展开,运行规律性不强,在一定空域内存在着节点密度较低、飞行不确定较大的情况,因而网络具有更大的稀疏性和更强的临时性,因此网络连通性是一个值得注意的问题。同时,实际应用中,无人机还需与卫星、有人机、地面机器人等不同类型的平台通信;网络结构可能会包括不同类型的无人机。在这些情况下,节点类型存在差异性,整个网络可能是异构互联的。故而,无人机集群网络多采用多层结构,具备纵向层次化、横向并行处理化的特性,具有模块化、灵活性和良好兼容性的特点。比如,在网络认知层,将较为复杂的动态信息认知和主要的管理控制从传统单一平面分离,并与数据平面层相关,实现数据平面分层结构的优化,保证数据平面高效实时传输数据。在数据层,为适应无人机节点的高度动态性,选择合适路径,保证数据安全、及时、高效、正确地传输。将网络层融合在 PHY 层和 MAC 层,如 Routing Tables 被推入高速 PHY 层等,使系统结构更具灵活性。

4) 节点任务的多样性

首先,分布式无人机集群通信与组网需要为无人机之间的协作功能建立对等连接。同时,某些无人机节点在网络中还需要担任数据收集的中心节点,功能类似于无线传感器网络,因此需要支持流量汇集。再次,无人机集群系统可能包括不同类型的传感器,并且每个传感器可能需要不同的数据传输策略。比如,需同时支持高频/实时的控制/决策通信需求(时延毫秒级)和协同感知等任务需求的大容量(M 级)无人机之间传输。很多时候,无人机集群通信支持突发任务响应,可随时发起点对点或者点对多点的通信。最后,业务数据所包括的图像、音频、视频等,具有传输数据量大、数据结构多元化、时延敏感性高等特点,需要确保相应的 QoS。

5) 更高可靠性、更低质量和更低功耗要求

小型无人机载荷质量有限,而通信节点的通信和计算设备通常均由无人机提供空间和能量。比如,第 1 章中给出的"双子星"小型固定翼无人机总共可用的载荷质量不大于 1.5 kg,体积小于 10 cm×10 cm×15 cm,功率小于 60 W;能够分配给通信载荷的质量小于 500 g,体积小于 10 cm×7 cm×5 cm,功率小于 10 W。相比于传统基础设施性质的组网与通信,无人机自组网还要需要额外考虑节点能耗和计算能力问题。同时,空中无人机一旦失控,很容易造成机毁人亡,对设备的可靠性也提出了严苛的要求。故而,无人机集群通信端机在限制质量/功耗条件下,对网络协议和软、硬件可靠性有严苛要求。

3.1.2.2 集群组网与通信的挑战

考虑集群组网与通信的研究现状和典型特点,大规模使用无人机集群时,在组网与通信方面存在诸多挑战,主要可以归结为"组网难""管控难"和"适应性差"3 个方面。

1) 组网难

当前组网与通信技术难以支持大规模小型无人机集群使用。无人机集群具有数量多、范围广、速度快、机动灵活、相对时空关系变化频繁、任务可变更、跨区域调度等特点,对组网与通信技术提出了较大挑战。一方面,当前自组网技术均

有特定的应用场景,其个体的机动灵活性、任务变化频度,以及群体数量规模和分布密集程度等方面远低于小型无人机群体,难以支撑无人机集群系统运行。另一方面,移动通信领域中广泛应用的有中心的通信技术,虽实现了高带宽、低延时、快接入的通信能力,但需要基站、路由器等中心/接入设备,且单个基站或接入中心覆盖的通信范围有限,导致通信网络性能依赖于基础设施建设,难以实现在紧急情况下机动部署和快速开展大范围应急响应。

2) 管控难

任务规划等未考虑通信约束,对大规模无人机集群的管控能力差。对于无人系统而言,预先/在线任务规划的能力直接影响到完成任务的效果。尽管规划系统的能力被不断提升,但目前无论是实际应用的无人机单平台任务规划系统,还是研究中的多机/群体任务规划方法,主要考虑的因素仍为平台飞行能力、载荷能力、任务时空需求,以及平台能源和计算资源等。通信能力作为无人系统运行根本保障,却很少在任务规划过程中被考虑,如未提前分析任务环境的通信条件、设计群体组网模式和网络结构,以及预判任务中通信质量是否满足需求等。这导致预先规划与实际应用脱节,在群体使用中出现单个或多个个体"脱网断链",不受管控现象,无法即时掌握群体任务状态,从而进行有效管控。此时"不受控"的个体只能依靠有限的自主能力完成简单且相对独立的任务。

3) 适应性差

通信网络缺乏灵活适应能力,难以支撑集群适应动态变化的任务环境。在子任务增加、目标增多、平台意外损坏/损毁退出、局部天气突变等任务环境发生变化的情况下,无人机集群的群体规模、结构关系、覆盖范围将随之发生改变。对此,人们进行了大量研究,提出了很多优化算法和求解框架,解决了基于平台飞行能力与传感器、武器载荷性能的资源调度与任务重分配的问题。然而,这些研究中未把通信能力及重规划后网络传输性能视为"资源"考虑,使得任务调整后的通信保障难以跟上,出现局部"信息孤岛"现象,导致群体适应性差。此时,需要考虑调整单个平台通信能力或调度其他个体作为通信中继节点,确保信息交互畅通、任务顺利执行。

针对上述难点,本章将给出集群组网与通信的总体设计,并对自组网 MAC 协议、路由协议和通信规划方面展开详述。

3.1.3 集群组网与通信总体设计

在基础架构、硬件设备、通信带宽等固定的情况下,根据任务需求进行通信调度,可最大限度地挖掘通信系统的性能。在无人机集群任务需求方面,目前研究人员主要考虑较为简单的任务——编队飞行,深入研究了编队飞行控制与组网通信之间的关联关系;但对其他任务,如协同探测、协同规划等通信需求的研究较少。故而,针对大规模集群协同探测、协同规划、编队飞行等任务所需突发、高频、小数据的特点,本节提出一种集群组网与通信的总体设计,通过编排信息分发序列,建立传输控制策略,实现信息按需及时传递。

3.1.3.1　集群网络通信与信息系统结构

面向动态适应无线通信条件变化和不同任务阶段信息需求,集群信息通信架构重点解决如何编排信息分发序列、怎样有效即时传递信息、如何确保信息同步等关键问题。借鉴基于直接数字频率合成(direct digital synthesis,DDS)的分布式信息通信架构,引入按需即时信息分发与传递策略,面向底层链路状态与拓扑关系的传输控制及 QoS 策略,本节构建一种分层式的集群网络通信与信息系统结构。其层次结构包括无人机集群控制系统信息接口层、订阅与分发管理中心/节点层、按需即时信息分发与传递 QoS 策略层、网络路由管理层、链路状态监测层、数据传输与同步控制层、无线链路通信硬件层。具体各层次结构功能及设计如下:

(1)无人机集群控制系统信息接口层负责与集群控制系统的信息交互接口,主要交互无人机测控、指挥指令、各类载荷信息、感知信息以及作战任务不同阶段所需的协同控制信息。

(2)订阅与分发管理中心/节点层负责分布式节点信息交互。借鉴 DDS 基本框架,简化信息订阅者、分发者以及管理节点的供需关系注册、更新与维护流程,引入适用于不同区域/节点范围的群组业务(编队飞行、区域任务等)及任务需求的数据业务(连续视频/图像、高频无人机状态、强实时指挥控制指令等)等方面的业务层管理。

(3)按需即时信息分发与传递 QoS 策略层负责信息分发传递策略。根据集群任务状态(协同飞行、探测与跟踪等任务阶段、任务执行进度、任务重规划需求、指挥指令)、动态条件(通信链路、网络拓扑、网络拥塞等条件),以及通信业务需求,生成信息分发与传递 QoS 策略,制订信息传输时序关系、时效约束、信息优先级等,以信息队列形式明确下一周期或几个周期的信息传输编排。

(4)网络路由管理层负责网络路由信息的构建与更新。由于采用有中心式网络架构,因此中心节点具有全局路由信息,端节点仅具备局部所连接节点的路由信息即可,这样可以简化无人机端节点的网络路由管理维护。

（5）链路状态监测层负责从通信设备及通信过程记录分析中获取链路实时状态，包括设备硬件配置、通信信道、信号强度、传输延时、丢包率、传输速率及带宽等信息，为信息的分发与传递提供决策条件。

（6）数据传输与同步控制层负责：① 数据传输包括数据接收，即实现接收输入数据的解析与分类；数据发送（data sending，DS），即根据信息时序队列，按照通信协议进行数据包封装，发送至输出缓冲区。② 基于主动同步通信（active synchronous communication，ASC）设计同步协议，采用精简动态信息同步控制机制。

（7）无线链路通信硬件层是满足无人机组网与通信的硬件。无人机集群由小型无人机平台组成，由于载荷质量、体积和功耗约束，一般采用低功耗、小型化的通信模块。目前自组网通信设备基本采用基于 Xilinx Zyqn 系列 FPGA＋AD93 芯片组成的宽频段软件无线开发板的硬件平台。

3.1.3.2　集群通信网络与信息管理架构

在信息系统架构基础上，本节进一步构建了分布式、轻量化端节点的集群通信网络与信息管理架构，如图 3-1 所示。

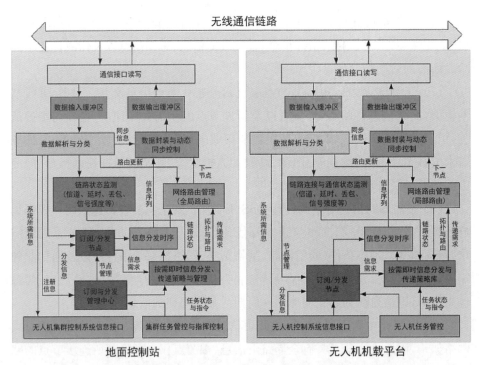

图 3-1　集群通信网络信息管理架构中地面控制站与无人机节点结构设计

首先采用基于订阅与分发的信息管理框架实现对信息供需双方的统一规划与协调;在此基础上,建立按需即时信息分发、传递策略与管理方法,实现集群信息交互管理,同时构建信息分发时序机制与路由管理策略,对数据的底层传输进行控制与决策;此外,采用数据动态同步控制技术,确保集群内数据同步性与一致性,并对链路信道、信号强度、延时、丢包率等状态进行监测,为上层数据分发传输决策提供依据。

3.2　大规模节点自组网 MAC 协议

对于大规模集群组网应用,"建链与组网"是集群信息系统的基础架构,本节将首先介绍建链的关键媒介访问控制层协议,对 MAC 协议的特点与分类进行详细阐述,然后利用 OPNET 网络仿真验证平台对集群典型的几种 MAC 协议进行仿真,根据不同规模和业务量对比其性能;最后,分析仿真结果,总结适用于百架级规模的无人机集群的 MAC 协议设计方法。

3.2.1　MAC 协议简介

无线自组网分层协议栈的基本架构如图 3-2 所示。其中 MAC 层位于 PHY 层之上、网络层之下。MAC 协议管理各个节点接入网络和使用资源的部分,是网络达到高性能的关键因素。对于信道资源非常有限的无线自组网,由于多跳互联、分布式操作、网络拓扑动态变化等特点,MAC 协议的设计必须考虑灵

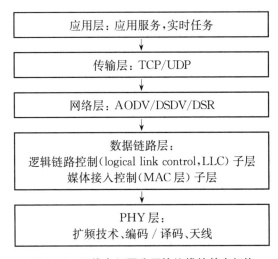

图 3-2　无线自组网分层协议栈的基本架构

活组网、QoS 等，以确保在网络数量众多的无人机节点公平、快速接入信道的基础上，最大限度地提高吞吐量、稳定性与抗毁性。

目前业界主要通过两个标准，即基于信道访问策略和基于信道数目，对无线自组网 MAC 协议进行分类。

3.2.1.1　基于信道访问策略的 MAC 协议

根据接入信道方式的不同，MAC 协议可划分为三类：第一类是网络节点自行争用信道使用权限的 MAC 协议，即竞争类 MAC 协议；第二类是基于协议设计者固定分配信道使用权限的 MAC 协议，即分配类 MAC 协议；第三类是基于协议设计者固定分配信道使用权限的 MAC 协议，以及节点自行争用信道与固定分配信道相结合的 MAC 协议，即混合类 MAC 协议。

1）竞争类 MAC 协议

竞争类 MAC 协议通过网络节点自行争用信道获取接入信道的机会，为确保节点公平接入，在协议中设置了避免一直无法竞争得到信道的机制。同时，在某一节点使用信道时，网络中其他节点将得知信道使用权限情况，避免同时发送信息造成数据碰撞。因此，在竞争类 MAC 协议中，额外添加控制命令，节点在发送分组之前，需要通过控制帧的交互来预约时隙，以避免不同节点间分组的碰撞冲突。有些竞争类 MAC 协议并没有冲突避免机制，如 ALOHA 协议和时隙 ALOHA 协议，分组冲突概率高，性能比较低下，而包括载波侦听多路访问（carrier sense multiple access，CSMA）协议、避免冲突的多路访问（multiple access with collision avoidance，MACA）协议、IEEE 802.11 MAC 协议、忙音多路访问（busy tone multiple access，BTMA）协议在内的其他 MAC 协议支持碰撞，避免机制，降低了分组冲突概率，在性能上具有一定的改善。在 TTNT 数据链中采用以 CSMA 和异步跳频机制为基础的统计优先级多址接入（statistic priority-based multiple access，SPMA）协议[18]，不需要为节点预先分配时隙或预约时隙，只需根据网络忙闲程度决定节点是否被允许接入网络，可将 100 n mile 范围内 400 b 数据包的端到端时延控制在 2 ms 内。与其他带控制信道的多信道 MAC（multi channel MAC，MMAC）协议相比，SPMA 协议由于不需要预约信道和时隙，时效性得到保证。

竞争类 MAC 协议的优点是工作原理简单，采用异步通信模式，实现难度较小。在网络规模较小情况下，网络负载轻，分组冲突概率较小，信道利用率较高，分组传输时延较小。随着网络规模的扩大，网络负载加重，分组的端到端时延明显被提高，可能出现网络节点一直竞争信道而一直退避的饿死现象，甚至有可能全网瘫痪。因此，竞争类 MAC 协议适用于小规模网络，在大规模网络中应避免使用竞争类 MAC 协议。

在目前的 MANET 中,由于对通信设备硬件能量和质量限制较少,使用基于时分多址访问(time division multiple access,TDMA)协议可以得到较高的信道利用率[19]。然而,在无人机集群网络中,由于无人机平台小,对通信终端的质量、体积和功耗等有着严格的限制,因此很多机网络使用的是较为成熟和简单的载波侦听多址访问与碰撞回避(carrier-sense multiple access with collision avoidance,CSMA/CA)协议[20]。总的来说,基于预约竞争类 MAC 协议的抗毁性和拓展性优势是 MANET 所看重的部分,同时基于统计优先级竞争类 MAC 协议,如 SPMA 协议,通过设计充分体现竞争类协议中时延低的优势。SPMA 协议已被应用在 TTNT 数据链中[21]。

2) 分配类 MAC 协议

分配类 MAC 协议是 MANET 中最常见的协议。分配类 MAC 协议按照一定的规律分配信道使用权限,目前大都使用时间片轮询算法给网络中的所有节点分配信道。时间片轮询算法将信道以划定的时间片为单位分配给网络中的节点,每个节点预先知道接入信道的时间和占用信道的时间,能够根据网络规模合理地设置分组发送时间,降低分组碰撞概率,提高信道利用率。分配类 MAC 协议根据占用信道时间是否定长分为静态分配 MAC 协议和动态分配 MAC 协议。典型的分配类 MAC 协议包括 TDMA 协议、五步预留(five-phase reservation protocol,FPRR)协议和调频预留多址访问(hop reservation multiple access,HRMA)协议等。

以 TDMA 为例,时分多址是把时间分割成帧,帧再分割成若干个时隙,而其中的时隙作为传输的信道,即把无线频谱按时隙划分,每个时隙仅允许一个节点接收或发送。图 3 - 3 为基于 TDMA 协议的帧结构,传统 MANET 的 TDMA 协议中,时间被划分为帧和时隙,每个帧分为两个阶段:随机接入阶段和发送时隙阶段。在随机接入阶段中,子节点向中心节点请求数据接入,现有的方案大多使用随机接入的方法,即基于竞争的随机接入方案。主节点通过主站回复各个在接入请求时隙中接入的节点,告知其子节点接入网络是否成功,并且提供其在数据发送部分占有的具体时隙位置。

在数据传输时隙中,由于 MANET 长传输时延造成 TDMA 中的数据保护时间较长,所以大部分 TDMA 协议会使用应答确认(acknowledge character,ACK)包进行数据包传输,并成功确认。

分配类 MAC 协议设计的出发点是提供较高的信道利用率。时间片轮询算法是预先设定的。与竞争类 MAC 协议相比,分配类 MAC 协议分组接入信道的碰撞概率降低,因此在大规模网络下仍有较高性能。相比于竞争类 MAC 协议,分配类 MAC 协议更加适用于大规模组网。

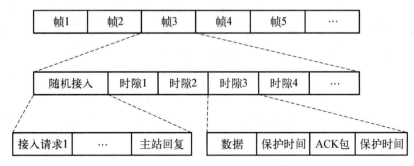

图 3-3   基于 TDMA 协议的帧结构

在 MANET 中,特别是航空自组织网络中,空中的 GPS 信号以及使用限制较少,节点可以利用 GPS 进行时间和位置的同步,避免了采用全网同步方式分配时间片的方法,解决了最为关键的时间同步难题,因此使用基于分类的协议可以得到相对较好的性能。

由于时隙安排算法是预先设定的,在小规模网络情况下,网络负载较轻,分组碰撞的概率本身要小很多,而网络节点仍然按照固定的时间片轮询机制[22-23],缺乏一定的灵活性,使分组延迟增大,性能较低。以 TDMA 协议及其改进型为代表的时隙分配协议[24-25],其系统吞吐量大,但在 TDMA 协议中,设置时隙大小时需要考虑最大传播时延和时延抖动的影响,仅适合于时延要求不小于 10 ms 级信息的传输[26]。

由于飞行任务区域较广,无人机集群节点随着目标移动和任务变更不断进行集结分散、任务重分配以及队形重构等动态行为,使得集群内部节点之间传输时延和网络拓扑高度变化,导致网络中的节点频繁地入网、退网[26-27]。此外,由于在对抗环境下,GPS 等卫星定位系统和空艇平台等网络中心节点都极易被摧毁。如何在分布式的网络中获得准确的时间同步也是 TDMA 协议需要克服的部分[28]。这两个部分也是现有 MANET 的 TDMA 协议中都没有考虑的。

3) 混合类 MAC 协议

混合类 MAC 协议结合节点自行争用信道和固定分配信道的技术,既有在小规模组网下竞争类 MAC 协议的灵活性,又有在大规模组网中固定时间片轮询的优点,能够自适应网络规模。典型的混合类 MAC 协议是混合时分多址访问(hybrid time division multiple access,HTDMA)协议。

3.2.1.2 基于信道数目的 MAC 协议

按照不同的信道使用数目可将无线自组网 MAC 协议分为单信道 MAC 协议、双信道 MAC 协议和 MMAC 协议。

1) 单信道 MAC 协议

在无线自组网发展的早期,由于硬件条件的限制,所有分组都只能在同一个信道上获得接入信道的机会。随着通信业务需求增长,单信道 MAC 协议已不能满足无线自组网的高性能需求。但单信道 MAC 协议的一些优良技术仍能够运用到多信道 MAC 协议研究中。

(1) ALOHA 协议。ALOHA 协议以不计后果的方式争夺信道接入权。ALOHA 协议的主要特性是当一个节点有发送分组请求需要时,不管信道处于什么状态都强制性地发送分组,缺乏必要的信道访问控制机制导致分组碰撞的概率非常大,而且需要附加某种形式的反馈机制来保证分组到达目的节点的可靠性,如自动重传请求(automatic repeat request,ARQ)。当一个节点在一定时间内发现其分组未到达目的节点时(未收到分组到达的确认信息),该节点只是重新发送未成功交付分组,网络吞吐量性能降低。之后出现的时隙 ALOHA 协议将时间轴以时隙为单位划分,并通过规定每个节点只能在下一个时隙开始时刻才能分组发送的机制降低了分组产生的随机性。与原协议相比,时隙 ALOHA 协议的离散时间片的机制大大减少了分组冲突的可能性,缩小了冲突危险区域,提高了信道利用率,而且较大提高了吞吐量性能。

(2) CSMA 协议。CSMA 协议是无线自组网常见的异步访问协议,通过载波侦听机制检测当前信道强度,以此判断信道的忙闲状态。网络节点在分组发送之前,首先检测信道强度,并与信道强度阈值进行对比。如果当前信道强度大于信道强度阈值,表明当前信道处于忙碌状态,则根据不同的信道访问机制等待一段时间后重新试图接入信道,即所谓"先听后发";如果当前信道强度小于信道强度阈值,则表明当前信道空闲,将获得信道使用权限并发送分组,即所谓"冲突不发";在分组发送过程中也将持续检测信道,当信道状态为忙时,立即停止分组发送,即所谓"边听边发"。

然而,所谓"冲突不发"的模式仍然可能造成分组碰撞。比如,当信道被释放时,此时可能有多个节点在监听信道,这些节点都会"认为"信道空闲,于是多个节点同时接入信道并发送分组,这时就会发生数据碰撞,造成数据丢失。针对这一情况,非持续 CSMA 协议通过减少检测信道的次数来提高性能,当第一次检测到信道忙碌时,不再持续地检测,而是等待一段时间后再检测,并随着信道忙碌次数的增加,等待时间随指数增加,直到检测到信道为空闲为止。非持续CAMA协议能够在一定程度上提高信道利用率,但是会造成端到端时延的增大。持续参数 p 的CSMA协议是CSMA协议和非持续CSMA协议的折中,它将信道进行时隙划分。当信道空闲时,在当前时隙节点以概率 $p(0<p<1)$ 发送分组,$(1-p)$ 的概率不发送,若分组在当前时隙未被成功交付,则在下一时隙持续过程,直到分组发送成功或信道变为繁忙状态为止;当信道忙时,则强迫节点等待一段随机的时间后重新开始这个过程。

(3) MACA协议。MACA协议在CSMA协议的基础上,使用两种定长的控制分组进行两次握手,使得网络中相邻节点能够尽可能地了解信道占用情况,从而减轻隐藏终端的干扰,并减少暴露终端的个数。在发送分组前,发送节点首先发送一个RTS控制分组来获得接入信道的权限,通知接收节点要向其发送分组("请做好准备"),并将占用信道及占用信道的时间通知其相邻节点,接收节点收到RTS控制分组后回复一个CTS控制分组,让其相邻节点能够检测到该控制分组,从而使得在接下来的分组传输过程中相邻节点不再试图接入信道。

无线通信多址访问与碰撞回避(multiple access with collision avoidance for wireless,MACAW)协议是对MACA协议的改进,在两次握手的基础上,增加了两个新的控制分组,即ACK和DS:在RTS控制分组发送之前,使用载波监听机制来降低RTS控制分组之间的碰撞概率,使用ACK控制分组来防止数据分组的丢失,若源节点未收到ACK控制分组,则进行重发。同时,源节点通过发送DS控制分组来避免暴露终端节点在ACK控制分组即将发送的时候占用信道,降低了ACK控制分组碰撞的概率。MACAW协议为进一步解决暴露终端和隐藏终端问题提供了思路,相对于MACA协议,其性能上有了明显的改善。

(4) IEEE 802.11 MAC协议。IEEE 802.11 MAC协议分为分布式和集中式两种控制模式。适用于无线自组网的是分布式控制模式(distributed coordination function,DCF)。IEEE 802.11 DCF协议在融合CSMA/CA协议的基础上,提供了一种适用于无线局域网的解决方案。

CAMA/CA协议是CSMA协议的改进。通过在CSMA协议中增加握手机制,进一步提升了CSMA协议的性能。该协议支持两种操作:第一种操作类似于前面介绍过的CSMA协议;第二种操作基于MACAW协议。由于继承了载波监听机制、信道预约机制和确认重传机制,IEEE 802.11 MAC协议相比其他单信道MAC协议,在网络整体性能方面有了很大提高,但并没有彻底解决隐藏终端问题,同时由于它易导致更多节点不能够发送,在相当程度上加重了暴露终端问题。

2) 双信道 MAC 协议

单信道 MAC 协议由于只采用一个信道,有限的信道容量成为制约 MAC 协议性能的瓶颈。研究表明,由于单信道 MAC 协议信道数目的限制,存在先天的缺陷,无论设计得多巧妙都无法彻底解决隐藏终端和暴露终端的问题。

(1) BTMA 协议。BTMA 协议的主要思想是:在信道上有数据传输时,使用忙音信号来标志数据信道繁忙,忙音信号使用单独从整个带宽划分出的控制信道,并使用单独的数据信道进行数据通信。控制信道与数据信道之间相互独立,忙音信号相比于数据对带宽的要求要少很多,因此数据信道将占用绝大部分带宽,而控制信道仅占用很少部分的带宽。BTMA 协议提高了对数据信道的访问限制,这样在减轻了隐藏节点干扰并降低了碰撞概率的同时,加重了暴露终端的问题,其结果是数据信道的利用率低下。

(2) 双忙音多址访问(double busy-tone multiple access,DBTMA)协议。DBTMA 协议是对忙音多址访问(busy-tone multiple access,BTMA)协议进行一定程度的改进,在忙音多址协议采用一个忙音信号保护数据信息的基础上,增加了一个忙音信号用于保护初始化信道请求的发送请求控制分组。在 DBTMA 协议中,忙音多址协议的原始忙音称为接受忙音,由接收方设置;新增加的忙音称为发送忙音,由发送方设置。由于使用了 RTS 控制分组和由接收节点设置的接收忙音,相比于 BTMA 协议,DBTMA 协议降低了隐藏终端的影响,并减少了暴露终端的个数。由于采用两个忙音信号,导致控制复杂,控制开销大,而且数据信道和控制信道的引入分割了信道带宽,引起较大的控制端到端时延,因此网络的实时性较差,吞吐量只得到有限的提升。

3) MMAC 协议

MMAC 协议是不对信道具体功能进行划分的、采用混合式分配信道策略的 MAC 协议。在 MMAC 协议中,网络划分为多个具有相同功能的信道,既可以用来传输控制信息又可以用来传输数据信息,每个节点只需要配备一个射频模块就可以在各个信道上切换进行通信。该协议引进了类似于 IEEE 802.11 MAC 协议的 PSM 机制,将整个时间轴划分为具有固定长度的时隙间隔,网络中所有节点能够在时间上大致同步。该协议规定,每个时隙开始时,所有节点都必须切换到一个预先定义的公共信道上进行信道协商过程。协商完毕,各自切换到所需信道(包含预先定义的公共信道)进行数据传输。为了实现信道动态分配和信道信息的透明,给网络中的每个节点添加一张优先信道列表(preferable channel list,PCL),用于记录节点通信范围内所有信道的使用情况,基于 PCL 信息,网络节点对信道的优先级进行划分。另外,MMAC 协议还会记录当前信标间隔中低优先状态信道被选择的次数,在信道协商时会参考该计数值,在一定程度上起到了负载均衡的作用。

MMAC 协议采用单个射频模块和非功能区分信道的方式,成本更低且信道利用率较高,但由于需要全网同步,协议对节点的时钟等有额外要求,实现起来较复杂,单收发器的使用也会使得对广播数据支持较差。通过上述分析,可以看出,在无线自组网中,多信道 MAC 协议相对于所有单信道 MAC 协议在性能方面都有了明显的优势。

(1) 多信道 CSMA 协议。多信道 CSMA 协议是在信道预先分配技术的基础上进一步改进实现的。在载波监听机制的基础上,通过全网同步方式对信道进行预先分配。网络初始化时,节点会逐个对所有信道进行监听,选择空闲信道,并记录下本次成功传输分组所使用的信道,实现节点对信道的“保留”,即节点记忆上次使用的信道信息,在下一次试图接入信道时优先选择上次使用的信道。在实际应用中,由于硬件条件有限和无线自组网网络拓扑的动态可变,实现全网同步非常困难。多信道 CSMA 协议相比于其他所有单信道 MAC 协议在提高网络性能方面都有了明显的优势,这种优势表现在随着使用信道个数的增加,系统吞吐量得到了比较明显的提高[12]。多信道 CSMA 协议也存在明显的缺陷,它的本质仍然是单信道 CSMA/CA 协议,由于其采用的信道选择机制仅凭源节点自身的信道使用信息就判定了当前全网的信道使用情况,而没有考虑接收节点的信道占用情况,这种由发送方确认数据信道的机制容易引起分组在接收端产生冲突。

(2) 动态分配 MAC 协议。在动态分配 MAC 协议中,每个节点配备两个无线射频模块:一个无线射频模块专用于通过 RTS/CTS 握手机制完成信道预约,充当控制信道的作用;另一个无线射频模块用于在多个数据信道反复切换,完成数据信息的传输,并通过 ACK 控制分组完成对数据分组的确认,充当数据信道的作用。

在使用动态分配 MAC 协议作为 MAC 层的网络中,所有节点必须绑定并实时更新两个包含信道使用信息的列表(信道使用列表(channel usage list,CUL)和空闲信道列表(free channel list,FCL))完成对当前信道占用情况的记录,并在信道预约的过程中,通过交互空闲信道列表信息的方式,与节点自身的信道使用列表比对,完成对数据信道的选取。节点在收到任何控制分组信息时都会实时地更新自身的信道使用列表和空闲信道列表。

3.2.2　面向无人机集群的 MAC 协议研究

针对大规模无人机集群组网与通信需求,本节选用几种典型的自组网 MAC 协议进行比较性研究。典型协议包括集中式 TDMA MAC 协议、分级分布式 TDMA MAC 协议、完全分布式 TDMA MAC 协议和 CSMA/CA MAC 协议。首先,利用 OPNET 仿真验证平台构建通信仿真模型;然后,设计集群在应用中常用的广播消息、点对点消息以及多跳传输等通信服务场景,进行比较性仿真验证;最后,分析比较各协议性能,提出一种适用于无人机集群的 MAC 协议设计思路。

3.2.2.1　OPNET 仿真验证平台

本节采用 OPNET Modeler V14.5.A PL1(教育版本/非商业版本)作为自组网仿真平台。OPNET 是世界上最先进的网络仿真验证平台,OPNET Modeler 支持面向对象建模方式,并提供图形化的编辑界面,采用阶层性的模拟方式。从协议间关系看,节点模块建模完全符合开放式系统互联(open system interconnect, OSI)标准七层模型。OPNET Modeler 提供了三层建模机制,最底层为进程(process)模型,以状态机来描述协议;其次为节点(node)模型,由相应的协议模型构成,反映设备特性;最上层为网络模型。三层模型与实际的协议、设备、网络完全对应,全面反映了网络的相关特性。

OPNET Modeler 基于事件出发的有限状态机建模(finite state machine modeling, FSMM),避免以时间出发,变成以事件出发的建模。采用离散事件驱动(discrete event driven)的模拟机理,与时间驱动相比,计算效率得到了很大提高。OPNET Modeler 采用的是混合建模机制,把基于包的分析方法与基于统计的数学建模方法结合起来,既可得到非常细节的模拟结果,也大大提高了仿真效率。

OPNET Modeler 仿真的使用可以大体分成 6 个步骤,分别是配置网络拓扑(topology)、配置业务(traffic)、收集结果统计量(statistics)、运行仿真(simulation)、调试模块再次仿真(re-simulation),以及发布结果和拓扑报告(report)。相应的编辑器介绍如下:

(1)项目/场景编辑器。项目/场景编辑器主要用来创建和编辑网络场景模型,一个项目就是一组仿真环境,一个场景就是一个仿真环境。场景是网络中的一个实例、配置,如拓扑结构、协议、应用等。场景中的节点可表示网络设备,如服务器、工作站、路由器等。

项目/场景编辑器主要完成场景定义、节点拓扑构建、通信范围设置、业务定义、网络环境定制、仿真运行和分析结果选择。如图 3-4 所示,通过项目/场景编辑器完成(50×10)km 通信范围内,随机分布多个移动类型的节点终端的布局。

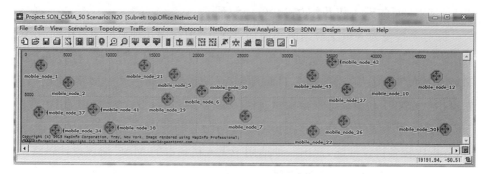

图 3-4　项目/场景编辑器

（2）节点编辑器。节点编辑器用于定义每个节点行为，节点通常可以看作为设备终端或资源，数据可以在其中被生成、传输、接收并处理。一个节点通常由多个模块组成，不同模块完成不同功能，模块间通过包流或状态监控流连接。节点编辑器提供了模拟节点内部功能所需的各种资源实现。如图 3-5 所示，节点编辑器中实现的一个节点，其内部从上往下符合 OSI 分层结构，层间为表示数据交换的数据流或状态监控流。

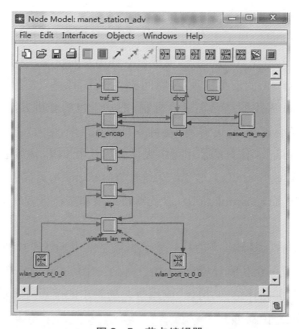

图 3-5　节点编辑器

（3）进程编辑器。进程编辑器是对节点编辑器中各模块功能具体实现的编辑器，处于三层模型最底层，可以说是协议设计的最基本单元。对于节点中每个模块的进程实现,主要使用有限状态机来描述其中的实现流程及状态转换,具体的实现语言是 C 语言。如图 3-6 所示,对应图 3-5 节点编辑器中 ip_encap 模块中的具体实现。

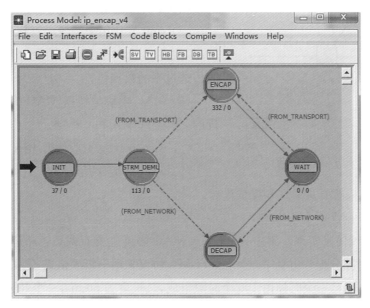

图 3-6　进程编辑器

3.2.2.2　仿真模型设计

1) 仿真场景基本参数设置

仿真所对应的网络场景参数如表 3-2 所示。

表 3-2　仿真所对应的网络场景参数

参　数　名　称	参　数　设　置
网络拓扑范围/km	$(30\sim50)\times10$
网络节点数量	最大 100 个
带宽传输/(Mb/s)	2
组网方式	TDMA/CSMA
数据包长度/B	$\leqslant400$
发包间隔分布/Hz	$5\sim10$

2) 无人机自组网节点模型建模

节点模型建模中设计了 5 个模块,分别是 source,sink,MAC,wlan_port_rx

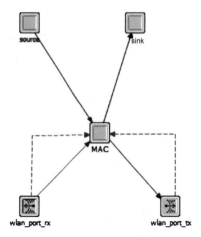

图 3-7 节点模型

和 wlan_port_tx。节点模型如图 3-7 所示。

（1）source 模块用来周期性产生数据，并将数据发送给 MAC 层处理，用来模拟高层发送数据包。

（2）sink 模块用来销毁接收到的数据，将 MAC 层发送过来的数据包销毁，用来模拟接收传送过来的数据包。

（3）MAC 模块是根据 MAC 协议进行处理的，分为 TDMA 和 CSMA。

（4）wlan_port_rx 是收信机，用来接收数据。

（5）wlan_port_tx 是发信机，用来发送数据。

3）无人机自组网进程模型建模

（1）TDMA MAC 协议。

a. 协议仿真实现。集中式 TDMA MAC 协议主要有两点：一是帧结构设计；二是时隙分配。仿真中，集中式 TDMA 协议采用三级帧格式，定义一个时隙长度为 500 μs，一个时帧由 100 个时隙组成，总长度为 50 ms，一个超帧由 16 个时帧组成，总长度为 800 ms。帧结构如图 3-8 所示。

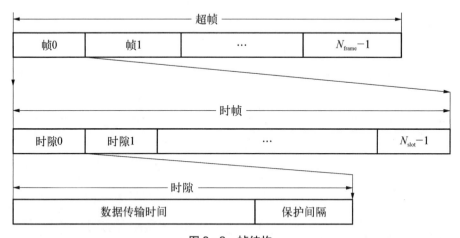

图 3-8 帧结构

每个超帧的第一个时帧为网络控制帧，其中时隙为控制时隙，在该时段用于各节点发送广播帧用。第二个时帧为数据时帧，其中时隙为数据时隙，在该时段用于传输数据。

集中式 TDMA MAC 协议时隙分配由"主节点"负责，该节点是网络的逻辑中心,对整个网络的时钟同步、时隙分配、节点入网、节点退网等进行控制。每个网络只有一个"主节点"。每个子节点的上级节点称为父节点,父节点可能是"主节点"也可能是"子节点",子节点相对"主节点"称为"从节点"。如图3-9所示,"从-10"是"从-20"的父节点,"主-0"是"从-10"的父节点同时又是主节点。

主节点"主-0"在控制时隙时将当前时隙分配结果通过广播帧下发其子节点(如"从-10""从-11"),子节点收到时隙分配结果后,在自身控制时隙时通过广播帧下发其从节点(如"从-20""从-21"),从而维护整网时隙分配结果的下发。从节点根据收到的时隙分配结果,在数据时隙上,发起入网、退网请求。

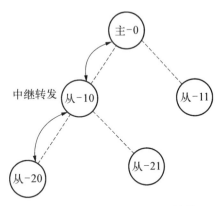

图3-9 集中式TDMA MAC协议

节点"从-20"发起入网时,入网请求需要通过"从-10"转发至主节点"主-0",由主节点统一进行时隙分配,并将分配结果通过"从-10"转发至节点"从-20"。节点"从-20"收到时隙分配结果后,占用该时隙,在控制时帧上发送广播帧,在数据时帧上发送数据。

同理,节点"从-20"主动退网时,也需要将退网请求通过"从-10"转发至主节点"主-0",由主节点释放时隙。另外,如果父节点"从-10"在MAC_NODE_KEEPALIVE_TIME时间内,没有侦听到某节点发出的广播帧,那么认为该节点已经退出了网络,则发送退网请求至主节点"主-0",申请释放时隙。

b. 进程模型。集中式TDMA MAC协议对应的进程模型如图3-10所示。各状态的功能如下:

a) init。初始化模型属性和节点基本参数结构体,分配MAC地址,初始化MAC下行发送队列、转发队列等,注册相关统计量等。

b) slot_judge。周期性处理函数,触发流程判断节点状态转换,控制广播帧、入网请求帧、数据帧等的发送。

本协议涉及的节点状态包括搜网状态、入网请求状态、已入网主节点状态、已入网从节点状态、退网状态等。初始化时进入搜网状态,根据搜网结果(是否收到相邻节点广播帧)判决是否进入已入网主节点状态,或入网请求状态。节点成功入网后,判决节点是否退网,重新进入搜网状态。

同时,根据当前状态和当前时隙判决是否发送数据帧或广播帧。例如,入网请求状态时,判决当前时隙是否需要发送入网请求帧;已入网状态时,判决控制时隙发送广播帧,数据时隙发送转发帧或 MAC 数据帧。

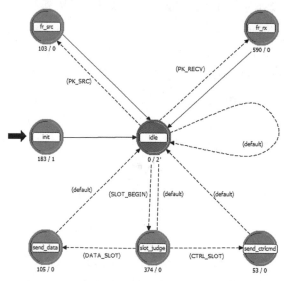

图 3-10　集中式 TDMA MAC 协议对应的进程模型

c) send_ctrlcmd。由 slot_judge 判决为当前节点控制时隙,发送广播帧。

d) send_data。由 slot_judge 判决为当前节点数据时隙,根据节点当前状态发送数据。如果节点当前处于入网请求状态,则向父节点发送入网请求帧;如果当前节点处于成功入网状态,则优先发送需要本节点转发的数据,如其他节点的入网请求、退网请求等,如果转发数据为空,则发送自身 MAC 数据。

e) fr_src。接收上层发送下来的数据,添加 MAC 帧头,并加入 MAC 下行发送队列。如队列已满,则丢弃并统计丢包信息。

f) fr_rx。接收收信机发送过来的数据,并根据节点状态、数据类型分别处理。

(2) 完全分布式 TDMA MAC 协议。

a. 协议仿真实现。完全分布式 TDMA MAC 协议采用三级帧格式,定义一个时隙长度为 $500\,\mu s$,一个时帧由 100 个时隙组成,总长度为 50 ms,一个超帧由 16 个时帧组成,总长度为 800 ms。

每个超帧的第一个时帧为网络控制帧,其中时隙为控制时隙,在该时段用于各节点发送广播帧用。第二个时帧开始为数据时帧,其中时隙为数据时隙,在该时段用于传输数据。

完全分布式 TDMA MAC 协议中没有父、子节点或者主、从节点,所有节点互为相邻节点,而且没有一个逻辑中心节点进行时隙的分配和入网请求的处理。

完全分布式 TDMA 网络中,在某一时刻可能存在多个节点进行入网请求,入网的节点需要向所有的相邻节点发送入网请求,所有的相邻节点对请求进行响应,保证与相邻节点不共用一个时隙。完全分布式 TDMA 网络中的节点,在某个时隙只有一个节点进行数据发送,其他节点只能进行数据接收,不可能存在多个节点进行数据收发。

由于网络中没有中心节点且每个节点都可以随机互联,因而节点之间需要进行信息的共享,从而使新入网的节点能正常接入网络。因此,分布式 TDMA MAC 协议主要考虑全网的时隙分配和冲突管理。

b. 进程模型。完全分布式 TDMA MAC 协议对应的进程模型如图 3-11 所示。

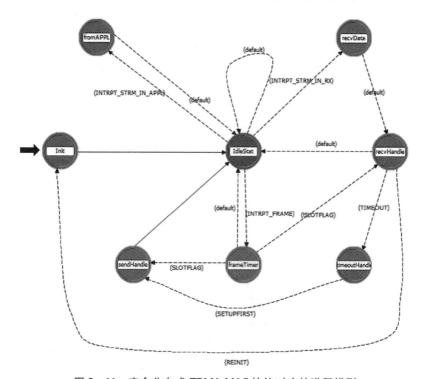

图 3-11　完全分布式 TDMA MAC 协议对应的进程模型

各状态的功能如下:

a) Init。初始化所有的状态变量,进行 MAC 地址分配,初始化相邻节点管理表、上下行 MAC 数据队列,注册相关统计量等。

b) sendHandle。发送时隙处理需要发送的数据,包括广播、请求、响应和数据包等。

c）IdleStat。响应中断。

d）frameTimer。时隙计数，对发送时隙和接收时隙进行响应。

e）recvHandle。在接收时隙时，对接收到的数据进行处理，包括广播、请求、响应和数据包等。

f）timeoutHandle。节点启动后，在一定时间内没有收到广播，则进行超时处理。

g）recvData。接收收信机发送过来的数据并按数据类型分别放入相应的队列中。

h）fromAPPL。接收高层来的数据，并存储到相应的队列中。

（3）CSMA/CA MAC 协议。

a. 协议介绍。CSMA/CA 数据交互流程是：当网络中某个节点有数据需要发送时，在发送前节点先侦听信道的空闲情况，判断信道上是否有其他节点正在发送。如果信道空闲，则先发送 RTS 请求数据发送权限，接收节点接收 RTS 后进行应答的方式完成信道的预约占用，其他节点接收 RTS/CTS 后，则根据退避算法进行退避；如果信道忙则暂不发送，通过退避算法进行一段时间退避后重新尝试发送数据。源节点获取信道发送权限之后，给目的节点发送数据，目的节点接收数据之后给源节点响应 ACK 信息，源节点接收 ACK 信息后表示数据交互完毕，传输过程完成。因此，整个过程为 RTS→CTS→DATA→ACK 四次握手。

b. 进程模型。CSMA/CA MAC 协议对应的进程模型如图 3－12 所示。

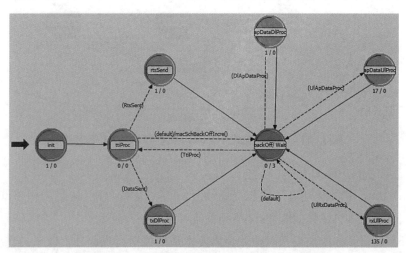

图 3－12　CSMA/CA MAC 协议对应的进程模型

各状态的功能如下：

a）init。初始化所有的状态变量；分配 MAC 地址；初始化相邻节点管理表，上、下行 MAC 数据队列；注册相关统计量等。

b）ttiProc。周期性处理函数，触发流程判断节点是否需要发送 RTS、数据，或者继续回退。

c）rtsSend。组装和发送 RTS 包。

d）txDLProc。预约信道成功，获取发送权限后将 MAC 下行数据队列中数据发送至发信机。

e）backOff/Wait。用于执行退避算法，完成退避之后检查信道是否可用；周期性中断。

f）apDataDIProc。接收上层发送下来的数据并处理，完成处理之后，加入 MAC 下行发送队列。

g）rxUIProc。接收收信机发送过来的数据并按数据类型分别处理。如果是 RTS，则根据情况选择是否答复 CTS；如果是 CTS 包，则转换本节点为数据发送状态，触发数据发送；如果是数据包，则判断是否发送给自己，并决定是否接收；如果是 ACK，则提取相关 ACK 信息并判断包发送成功情况。

h）apDataUIProc。执行 MAC 层数据上报至上层应用。

3.2.2.3 仿真结果分析

1）MAC 协议性能评价指标

无人机自组网中 MAC 协议性能评价指标如下：

（1）端到端时延。端到端时延是指数据分组从源节点通过网络到达目的节点所花费的时间。

（2）吞吐量。吞吐量是指目的节点每秒成功接收的数据分组的比特数。本书搭建的是一个无人机自组网络，并且目的节点都是随机设置的，所以本书所说的吞吐量是指所有的目的节点每秒成功接收的数据分组的比特数。

（3）接入时延。节点从启动到接入网络能做业务所需要的时间。

2）MAC 协议性能分析

从两个角度对 MAC 协议进行对比：首先，不同节点容量下，对不同 MAC 协议所体现的评价指标进行分析对比；其次，相同节点容量下，对不同 MAC 协议进行横向对比。

（1）不同节点容量下，对不同 MAC 协议进行分析对比。

a. CSMA/CA MAC 协议分析对比。

a) 端到端时延。CSMA/CA MAC 协议下,当场景内节点容量逐渐增大,因为资源竞争越来越激烈,请求及数据冲突概率增大,回退时间增长,因此数据包端到端的时延也逐步增大。容量 20,40,50,80,100 节点场景下的 CSMA/CA 数据包端到端时延结果如图 3-13 所示。

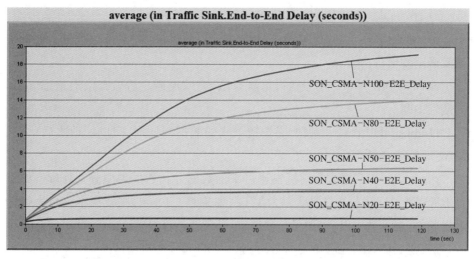

图 3-13　容量 20,40,50,80,100 节点场景下的 CSMA/CA 数据包端到端时延结果

b) 吞吐量。容量 20,40,50,80,100 节点场景下整个网络的 CSMA/CA 吞吐量如图 3-14 所示。容量为 50 节点时整个网络的 CSMA/CA 吞吐量最高,而当容量为 80/100 时整个网络的 CSMA/CA 吞吐量反而下降,因为节点数增多,资源竞争更加紧张,数据发送冲突概率增大,回退时间增大,数据缓冲在 MAC 层而无法及时发送出去。

容量 20,40,50,80,100 节点场景下的 CSMA/CA MAC 层丢包的数量统计如图 3-15 所示。当节点容量增加到 50 个时,节点发送缓冲区开始拥塞而出现内部丢包,进一步证明 b)中吞吐量下降的问题。

b. 集中式 TDMA MAC 协议分析对比。

a) 端到端时延。从图 3-16 可以看出,在集中式 TDMA MAC 协议下,当所有节点都接入网络后,系统端到端时延保持稳定,而且随着节点容量增加,端到端时延差别不是很大。其原因在于在集中式 TDMA MAC 协议下,当所有节点都接入网络后,每个节点在各自固定的时隙发送数据(每个节点固定分配一个时隙),且为一跳场景,每个节点不存在其他节点的转发数据。

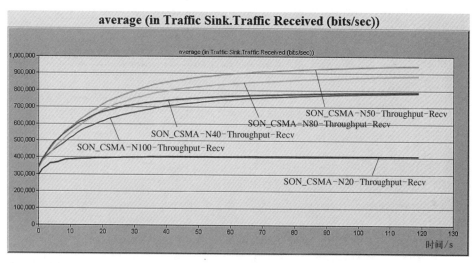

图 3-14 容量 20,40,50,80,100 节点场景下整个网络的 CSMA/CA 吞吐量

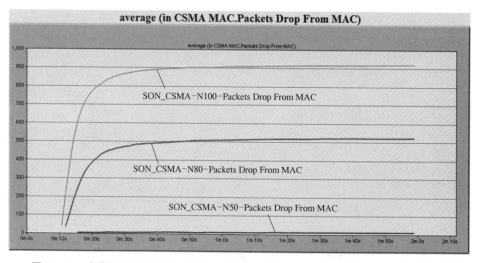

图 3-15 容量 20,40,50,80,100 节点场景下的 CSMA/CA MAC 层丢包的数量统计

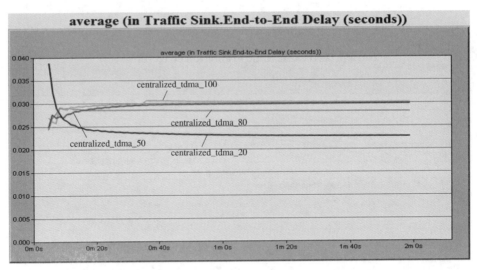

图 3-16　集中式 TDMA MAC 协议下端到端时延

b) 吞吐量。从图 3-17 可以看出，当节点陆续接入网络后，系统吞吐量逐渐达到不同节点容量下的峰值，且保持平稳。单节点发包大小为 1 500 b，发包间隔为 0.075 s 时，20，50，80，100 节点场景下，系统吞吐量峰值分别为 0.4 Mb/s，1 Mb/s，1.6 Mb/s，2 Mb/s。

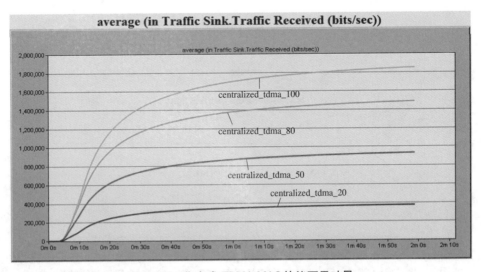

图 3-17　集中式 TDMA MAC 协议下吞吐量

c) 接入时延。图 3-18 给出了不同节点容量下，在集中式 TDMA MAC 协议下接入节点个数，横坐标为节点接入的时间，纵坐标为接入节点个数。从图中可以看出,在 20,50,80,100 节点容量下,接入节点个数分别为 20,50,80,100。

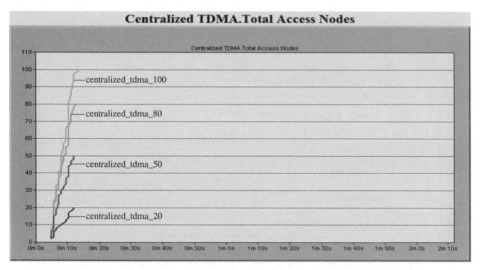

图 3-18 集中式 TDMA 协议下接入节点个数

节点接入时间均匀分布在 5～15 s 内。其原因在于当前协议设定某一节点搜网时间为 5 个超帧[(0.8×5)s=4 s]后,如果没有监听到其他节点的广播帧,则设置自己为网络主节点。因此,5 s 左右方才有节点接入网络。为了防止仿真节点都同时接入网络,导致各自设置自己为网络主节点,当前协议设定各节点初始化时间满足 10 个超帧内随机分布,即各节点随机等待 N 个超帧后,进入搜网状态,搜网 5 个超帧后,发起入网请求。

c. 分布式 TDMA MAC 协议分析对比。

a) 端到端时延。从图 3-19 可以看出,在 20,40,50,80,100 节点的分布式 TDMA MAC 协议下,当所有节点都接入网络后,系统端到端时延保持稳定,而且随着节点容量增加,不同容量间的端到端时延差别不是很大。其原因在于完全分布式 TDMA MAC 协议下,当所有节点都接入网络后,每个节点在各自固定的时隙发送数据(每个节点固定分配一个时隙),且为一跳场景,每个节点不存在其他节点的转发数据。

b) 吞吐量。从图 3-20 可以看出,当节点陆续接入网络后,系统吞吐量逐渐达到不同节点容量下的峰值,且保持平稳。单节点发包大小为 1 500 b,发包间隔为 0.075 s 时,在 20,40,50,80,100 节点下,系统吞吐量峰值分别为 0.41 Mb/s,0.78 Mb/s,1 Mb/s,1.6 Mb/s,2 Mb/s。

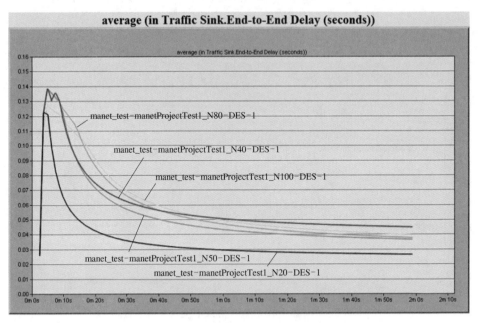

图 3‑19　分布式 TDMA MAC 协议下端到端时延

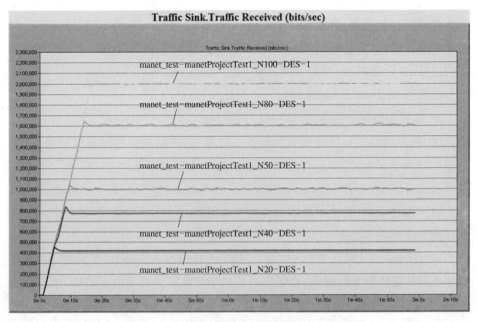

图 3‑20　分布式 TDMA MAC 协议下吞吐量

c) 接入时延。从图 3-21 可以看出,在 20,40,50,80,100 节点的分布式 TDMA MAC 协议下,随着节点容量增加,节点接入网络的时间增大,越多节点接入网络所耗时间越久。由于节点越多,需要对节点进行合理的时隙分配和节点间的冲突管理,单个节点可能需要多次才能接入网络。因此,接入时延随着节点个数的增多而增大。

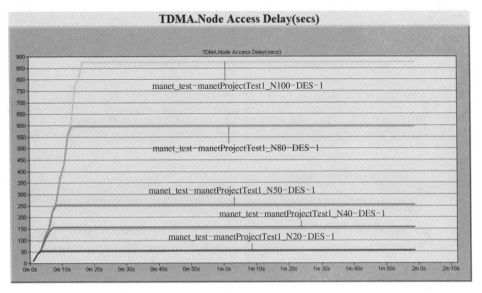

图 3-21　分布式 TDMA 协议下接入时延

(2) 相同节点容量下,对不同 MAC 协议进行横向对比。

a. 端到端时延。图 3-22 对比图分别为 20,50,80,100 节点下,不同 MAC 协议之间端到端时延的对比(黑色线是分布式 TDMA MAC 协议,深灰色线是集中式 TDMA MAC 协议,浅灰色线是 CSMA/CA MAC 协议)。从对比图中,可以发现在 20,50,80,100 节点场景下,CSMA/CA MAC 协议的端到端时延都比分布式 TDMA MAC 协议的端到端时延大,而且大很多。从对比图中,也可以发现,在 20,50,80,100 节点场景下,集中式 TDMA MAC 协议与分布式 TDMA MAC 协议之间的端到端时延基本一致。

b. 吞吐量。图 3-23 为在 20,50,80,100 节点场景下,不同 MAC 协议之间吞吐量的对比(黑色线是分布式 TDMA MAC 协议,深灰色线是集中式 TDMA MAC 协议,浅灰色线是 CSMA/CA MAC 协议)。从对比图中,可以发现在 20, 50 节点场景下,CSMA/CA MAC 与 TDMA MAC 协议的吞吐量差不多。在 80,

100 节点场景下,CSMA/CA MAC 协议的吞吐量明显比分布式 TDMA MAC 协议的吞吐量小。同时,在 20,50,80,100 节点场景下,集中式 TDMA MAC 协议与分布式 TDMA MAC 协议的吞吐量基本一致。

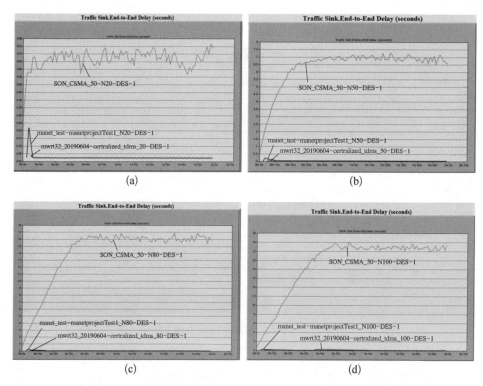

图 3‑22　20,50,80,100 节点下,不同 MAC 协议端到端时延的对比

(a) 20 节点;(b) 50 节点;(c) 80 节点;(d) 100 节点

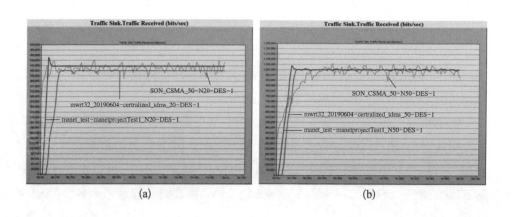

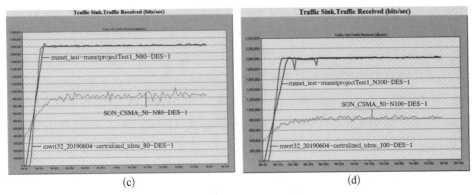

图 3-23 在 20,50,80,100 节点场景下,不同 MAC 协议之间吞吐量的对比

(a) 20 节点;(b) 50 节点;(c) 80 节点;(d) 100 节点

c. 接入时延

图 3-24 为在 20,50,80,100 节点场景下不同 MAC 协议之间接入时延的对比(灰色线是分布式 TDMA MAC 协议,黑色线是集中式 TDMA MAC 协议)。

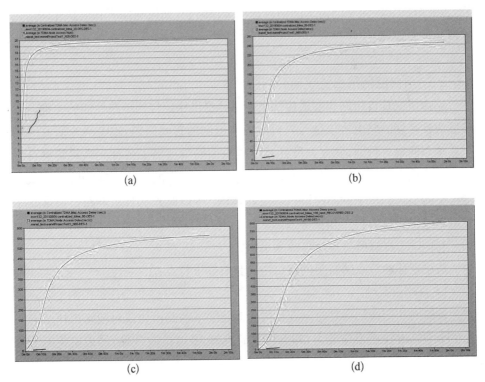

图 3-24 在 20,50,80,100 节点场景下,不同 MAC 协议之间接入时延的对比

(a) 20 节点;(b) 50 节点;(c) 80 节点;(d) 100 节点

从图 3 - 24 可知,在 20,50,80,100 节点场景下,分布式 TDMA MAC 协议的接入时延远大于集中式 TDMA MAC 协议的接入时延。随着节点数的增多,分布式 TDMA MAC 协议的接入时延增大。而集中式 TDMA MAC 协议的接入时延,随着节点数的增多,时延基本不增加。

在大规模节点组网的场景下,CSMA/CA MAC 协议不适用,需要考虑 TDMA MAC 协议。集中式 TDMA MAC 协议和分布式 TDMA MAC 协议各有优劣,需要根据场景进行选择合适的协议或者融合两者的优势。

3.3 大规模无人机集群自组网路由协议

无线自组网是一种支持移动节点、多跳的、拓扑结构快速变化、节点承担路由和终端两种功能的无中心对等网络,具有很强的适应能力和抗毁性。前节对 MAC 协议进行了比较性研究,主要解决了节点之间信道接入的问题,构建了集群内部节点相互传递信息的路径。本节对几种常见的路由协议进行比较性研究,主要解决如何为不同需求的信息选择传输路径,如何确保所有信息在网络内的按需即时传递。

3.3.1 自组网路由协议简介

路由协议是自组网能够适应快速变化并提供稳定传输链路性能的关键。设计适应性较好的路由协议是无人机集群自组网的首要问题,也是当今研究的热点和难点问题。目前,研究人员针对不同应用场景提出了各种无人机集群自组网路由协议设计方法,但大多数离实际应用还有一定的差距。这些路由协议都是由不同形式的自组网路由协议改进而来的[30],因此先从自组网路由协议介绍自组网路由协议的特点和基本方法。

3.3.1.1 自组网路由协议特点

适用于移动节点的自组网路由协议具有以下特点:

1) 快速收敛性

自组网的拓扑结构是时刻变化的。满足要求的路由协议对网络拓扑结构的变化必须具有快速反应能力,即路由具有有效、及时的收敛性,尽力避免出现目的不可达的情况。

2) 路由开销小

无线自组织网络立足于无线传输,其带宽有限且宝贵。设计不良的路由协议所产生的控制开销会很快消耗网络的带宽资源，降低网络性能甚至使得网络崩溃。优秀的路由协议应尽可能地减少消耗在路由控制管理上面的带宽资源，以提高带宽利用效率。

3）节点资源消耗小

移动节点由于受到可携带能源限制，其计算和续航能力均低于固定终端。因此，无线网络中的路由协议不能对终端性能有过高的要求。固定有线网络中用计算复杂度换取网络路由性能的做法，无法适用于无线自组织网络。

4）提供无环路由

无环路由是任何一种网络路由协议必须具有的基本要求。在无线自组织网络中，由于节点的快速移动导致拓扑结构变化，已有路由失效并产生环路路由。因此，提供无环路由成为衡量自组网路由协议的重要指标。

5）支持单向信道

节点的移动性和节点间不同的无线信号传输能力，导致在无线自组织网络中单向信道的出现会极为常见，支持单向信道也是对自组网路由协议的要求之一。

6）实用可靠

简单实用的路由协议有助于提高网络可靠性，减少各种开销。

3.3.1.2　典型自组网路由协议

目前，已经提出了数十种 Ad Hoc 路由协议，其中部分协议被应用在 MANET、车辆自组织网络（vehicular ad-hoc network，VANET）以及航空自组织网络（aeronautical ad-hoc network，AANET）中，成为协议标准。根据不同的分类标准，自组网路由协议可以分成不同类型，接下来对典型的路由协议进行介绍。

1）OLSR 协议

最优化链路状态路由（optimized link state routing，OLSR）协议是先应式路由协议（主动式路由协议），即以一定的周期性与相邻节点交换分组信息来建立自己的拓扑结构，从而拥有一张从自身节点到达全网各个节点传输路径的路由表。在 OLSR 协议中引入多点中继（multipoint relay，MPR）的概念。被相邻节点选为 MPR 的节点需要周期性地向网络广播控制信息，其他节点根据链路状态信息建立和更新路由表。在泛洪期间，只有 MPR 可以转发广播控制信息，因此可以节约无线资源。并且，只有选择的 MPR 节点才可以转发路由消息，这样很大程度减少了重复转发信息对信道资源的占用。通过使用介质冗余协议（media redundaney protocol，MRP）机制，相比传统的网络泛洪路由，OLSR 协议的路由开销更小。

OLSR 协议中的路由生成与路由维护的具体过程如下:

(1) 路由生成。OLSR 协议规定各个节点通过周期性地发送 HELLO 消息,发现并检测本节点与周围邻居的链路情况。每个节点周期性地广播 HELLO 消息,发布本节点的链路状态信息以及相邻组网信息。在路由被初始化时,本节点收到来自网络中其他节点的 HELLO 消息后,会把相邻节点放入邻居列表中,并将到该邻居的链路标记为非对称状态。当本地节点向该相邻节点发送 HELLO 消息时,把该条非对称状态的链路信息放入消息中。当该相邻节点收到本节点发送的 HELLO 消息时会立即将邻居列表中的本节点状态更新为对称状态。OLSR 协议保留对称链路信息,而丢弃其他状态的链路信息,周期性的 HELLO 消息也只需广播一跳,相邻节点收到 HELLO 消息后只处理,不转发。可以看出,经过周期性的发送 HELLO 消息,网络中的节点最后会生成完整的对称链路信息表。

当路由初始化完成后,各个节点都生成了链路信息表。链路信息表中包含了一跳相邻信息和两跳相邻信息。根据链路信息表,网络节点可以选择自己的 MPR。MPR 的选择原则是 MPR 为对称状态节点,通过 MPR 就可达所有的两跳相邻节点。按照最短路由规则,每个节点的 MPR 越少越好。

被选出的 MPR 节点通过"TC-interval"向全网广播拓扑控制(topology control,TC)消息,及时更新网络拓扑信息。TC 消息只包含选择自己为 MPR 的相邻节点的链路信息。未被选择为 MPR 的节点,不发送 TC 消息。TC 消息中包含链路信息和拓扑图结构,因此每个网络节点都能得到整个网络的链路信息和拓扑图结构,因而能独立地按照迪杰斯特拉(Dijkstra)算法计算出全网路由表。需要注意的是,TC 消息需要扩散至整个网络中的每个节点,而 HELLO 消息只在产生 HELLO 消息的节点的一跳范围内传播。

(2) 路由表维护。OLSR 协议属于表驱动路由协议。网络中每个节点都具有主机和路由器的功能,每个节点都要维护自己的路由表,主要包含的信息有:① 邻居列表,记录相邻节点的地址信息、链路状态、可达的两跳邻居、保持时间等;② MPR Selector 表 1 记录选取本节点为 MPR 节点的相邻节点的地址信息、序列号、保持时间等;③ 拓扑表 1 记录从 TC 分组中得到的网络拓扑信息,并由此计算路由;④ 路由表 1 记录本节点的路由信息,包括目的节点地址、下一跳节点地址等。

综上所述,OLSR 协议是针对移动无线局域网需求的经典链路状态算法的优化协议,主要优势在于:① 通过选定多中继依赖节点 MPRs 来广播拓扑消息,相比经典洪泛机制(每个节点转发接收到的消息副本),该协议大幅减少了网络传输的开销。② 在 OLSR 协议中,链路状态只有通过选定为 MPR 的节点反映出来,实现最少化的控制消息。③ 被选择为 MPR 的节点可以选择只报告自身与MS 之间的链接状态信息,OSLR 协议利用离散分布在网络中链路状态计算最佳路由,相比域传统链路状态计算方法,该协议主要适用于密集型的移动网络环境。

2) AODV 协议

按需距离矢量(ad-hoc on-demand distance vector routing,AODV)协议是一种被动的、经典的 MANET 路由协议,具有按需驱动的特点,适用于网络拓扑多变的场景。目前,很多飞行器自组网的路由研究都是在 AODV 协议的基础上进行了拓展。AODV 协议主要由路由发现和路由维护过程完成,它不维护整个网络的全局路由信息,不属于某个路由的节点,不用保留该路由信息,这样节点无须发送或接受拓扑更新包,只有需要的活动路由信息。节点认为路由有效的依据是在这个路径固定时间间隔内至少有一个数据包。因此,在 AODV 协议中,路由发现包仅在源节点想要联系目的节点且没有有效路由的情况下才会被创建并广播。同时,网络拓扑的变化只需要发送给需要的节点,因为拓扑改变只出现在本地邻居且不会影响其他的远距离路由。AODV 协议动态建立整个路由表,每个节点维护一个计数器以移除不用的或失效的路由。路由协议包括路由发现和路由维护两种机制。实际应用环境中,网络中可能包括许多不同种类的节点,这些节点有不同的信号发送范围,因而可能出现非对称链路。AODV协议最大的缺点是不支持非对称链路,它只支持两方都能转发包的对称链路。

(1) AODV 协议的路由发现。AODV 协议的路由发现过程主要由 RREQ分组和 RREP 分组的生成和转发构成。AODV 协议 RREQ 分组格式和 RREP分组格式分别如图 3-25、图 3-26 所示。当源节点 S 需要发送数据时,首先查找路由表中是否存在到目的节点 D 的有效路径,若路由表中存在有效路由,则按照路由表发送数据;若路由表中不存在到目的节点 D 的有效路径,则发起路由发现。

0 1 2 3 4 5 6 7	0 1 2 3 4 5 6 7	0 1 2 3 4 5 6 7	0 1 2 3 4 5 6 7
Type	J R G D U	Reserved	Hop count
RREQ ID			
Destination IP Address			
Destination Sequence Number			
Originator IP Address			
Originator Sequence Number			

图 3-25 AODV 协议 RREQ 分组格式

0	1	2	3	4	5	6	7	0	1	2	3	4	5	6	7	0	1	2	3	4	5	6	7	0	1	2	3	4	5	6	7
Type								R	A	G		Reserved												Hop count							
Destination IP Address																															
Destination Sequence Number																															
Originator IP Address																															
Life Time																															

图 3-26　AODV 协议 RREP 分组格式

源节点 S 创建 RREQ 分组，然后将这个路由请求分组广播到 S 节点的所有邻居。RREQ 分组将携带目的节点和源节点的地址、序列号信息，广播序列号，上一跳地址和跳数信息。

中间节点收到 RREQ 分组后，首先判断是否已经收到过相同的 RREQ 分组，对比该 RREQ 分组和转发缓存中的 RREQ 分组中的目的节点地址和序列号信息，若重复则丢弃收到的 RREQ 分组；若不重复，则根据该分组携带的上一跳信息建立反向路由，然后查找本地路由表，若存在到目的节点的路由，则发起中间节点应答，由中间节点向源节点 S 回复 RREP 分组；否则，将收到的 RREQ 分组广播转发到所有的相邻节点，直至节点产生 RREP 应答分组回复路由请求。

目的节点 D 收到来自源节点 S 的 RREQ 分组后，生成 RREP 分组，并沿反向路径单播发送至源节点 S。由于 RREQ 分组通过广播扩散，所以源节点可能收到来自不同路径的 RREP，且对应的目的节点序列号相同，在图 3-27 中，沿 S-1-2-3-4-D，S-5-6-7-D 和 S-8-7-D 三条不同路径转发；一般目的节点会选择最先到达或跳数最少的路径回传 RREP 分组，如图 3-28 中，选择 S-8-7-D 作为源节点 S 到目的节点 D 的路径。

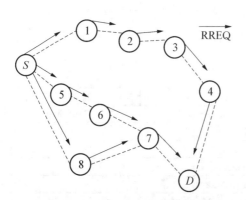

图 3-27　AODV 协议的路由发现过程 RREQ 分组转发

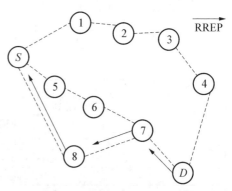

图 3-28　AODV 协议的路由发现过程 RREP 分组转发

（2）AODV 协议的路由维护。AODV 协议通过设置链路状态感知和修复机制应对网络的动态拓扑特性，完成路由维护过程。AODV 协议中的节点主要通过以下几种信息类维护路由表：① 路由请求到期计时器，用于节点删除不再是源-目的路由的反向路由；② 路由缓存计时器，这个计时器到期则认为存储的路由失效，需要删除；③ 同一路由上的所有活动邻居的地址，如果链路失效可及时得到通知；④ 一张到所有感兴趣目的节点的表，记录了目的地址、下一跳跳数和目的序列号、这条路由上的所有活动邻居和这条路由的超时时间。

当源节点或中间节点找不到路径上的下一跳节点时，AODV 协议会发起本地修复，向上一跳节点发送含有一个新的序列号和 Infinite（代码中常用一个非常大的数字来代替）跳数的 RREP 包。RREP 包向上游节点顺序转发，直到所有的活动源都被通知了这个链路失效。这样，当一个源节点还需要这条路由就需要重新发起一个新的路由发现过程，它会广播包含了递增后的目的序列号的 RREQ 包，下游节点就会知道这是一个新的路由发现过程。

AODV 协议中的路由发现程序仅在需要时才启动，相较于先应式路由协议大量减少了路由包，但这是以增加了传输延迟为代价的。由于节点不再需要维护全局的拓扑信息，占用的内存空间更少。

3）DSR 协议

动态源路由（dynamic source routing，DSR）协议是一个专门为多跳无线 Ad Hoc 网络设计的简单且高效的路由协议，应用于 MANET 中，工作在 TCP/IP 协议族的网际层。DSR 协议支持非对称链路，它能在单向链路的环境下成功发现路径并转发数据包。反应式的工作机制意味着不需要定期地拓扑更新包。当链路失效时，只有那些需要通过该链路转发包的节点才需要接收路由通知。DSR 协议允许源节点接收或存储多条指向目的节点的路径，当链路失效时，中间节点就可以选择另外一条缓存中的路径来转发包。这样一来，路由发现过程引入的路由开销会进一步减少，某些情况下，数据延迟也会降低。

DSR 协议由两个主要机制组成：路由寻找（route discovery）机制和路由维护（route maintenance）机制。路由寻找机制在源节点需要给目的节点发送一个分组并且还不知道到达目的节点的路由的时候被使用。当源节点正在使用一条到达目的节点的源路由的时候，源节点使用路由维护机制可以检测出因为拓扑变化不能使用的路由，当路由维护指出一条源路由已经中断而不再起作用的时候，为了将随后的数据分组传输到目的节点，源节点能够尽力使用一条偶然获知的到达目的节点的路由,或者重新调用路由寻找机制找到一条新路由。在 DSR 协议中,路由寻找机制和路由维护机制均是完全按需操作,不需要某个网络层次的某种周期分组,如 DSR 协议不需要任何周期性的路由广播分组、链路状态探测分组。DSR 协议的所有状态都是"软状态",任何状态的丢失都不会影响 DSR 协议的正确操作,所有状态都是按需建立,所有状态在丢失之后如果仍然需要的话则能够很容易得到迅速恢复。DSR 协议的路由寻找机制和路由维护机制的操作使得单向链和不对称路由很容易得到支持。

DSR 协议的完整版本直接使用"源路由",节点使用路由缓冲器存储节点所知的源路由,当发现新路由时,更新缓冲器内的条目。节点所发送的每个数据分组均在其分组头中携带其将要通过的一个完整的、按序排列的路由信息。

DSR 协议与 AODV 协议主要的不同是 DSR 协议收集的路由信息更多。DSR 协议中的源节点有到特定路径中每个中间节点的完整路由信息,中间节点则通过侦听属于不同的活动路由中的邻居转发的包来更新路由缓存,因此中间节点保存了非常多的异步路由信息以供随时使用。另一个不同是,DSR 协议中的目的节点会应答它们收到的所有请求,因而源节点就有多条到达目的节点的路由,一旦链路失效时,能够立即找到另一条路径。AODV 协议中,由于节点只会对收到的第一个 RREQ 回答而不管其余 RREQ,源节点收集到的路由信息很有限。此外,DSR 协议没有提供缓存路由到期机制,而 AODV 协议通过目的序列号总能找到并使用最新的路由。

4) LANMAR 协议

地标自组网路由(landmark routing,LANMAR)协议是一种先应式分层路由协议,它将整个网络划分为许多逻辑子网,每个逻辑子网中的成员在移动性(如方向和速度)上或者地理位置等方面有相关性。在每个逻辑子网中动态选择一个路标(Landmark)节点,通过全局的距离矢量机制在全网传播所有路标信息。在群内,可以使用常见的先应式路由协议(常用鱼眼状态路由(fisheye state routing,FSR)协议),每个群成员维护着群内详细的拓扑信息和到所有路标的信息。

FSR 协议基于一种"鱼眼"(fisheye)技术,模仿鱼眼的功能,通过对不同距离的节点采用不同的路由更新频率,使得距离越近的节点掌握的路由信息越准确。另外,它的路由更新分组仅在相邻节点之间交换,减少了用于路由的控制开销。具体地,FSR 中的节点根据其他节点与其的距离将网络划分为不同的区域,在不同区域内链路状态信息的广播频率也不同:随着与中心节点距离的接近,链路状态的交换频率会越来越高,反之交换频率逐渐减小。每个节点上保存群的全局拓扑,并依据全局拓扑计算最短路径。FSR 协议具有潜在的分级机制,能够有效地减少网络中路由开销,具有一定的可扩展性。

在 LANMAR 协议中,网络每个节点均维护 FSR 协议本地路由和到网络中所有路标节点的路由。如果目的节点在本地范围内,则直接使用本地路由转发,否则先向目的节点所属逻辑子网的路标节点方向转发,一旦目的节点位于某个中间节点的本地路由中,则沿该本地路由转发,避免路标节点的过重负载。该协议适用于节点比较密集的网络,但在漂移节点和孤立节点数目过多的情况下,协议的控制和存储开销较大。

路标的选择和更新算法是影响 LANMAR 协议的重要因素。当网络开始组建时,单纯地运行 FSR 协议,随着本地路由的增加,在它的感知范围内节点数量超过了一定数目,立即广播声明自己是路标,然后将自身信息添加到路标距离矢量表中,并通过路标距离更新广播它的权重。当超过一个节点声明自己是路标时,通过比较其权重,当新路标超过现路标权重的指定阈值时,新路标即成为群路标;在权重相同的情况下,选择地址较小的节点作为路标。

5) LARI 协议

无线移动节点利用 GPS 提供,可以有效地减少路由开销,基于位置辅助路由(location aided routing 1, LARI)协议是一种利用节点位置信息来限制路由发现开销传播范围以减小路由开销的反应式路由协议,它在 DSR 协议的洪泛基础上利用节点位置信息限制路由控制信息的传播范围,减小网络中的路由开销。

GPS 位置坐标可能与节点真实坐标间有些误差,但假定是精确的。如果节点 S 需要寻找一条到节点 D 的路由,假设节点 S 知道节点 D 在 t_0 时刻的位置 L,平均移动速度 v,当前时刻为 t_1,那么从节点 S 的角度来看,在 t_1 时刻节点 D 的位置应该是位于以 L 为圆点,半径为 $v(t_1-t_0)$ 的圆内,并称这个圆为 S 的期望区域。如果 D 的实际运动速度大于平均速度,那么在 t_1 时刻它的实际位置可能在期望区域外。这样,期望区域就是一个在 t_1 时刻节点 D 的位置估计区域。如果节点 S 并不知道节点 D 的以前位置,那么 S 就不可能确定节点 D 的期望区域。期望区域就是整个网络范围。同样如果 S 知道节点 D 的位置,但时间过久,期望区域也会很大。在 S 发出路由请求前,并不像 AODV 协议等,在整个网络范围内进行广播和转发,而是选择一个请求区域,请求区域为包含节点 S、节点 D 期望区域的一个最小矩形范围。只有位置落在请求区域内的节点才能被广播和转发,这样就降低了网络广播包的开销。当节点 S 并不事先知道节点 D 位置的情况下,请求区域为整个网络范围。如果源端节点收到节点 S 发回的路由回复包,从回复包中得到节点 D 的位置信息,这样下次对节点 D 的路由请求就能利用这个信息来确定对 D 的请求区域。LARI 协议本质上也是泛洪式路由协议,采用相同的路由发现算法,采用限定的广播区域来提高协议性能。

LARI 协议有效地减小路由请求转发范围,连同反应式的工作方式能够很好地控制路由开销,但需要提供精确的定位信息,协议中又没有提供位置服务解决方案而是假设节点随时能够获得位置信息。

6) ZRP

混合式路由协议(zone routing protocol,ZRP)是一种结合先应式和反应式路由协议特点的路由协议,把节点的先应式路由协议更新包的传播范围限制在一个以跳数为度量的区域内,从而减小路由控制包的数量和传播,在与区域外的节点通信时,则由反应式路由协议完成。ZRP 中每个节点均具有以自己为中心、以跳数 R 为半径的区域,节点数相同的互相重叠且节点间关系完全平等,区间通信也由对等节点协作完成,各节点的动作和角色完全一致,不存在功能特殊节点,因此 ZRP 实际采用的仍是平面拓扑。

ZRP 提供了一个先应式与反应式路由协议优点相结合的框架,由三个部分组成:先应式区内协议(intra-zone roulting protocol,IARP)、反应式区间协议(inter-zone ronthy protocol,IERP)和边界广播协议(bordercast resolution protocol,BRP),其结构如图 3-29 所示。

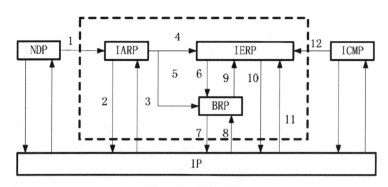

图 3-29　ZRP 结构

邻居发现协议(neighbor discovery protocol,NDP)是工作于 MAC 层的协议,用来发现节点的直接相邻节点。NDP 类似于 HELLO 机制。节点周期性的发送 NDP 信息,用于检查与相邻节点之间的连通性。如果 MAC 层没有 NDP,则在 IARP 中通过 HELLO 机制实现。

IARP 将 NDP 收集到的邻居信息建立一个邻居表,周期性地向外广播以邻居表和生存时间(time to live,TTL)(等于区域半径)封装的更新包。收到该更新包的节点首先将包头中的 TTL 减 1;然后检查 TTL,如果 TTL 大于零则重新广播该信息并用该信息更新自己的链路状态表,TTL 等于零则只更新不转发,TTL 小于零则丢弃该包;最后通过广度优先搜索(breadth first search,BFS)算法在链路状态表的基础上计算出路由表。

当 IARP 提供不出到目的节点的路由时,IERP 启动区间路由发现过程。为减少区间路由发现过程中的冗余转发,使用 BRP,限制并减小路由请求的传播。BRP 利用 IARP 维护的链路状态表和路由表来构造边界多播树,其中根节点是需要广播路由请求的节点,该节点的外围节点里的未查询过的节点作为树叶,路由请求将沿着边界多播树传播,有效地避免了冗余传播。

ZRP 的一个主要性能影响因素是区域半径 R,当区域半径为零时,ZRP 就是完全的反应式路由协议,而当区域半径大于等于网络最大直径时,ZRP 则成为完全的先应式路由协议,由此可见,区域半径决定了 ZRP 的性能和行为倾向。

3.3.2 大规模集群自组网路由协议研究

本节将对两类型路由协议进行比较性分析。首先,针对先验式与反应式路由协议进行仿真分析;之后,针对分簇式网络结构中路由协议开启分簇模式与关闭分簇模式进行仿真分析。

3.3.2.1 先验式与反应式路由协议对比分析

对比分析中,先验式路由协议采用 OLSR 协议,反应式路由协议采用 AODV 协议,路由协议的各个参数使用节点模型中的默认配置。

1) 场景部署

本仿真通过 OPNET 的 deploy wireless network 无线网络部署向导在(50×50)km 范围中快速随机部署 100 个节点。

2) 路由建立时间对比

影响路由建立时间的最关键因素是协议报文周期发送间隔时间。间隔时间越小,则路由建立越快,但协议开销将增大。本次对比分析基于节点模型中协议默认参数配置进行,仅代表这种默认参数配置下的对比数据。

由于反应式路由必须在存在业务需求时才触发建立路由,所以可以在距离最远的节点 45 与节点 1 之间建立业务需求,观察节点 45 的路由条目到节点 1 的路由条目插入时间来进行对比分析。

(1) OLSR 协议路由建立时间分析。在 Results Browser 中点击 DES Run (1) Tables,查看节点 45 到节点 1 的路由条目,可以看出节点 45 在第 5 秒时建立了到节点 1 的路由条目,跳数为 3 跳。OLSR 协议路由表如图 3-30 所示。

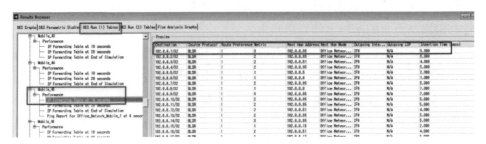

图 3-30　OLSR 协议路由表

(2) AODV 协议路由建立时间分析。在 Results Browser 中点击 DES Run (2) Tables,查看节点 45 到节点 1 的路由条目,可以看出节点 45 在第 7 秒时建立了到节点 1 的路由条目,跳数为 4 跳。AODV 协议路由表如图 3-31 所示。

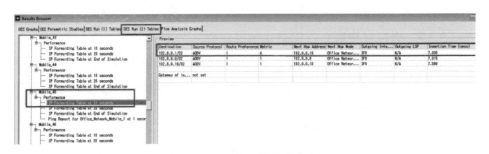

图 3-31　AODV 协议路由表

(3) 结果分析。在同样的业务需求及默认配置下,AODV 协议建立的路由跳数多于 OLSR 协议,相应的路由建立时间也稍高于 OLSR 协议。

3) 端到端时延对比

对端到端的时延,主要从相邻节点和多跳节点两方面做对比。

(1) 相邻节点对比分析。相邻节点端到端时延对比如图 3-32 所示,可以看出两种协议的端到端时延相差不大,OLSR 协议略高于 AODV 协议。

(2) 多跳节点对比分析。多跳节点端到端时延对比如图 3-33 所示。可看出在多跳节点下,AODV 协议初始时刻端到端延时很大,而 OLSR 协议的端到端时延表现得非常均匀,但两者在趋于稳定后的时延基本相同。对于 AODV 协议而言,由于其是被动路由,当有业务需求时才触发建立路由,所以业务在初始时刻时延较大。

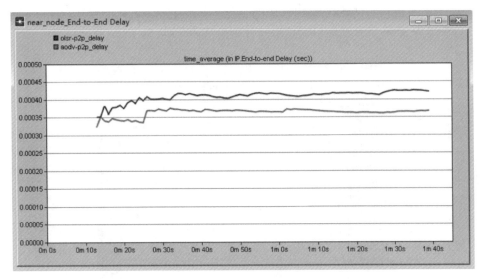

图 3‑32　相邻节点端到端时延对比

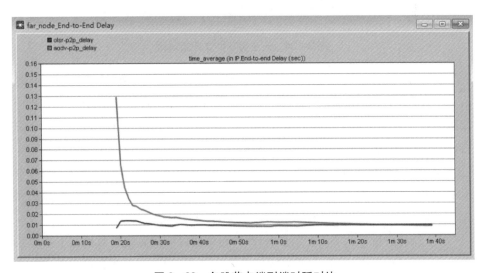

图 3‑33　多跳节点端到端时延对比

（3）结果分析。从路由协议仿真可以看出：① 相邻节点下,两种协议的端到端时延基本相同,OLSR 协议略高于 AODV 协议；② 跳数增加后,不管是

OLSR 协议还是 AODV 协议,端到端延时都明显增加;③ 跳数增加后,初始时候,AODV 协议下,端到端延时非常严重,所以不适合实时接入业务。

4)协议开销对比

协议开销从无业务、局部业务、全局业务三个方面做对比分析:

(1)无业务下协议开销对比分析。无业务下协议开销对比如图 3-34 所示,AODV 协议开销为 0,OLSR 协议开销高达 240 kb/s。

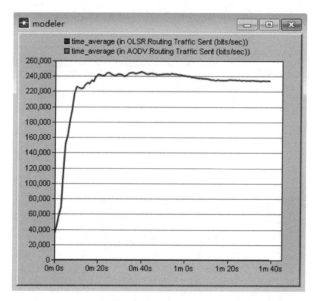

图 3-34　无业务下协议开销对比

(2)局部业务下协议开销对比分析。局部业务下协议开销对比如图 3-35 所示。当有业务存在后,AODV 协议产生了协议开销,由于只是局部的业务,根据它按需的原理所以开销也远低于 OLSR 协议,但是 OLSR 协议开销为 240 kb/s 左右,与没有跑业务基本相同。

(3)全局业务下协议开销对比分析。全局业务下协议开销对比如图 3-36 所示。可以看出,稳定后,AODV 协议开销为 800 000 b/s 左右,OLSR 协议开销为 240 kb/s 左右,AODV 协议开销远高于 OLSR 协议。

(4)结果分析。从协议开销来看,两种路由协议的仿真结果对比如下:① 当全网没有任何业务需求时,AODV 协议开销为 0;② 当全网只存在部分节点间业务需求时,AODV 协议开销远低于 OLSR 协议开销;③ 当全网存在大量节点间的业务需求时,AODV 协议开销远高于 OLSR 协议开销;④ OLSR 协议开销与业务需求量大小无关。

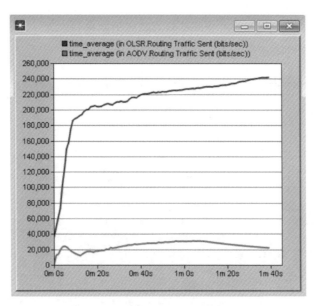

图 3‑35　局部业务下协议开销对比

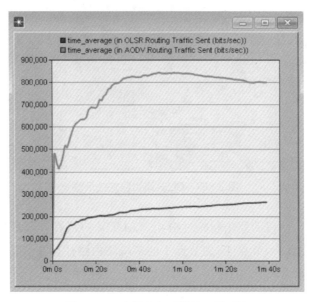

图 3‑36　全局业务下协议开销对比

5）路由稳定性对比

路由稳定性主要观察当外部环境没有变化时，当存在多跳业务时，路由路径是否能稳定不变。

（1）OLSR 协议的路由稳定性分析。OLSR 协议在外部环境没有发生变化时，在整个仿真中，节点 45 到节点 1 的多跳路由路径只存在 1 条，可以保持稳定不变，如图 3-37 所示。

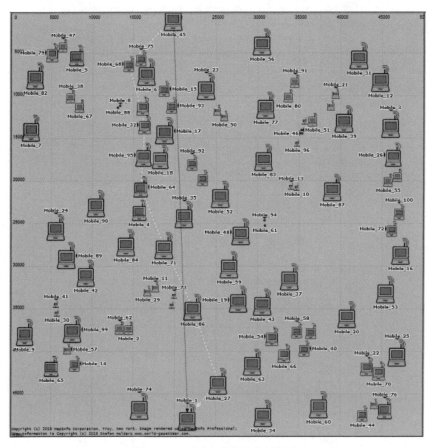

图 3-37　OLSR 路由稳定性示意

（2）AODV 协议的路由稳定性分析。AODV 协议在外部环境没有发生变化时，在整个仿真中，节点 45 到节点 1 的多跳路由路径存在多条，且变化频繁，如图 3-38 所示。

（3）结果分析。从仿真对比可以得出，OLSR 协议的路由稳定性要强于 AODV 协议的路由稳定性。

6）路由收敛时间对比

路由收敛时间主要观察多跳业务传输的路由路径中某个节点突然产生故障，路由路径切换时间情况。

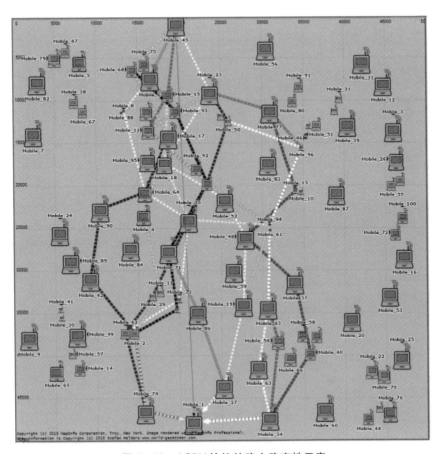

图 3-38　AODV 协议的路由稳定性示意

（1）OLSR 协议的路由收敛时间分析。OLSR 协议的路由收敛情况如图 3-39
所示，节点 45 到节点 1 存在多跳业务，正常情况下最后一跳为节点 27，当设置节
点 27 在第 50 秒时突然发生故障，大约 5 s 后，进行路由切换。

49.08	No	Complete	...
49.31	No	Complete	...
49.48	No	Complete	...
49.49	No	Complete	...
49.64	No	Complete	...
49.66	No	Complete	...
49.89	No	Complete	...
49.99	No	Complete	...
55.03	No	Complete	...
55.19	No	Complete	...
55.22	No	Complete	...
55.36	No	Complete	...
55.51	No	Complete	...

图 3-39　OLSR 协议的路由收敛情况

OLSR 协议的路由切换示意如图 3 - 40 所示。

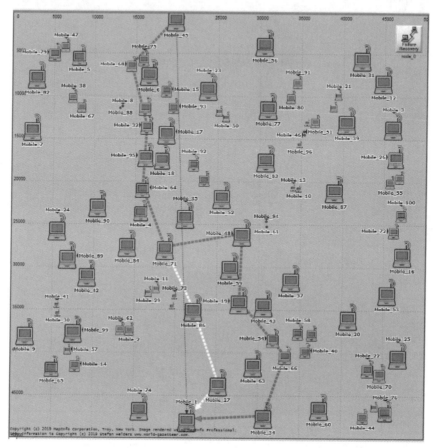

图 3 - 40　OLSR 协议的路由切换示意

（2）AODV 协议的路由收敛时间分析。AODV 协议的路由收敛情况如图 3 - 41 所示，节点 45 到节点 1 存在多跳业务，正常情况下最后一跳为节点 27

48.82	No	Complete	...
49.04	No	Complete	...
49.18	No	Complete	...
49.51	No	Complete	...
49.59	No	Complete	...
49.68	No	Complete	...
49.79	No	Complete	...
51.73	No	Complete	...
51.80	No	Complete	...
52.08	No	Complete	...
52.14	No	Complete	...
52.30	No	Complete	...
52.32	No	Complete	...
52.36	No	Complete	...
52.54	No	Complete	...
52.78	No	Complete	...

图 3 - 41　AODV 协议的路由收敛情况

或节点 74，当设置节点 27 和节点 74 在第 50 秒时突然发生故障，大约 2 s 后，进行路由切换。

AODV 协议的路由切换示意如图 3-42 所示。

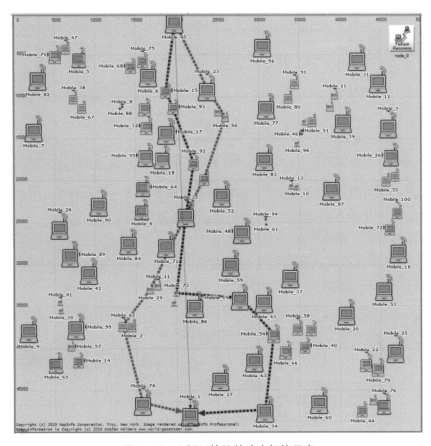

图 3-42　AODV 协议的路由切换示意

（3）结果分析。AODV 协议的路由切换收敛时间要优于 OLSR 协议。

3.3.2.2　路由协议开启分簇模式与关闭分簇模式对比分析

在分簇式网络结构中，修改优化 OLSR 协议得到一种更加适应于分簇式网络结构的路由协议。将修改优化前和修改优化后的路由协议进行仿真对比，为后续实际分簇式路由协议开发提供技术基础。

1）场景部署

在 50 000×10 000 的工程空间中，根据虚线将每 5 000×5 000 分为一个子区域，总共有 20 个子区域。将左上角的子区域命名为子区域 1，序号从左往右，从上往下依次命名。

右击簇头 cluster_head_1，单击 Edit Attributes（Advanced），进行属性配置，将坐标值改为 x：2 500，y：2 500，使得其放置在区域 1 的最中间，如图 3-43 所示。

Attribute	Value
⑦ name	cluster_head1
⑦ model	manet_station
⑦ x position	2,500
⑦ y position	2,500
⑦ trajectory	NONE
⑦ color	white
⑦ bearing	0.0
⑦ ground speed	
⑦ ascent rate	
⑦ threshold	0.0
⑦ icon name	sat dish

图 3-43　属性配置表

将 n_1 另外复制 8 份，即 $n_1 \sim n_9$，将其部署在子区域 1 簇头周围。至此，100 个节点分 10 个簇在 50 000×10 000 的区域中部署完成。

2）路由建立时间对比

（1）开启分簇模式路由建立时间分析。在 Results Browser 中单击 DES Run（1）Tables，如图 3-44 所示。

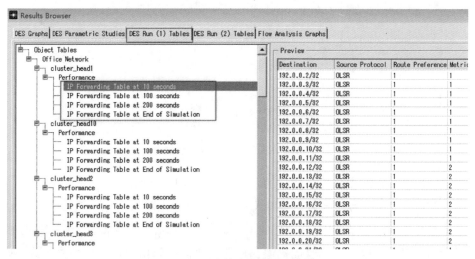

图 3-44　分簇式路由建立示意

依次查看 cluster_head1~10 在第 10 秒的路由表，均建立了到其他 99 个节点的路由，且所有条目的插入时间不大于 5 s，图 3-45 所示为 cluster_head1 的路由表。

依次查看 $n_1 \sim n_{90}$ 在第 10 秒的路由表，均建立了到簇头的默认路由和相邻节点的直达路由，且所有条目的插入时间不大于 5 s，图 3-46 所示为非簇头节点路由表,其默认路由为 cluster_head1。

　　开启分簇模式后,100 个节点可在 5 s 内完成路由表的完整建立。

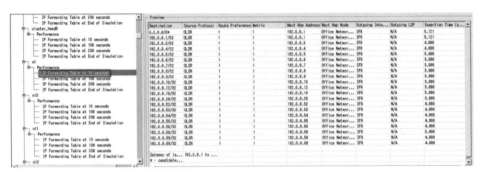

图 3‑45　cluster_head1 的路由表

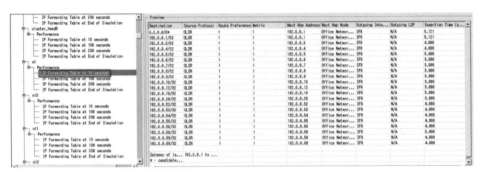

图 3‑46　非簇头节点路由表

　　(2) 关闭分簇模式路由建立时间分析。在 Results Browser 中单击 DES Run (2) Tables,如图 3‑47 所示。

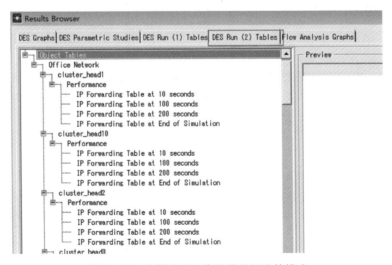

图 3‑47　分簇式路由表设置关闭分簇模式

依次查看 cluster_head1～10 在第 10 秒的路由表,均建立了到其他 99 个节点的路由,图 3-48 所示为 cluster_head1 的路由表。

81	192.0.0.82/32	OLSR	1	2	192.0.0.81	Office Network.cluster_head9	IF0	N/A	4.000
82	192.0.0.83/32	OLSR	1	2	192.0.0.81	Office Network.cluster_head9	IF0	N/A	4.000
83	192.0.0.84/32	OLSR	1	2	192.0.0.81	Office Network.cluster_head9	IF0	N/A	4.000
84	192.0.0.85/32	OLSR	1	2	192.0.0.81	Office Network.cluster_head9	IF0	N/A	4.000
85	192.0.0.86/32	OLSR	1	2	192.0.0.81	Office Network.cluster_head9	IF0	N/A	4.000
86	192.0.0.87/32	OLSR	1	2	192.0.0.81	Office Network.cluster_head9	IF0	N/A	4.000
87	192.0.0.88/32	OLSR	1	2	192.0.0.81	Office Network.cluster_head9	IF0	N/A	4.000
88	192.0.0.89/32	OLSR	1	2	192.0.0.81	Office Network.cluster_head9	IF0	N/A	4.000
89	192.0.0.90/32	OLSR	1	2	192.0.0.81	Office Network.cluster_head9	IF0	N/A	4.000
90	192.0.0.91/32	OLSR	1	1	192.0.0.91	Office Network.cluster_head10	IF0	N/A	4.000
91	192.0.0.92/32	OLSR	1	2	192.0.0.91	Office Network.cluster_head10	IF0	N/A	4.000
92	192.0.0.93/32	OLSR	1	2	192.0.0.91	Office Network.cluster_head10	IF0	N/A	4.000
93	192.0.0.94/32	OLSR	1	2	192.0.0.91	Office Network.cluster_head10	IF0	N/A	4.000
94	192.0.0.95/32	OLSR	1	2	192.0.0.91	Office Network.cluster_head10	IF0	N/A	4.000
95	192.0.0.96/32	OLSR	1	2	192.0.0.91	Office Network.cluster_head10	IF0	N/A	4.000
96	192.0.0.97/32	OLSR	1	2	192.0.0.91	Office Network.cluster_head10	IF0	N/A	4.000
97	192.0.0.98/32	OLSR	1	2	192.0.0.91	Office Network.cluster_head10	IF0	N/A	4.000
98	192.0.0.99/32	OLSR	1	2	192.0.0.91	Office Network.cluster_head10	IF0	N/A	4.000
99	192.0.0.100/32	OLSR	1	2	192.0.0.91	Office Network.cluster_head10	IF0	N/A	4.000
100									
101	Gateway of last resort is not set

图 3-48 cluster_head1 的路由表

如图 3-49 所示,依次查看 n_1～n_{90} 在第 10,100,200,300 秒的路由表,均没有建立到其他 99 个节点的完整路由。故而关闭分簇模式后,普通节点无法建立到全局所有节点的路由表。

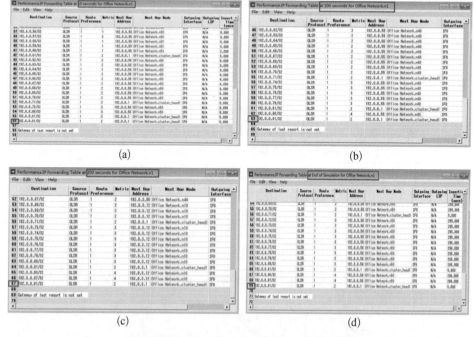

图 3-49 关闭分簇模式下第 10,100,200,300 秒非簇头节点路由表

(a) 第 10 秒;(b) 第 100 秒;(c) 第 200 秒;(d) 第 300 秒

（3）结果分析。仿真结果表明：① 开启分簇模式后，全网节点路由建立时间短且完整；② 关闭分簇模式后，全网节点路由建立时间长且不完整。

3）端到端时延对比

开启和关闭分簇模式后端到端时延对比结果如图 3-50 所示。可以看出开启分簇模式后，时延结果是连续稳定且值较低的；关闭分簇模式后，时延结果不连续、不稳定且值较高，时断时续无法满足业务需求。

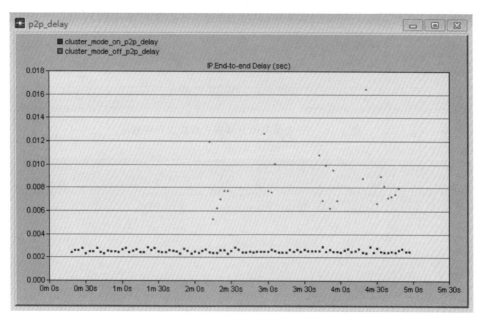

图 3-50 开启和关闭分簇模式后端到端时延对比

4）协议开销对比

开启和关闭分簇模式后协议开销对比如图 3-51 所示。关闭分簇模式后的协议开销要远高于开启分簇模式后的协议开销，具体平均数值为：开启分簇模式协议发送开销量约 54 kb/s，关闭分簇模式协议发送开销量约 147 kb/s。

5）路由稳定性对比

路由稳定性主要观察当外部环境没有变化、存在多跳业务时，路由路径是否能稳定不变。

（1）开启分簇模式路由稳定性分析。开启分簇模式后，在外部环境没有发生变化时，在整个仿真中，节点 6 到节点 29 的多跳路由路径只存在 1 条，可以保持稳定不变，如图 3-52 所示。

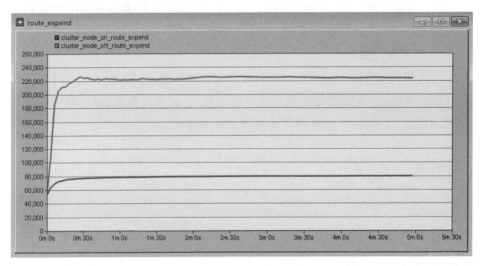

图 3-51　开启和关闭分簇模式后协议开销对比

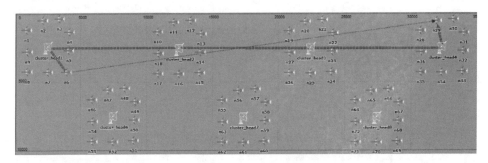

图 3-52　开启分簇模式后路由稳定性对比

（2）关闭分簇模式路由稳定性分析。关闭分簇模式后，在外部环境没有发生变化时，在整个仿真中，节点 6 到节点 29 的多跳路由路径存在很多条，且变化频繁，如图 3-53 所示。

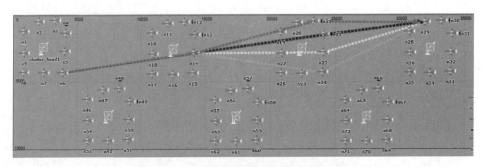

图 3-53　关闭分簇模式后路由稳定性对比

（3）结果分析。仿真表明：开启分簇模式的路由稳定性要强于关闭分簇模式。

6）路由收敛时间对比

路由收敛时间主要观察当多跳业务传输的路由路径中某个节点突然产生故障时，路由路径收敛时间情况。

（1）开启分簇模式路由收敛时间分析。开启分簇模式后，在节点 6 到节点 29 之间建立多跳业务，正常情况下第一跳为簇头 1。当设置簇头 1 在第 50 秒时突然产生故障时，观察路由切换情况，如图 3 - 54 所示。可看到在 49.94 s 之后链路断开，直到 56.95 s 才恢复。查看第 49.94 秒时的细节，可看到 n_6 发出的数据首先经过 cluster_head1；然后查看恢复后第 57.49 秒时的 Details，可看到 n_6 发出的数据首先经过 cluster_head6。故收敛时间为 7.55 s。

Time	Display	Status	Details
49.69	No	Complete	...
49.70	No	Complete	...
49.83	No	Complete	...
49.84	No	Complete	...
49.94	No	Complete	...
56.06	No	Incomplete (Rout...	...
56.08	No	Incomplete (Rout...	...
56.27	No	Incomplete (Rout...	...
56.29	No	Incomplete (Rout...	...
56.36	No	Incomplete (Rout...	...
56.45	No	Incomplete (Rout...	...
56.46	No	Incomplete (Rout...	...
56.59	No	Incomplete (Rout...	...
56.79	No	Incomplete (Rout...	...
56.91	No	Incomplete (Rout...	...
56.95	No	Incomplete (Rout...	...
57.49	No	Complete	...
57.60	No	Complete	...
57.64	No	Complete	...
57.86	No	Complete	...

图 3 - 54　开启分簇模式后路由表

（2）关闭分簇模式路由收敛时间分析。关闭分簇模式时，在节点 6 到节点 29 之间建立多跳业务，由于路由不稳定，所以路径多变，其最后一跳可能为节点 21，22，23，24。当设置节点 21，22，23 在第 50 秒时突然产生故障时，观察路由切换情况如图 3 - 55 所示。可看到在第 49.85 秒后，链路断开，直到第 55.43 秒才恢复。查看第 49.85 秒时的 Details，可看到最后一跳为 n_{23}。然后查看第 55.43 秒时的 Details，可看到最后一跳切换到了 n_{24}。故收敛时间为 5.58 s。

综上所述，开启分簇模式后的收敛时间需要依赖于周围是否存在备份簇头，如果存在备份簇头，则收敛时间稳定，即簇头切换时间为 6～8 s，如果不存在备份簇头，则无法继续恢复通信（后续如果支持智能选举簇头算法则无此问题）。

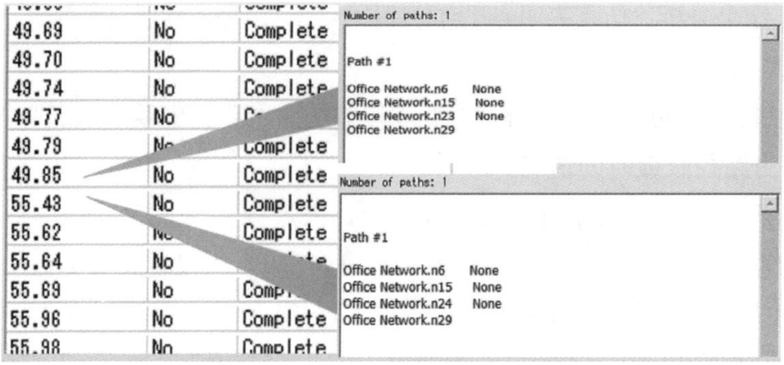

图 3-55　关闭分簇模式后路由表

关闭分簇模式后的收敛时间不稳定,正常情况下可在 6 s 左右完成切换,其在收敛时间上较开启分簇模式时无明显优势,但是其不依赖于周围是否有簇头,鲁棒性更强。

3.4　面向集群的协同通信规划

针对无人机集群在执行广域侦察监视任务时面临的空地通信以及无人机之间通信的不稳定、受扰甚至断链等问题,本节引入无人机作为通信中继,对中继无人机的部署规划问题进行了研究,提出了系列无人机集群无人机之间和空地通信中继规划方案。

3.4.1　无人机中继规划的意义和挑战

3.4.1.1　无人机中继规划的意义

无人机集群协同通信,是指采用无人机作为中继通信节点协助无人机集群无人机之间或者空地之间通信。与基于地面基站或卫星系统的中继通信相比,具有几个明显的优点:其一,借助于中低空无人机,在很多情况下可以建立短距视距(light of slight,LOS)和中远距离非视距通信链路[31],一定程度改进源和目的节点间通信性能。其二,通过无人机状态调整来适应通信环境变化(如地形遮蔽、阴雨天衰减、通信噪声或干扰等),无人机的可控性为通信性能提升提供了新的机会。其三,无人机系统成本更低、机动灵活,可进行快速部署,适合于意外发生的或者持续时间短的任务。

无人机在中继通信方面发挥着重要的作用,有三个方面的典型应用[32],如图 3-56 所示。① 区域覆盖与应急通信:部署无人机协助现有的通信基础设施在服务区域提供无缝的无线覆盖,其应用场景包括由于自然灾害造成的基础设施损坏以及极其拥挤区域的基站过载;② 远程通信:无人机通信中继在没有可靠直连通信链路的两个远程用户或用户组之间提供无线连接,如在前线与命令中心之间用于紧急响应;③ 信息收集和分发:无人机辅助信息分发和数据收集,派遣无人机向大量分布式无线设备(如精密农业应用中的无线传感器)分发或者从无线设备收集延迟容忍消息。

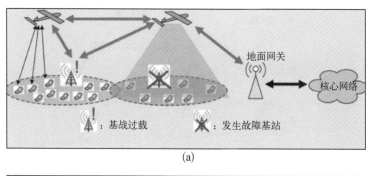

(a)

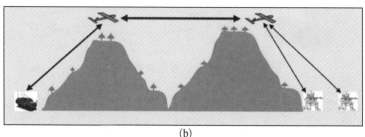

(b)

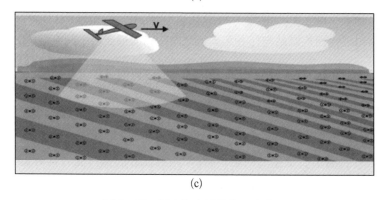

(c)

图 3-56 无人机中继通信三大应用

(a) 区域覆盖与应急通信;(b) 远程通信;(c) 信息收集和分发

图 3-57 显示了无人机无线通信的网络架构。它由两种通信链路组成,分别为控制和非负载通信(control and non payload communications,CNPC)链路、

数据链路。CNPC链路对于确保所有无人机系统的安全运行是至关重要的。这些链路必须支持高可靠性、低延迟、安全的双向通信(通常具有较低数据率要求),以便在无人机之间,以及无人机与地面站之间交换关键安全信息。数据链路旨在支持与任务相关的通信,通信终端取决于应用场景,包括任务无人机、移动终端、无线传感器等。

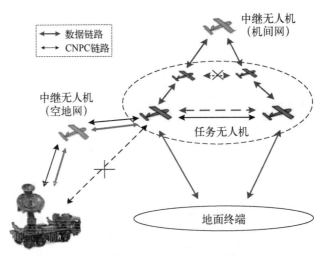

图3‑57   无人机无线通信的网络架构

多机组成集群执行任务能够极大地增强无人机执行任务的能力[33]。在任务过程中,无人机集群需与地面控制站保持实时通信以接收控制信号和传递状态信息,无人机集群之间协同时依赖宽带高质量的通信[34]。集群的通信环境大而复杂,很容易出现地面控制站与任务无人机之间距离太远或者中间有阻隔的现象,造成空地指控网通信中断,此时可以借助中继无人机的中继通信作用,转发指令控制消息和无人机状态信息。同时,空地/无人机之间信号传输受环境影响程度大,易造成通信质量达不到任务要求,或者无人机之间不能建立直连通信链路,无人机中继通信可以成为保障集群任务的重要一环。因此,解决无人机集群飞行中的通信链路中断、通信质量差的问题,对保障集群任务的执行能力具有重大意义。

3.4.1.2   无人机中继规划的挑战

由于无人机作业环境、运动方式等特性,在进行对地面、海面以及空中通信中继任务过程中易受到地形、天气、运动姿态和速度,以及信号干扰等诸多因素的影响,无人机中继通信的研究面临较大的挑战。无人机中继规划的难点可归纳为三个方面,即通信建模复杂性、平台特性影响和集群无人机之间协同规划。

1）通信建模复杂性

无人机采用无线通信的方式,无线电波的传播易受到各种传播介质的影响,路径衰落降低传输信号的信噪比(signal to interference plus noise ratio,SINR)。在空地通信链路传输时,信号易遭受地面建筑物以及丛林等的反射、折射和衍射等,产生多径效应,会在传输信号中引入符号之间干扰。无人机低空飞行与地面控制站之间无线通信链路容易受障碍物遮挡,视线传输受阻,通信质量降低。同时,无线通信易受到干扰源有意或无意的攻击,SINR 减小,接收节点很难对消息进行解码复原。

2）平台特性影响

无人机高速移动,时空位置的改变引起通信距离的快速变化,加上环境的改变,会造成通信质量波动较大。同时,无人机飞行时,姿态的改变易造成发送接收天线对不准,天线增益的变化也对信号接收强度有影响。无人机之间以及无人机与地面控制站位置的高度差带来的收发天线仰角也是影响天线增益的因素。无人机的相对运动可能会造成无人机之间通信多普勒效应的产生。

3）无人机之间协同规划

在目前的研究与应用中,集群无人机之间协同任务规划等研究通常只设定无人机之间的通信距离约束,很少考虑通信的信道模型。无人机集群协同执行任务时,位置时变也会造成无人机之间通信拓扑的变化。这导致在无人机集群协同研究时,其预先、在线任务规划,协同控制以及飞行控制等成果,在实际应用中仍需要进行适应性改造优化。

综上分析,考虑具有较长时间的中继通信需求,本节以中小型无人机集群的空地通信以及无人机之间通信为背景,重点研究无人机集群的中继通信规划、在线协同通信等应用。在信号传播的多径效应、平台天线增益以及通信干扰等条件下,基于空地窄带实时通信,以及无人机之间宽带高速通信的需求,研究面向通信质量、满足集群任务需求的中继无人机路径规划、在线路径调整等问题,实现无人机与地面间的指控信息以及无人机之间协同信息的持续稳定传输。

3.4.2　无人机中继通信研究现状

无人机中继应用划分为三类,中继无人机静态覆盖、单个中继无人机动态覆盖以及多中继无人机动态覆盖。

3.4.2.1　中继无人机静态覆盖研究

无人机的位置影响着基站—无人机和无人机—用户间的通信链路强度,无人机中继定点部署的研究主要集中在通过优化无人机的位置来提高无线通信的性能。通信性能提高又可细分为两类,通信节点吞吐量增加以及通信覆盖范围扩展。针对通信节点吞吐量增加,文献[35]固定无人机中继的飞行高度,通过搜索视距位置优化中继的水平位置来最大化端到端的吞吐量。文献[36]提出了一种解析方法优化一个静态中继的高度,以提供最大的通信可靠性,并且得出了有效的算法来计算无人机的最佳位置以最大化数据传输率。针对通信覆盖范围扩展,文献[37]提出了无人机辅助多跳设备到设备(device-to-device,D2D)通信方案,当难以部署陆地基站的区域扩展网络覆盖范围时,不同跳之间使用时分或频分方式共享资源。当无人机高度越高时,其与地面用户通信时,LoS链路发生的概率越高。文献[38]在此基础上发展了一个统计信道模型,优化无人机的位置来平衡覆盖范围和功率消耗。

3.4.2.2　单个中继无人机动态覆盖研究

动态无人机中继可以利用高移动性更大程度地发挥无人机通信的潜力。单个中继无人机应用场景包括点对点动态无人机中继通信以及多用户接入系统的动态中继。

针对点对点动态无人机中继通信系统的路径规划问题,文献[39]提出了一种基于波束成形的无人机中继传输方法,其中中继无人机的路径优化方案考虑为最大化$SINR$,显著提高了无人机中继系统的性能。文献[40]研究了一种移动中继系统,其中中继节点假定遵循某种移动模型随机移动。基于中继移动的统计特性,优化源节点和中继节点的功率分配实现平均吞吐量的最大化。

动态无人机中继通过联合无人机轨迹设计和发射功率分配来主动控制通信链路质量。文献[41]首先提出了一种通用的数学框架,通过假定解码转发(decode-and-forward)中继策略,联合优化UAV轨迹以及发送功率分配。为了解决非凸轨迹优化问题,通过推导速率函数的全局下界提出了一个迭代凸优化算法。文献[42]研究移动中继系统的吞吐量最大化问题,受实际情况的移动性约束(无人机的速度、初始位置和最终中继位置),以及中继的信息因果约束。

针对无人机中继多用户接入系统的性能优化问题,文献[43]提出了一种基于最大化遍历归一化传输率的无人机路径优化方法。文献[44]研究了两种无人机路径优化算法,分别考虑最大化上行链路信道标准各态历经的速率以及最大化最坏情况的遍历速率标准。Jeong等人在最小化无人机总移动能耗标准的基础上,研究了比特分配和小波轨迹的联合优化方法[45]。然而这些工作在优化时只考虑无人机到用户的单跳链路,忽略了从基站到无人机中继链路的系统性能影响。文献[46]部署移动中继节点将数据转发给不同的用户组,基于遗传算法,对传递给用户的数据量以及用户组的访问顺序、运动轨迹进行优化。文献[47]考虑了无人机飞越地面传感器节点时数据中继转发问题,基于策略梯度强化学习方法提出了一种最短轨迹设计方法,即通过估计奖励函数相对于轨迹参数的梯度来更新轨迹。文献[48-49]用于解决无人机辅助中继广播通信的性能优化问题系统。基于最小化最坏情况中断概率标准以及固定用户节点平均中断概率,文献[50]针对旋翼无人机建立了联合路径优化和功率分配模型。该方法假定所有用户节点的位置是固定的,而实际操作环境是复杂且可变的。在此基础上,文献[51]进一步研究了固定翼无人机辅助的中继广播通信系统,其面对的用户为分布在任务区域上的一组任务无人机节点,通过路径优化和优先级控制的组合,提出基于最大化各态历经加权容量的路径优化算法,各态历经容量和中断概率是该广播通信系统的重要性能指标。

3.4.2.3 多中继无人机动态覆盖研究

大多数现有工作都是考虑单机中继的情况,主要适用于中等通信链路距离或不那么恶劣的环境。随着源节点与目的节点之间的距离增加或环境变差,单机中继通常不足以提供可靠的中继通信。例如,在山区或大都市城市环境中,无线通信链路可能被山、高层建筑阻挡,需要更多的无人机中继,提供足够的自由度来解决链路阻塞问题。这促使将多机部署为多跳中继以实现长距离通信,改进源节点与目的节点之间的端到端吞吐量。

文献[50]考虑了多跳无人机无线通信,提出空中骨干网方案,它利用无人机作为飞行网络来连接小型基站和核心网络。文献[51]通过大量无人机形成了网状机载通信网络。文献[52]通过联合优化多跳无人机轨迹以及发送功率,从而最大化端到端吞吐,并且满足无人机的移动性、功率约束和避障等要求。但是,该优化问题非凸,在此基础上,该文提出了一种基于交替最大化和连续凸优化技术的迭代算法,以快速获得次优解。文献[53]提出了一种用于地面控制站与舰队之间通信中继的多机的路径规划策略。这项工作考虑了通信范围和其他限制因素,如最大曲率和禁飞区,但是它致力于通过已知的机队运动计划来设计无人机的离线轨迹。文献[54]为了连接所有移动地面节点,研究了无人机的最佳数量和位置,提出启发式群集算法。在这项工作中,节点之间的连通性仅以通信范围为特征。

众所周知,无人机协同中继可以提高通信网络的能力[55]。无人机集群通信中继优化的主要挑战是无人机的高动态性。文献[56]研究了高动态异构无人机群网络的能量优化。由于无人机集群拓扑的高动态性,计算时间长或收敛速度低的方法难以有效形成稳定的通信网络。小型固定翼无人机的另一个挑战是能源问题。无人机集群的通信优化必须认真考虑能量的优化问题,以改善整个系统的运行时间。文献[57]提出了无人机中继选择联合博弈模型和分布式快速无人机中继协同形成算法,以优化无人机集群的能效。

针对通信中继的研究大多针对地面用户,然而在复杂环境无人机集群协同中,中继用户不再是在地面上静止或者运动速度很小的用户,而是覆盖范围很广、具备高速运动性的无人机集群。无人机集群被划分为不同的小组在不同的区域执行任务,其间不仅需要保持无人机与地面控制站之间的通信,无人机之间也需交换信息。因此,何时调度中继无人机以及为中继无人机规划路径成了必须考虑的问题。

3.4.3　复杂场景中空地中继无人机规划

在复杂环境中,由于障碍和通信干扰的存在,任务无人机很难维持与地面控制站的实时无线通信。为解决该问题,本节考虑在地面控制站与任务无人机之间部署多架中继无人机,建立多段短距离的链式通信链路。中继无人机跟随任务无人机飞行,调整各自位置,保证相邻飞机、飞机与地面控制站之间的链式通信链路的连通性。

针对任务无人机与地面控制站之间通信存在因地形、地貌造成的非视距、频率干扰等问题,系统地设计中继无人机的规划控制框架。首先,本节分析了空地中继通信的两个难点:障碍物对通信视线段的遮挡以及通信干扰的攻击,确立空地通信中继规划的目标。其次,本节提出了基于快速扩展随机树(rapidly-exploring random trees,RRT)回溯算法的中继无人机数目求解方法,设计了多障碍环境的中继无人机全局路径规划方法,并进一步延伸到存在突发通信干扰、障碍环境的中继无人机实时在线路径调整问题。接着,本节提出基于接收信号强度和包错误率的一致性通信干扰检测方法,以及三维干扰定位方法,并基于模型预测控制(model predictive control,MPC)方法在线规划无人机路径,实时规避突发干扰及障碍。

3.4.3.1　无人机信道建模

无人机采用无线通信的方式,无线电波的传播易受到各种传播介质的影响。电磁波在空气中传播时能量发生损耗,功率随之降低,多径效应则会在传输信号中引入符号间干扰,使得接收方的 $SINR$ 降低。此外,发送接收天线存在高度差或者成一定角度时,对信号的接收功率产生不同增益的影响。本节在建模时将考虑上述的因素,以设计出更符合无人机特性的信道模型。

1) 信号强度损耗模型

如图 3-58 所示，无人机发出的无线电信号先在自由空间中传播，到达低空环境，由于建筑物、山脉、树叶等的影响，信号发生阴影和散射现象，从而在空地通信链路中带来额外的信号损耗。由此，空地传播信号路径损耗由两部分组成，自由空间传播损耗以及由阴影散射等现象造成的附加损耗。附加损耗为高斯分布，本节建模采用的是附加损耗平均值 η，而不是某次试验的随机值。不考虑传播环境的快速变化引起的小规模波动的影响。因此自由空间传播损耗为

$$L_{\xi} = FSPL + \eta_{\xi} \qquad (3-1)$$

式中：$FSPL$ 为在无人机与地面控制站之间的自由空间传播损耗，dB；ξ 为传播组，附加路径损耗 η 在很大程度上取决于其所属信号传播组 ξ。

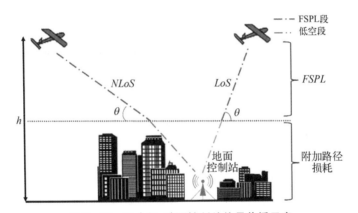

图 3-58　无人机-地面控制站信号传播示意

为了找到无人机与仰角为 θ 的所有用户的路径损耗空间期望值，应用下式可求出：

$$\Lambda = \sum_{\xi} L_{\xi} P(\xi, \theta) \qquad (3-2)$$

式中：$P(\xi, \theta)$ 为仰角 θ 的第 ξ 信号传播组出现的概率；L_{ξ} 为第 ξ 传输组的信号路径损耗值。本章研究中遵循两个传播组的假设，严格对应于视距 LoS 传播条件以及非视距 NLoS 传播条件，则

$$\xi \in \{LoS, NLoS\}$$
$$P(NLoS, \theta) = 1 - P(LoS, \theta) \qquad (3-3)$$

由于阴影效应以及障碍物对信号的反射，NLoS 链路的路径损耗高于 LoS 链路。视距通信链路发生的概率和仰角与环境有关，环境进一步可分为郊区、市

区,以参数 α,β 表征。由此,视距链路概率可视为仰角 θ 和环境参数 α,β 的连续函数,可近似为修改版的 Sigmod 函数。LoS 链路的发生概率如下:

$$P(LoS,\theta)=\frac{1}{1+\alpha\exp(-\beta(\theta-\alpha))} \tag{3-4}$$

无人机和地面控制站的期望路径损耗如下:

$$\Lambda=P(LoS,\theta)L_{\text{LoS}}+(1-P(LoS,\theta))L_{\text{NLoS}} \tag{3-5}$$

式中: L_{LoS} 和 L_{NLoS} 分别为 LoS 链路和 NLoS 链路的平均路径损失。假定地面控制站位置为 $(x_{\text{bs}},y_{\text{bs}},h_{\text{bs}})$,无人机 m 坐标为 $(x_{\text{m}},y_{\text{m}},h_{\text{m}})$,路径损耗可表示为

$$L_{\text{LoS}}=20\lg d_{\text{mb}}+20\lg f_{\text{c}}+20\lg(4\pi/c)+\eta_{\text{LoS}}$$
$$L_{\text{NLoS}}=\underbrace{20\lg d_{\text{mb}}+20\lg f_{\text{c}}+20\lg(4\pi/c)}_{FSPL}+\eta_{\text{NLoS}} \tag{3-6}$$

式中: f_{c} 为无线电波的载波频率; d_{mb} 为无人机 m 和地面控制站的距离。

$$d_{\text{mb}}=\sqrt{(h_{\text{m}}-h_{\text{b}})^2+r_{\text{mb}}^2},\ r_{\text{mb}}=\sqrt{(x_{\text{m}}-x_{\text{b}})^2+(y_{\text{m}}-y_{\text{b}})^2}$$

式中: c 为光波速度; η_{LoS} 和 η_{NLoS} 分别为 Los 链路和 NLoS 链路的平均附加路径损耗。无人机 m 对于地面控制站的仰角为

$$\theta_{\text{mb}}=\tan^{-1}\left(\frac{h_{\text{m}}-h_{\text{b}}}{r_{\text{mb}}}\right)$$

即

$$\Lambda=\frac{A}{1+\alpha\exp\left(-\beta\left(\frac{180}{\pi}\tan^{-1}\left(\frac{h_{\text{m}}-h_{\text{b}}}{r_{\text{mb}}}\right)-\alpha\right)\right)}+20\lg d_{\text{mb}}+B \tag{3-7}$$

式中: $A=\eta_{\text{LoS}}-\eta_{\text{NLoS}}$, $B=20\lg\left(\dfrac{4\pi f_{\text{c}}}{c}\right)+\eta_{\text{NLoS}}$ 。

2) 天线增益模型

天线的方向图可以反映出天线的辐射特性,一般情况下天线的方向图表示天线辐射电磁波的功率在各个方向的分布。基本阵子的空间立体方向图和两个主面(E 面和 H 面)的方向图,如图 3-59 所示。

(1) 与理想电源天线不同,基本阵子是有方向性的。

(2) 竖直天线正上方和正下方分别对应 E 面方向图的 $\theta=0$ 和 $\theta=\pi$,无线电波辐射强度为 0。天线的水平侧方向,对应 E 面方向图 $\theta=\pi/2$ 和 $\theta=3\pi/2$ 时,无

线电波辐射强度最大。

（3）根据图 3-59(c)的 H 面方向图，电波辐射强度与 φ 无关，在垂直天线的平面内为一个圆。

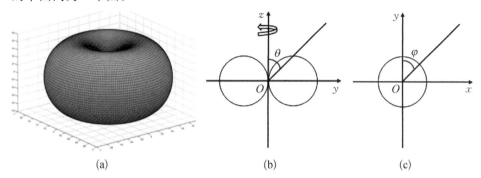

图 3-59　基本阵子的方向图和两个主面(E 面和 H 面)的方向图

(a) 立体方向图；(b) E 面方向图；(c) H 面方向图

对称阵子天线是最常用的天线形式之一，设对称阵子长度为 $2l$，其上电流为正弦分布。试验中采用的天线是单极子天线，其基本方向图函数为

$$F(\theta)=\dfrac{\cos\left(\dfrac{\pi}{2}\cos\theta\right)}{\sin\theta} \tag{3-8}$$

式中：$F(\theta)$ 为天线功率增益。

图 3-60 为工作频率在 900 MHz，$\varphi=0$ 时的单极子天线 E 面方向图，该图完全对称。

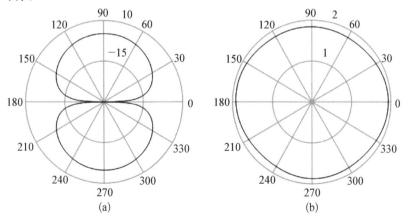

图 3-60　单极子天线极坐标下方向图(单位：°)

(a) E 面方面图(θ)；(b) H 面方向图(φ)

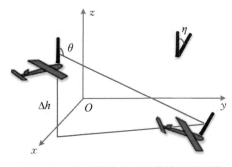

图 3-61　影响接收信号强度的天线因素

考虑两个影响接收信号强度的因素,收发天线的高度差带来 θ 角以及飞机自身姿态的改变造成收发天线形成夹角。如图 3-61 所示,计算 θ 时,由于天线长度很小,与无人机距离相比可以忽略不计。因此,在此将天线视作质点,θ 角为天线中心连线与竖直线间的夹角,该角度形成的天线增益由天线的方向图函数或者 E 面方向图得知。当收发天线不平行,存在一定夹角 η 时,电磁波传播时会在接收天线上进行分解,功率变为原来的 $\cos\eta$。两个因素带来的总天线增益为

$$\kappa = F(\theta)\cos\eta = \frac{\cos\left(\dfrac{\pi}{2}\cos\theta\right)}{\sin\theta}\cos\eta \tag{3-9}$$

综合信号路径损耗以及天线增益,空地信道信号的总损耗 $Loss$(单位:dB)为

$$Loss = \Lambda - \lg 10(F(\theta)\cos\eta) \tag{3-10}$$

3.4.3.2　空地中继无人机规划问题分析

根据无人机和地面控制站的无线发射和接收器特性,无人机在城市以及山丘丛林飞行时,附近障碍物或者自然障碍物将可能引起视线段遮挡,破坏通信链路的可靠性传输。与此同时,无线网络的共享特性让无人机容易遭受有意无意的攻击,干扰器通过发射同频无线电信号干扰无线接收器,从而中断正常通信。当发现无人机遭受干扰时,可对干扰点进行定位,确定干扰严重区域,规避该区域。

为了保障任务无人机与地面控制站之间可靠稳定的通信,在链路间部署中继无人机进行消息的中转。任务无人机在环境中执行任务,中继无人机跟随,保证通信链路的双向畅通。整个规划框架分为 4 个阶段(见图 3-62):首先是中继初始化全局规划阶段,对于整个任务起点到终点的周围环境进行建图,预判是否发生任务无人机与地面控制站距离太远,使得信号强度锐减、障碍物遮挡破坏视距通信,或者规避干扰区域造成空地链路断连的情况,引入中继无人机。接着以 RRT 算法为基础,改进其连接方式提出 RRT 回溯算法,求出中继无人机最少所需数量。然后以 GPOPS 高斯伪普法为基础,形成最优控制问题,规划任务无人机和中继无人机的最优路径。无人机在飞行过程中对环境实时监测,即为

第二阶段环境监测。环境未发生改变时,只需按照全局规划的路径飞行即可。若发现存在新的障碍或者无人机遭受到通信干扰的攻击,对于通信干扰模块,需先判断干扰大致所处位置,确定严重干扰区域。第三阶段为,对飞行中通信状态的预判,判断按照当前无人机情况能否满足任务通信要求,是否需要新增中继无人机。最后进入所有无人机路径在线调整阶段,采用 MPC 方法,为防止无人机陷入某个局部点出不来,又细分为两个子阶段,即代价预估阶段和路径设计阶段。代价预估阶段形成一张飞行时间代价图,以防陷入局部点情况;路径设计子阶段按照时域不断更新。当环境再次发生变化时,重新进入第二阶段的突发情况判定,再次循环,直到到达任务无人机目标点。

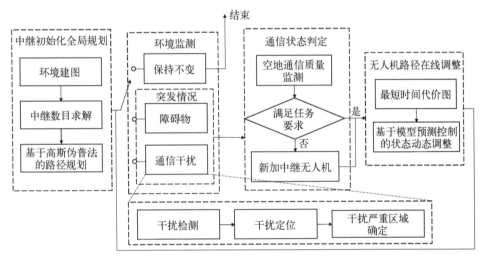

图 3-62 复杂环境下空地中继规划

3.4.3.3 复杂地形和干扰条件下的中继通信无人机规划建模

任务无人机在复杂环境中执行任务,由于它的动态性,需要调整中继无人机位置,保证与任务无人机以及相邻中继无人机的可见性以及连通性。因此,需要一种协作方案,可表述为通信连接受限的多机规划问题,以任务时间最短以及所有无人机消耗能量最少为优化目标,计算所有无人机的飞行路径。除了保证无人机地面控制站的连通性之外,航线需满足无人机的动力学约束、障碍物规避以及通信干扰等约束。本节首先分析空地中继通信遇到的难点,接着列出空地中继规划问题的目标方程。

1) 空地中继通信主要难点

空地通信中继链路采用链式拓扑结构,每架无人机只与它相邻两个节点通信。地面控制站用标号 0 表示,任务无人机用标号 $N+1$ 表示,剩余的所有中继用 $1,\cdots,N$ 表示。地面控制站在地面上处于静止状态,位置用 (x_0,y_0) 表示。任务无人机与中继无人机保持在高度为 H 的平面飞行。状态向量用 $x_i(t)=[x_i(t),y_i(t),v_{x,i}(t),v_{y,i}(t)]^T \in R^4$ 表示。

假设无人机都从地面规定区域出发,任务无人机有指定需到达的任务点。根据任务环境对任务无人机飞行过程中的通信状态分析,若存在障碍物遮挡通信视线段或者任务无人机与地面控制站距离较远的情况,则判定需引入中继无人机。所有无人机在满足动力学约束以及障碍物规避之外,还需满足一定的通信条件。任务无人机飞行的终点是确定的,不能改变的。中继无人机则没有固定位置,只需跟随任务无人机保证与地面控制站通信链路的畅通。

确定任务无人机对于通信质量的要求,即每秒所需传递的信息量。前节可以计算出地面控制站和无人机的通信半径 $r_{\text{com},i}$,$i=0,1,\cdots,N+1$,而地面控制站与第一架中继间的距离需小于地面控制站的通信半径,也须小于无人机的通信半径。此外,前、后无人机之间的通信距离除了需要小于无人机的通信半径之外,还需大于安全距离,以保证相邻无人机发生碰撞。

$$d_{\text{safe}} \leqslant \sqrt{(x_{i+1}(t)-x_i(t))^2 + (y_{i+1}(t)-y_i(t))^2} \leqslant \min(r_{\text{com},i+1},r_{\text{com},i})$$

$$(3-11)$$

(1) 障碍物对视线段的遮挡。无线信号在传播时,遇到障碍物会发生反射和折射现象,信号消散更快,有可能导致信号无法传播到接收节点,严重影响通信质量,导致无法完成任务。为了减少不必要的信号强度损耗,相邻无人机之间的视线间不应该有障碍物的阻挡,即视线段每个点都应处于障碍物之外:

$$(1-\lambda)[x_{i+1}(t),y_{i+1}(t)]^T + \lambda[x_i(t),y_i(t)]^T \notin \{O\},$$
$$\forall 0 \leqslant \lambda \leqslant 1,i=0,\cdots,N$$

$$(3-12)$$

如图 3-63 图所示,无人机 1 与无人机 2 在前一时刻的视线段(深灰色线)被障碍物阻挡,不满足视线段约束要求,信号将发生阴影散射现象,造成信号较大的衰落。当无人机 2 调整位置,重新建立与无人机通信的视线段(黑色线),改进传播信号质量。视线段不被障碍物遮挡,即两通信节点的视线段上的每个点都在障碍物的外面。点在障碍物外侧的充分条件是点至少在障碍物的某个外半平面上,图 3-63 中黑色线即在障碍物下侧线的外半平面上。假设障碍物 j 有

$N_{o,j}$ 个外半平面,外半平面可表示如下:

$$k_{x,j,o}x(t)+v_{y,j,o}y(t)+h_{j,o}\leqslant 0,\ \forall o=1,\cdots,N_{o,j} \qquad (3-13)$$

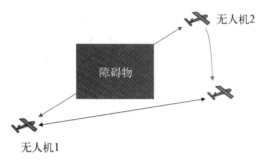

图 3-63　视线段约束图

则视线上某点 $[x_i(t),y_i(t)]$ 规避障碍物 j 可表示为

$$k_{x,j,1}x_i(t)+v_{y,j,1}y_i(t)+h_{j,1}\leqslant Mb_{i,j,1}(t)$$

$$\vdots$$

$$k_{x,j,N_{o,j}}x_i(t)+v_{y,j,N_{o,j}}y_i(t)+h_{j,N_{o,j}}\leqslant Mb_{i,j,N_{o,j}}(t) \qquad (3-14)$$

$$\sum_{o=1}^{N_{o,j}}b_{i,j,o}(t)\leqslant N_{o,j}-1$$

当 $b_{i,j,o}=1$ 时,半平面不等式一定成立;当 $b_{i,j,o}=0$ 时,表示无人机 i 在障碍物 j 的第 o 个外半平面。只需保证至少有一个 $b_{i,j,o}$ 等于 0,即可保证无人机 i 在 t 时刻的航点在障碍物之外。当障碍物为矩形时,障碍物顶点数为 4,障碍物规避约束即可简化为

$$x_i(t)\leqslant x_{o,\min}+Mb_{i,j,1}(t)$$

$$y_i(t)\leqslant y_{o,\min}+Mb_{i,j,2}(t)$$

$$-x_i(t)\leqslant -x_{o,\max}+Mb_{i,j,3}(t)$$

$$-y_i(t)\leqslant y_{o,\max}+Mb_{i,j,4}(t) \qquad (3-15)$$

$$\sum_{o=1}^{4}b_{i,j,o}(t)\leqslant 3$$

式中: $x_{o,\min}$, $y_{o,\min}$, $x_{o,\max}$, $y_{o,\max}$ 分别为障碍物顶点坐标中的最小值以及最大值。

（2）通信干扰的影响。本节仅考虑遇到单个同频通信干扰的情况。因为干扰的存在会使得无人机接收信号的 $SINR$ 降低,导致消息不能被正确提取解

码。无人机执行任务过程中，需要实时监测通信质量的变化，以便及时发现通信干扰的存在。图 3-64 表示静态通信干扰对无人机-无人机链路的影响。T_x 和 R_x 分别表示发送信号无人机以及接收信号无人机，J 表示干扰源。(x_T, y_T, z_T) 表示 T_x 的位置，(x_R, y_R, z_R) 表示 R_x 的位置，通信干扰的位置坐标为 (x_J, y_J, z_J)。无人机 T_x 周期性地将数据包发送给无人机 R_x，发送功率为 P_T。同时，干扰 J 以功率 P_J 在相同频率范围内向外辐射高功率信号，这会导致 T_x 与 R_x 数据传输失败。

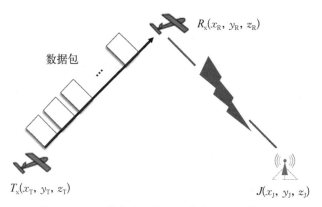

图 3-64　干扰存在下的信号收发无人机节点对

随着传播距离的增加，无线电信号将被分散。无人机天线只考虑以球形辐射电磁波的全向天线。根据路径损耗效应，无人机发射功率与接收功率之间的关系如下：

$$P_{TR} = P_T d_{TR}^{-\alpha} \tag{3-16}$$

式中：P_T 为发射功率强度；P_{TR} 为到达接收机的功率强度；α 为路径损耗指数，一般取值 $\alpha \in [2, 4]$，与载波频率 f_c 有关。可以以类似的方式求出所接收的干扰信号 P_{JR}。信号接收无人机 R_x 的接收信号强度（received signal strength，RSS）包括三个部分，有用接收信号 P_{TR}、接收的通信干扰信号 P_{JR} 和噪声 P_N。因此，接收无人机的接收信号强度表示为

$$RSS = P_{TR} + P_{JR} + P_N \tag{3-17}$$

当分组到达接收无人机时，接收无人机检查前导码以辨别它是有效分组还是干扰分组。干扰分组导致 $SINR$ 降低，

$$SINR = \frac{P_{TR}}{P_{JR} + P_N} \tag{3-18}$$

在数字调制系统中,误码率(bit error rate,BER)取决于解调器的 $SINR$。干扰信号也可被视为接收的噪声,$SINR$ 越高,BER 则越低。BER 定义为

$$BER = f(SINR) \tag{3-19}$$

式中:f 为递减函数,由信号调制和解调方法决定。

数据包成功率(pocket success rate,PSR)表示正确接收数据包的概率。一个数据包包含若干数据位,PSR 为所有数据位的准确率相乘获得,即

$$PSR = (1 - BER)^{nbits} \tag{3-20}$$

式中:$nbits$ 为此数据包中的数据位数。因此,数据包错误率 PER 为

$$PER = 1 - PSR \tag{3-21}$$

2) 中继通信规划的优化目标

假定所有无人机属于同类型飞机,考虑同一个二维的动力学模型。状态向量表示为 $\boldsymbol{x}_i(t) = [x_i(t), \ y_i(t), \ v_{x,i}(t), \ v_{y,i}(t)]^T \in R^4$,控制向量为 $\boldsymbol{u}_i(t) = [u_{ix}(t), \ u_{iy}(t)]^T \in \mathbf{R}^2$。因此,其动力学模型如下:

$$x_i(t) = v_{x,i}(t), \ y_i(t) = v_{y,i}(t)$$

$$v_{x,i}(t) = -\frac{1}{\tau_v} v_{x,i}^2(t) + \frac{1}{\tau_v} u_{x,i}(t), \ v_{y,i}(t) = -\frac{1}{\tau_v} v_{y,i}^2(t) + \frac{1}{\tau_v} u_{y,i}(t)$$

$$\sqrt{u_{x,i}^2(t) + u_{y,i}^2(t)} \leqslant U_{\max}$$

$$\tag{3-22}$$

式中:τ_v 为控制拉力系数;$U_{\max}$ 为最大的拉力。

为保证任务无人机在飞行过程中与地面控制站的实时通信,指控消息以及任务相关信息的及时传递,引入中继无人机后,中继无人机与任务无人机必须保持行动的一致性。本节采用集中式优化方法,在地面控制站中对环境进行建模,优化各个无人机的路径。优化的目标期望任务所用时间最短,并且所有无人机飞行消耗能量最低,因此目标函数为

$$\min J = (t_f - t_0) + \alpha \int_{t_0}^{t_f} \sum_{i=1}^{N+1} (|u_{x,i}| + |u_{y,i}|) \mathrm{d}t \tag{3-23}$$

式中:t_f 为任务完成时刻;t_0 为任务起始时刻;α 是一个权重系数,负责时间最短和能量最低间的权衡。时间短和能量低是两个竞争的目标项,时间短则要求无人机的速度尽可能快,而根据无人机动力学特性,速度快,无人机所消耗

的能量多。

3.4.3.4　基于高斯伪谱法的中继无人机预先规划

对于无人机的离线全局规划部分，本节采用高斯伪普法[58]求解。高斯伪普法是一种解决最优控制问题的常用数值解方法，它采用全局多项式来近似状态和控制量，其中全局多项式从选择的最佳离散点集合中确定。该问题可以通过非线性优化包来解决。选择高斯伪普法是因为它被证明可以有效求解带有路径约束的最优控制问题，包括多机路径优化问题。

高斯伪普法需要对所有状态和控制输入进行初始猜测。初始猜测越好，找到最优解速度越快。本问题的初始猜测由两部分构成，中继无人机数量的确定以及状态和控制量输入。RRT算法提供了一种快速的、概率式的方法在空间中搜索路径，已经应用于很多不同领域的问题。针对本节的问题，提出了改进的 RRT 回溯算法，可以同步得到中继无人机最少所需数量以及任务无人机的初始路径。但是该路径只是满足基本的避障约束，未考虑无人机动力学特性，具体无人机的速度和控制输入也未给出。为了克服这个缺点，本节随后使用了启发式的方法，采用 Bang-Bang 控制算法，填补初始解中速度和控制输入的空缺。

1）基于改进 RRT 回溯算法生成路径初始解

在 RRT 算法中，树从起点开始延伸，每次都从图中随机选取一点 p_{rand}，找到离 p_{rand} 最近的节点 p_{near}。将 p_{near} 向 p_{rand} 的方向延伸一个单位步长 p，得到新的节点 p_{new}。若 p_{new} 与 p_{near} 的连线不穿过任何障碍物，将 p_{new} 加入树的顶点集合中，将 p_{near} 与 p_{new} 的连线也加入树的边集合中。不停迭代上述过程，直到树扩展到终点结束。

在此需要考虑中继通信链路的两个性质：第一，由于相邻通信节点间遵循视线段消息传输原则，长直路径优于曲线折线路径；第二，无人机之间的通信链路采用串联结构，后边飞机可以跟着前边的飞机飞行，形成一条可行路径。将 RRT 生成路径的每个折点当作中继无人机的终点，有多少个折点则对应需要多少个中继无人机。故为了得到最少的中继无人机，RRT 生成的起点到终点路径中折点越少越好。基于此，RRT 回溯算法主要在树的边集合部分对 RRT 算法进行改进。原有 RRT 算法将新创建的节点 p_{new} 连接到 p_{near}，而在 RRT 回溯算法中，将新节点 p_{new} 连接到在其通信范围内，并且视线段与障碍物不交叉，且深度最小的集合已有节点，这样可以达到生成路径的视线段更长，折点更少，所需无人机数量最少。其具体过程如下所示：

算法 3 - 1　RRT 回溯算法过程

输入：无人机所处环境信息 env，无人机初始坐标 p_{init} 和目的坐标 p_{dest}，生成树节点次数 k，步长 p

输出：V 树的顶点集合；E 树的边集；T 快速扩展随机树算法生成的树

　　初始化 p_{rand}，p_{near}，p_{new}

　　for $j=1$ to k do

　　　　在 env 中随机生成点 p_{rand}

　　　　寻找到 p_{rand} 距离最近的 p_{near}：$p_{\text{near}} = \text{findNearP}(p\_rand, V)$

　　　　在 p_{near} 与 p_{rand} 的连线方向上，生成距 p_{near} 为 p 的 p_{new}

　　　　将 p_{new} 加入顶点集合中，$V = V \bigcup \{p_{\text{new}}\}$

　　　　$p_{\text{best}} = p_{\text{near}}$

　　　　初始化 d_{best} 与 g_{best}

　　　　for T 中现有所有节点 p_j do

　　　　　　if p_j 节点深度 $\leqslant g_{\text{best}}$ then

　　　　　　　　if $\| p_{\text{new}} - p_j \|_2 < d_{\text{best}}$ then

　　　　　　　　　　$p_{\text{best}} = p_j$

　　　　　　　　　　$d_{\text{best}} = \| p_{\text{new}} - p_j \|_2$

　　　　　　　　　　$g\_best = \text{depth of } p_j$

　　　　　　　　end if

　　　　　　end if

　　　　　　$E = E \bigcup (p\_best, p\_new)$

　　　　end for

　　end for

　　返回生成树 T

2）中继无人机规划路径形成

RRT 回溯算法为任务无人机初始化了一条路径，并且假定中继无人机跟随任务无人机的路径走，折点为各个中继无人机的终点。虽然给出了中继无人机所需的数量，以及各个无人机的大致路径，但是该路径并未结合无人机的动力学特性，以及未给出无人机的速度和控制量。为了解决该问题，根据 RRT 回溯算法求出各个无人机的路径，进一步形成最优控制子问题，得出具体速度的控制量。由于无人机按照 RRT 回溯规划出的路径飞行，可以将每段路径分开考虑，转化为一维的路径问题。因此沿着线段方向设定 x 轴，可以将四维状态空间 $\boldsymbol{x}_i(t)=[x_i, y_i, vx_i, vy_i]^{\text{T}} \in \mathbf{R}^4$ 转化为二维状态空间 $\boldsymbol{x}_i(t)=[x_i, vx_i]^{\text{T}} \in \mathbf{R}^2$，控制变量也由二维空间 $\boldsymbol{u}_i=[u_{ix}, u_{iy}]^{\text{T}} \in \mathbf{R}^2$ 转为一维 $\boldsymbol{u}_i=[u_{ix}] \in \mathbf{R}$。重写动力学方程为

$$x_i(t) = v_{x,i}(t)$$

$$v_{x,i}(t) = -\frac{1}{\tau_v} v_{x,i}^2(t) + \frac{1}{\tau_v} u_{x,i}(t) \tag{3-24}$$

$$|u_{x,i}(t)| \leqslant U_{\max}$$

最优控制问题的标准性能指标为

$$J(\vec{u}(t)) = \Phi(\vec{x}(T), T) + \int_0^T L(\vec{x}(t), \vec{u}(t), t)\mathrm{d}t \tag{3-25}$$

标准性能指标包括积分指标和终端指标两部分。最短时间控制问题的性能指标可以有两种方式：

$$\begin{aligned} \Phi = 0,\ L = 1 \\ \Phi = T,\ L = 0 \end{aligned} \tag{3-26}$$

优化目标为无人机任务总用时最短，表示为

$$J = \int_0^T 1\mathrm{d}t = T \tag{3-27}$$

该最优控制问题为时间最优控制，可归于 Bang-Bang 控制问题。Bang-Bang 控制将状态空间分为两个部分，分别对应无人机输入控制量正向最大以及控制量负向最大。路径初始段对应控制量正向最大阶段，路径结束段则对应反向最大阶段，使无人机在末端速度为 0。根据已有的动力学方程、初始状态以及控制量输入，可以求解出无人机的速度变化以及为控制量从正向最大变为负向最大的转换时刻。其中哈密尔顿函数为

$$H(\vec{x}(t), \vec{\lambda}(t), \vec{u}(t), t) = 1 + \lambda_1(t)v_{x,i}(t) + \lambda_2(t)\left(-\frac{1}{\tau_v}v_{x,i}^2(t) + \frac{1}{\tau_v}u_{x,i}(t)\right) \tag{3-28}$$

要使目标函数最小，即哈密尔顿函数最小，故控制输入 $u_{x,i}(t)$ 符号应与 $\lambda_2(t)$ 相反，即

$$u_{x,i}(t) = \begin{cases} U_{\max}, & \lambda_2(t) < 0 \\ -U_{\max}, & \lambda_2(t) > 0 \end{cases} \tag{3-29}$$

当 $\lambda_2(t) = 0$ 时，则发生控制输入的转变，产生 $u_{x,i}(t) = 0$ 的过渡。根据 $\lambda = -H_x^\mathrm{T}$，伴随函数可写为

$$\lambda_1(t) = -\frac{\partial H}{\partial x_i(t)} = 0, \ \lambda_2(t) = -\frac{\partial H}{\partial v_{x,i}(t)} = \lambda_1 - 2c_d\lambda_2(t)v_{x,i}(t)$$

$$(3-30)$$

无人机在每段路径上的起点和终点是固定的,假设某段路径长度为 d,则边界条件为

$$x_i(0) = 0, \ v_i(0) = 0$$
$$x_i(T) = d, \ v_i(T) = 0$$

$$(3-31)$$

横截条件为

$$H(T) + \frac{\partial \Phi}{\partial T} = 0 \Rightarrow 1 + \lambda_2(T)u_{x,i}(T) = 0 \qquad (3-32)$$

联立式(3-26)~式(3-32),可解出控制输入转换时间,以及该路径段上的每时刻状态和速度。本节通过各架无人机的位置、速度以及控制输入优化求解该问题,得到最优化的路径。

3.4.3.5 面向突发干扰的中继无人机在线规划

无人机采用无线通信方式,飞行过程中容易遭遇通信干扰的攻击,因此通信干扰源的检测定位和无人机的实时在线规划显得尤其重要。本节先提出无人机检测、定位通信干扰源的方法,模拟出干扰影响严重的区域,接着规划无人机规避该区域。规划部分采用 MPC 方法,预测无人机在未来一个时间周期(规划时域)内的控制输入,在一个更短的执行时域内执行控制输入量,优化过程不断重复直到任务无人机到达目标点。离线规划部分采用了高斯伪谱法,需要先得到各个飞机的初始路径,再进行路径的优化,不适合于规划周期短、优化时间短的规划任务。混合整数线性规划(mixed-integer linear programming,MILP)方法可以整合逻辑约束以及连续性约束,快速进行路径优化。本节将优化问题转为 MILP 形式对空地中继进行实时在线规划。

1) 干扰检测与定位

地面控制站通信发射功率较大且采用定向天线方式,因此干扰对地面控制站-无人机链路的通信影响可忽略。本节只考虑同频段通信干扰对无人机-无人机链路的影响。同频段通信干扰造成接收信息的无人机 $SINR$ 过大,无法正确解码信息。因此,本节提出基于 RSS 和包错误率(packet error rate,PER)的通信干扰检测和定位方法,用于后续确定通信干扰严重区域,对干扰区域及时规避。

(1)干扰检测。用于检测干扰的一个有力指标是 PER,其分布将因通信干扰

攻击而发生很大变化。图 3-65 显示了频率 2 000 MHz,无人机发送功率 0.9 W,干扰发送功率 1 W 情况下对应的 RSS 和 PER 分布图,等高线分别显示 RSS 和 PER 的分布。当飞近干扰附近区域时,接收的干扰信号功率将急剧增加,导致 $SINR$ 减小,PER 也会随之上升。因此,越接近干扰 J,PER 越高。然而,还有其他因素导致 PER 增加,如链接质量差等。为了区分这种情况,本节添加了

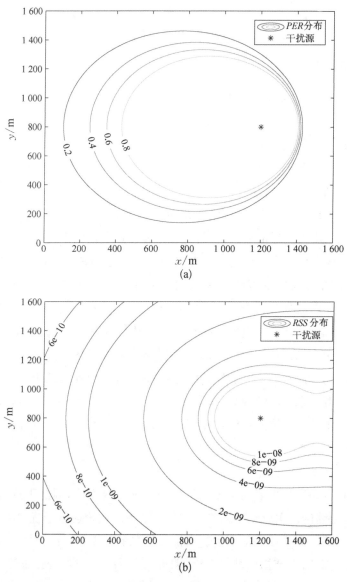

图 3-65 干扰存在时的 PER 和 RSS 分布

(a) PER 分布;(b) RSS 分布

RSS 作为附加测量。在正常情况下,高 PER 通常对应于低 RSS。相反,干扰信号发送无线电信号,导致高 RSS。因此,当发现 PER 和 RSS 同时增加,可证明存在干扰。

(2) 干扰源位置估计。无人机可以计算出接收到的有用信号功率 P_{TR}。RSS 由无人机实时测量,通过 RSS 减去 P_{TR},计算出接收到的干扰功率 P_{JR} 以及噪声 P_N 之和,即

$$P'_{JR} = P_{JR} + P_N \tag{3-33}$$

噪声 P_N 具体大小不能确定,其设定范围为

$$\Delta P_N = [-N_{max}, +N_{max}] \tag{3-34}$$

式中:N_{max} 为噪声边界,即最大噪声值。P_{JR} 范围为

$$P_{JR} = [P'_{JR} - N_{max}, P'_{JR} + N_{max}] \tag{3-35}$$

本节提出了一个基于 RSS 的三维空间干扰定位以及发送功率解算方法。干扰源的位置与发射功率均不随时间变化,且均对于无人机未知。如图 3-66 所示,无人机在 t 时刻位置为 $(x(t), y(t), z(t))$,接收到干扰功率通过 RSS 减去从其他无人机那获得的信号强度计算,设为 $P_{JR}(t)$。

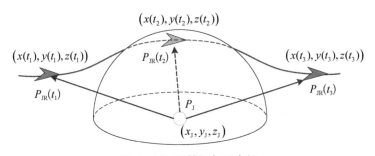

图 3-66 干扰源与无人机

根据路径损耗效应,假定干扰源发射功率与接收到的干扰功率关系如下:

$$P_{JR}(t) = P_J g \left(\left\| \begin{matrix} x(t) - x_J \\ y(t) - y_J \\ z(t) - z_J \end{matrix} \right\|_2 \right) \tag{3-36}$$

式中:$\left\| \begin{matrix} x(t) - x_J \\ y(t) - y_J \\ z(t) - z_J \end{matrix} \right\|_2$ 为向量的欧几里得范数。$g: \bar{R}_+ \to \bar{R}_+$ 为路径损耗函数,并

具有下面的形式：

$$g(r) = r^{-\alpha} \tag{3-37}$$

式中：α 为路径损耗指数，通常范围为 $\alpha \in [2, 4]$。

$$(x(t) - x_J)^2 + (y(t) - y_J)^2 + (z(t) - z_J)^2 = \left(\frac{P_J}{P_{JR}(t)}\right)^{\frac{2}{\alpha}} \tag{3-38}$$

需要求解的未知量为 x_J，y_J，z_J，P_J。对于单一时刻 t，式(3-38)的未知量构成了一个四维流形，函数解不唯一。因此，需要多个时刻的 $x(t)$，$y(t)$，$z(t)$，$P_{JR}(t)$ 唯一确定函数的解，即解算出唯一的 x_J，y_J，z_J，P_J。

无人机在空间中运动时，对 n 个时刻的干扰功率进行采样。设这 n 个时刻为 t_1，$\cdots$，t_n，则联立出的方程组为

$$(x(t_m) - x_J)^2 + (y(t_m) - y_J)^2 + (z(t_m) - z_J)^2 = \left(\frac{P_J}{P_{JR}(t_m)}\right)^{\frac{2}{\alpha}}, \ m = 1, \cdots, n \tag{3-39}$$

但是直接求解式(3-24)是十分困难的，本节采用间接的方式对此非线性方程组进行求解。

通过对相邻两个方程做差，获得一组具有 $n-1$ 个方程的新方程组：

$$[A \mid B]X = C$$

其中，
$$X = [x_J, \ y_J, \ z_J, \ P_J^{2/\alpha}]^{\mathrm{T}}。 \tag{3-40}$$

$$A = \begin{bmatrix} 2x(t_1) - 2x(t_2) & 2y(t_1) - 2y(t_2) & 2z(t_1) - 2z(t_2) \\ 2x(t_{n-1}) - 2x(t_n) & 2y(t_{n-1}) - 2y(t_n) & 2z(t_{n-1}) - 2z(t_n) \end{bmatrix}$$

$$B = \begin{bmatrix} (P_{JR}(t_1))^{-\frac{2}{\alpha}} - (P_{JR}(t_2))^{-\frac{2}{\alpha}} \\ (r_{JR}(t_{n-1}))^{-\frac{2}{\alpha}} - (P_{JR}(t_n))^{-\frac{2}{\alpha}}) \end{bmatrix}$$

$$C = \begin{bmatrix} x^2(t_1) - x^2(t_2) + y^2(t_1) - y^2(t_2) + z^2(t_1) - z^2(t_2) \\ x^2(t_{n-1}) - x^2(t_n) + y^2(t_{n-1}) - y^2(t_n) + z^2(t_{n-1}) - z^2(t_n) \end{bmatrix} \tag{3-41}$$

可以证明，当位置不共面的采样点数量足够多时，式(3-41)的解唯一存在。通过求解式(3-41)的解，可唯一确定干扰源的位置 x_J，y_J，z_J，与干扰源的发

射功率 P_J。

2) 基于 MPC 的路径在线规划

在模拟出干扰严重区域后，无人机启动实时在线规划算法，对干扰区域和障碍区域进行及时规避。本节采用 MPC 方法时，以最小化任务无人机到目标点时间为目标。规划一个时域内的路径，一般通过最小化规划时域终点到目标点的时间，该时间通过规划时域终点到目标点欧式距离除以无人机最大速度计算。但是，当欧式距离最小时，实际可飞的路径却很长。如图 3-67 所示，当遇到凹型障碍物时，无人机与目标点在凹型障碍物两侧，只规划一个时域周期内的路径，优化算法为了最小化时域路径终点和目标点距离，无人机一直向凹型建筑物凹槽内飞，导致陷在里面无法出来的现象。

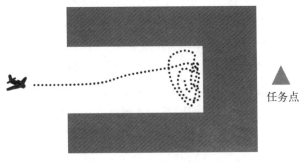

图 3-67 无人机陷入局部极小值

为了解决无人机陷入局部极小值，不能到达任务点的问题，本节将整个在线规划算法分为两个阶段：飞行时间代价预估阶段和路径规划阶段。在飞行时间代价预估阶段，各个无人机当前点、任务无人机目标点、障碍物边界点以及严重干扰区域的边界点构成环境图的所有节点，对整个环境中所有节点到目标点的飞行时间代价进行估计，形成一张时间代价图。只有当环境发生改变或者目标点发生变化时，才需要更新代价图。接着进入路径规划阶段，目标函数不再是最小化规划时域终点到目标点的欧式距离带来的飞行时间，而是基于前一阶段形成的时间代价图，计算规划时域终点到目标点的一条可飞的最短路径用时。如图 3-68 所示，无人机现处于位置 $p(k)$，规划周期为 H_p，规划的无人机预测终点位置为 $p(k+H_p)$。目标函数除了能耗部分外，还有规划周期终点 $p(k+H_p)$ 距离目标点 p_{goal} 路径所需时间，该剩余时间为 $p(k+H_p)$ 到其附近视距范围内的代价图节点 p_{vis} 的直线飞行时间加上 p_{vis} 到目标点 p_{goal} 的所需时间，其中 p_{vis} 到目标点的飞行时间在时间代价预估阶段已经估算。下面将介绍这两个阶段的具体实施。

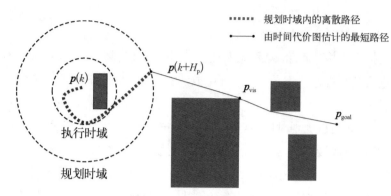

图 3 - 68　基于时间代价图的规划阶段

（1）飞行时间代价预估。在低空多障碍物并且存在通信干扰的环境中，将通信干扰严重区域视为威胁区域，与障碍物同等处理，无人机飞行时需进行规避。在上述条件下整个环境模拟成一张环境图，图的顶点由障碍物的所有顶点、干扰区的所有顶点以及无人机当前点、任务目标点组成；图的边由未穿过障碍物和威胁区的顶点连线组成。在环境图中，不考虑无人机的动力学特性，基于单源最短路径 Dijkstra 算法，可以得到所有顶点到目标点的最短路径。

在该阶段，期望得到的环境图中任意一个顶点沿着图其余顶点到达目标点最短时间路径。在无人机进行转弯时，并非匀速运动，而是先减速再加速，因此环境图中带有变向的折线路径会产生路径转弯耗时。可行的方法是设定一个与转动角相关的惩罚作为路径转弯耗时惩罚，弥补无人机在转弯时造成的耗时增加，故每个顶点到目标点的最短时间代价为可飞路径长度除以飞行最大速度加上转弯的惩罚项。基于 Dijkstra 算法的最短时间代价算法如下所示：

算法 3 - 2　基于 Dijkstra 算法的最短时间代价算法

输入：目标点 x_{goal} 以及所有的障碍物、干扰区域顶点集合 V 的坐标，转弯惩罚系数 η，无人机最大速度 v_{max}

输出：环境中各障碍物、干扰区域顶点到目标点的最短用时集合

① 初始化已求出最短时间代价的顶点集合 $S = \varnothing$，集合 S 同时包含该顶点到目标点的最短时间代价；剩余顶点集合 U，同时包含剩余顶点到目标点的当前计算得路径及时间代价，初始时该集合包含所有顶点，时间代价为 ∞

② 不穿越障碍物以及干扰区域的两两顶点间连线构成图的边集合 E，按照最大飞行速度计算每条边消耗的飞行时间，$\varepsilon_i = L_i / v_{max}$

③ 计算所有边两两形成的转弯角度集合 θ，转弯角惩罚 $c_i = \eta(\cos\theta_i + 1)$，边的权重则由飞行时间与转弯角惩罚两部分构成，$w_i = \varepsilon_i + c_i$

④ 将目标点编号放入集合 S 中，集合 U 中所有与目标点直连的顶点对应时间代价更新

⑤ while $U \neq \varnothing$

⑥ 从集合 U 中找到时间代价最小的顶点，加入集合 S 中，从集合 U 中去除。

⑦ 根据取得的最小的时间代价节点更新集合 S, U

⑧ end while

（2）路径规划。在路径规划阶段采取集中式的优化方式，整个过程的优化求解在地面控制站进行。各个无人机将当前位置和感知到的环境变化实时传递给地面控制站，由地面控制站规划后回传给无人机。由于无人机飞行路程较长，一个不可忽视的因素是环境随时可能出现突发的障碍物以及通信干扰的影响，无人机的路径必须随着任务演进逐步计算。因此，本小节采用 MPC 的方式来优化求解。任务无人机和中继无人机状态为 $\boldsymbol{x}_i(t)$，规划时域定为 H_p 个步长，任务无人机 $\boldsymbol{x}_{N+1}(t)$ 朝着目标点前进。优化算法为它们提供接下来 H_p 个时间步长的控制输入量，无人机按照算法输出执行 H_e 步长。下一次优化发生在 $t + H_e$ 时刻，不断迭代去优化执行直到任务无人机到达目标点位置。在每个规划时域内，优化问题的结构都是相同的，在时刻 t 上规划的第 k 个时间步长索引记为 $(k \mid t)$。

a. 离散动力学方程。无人机路径受到离散动力学约束，采用双积分模型表示旋翼无人机的离散动力学方程。无人机 i 在第 k 个时间步长的位置坐标为 $\boldsymbol{p}_i(k \mid t) = [x_i(k \mid t), y_i(k \mid t)]^{\mathrm{T}}$，速度为 $\boldsymbol{v}_i(k \mid t) = [v_{x,i}(k \mid t), v_{y,i}(k \mid t)]^{\mathrm{T}}$，状态写成 $\boldsymbol{x}_i(k \mid t) = [\boldsymbol{p}_i^{\mathrm{T}}(k \mid t), \boldsymbol{v}_i^{\mathrm{T}}(k \mid t)]^{\mathrm{T}}$，控制量输入为 $\boldsymbol{u}_i(k \mid t) = [u_{x,i}(k \mid t), u_{y,i}(k \mid t)]^{\mathrm{T}}$。动力学方程为

$$\boldsymbol{x}_i(k+1 \mid t) = A\boldsymbol{x}_i(k \mid t) + B\boldsymbol{u}_i(k \mid t) \tag{3-42}$$

其中：

$$A = \begin{bmatrix} \boldsymbol{I}_2 & \Delta t\, \boldsymbol{I}_2 \\ \boldsymbol{O}_2 & \boldsymbol{I}_2 \end{bmatrix}, \ B = \begin{bmatrix} \dfrac{(\Delta t)^2}{2}\, \boldsymbol{I}_2 \\ \Delta t\, \boldsymbol{I}_2 \end{bmatrix} \tag{3-43}$$

式中：Δt 为单位时间步长；$\boldsymbol{O}_2$ 为 2×2 的零矩阵。

b. 速度控制量约束。对于速度和控制量的大小约束，为非线性形式。采用线性不等式的方式对其近似。速度和控制量的幅度约束投影在 xy 平面上对应一个圆内区域，在求解时可以采用多边形形式对圆进行近似。当 x 和 y 方向解耦幅度大小限制时，则对应图 3-69 中的四边形部分。

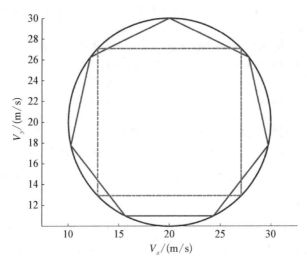

图 3-69   速度限制线性化逼近

$$| v_{x,i}(k \mid t) | \leqslant V_{\lim}, \quad | v_{y,i}(k \mid t) | \leqslant V_{\lim}$$
$$| u_{x,i}(k \mid t) | \leqslant U_{\lim}, \quad | u_{y,i}(k \mid t) | \leqslant U_{\lim}$$

(3-44)

式中：$V_{\lim} = V_{\max}/\sqrt{2}$，$U_{\lim} = U_{\max}/\sqrt{2}$。

由图 3-69 可知，多边形的边数越多越近似圆，因此速度和控制量能取的值越多。用 M 条边的多边形去近似速度和控制量大小限制，以正、余弦的形式可写成：

$$v_{x,i}(k \mid t)\sin\left(\frac{2\pi m}{M}\right) + v_{y,i}(k \mid t)\cos\left(\frac{2\pi m}{M}\right) \leqslant V_{\max},$$
$$m = 1, \cdots, M; \; k = 1, \cdots, H_{\mathrm{p}}$$

(3-45)

$$u_{x,i}(k \mid t)\sin\left(\frac{2\pi m}{M}\right) + u_{y,i}(k \mid t)\cos\left(\frac{2\pi m}{M}\right) \leqslant U_{\max},$$
$$m = 1, \cdots, M; \; k = 0, \cdots, H_{\mathrm{p}} - 1$$

c. 避碰约束。无人机飞行时需要保持一定的安全距离 d_{safe}，以防发生碰撞事故。欧氏距离不符合 MILP 的线性约束条件限制。同时也为了减小优化问题的复杂度，采用距离范式的形式。任意两架无人机之间都需满足避碰约束，以第 i 架和第 j 架无人机为例：

$$| x_i(k \mid t) - x_j(k \mid t) | \geqslant d_{\mathrm{safe}} \; 或 \; | y_i(k \mid t) - y_j(k \mid t) | \geqslant d_{\mathrm{safe}}$$
$$\forall i, j = 1, 2, \cdots, N+1, \; \forall k = 0, 1, \cdots, H_{\mathrm{p}}$$

(3-46)

引入逻辑变量 d_{ij} 以及一个大常数 M，将绝对值部分或逻辑改写如下：

$$-x_i(k\mid t)+x_j(k\mid t)\leqslant -d_{\text{safe}}+Md_{ij1}(k\mid t)$$

$$-x_j(k\mid t)+x_i(k\mid t)\leqslant -d_{\text{safe}}+Md_{ij1}(k\mid t)$$

$$-y_i(k\mid t)+y_j(k\mid t)\leqslant -d_{\text{safe}}+Md_{ij3}(k\mid t) \qquad (3-47)$$

$$-y_j(k\mid t)+y_i(k\mid t)\leqslant -d_{\text{safe}}+Md_{ij4}(k\mid t)$$

$$\sum_{r=1}^{4}d_{ijr}(k\mid t)\leqslant 3$$

式(3-47)中，至少有一项 $d_{ijr}(k\mid t)$ 为 0，在该条件下满足两者的 xy 坐标中有一项差是大于 d_{safe} 的，整体距离也大于 d_{safe}。

d. 目标函数。目标函数由两部分组成，第一部分表示到达目标点的时间尽量少，第二部分表示整个任务过程中能量消耗尽可能低。目标函数以时间最短为主要目标，将环境时间图中对于各个节点到目标点的时间估算代入，因此任务时间的计算也分为两部分，一是从任务无人机规划时间终点 $\boldsymbol{p}_{N+1}(H_{\text{p}})$ 到达某个视距范围可见的图顶点(障碍物、干扰区域顶点以及目标点) $\boldsymbol{p}_{\text{vis}}$ 时间，二是 $\boldsymbol{p}_{\text{vis}}$ 到目标点的飞行时间预估。由于时间被离散化，即使在同样的任务时间、同样的距离内，速度控制量仍有不同的解，飞行能量消耗用加速度以及速度绝对值累加表示。

由于优化计算需耗费一定时间，因此优化一个规划周期内的运动需要提前在 $t-1$ 时刻开始，当前时刻 t 的状态为 $t-1$ 所规划。假定不存在飞行扰动，只要没有多余的扰动施加给无人机，则无人机会按照规定的航点飞行。因此可得目标函数表达式如下：

$$J_{H_{\text{p}}}(t)=\sum_{k=0}^{H_{\text{p}}-1}\ell_{N+1,k}(\boldsymbol{x}_{N+1}(k),\boldsymbol{u}_{N+1}(k))+f_{N+1}(\boldsymbol{p}_{N+1}(H_{\text{p}}),\boldsymbol{p}_{\text{goal}})+$$

$$\sum_{i=1}^{N}\sum_{k=0}^{H_{\text{p}}-1}\ell_{i,k}(\boldsymbol{x}_i(k),\boldsymbol{u}_i(k))$$

$$(3-48)$$

式中：$\ell_{N+1,k}(\bullet)$ 为任务无人机第 k 个时间步长的能量消耗；f_{N+1} 表示到任务无人机规划时域终点到目标点的预估路径时间。f_{N+1} 由当前点到附近视距范围内可见顶点所需时间以及该可见点到目标点的时间估计值得到，即

$$f_{N+1}(\boldsymbol{p}_{N+1}(H_{\text{p}}),\boldsymbol{p}_{\text{goal}})=\frac{\|\boldsymbol{p}_{\text{vis}}-\boldsymbol{p}_{N+1}(H_{\text{p}})\|_2}{V_{\max}}+C_{\text{vis}} \qquad (3-49)$$

式中：$\boldsymbol{p}_{\text{vis}}$表示可见点，为目标点或者障碍物、威胁区顶点中的一个，$\boldsymbol{p}_{\text{vis}}$有多个候选点。当无人机将从当前点朝着第$i$个可见顶点方向飞行时，其约束条件为

$$\boldsymbol{p}_{\text{vis}} = \sum_{i=1}^{N_{\text{map}}} b_{\text{vis}, i} \boldsymbol{p}_{\text{map}, i}$$

$$\boldsymbol{C}_{\text{vis}} = \sum_{i=1}^{N_{\text{map}}} b_{\text{vis}, i} \boldsymbol{C}_{\text{map}, i} \qquad (3-50)$$

$$\sum_{i=1}^{N_{\text{map}}} b_{\text{vis}, i} = 1$$

式中：$\boldsymbol{p}_{\text{map}, i}$为代价预估阶段生成的代价图的顶点；$\boldsymbol{C}_{\text{map}, i}$为对应这些顶点到目标点的预估时间；$b_{\text{vis}, i}$为一个二值数，$b_{\text{vis}, i}=1$表示顶点$i$被选中。除了保证可见点$\boldsymbol{p}_{\text{vis}}$在当前点的视距范围内之外，两点之间可行路径也应在所有障碍物及威胁区的外面，因此

$$(\boldsymbol{p}_{N+1}(H_{\text{p}}) + \tau(\boldsymbol{p}_{\text{vis}} - \boldsymbol{p}_{N+1}(H_{\text{p}}))) \notin O_{\text{obst}}, \ \forall \tau \in [0, 1] \quad (3-51)$$

对于能量消耗的惩罚可以写为

$$\ell_{i, k}(x_i(k), u_i(k)) = \alpha(v_i(k) + u_i(k)) \qquad (3-52)$$

式中：$v_i(k)$和$u_i(k)$为第i架无人机第k个时间步长的速度大小和输入控制量大小。

$$v_i^2(k) = v_{x, i}^2(k) + v_{y, i}^2(k)$$

$$u_i^2(k) = u_{x, i}^2(k) + u_{y, i}^2(k) \qquad (3-53)$$

根据速度控制约束线性化方式，求出$v_i(k)$和$u_i(k)$的线性表达形式，即

$$v_{x, i}(k) \sin\left(\frac{2\pi m}{M}\right) + v_{y, i}(k) \cos\left(\frac{2\pi m}{M}\right) \leqslant v_i(k)$$

$$u_{x, i}(k) \sin\left(\frac{2\pi m}{M}\right) + u_{y, i}(k) \cos\left(\frac{2\pi m}{M}\right) \leqslant u_i(k) \qquad (3-54)$$

求解式（3-48）～式（3-54）的优化目标函数问题可得最优路径，该问题的解可通过混合整数求解器得到。

3.4.3.6 仿真验证与结果分析

本节分别对已知低空障碍环境下的离线全局规划以及存在突发通信干扰时的在线实时规划算法进行仿真验证分析。在全局离线测试时，比较不同密度障

碍物环境下中继所需数目以及规划的路径；突发通信干扰的在线规划阶段，对通信干扰定位算法精度进行测试，比较是否应用干扰规避算法对任务无人机通信质量有影响。本节仿真试验的测试系统为 Windows7 系统，i7-6700HQ（8 核 2.6 GHz）计算机；仿真环境为 MATLAB2016a。复杂场景下空地通信中继仿真参数如表 3-3 所示。

表 3-3　复杂场景下空地通信中继仿真参数

参　　数	数　值
地面控制站发送功率 p_{bs}/dB	0
无人机发送功率 p_t/dB	-3
信道载波频率 f_c/MHz	2 000
高斯白噪声功率 N/dB	-94
无人机最大速度 V_{max}/(m/s)	4
速度控制量 U_{max}/(m/s)	4
无人机之间安全飞行距离 d_{safe}/m	10
无人机最大通信距离 r_{com}/m	120

1) 已知环境下无人机全局离线规划

（1）不同环境下无人机中继数目测试。无人机执行任务前或者遇到突发动态障碍或干扰时，会对环境进行建模，判断是否存在与地面控制站的通信链路被遮蔽的情况，是否需要新增加中继无人机，此时，需快速决策当前需要引入的中继无人机数量。本节针对两种不同障碍物类型、密度的环境进行了中继数目求解算法的测试，包括圆形障碍物、矩形障碍物等。

图 3-70 中黑色矩形和圆形都代表环境中已知障碍物，地面控制站都设在（40，20）位置，灰色线代表 RRT 生成的边，黑色线代表 RRT 回溯算法生成的从地面控制站到目标点的最少折点的初始化路径。该条路径避开所有的障碍物，折点数最少，折点的位置为中继无人机的终点位置，起着连接前后无人机或地面控制站作用，视线无障碍物遮挡。图 3-70(a)障碍物较为稀疏，地面控制站与目标点间视线被遮挡，折点在地面控制站以及任务无人机目标点通信内，用一个中继无人机即可中继通信。图 3-70(b)中障碍物较为密集，障碍物间的距离较小，RRT 回溯树生成路径中有两个折点，需用两个中继辅助通信。

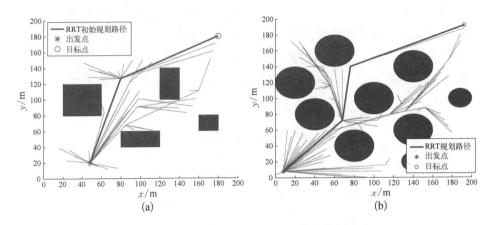

图 3-70   不同障碍物密度下 RRT 中继数目测试

(a) 较稀疏障碍物环境；(b) 密集障碍物环境

（2）中继路径规划算法测试。在此分别对上述两种环境进行路径规划算法验证，障碍物方形、数量较少的为环境 1，另一个设为环境 2。RRT 回溯算法找到了一条从地面控制站点到目标点的路径，应用 Bang-Bang 控制算法可以得到完整的路径和控制量初始解，将其送入高斯伪普工具中进行求解。

无人机的完整路径显示在图 3-71 中，比 RRT 回溯算法生成的初始路径图更加光滑，更加贴合动力学模型。中继无人机跟随任务无人机运动，因为它是到达中继目标点的最短路径，同时需要保持一定的安全距离，以防碰撞。可以看出，整个飞行过程中，中继无人机与地面控制站以及任务无人机的距离保持在 120 m 以内，这保证了任务无人机与地面控制站通信链路的顺畅。

2）突发通信干扰的中继规划算法测试

在环境不可预知、存在突发通信干扰的情况下，无人机实时监测是否有干扰发生。若证明干扰存在，则迅速对干扰进行定位，判断是否需要增加中继无人机，为所有无人机规划路径，验证干扰检测算法的有效性，测试干扰定位算法的精度，比较采用干扰规避算法后任务无人机通信质量的变化。

（1）干扰检测。初始时刻，根据当前环境图 3-72(a)无人机做初步规划，从飞行起点(-30，80)飞向目标点(30，-90)，通过 RRT 回溯算法得出需要一架中继无人机。任务无人机和中继无人机实时监控 RSS 和 PER 变化。第 6 秒时，干扰源突然开启，任务无人机发现 RSS 略微增加，而 PER 依然维持在 0 左右不动，这是因为任务无人机和中继无人机相隔很近，而距离干扰源较远，干扰的影响可忽略不计。

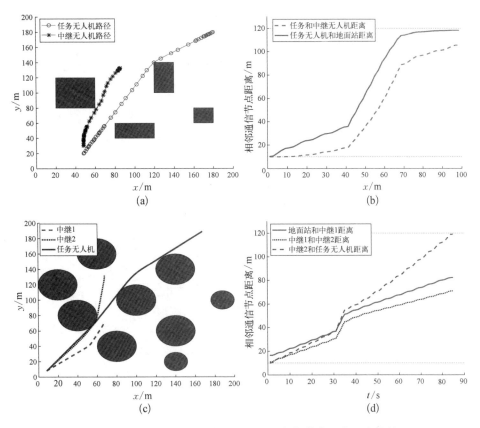

图 3-71　不同环境下无人机路径以及相邻节点通信距离比较

（a）单个中继无人机规划路径；（b）单中继时相邻两节点通信距离；
（c）双中继无人机规划路径；（d）双中继时相邻两节点通信距离

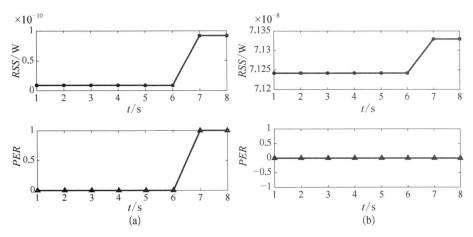

图 3-72　干扰检测段 *RSS* 和 *PER* 变化

（a）基站-中继链路的中继 *RSS* 和 *PER*；（b）中继-任务机链路的任务机 *RSS* 和 *PER*

对于中继无人机与地面控制站的通信链路,中继无人机距离地面控制站距离逐渐增加,干扰影响显著。中继无人机发现基站-中继无人机链路的 RSS 从 8.592×10^{-12} 迅速增加到 1.757×10^{-10},而 PER 从 0 瞬间提升到 1,RSS 和 PER 同时增加的现象可以证明中继无人机通信正在被干扰攻击。

(2) 干扰定位。前节中继无人机检测到干扰之后,立即激活干扰源定位算法,任务无人机在当前点盘旋等待。为了唯一地识别干扰器位置,中继无人机需要在非共面的 5 个位置点采集 RSS 值。如图 3-73 所示,将噪声设置为 $P_N \in [-10^{-11}, 10^{-11}]$,解出干扰源位置和发射功率的大致范围。干扰源位置处于 $[18.8, 25.79, 9.993]$ 与 $[19.49, 26.61, 10.01]$ 连线之间,噪声越大,干扰源实际位置越靠近 $[19.49, 26.61, 10.01]$,发射功率也越大。

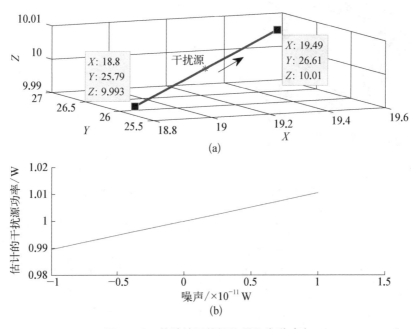

图 3-73 估计的干扰源位置和发送功率

(a) 估计的干扰源位置;(b) 估计的干扰源功率随噪声大小变化

(3) 路径规划。根据估算的干扰源位置,将估算范围内的中心点 (19.15, 26.2) 作为干扰区域的中心点。根据干扰源附近 PER 的变化趋势,本节设置严重干扰区域半径为 27 m,所有无人机的飞行路径都应规避该区域。如图 3-74(a) 所示,当无干扰时,一架中继无人机可以保证任务无人机和地面控制站间链路通信。如图 3-74(c) 所示,任务无人机和中继无人机 1 按照规划虚线路径飞行,当在第 6 秒通信干扰突然出现,检测和定位干扰后,立即更新环境图,重新启动 RRT 回溯算法,测试当前中继是否可以满足通信要求。在本节设定中,当规避干扰区域时,需要增加一个中继无人机,进入三个无人机路径规划阶段,图 3-74(c)黑色虚线为 6 s 后新加的中继无人机路径。在无人机飞行过程中,保证了相邻通信节点的距离大于 10 m 而小于 120 m,实现相邻无人机之间的视距通信。

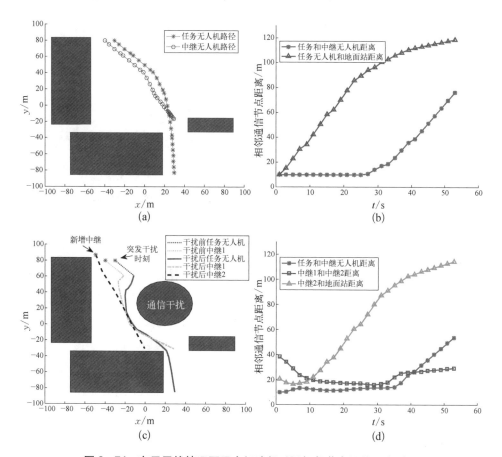

图 3-74 有无干扰情况下无人机路径以及相邻节点通信距离对比

(a) 无干扰时无人机飞行路径;(b) 无干扰时相邻节点的通信距离;
(c) 6 s 突发干扰时无人机飞行路径;(d) 6 s 突发干扰时相邻节点通信距离

当无人机遇到干扰不采取任何措施时,它按照既定的环境规划飞行路径。如图 3-75(a)的飞行路径,任务无人机和中继无人机将穿越干扰区域,离干扰源很近。图 3-75 显示了当干扰存在时,规避干扰和不规避干扰情况下,任务无人机的 RSS 和 PER 变化图。在图 3-75(a)中,可看到任务无人机某一时刻 RSS 突增,之后出现 PER 骤增到 1 的现象,满足不了任务通信需求。经过干扰规避算法后,任务无人机绕开了干扰严重区域,*PER* 基本维持在 0,保证了高质量的通信。

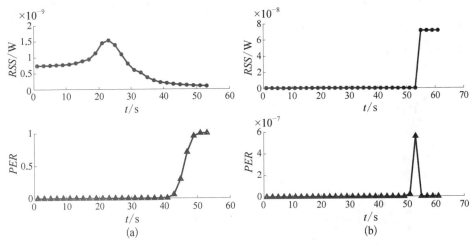

图 3‒75   规避和未规避干扰时任务无人机 *RSS* 和 *PER* 变化图

(a) 未规避干扰;(b) 规避干扰

3.4.4   面向集群无人机之间通信中继无人机规划

无人机集群协同执行任务时,分布范围广,且无人机的任务目标、任务区域动态会发生变化或调整,因此无人机飞行路径也会随之改变。如何确保无人机之间网的通信质量是目前无人机中继通信的又一难点问题。

面向小型固定翼无人机集群的应用,分析无人机的动力学特性,提出中继无人机的初始部署点优化以及路径实时调整算法,改善无人机集群网的连通性。本节首先介绍采用的无人机动力学模型以及基于卡尔曼滤波的任务无人机运动状态的融合估计方法。同时,本节确立无人机之间通信链路性能评判的三类指标,这些指标都是以最小生成树为基础。然后,本节设计无人机之间中继初始部署位置生成及路径实时规划算法。当任务无人机发现通信网中存在未达到任务对通信要求的部分,迅速调配中继无人机,优化中继无人机初始部署点。采用分布式模型预测控制(distributed model predictive control,DMPC),每架中继无人机根据任务无人机的估测位置以及其余中继无人机的规划路径点,以最小化通信链路性能指标为目标,实时优化中继无人机的路径点。最后用不同数量的中继无人机,基于不同的链路性能指标判定,进行仿真测试,验证本章提出的规划算法的可行性和稳定性。

3.4.4.1　无人机之间中继通信保持的问题建模

1) 小型固定翼无人机动力学模型

假定无人机在二维平面内飞行,可以基本维持其高度以及空速不变,飞行控制器主要控制无人机的速度以及偏航角。在此主要考虑中继无人机的输入速度控制量以及偏航控制量,采用二维动力学模型。

$$
\begin{bmatrix} \dot{x} \\ \dot{y} \\ \dot{\psi} \\ \dot{v} \\ \dot{\omega} \end{bmatrix} = f(\boldsymbol{x}, \boldsymbol{u}) = \begin{bmatrix} v\cos\psi \\ v\sin\psi \\ \omega \\ -\dfrac{1}{\tau_v}v + \dfrac{1}{\tau_v}u_v \\ -\dfrac{1}{\tau_\omega}\omega + \dfrac{1}{\tau_\omega}u_\omega \end{bmatrix} \tag{3-55}
$$

无人机状态 $\boldsymbol{x} = [x, y, \psi, v, \omega]^{\mathrm{T}}$ 包括位置 x 坐标、y 坐标、偏航角、速度以及偏航角速度。控制输入量 $\boldsymbol{u} = (u_v, u_\omega)^{\mathrm{T}}$ 分别为速度控制指令和偏航角控制指令。它们的大小符合以下约束:

$$
|u_v - v_0| < u_{v,\max}, \quad |u_\omega| \leqslant u_{\omega,\max} \tag{3-56}
$$

式中: v_0 为无人机的巡航速度; u_ω 为约束限制无人机的最大偏航角速率 $u_{\omega,\max}$; τ_v, τ_ω 对应执行器时延的参数,通过分析飞行控制器的特性,对其进行试验测定。采用欧拉积分对连续动力学方程进行离散化,则

$$
\boldsymbol{x}(k+1) = \boldsymbol{x}(k) + T_s f(\boldsymbol{x}(k), \boldsymbol{u}(k)) \tag{3-57}
$$

式中: $\boldsymbol{x}(k)$ 为无人机在 k 时刻的状态; $\boldsymbol{u}(k)$ 为 k 时刻施加到无人机上的控制量; T_s 为单位步长时间。

2) 基于卡尔曼滤波的任务无人机状态估计

中继无人机的路径动态规划部分采用 MPC 方法,需对任务无人机的运动状态进行估计。本节采用卡尔曼滤波完成这一估计过程。卡尔曼滤波方法分为两个阶段:一是预测阶段,根据 $k-1$ 时刻状态的最优估计值,预测本时刻的状态,但是预测得到的经验值可能存在一定的误差,该误差可看作是高斯白噪声,即得到了上一时刻的"预测量"和"误差";二是观测更新阶段,根据实际测量的状态值(实测时也存在测量误差),用测量值对预测值进行修正,得到当前 k 时刻的最优状态估计。

对于预测阶段,本节采用加速度动力学模型来估计任务无人机的运动,它将加速度定义为具有衰减指数自相关函数的相关过程,这意味着如果在 k 时刻存在某个加速度,则很可能在某个时刻通过指数进行相关。加速度模型的离散系统方程(A Jerk Model)表示如下:

$$\boldsymbol{x}_m(k+1) = \boldsymbol{F}_k \boldsymbol{x}_m(k) + \eta_k \tag{3-58}$$

式中: $\boldsymbol{x}_m(k)$ 为任务无人机在 k 时刻的状态,包括任务无人机 x 和 y 方向的坐标、速度以及加速度, $\boldsymbol{x}_m(k) = [x_{m,k}, \dot{x}_{m,k}, \ddot{x}_{m,k}, y_{m,k}, \dot{y}_{m,k}, \ddot{y}_{m,k}]^{\mathrm{T}}$; η_k 为表示加速度特性的过程噪声,在此采用均值为 0,方差为 σ^2 的高斯白噪声; $\boldsymbol{F}_k$ 为任务无人机运动状态转移矩阵。

$$\boldsymbol{F}_k = \begin{bmatrix} 1 & T_s & q_1 & 0 & 0 & 0 \\ 0 & 1 & q_2 & 0 & 0 & 0 \\ 0 & 0 & \mathrm{e}^{-\alpha T_s} & 0 & 0 & 0 \\ 0 & 0 & 0 & 1 & T_s & q_1 \\ 0 & 0 & 0 & 0 & 1 & q_2 \\ 0 & 0 & 0 & 0 & 0 & \mathrm{e}^{-\alpha T_s} \end{bmatrix} \tag{3-59}$$

式中: $q_1 = (\mathrm{e}^{-\alpha T_s} + \alpha T_s - 1)/\alpha^2$, $q_2 = (1 - \mathrm{e}^{-\alpha T_s})/\alpha$ 。 α 大小与模拟的运动物体类型相关。当运动物体速度较慢时, α 较小;当运动物体速度较快时,则 α 较大。

对于观测更新阶段,任务无人机配备 GPS,自身获得的位置坐标可传给中继无人机,该位置坐标值为实际测量值,同样存在测量误差:

$$\boldsymbol{z}(k) = \boldsymbol{H}\boldsymbol{x}(k) + \boldsymbol{v}_k \tag{3-60}$$

式中: $\boldsymbol{H}$ 为测量矩阵,

$$\boldsymbol{H} = \begin{bmatrix} 1 & 0 & 0 & 0 & 0 & 0 \\ 0 & 0 & 0 & 1 & 0 & 0 \end{bmatrix} \tag{3-61}$$

$\boldsymbol{v}_k$ 为测量噪声,均值为 0。

3)中继通信性能指标

无人机节点以移动自组织网的形式连接,节点间链路的通信质量用消息成功传送的概率表征。整个网络的连接性可用三种性能指标评定:全局消息连接性,最坏链路连接性以及弱链路连接性,它们都是以网络图的最小生成树为基础。

（1）通信链路连接性

考虑空中无人机通信网络，采用瑞利衰落信道。假定无人机发送消息给无人机，无人机 i 的发送功率为 P_i，两架无人机之间的距离为 d_{ij}，则无人机接收到信号强度为

$$P_{r,j} = P_i \frac{\kappa_{ij} \mid h_{ij} \mid^2}{d_{ij}^{\alpha}} \qquad (3-62)$$

式中：α 为路径衰落指数，$\alpha \in [2,4]$；κ_{ij} 为两架无人机的天线总增益；h_{ij} 为多径衰落系数。无人机 j 接收到的环境噪声为 σ^2，任务无人机对通信质量有要求，通信质量高低由接收节点的 $SINR$ 决定，假定最低 $SINR$ 要求为 γ，则

$$snr_{ij} = \frac{p_{r,j}}{\sigma^2} = p_i \frac{\kappa_{ij} \mid h_{ij} \mid^2}{d_{ij}^{\alpha}} \geqslant \gamma \qquad (3-63)$$

$SINR$ 大于 γ 的概率，即消息成功传送概率为

$$prob_{ij} = \exp\left(\frac{-\sigma^2 \gamma d_{ij}^{\alpha}}{\kappa_{ij} p_i}\right) \qquad (3-64)$$

它表征 j 链路的连接性。对于整个无人机通信网络而言，任意两架无人机之间都有通信链路，形成一张全连通的拓扑图。引入图论中的最小生成树概念，如图 3-76 所示，所有的任务无人机和中继无人机构成图的顶点，两架无人机之间通信链路构成图的边，构成全连通子图，并且边的权重和最小。然而无人机之间通信网络以所有链路消息传送概率和最大为目标，于是将边的权重与链路消息成功传送概率设置成负相关，边权重和最小即为最小生成树对应链路消息

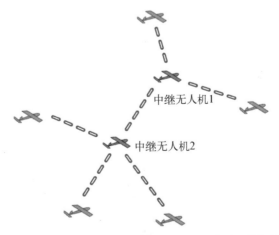

图 3-76　基于最小生成树的无人机之间中继通信拓扑

成功传送概率和最大,无人机 i 和无人机 j 连接边权重为

$$w_{ij} = -\lg prob_{ij} \qquad (3-65)$$

(2) 集群网络性能

中继无人机的路径规划算法以最优化通信网络的性能为目标,本章基于连通所有无人机节点的最小生成树设定了三种不同通信性能指标。全局消息连接性(global message connectivity)是最小生成树的所有边节点权重之和;最坏链路连接性(worst connectivity)为生成树中权重最大的边的权重;β-弱链路连接性(β-weak link connectivity,β-WLC)是前两种的综合,用于改进性能最差的 β 条链路连通情况,β 大小取决于通信质量要求。

a) 全局消息连接性。所有任务无人机与中继无人机构成一张完整的图,无人机为图中的顶点,两架无人机之间的通信链路则构成图的边,边的权重与链路消息成功传送率负相关。无人机的位置已知,形成连接所有节点的最小生成树,全局消息连接性定义为生成树所有边的权重和。图的最小生成树用 $A \in R^{(N+M)(N+M)}$ 表示,矩阵元素 $a_{ij} = 1$ 表示无人机 i 与无人机 j 间的直连通信链路为最小生成树的分支,因此全局消息连接性指标表示如下:

$$J_{GMC} = \sum_{i=1}^{M+N} \sum_{j=1}^{M+N} a_{ij} w_{ij} \qquad (3-66)$$

式中:N 为任务无人机数量;M 为中继无人机数量。通过最小化全局连接性指标,优化中继无人机的部署位置。图 3-77(a)显示一个应用全局消息连接性为优化目标的示例,致力于提高所有通信链路的通信质量,而不是某条特定的通信链路。

b) 最坏链路连接性。最坏链路连接性关注的是最小生成树中的连接性最差的链路,即权重最大的边。最坏链路连接性指标表示为

$$J_{WCC} = \max_{i,j}(a_{ij} w_{ij}) \qquad (3-67)$$

图 3-77(b)显示应用最坏链路连接性为优化目标的示例,最差通信链路为图中黑色链路。

c) β-弱链路连接性。综合全局链路和最坏链路连接性,β-弱链路连接性表示连接性最弱的 β 条链路的权重和。β 值大小由任务无人机要求的通信质量决定,假定其期望的链路通信成功率最小为 $prob_d$,对应的阈值权重 $w_d = -\lg prob_d$。将初始无中继情况对应最小生成树的分支权重与阈值权重比较,

当分支权重大于阈值权重时,则认为该分支连接性弱于任务的要求,属于一条 β-弱链路,即

$$a_{ij}^{\beta} = \begin{cases} 1, & a_{ij}w_{ij} > w_{d} \\ 0, & \text{其他} \end{cases} \tag{3-68}$$

于是,β 值为所有边权重 $a_{ij}^{\beta} = 1$ 的边数之和。将最小生成树分支按照权重降序排列 $w_{k}^{de}, \forall k = 1, \cdots, (N+M)$,取前 β 个分支的权重和,即

$$J_{\beta-\text{WLC}} = \sum_{k=1}^{\beta} w_{k}^{de} \tag{3-69}$$

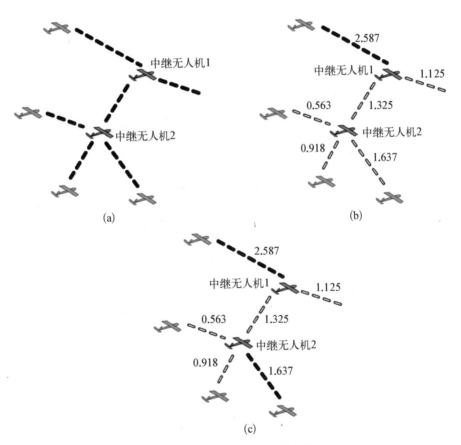

图 3-77 三种集群通信网性能指标

(a) 全局消息连接性;(b) 最坏链路连接性;(c) β-弱链路连接性

图 3-77(c)显示应用 β-弱链路连接性为优化目标的示例,假定设定的阈值链路权重 $w_{d} = 1.5$,比阈值链路性能差的链路有两条,为图中黑色链路。

3.4.4.2　面向大规模集群无人机之间通信中继无人机规划框架

图 3-78 显示了整个无人机之间中继通信网络结构,由协同任务无人机以及补网中继无人机组成。图中黑色加粗线表示任务无人机和中继无人机形成的通信拓扑图,根据通信性能指标,通过最小生成树方法形成,无人机之间消息传递将沿着该线条传递。灰色虚线则为任务无人机和相对应的中继飞行路线。本章考虑无人机集群任务环境较为空旷,不需要考虑无人机对障碍的避障约束,以及障碍物对于通信视线的阻断造成的信号不可达情况。

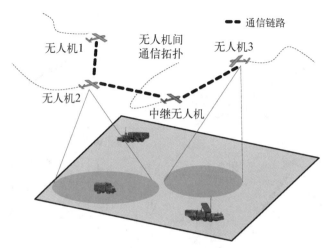

图 3-78　无人机之间中继通信网络结构

无人机之间中继规划框架分为两个阶段。第一个阶段是中继无人机初始部署链路形成阶段,根据选定的通信性能指标,优化中继初始部署位置,找到最优质量的通信拓扑图。第二个阶段为中继跟随任务无人机动态调整路径阶段,首先为环境部分,由集群任务无人机构成。任务无人机实时将 GPS 测量的位置信息传给其直连无人机,通过广播的形式告知全网中继无人机。其次为通信中继无人机部分,分为当前规划中继无人机和其他中继无人机。当前中继无人机将传来的任务无人机位置信息以及根据加速度动力学预测的任务无人机位置融合,采用卡尔曼滤波方法得到任务无人机状态的最优估计。采用 DMPC 方法,每架中继无人机根据任务无人机位置以及其余中继无人机上个时刻规划的下一时域内的路径点,优化速度和偏航角控制量,输出给执行器,进行位置调整,从而实现无人机之间网络性能的最优化,同时也需避免无人机之间的碰撞。无人机之间中继实时在线规划流程如图 3-79 所示。

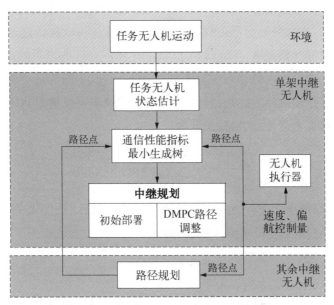

图 3-79 无人机之间中继实时在线规划流程

3.4.4.3 无人机之间中继通信无人机规划流程与方法

1) 中继链路的初始化构建

选取上述的一种通信性能指标作为判断无人机之间通信性能指标的标准，当任务无人机飞行时，发现未达到任务所要求的通知质量，任务无人机进行短暂停留，立即启动中继无人机部署方案。中继初始点部署以集中方式进行，优化算法运行在其中一架任务无人机上或者地面控制站上。

假定有 N 架任务无人机，决策部署中继无人机时刻的位置集合记为 $p_{ts} = \{p_{ts,n} \mid n=1, \cdots, N\}$，$\boldsymbol{p}_{ts,n} = [x_{ts,n}, y_{ts,n}]^T$ 布置 M 架中继无人机，部署位置为 $p_{re} = \{p_{re,m} \mid m=1, \cdots, M\}$，$\boldsymbol{p}_{re,m} = [x_{re,m}, y_{re,m}]^T$，将所有的任务无人机和中继无人机形成图论中的一张图，无人机为图的顶点，两个无人机之间的无线通信链路则构成图的边，通过两两节点间距离计算该链路消息成功传送概率 $prob_{ij}$，$\forall i \neq j$，进而求出对应边的权重 ω_{ij}，$\forall i \neq j$，形成图的权重矩阵 $\boldsymbol{W} \in R^{(N+M)(N+M)}$，采用克鲁斯卡尔（Kruskal）算法以最小化连通所有节点的生成树边权重和为目的，优化求解生成树的连接矩阵 $\boldsymbol{A} = \{a_{ij} \mid i, j=1, \cdots, M+N\}$，即

$$\min_{\boldsymbol{A}} \sum_{i=1}^{M+N} \sum_{j=1}^{M+N} a_{ij} w_{ij} \tag{3-70}$$

式中：a_{ij} 为 j 链路生成树的分支，$a_{ij}=1$。无人机根据最小生成树形成整个网络的连接拓扑图，生成树的全部边权重之和为消息通过生成树传送给所有无人机节点的概率之和。假定 $\boldsymbol{A}'=\{a'_{ij} \mid i,j=1,\cdots,M+N\}$ 为求得的最小生成树对应连接矩阵。中继无人机部署位置不同时，则会形成不同的最小生成树。当以最小化全局连接性指标为优化目标时，最小权重和的生成树对应中继部署位置记为最佳中继部署点，因此目标函数为

$$\min_{\boldsymbol{p}_{\mathrm{re}}}\sum_{i=1}^{M+N}\sum_{j=1}^{M+N}a'_{ij}w_{ij} \tag{3-71}$$

同样，当以最小化最坏链路连接性指标为优化目标时，优化中继部署位置，找到最坏链路权重最小的那棵生成树，即

$$\min_{\boldsymbol{p}_{\mathrm{re}}}\max_{i,j}(a_{ij}w_{ij}) \tag{3-72}$$

以最小化 β-弱链路连接性指标为目标时，对应目标函数为

$$\min_{\boldsymbol{p}_{\mathrm{re}}}\sum_{k=1}^{\beta}w_k^{de} \tag{3-73}$$

2）面向通信质量保持的中继无人机路径在线调整方法

在中继无人机到达初始部署位置后，中继跟随任务无人机运动。然而任务无人机的路径不可完全预知，它会根据任务的改变而不断变化，故对中继无人机需采取实时规划策略，要求优化算法计算时间短。在此基于 DMPC[59] 实时规划中继无人机的路径。DMPC 将有限的时间窗与无人机系统的非线性模型相结合，考虑整个预测过程的运动，而不仅仅是在开始和结束点，将时间窗离散化为 N 个时间步长，每个步长都有相同的时间长度。通过优化确定控制输入的最佳可能组合，仅将第一个步长的控制输入提供给实际控制器，然后重复该过程，直到无人机任务结束。

DMPC 的规划时间域设为 H_{p}，有 N 架固定翼无人机协同执行任务，只考虑在二维平面上的运动，当前时刻为 t，规划时域的第 k 个步长记为 $(k \mid t)$，状态集合记为 $\boldsymbol{X}_{\mathrm{ts}}(k \mid t)=\{\boldsymbol{x}_{\mathrm{ts},n}(k \mid t) \mid n=1,\cdots,N\}$，第 n 架任务无人机的状态则对应写为

$$\begin{aligned}\boldsymbol{x}_{\mathrm{ts},n}(k \mid t)=[&x_{\mathrm{ts},n}(k \mid t),\dot{x}_{\mathrm{ts},n}(k \mid t),\ddot{x}_{\mathrm{ts},n}(k \mid t),\\&y_{\mathrm{ts},n}(k \mid t),\dot{y}_{\mathrm{ts},n}(k \mid t),\ddot{y}_{\mathrm{ts},n}(k \mid t)]^{\mathrm{T}}\end{aligned} \tag{3-74}$$

另外,派遣 M 架无人机承担中继通信的角色,第 k 个时间步长时,第 m 架无人机中继状态设为

$$
\begin{aligned}
\boldsymbol{x}_{\mathrm{re},m}(k\mid t)=[& x_{\mathrm{re},m}(k\mid t),\, y_{\mathrm{re},m}(k\mid t),\, \psi_{\mathrm{re},m}(k\mid t), \\
& v_{\mathrm{re},m}(k\mid t),\, \omega_{\mathrm{re},m}(k\mid t)]^{\mathrm{T}}
\end{aligned}
\tag{3-75}
$$

所有中继无人机在 k 步长状态形成集合 $X_{\mathrm{re}}(k\mid t)$,记为 $X_{\mathrm{re}}(k\mid t)=\{\boldsymbol{x}_{\mathrm{re},m}(k\mid t)\mid m=1,\cdots,M\}$。每架中继优化输入控制量为最小化通信性能指标,即

$$
U_m=\{\boldsymbol{u}_m(k\mid t)\mid k=0,\cdots,H_{\mathrm{p}}-1\},\ \boldsymbol{u}_m(k\mid t)=[u_m^v(k\mid t),\, u_m^\omega(k\mid t)]^{\mathrm{T}}
\tag{3-76}
$$

在规划时域 $[t,\, t+H_{\mathrm{p}}]$ 内,本章定义了三种类型中继无人机状态:预测的运动状态 $\boldsymbol{x}_{\mathrm{re},m}^p(k\mid t)$、最优的运动状态 $\boldsymbol{x}_{\mathrm{re},m}^*(k\mid t)$、假定的运动状态 $\boldsymbol{x}_{\mathrm{re},m}^a(k\mid t)$。$\boldsymbol{x}_{\mathrm{re},m}^p(k\mid t)$ 表示将规划时域内局部最优控制问题参数化的输出运动状态。$\boldsymbol{x}_{\mathrm{re},m}^*(k\mid t)$ 为对局部问题进行数值求解后的最优解。$\boldsymbol{x}_{\mathrm{re},m}^a(k\mid t)$ 为传给其他中继无人机的假定输出状态,将其后移一个步长用于其余中继无人机下个时域上的优化求解。同样,本章还定义了三种控制输入量:$\boldsymbol{u}_m^p(k\mid t)$,预测的控制输入;$\boldsymbol{u}_m^*(k\mid t)$,最优的控制输入;$\boldsymbol{u}_m^a(k\mid t)$,假定的控制输入。根据以上定义,中继无人机 m 的局部最优控制问题为

$$
\min_{u_m^p(0|t),\cdots,\, u_m^p(H_{\mathrm{p}}-1|t)} J_m(t)=\sum_{k=0}^{H_{\mathrm{p}}-1}\ell(\boldsymbol{x}_{\mathrm{re},m}^p(k\mid t),\boldsymbol{X}_{\mathrm{re}}^a(k\mid t),\boldsymbol{X}_{\mathrm{ts}}(k\mid t),\boldsymbol{u}_m^p(k\mid t))+
$$

$$
\phi(\boldsymbol{x}_{\mathrm{re},m}^p(H_{\mathrm{p}}\mid t),\boldsymbol{X}_{\mathrm{re}}^a(H_{\mathrm{p}}\mid t),\boldsymbol{X}_{\mathrm{ts}}(H_{\mathrm{p}}\mid t))
$$

$$
s.t.\ \boldsymbol{x}_{\mathrm{re},m}^p(k+1\mid t)=\boldsymbol{x}_{\mathrm{re},m}^p(k\mid t)+T_{\mathrm{s}}f(\boldsymbol{x}_{\mathrm{re},m}^p(k\mid t),\boldsymbol{u}_m^p(k\mid t))
$$

$$
\mid u_{m,v}^p-v_0\mid\leqslant u_{v,\max}
$$

$$
\mid u_{m,\omega}^p\mid\leqslant u_{\omega,\max}
$$

$$
\parallel\boldsymbol{C}^{\mathrm{re}}(\boldsymbol{x}_{\mathrm{re},m}^p(k\mid t)-\boldsymbol{x}_{\mathrm{re},i}^a(k\mid t))\parallel\geqslant d_{\mathrm{safe}},\ \forall i=1,\cdots,M,\, i\neq m
$$

$$
\parallel\boldsymbol{C}^{\mathrm{re}}\boldsymbol{x}_{\mathrm{re},m}^p(k\mid t)-\boldsymbol{C}^{\mathrm{ts}}\boldsymbol{x}_{\mathrm{ts},n}(k\mid t)\parallel\geqslant d_{\mathrm{safe}},\ \forall n=1,\cdots,N
\tag{3-77}
$$

式中:$\ell(\bullet)$ 包括两个部分,网络连接性指标以及控制输入带来的能量消耗部分;$\phi(\bullet)$ 为规划时域内最后时刻的网络连接性指标;$\boldsymbol{X}_{\mathrm{re}}^a$ 为其余中继无人机

假定的状态,在上一个规划时域计算得到;d_{safe} 为无人机之间的安全距离。网络连接性指标 $JI(\cdot)$ 表示如下:

$$\ell(\cdot) = \frac{1}{2}\left(q_c JI\left(\boldsymbol{C}_{re}\boldsymbol{X}_{re}(H_p \mid t), \boldsymbol{C}_{ts}\boldsymbol{X}_{ts}(H_p \mid t)\right) + r_v\left(\frac{u^p_{m,v} - v_0}{u_{v,\max}}\right)^2 + r_\omega\left(\frac{u^p_{m,\omega}}{u_{\omega,\max}}\right)^2\right)$$

$$\phi(\boldsymbol{X}_{re}(H_p \mid t), \boldsymbol{X}_{ts}(H_p \mid t)) = p_c JI\left(\boldsymbol{C}_{re}\boldsymbol{X}_{re}(H_p \mid t), \boldsymbol{C}_{ts}\boldsymbol{X}_{ts}(H_p \mid t)\right)$$

$$(3-78)$$

式中:$\boldsymbol{X}_{ts}$ 为中继无人机通过卡尔曼滤波预测的任务无人机位置。$\boldsymbol{C}_{re} \in R^{2\times5}$ 和 $\boldsymbol{C}_{ts} \in R^{2\times6}$ 分别用于从中继和任务无人机中提出 x,y 方向的坐标为

$$\boldsymbol{C}_{re} = \begin{bmatrix} 1 & 0 & 0 & 0 & 0 \\ 0 & 1 & 0 & 0 & 0 \end{bmatrix}$$

$$(3-79)$$

$$\boldsymbol{C}_{ts} = \begin{bmatrix} 1 & 0 & 0 & 0 & 0 & 0 \\ 0 & 0 & 0 & 1 & 0 & 0 \end{bmatrix}$$

任意两架无人机之间必须要保持在安全距离以外,p_c,q_c,r_v,r_ω 为权重系数。

采用分布式模拟预测控制方法,每个中继无人机独立地根据估计的任务无人机位置以及其他无人机对未来状态的预测,优化自身的控制输入,保证网络通信质量。其中,DMPC 算法的一个关键部分是如何为每个无人机节点构造假定的控制输入和输出状态。假定控制输入量是上一时刻的局部最优问题最优解移位的结果,将最优解的第一个值移除,加上最后一个添加值。最后一个添加值确保飞机以恒定速度飞行。图 3-80 给出了具体的构建假定控制输入量的基本过程。所有中继无人机的控制执行都是同步的,在全局时钟内更新系统状态。

算法 3-3 基于 DMPC 算法的无人机之间通信中继规划

输入:任务无人机状态估计值 $\boldsymbol{X}_{ts}(0) = \{\boldsymbol{x}_{ts,n}(0) \mid n = 1, \cdots, N\}$,中继无人机初始部署点 $\boldsymbol{X}_{re}(0) = \{\boldsymbol{x}_{re,m}(0) \mid m = 1, \cdots, M\}$,规划时域长度 H_p,单位步长时间 T_s,总规划步长 tot

输出:控制输入序列 $\{\boldsymbol{u}_m(k) \mid k = 0, \cdots, tot-1, m = 1, \cdots, M\}$

① 初始化:给中继无人机的控制序列赋初值 $\boldsymbol{U}^a(k \mid 0)$,根据 $\boldsymbol{x}^p_{re,m}(k+1 \mid 0) = \boldsymbol{x}^p_{re,m}(k \mid 0) + T_s f(\boldsymbol{x}^p_{re,m}(k \mid 0), \boldsymbol{U}^a_m(k \mid 0))$ 迭代预测中继的运动状态,从而初始化时域 H_p 内的假定状态:

$$\boldsymbol{x}^a_{re,m}(k \mid 0) = \boldsymbol{x}^p_{re,m}(k \mid 0), \ \forall k = 0, 1, \cdots, H_p, \ \forall m = 0, 1, \cdots, M$$

② for $t = 1$: $tot - H_p$

③ for $m = 1$: M

④ 根据中继 m 当前状态 $\boldsymbol{x}_{\mathrm{re},m}(t)$，其余中继假定的状态 $\boldsymbol{x}_{\mathrm{re},m^-}^a(t)$，$\forall m^- = 1,\cdots,M$，$m^- \neq m$ 以及对任务无人机的状态估计 $\boldsymbol{X}_{\mathrm{ts}}$，优化问题，产生最优的控制序列 $u_m^*(k \mid t)$，$k = 0,\cdots,H_{\mathrm{p}}-1$

⑤ 根据最优控制序列 $u_m^*(k \mid t)$ 计算规划时域内的最优状态

$$\boldsymbol{x}_{\mathrm{re},m}^*(k+1 \mid t) = \boldsymbol{x}_{\mathrm{re},m}^*(k \mid t) + T_{\mathrm{s}} f(\boldsymbol{x}_{\mathrm{re},m}^*(k \mid t),\boldsymbol{u}_m^*(k \mid t))$$

$$k = 0,1,\cdots,H_{\mathrm{p}}-1$$

$$\boldsymbol{x}_{\mathrm{re},m}^*(0 \mid t) = \boldsymbol{x}_{\mathrm{re},m}(t)$$

⑥ 移除 $u_m^*(k \mid t)$ 的第一项，在末尾加上额外的一项，形成下一时刻的假定控制输入

$$u_m^a(k \mid t+1) = \begin{cases} u_m^*(k+1 \mid t), & k = 0,1,\cdots,N_{\mathrm{p}}-2 \\ u_m^*(N_{\mathrm{p}}-1 \mid t), & k = N_{\mathrm{p}}-1 \end{cases}$$

⑦ 计算对应的假定输出状态

$$\boldsymbol{x}_{\mathrm{re},m}^a(k+1 \mid t+1) = \boldsymbol{x}_{\mathrm{re},m}^a(k \mid t+1) + T_{\mathrm{s}} f(\boldsymbol{x}_{\mathrm{re},m}^a(k \mid t+1),\boldsymbol{U}_m^a(k \mid t+1))$$

$$\boldsymbol{x}_{\mathrm{re},m}^a(0 \mid t+1) = \boldsymbol{x}_{\mathrm{re},m}^*(1 \mid t)$$

$$k = 0,1,\cdots,H_{\mathrm{p}}-1$$

⑧ 将 $\boldsymbol{x}_{\mathrm{re},m}^a(k \mid t+1)$ 传给相邻无人机节点，从相邻无人机中接收 $\boldsymbol{x}_{\mathrm{re},m^-}^a(k \mid t+1)$，计算该时刻无人机之间通信网络连接性指标

⑨ end for

end for

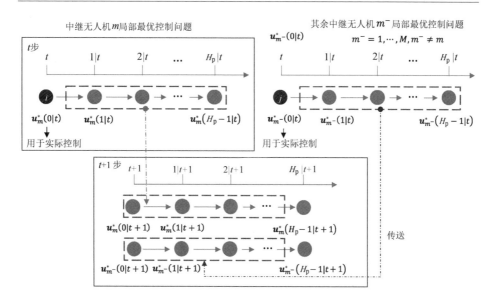

图 3-80 构建假定控制输入量的基本过程

3.4.4.4 仿真验证与结果分析

本节比较了在三种不同通信性能指标标准下中继无人机部署情况,以及部署不同数量中继无人机时对无人机之间网络通信性能的提升,并通过蒙特卡洛试验验证算法的稳定性。中继无人机动态调整部分,将本章算法得到的路径与中继无人机随机动以及原地盘旋情况对应的通信性能进行对比。测试平台为 Window7 系统,i7-6700HQ(8 核 2.6 GHz)计算机;仿真环境为 MATLAB2016a。无人机之间网仿真参数如表 3-4 所示。

表 3-4　无人机之间网仿真参数

参　　数	值
取样时间 T/s	0.5
滚动时域步长 H_p	5
传感器噪声标准差 $(\sigma_x, \sigma_y)/m$	(5, 5)
无人机的标速 $v_o/(m/s)$	20
无人机之间安全距离 r_c/m	50
最大速度 $v_{max}/(m/s)$	30
最大偏航角速度 $\omega_{max}/(rad/s)$	0.2
执行器延迟 (τ_v, τ_ω)	(1/3,1/3)
权重系数 $(p_c, q_c, r_v, r_\omega)$	100, 100/H_p
传送功率 p_1/dBm	100
噪声功率 σ^2/dBm	1e^{-7}
$SINR$ γ/dB	10
信号传播损耗参数 α	3
天线增益常数 C_{ij}	1

1) 中继初始部署网络性能测试

为了比较无人机中继部署情况,本节使用了上述三个通信网连接性指标。在$(2\,000 \times 2\,000)$m 环境中随机设置了 10 个任务无人机节点,中继部署点以触发调用中继无人机时刻的任务无人机位置为准,最小化网络连接性指标(即最大化网络通信质量)。

图 3-81 所示为以全局连接性指标为优化目标形成的中继部署情况。从图 3-81(a)～图 3-81(d)依次为没有中继无人机,部署 1,2,3 架中继无人机的

最佳通信拓扑图。图 3-82 比较了在不同通信指标为优化目标的中继无人机初始部署情况,对 β-链路连接性情况,阈值权重设 $w_d = 6$,根据无中继无人机最小生成情况(见图 3-81(a)),可以观察到最小生成树中有两个边权重远大于其他边,分别为 11.204 和 9.199,权重都大于 6,对应 $\beta = 4$。如图 3-82 所示,三种通信指标下中继无人机都布置在这两条边附近,与相关无人机节点相连,消除了这两条权重大的边,权重减小趋势大体相同。对于不同通信指标,中继部署位置略有差异,β-弱链路连接性指标对应拓扑发生了小的改变,其拓扑改变位于图 3-82 下方 4 个任务节点。

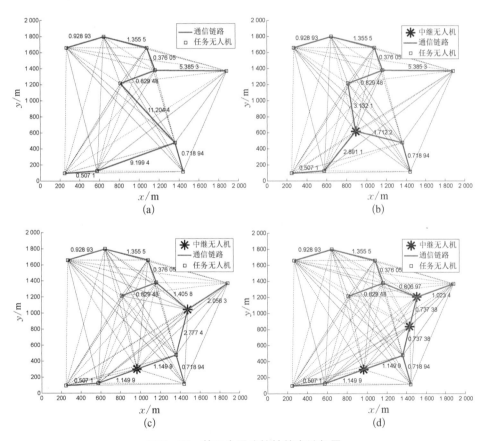

图 3-81 基于全局连接性的中继部署

(a) 无中继无人机;(b) 1 架中继无人机;(c) 2 架中继无人机;(d) 3 架中继无人机

为进一步验证通信网络性能指标的设定标准对无人机中继初始部署的影响,以 3 种网络性能指标为优化函数,设置了蒙特卡洛试验,随机生成任务无人机的位置坐标,对每一种性能指标及不同的中继无人机数量分别进行了

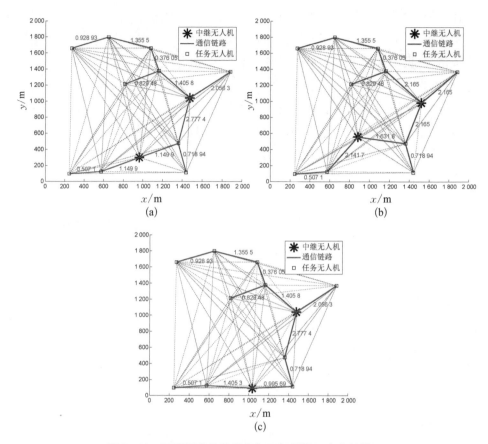

图 3-82　不同通信连接性指标下部署的两个中继情况

(a) 全局连接性指标；(b) 最坏链路连接性指标；(c) β-弱链路连接性指标

40 组试验,得到每种情况下连接性性能指标的均值方差图。图 3-83(a) 比较以不同通信指标为优化目标部署中继初始点后的全局连接性指标,可以看出不论部署多少架中继无人机,以全局连接性为优化目标的全局连接性均值曲线稳定在其他两种方法的均值曲线的下方,说明无人机之间中继初始部署方法的稳定性。β-链路最坏连接性曲线与全局连接性曲线相差不大。同样对于图 3-83(b) 与图 3-83(c) 以另 2 种性能指标为优化目标,对应性能指标均值都比其他的均值低,通信性能评估更优。图 3-83(a) 中以最优化全局连接为目标时,不采用中继无人机的全局连接性指标均值为 23.68,而采用 1 架中继无人机的全局连接性指标均值为 14.21,意味着无人机之间网络通信质量提升了 66.6％。从 1 架中继无人机到 2 架中继无人机提升了 33.7％,2 架中继无人机到 3 架中继无人机提升了 25.4％,3 架中继无人机到 4 架中继无人机提升了 22.7％,可见随着中继无人机数量增加,无人机之间网络通信质量改进率逐渐变小。图3-83(b)和图3-83(c)呈现同样的趋势。

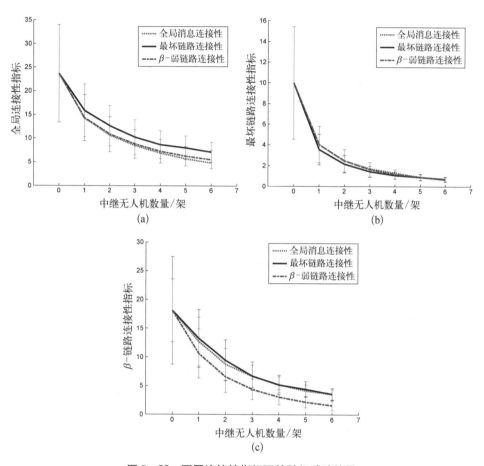

图3-83 不同连接性指标下的随机试验结果

(a) 全局连接性指标;(b) 最坏链路连接性指标;(c) β-链路最坏连接性指标

2) 中继路径动态调整测试

本节试验以中继初始部署点为基础,以全局连接性指标为优化目标。任务无人机只给定初始坐标、速度以及输入控制量,之后的运动状态未知,由中继无人机进行实时估计。

图3-84(a)~图3-84(c)分别显示了应用1,2和3架中继无人机时,中继无人机的飞行路径以及$k=60$时对应的最优无人机之间通信拓扑。黑色星号为之前计算所得的最优中继初始部署点,虚线显示中继无人机的飞行路径,通信链路连接无人机之间通信拓扑图。图3-84(c)显示不同中继数目下全局连接性随

时间变化情况,中继无人机跟随任务无人机运动,全局连接性指标基本可以与初始部署状态持平。同样,中继无人机数目越多,全局连接性越好。

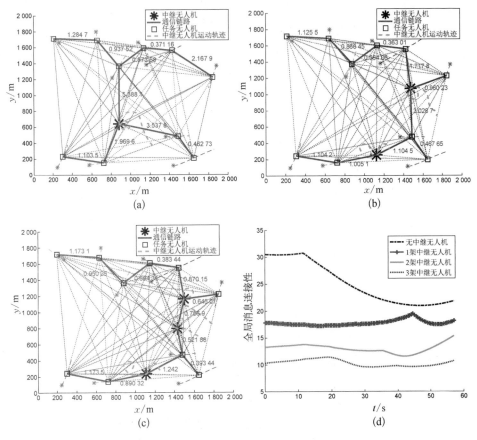

图 3-84   不同中继无人机数目下的路径及通信拓扑图

(a) 1 架中继无人机;(b) 2 架中继无人机;(c) 3 架中继无人机;
(d) 不同中继无人机数目下全局连接性变化

除了探讨全局连接性指标变化和中继无人机数目关系之外,本节将本章提出的基于 MPC 的中继规划方法、中继无人机随机运动,以及中继绕初始中继部署点盘旋对应的无人机之间通信性能指标变化进行对比。如图 3-85 所示,在算法开始时,无人机处于盘旋状态,本章算法的路径对应无人机之间通信性能优势不明显。从第 25 秒开始,本章算法路径对应通信性能较优。当第 42.5 秒时,本章算法对应无人机之间网络性能达到最高,全局连接性指标达到 11.53,比盘旋飞行提高 0.46 倍,比随机飞行提升 1.17 倍。

针对无人机集群在执行广域侦察监视任务中,所面临的空地通信以及无人机之间通信的不稳定、受扰甚至断链的问题,引入无人机作为通信中继,对无人机中继的部署规划问题进行了研究,提出了相对应的无人机集群空中和空地通信中继规划算法。

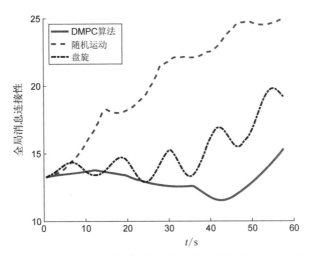

图 3-85 基于 DMPC 算法路径的通信性能与随机运动和盘旋的比较

3.5 结语

本章主要对无人机集群的组网协议和中继通信规划进行了深入讨论和研究。在自组网网络协议方面,针对自组网性能关键技术的 MAC 协议与路由协议分别进行了基础原理、典型协议及性能分析比较,并提出了适用于大规模无人机集群应用场景的 MAC 协议方式和分层分簇的路由策略。同时,针对在广域范围内使用无人机集群执行任务过程中常用的通信中继遇到的难题和挑战,从集群空地与空中无人机之间通信两方面,以中继通信质量及集群网络质量为目标,利用优化方法实现了中继通信无人机数量与部署的初始化以及飞行路径的在线规划调整,并通过仿真试验进行了验证。最后,通过搭载自主研发的自组网设备,本章进行小规模集群飞行试验,通过编队飞行验证了通信模块的能力。

参|考|文|献 ●

[1] ELSTON J, FREW E, ARGGOW B. Networked UAV command controland communication [C]//Proceedings of the AIAA Guidance, Navigation, and Control Conference. USA:

Colorado, 2006：1-9.

[2] BROWN T X, ARGROW B, DIXON C, et al. Ad hoc UAV-ground network (AUGNET) test bed[C]//Proceedings of the 4th Scandinavian Workshop on Wireless Ad-hoc Networks. Stockholm Sweden, 2005：1-5.

[3] BAMBERGER R J, SCHEIDT D H, HAWTHORNE R C, et al. Wireless network communications architecture for swarms of small UAVs[C]//Proceedings of the AIAA 3rd Unmanned Unlimited Technical Conference, Workshop and Exhibit. USA：Chicago, 2004：1-8.

[4] MOSKOWITZ R, NIKANDER P. Host identity protocol (HIP) architecture[R]. IETF RFC 4432, 2006.

[5] SRIVASTAVA V, MOTANI M. Cross-layer design：a survey and theroad ahead[J]. IEEE Communications Magazine, 2005, 43(2)：112-119.

[6] WINTER R, SCHILLER J H, NIKAEIN N, et al. CrossTalk：crosslayer decision support based on global knowledge[J]. IEEE Communications Magazine, 2006, 44(1)：93-99.

[7] RAYCHAUDHURI D, MANDAYAM N B, EVANS J B, et al. CogNetan architectural foundation for experimental cognitive radio networks within the future Internet[C]//Proceedings of the 2006 ACM Mobility in the Evolving Internet Architecture. USA：San Francisco, 2006：11-16.

[8] TOUCH J, WANG Y, PINGALI V. A recursive network architecture[S]. Technical Report ISI-TR-2006-626, 2006.

[9] GUPTA L, JAIN R, VASZKUN G. Survey of important issues in UAV Communication Networks [J]. IEEE Communications Surveys & Tutorials, 2016, 18(2)：1123-1152.

[10] HAYAT S, YANMAZ E, MUZAFFAR R. Survey on Unmanned Aerial Vehicle networks for civil applications：a communications viewpoint [J]. IEEE Communications Surveys & Tutorials, 2016, 18(4)：2624-2661.

[11] DING X, YIN D, ZHOU Y B, et al. Joint communication quality assurance algorithm for UAVs flying over urban LTE networks [C]. IEEE 2017 3rd International Canferrence on Computer and communication (ICCC), 2017：490-496.

[12] CHEN Z, YIN D, CHEN D X, et al. WiFi-based UAV communication and monitoring system in regional inspection [C]//2018 International Computers, Signals and Systems Conference (ICOMSSC). IEEE, 2018(9)：381-392.

[13] SHARMA V, KUMAR R, KUMAR N. DPTR：distributed priority tree-based routing protocol for FANETs[J]. Computer Communications, 2018(122)：129-151.

[14] GUPTA L, JAIN R, VASZKUN G. Survey of important issues in UAV communication networks [J]. IEEE Communications Surveys & Tutorials, 2016, 18(2)：1123-1152.

[15] 梁一鑫,程光,郭晓军,等.机载网络体系结构及其协议栈研究进展[J].软件学报,2016, 27(1)：96-111.

[16] CHEN S J, ZHANG K, HE Y. Architecture design and mode research of high-dynamic self-organizing UAV network [J]. Computer Science,2015,42(2)：50-54.

[17] CHEN W，SUN K J，ZHANG L，et al. Design and implementing self-organized Unmanned Aerial Vehicle（UAV）ad hoc network［J］. Journal of Northwestern Polytechnic University，2009，27(6)：854 – 858.

[18] CLARK S M，HOBACK K A，ZOGG S J F. Statistical priority-based multiple access system and method：US，US7680077［P］.［2010 – 3 – 16］.

[19] 王文政，周经伦，罗鹏程.战术数据链系统自适应轮询 MAC 协议［J］.兵工学报，2009，30(12)：1624 – 1631.

[20] 赵琪，毛玉泉，任浩.直升机战术数据链的轮询组网方式分析［J］.电讯技术，2010，50(11)：5 – 9.

[21] 卓琨，张衡阳，郑博，等.机载网络 MAC 协议研究综述［J］.电讯技术，2015(9)：1058 – 1066.

[22] 刘芳.移动自组织网络动态时隙分配算法研究［D］.西安：西安电子科技大学，2011.

[23] CAI Y，YU F R，LI J，et al. Medium access control for Unmanned Aerial Vehicle （UAV）Ad-Hoc networks with full-duplex radios and multipacket reception capability ［J］. IEEE Transactions on Vehicular Technology，2013，62(1)：390 – 394.

[24] JANG H，NOH H，LIM J. Airborne TDMA for high throughput and fast weather conditions notification［J］. International Journal of Computer Networks & Communications，2011，3(3)：206 – 220.

[25] JANG H，KIM E，LEE J J，et al. Location-based TDMA MAC for reliable aeronautical communications［J］. IEEE Transactions on Aerospace & Electronic Systems，2012，48(2)：1848 – 1854.

[26] LI J，GONG E，SUN Z，et al. An interference-based distributed TDMA scheduling algorithm for aeronautical Ad Hoc networks［C］// Cyber-Enabled Distributed Computing and Knowledge Discovery（CyberC），2013 International Conference on. IEEE，2013：453 – 460.

[27] JANG H，KIM E，LEE J J，et al. Location-based TDMA MAC for reliable aeronautical communications［J］. IEEE Transactions on Aerospace & Electronic Systems，2012，48(2)：1848 – 1854.

[28] 张伟龙，吕娜，杜思深.应用于航空 Ad Hoc 网络的高负载优先级均衡 MAC 协议［J］.电讯技术，2014(5)：656 – 661.

[29] 何兆龙.无人机自组网技术研究［J］.无线电工程，2008，8(38)：47 – 48,64.

[30] 张扬柏，周贤伟，张兰.一种结合 LOS/NLOS 识别的非视距距离比例缩放定位算法［J］.电子与信息学报，2006，28(1)：108 – 111.

[31] GUPTA L，JAIN R，VASZKUN G. Survey of important issues in UAV communication networks［J］. IEEE Communications Surveys and Tutorials，2015，18(2)：1123 – 1152.

[32] 韩攀.多无人机协同任务规划技术［D］.南京：南京航空航天大学，2013.

[33] ROBERTS F，FERRAZANO T. Multiple Unmanned Aerial Vehicle（UAV）experimentation：forward look［C］. AIAA 3rd Unmanned Unlimited Technical Conference，Workshop and Exhibit. 2004：6579.

[34] CHEN J，GESBERT D. Optimal positioning of flying relays for wireless networks：a LOS map approach［C］//2017 IEEE international conference on communications. IEEE，

2017: 1-6.

[35] BURDAKOV O, DOHERTY P, HOLMBERG K, et al. Optimal placement of UV-based communications relay nodes[J]. Journal of Global Optimization, 2010, 48(4): 511-531.

[36] LI X, GUO D, YIN H, et al. Drone-assisted public safety wireless broadband network [C]//2015 IEEE Wireless Communications and Networking Conference Workshops. IEEE, 2015: 323-328.

[37] MOZAFFARI M, SAAD W, BENNIS M, et al. Drone small cells in the clouds: design, deployment and performance analysis[C]//2015 IEEE Global Communications Conference (GLOBECOM). IEEE, 2015: 1-6.

[38] OUYANG J, ZHUANG Y, LIN M, et al. Optimization of beamforming and path planning for UAV-assisted wireless relay networks[J]. Chinese Journal of Aeronautics, 2014, 27(2): 313-320.

[39] ZHOU K, LOK T M. Optimal power allocation for relayed transmission through a mobile relay node[C]//2010 IEEE 71st Vehicular Technology Conference. IEEE, 2010: 1-5.

[40] ZENG Y, ZHANG R, and LIM T J. Throughput maximization for UAV-enabled mobile relaying systems[J]. IEEE Transactions on Communications, 2016, 12(64): 4983-4996.

[41] ZENG Y, ZHANG R, LIM T J. Throughput maximization for mobile relaying systems [C]//2016 IEEE Globecom Workshops. IEEE, 2016: 1-6.

[42] ZHAN P, YU K, SWINDLEHURST A L. Wireless relay communication with unmanned aerial vehicles: performance and optimization[J]. IEEE Transactions on Aerospace and Electronic Systems, 2011, 47(3): 2068-2085.

[43] JIANG F, SWINDLEHURST A L. Optimization of UAV heading for the ground-to-air uplink[J]. IEEE Journal on Selected Areas in Communications, 2012, 30(5): 993-1005.

[44] JEONG S, SIMEONE O, KANG J. Mobile edge computing via a UAV-mounted cloudlet: optimization of bit allocation and path planning[J]. IEEE Transactions on Vehicular Technology, 2017, 67(3): 2049-2063.

[45] ANAZAWA K, LI P, MIYAZAKI T, et al. Trajectory and data planning for mobile relay to enable efficient Internet access after disasters[C]//IEEE Global Communications Conference. IEEE, 2015: 1-6.

[46] PEARRE B, BROWN T X. Model-free trajectory optimization for wireless data ferries among multiple sources[C]//IEEE Global Communications Conference Workshops. IEEE, 2010: 1793-1798.

[47] JIN Y, ZHANG Y D, CHALISE B K. Joint optimization of relay position and power allocation in cooperative broadcast wireless networks[C]//2012 IEEE International Conference on Acoustics, Speech and Signal Processing. IEEE, 2012: 2493-2496.

[48] LI D, LI C, LIU H. Path-optimization method for UAV-aided relay broadcast communication system[J]. Physical Communication, 2018(31): 40-48.

[49] CHALLITA U, SAAD W. Network formation in the sky: Unmanned aerial vehicles for multi-hop wireless backhauling[C]//2017 IEEE Global Communications Conference. IEEE, 2017: 1 - 6.

[50] FREW E W, BROWN T X. Airborne communication networks for small unmanned aircraft systems[J]. Proceedings of the IEEE, 2008, 96(12): 2008 - 2027.

[51] ZHANG G, YAN H, ZENG Y, et al. Trajectory optimization and power allocation for multi-hop UAV relaying communications[J]. IEEE Access, 2018(6): 48566 - 48576.

[52] KIM S K, SILSON P, TSOURDOS A, et al. Dubins path planning of multiple unmanned airborne vehicles for communication relay[J]. Proceedings of the Institution of Mechanical Engineers Part G Journal of Aerospace Engineering, 2010, 1(G4): 1 - 14.

[53] BASU P, REDI J, SHURBANOV V. Coordinated flocking of UAVs for improved connectivity of mobile ground nodes[C]//IEEE Military Communications Conference. IEEE. 2004: 1628 - 1634.

[54] LI K, NI W, WANG X, et al. Energy-efficient cooperative relaying for unmanned aerial vehicles[J]. IEEE Transactions on Mobile Computing, 2015, 15(6): 1377 - 1386.

[55] BERTSEKAS D P. An auction algorithm for the max-flow problem[J]. Journal of Optimization Theory and Applications, 1995, 87(1): 69 - 101.

[56] YAO C, CHEN X, WANG L, et al. Coalition game based relay decision distributed learning in high dynamic heterogeneous intelligent UAV networks[J]. Journal of Intelligent & Fuzzy Systems, 2018, 35(1): 133 - 140.

[57] MEHROTRA K. A jerk model for tracking highly maneuvering targets[J]. IEEE Transactions on Aerospace and Electronic Systems, 1997, 33(4): 1094 - 1105.

[58] CAMPONOGARA E, JIA D, KROGH B H, et al. Distributed model predictive control [J]. IEEE Control Systems Magazine, 2002, 22(1): 44 - 52.

4 面向集群使用的无人机系统

无人机系统是集群遂行多种任务的载体,其性能和作用范围也在不断增加。在性能增加的同时,无人机系统的成本也在不断增加,如何兼顾成本和性能是集群走向实战的必由之路。集群无人机系统,包括无人机平台、飞行控制系统和集群协调控制系统,是无人机集群形成侦察作战能力的基础[1]。无人机集群的性能优劣与无人机系统的品质息息相关,合理的平台设计、精确的飞行控制和高效的协同配合能大幅提升集群性能。

本章系统性地介绍了适宜于集群使用的小型固定翼无人机系统的平台设计和飞行控制系统等方面相关的内容,具体包括集群无人机系统的性能需求、集群无人机的平台设计、集群无人机的飞行控制系统、集群无人机的起降系统、集群无人机的飞行控制算法仿真与飞行验证结果。

4.1 集群无人机系统性能需求

集群无人机系统的优势在于协同合作。与单机系统相比,适用于集群使用的无人机功能通常较为单一,但鲁棒性和模块化等需求更强,而且成本低。因此,集群无人机系统的需求和高性能无人机系统的需求差别较大[2]。集群内部信息需要交互与反馈,动作需要协同与配合,任务需要分工与合作,这些都需要平台本体和平台载荷的参与。集群所具备的优势与平台的特性息息相关,合理的设计和控制的前提是针对性地分析集群无人机系统的性能需求。本节在综述现有集群无人机系统使用的无人机平台基本性能的基础上,结合固定翼无人机集群的特点,分析了集群无人机系统的平台需求;总结了无人机自主控制的研究现状,给出了集群无人机自主性,特别是飞行控制系统的性能需求。

4.1.1 集群无人机系统平台需求

集群无人机系统平台需求主要体现在平台质量、飞行速度和续航时间[1]等(部分特殊用途平台对升限和带载能力有特殊要求)。表4-1给出典型集群系统中无人机平台性能。由表4-1可见,现有集群系统多采用低成本的中小型无人机(起飞质量10~100 kg)。单平台的主要评价指标包括航时、巡航速度、最大航程、最大升限、载荷能力、机动性(最小转弯半径、爬升速率、下降速率等)等。进一步,考虑到集群的数量规模特性,集群无人机更关注低成本、易使用和信息交互等特性。在低成本方面,集群无人机通常采用低成本结构设计、模块化组装调试、数字化精确飞控与导航、小型化能源动力系统等;在易使用方面,集群无人机通常采用常规布局无人机,并且采用快速弹射、机载发射等起降方式;在信息交互方面,集群无人机通常需要接入空地和空中组网通信系统等。以美军LOCUST项目为例,采用的"郊狼"无人机的基本性能为:续航能力1 h左右,时速每小时90 mile (144.8 km),质量不超过13 lb(5.9 kg)。为降低成本,机身和机翼均为低成本材料;大多数部件采用模块化组装,如可折叠机翼和螺旋桨,拆装简易;搭载模块化的光电、红外传感器和导航定位系统等。在易使用方面,采用小型可变形无人机,可快速批量化展开,并以车载、机载和舰载等形式的管式弹射起飞。在信息交互方面,增强机载WiFi模块进行空地和自主导航定位系统。

表4-1 典型集群系统中无人机平台性能

典型集群系统	无人机平台	主要性能	发射/回收	备 注
LOCUST	郊狼无人机	质量<5.9 kg 时速140 km/h 航时1 h	管射发射 (1架/s); 陆地滑降	2016年完成30架规模的飞行试验
山鹑集群	山鹑无人机	质量<0.5 kg 时速约70 km/h 航时>20 min 机长<0.3 m	飞机抛撒	3D打印;2017年完成103架的飞行试验
CICADA	微型蝉无人机	质量<6.5 g	大型无人机抛撒	3D打印;2019年完成100架规模飞行试验
小精灵	小精灵无人机	质量320 kg 速度0.8 Ma 航时3 h 载重>50 kg 作战半径>900 km	B52/C13投送,C130回收(30 min 4架)	2020年完成约8架飞行试验

综上，集群以数量而不是质量优势取胜，故而集群无人机通常不片面追求高成本带来的高性能，反而尽可能追求高性价比，更注重低成本、易用性、可互换性等要素。根据任务和飞行环境的不同，集群无人机平台通常的性能需求如下：

（1）成本较低。集群规模的增加必然要求单平台的成本下降。一方面，集群以数量优势取胜，通常不片面追求单平台的高性能。比如，执行侦察任务的集群系统，其无人机平台在航时、航速等方面的性能通常较为普通，可以在现有通用平台上进行集群化改造，降低研发、生产成本；另一方面，集群的规模优势可以批量化生产无人机平台，进一步分摊研发等成本。故而，当集群无人机研发时，尽可能采用经济、成熟、易得的配件和技术等。

（2）质量较轻、体积较小。为降低成本、增强易使用性，集群系统大多选用小型、微小型无人机平台[2]。较小的质量和体积，有利于以较低成本进行大规模批量化生产，便于集群的使用和维护，也有利于复杂对抗环境中的运用。

（3）模块化程度高。集群无人机平台通常采用模块化设计。一方面，无人机机体的机翼、螺旋桨、舵面等部件采用模块化设计，拆装简易，且各机同一模块可以互换。另一方面，集群无人机搭载的各类硬件，如自驾仪、光电/红外载荷、通信数据链、导航系统和其他任务载荷（如战斗部、关键物资等）[3]等均采用模块化设计。

（4）起降快速、简便。集群系统往往要求在复杂的环境中快速形成战斗力。集群无人机系统的起降，一方面要求尽可能快速，另一方面要求尽量不受地理环境，如跑道等限制。故而，集群无人机常采用重复性弹射、空中布撒、垂直起降等方式。

（5）可靠性高。作为网络化大规模系统，集群系统整体的可靠性与单平台可靠性指数相关；故而，集群系统整体的可靠性取决于单平台的可靠性，尤其在成本受限的约束下，高可靠性需求更为迫切。但高可靠性与低成本往往互相矛盾。如何折中考虑，是集群无人机设计的挑战之一。

4.1.2　集群无人机系统自主性挑战

集群无人机需要具备很高的自主性。自主性要求无人机在具备自主控制的基础上，在必要的时刻能够做出合理的反应，能够在动态不确定条件下、在无人参与的情况下持续有效地完成特定任务[4]。2005年8月，美国国防部发布的《无人机系统路线图（2005—2030）》将无人机自主控制等级分为1～10级（见

图 4-1),并指出"全自主集群"是无人
机系统自主控制的最高等级[5]。2012 年
6 月,美国国防部建议停止自主等级
定义的争论,代替的是,设立一个包含
认知层次、任务时间轴和人-机系统权
衡空间的三层面自主系统架构。

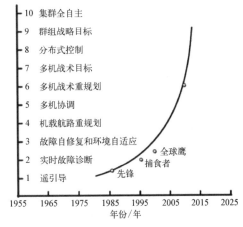

图 4-1 无人机自主等级

集群系统的高自主性是有网络化
的单机系统共同达成的,其对集群无人
机系统设计提出了相应的要求。

(1)载荷性能单一。受成本、体
积、质量和功耗的约束,集群系统的载
荷不能采用价格昂贵、功能大而全的高性能载荷。集群系统的载荷,如可见光吊
舱、红外吊舱等,需要在成本、质量、功耗与性能之间追求平衡,采用性能单一的
小型轻质化载荷。同时,不同的平台携带不同、相同的载荷,通过无人机的协同
运动与载荷之间的配合,互补协同获得较高的总体系统性能。

(2)具有低功耗、高性能协同控制器。高端无人机系统通常把载荷信息传
输到地面系统处理,集群无人机的载荷需要空中在线实时处理。同时,集群协同
的决策—规划—控制等需要在线完成。故而,机载协同控制器需要在成本、体
积、质量和功耗约束下,具有尽可能高的性能。

4.1.3 集群无人机控制系统挑战

无人机的自主控制是指无人机能够接受上层的控制指令,并根据指令做出
相应的动作,其核心在于无人机的飞行控制系统。飞行控制系统为无人机提供
了精确飞行和适应复杂环境的能力。集群通常使用的低成本固定翼无人机的飞
行控制具有较大的挑战性,主要包括如下几点:

(1)模型不精确。固定翼无人机气动复杂、操纵耦合,且可控制性不足。
特别地,由于成本原因,小型无人机很难采用风洞吹风等手段建立准确的动力
学模型。

(2)交叉耦合。固定翼无人机的动力学与控制严重耦合。通常情况下,无
人机飞行控制系统采用解耦方法,分为内层姿态和外层位置控制环。然而,这两
层间严重交叉耦合,如协调转弯时涉及滚转和航向控制,速度控制也通常与高度
耦合。

（3）噪声。一般来说,传感器越昂贵,测量越精确。但是,由于低成本要求,集群无人机通常采用廉价传感器,导致获取信息附加了大量不确定的噪声。

（4）风扰。无人机飞行过程不可避免地受到风的干扰。风扰,尤其是侧风对无人机飞行影响重大。比如,在集群协同探测任务中,为便于对地面物体的抵近观察,无人机常需低空飞行(通常低于 1 000 m,甚至不超过 100 m)。低空飞行的风扰更为严重,对于小型固定翼无人机来说,气流扰动的速度可以占到无人机巡航速度的 20％～60％[6]。

为解决飞行控制问题的系列挑战,研究人员开展了许多理论和工程研究。各种开源自驾仪被广泛地应用在小型固定翼无人机系统中[7]。它们一般采用分层控制策略,通常包含位置层、姿态层和执行层,各层采用不同的控制频率。各层控制方法大多采用各种比例-微分(proportion differentiation,PD)控制或者自抗扰控制(active disturbance rejection control,ADRC)。特别地,运动控制包括轨迹跟踪和路径跟踪控制,作为无人机任务飞行的直接体现,在近年受到广泛关注。相比于轨迹跟踪,路径跟踪无须考虑时间参数化表示,无须考虑风扰条件下的时间同步,在集群任务飞行中得到了广泛的应用。各类路径跟踪算法通常可以划分为线性和非线性控制方法。线性控制方法主要包括比例积分微分(proportion integration differentiation,PID)[8]、线性二次型最优控制(linear quadratic regulator,LQR)等,非线性方法包括矢量场(vector field,VF)法、视线法、虚拟跟踪目标法[9]、基于非线性控制理论方法等。针对小型固定翼无人机的路径跟踪问题,文献[10]分析、比较了五种算法的性能,分别为 carrot-chasing,非线性制导律(NLGL),PLOS,LQR 和 VF(vector field)法。结论表明在直线和圆形路径跟踪中,VF 法的跟踪精度等性能最高。但是,针对更一般意义上的曲线路径跟踪问题,目前还没有类似的比较性研究。

4.2　集群无人机平台设计

如 4.1.1 节指出:集群无人机通常不片面追求高成本带来的高性能,反而尽可能高地追求高性价比,更注重低成本、易用性等要素。故而,集群无人机平台设计和高性能单机系统设计有较大的区别。单机平台设计更多关注无人机的高性能和操控稳特性,集群无人机平台设计更多考虑有利于集群整体性能的提高和系统维护的简便性。

本节结合无人机平台和自主性的需求挑战,给出了集群无人机系统设计的总体方案,接着结合固定翼无人机的特点进行气动布局、动力系统选配和起降方式设计,最后介绍了集群无人机的任务载荷和集群地面控制站等。需要指出的是,集群无人机的设计本质上遵循无人机平台设计的一般性原则。本节主要给读者留下概略性的设计思想,不做具体展开。

4.2.1　平台总体设计技术

集群无人机平台总体方案设计是确定平台方案和各主要分系统方案,包括气动布局设计、总体参数设计、动力装置选择、起降方式、任务设备、通信数据链、地面控制站和保障维修等。

总体方案设计需要遵循合理可行的原则。在追求高性价比基础上,确定集群无人机平台的设计标准、部件模块化和通用化原则等总体方案。主要流程如下:

(1)规划基本性能和初步方案。根据集群任务需求,规划出平台的基本性能需求,主要包括起飞质量、起降方式、最大航时、巡航速度、最大航程、最大升限、载荷能力、机动性等;在此基础上,提出平台的初步设计方案(包括平台构型、翼形等)和各模块质量分配(平台、电池、载荷、通信等),论证主要参数匹配的合理性。

(2)选型关键模块。综合基本性能指标和成本考虑,选型发动机、电机、螺旋桨、舵机、电池等成熟部件;结合集群任务需求,给出载荷,协同控制器,通信模块的尺寸、质量、安装方式等初步方案。

(3)确定气动布局和几何结构。基于关键模块选型,设计无人机的气动布局和内部几何结构,绘制三维图纸;估算出质量分配和重心位置。在此基础上,进行气动仿真和性能估算,调整布局和结构方案,直至满足设计指标。

(4)细化结构和选择工艺。进一步细化机身、翼面等结构,并进行强度分析;选择关键部位的材料和制作工艺,适当调整质量分配、结构设计等细节。

(5)修改完善总体方案。进行气动和结构仿真,并结合关键器部件的试制,完善平台总体设计方案。

需要指出的是,无人机平台设计是一个反复迭代、不断优化的过程。上述设计流程通常需要结合飞行测试、器件采购、制作工艺不断改进。

通常,推重比和翼载荷,这两个参数对无人机飞行性能有较大的影响,进而影响无人机的总体方案。推重比主要是指无人机起飞质量与发动机功率的比值,翼载荷是起飞质量与翼面积之间的比值。这两个参数与无人机的飞行速度密切相关。一般集群无人机都属于低速飞机(飞行速度≤ 0.5 Ma(170.15 m/s)),功重比一般为 $4 \sim 11$ kg/hp($2.940 \sim 8.085$ kg/km),翼载荷一般为 $150 \sim 500$ kg/m^2。

4.2.2 气动布局

无人机气动布局的方案有很多,需根据集群任务选择合适的布局方案。主要考虑机身的形状,机翼的形状和安装位置,尾翼的形状、数目及安装位置,发动机类型、数目及安装位置,起落架位置和舵面的安装位置。

大部分集群无人机采用的气动布局如图4-2所示。为了降低成本,大多数机型均为成熟机型,稳定性和可靠性高。机身多为流线体,根据内部载荷情况可选择不同的机身横截面。为减小存放空间和快速发射,翼面多为模块化折叠式机翼。最近新兴的垂直起降无人机也可以成为集群无人机的备选方案,如图4-3所示。这些无人机多采用"尾座式""倾转旋翼"或"倾转机翼"的方式,减轻了机体质量,增加了集群机动性[11]。

(a)　　　　　　　　　　(b)　　　　　　　　　　(c)

图4-2　大部分集群无人机采用的无人机气动布局

(a) 折叠翼式经典布局;(b) 双垂尾式经典布局;(c) 三角翼布局

(a)　　　　　　　　　　　　　　(b)

图4-3　垂直起降无人机

(a) 复合翼垂直起降无人机;(b) 倾转旋翼垂直起降无人机

4.2.3 动力系统

动力系统是无人机的核心之一。小型无人机系统可以采用的动力系统通常包括电机、活塞式发动机和小型涡喷发动机等,如图4-4所示 。根据任务用途和技术指标的不同,小型无人机可以选择不同的动力系统。集群无人机系统一般不追求太快的飞行速度,但是对载荷能力和航程有较大的需求。结合系统成本和设计简便性,集群无人机平台的动力系统多采用无刷电机或活塞式发动机[12]。

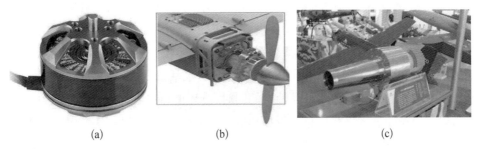

(a)　　　　　　　　　(b)　　　　　　　　　(c)

图4-4　典型的无人机动力系统

(a) 无刷电机;(b) 活塞式发动机;(c) 小型涡喷发动机

动力系统的进一步选择,通常取决于续航时间和起飞质量要求。一般而言,起飞质量较大(大于50 kg)、续航时间较长(大于2 h)的集群无人机系统,选用油动的活塞发动机;起飞质量较低(小于30 kg)、续航时间较短(小于1.5 h)的集群无人机,选用电机驱动。例如,美军LOCUST项目中的无人机采用无刷电机驱动,"小精灵"项目采用活塞式发动机驱动。

4.2.4　集群起降方式

小型固定翼无人机常见的起飞(发射)的方式主要有滑跑起飞、弹射起飞、火箭助推、车载发射、空中发射、垂直起飞和手抛起飞等;降落(回收)的方式主要有伞降回收、滑跑着陆、垂直降落、空中回收、撞网回收等。

无人机集群的起飞(发射)降落(回收)方法是无人机集群执行任务的关键之一,既要易使用,又要兼顾快速性。目前,无人机集群采用较多的起降方式是滑跑起降、空基发射回收和垂直起降[13]。更多起降方式的介绍,参见4.4节。

4.2.5　任务载荷

根据任务需求,集群无人机可以搭载不同的载荷。受成本、体积、质量和功耗的约束,集群无人机通常不能直接采用现有高性能固定翼无人机的载荷,故而需要在集群任务牵引下进行专门设计。

目前,常见的任务载荷主要包括可见光成像吊舱、红外吊舱、小型 SAR、小型化雷达、小型化电子战载荷等。一般而言,在满足任务需求的前提下,集群的任务载荷需要尽可能体积小、质量轻、功耗低,并且采用低成本、模块化设计,各型载荷尽可能通用化,如不同的载荷通常具有统一、类似的接口。

集群内各无人机平台可搭载不同、相同的任务载荷,通过时空和类型的互补获得高的整体效能。大多数小型集群无人机搭载单一任务载荷,但集群内部不同无人机可配置不同的任务载荷。例如,5 kg 以内的任务载荷(相机、吊舱、小型光电雷达等)多采用模块化设计,一个群组内可灵活选配、互换不同传感器。故而,任务载荷的设计在考虑单品性能的同时,更注重和其他载荷的配合能力。目前,很多工作通过将机载传感器设备和机载任务载荷统筹规划,实现轻量小型化和协同设计。集群任务能力的进一步提升,在很大程度上将取决于集群载荷的协同能力的进步。

4.2.6　集群地面控制站

集群地面控制站和单机地面控制站在功能上有很大的不同。单机地面控制站是无人机系统的神经中枢,负责无人机飞行操控、规划飞行航迹、分配载荷任务、监控通信状态等各种任务。但集群地面控制站更关注多机的上层监督控制[14]。因为随着集群规模的不断上升,操作员对无人机集群进行指挥控制时,已经无法使用传统的无人机任务控制模式,必须从"人在回路中"上升到"人在回路上",将决策层次较低的控制任务交由一系列智能程序完成,操作员监督控制各个智能程序的运行情况,并根据需要给出顶层决策指令即可。故而,集群地面控制站一般包含以下几种功能:

(1) 全局态势形成。集群地面控制站主要接收各无人机的感知信息,如无人机获取的环境信息、目标信息等,在地面融合形成一支新的全局态势。

(2) 集群无人机的状态监控。集群地面控制站主要接收各无人机的状态信息,监督各无人机运行是否正常。

(3) 决策指令推荐。集群地面控制站主要基于全局态势和当前任务,给地面操作员推荐决策制订。

(4) 人机交互与指令下达。通过高效的人机交互方式,集群地面控制站将操作员意图下达给集群系统。

集群地面控制站一般都是由主控电脑、视频显示器、电源系统、通信电台等设备组成。为了更好地完成集群任务,集群地面控制站通常具有友好的人机界面,便于对众多的无人机系统的飞行状态和任务设备进行监控;高效的人机交互方式,能有效地帮助操作员快速管理更多数量的无人机。集群地面控制站还应该具备较强的指挥和通信能力,便于空中集群与地面的信息交互;能够及时有效地完成各类数据解析和传递、指令接收与转发、全局的态势感知与判断等功能。

4.3 集群无人机飞行控制系统

飞行控制系统为集群无人机提供精确飞行和适应复杂环境的能力,是无人机自主性的基础,也是无人机执行任务的基本功能。本节首先介绍集群无人机飞行控制系统硬件组成和飞行控制算法设计,而后针对小型固定翼无人机的特点,重点介绍了路径跟踪控制部分。

4.3.1 飞行控制系统硬件组成

第 2 章中指出,协同控制器需要同时支持不同快慢反应回路,兼容强运算能力和强实时响应能力,故而集群无人机的机载协同控制器通常分成两个模块:协同处理器和机载自驾仪[15]。其中协同处理器通常用来处理任务相关的上层控制,包括图像采集与处理、任务规划与决策等;机载自驾仪主要用来处理飞行控制相关的功能。协同处理器与机载自驾仪之间通过接口硬件连接,采用预先定义的通信协议进行数据交互。具体的功能划分,参见第 2 章的体系结构相关部分。下文以典型的开源硬件设备,对两者的硬件功能进行介绍。

4.3.2.1 协同处理器

协同处理器主要处理强计算相关功能,相当于无人机的"大脑"。它并行处理各类任务设备信息和集群协同信息,主要实现集群体系架构的通信层、协调层和高层控制层的算法。具体而言,它包含三部分功能:① 负责集群内部信息交互、融合和通信信息的调度,以及与集群地面控制站之间的信息交互;② 负责任务载荷信息接收处理,协同任务分配和航迹规划等;③ 负责上层导航控制解算并将导航指令下发到机载自驾仪。

故而,协同处理器通常在受限体积和功耗下,要求尽可能高的计算和存储性能。比如,在美国海军 LOCUST 项目中,其协同处理器采用开源的 ODROID -N2 嵌入式平台。ODROID - N2 是新一代单板计算机,性能强大,稳定快速,如

图 4-5 所示[16]。它集成了四核 ARM Cortex-A73 CPU 集群、双核 Cortex-A53 集群以及 Mali-G52 GPU；其中，主处理器 A73 内核的运行速度为 1.8 GHz，无须金属外壳散热器。功耗为 1.2 W，提供 1 路串口，25 路 GPIO，4 路 USB 接口，1 路百兆网口，支持无线 WiFi 模块等。

图 4-5 ODROID-N2 嵌入式平台

4.3.2.2 机载自驾仪

机载自驾仪主要负责无人机的强实时控制部分，实现集群体系架构的底层控制层的相关算法，相当于无人机的“小脑”。它有两方面的功能：① 接收协同处理器的导航指令，并结合机载传感器的状态信息，执行闭环控制算法控制无人机作动器，如舵面、电机等；② 接收并融合 IMU、加速度计、GPS、空速计、磁罗盘等传感器的信息，得到无人机的姿态和位置信息。机载自驾仪的选择较多，市面上有各种成熟的开源自驾仪可以采用。关于机载自驾仪的综述文献，可参考文献[7]。

当前得到广泛应用的一款开源自驾仪为 Pixhawk 自驾仪，如图 4-6 所示。Pixhawk 是一款基于 ARM 芯片的 32 位开源飞行控制，由苏黎世联邦理工学院（Swiss Federal Institute of Technology Zurich，ETH）的博士生 Lorenz Meier 开发。最初采用分体式设计，即 px4（由 px4fmu 和 px4io 两个组件组成），后合并成一个整体，即形成 Pixhawk。它的硬件和软件都是开源的，因此衍生出很多不同的软、硬件版本。它不仅适用于固定翼、多旋翼、直升机等飞机平台，而且扩展适用于无人车、无人船以及其他移动机器人平台中。

图 4-6 Pixhawk 自驾仪

4.3.2 飞行控制算法设计

经典构型的固定翼无人机动力学模型可以描述为如式(4-1)所示的一阶耦合常微分非线性方程组：

$$
\begin{cases}
m\dot{V} = T\cos\alpha\cos\beta - D + G_{xa} \\
mV\dot{\beta} = -T\cos\alpha\sin\beta + Y - mV(-p\sin\alpha + r\cos\alpha) + G_{ya} \\
mV\cos\beta\dot{\alpha} = -T\sin\alpha - L + mV(-p\cos\alpha\sin\beta + q\cos\beta - r\sin\alpha\sin\beta) + G_{za} \\
\dot{p} = (c_1 r + c_2 p)q + c_3 L + c_4 N \\
\dot{q} = c_5 pr - c_6(p^2 - r^2) + c_7 M \\
\dot{r} = (c_8 p - c_2 r)q + c_4 L + c_9 N \\
\dot{\theta} = q\cos\phi - r\sin\phi \\
\dot{\phi} = p + (r\cos\phi + q\sin\phi)\tan\theta \\
\dot{\psi} = \dfrac{1}{\cos\theta}(r\cos\phi + q\sin\phi) \\
\dot{x}_g = V\cos\mu\cos\varphi \\
\dot{y}_g = V\cos\mu\sin\varphi \\
\dot{h}_g = V\sin\mu
\end{cases}
$$

$$(4-1)$$

式中:$[x_g, y_g, h_g]$为无人机在三维空间中的惯性坐标;$[V, \alpha, \beta]$为无人机空速、攻角和侧滑角;$[\theta, \phi, \psi]$为无人机在惯性系下的俯仰、滚转和偏航角;$[p, r, q]$为对应的 3 个角速度;$[T, L, D, G]$分别为无人机受到的推力、气动升力、气动阻力以及重力;$[L, M, N]$为 3 个方向的合力矩。值得指出的是:推力、气动升力、气动阻力以及 3 个方向合力矩的输入为无人机副翼、方向舵、升降舵和推力$[\delta_T, \delta_e, \delta_a, T]^T$,且其表示式中包含大量与无人机构型、无人机飞行状态、大气参数等密切相关的气动系数、气动导数。

从式(4-1)可知,固定翼无人机的动力学方程为 12 维状态、4 维输入的非线性欠驱动模型,并且还存在着模型不精确(气动导数时变且测不准)、动力学/控制交叉耦合、传感噪声普遍、风扰严重等挑战,其飞行控制算法的设计存在较大挑战。故而,在工程领域,人们通常不直接基于式(4-1)设计控制器;将其飞行控制系统解耦,划分为导航控制回路、姿态控制回路和作动器回路(舵回路),如图 4-7 所示。

如图 4-8 所示,导航控制回路接收协同处理器或其他上层(如规划层)的位置和速度指令,结合无人机当前的状态信息,解耦为高度、速度保持,以及平面跟踪两个模块。高度、速度保持回路用于高度和速度控制,输出发动机推力和期望俯仰角;平面跟踪回路用于跟踪平面位置,输出期望滚转和航向角。两者属于平行关系,共同组成导航控制回路。

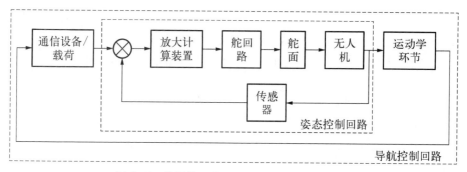

图4-7 常见的固定翼无人机的飞行控制回路

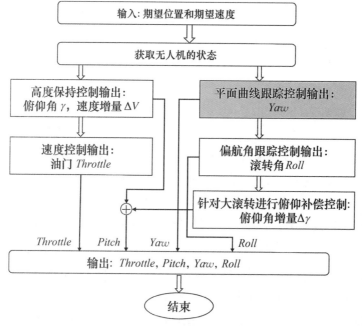

图4-8 无人机导航控制回路分解图

姿态控制回路主要接收导航控制回路的期望推力、俯仰角、滚转角和偏航角指令,设计控制律并结合控制分配等环节,生成油门信号和副翼、方向舵、升降舵等舵面的期望舵偏角,发送给各舵机和电机等执行器。

舵回路接收姿态控制回路生成的各舵面的期望偏角,调整舵面到期望位置。小型固定翼无人机的舵机通常采用小型电动舵机,舵回路可以直接采用开环控制,这里不做展开。

综上所述,集群无人机飞行控制系统的信号流程如下:导航控制回路接收的期望位置和速度等指令,输入平面跟踪控制和高度、速度控制模块,输出期望推力、俯仰角、滚转角和偏航角等指令,作为姿态控制回路的指令输入。姿态控制回路接收导航控制回路的指令,输出副翼、方向舵、升降舵等舵面的控制指令。舵回路执行姿态控制回路给出的舵面指令,使得各个舵面偏转到指定角度。

下面将分别介绍姿态控制,高度、速度控制和平面跟踪控制的算法实现。

4.3.2.1 姿态控制

固定翼无人机的航向和滚转存在一定的耦合,故而通常采用等倾转弯,用滚转来控制航向[17]。因此,姿态控制回路主要设计的是俯仰角和滚转角控制。其中,期望俯仰角主要由高度控制器输出,期望滚转角由期望航向角解算得到。下面介绍一种兼顾快速和精确性的 PI 角速度控制器,更多姿态控制相关内容可参考文献[17]。

PI 角速度控制器精度较高、响应快,适合大多数渐近稳定系统。集群无人机的姿态变化较少,故而,该方法在实践层面有较好的应用。具体实现在于:首先,根据期望俯仰角、滚转角,以及当前俯仰角、滚转角计算得到角度差;而后,将角度差和角速度因子 P 相乘得到期望角速度;接着,将期望角速度和机载传感器得到的实际角速度继续相差,得到角速度偏差;最后,针对角速度偏差设计 PI 控制器,输出对应的舵偏角。

4.3.2.2 高度、速度控制

固定翼无人机的高度与速度耦合,改变无人机的速度会引起气动升力的变化,从而改变其飞行高度。故而,在设计控制器的时候必须把高度与速度量部分结合起来考虑。一种常见的高度和速度控制方法为总能量控制(total energy control system,TECS)[18]。总能量控制将速度控制与高度控制(切向加速度与纵向航迹角等)进行解耦,用油门来控制无人机的总能量,用升降舵(俯仰角)来控制动能与重力势能之间的转化。总能量控制方法简单有效,能够适用于大多数任务场景,是单平台控制有效手段。目前,开源自驾仪 Pixhawk 中的高度和速度控制就采用总能量控制方法。

集群无人机系统还需要进一步考虑多机的协同。单机飞行时,往往采用定速巡航或者飞行速度近似不变,且对高度变化不敏感,很适宜使用总能量控制方法。但是,由于协同的需要,集群无人机往往需要具备快速的速度变化和精确的高度保持能力。比如,集群飞行、同步到达等协同任务中,集群无人机的飞行速度需要快速实时变化,无人机的高度需要精确保持已避免无人机之间碰撞。进一步,集群内所有无人机的飞行速度都需要处在最小速度和最大

速度的区间范围以内,当速度饱和无法协同时,还需要针对性地做集体降速、升速等操作。

为满足集群无人机的需求,基于模糊控制的思想,提出一种基于具有较强自适应能力的高度和速度混合式控制器,如图4-9所示。其中,高度控制器采用PD控制器与模糊控制器相结合的方法,PD控制器确保无人机速度跟踪精度和响应速度,模糊控制器结合无人机的当前速度和姿态,在前馈控制的基础上给出俯仰角和速度控制补偿量,且确保所有无人机在速度协同时不会处于速度饱和状态。速度控制器的期望速度由协同控制器输出、避障避碰控制器输出和高度控制器速度补偿三部分的线性加权和构成,结合无人机当前的飞行速度,利用PD前馈控制器实现速度控制。高度控制器和速度控制器互相耦合,共同输出最终的无人机推力和俯仰角指令。

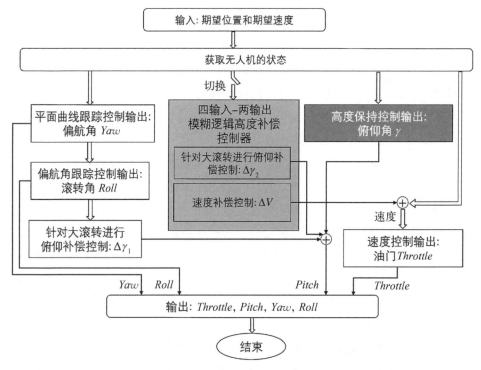

图4-9　嵌入模糊控制式高度、速度控制模块的导航控制回路

在上述控制策略中,涉及的核心为高度控制模块。具体而言,高度控制模块输出为俯仰角指令 θ 和速度补偿量 ΔV。它由两个子控制器:PD控制器和模糊控制器组成。

PD 控制器采用经典 PD 式高度控制律设计，表示为

$$\Delta u_{\theta} = k_h^{\theta} \Delta\theta + k_h^{\dot{\theta}} \Delta\dot{\theta} + k_h^h \Delta h + k_h^{\dot{h}} \Delta\dot{h} \qquad (4-2)$$

式中：Δu_{θ} 为 PD 控制器输出；$\Delta\theta$ 和 Δh 分别为俯仰角和高度偏差；$\Delta\dot{h}$ 和 $\Delta\dot{\theta}$ 分别为俯仰角和高度偏差的微分；k_h^{θ} 和 k_h^h 为比例增益项；$k_h^{\dot{\theta}}$ 和 $k_h^{\dot{h}}$ 为对应的微分增益项。

模糊控制器为 4 输入-2 输出的双层模糊控制器，主要用来补偿速度与高度之间的耦合。其 4 输入分别为滚转角 ϕ、俯仰角 θ、高度差 h_{err}（期望高度 h_d 一实际高度 h）和空速 V，输出 $\boldsymbol{u}_f = [\Delta u_{f\theta}, \Delta u_{fV}]^T$ 为俯仰角补偿量 $\Delta u_{f\theta}$ 和速度补偿量 Δu_{fV}。针对每个输出量，分别设计 2 输入-单输出子模糊控制器，表示为

$$\begin{cases} \Delta u_{f\theta}^* = k_{\phi}\phi^* + k_{\theta}\theta^* \\ \Delta u_{fV}^* = k_{h_{err}} h_{err}^* + k_V V^* \end{cases} \qquad (4-3)$$

式中：输入 ϕ^*，θ^*，h_{err}^* 和 V^* 分别为对应量的模糊化输入；$\Delta u_{f\theta}^*$ 和 Δu_{fV}^* 分别为对应量的解模糊输出；k_{ϕ}，k_{θ}，$k_{h_{err}}$ 和 k_V 为模糊控制器的增益参数。

高度控制模块的输出为

$$\begin{cases} \theta = \Delta u_{\theta} + \varepsilon \Delta u_{f\theta} \\ \Delta V = \varepsilon \Delta u_{fV} \end{cases} \qquad (4-4)$$

主模糊子控制器作用时，$\varepsilon = 1$；否则 $\varepsilon = 0$。

模糊控制器的关键在于隶属函数和模糊规则的设计。隶属函数用于将状态变量模糊化，模糊规则是控制器中模糊推理的基础。两者的设计均需要与实际系统进行结合。

以附录 A 中的集群无人机系统为例，4 个状态：滚转角 ϕ、俯仰角 θ、高度差 h_{err} 和空速 V 设计的隶属函数如图 4-10 所示。

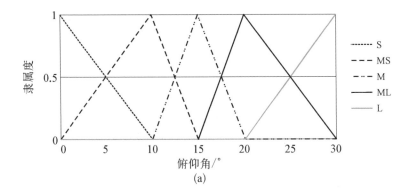

(a)

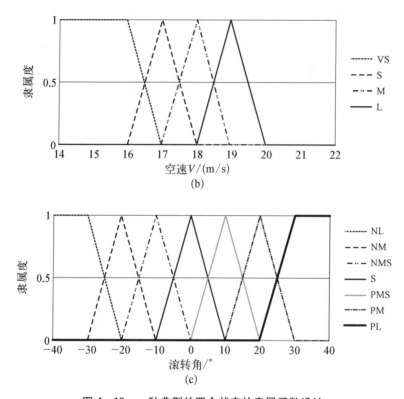

图 4-10　一种典型的四个状态的隶属函数设计

(a) 俯仰角 θ 和高度差 h_{err} 隶属函数；(b) 空速 V 隶属函数；(c) 滚转角 φ 隶属函数

　　模糊规则通常用 IF-THEN 表示。对应于图 4-10 中隶属度函数的设计，控制器中的 2 输入-单输出子模糊控制器的模糊规则分别设计如表 4-2 和表 4-3 所示。

表 4-2　俯仰角补偿 $\Delta u_{f\theta}$ 的模糊规则

状　态	模　糊　规　则　设　计								
	NL	NML	NM	NMS	S	PMS	PM	PML	PL
S	L	ML	M	MS	S	MS	M	ML	L
MS	ML	ML	M	MS	S	MS	M	ML	ML
M	ML	M	M	MS	S	MS	M	M	ML
ML	M	M	MS	MS	S	MS	MS	M	M
L	M	MS	MS	S	S	S	MS	MS	M

表 4-3　速度补偿 Δu_{fV} 的模糊规则设计

状　态	模　糊　规　则　设　计				
	MS	S	S	S	S
S	MS	S	S	S	S
MS	MS	MS	S	S	S
M	M	MS	MS	S	S
ML	ML	M	MS	S	S
L	L	ML	M	MS	S

综上,高度控制模块算法实现如下:

算法 4-1　高度控制模块算法

① 初始化:h_d

② 获得 UAV 状态:$\begin{bmatrix} h & \theta & V & \phi \end{bmatrix}$

③ $h_{err} = h_d - h$

④ 从 PD 控制器生成初始俯仰角:Δu_θ

⑤ 模糊化状态变量:h_{err}^*,θ^*,V^*,ϕ^*

⑥ 根据的模糊规则设置参数值:k_θ,k_V,k_h,k_ϕ

⑦ 计算模糊输出

$$\Delta u_{f\theta}^* = k_\phi \phi^* + k_\theta \theta^*$$

$$\Delta u_{fV}^* = k_h h_{err}^* + k_V V^*$$

⑧ 去模糊化,得到 $\Delta u_{f\theta}$ 和 Δu_{fV}

⑨ 设置 $\grave{o}$

⑩ 输出高度控制量:

$$\theta = \Delta\theta + \grave{o}\Delta u_{f\theta}$$

$$\Delta V = \grave{o}\Delta u_{fV}$$

4.3.2.3　平面跟踪控制

无人机执行飞行任务时,通常地面控制站预先规划模块或者上层规划模块规划一条期望路径,并通过采样得到航路点序列,传输给飞行控制系统的导航控制回路。其中,高度和速度跟踪部分由前述的高度和速度控制模块实现,平面上的控制由平面跟踪模块实现。

平面跟踪控制通常包括三大类:点镇定(point stabilization, PS)、轨迹跟踪(trajectory tracking, TT)和路径跟踪(path following, PF)[9]。固定翼无人机

通常采用偏航角或者滚转角实现平面跟踪控制。其中,点镇定控制是控制无人机的偏航角或滚转角,使无人机从当前位置(直线)穿越目标位置;轨迹跟踪控制是指控制无人机的偏航角或滚转角,使其跟踪一条带有时间参数约束的轨迹;路径跟踪控制是指控制无人机的偏航角或滚转角,使其沿着期望的路径飞行。路径跟踪和轨迹跟踪最大的区别在于轨迹跟踪需要保持时空一致,而路径跟踪不需要考虑路径上时间参数化的限制[19]。

无人机平面跟踪最简单的方式就是采用点镇定的方式穿过所有的航路点。然而,该方式仅仅是近似的路径跟踪,跟踪误差通常较大,并且会随着期望路径的复杂而增加[20]。特别地,很多时候航路点很稀疏,对于给定的期望航线,航点并不能表示航线的所有信息,更多的时候是用飞行折线近似曲线[21-22]。另外,固定翼无人机存在失速速度限制,在航路点附近不能急速转弯,实际飞行中存在着较大的路径超调。常用的解决方法是定义每一个航点的半径,当无人机处于这个航点半径之内的时候,就开始切换航点,并沿着下一条航线飞行[23-25]。常见的三种经过航点的方式如图 4 - 11 所示[26-29]。选择合适的航点半径会减小在航点处的超调,但是对于精确控制,航点处的跟踪性能是要求很高的。当存在曲率不连续的时候,不管采用哪种转弯方式,都会带来一定的跟踪误差,这会影响无人机执行任务的能力。

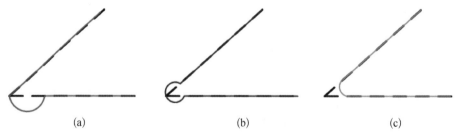

图 4 - 11　常见的三种经过航点的方式

(a) 方式一;(b) 方式二;(c) 方式三

相对而言,轨迹跟踪和路径跟踪能实现更高精度的平面跟踪。如前所述,集群使用的小型固定翼无人机飞行控制的主要挑战之一是在风扰环境中飞行。集群无人机的典型飞行速度为 15～30 m/s,而低空(地面 50～500 m)风速通常超过 10 m/s,所以小型固定翼无人机必须具有很强的抗风性。传统的轨迹跟踪方法并不适用于小型固定翼无人机,主要困难在于轨迹跟踪要求在特定的时间到达特定的地点,它不能适应因为风的未知变化导致实飞速度的变化。反之,在风扰环境中的飞行测试表明:简单地将无人机保持在期望路径上的路径跟踪方法是有效的。故而,对于小型集群无人机而言,由于风扰的存在,路径跟踪比轨迹跟踪更加实用[30]。4.3.3 节将主要介绍固定翼无人机的路径跟踪控制。

4.3.3 路径跟踪控制

路径跟踪的问题可以描述如下:预设期望的跟踪路径,使得飞行器收敛而且跟随这个预定的路径。这个预定路径是空间中的任意一条满足一定光滑条件的曲线[31]。本节将主要介绍并比较几种适宜于集群无人机使用的曲线路径跟踪控制律。

4.3.3.1 路径跟踪研究现状

导航控制回路接收系列航路点后,拟合成的期望路径主要有三种表现形式,如图 4-12 所示。

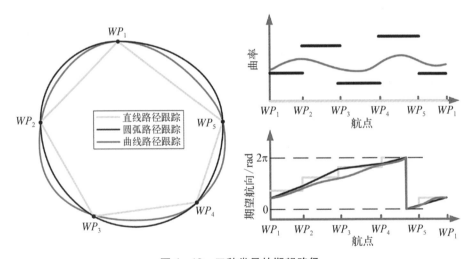

图 4-12 三种常见的期望路径

（1）直线路径跟踪(straight line,SL)。最简单的方法就是用折线将系列航路点直接连接,然后驱动无人机跟踪折线[32]。但是,与点镇定跟踪方法类似,这种方法最大的问题在于:一旦无人机到达某个航点,它的期望航行就会变成下一个航点,带来了期望路径曲率的剧烈变化。对应地,无人机的期望航向在航路点上可能存在阶跃变化[33],如图 4-12 所示。无人机在跟踪航线的时候,航向的阶跃变化,就产生较大的跟踪误差,同时需要更多的航向调整时间。

（2）圆弧路径跟踪(orbit path,OP)。直线连接的各航点附近采用光滑圆弧连接。根据空间内任意三点确定一条圆弧的原则,可以使用递归的方法将航点用圆弧连接,这样在经过大多数航点的时候,期望路径的曲率是光滑连续的[34-36]。但是,由于航点位置的任意性,在个别航点处,依然存在曲率的不连续和航向的跃变。更关键的是,圆弧连接的航点,通常对路径规划模块和无人机的机动性能提出了较大的限制。

(3) 曲线路径跟踪(curved path,CP)。采用曲线拟合的方式将航路点拟合成光滑曲线。光滑曲线可以保证曲率的连续性和期望航向角在航点之间的平滑过渡[33-35],期望的航向不会出现跃变,这有效减小了由于曲率在连接点处不连续导致的跟踪误差。较为常见的拟合方式是多项式插值拟合,如毕达格拉斯曲线和样条插值曲线,但是光滑曲线大多是通过递归拟合方式得到,较难获取全局的显式表达式[37-38]。

常见路径跟踪控制主要专注直线路径和圆弧路径,或者由直线和曲线组合的路径跟踪问题。但是,在固定翼无人机的许多应用中,曲线路径跟踪是一个必不可少的问题。在制导和控制问题中,通常采用分步法,即首先解决路径规划问题,然后用路径跟踪控制来实现[39]。比如,在实时重规划、目标跟踪和避障等问题中,规划曲线路径并准确跟踪的能力对集群无人机执行任务至关重要。众所周知,在大多数情况下,规划的路径是曲线,比如常见的样条曲线,而不是直线和圆弧[39-42]。例如,为了使无人机避开紧急出现的目标,文献[40]基于 Voronoi 图生成了避障用的样条曲线。又如,在无人机集群覆盖搜索任务中,每架无人机规划的路径也是曲线[43]。

路径跟踪策略通常包含两类方法,分别为基于虚拟目标点(virtual target point,VTP)方法和基于控制理论的方法[10]。前者通常采用几何的方法使无人机朝向虚拟目标点,设计航向角或者滚转角指令;后者直接采用各种控制理论生成控制指令,使得无人机的法向和切向误差趋向零。基于 VTP 方法的曲线路径跟踪算法在路径上生成一个 VTP,控制律使得无人机跟踪该点,最终驱动无人机跟踪该曲线飞行。相应地,VTP 算法的实现通常分为 VTP 生成部分和 VTP 跟踪部分。相比于点镇定方式,基于 VTP 方法生成的跟踪点根据无人机当前位置和期望路径发生实时变化,故而其累积跟踪精度要好很多。常见的 VTP 算法包括逐点法(carrot-chasing algorithm,CCA)[27]、非线性导航律(nonlinear guidance law,NLGL)[23]、纯追逐和基于视线追踪的混合方法(pure pursuit and LOS-based pathfollowing,PLOS)算法[44]、L₁ 方法[45]等。基于控制理论的方法将路径跟踪问题看作控制的稳定性问题,设计控制律使得无人机的法向和切向误差趋向零。常见的方法包括 LQR 方法、VF[20-21,46]、反步法(backstepping)等[47]。其中 LQR

方法通常基于小扰动线性化模型,只能应用于航向和侧偏距较小的时候[19,30-31]。不同于轨迹跟踪控制算法,为增强路径跟踪控制方法应用的广泛性,通常不约束无人机飞行的前向速度,因为飞行速度与路径的几何形状无关[48]。另外,为了保证收敛到期望路径,初始点的位置和速度也不能过于严格限制[20]。

4.3.3.2 问题描述

假设无人机的机载自驾仪中存在两个单独的回路——速度保持回路和高度保持回路[49]。因此,本节主要考虑固定翼无人机在保持高度和速度恒定(或者接近于恒定)的情况下的曲线跟踪问题。

本节考虑的模型为二维平面独轮车(unicycle)模型,如式(4-5)所示。

$$\begin{cases} x = V_g \cos \chi \\ y = V_g \sin \chi \\ \varphi = \omega \end{cases} \quad (4-5)$$

式中:(x, y) 和 χ 分别为无人机的位置和方位角;V_g 为无人机的地速;ω 为方位角速度,作为模型输入。

需要指出的是,本节考虑的模型适用于二维平面固定翼无人机的路径跟踪控制。特别地,模型中采用地速和方位角表示无人机的状态,这样是考虑了风速之后的结果。相比于机体系的状态变量(航向角 ψ 和空速 V_a),使用惯性系的变量(方位角 χ 和地速 V_g)的模型可以明显提高飞机的抗风性能[20]。更多的无人机模型表示可以参见 5.2.1 节。

定义无人机在惯性坐标系中的位置为 $\boldsymbol{p} = [x, y]^T \in \mathbf{R}^2$。根据式(4-5),可得

$$\dot{\boldsymbol{p}} = [\dot{x}, \dot{y}]^T = [V_g \cos \chi, V_g \sin \chi]^T = \boldsymbol{R}(\chi) \begin{bmatrix} V_g \\ 0 \end{bmatrix}$$

$$\boldsymbol{R}(\chi) = \begin{bmatrix} \cos \chi & -\sin \chi \\ \sin \chi & \cos \chi \end{bmatrix} \quad (4-6)$$

通常,二维路径跟踪的问题定义在 Frenet - Serret 坐标系中。Frenet - Serret 坐标系在路径上增加了一个具备速度为 $\dot{s}$ 的虚拟参考点,Frenet - Serret 坐标系的 x 轴平行于在点 $q(s)$ 处的切向量,而且它与惯性系之间存在一个角度为 $\chi_f(s)$ 的夹角,如图 4-13 所示。任意几何路径可以用其弧长参数来重新定义描述,假定路径的起点为 T_0,路径上任意点 $q(s)$ 到达起点的弧长为 s,则这一点关于弧长参数在惯性系中的位置可以表述为 $q(s) = [x_q(s), y_q(s)] \in \mathbf{R}^2$。

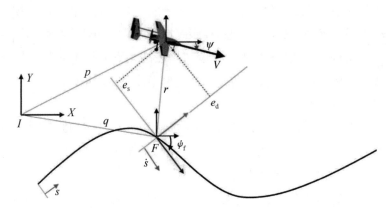

图 4-13　无人机与期望路径坐标

这样可以得到无人机的速度为

$$\dot{\boldsymbol{q}} = [\dot{x}_q(s),\ \dot{y}_q(s)]^{\mathrm{T}} = \boldsymbol{R}(\chi_f)\begin{bmatrix} \dot{s} \\ 0 \end{bmatrix} \tag{4-7}$$

其中：

$$\boldsymbol{R}(\chi_f) = \begin{bmatrix} \cos\chi_f & -\sin\chi_f \\ \sin\chi_f & \cos\chi_f \end{bmatrix}$$

是从 Frenet-Serret 坐标系到惯性系的旋转矩阵。

从图中可以看出,误差向量在 Frenet-Serret 坐标系中分解为法向误差(along-track error,ATE)e_s 和侧向误差(cross-track error,CTE)e_d。那么,可以得到误差向量在惯性系中的表述为

$$\boldsymbol{e} = [e_s,\ e_d]^{\mathrm{T}} = \boldsymbol{R}^{\mathrm{T}}(\chi_f)(p - q(s)) \tag{4-8}$$

对式(4-8)求取微分可得

$$\dot{\boldsymbol{e}} = \dot{\boldsymbol{R}}^{\mathrm{T}}(\chi_f)(p - q(s)) + \boldsymbol{R}^{\mathrm{T}}(\chi_f)(\dot{p} - \dot{q}(s)) \tag{4-9}$$

由于旋转矩阵是 $SO(2)$ 中的一个元素,那么可得

$$\dot{\boldsymbol{R}}(\chi_f) = \boldsymbol{R}(\chi_f)\boldsymbol{S}(\dot{\chi}_f) \tag{4-10}$$

其中：

$$\boldsymbol{S}(\dot{\chi}_f) = \begin{bmatrix} 0 & -\dot{\chi}_f \\ \dot{\chi}_f & 0 \end{bmatrix}$$

是一个反对称矩阵,满足 $\boldsymbol{S}(\dot{\chi}_f) = -\boldsymbol{S}^{\mathrm{T}}(\dot{\chi}_f)$。

考虑式(4-5)、式(4-7)和式(4-10),式(4-9)可以重写为

$$\dot{e} = S^{T}(\dot{\chi}_{f})R^{T}(\chi_{f})(p - q(s)) + R^{T}(\chi_{f})\left[R(\chi)\begin{bmatrix}V_{g}\\0\end{bmatrix} - R(\chi_{f})\begin{bmatrix}\dot{s}\\0\end{bmatrix}\right]$$

$$(4-11)$$

结合旋转矩阵的特性 $R^{T}(\chi_{f})R(\chi) = R(\chi - \chi_{f})$,得

$$\dot{e} = -S(\dot{\chi}_{f})e + R(\chi - \chi_{f})\begin{bmatrix}V_{g}\\0\end{bmatrix} - \begin{bmatrix}\dot{s}\\0\end{bmatrix} \qquad (4-12)$$

同时,定义方位误差角 $\tilde{\chi} \triangleq \chi - \chi_{f}$,可得其微分为

$$\dot{\tilde{\chi}} = \dot{\chi} - \dot{\chi}_{f} = \omega - \kappa(s)\dot{s} \qquad (4-13)$$

注意: $\dot{\chi}_{f} = \dfrac{d\chi_{f}}{dt} = \dfrac{d\chi_{f}}{ds}\dfrac{ds}{dt} = \kappa(s)\dot{s}$,其中 $\kappa(s)$ 是期望路径在点 $q(s)$ 处的曲率。

因此,可以得到固定翼无人机在 Frenet-Serret 坐标系中的曲线跟踪误差方程为

$$\dot{e}_{s} = V_{g}\cos\tilde{\chi} - (1 - \kappa(s)e_{d})\dot{s}$$
$$\dot{e}_{d} = V_{g}\sin\tilde{\chi} - \kappa(s)e_{s}\dot{s} \qquad (4-14)$$
$$\dot{\tilde{\chi}} = \omega - \kappa(s)\dot{s}$$

从式(4-14)可以看出,控制目标在于设计合适的控制输入 $(\omega, \dot{s})$,使得误差 e_{s} 和 e_{d} 都能趋于0。

在曲线路径跟踪的过程中,无论期望路径是提前给定的全局函数 $f(x, y)$ 还是通过航点扩展得到的,在特定情况下,出现奇异性问题,如图4-14所示。

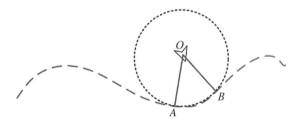

图4-14 一般性曲线路径跟踪时的奇异性情况

在图4-14中,无人机到期望路径的最近距离有两个点 A 和 B,无人机的机头指向也正好处于这两点之间。此时,这两个点都可能是无人机的相对距离计算点。在全局性路径跟踪过程中,很有可能在这种情况下跟踪失效或者陷入自旋。

本节中系统模型和控制器设计都与曲线参数 s 相关,而弧长参数是独立于路径的一维参数。它只与当前所处的位置和整体弧长相关,与曲线具体的路径特性无关。在 Frenet - Serret 坐标系统中定义法向误差和侧向误差,并设计控制器保证无人机在二维空间内的任意位置和任意指向时,这两个跟踪误差都能收敛到 $0^{[45,50-51]}$。并且,由于一维的弧长参数是单调的,可以有效避免了设计过程中的奇异性问题[47,52-53]。

4.3.3.3　路径跟踪控制器设计

针对误差模型式(4-14),本节给出了五种小型固定翼无人机的曲线路径跟踪算法。这五种算法分别是:NLGL 算法、基于纯追踪和基于 LOS(PLOS)的算法、基于 VF 算法、典型反步法(back steping,BS)算法和 L_1 算法。这些算法中,常规的 NLGL,PLOS 和 L_1 算法被重新设计,以适应曲线路径跟踪问题。

1) NLGL 算法

NLGL 算法是一种典型的基于 VTP 的方法,通常使用几何方法为跟踪误差动态设计控制命令 ω,以确保无人机飞向 VTP。控制律使无人机能够跟踪点并最终驱动无人机沿着曲线飞行。因此,VTP 算法的实现通常分为两个部分,即 VTP 生成阶段和 VTP 跟踪阶段。

VTP 生成阶段如图 4-15 所示,假设无人机的当前位置为 p,参考曲线为 $q(s)$。以 p 为圆心,L 为半径画一个圆,这个圆与 $q(s)$ 有两个交点,分别记为 s 和 s',根据无人机的运动方向和当前位置,选择一个交点作为 VTP,即 s 或 s'。在 VTP 跟踪阶段,无人机一直飞向 VTP,也就是无人机的航向角 ψ 总是指向 ψ_d。

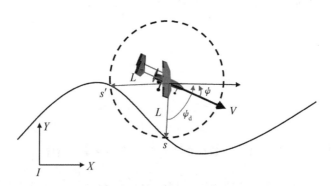

图 4-15　VTP 生成阶段

NLGL 算法实现框架如下所示,函数 $[q_s, \psi_s] = curvefun(s)$ 用于生成参考曲线,返回值为位置 q_s 和航向角 ψ_s。

算法 4 - 2　NLGL 算法

① 初始化：k，L

② 获得无人机状态：(x, y, ψ)

③ $[q_s, \psi_s, s_{next}] = GTTNLGL(x, y, s, L)$

④ $\psi_d = \arctan(q_s y - y, q_s x - x)$

⑤ $\omega = k(\psi_d - \psi)$

算法 4 - 3　*Function*[ ]=*GTTNLGL*( )

输入：(x, y)，s 和 L

输出：q_s，ψ_s 和 s_{next}

① 初始化：e_{max}，Δs 和 Δs_{max}

② $[q_{tmp}, \psi_{tmp}] = curvefun(s)$

③ $D_q = \sqrt{(q_{tmp}x - x)^2 + (q_{tmp}y - y)^2}$

④ if $abs(D_q - L) \geqslant 0.1$, then

⑤ $q_s \leftarrow q_{tmp}$；$\psi_s \leftarrow \psi_{tmp}$；$s_{next} \leftarrow s$

⑥ else

⑦ $\Delta s \leftarrow 0$；$s_{next} \leftarrow s$；$D_{last} \leftarrow L$

⑧ while $abs(D_q - L) \geqslant e_{max}$ and $\Delta s \neq \Delta s_{max}$ do

⑨ $s_{next} \leftarrow s_{next} + \Delta s$

⑩ $[q_{tmp}, \psi_{tmp}] = curvefun(s_{next})$

⑪ $D_q \leftarrow \sqrt{(q_{tmp}x - x)^2 + (q_{tmp}y - y)^2}$

⑫ if $(D_q - L)(D_{last} - L) \leqslant 0$ then

⑬ $\Delta s = -0.5\Delta s$

⑭ end if

⑮ $D_{last} \leftarrow D_q$；$\Delta s \leftarrow s_{next} - s$

⑯ end while

⑰ end if

⑱ 返回 q_s，ψ_s 和 s_{next}

　　NLGL 算法的稳定性可以通过李雅普诺夫方法证明[52]，算法的收敛和跟踪性能主要取决于两个参数：k 和 L。参数 k 是用于调整航向角的比例参数，k 越小，调整航向角的速度越慢，则航向角与曲线之间的静差越大；k 越大，航向角调节越快，同时过度调节的可能性更大。如图 4 - 15 所示，在 NLGL 算法中，以无人机为圆心的圆需要与参考曲线有两个交点，如果没有交点，那么无法得到 VTP，NLGL 算法也就无法适用。在实际算法中，针对某个时间点可能

没有圆与曲线的交点的问题,算法将使用之前的 VTP,在 VTP 算法的导引下无人机与曲线之间的距离不断减小,最终圆和曲线会有两个交点。参数是圆的半径,L 的值也会影响 NLGL 算法的性能。很小的 L 值无法保证 NLGL 算法的收敛性,很大的 L 值尽管可以保证圆与曲线交点存在,但是会牺牲算法的收敛时间。

2) 基于纯追踪和基于 LOS(PLOS)的算法

PLOS 算法是另一种典型的基于 VTP 的算法,包括两部分:VTP 生成阶段和 VTP 跟踪阶段。在前一阶段中,假定 VTP 以曲线 $q(s)$、速度 Δs 均匀移动。当无人机无法跟踪弯曲的运动时,需要降低移动速度 Δs 或暂时冻结 VTP。在 VTP 跟踪阶段,采用了横向距离控制与视线跟踪控制的组合,其设计为

$$\omega = k_1(\psi_d - \psi) + k_2 e_d \tag{4-15}$$

式中:ψ_d,ψ 分别为无人机与 VTP 之间的角度以及无人机的航向角;而 e_d 为横向距离,即无人机在 Serret – Frenet 坐标系中的法线距离。PLOS 算法实现如下所示,函数 $[q_s, \psi_s, s_{next}] = GTTPLOS(x, y, s, \Delta s, \Delta d)$ 用于生成 VTP。

算法 4 – 4　PLOS 算法

初始化:k_1,k_2,Δs,Δd

获得无人机状态:(x, y, ψ)

$[q_s, \psi_s, s_{next}] = GTTPLOS(x, y, s, \Delta s, \Delta d)$

$\psi_d = \arctan(q_s y - y, q_s x - x)$

$e_d = -(x - q_s x)\sin \psi_s + (y - q_s y)\cos \psi_s$

$\omega = k_1(\psi_d - \psi) + k_2 e_d$

算法 4 – 5　*Function*[　]＝*GTTPLOS*(　)

输入:(x, y),s,Δs 和 Δd

输出:q_s,ψ_s 和 s_{next}

① 初始化:(x, y),s,Δs 和 Δd

② $[q_{tmp}, \psi_{tmp}] = curvefun(s)$

③ $D_q = \sqrt{(q_{tmp}x - x)^2 + (q_{tmp}y - y)^2}$

④ if $D_q \geqslant \Delta d$, then

⑤ $q_s \leftarrow q_{tmp}$;$\psi_s \leftarrow \psi_{tmp}$;$s_{next} \leftarrow s$

⑥ else

⑦ $s_{next} \leftarrow s_{next} + \Delta s$

⑧ $[q_s, \psi_s] \leftarrow curvefun(s_{next})$

⑨ end if

⑩ 返回 q_s, ψ_s 和 s_{next}

式(4-15)中的参数 k_1 和 k_2 是用于调整无人机方向的比例参数,这两个参数的选择将影响方法的跟踪效果,当 $k_1 > 0$, $k_2 > 0$ 时,PLOS 算法是稳定的。如果 k_2 是一个常值,k_1 值很小时,视线跟踪控制起主导作用,无人机沿着参考路径振荡,增加 k_1 可以减小振荡。

3) 基于 VF 方法

本节中部分非线性控制相关概念,可参考附录 B。

根据误差动力学模型,构建一个可微分的 VF,$\chi_d(e_d) \in (-\chi^\infty, \chi^\infty)$,其中,$\chi^\infty \in (0, \pi/2)$。角度 $-\chi_d(e_d)$ 是一个相对于侧偏距误差 e_d 的全局 Lipschitz 的 κ 类函数,满足

$$\underline{k}_{\chi_d} \mid e_d \mid \leqslant \mid -\chi_d(e_d) \mid \leqslant \bar{k}_{\chi_d} \mid e_d \mid \qquad \forall e_d \qquad (4-16)$$

式中:$\bar{k}_{\chi_d}$, $\underline{k}_{\chi_d}$ 为 Lipschitz 常数,$\bar{k}_{\chi_d} > \underline{k}_{\chi_d} > 0$。

需要指出的是

$$e_d \sin(\chi_d(e_d)) \leqslant 0 \qquad \forall e_d \qquad (4-17)$$

e_d 和 $\chi_d(e_d)$ 是严格符号相反的。$\sin(\cdot)$ 函数在 $(-\pi/2, \pi/2)$ 是严格递增的。选择一个常为使用的 VF 方法,则

$$\chi_d(e_d) = -\chi^\infty \frac{e^{2ke_d} - 1}{e^{2ke_d} + 1} \qquad (4-18)$$

$\chi^\infty \in (0, \pi/2]$ 是一个常值角度,$k > 0$ 是控制参数,主要控制 e_d 的收敛速度。当 $|e_d|$ 的值较小时,$\chi_d(e_d)$ 趋于 0,而当 $|e_d|$ 的值较大时,$\chi_d(e_d) - \chi^\infty < 0$

当 $\mid e_d \mid \leqslant e_d^m$ 时,有

$$4k\chi^\infty \frac{e^{2ke_d^m}}{(e^{2ke_d^m} + 1)^2} \mid e_d \mid \leqslant \mid -\chi_d(e_d) \mid \leqslant k\chi^\infty \mid e_d \mid \qquad (4-19)$$

式中:e_d^m 为界限常数。

参数 $\chi_d(e_d)$ 在式(4-18)中随着参数 k 的变化而变化的特性如图 4-16 所示。

无人机期望的航向角由 VF 的朝向决定,也就是说,误差方位角 $\tilde{\chi}$ 需要指

向 VF。因此,当侧偏距误差 e_d 较大时,无人机的误差方位角以 χ^∞ 接近期望路径,而当 e_d 接近于 0 时,无人机的方位角趋近于当前路径的切线方向。图 4-17 展示了式(4-18)在 $k=0.005$ 时的路径跟踪 VF。图中,箭头指向代表了期望的航向指向,这个指向与无人机到期望路径的距离相关。当无人机距离期望路径较远时,箭头基本垂直指向期望路径。随着无人机不断地靠近期望路径,箭头的指向也逐渐偏转过渡到平行于期望路径的切线方向。

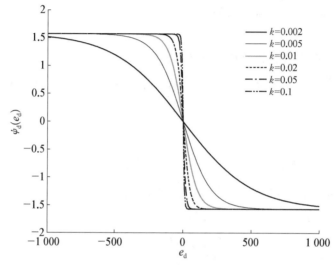

图 4-16　参数 $\chi_d(e_d)$ 在式(4-18)中随着参数 k 的变化而变化的特性

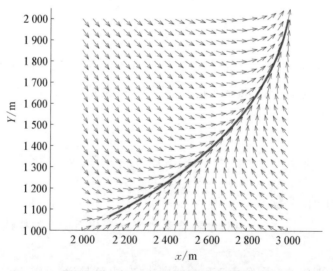

图 4-17　在 $k=0.005$ 时的路径跟踪 VF

为了简化描述,使用 χ_d 代替 $\chi_d(e_d)$。同时,方位误差角 $\widetilde{\chi}$ 与相对应的 χ_d 之间的误差定义为

$$e_\chi = \widetilde{\chi} - \chi_d \tag{4-20}$$

相对应地, $\widetilde{\chi} = e_\chi + \chi_d$,这样误差动力学模型(式(4-19))可以写为

$$\dot{e}_s = V_g \cos(e_\chi + \chi_d) - (1 - \kappa(s)e_d)\dot{s}$$

$$\dot{e}_d = V_g \sin(e_\chi + \chi_d) - \kappa(s)e_s\dot{s} \tag{4-21}$$

$$\dot{e}_\chi = \omega - \kappa(s)\dot{s} - \dot{\chi}_d$$

仔细观察系统(式(4-21)),它可以看作一个由 2 个子系统构成的级联系统。对于第二个子系统,系统输入是 ω,系统状态是 e_χ;对于第一个子系统,系统输入是 e_χ,系统状态是 $[e_s, e_d]$。

定理 4.1: 对于系统(式(4-21)),如果选择

$$\dot{s} = k_s e_s + V_g \cos\widetilde{\chi} \tag{4-22}$$

$k_s > 0$,是一个正常数。以 e_χ 为控制输入、$[e_s, e_d]$ 为系统状态的子系统是输入状态稳定(input-to-state stable,ISS)的。

证明:选择 Lyapunov 函数为

$$W_1(e_d, e_s) = \frac{1}{2}(e_s^2 + e_d^2) \tag{4-23}$$

可以找到两个 κ 类函数 $k_1(e_s, e_d)$ 和 $k_2(e_s, e_d)$,得

$$k_1(e_s, e_d) \leqslant W_1(e_d, e_s) \leqslant k_2(e_s, e_d) \quad \forall e_s, e_d \tag{4-24}$$

对 W_1 求取微分,得

$$\dot{W}_1(e_d, e_s) = e_d\dot{e}_d + e_s\dot{e}_s \tag{4-25}$$

使用式(4-21),得

$$\dot{W}_1 = e_d(V_g \sin\widetilde{\chi} - \kappa(s)e_s\dot{s}) + e_s(V_g \cos\widetilde{\chi} - (1 - \kappa(s)e_d)\dot{s})$$
$$= e_d V_g \sin\widetilde{\chi} + e_s V_g \cos\widetilde{\chi} - e_s\dot{s} \tag{4-26}$$

根据式(4-22),得

$$\dot{W}_1 = e_d V_g \sin\widetilde{\chi} - k_s e_s^2$$
$$= V_g e_d \sin\chi_d - k_s e_s^2 + V_g e_d(\sin\widetilde{\chi} - \sin\chi_d) \tag{4-27}$$

由于 $\chi_d \in (-\pi/2, \pi/2)$ 时，$\sin \chi_d$ 相对于 χ_d 是单调递增的，因此 $\frac{2}{\pi} |\chi_d| \leqslant |\sin \chi_d| \leqslant |\chi_d|$。且仅当 $\chi_d = 0$ 时，等式才成立。因此

$$\frac{2}{\pi} |e_d||\chi_d| \leqslant |e_d \sin \chi_d| \leqslant |e_d||\chi_d| \tag{4-28}$$

由于 $e_d \sin \chi_d$ 和 $e_d \chi_d$ 均小于 0，即

$$e_d \chi_d \leqslant e_d \sin \chi_d \leqslant \frac{2}{\pi} \chi_d e_d \leqslant 0 \tag{4-29}$$

考虑 χ_d 是全局 Lipschitz 的，即

$$-\bar{k}_{\chi_d} e_d^2 \leqslant e_d \sin \chi_d \leqslant -\frac{2k_{\chi_d}}{\pi} e_d^2 \leqslant 0 \tag{4-30}$$

而且

$$\begin{aligned}
|\sin \widetilde{\chi} - \sin \chi_d| &= |\sin(e_\chi + \chi_d) - \sin \chi_d| \\
&= |\sin e_\chi \cos \chi_d + \cos e_\chi \sin \chi_d - \sin \chi_d| \\
&= |\sin e_\chi \cos \chi_d + (\cos e_\chi - 1)\sin \chi_d| \\
&\leqslant |\sin e_\chi \cos \chi_d| + |(\cos e_\chi - 1)\sin \chi_d| \\
&\leqslant 2|e_\chi|
\end{aligned} \tag{4-31}$$

因此，考虑 $|e_d|$ 在实际中是肯定有界的，存在一个 κ 类函数 $\gamma_\chi(|\cdot|)$，

$$|V_g e_d(\sin \widetilde{\chi} - \sin \chi_d)| \leqslant 2V_g |e_d||e_\chi| \leqslant \gamma_\chi(|e_\chi|) \tag{4-32}$$

结合式(4-30)和式(4-31)，$\dot{W}_1$ 在式(4-27)中满足

$$\begin{aligned}
\dot{W}_1 &\leqslant -V_g \frac{2k_{\chi_d}}{\pi} e_d^2 - k_s e_s^2 + \gamma_\chi(|e_\chi|) \\
&\leqslant -2\min\left(\frac{2V_g k_{\chi_d}}{\pi}, k_s\right) W_1(e_d, e_s) + \gamma_\chi(|e_\chi|)
\end{aligned} \tag{4-33}$$

因此，结合附录 B 中的引理 2，子系统是 ISS 的。

定理 4.2： 当误差动力模型式(4-21)的控制输入选择为

$$\omega = -k_\omega(\widetilde{\chi} - \chi_d) + \kappa(s)\dot{s} + \dot{\chi}_d \tag{4-34}$$

状态 e_χ 将会全局指数收敛到 0。其中，k_ω 是正常数。

证明：选择 Lyapunov 函数为

$$W_2(e_\chi) = \frac{1}{2}e_\chi^2 \qquad (4-35)$$

仅当 $e_\chi = 0$，即 $\tilde{\chi} = \chi_d$ 时，才能达到平衡。

对 W_2 求取微分，并考虑式(4-21)，得

$$\dot{W}_2(e_\chi) = e_\chi \dot{e}_\chi = e_\chi(\omega - \kappa(s)\dot{s} - \dot{\chi}_d) \qquad (4-36)$$

结合式(4-29)可以得出

$$\dot{W}_2(e_\chi) = -k_\omega e_\chi^2 = -2k_\omega W_2(e_\chi) \qquad (4-37)$$

这样就可以得到结论。

定理 4.3：对于误差动力学模型式(4-21)，如果选择控制输入为式(4-26)和式(4-34)，那么系统是全局渐进稳定的。也就是说，跟踪误差$[e_s, e_d]$渐进收敛到$[0, 0]$，$\tilde{\chi}$收敛到χ_d。

证明：误差动力学模型式(4-21)可以看作由 2 个子系统组成的级联系统，从定理 4.2 可知，当式(4-34)为控制输入时，e_χ 子系统全局渐进稳定，即 e_χ 全局指数收敛到 0。此外，从定理 4.1 可知，如果把 e_s 和 e_d 看作系统状态，e_χ 看作控制输入，那么式(4-22)设计的 $\dot{s}$ 将使得$[e_s, e_d]$系统是 ISS 的。综上，根据定理 4.1，由式(4-21)、式(4-26)和式(4-34)组成的全系统是全局渐进稳定的。所以，跟踪误差$[e_s, e_d]$渐进收敛到$[0, 0]$，$\tilde{\chi}$收敛到χ_d。

根据前面的理论分析，定理 4.3 中的曲线路径跟踪算法可以使用算法 4-6：

算法 4-6　VF-SMC 算法

① 初始化：k_s, k_ω 和 k

② 得到无人机的状态：$[p, \chi]$

③ 得到期望路径的表述 $[q(s), \chi_f, \kappa(s)] = curvefun(s)$

④ $\tilde{\chi} = \chi - \chi_f$

⑤ 使用 $\begin{bmatrix} e_s \\ e_d \end{bmatrix} = \begin{bmatrix} \cos\chi_f & \sin\chi_f \\ -\sin\chi_f & \cos\chi_f \end{bmatrix}(p - q)$，计算侧偏距误差和跟进误差

⑥ $\dot{s} = k_s e_s + v_g \cos\tilde{\chi}$

⑦ 设置 $\chi^\infty = \pi/2$

⑧ $\chi_d = -\chi^\infty \dfrac{e^{2ke_d} - 1}{e^{2ke_d} + 1}$

⑨ $\nabla\chi_d = -4k\chi^\infty \dfrac{e^{2ke_d}}{(e^{2ke_d} + 1)^2}$

⑩ $e_\chi = \widetilde{\chi} - \chi_d$，而且限制 e_χ 处于 $(-\pi, \pi]$

⑪ $w = -k_\omega e_\chi + k\dot{s} + \nabla\chi_d(V_g \sin\widetilde{\chi} - \kappa e_s \dot{s})$

在算法 4-6 中，函数 $curvefun(s)$ 是弧长参数 s 的单调函数。假定，期望路径的起点为 T_0，路径的终点为 T_1，路径的总弧长为 l_s。显然，$s \in [0, l_s]$。期望路径的坐标信息是提前已知的，那么路径上任意一点的坐标只对应于一个弧长。反之，在已知弧长参数的时候，也可以唯一找到一个路径上的坐标与之对应。函数 $curvefun(s)$ 的目的就是根据已知的弧长参数，求解期望坐标。在期望坐标已知的情况下，期望的路径角和当前坐标的曲率都会对应计算得到。

这里用于描述参考路径的特性，返回值是路径上点的位置 $q(s)$，角度 $\chi_f(s)$ 和曲率 $\kappa(s)$。这里需要说明的是，$curvefun(s)$ 可适用于任意可微分的曲线。

4) BS 算法

BS 算法是一种基于控制理论的算法，其中采用带有参数自适应技术的反推方法进行控制律设计。

定理 4.4：对于误差动力学模型式(4-21)，定义接近角式(4-18)，假设无人机的速度是非负的，参考路径由弧长 s 确定，在每个 s 上，变量 κ，e_s，e_d 和 ψ_f 定义明确，那么选择控制输入为

$$\omega = -\kappa_\omega(e_\psi - \delta(e_d)) + \kappa(s)\dot{s} + \delta'(e_d)(V\sin e_\psi - \kappa(s)e_s\dot{s}) -$$

$$\frac{e_d V}{\gamma}\frac{(\sin e_\psi - \sin(\delta(e_d)))}{e_\psi - \delta(e_d)}$$

$$\dot{s} = k_s e_s + V\cos(e_\psi)$$

式中：k_s 为正常数；e_s，e_d 和 e_ψ 为跟踪误差，渐进收敛到 0。

定理 4.4 可以通过 Lyapunov 理论进行证明。应当注意的是，这里的接近角被定义为与 VF-SMC 方法中的 VF 相同。通过相对于路径上的参考点构造 VF 以将无人机引导至该路径，可以使用进场角将无人机引导至参考路径。BS 算法的具体描述如下所示：

算法 4-7　BS 算法

① 初始化：k_s，k_ω 和 k

② 获得无人机状态 (x, y, ψ) 和速度 V

③ $p = \begin{bmatrix} x & y \end{bmatrix}^T$

④ 获得曲线参数 $[q_s, \psi_f, \kappa_f] = curvefun2(s)$

⑤ $e_\psi = \psi - \psi_f$

⑥ 计算平行和垂直跟踪误差

$$\begin{bmatrix} e_s \\ e_d \end{bmatrix} = \begin{bmatrix} \cos\psi_f & \sin\psi_f \\ -\sin\psi_f & \cos\psi_f \end{bmatrix}(p - q_s)$$

⑦ $\dot{s} = k_s e_s + V\cos e_\psi$

⑧ 设置 $\chi^\infty = \dfrac{\pi}{2}$，$\gamma = 1\,000$

⑨ $\delta(e_d) = -\chi^\infty \dfrac{e^{2ke_d} - 1}{e^{2ke_d} + 1}$

⑩ $\delta'(e_d) = -4k\chi^\infty \dfrac{e^{2ke_d}}{(e^{2ke_d} + 1)^2}$

⑪ $\Delta\psi = e_\psi - \delta(e_d)$，将 $\Delta\psi$ 限制在 $(-\pi, \pi]$

⑫ $\omega = -k_\omega \Delta\psi + \kappa_f \dot{s} + \delta'(e_d)(V\sin e_\psi - \kappa_f e_s \dot{s}) - \dfrac{e_d V}{\gamma} \dfrac{\sin e_\psi - \sin\delta(e_d)}{\Delta\psi}$

5）L_1 方法

L_1 方法已在许多开源自动策略中使用，如 Pixhawk。该方法的关键是利用飞机的几何关系，以确保横向加速度与沿半径弧的向心加速度一致。因此，通过跟踪路径上的某个 VTP，横向加速度收敛到零。图 4-18 显示了 L_1 算法中无人机与 VTP 之间的位置关系。

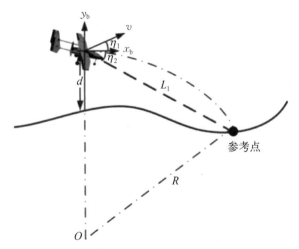

图 4-18　L_1 算法中无人机与 VTP 之间的位置关系

在 L_1 方法中，VTP 是参考路径上位于无人机前方距离 L_1 的点，VTP 可以使用类似 NLGL 方法的算法获得。显然，无人机的向心加速度可以描述为

$$a = \frac{V^2}{R} = 2\frac{V^2}{L_1}\sin\eta$$

式中：V 为无人机的速度；η 为无人机速度与 VTP 方向之间的夹角。一方面，如果无人机远离参考路径，则加速度 a 可以旋转无人机的运动方向，使其以较大的航向角接近参考路径。另一方面，如果无人机运动方向朝向参考路径，则 a 会调整无人机，使其以较小的航向角接近参考路径。因此，根据加速度 a 设计的控制律可以写为

$$\omega = k\frac{a}{V} = 2k\frac{V}{L_1}\sin\eta$$

式中：k 为可调参数，用于适应不同的曲线路径。换言之，对于直线路径可以取 $k=1$。k 越大，无人机与 VTP 之间的距离减小越快，过大的 k 可能导致无人机的航向角振荡。V/L_1 为某种程度上相当于 PD 控制器的时间常数。L_1 算法实现如下所示：

算法 4-8 L_1 算法

① 初始化：k 和 L_1

② 获得无人机状态 (x, y) 和速度 V

③ $[\eta, s_{\text{next}}] = GTTNLGL(x, y, s, L_1, V)$

④ $\omega = 2k\dfrac{V}{L_1}\sin\eta$

4.4 集群无人机起降系统

无人机的起降是指按照预先设定好的程序，自主完成起飞（发射）和降落（回收）过程。集群系统要在复杂的环境中快速形成战斗力，要求集群无人机的起降尽可能快速简便，并具有很强的场地和环境适应性。本节将主要介绍适宜于集群使用的各种起降系统。值得注意的是，各种起降系统往往配合使用。

4.4.1 无人机集群发射（起飞）系统

无人机的发射（起飞）主要指在特定范围内，通过特定的方式使得无人机具备一定的高度和初速度（高于失速速度）。快速有效的发射（起飞）对提高无人机的战场生存能力、增加使用灵活性和环境适应性有直接影响，是无人机集群的关

键阶段之一。

无人机的发射(起飞)方式有很多,根据发射场地的限制和动力类型的不同,主要有滑跑起飞、垂直起飞、弹射起飞、炮射/火箭助推发射、手抛起飞和空中投放发射等。

1) 滑跑起飞

滑跑起飞是固定翼无人机最常见的起飞方式。它指无人机依托自身的推力系统,在平直跑道上直线加速,达到一定的速度之后跃升起飞。滑跑起飞简单可靠,成本较低,不需要其他辅助系统,可重复性强。采用滑跑起飞的典型无人机有美国"捕食者"系列、"全球鹰"(Global Hawk)系列和我国的"翼龙"系列无人机等。

固定翼无人机滑跑起飞主要分为三个阶段:滑跑阶段、爬升阶段和平稳飞行阶段。无人机启动后,首先在地面滑跑,即进入滑跑阶段。在滑跑阶段,无人机在跑道上保持固定航向,并平稳加速,在速度超过失速速度且维持一段时间之后,机头抬升进入爬升阶段。在爬升阶段,无人机保持一定的仰角(通常小于10°)并保持滚转锁定,待无人机到达一定高度之后转入平稳飞行阶段。在平稳飞行阶段,无人机可以转入执行其他任务飞行。无人机起飞示意图如图4-19所示。

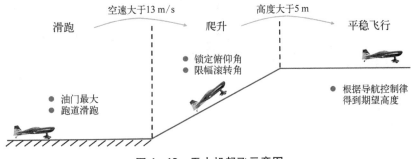

图4-19 无人机起飞示意图

滑跑起飞一般需要一定长度和质量的跑道,易受海拔高度、风向和跑道平整度等因素影响。集群密集起飞对跑道的负载要求较高,先起飞的无人机通常需要一定的滞空等待时间,待足够数量的无人机起飞后一起执行任务。故而,采用滑跑的集群无人机系统,在起飞阶段需要合理安排无人机的起飞顺序和起飞间隔,同时需要对无法正常起飞和出现起飞故障的飞机做好应急预案。

2) 垂直起飞

垂直起飞通常和垂直降落放在一起,称为垂直起降。垂直起降主要指固定翼飞机可以不用借助跑道,在地面以悬停的样式克服重力垂直起飞和垂直降落。它兼具垂直起飞能力和固定翼无人机长航时的优势,既可以像多旋翼、直升机一样垂直起降和悬停,对起降地点要求低,又具有固定翼飞机速度快、航程远、续航时间长的特点。垂直起降减少或摆脱了对跑道的依赖,机动灵活,隐蔽性强,可用于舰载或复杂地形。由于起降阶段功耗较大,垂直起降无人机通常航程较短。典型的垂直起飞无人机主要有以色列"黑豹"无人机、美国"鹰眼"(Eagle Eye)无人机等。

按照模态转换方式的不同,垂直起降无人机可分为尾座式、倾转旋翼式、倾转机翼式、复合翼式等,如图4-20所示。其中,尾座式采用机尾坐地式垂直起降,在空中将机体倾转来实现悬停和平飞的模态转换。倾转旋翼式无人机以旋翼模态起飞,在模态转换过程中仅仅倾转动力(旋翼)部分,从垂直向上的拉力转换为水平向前的推力。倾转机翼式无人机将机翼和动力装置固定,在多旋翼模态垂直向上拉起飞机,然后机翼和动力一起倾转,转换到固定翼模式飞行;复合翼式垂直起降无人机采用固定翼、多旋翼的2套动力系统,分别在固定翼巡航、垂直起降阶段使用。

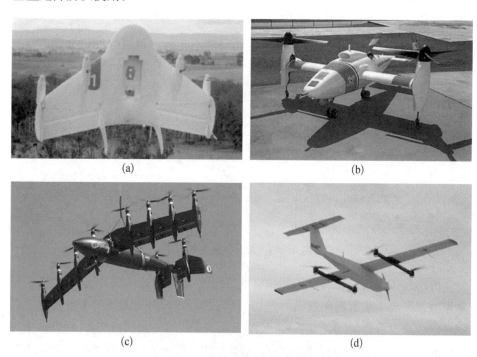

(a)   (b)

(c)   (d)

图4-20 垂直起降固定翼无人机

(a) 尾座式;(b) 倾转旋翼式;(c) 倾转机翼式;(d) 复合翼式

3) 弹射起飞

弹射起飞(见图4-21)是指在弹射器的帮助下获得初始起飞速度,缩短起飞需要的滑行距离和能量消耗。弹射起飞的优点是安全可靠,灵活机动,可增加无人机集群的带载能力和巡航时间；其缺点是弹射器的性能极大限制了无人机本身的性能。采用弹射起飞的无人机有以色列"先锋"(Pioneer)无人机、法国"麻雀"(Sperwer)无人机和英国"大鸦"(Raven)无人机等。

图 4-21 弹射起飞

4) 炮射/火箭助推发射

炮射/火箭助推发射(见图 4-22)是指利用火炮或火箭助推方式，使得无人机在短时间内具备较大的初速度和高度。相对于弹射起飞方式，炮射/火箭助推发射的优点是无人机获得的初速度更大，可以用于较远距离的突防，增加无人机集群的作战半径；其缺点在于运输存储较为复杂，发射时的过载和高速对无人机载体和机载传感器的要求较高。采用炮射/火箭助推发射的无人机主要有以色列"Harpy"无人机，南非"百灵鸟"(Lark)无人机和我国 CK1，ASN206

图 4-22 炮射/火箭助推发射

无人机等。

5）手抛起飞

手抛起飞的无人机大多为微小型侦查无人机，通过人工投掷的方式获取初速度飞行，可用于数量较少的无人机集群。采用手抛起飞的无人机主要有瑞典"松鸡"（Ripan）无人机、美国"标枪"（Javelin）无人机和"大乌鸦"无人机等。手抛起飞如图4-23所示。

图4-23　手抛起飞

6）空中投放发射

空中投放发射是指利用载机（大型运输机等）将集群无人机带到空中，在合适的区域将无人机与载机分离，之后无人机利用自身动力飞行。空中投放发射对无人机的体积和可靠性要求较高，可以解决集群无人机的远程运输问题，也更加符合实战需求。采用空中投放发射的无人机有美国"石鸡"（Chukar）BQM-74E无人机、以色列"迪莱勒"（Delilah）无人机和我国的"长虹"无人机等。

空中投放发射的集群无人机在当前的集群项目中被广泛使用。美军的"山鹑"无人机集群项目和"小精灵"项目均采用空中投放。其中，"山鹑"无人机集群项目采用F-16或者F/A-18的战机干扰弹发射桶释放微型"山鹑"无人机。2015年6月，1架F-16战机投放20架"山鹑"无人机并形成集群；2016年10月，3架F/A-18"超级大黄蜂"战斗机投放了103架"山鹑"无人机组成的集群。小精灵项目由C-130运输机等大型载机以底部挂载的方式投射小精灵无人机。"山鹑"无人机由母机投放示意图如图4-24所示。

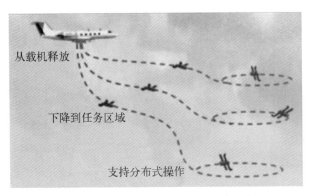

图 4-24 "山鹑"无人机由母机投放示意图

4.4.2 集群无人机回收(降落)系统

无人机的回收(降落)主要指通过特定的方式使得无人机安全地返回指定目的地。为增强无人机的重复使用性,无人机的回收(降落)技术是无人机集群的关键技术之一。

无人机的回收(降落)方式经常与起飞方式相互配合。根据回收场地的限制和动力类型的不同,目前应用较多的方式主要有滑跑着陆回收、伞降回收、拦截网回收、"天钩"系统回收、空中回收等。

1) 滑跑着陆回收

滑跑着陆回收是固定翼无人机常用的着陆方式,它通常与滑跑起飞配合使用。它指将无人机遥控或者按照自动方式降落到跑道上,逐步减速到零,实现着陆回收。集群无人机通常需要密集降落,故而其降落方式通常要求自动化,即利用本身所携带的传感器,在没有人为指挥和干预的情况下,实现自动着陆回收。采用滑距着陆回收的无人机有意大利的"Mirach-26"无人机和美国的"天眼"(Skyeye)无人机等。

固定翼无人机滑跑降落可分为四个阶段:航向对正、下滑、拉平和滑跑(见图 4-25)。航向对正阶段,将无人机的机头调整到跑道方向,并以较小的速度做定高定速飞行,在速度和高度合适的位置开始下降,即进入下滑阶段。在下滑阶段,无人机保持滚转锁定,下降速度不宜过大,多采用先固定俯仰角($-10°\sim$ $-3°$),后切换到指数曲线的下降方式。在快接近地面的时候进入拉平阶段,此时无人机具备正仰角,通过拉平进一步降低无人机速度,并保持姿态平稳。最终接地时滑跑,直至速度接近为 0 时完成整个降落过程。集群无人机系统滑跑降落时,同样需要合理规划无人机降落顺序,调整降落间隔,并快速清空跑道,在最短时间内完成所有飞机的有序降落。

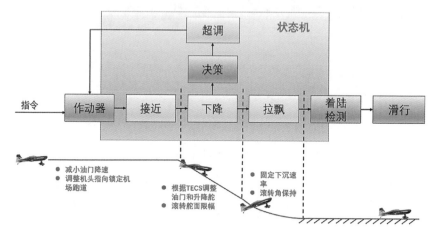

图 4-25   无人机降落示意图

图 4-26   伞降回收

2) 伞降回收

伞降回收可按照预定的程序或在遥控指挥下到达特定区域后,减速并打开降落伞,使无人机安全降落在指定区域,如图 4-26 所示。伞降回收方法可以实现无人机在一定范围内回收,但容易受到风扰的影响,难以实现定点降落回收。

采用伞降回收的无人机有法国"玛鲁拉"(Marula)无人机、南非"大鸥"(Skua)无人机和我国的"长箭"无人机等。

3) 拦截网回收

拦截网回收是目前小型无人机较普遍采用的回收方式之一。无人机在地面无线电遥控或者预设程序下,降低高度,减小速度,撞向事先装置好的、由弹性材料编制成的阻拦网(一般网的两端还连接能量吸收器)。无人机撞入网中后,速度很快衰减为零,从而实现回收,如图 4-27 所示。拦截网回收在不需要改装无人机、不需要跑道条件下实现短距回收,非常适合于海上舰船对无人机的回收。该回收方式的主要不足在于需要专门的阻拦装置和复杂的导引设备,并且不适于快速批量化回收。

图 4-27 拦截网回收

采用拦截网回收的无人机有美国的"星鸟"无人机、"苍鹰"(Aquila)无人机，以色列的"先锋"(Pioneer)无人机、"侦察兵"(Scout)无人机和加拿大的"哨兵"(Sentinel)无人机。

4)"天钩"系统回收

"天钩"系统回收与拦截网回收有些类似。不同的是，回收装置由网简化为带有弹性的降落拦阻索；同时，在无人机机翼上装有类似于海军舰载机使用的降落拦阻钩。无人机在自动程序下飞过"天钩"系统，机上的降落拦阻钩抓住空中任意长度的降落拦阻索，使得无人机的速度很快衰减为零，从而实现回收。相比于拦截网回收，"天钩"系统需要的场地更小更方便，但是回收难度更大，无人机必须能够精确地用拦阻钩抓住拦阻索。目前，采用"天钩"系统回收的无人机主要为美国的"扫描鹰"(Scan Eagle)无人机。"天钩"系统回收如图 4-28 所示。

图 4-28 "天钩"系统回收

5) 空中回收

空中回收指由运输机、直升机等大型母机在空中直接将无人机捕获并携带回场着陆。空中回收非常有利于无人机的重复使用,有利于集群在空中持续执行任务。但这种回收方式需要大型母机。相对而言,空中回收的难度是最大的。目前,还没有成熟的空中回收方案。美国"小精灵"项目的关键技术之一就是无人机的空中回收。图 4-29 给出了"小精灵"项目空中回收的设计。

图 4-29 "小精灵"项目空中回收的设计

4.5 集群无人机飞行控制算法仿真与飞行验证

本节主要采用半实物仿真系统和实际无人机系统验证飞行控制算法的有效性。其中,半实物仿真系统采用附录 A 的单机半实物仿真系统,无人机系统采用附录 B 中的集群无人机系统。

4.5.1 高度控制器验证

本节主要验证 4.3.2.2 节中高度控制算法给出的高度控制器,它由传统的PD 前馈和模糊控制器组合而成。

4.5.1.1 半实物仿真验证

在半实物仿真中,高度控制器以 C++代码的形式在协同处理器中实现,控制器的输出发送给机载自驾仪中的姿态控制回路。无人机的速度设置为 18 m/s，并且在 X‐Plane 模拟器中增加了不同的风速扰动。用于高度控制器测试的飞行路径设置如图 4‐30 所示，包含直线、转弯、圆等不同形状。

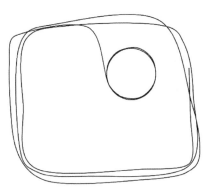

为了比较控制器性能，仿真测试了带有模糊子控制器和不带模糊子控制器的高度控制效果。从图 4‐31 看出，在 15 kn 的最大随机风速下，本书提出的混合式控制器将

图 4‐30 用于高度控制器测试的飞行路径设置

最大高度误差从 $-3.879\sim3.498$ m 提高到 $-1.199\sim0.632$ m。在图 4‐32 中，最大随机风速为 30 kn 时，仅使用 PD 控制器时的高度误差为 $-6.254\sim6.98$ m，而使用混合式控制器时的高度误差为 $-0.777\sim0.702$ m。

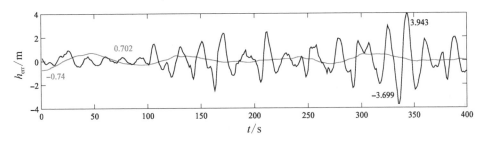

图 4‐31　15 kn 随机风速下，混合控制器和 PD 控制器的高度控制误差

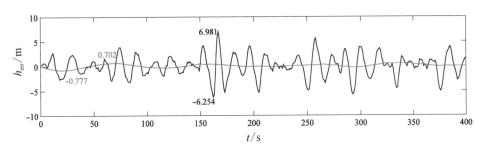

图 4‐32　30 kn 随机风速下，混合控制器和 PD 控制器的高度控制误差

大量的仿真测试验证了所提出的混合高度控制方案的有效性和鲁棒性。进一步，在随机风速条件下进行的仿真试验也验证了混合控制器可以适应不确定的飞行环境。

4.5.1.2 飞行验证

完成仿真试验之后,在真实的飞行平台上进一步验证本节提出的混合高度控制方案。首先,在不同的风况下进行了实际飞行试验(平均风速为 3 m/s 到 10 m/s),飞行高度设置为 100 m,巡航速度设置为 18 m/s。

收集 7 架固定翼无人机 30 次飞行测试的飞行数据,其中一半使用设计的混合式控制器方案,另一半仅使用 PD 控制器。表 4-4 展示了使用混合控制器前后的高度控制性能比较结果。从表中可以看出,混合控制器将高度控制误差从 4.776 6 m 降低到 0.948 6 m,这验证了控制器的稳定性和效率。此外,最大高度控制误差从 19.356 m 减小到 6.438 m,这说明了控制器具备快速响应的能力。

表 4-4　使用混合控制器前后的高度控制性能比较结果

阶　段	平均高度误差/m	最大高度误差(绝对值)/m	变化范围/m	标准差/m
前	4.776 6	19.356	21.827	5.732
后	0.948 6	6.438	7.978	1.426

图 4-33 和图 4-34 展示了两个典型的飞行试验的高度控制误差的详细飞行数据,这两次飞行测试均在约 6 m/s 的风速下进行,在图 4-33 和图 4-34 中,浅色曲线代表混合控制器的飞行数据,深色曲线记录使用 PD 高度控制器的飞行数据。飞行试验是在不同的风况下进行的,以测试所提出的混合控制器的鲁棒性。图 4-35 展示了三组飞行高度数据,试验分别在大约 3 m/s,5 m/s 和 8 m/s 的风中进行,图中黑色曲线表示风速为 8 m/s 的数据,浅灰色曲线表示风速为 5 m/s 的数据,深灰色曲线表示风速为 3 m/s 的数据,三组试验中最大的飞行高度误差为 5.419 m。

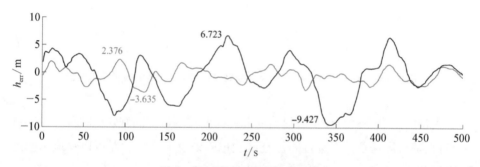

图 4-33　试验一高度控制误差

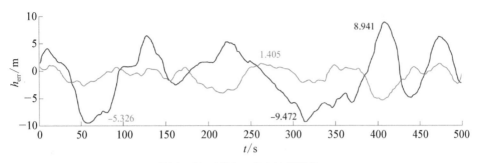

图 4‑34　试验二高度控制误差

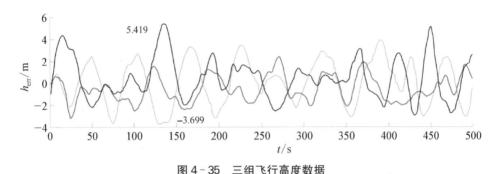

图 4‑35　三组飞行高度数据

综上所述,仿真和飞行测试都验证了本节提出的混合高度控制方案的有效性,测试设置的差异进一步验证了混合控制器对干扰和不确定性的鲁棒性。

4.5.2　曲线路径跟踪控制器验证

本节主要验证 4.3.3 节中给出的各种平面曲线跟踪控制器。其中,半实物仿真中,对 5 种曲线跟踪控制算法进行了细致的比较研究。在飞行验证中,主要验证了经典的 PLOS 算法。

4.5.2.1　曲线路径拟合

在飞行的时候,航线是由一系列的航点构成的。基于无人机当前的位置、朝向和曲线的曲率等信息,很容易得到光滑曲线作为最佳的跟踪路径。期望路径是由二维空间内定义的世界坐标系下的经纬度数值,转换到以第一个航点为原点的局部坐标系中,然后使用三次 B 样条插值得到。

为了能够得到连续而曲率平滑的曲线,采用三次 B 样条插值得到期望路径,经过所有航点而保持曲率连续。一个 B 样条曲线 $S:[0,1] \rightarrow \mathbf{R}^2$ 的定义为

$$S(u) = \sum_{i=0}^{m} P_i N_{i,\mathrm{p}}(u) \tag{4-38}$$

式中：P_i 为控制点；$N_{i,p}(u)$ 根据 Cox-de Boor 迭代公式得

$$N_{i,0}(u) = \begin{cases} 1, & u_i \leqslant u \leqslant u_{i+1} \\ 0, & \text{其他} \end{cases}$$

$$N_{i,p}(u) = \frac{u - u_i}{u_{i+p} - u_i} N_{i,p-1}(u) + \frac{u_{i+p+1} - u}{u_{i+p+1} - u_{i+1}} N_{i+1,p-1}(u)$$

(4 - 39)

式中：u_i 为节点，而 $u_0 \leqslant u_1 \leqslant \cdots \leqslant u_m$ 节点的数量为 $m+1$；p 为基函数的度，$p = 3$。

4.5.2.2　半实物仿真验证

在现实世界中，风干扰是不可避免的，有效的路径跟踪算法必须具有强大的抗风能力，因此试验中需要进一步考虑风干扰。为了分析在变化的风力条件下不同算法的鲁棒性，在试验设计中加入具有不同速度和方向的风力。众所周知，对于微型无人机来说，风速通常是空速的 $20\% \sim 60\%$，将试验无人机的巡航地面速度设置为 15 m/s，试验中的风速分别设置为 1 m/s，2 m/s，3 m/s，4 m/s，5 m/s，6 m/s 和 7.5 m/s，风向分别为 $0°$，$120°$ 和 $240°$。在算法的最佳参数设置下，选择相同的初始位置和航向角对不同算法进行试验测试，记录数据以对比不同算法在不同风况下的性能表现。

1) 有风存在下的 NLGL 算法

为了进行定量分析，首先考虑风向为 $120°$ 不同风速下 NLGL 算法的性能表现，然后扩展到风向 $0°$ 和 $240°$。NLGL 算法的参数选择 $k=2$，$L=30$，展示了在无风的情况下，无人机当前位置与参考曲线之间的距离误差随曲线曲率的变化趋势；展示了在风向 $120°$、风速 7.5 m/s 情况下，无人机航向 ψ 与风向之间的夹角对距离误差的影响。

图 4 - 36 表明距离误差与曲率密切相关，且具有时间延迟。曲线的曲率越大，距离误差越大，其原因是试验使用的无人机的机动性有限。

这限制了无人机跟踪变化剧烈的曲线能力。因此，与仅由直线和折线构成的路径相比，连续可微分的弯曲路径可以有效地消除误差，并且在路径规划过程中有助于最大限度地减小路径的最大曲率。此外，从图 4 - 37 可以看出，侧风扰动对路径跟踪结果的影响最大。结合图 4 - 36～图 4 - 39，最大距离误差总是发生在垂直于无人机航向的风中，也就是说由风和侧倾角限制导致的无人机侧滑变大，风向与无人机航向之间的夹角越大，误差越大。此外，随着风速的增加，跟踪误差也逐渐增加。当风速达到 7.5 m/s 时（巡航地面速度为 15 m/s），跟踪误

差的最大值和平均值分别为 20.19 m 和 9.50 m。在这种情况下,无人机的滑移非常严重,这给无人机的轨迹带来较大的过冲,并导致较大的跟踪误差。在不同风向下,可以获得类似的结果和结论。

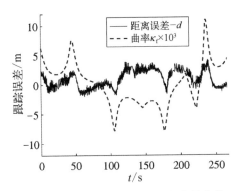

图 4-36　无风时距离误差随曲率的变化

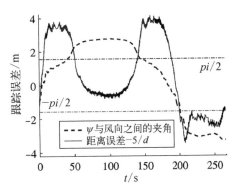

图 4-37　在风向 120°和速度 7.5 m/s 情况下,距离误差随 ψ 与风向之间的夹角变化

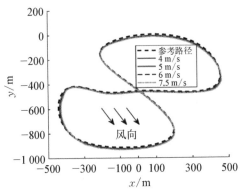

图 4-38　在风向 120°情况下应用 NLGL 算法,无人机的参考路径与飞行路径

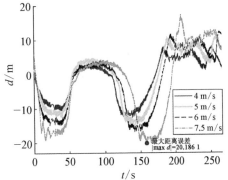

图 4-39　在风向 120°情况下应用 NLGL 算法,无人机在不同风速下的距离误差

在不同风向,即 0°,120°和 240°,相同的 NLGL 算法参数下进行重复对比试验,得到的跟踪性能综合结果如图 4-40 所示。图 4-40 展示了 NLGL 算法在不同风向下,无人机与参考路径之间的最近距离的均值与方差,图中每个点的文本标签均指风速,如 4 表示风速为 4 m/s。从图 4-40 中可以看出,当风从 240°方向吹来时,距离误差的平均值最大,这对应于路径中横向风最大的情况。

2) 有风存在下的 PLOS 算法

同样地,在风力扰动下选用参数 $k_1=1.5$,$k_2=0.005$ 测试了 PLOS 算法,在

图 4-41、图 4-42 中展示了 120°风向存在不同速度的风,无人机对参考路径的跟踪情况。当风速达到 7.5 m/s 时,跟踪误差的最大值和平均值分别为 17.69 m 和 7.11 m。

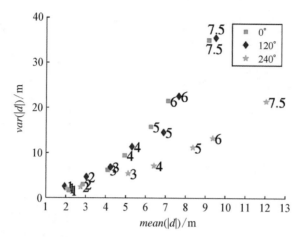

图 4-40　不同风向、风速情况下应用 NLGL 算法,距离误差的均值与方差

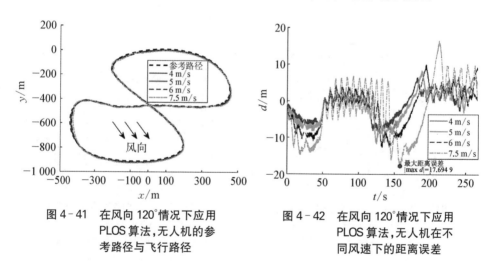

图 4-41　在风向 120°情况下应用 PLOS 算法,无人机的参考路径与飞行路径

图 4-42　在风向 120°情况下应用 PLOS 算法,无人机在不同风速下的距离误差

对于具有相同选定参数的 PLOS 算法,在不同风向(0°,120°和 240°)、不同风速(1 m/s,2 m/s,3 m/s,4 m/s,5 m/s,6 m/s,7.5 m/s)下,距离误差的均值和方差如图 4-43 所示。可以发现,与 NLGL 算法相比,PLOS 算法对风向的敏感性不高,因为在 PLOS 算法中已经考虑了横向距离控制。

3) 有风存在下的 VF-SMC 算法

图 4-44 和图 4-45 展示了在参数 $k_s = 0.05$,$k_\omega = 1$ 和 $k = 0.25$ 的情况下,VF-SMC 算法在风向为 120°,风速从 1 m/s 到 7.5 m/s 的性能表现。当风

速小于 6 m/s 时,距离误差仍在很小的范围内,即小于 14.5 m。但是当风速达到 7.5 m/s 时,距离误差的最大值(39.62 m)和平均值(10.42 m)都会急剧增加。在不同风速和风向下,距离误差的均值和方差也显示在图 4-46 中。

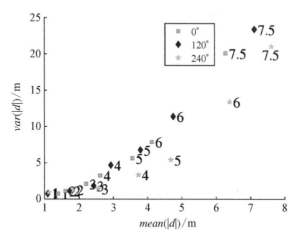

图 4-43　在不同风向、风速情况下应用 PLOS 算法,距离误差的均值与方差

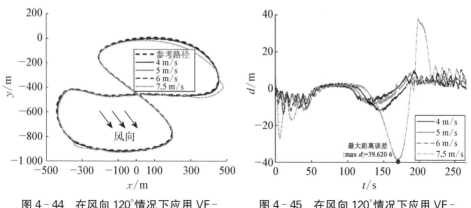

图 4-44　在风向 120°情况下应用 VF-SMC 算法,无人机的参考路径与飞行路径

图 4-45　在风向 120°情况下应用 VF-SMC 算法,无人机在不同风速下的距离误差

4) 有风存在下的 BS 算法

在不同风速下,使用参数为 $k_s = 0.5$,$k_\omega = 1$ 和 $k = 0.25$ 的 BS 算法的试验结果如图 4-47 和图 4-48 所示。由于 BS 算法是一种误差驱动的控制方法,因此与 VF-SMC 方法相比,试验结果在路径上表现出更多的振荡。与 VF-SMC 方法类似,当风速达到 7.5 m/s 时,最大和平均误差分别达到 46.88 m 和 7.73 m,与风速小于 6 m/s 时相比急剧增加。此外,来自不同方向的风的试验结果如图 4-49 所示。

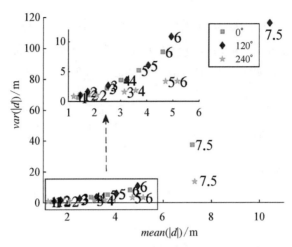

图 4-46　在不同风向、风速情况下应用 VF-SMC 算法,距离误差的均值与方差

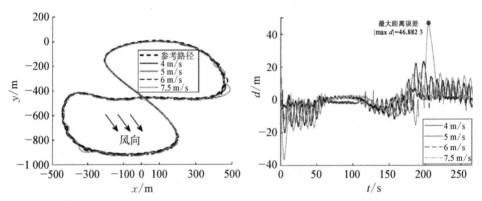

图 4-47　在风向 120°情况下应用 BS 算法,无人机的参考路径与飞行路径

图 4-48　在风向 120°情况下应用 BS 算法,无人机在不同风速下的距离误差

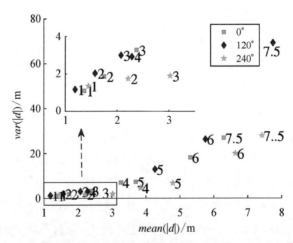

图 4-49　在不同风向、风速情况下应用 BS 算法,距离误差的均值与方差

5）有风存在下的 L_1 算法

将 L_1 算法的参数设计为：$L_1 = 20, k = 0.25$。在不同风速条件下测试了 L_1 算法的性能，结果如图 4-50～图 4-52 所示。从图 4-50 看出，有风条件下的弯曲飞行路径平滑，过渡自然。在图 4-51 中距离误差也随着风速的增加而增加，与风向（见图 4-52）几乎呈线性关系。当风速达到 7.5 m/s 时，最大和平均误差分别达到 20.70 m 和 10.33 m。

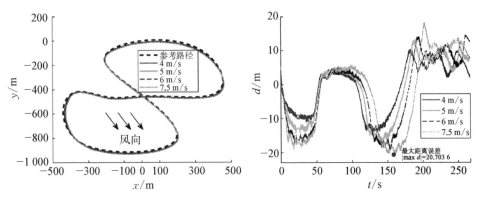

图 4-50　在风向 120°情况下应用 L_1 算法，无人机的参考路径与飞行路径

图 4-51　在风向 120°情况下应用 L_1 算法，无人机在不同风速下的距离误差

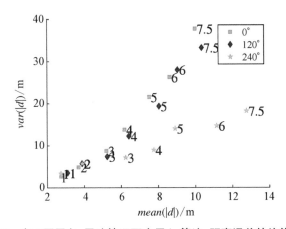

图 4-52　在不同风向、风速情况下应用 L_1 算法，距离误差的均值与方差

6）对比分析

独立分析 5 种算法在有风存在下的性能之后，现在将它们组合在一起比较其抗风性和鲁棒性。在不失一般性的前提下，在 NED 坐系中风向为 120°，这 5 种算法的距离误差，控制输入的均值、方差分别如图 4-53 和图 4-54 所示，图中每个点的文本标签均指风速，如"4"表示风速为 4 m/s。

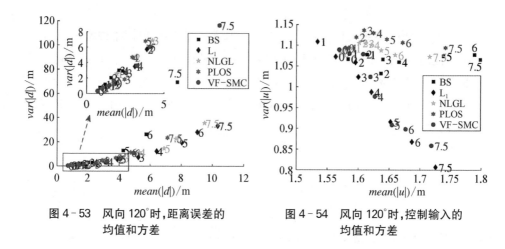

图 4-53　风向 120°时,距离误差的均值和方差　　　图 4-54　风向 120°时,控制输入的均值和方差

总的来说,从图 4-53 和图 4-54 中可以看出,在 5 种算法下,无人机可以在风中跟踪曲线路径,但是风干扰会削弱它们的性能表现。具体来说,在风速较低(小于 5 m/s)条件下,VF-SMC 方法的性能最佳,其次是 PLOS 和 BS 方法,而 L_1 方法是最差的。随着风速的增加,所有算法的性能表现都会下降。对于 PLOS,NLGL 和 L_1 方法来说,误差几乎与速度呈线性关系。对于 BS 和 VF-SMC 算法,在较高风速条件下(大于 6 m/s),距离误差会急剧增加。

为了进行更详细的比较,通过采用不同的算法获得了不同风况的距离误差和控制输入。如果用上标表示风向,用下标表示风速,如 d_1^{120} 代表在风速 1 m/s、风向 120°时的距离误差。令

$$d^{120} = \begin{bmatrix} d_0^{120} & d_1^{120} & d_2^{120} & d_3^{120} & d_4^{120} & d_5^{120} & d_6^{120} & d_{7.5}^{120} \end{bmatrix}$$

$$u^{120} = \begin{bmatrix} u_0^{120} & u_1^{120} & u_2^{120} & u_3^{120} & u_4^{120} & u_5^{120} & u_6^{120} & u_{7.5}^{120} \end{bmatrix}$$

平均距离误差和平均控制输入定义为

$$\bar{d} = \frac{1}{24} \sum (d^0 + d^{120} + d^{240})$$

$$\bar{u} = \frac{1}{24} \sum (u^0 + u^{120} + u^{240})$$

图 4-55 展示了在不同风况下 5 种方法的平均距离误差和控制输入。

为了更直观地描述算法的性能,根据 5 种算法的不同性能表现对算法进行打分,得分为 1~5,得分越高,性能越好,结果如表 4-5 所示。

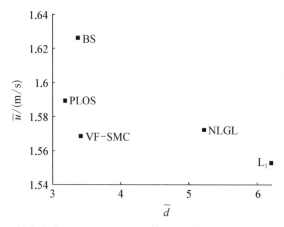

图 4 - 55　综合考虑风速和风向,不同算法距离误差与控制输入的平均值

表 4 - 5　5 种曲线路径跟踪算法的得分表

算　法	准确性(无风)	误差(有风)	抗风性	可实现性
NLGL	3	2	3	4(2 个参数)
PLOS	4	5	3	4(2 个参数)
VF - SMC	5	4	2	3(3 个参数)
BS	4	4	2	3(3 个参数)
L_1	2	2	3	4(2 个参数)

　　通过比较可以发现,NLGL 和 L_1 算法的曲线路径跟踪误差平均值最小,特别是在低风速或无风的情况下,VF - SMC 算法具有更高的精度;而在高风速条件下,PLOS 算法的表现更好。因此,曲线路径跟随问题的一种可能的最佳解决方案是混合控制,即在低风速或无风条件下使用 VF - SMC 算法,在风速增加时切换到 PLOS 算法。BS 和 VF - SMC 算法的平均跟踪误差接近,但 BS 算法的控制输入大于 VF - SMC 算法的控制输入,飞行路径相对更加振荡。此外,BS 算法需要调整的参数更多(至少 3 个参数),实际飞行时难以实施。L_1 算法的准确性最差,平均跟踪误差最小,并且存在风扰时,跟踪性能将进一步降低。但是,当风干扰低或没有风时,L_1 算法是最易实现的。

4.5.2.3　飞行测试验证

　　考虑曲线跟踪阶段飞机的跟踪特性,本节主要从 4 个方面评估:二维平面内跟踪误差、高度跟踪误差、速度跟踪误差和姿态跟踪误差等性能。

1）单机曲线路径跟踪飞行测试

飞行测试采用的期望路径为循环航线，即航线的终点又是航线的起点。这样无人机在飞完一圈航线之后又会自动进入下一圈航线，可以多次测试航线的跟踪精度，同时在飞行过程中方便跟踪参数的在线调节。测试共飞行 8 圈，对导航层和控制层的参数都做了在线调整，最终得到了较好的跟踪性能。

三维曲线路径跟踪如图 4-56 所示。图中的虚线是期望路径，实线是飞机的飞行轨迹。结合二维平面网线路径跟踪效果如图 4-57 所示，曲线跟踪在航点的交接点处跟踪效果较差，其他位置跟踪效果良好。其主要原因在于：一方面，在航线的交接点处存在一定的高度落差。从高度跟踪效果图 4-58 可以

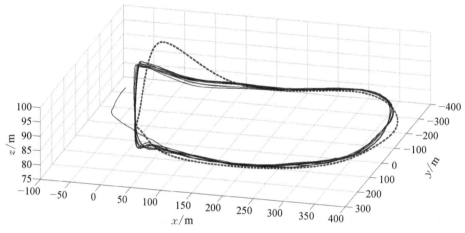

图 4-56　三维曲线路径跟踪

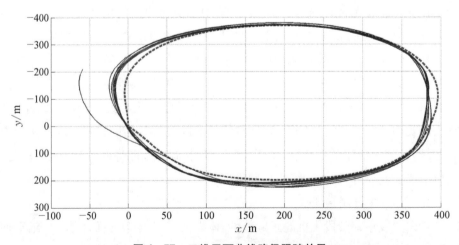

图 4-57　二维平面曲线路径跟踪效果

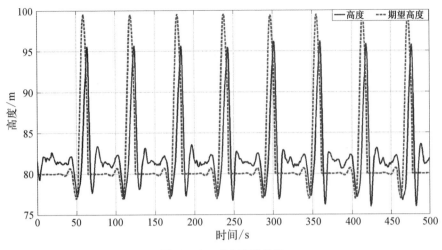

图 4-58　高度跟踪效果

看出,期望高度的变化使得飞机在高度环路需要一定的调整。为了安全起见,控制高度环路的俯仰通道的参数添加了一定的限位机制,俯仰角限制为 $\theta \in [-10, 10]$,如图 4-59 所示。另一方面,侧风的干扰使得飞机在转弯的时候较为困难,尤其是迎风转弯的过程。从姿态跟踪效果图可以看出,在迎风转弯的时候航向的跟踪存在一定的滞后,在曲线跟踪的时候就表现为较大的跟踪误差,如图 4-60 所示。

　　为了检验算法的有效性和通用性,将同一期望路径分别采用 PLOS 和 VF 算法进行跟踪。曲线路径跟踪效果如图 4-61 所示,图中,黑色虚线是期望路

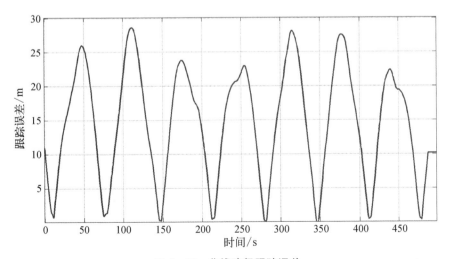

图 4-59　曲线路径跟踪误差

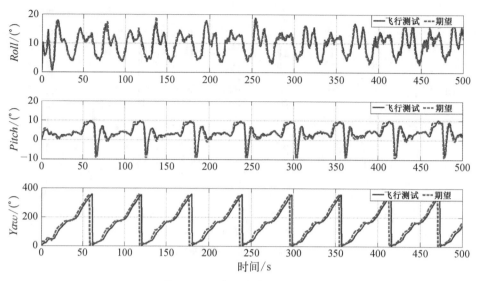

图 4-60　内环姿态跟踪结果

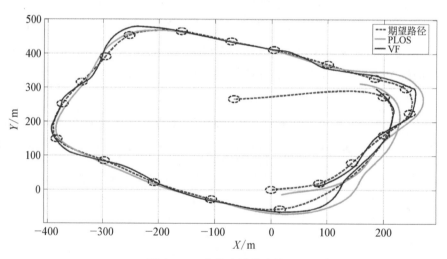

图 4-61　曲线路径跟踪效果

径,路径上的黑色圆圈代表航点坐标。黑色曲线是 PLOS 算法的飞行效果图,浅灰曲线是 VF 算法的飞行效果图。从图中可以看出,VF 算法在转弯调整和快速收敛方面明显优于 PLOS 算法。两种方法的跟踪误差如图 4-62 所示。由于误差采用的是当前无人机的位置到期望路径的最小距离的绝对值。因此,跟踪误差恒为正值。飞机在调整穿越期望路径的时候,跟踪误差也会出现一定的跳跃。

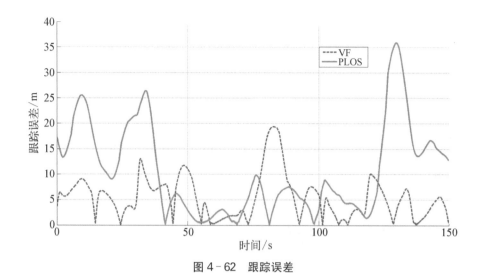

图 4-62　跟踪误差

同时,截取不同时刻飞机在地面控制站上的飞行轨迹显示,如图 4-63 所示。

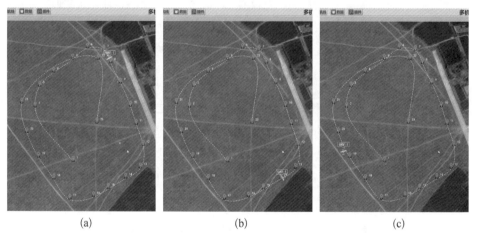

(a)　　　　　　　　　(b)　　　　　　　　　(c)

图 4-63　不同时刻飞机在地面控制站上的飞行轨迹显示

(a) $t=20$ s;(b) $t=60$ s;(c) $t=100$ s

2) 多次飞行测试统计结果

为了更好地体现算法的稳定性和通用性,在不同时刻、不同天气条件下测试了曲线路径跟踪方法的性能。飞行时间主要集中于早上 $8:00\sim10:00$ 和下午 $16:00\sim18:00$,主要考虑的性能指标如下:总的控制输入 $\Sigma|U|^2$ rad/s,总的跟踪误差 $\Sigma|E|^2$ m,最大跟踪误差 $\mathrm{Max}|e(t)|$ 和平均跟踪误差 $\mathrm{Mean}|e(t)|$。不同时刻、不同风速下的跟踪性能如图 4-64 所示。

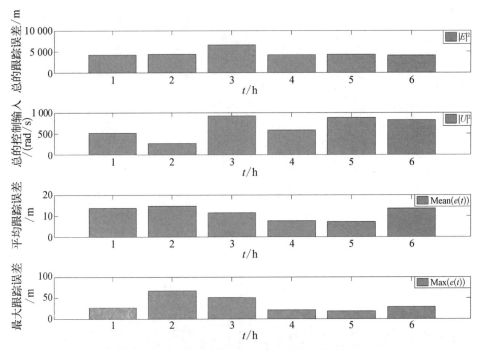

图 4-64 不同时刻、不同风速条件下的跟踪效果

在图 4-65 中,时刻 1:00～6:00 对应的风速约为 6 m/s,8 m/s,7 m/s,4 m/s,4 m/s,5 m/s(风速的估计采用地速和空速之差得到)。从图中可以看出,当风速处于巡航速度的 30%以下(4 m/s)时,由于算法本身的抗风性和鲁棒性,跟踪误差都处于较小状态,飞机飞行平稳,跟踪效果稳定;当风速处于巡航速度的 30%～50%(5～7 m/s)时,跟踪误差略有增加,但大部分时间跟踪性能良好;当风速接近于飞机巡航速度的一半(8 m/s)时,跟踪误差和控制输入会急剧上升,此时的飞机处于不断的调整和纠偏状态,因此跟踪效果表现为较大的超调和局部侧滑现象。

另一方面,测试了同样的算法和同样的参数。在同样的飞行环境下,测试了 6 架不同飞机上的跟踪效果。尽量保持这些飞机同时起飞,在空中同时完成跟踪任务之后同时降落,其对应的跟踪特性效果如图 4-65 所示。从图中可以看出,6 号无人机的跟踪性能最佳,其平均误差(4.04 m)和最大误差(34.5 m)都处于最低状态;2 号无人机性能最差,其跟踪最大误差(116.33 m)和平均误差(17.06 m)均远大于其他无人机。由于物理平台之间的差异(如重心位置不合适、电机动力特性不同、机翼安装角不同等众多差别),尽管相同的控制算法和控制参数在相同的飞行环境下也会得到差异很大的结果。通过计算可得,这 6 架无人机的平均跟踪误差为 7.1 m,平均误差的标准差为 5.16。

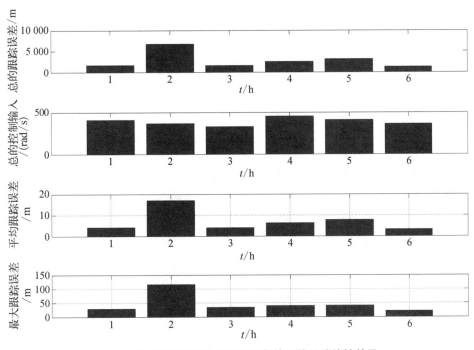

图 4-65 不同飞机在相同飞行条件下的跟踪特性效果

4.6 结语

本章主要介绍了适宜于集群使用的小型固定翼无人机系统的性能需求、平台设计、飞行控制系统、起降控制等内容。无人机集群在复杂环境中执行多种任务时对无人机系统提出了较高的要求,在平台动力系统选配、气动布局设计和总体方案设计阶段都需要考虑集群任务的特殊性。集群内,不同平台搭载不同的任务载荷,可以协同遂行多种侦查打击任务,不同的任务载荷具有不同的尺寸和质量特征。降低无人机平台的通用性,需要在设计阶段考虑无人机任务载荷的模块化和多样性。无人机飞机控制和起降控制也是集群任务能力的必然要求。合理安排起降顺序和建立规范的起降流程,可以节约起降时间,增加集群整体的巡航能力。

参 | 考 | 文 | 献 ·······································

[1] CHMAJ G, SELVARAJ H. Distributed processing applications for UAV/drones: a survey[M]. Progress in Systems Engineering. Springer, Cham, 2015.

[2] GOERZEN C, KONG Z, METTLER B. A survey of motion planning algorithms from the perspective of autonomous UAV guidance [J]. Journal of Intelligent and Robotic Systems, 2010, 57(1 - 4): 65 - 100.

[3] NIGAM N, BIENIAWSKI S, KROO I, et al. Control of multiple UAVs for persistent surveillance: algorithm and flight test results[J]. IEEE Transactions on Control Systems Technology, 2011, 20(5): 1236 - 1251.

[4] KOLLING A, WALKER P, CHAKRABORTY N, et al. Human interaction with robot swarms: a survey[J]. IEEE Transactions on Human-Machine Systems, 2015, 46(1): 9 - 26.

[5] 钱东,赵江,杨芸.军用 UUV 发展方向与趋势(上)——美军用无人系统发展规划分析解读[J]. 水下无人系统学报,2017(2): 1 - 30.

[6] KOTHARI M, POSTLETHWAITE I, GU D W. UAV path following in windy urban environments [J]. Journal of Intelligent &. Robotic Systems, 2014, 74(3 - 4): 1013 - 1028.

[7] CHAO H, CAO Y, CHEN Y. Autopilots for small unmanned aerial vehicles: a survey [J]. International Journal of Control, Automation and Systems, 2010, 8(1): 36 - 44.

[8] RHEE I, PARK S, RYOO C K. A tight path following algorithm of an UAS based on PID control [C]//Proceedings of SICE Annual Conference 2010, IEEE, 2010: 1270 - 1273.

[9] ALI S U, SHAH M Z, SAMAR R, et al. Wind estimation for lateral path following of UAVs using higher order sliding mode [C]//2016 International Conference on Intelligent Systems Engineering (ICISE). IEEE, 2016: 364 - 371.

[10] SUJIT P, SARIPALLI S, SOUSA J B. Unmanned aerial vehicle path following: a survey and analysis of algorithms for fixed-wing unmanned aerial vehicles [J]. IEEE Control Systems, 2014, 34(1): 42 - 59.

[11] CAMPION M, RANGANATHAN P, FARUQUE S. UAV swarm communication and control architectures: a review[J]. Journal of Unmanned Vehicle Systems, 2018, 7(2): 93 - 106.

[12] CHUNG S J, PARANJAPE A A, DAMES P, et al. A survey on aerial swarm robotics [J]. IEEE Transactions on Robotics, 2018, 34(4): 837 - 855.

[13] TAHIR A, BÖLING J, HAGHBAYAN M H, et al. Swarms of unmanned aerial vehicles — a Survey[J]. Journal of Industrial Information Integration, 2019(16): 100106.

[14] RECOSKIE S, FAHIM A, GUEAIEB W, et al. Hybrid power plant design for a long-range dirigible UAV[J]. IEEE/ASME Transactions on Mechatronics, 2013, 19(2):

606 - 614.

[15] FAULWASSER T, FINDEISEN R. Nonlinear model predictive control for constrained output path following [J]. IEEE Transactions on Automatic Control, 2016, 61(4): 1026 - 1039.

[16] LIU Z, WANG X, LI J, et al. A distributed and modularised coordination framework for mission oriented fixed-wing UAV swarms[C]//2019 Chinese Control And Decision Conference (CCDC). IEEE, 2019: 3687 - 3692.

[17] 吴森堂. 飞行控制系统(第二版)[M]. 北京: 北京航空航天大学出版社, 2013.

[18] FALEIRO L F, LAMBREGTS A A. Analysis and tuning of a total energy control system control law using eignstructure assignment[J]. Aerospace Science and Technology, 1999(3): 127 - 140.

[19] GANDOLFO D C, SALINAS L R, BRANDÃO A S, et al. Path following for unmanned helicopter: an approach on energy autonomy improvement [J]. Information Technology And Control, 2016, 45(1): 86 - 98.

[20] NELSON D R, BARBER D B, MCLAIN T W, et al. Vector field path following for small unmanned air vehicles [C]//2006 American Control Conference. IEEE, 2006: 7 - 12.

[21] GRIFFITHS S R. Vector field approach for curved path following for miniature aerial vehicles [C]//Proceedings of the AIAA Guidance, Navigation, and Control Conference. AIAA, 2006: 63 - 64.

[22] LIANG Y Q, JIA Y M. Combined Vector Field Approach for 2D and 3D Arbitrary Twice Differentiable Curved Path Following with Constrained UAVs [J]. Journal of Intelligent & Robotic Systems, 2015(83): 1 - 28.

[23] CHEN H, CHANG K, AGATE C S. Tracking with UAV using tangent-plus-Lyapunov vector field guidance [C]//2009 12th International Conference on Information Fusion. IEEE, 2009: 363 - 372.

[24] FREW E W, LAWRENCE D A, MORRIS S. Coordinated standoff tracking of moving targets using Lyapunov guidance vector fields [J]. Journal of guidance, control, and dynamics, 2008, 31(2): 290 - 306.

[25] WISE R A, RYSDYK R T. UAV coordination for autonomous target tracking [C]// Proceedings of AIAA conference on Guidance, Navigation, and Control. AIAA, 2006: 21 - 24.

[26] YAMASAKI T, TAKANO H, BABA Y, et al. Robust path-following for UAV using pure pursuit guidance [M]. Croatia: Intech Open Access Publisher, 2009.

[27] YAMASAKI T, ENOMOTO K, TAKANO H, et al. Advanced pure pursuit guidance via sliding mode approach for chase UAV [C]//In Proceedings of AIAA Guidance, Navigation and Control Conference. AIAA, 2009: H6.

[28] RAJASEKHAR V, SREENATHA A. Fuzzy logic implementation of proportional navigation guidance [J]. Acta Astronautica, 2000, 46(1): 17 - 24.

[29] HAN S C, BANG H. Proportional navigation-based optimal collision avoidance for UAVs [J]. Journal of Institute of Control, Robotics and Systems, 2004(0111): 1065 - 1070.

[30] BEARD R W, MCLAIN T W. Small unmanned aircraft: Theory and practice[M]. New Jersey: Princeton University Press, 2012.

[31] BEARD R W, FERRIN J, HUMPHERYS J. Fixed wing UAV path following in wind with input constraints [J]. IEEE Transactions on Control Systems Technology, 2014, 22(6): 2103 - 2117.

[32] MEENAKSHISUNDARAM V S, GUNDAPPA V K, KANTH B S. Vector field guidance for path following of MAVs in three dimensions for variable altitude maneuvers [J]. International Journal of Micro Air Vehicles, 2010, 2(4): 255 - 265.

[33] LAWRENCE D A, FREW E W, PISANO W J. Lyapunov vector fields for autonomous unmanned aircraft flight control [J]. Journal of Guidance, Control, and Dynamics, 2008, 31(5): 1220 - 1229.

[34] CHEN T, ZEWEI Z W, ZHU M, et al. Integral vector field path following for a stratospheric satellite [C]//AIAA Guidance, Navigation, and Control Conference. AIAA, 2016: 883 - 890.

[35] LIM S, JUNG W, BANG H. Vector field guidance for path following and arrival angle control [C]//2014 International Conference on Unmanned Aircraft Systems (ICUAS). IEEE, 2014: 329 - 338.

[36] CAHARIJA W, PETTERSEN K Y, CALADO P, et al. A Comparison Between the ILOS Guidance and the Vector Field Guidance [J]. IFAC-PapersOnLine, 2015, 48(16): 89 - 94.

[37] ZHOU D, SCHWAGER M. Vector field following for quadrotors using differential flatness [C]//2014 IEEE International Conference on Robotics and Automation (ICRA). IEEE, 2014: 6567 - 6572.

[38] WANG T, CHEN Y, LIANG J, et al. Combined of vector field and linear quadratic Gaussian for the path following of a small unmanned helicopter [J]. IET Control Theory & Applications, 2012, 6(17): 2696 - 2703.

[39] CICHELLA V, XARGAY E, DOBROKHODOV V, et al. Geometric 3D path-following control for a fixed-wing UAV on SO(3) [C]//AIAA Guidance, Navigation and Control conference. AIAA, 2011: 99 - 105.

[40] CUNHA R, ANTUNES D, GOMES P, et al. A path-following preview controller for autonomous air vehicles [C]//Keystone, Co., Proceedings of the 2006 AIAA Guidance, Navigation, and Control Conference. AIAA, 2006: 1 - 12.

[41] YAMASAKI T, BALAKRISHNAN S, TAKANO H. Integrated guidance and autopilot for a path-following UAV via high-order sliding modes [C]//2012 American Control Conference (ACC). Canada: Montreal, 2012: 143 - 148.

[42] YAMASAKI T, BALAKRISHNAN S N, TAKANO H. Separate-channel integrated guidance and autopilot for a path-following UAV via high-order sliding modes [J]. Journal of the Franklin Institute, 2012, 349(2): 531 - 538.

[43] LIANG Y Q, JIA Y M, DU J P, et al. Vector field guidance for three-dimensional curved path following with fixed-wing UAVs [C]//2015 American Control Conference

(ACC). IEEE, 2015: 1187 - 1192.

[44] RATNOO A, HAYOUN S Y, GRANOT A, et al. Path following using trajectory shaping guidance [J]. Journal of Guidance, Control, and Dynamics, 2014, 38(1): 106 - 116.

[45] PARK S, DEYST J, HOW J P. A new nonlinear guidance logic for trajectory tracking [R]. AIAA - 2004 - 4900.

[46] NELSON D R, BARBER D B, MCLAIN T W, et al. Vector field path following for miniature air vehicles [J]. IEEE Transactions on Robotics, 2007, 23 (3): 519 - 529.

[47] GATES D J. Nonlinear path following method [J]. Journal of guidance, control, and dynamics, 2010, 33(2): 321 - 332.

[48] FLORES G, LUGO-CÁRDENAS I, LOZANO R. A nonlinear path-following strategy for a fixed-wing MAV [C]//2013 International Conference on Unmanned Aircraft Systems (ICUAS). IEEE, 2013: 1014 - 1021.

[49] ZHENG Z, GUO W, WU Z. Direct-adaptive fuzzy path following control for an autonomous airship [J]. Control Decision, 2014, 29(3): 418 - 424.

[50] LIN C L, LIN Y P, CHEN K M. On the design of fuzzified trajectory shaping guidance law [J]. ISA transactions, 2009, 48(2): 148 - 155.

[51] DEYST J, HOW J P, PARK S. Lyapunov stability of a nonlinear guidance law for UAVs//AIAA guidance, navigation, and control conference and exhibit. AIAA, 2005: 1192 - 1208.

[52] PARK S, DEYST J, HOW J P. Performance and lyapunov stability of a nonlinear path following guidance method [J]. Journal of Guidance, Control, and Dynamics, 2007, 30(6): 1718 - 1728.

[53] RYSDYK R. UAV path following for constant line-of-sight [J]//AIAA "Unmanned Unlimited" systems Technologles & Operations Aerospace Lard & Sea Conference, 2003, 8(1): 3 - 8.

[54] ZHAO S, WANG X, LIN Z, et al. Integrating vector field approach and input-to-state stability curved path following for unmanned aerial vehicles[J]. IEEE Transactions on Systems Man and Cybernetics Systems, 2018: 1 - 8.

[55] ZHAO S, WANG X, ZHANG D, et al. Curved path following control for fixed-wing unmanned aerial vehicles with control constraint[J]. Journal of Intelligent & Robotic Systems, 2018, 89(1 - 2): 107 - 119.

[56] WANG X, SHEN L, LIU Z, et al. Coordinated flight control of miniature fixed-wing UAV swarms: methods and experiments[J]. Science China Information Sciences, 2019, 62(11): 212204.

[57] WANG Y, WANG X, ZHAO S, et al. Vector field based sliding mode control of curved path following for miniature unmanned aerial vehicles in winds[J]. Journal of Systems Science and Complexity, 2018, 31(1): 302 - 324.

[58] ZHAO S, WANG X, ZHANG D, et al. Model predictive control based integral line-of-sight curved path following for unmanned aerial vehicle[C]//Proceedings of AIAA Guidance, Navigation, and Control Conference. AIAA, 2017: 1511.

5 无人机集群协同飞行

集群协同飞行是无人机执行任务的基础,也是在复杂环境中遂行集群突防、分布探测和分布打击等任务的基本单元。本章将围绕无人机集群协同飞行的关键理论与技术进行展开,具体包括集群协同飞行控制的问题分析、无人机集群协同飞行建模、基于一致性的无人机集群集结控制、基于混杂控制的无人机集群协同飞行控制,以及基于拟态物理法(artificialphysics,AP)的无人机集群协同飞行控制。

5.1 无人机集群协同飞行控制的问题分析

集群协同飞行控制是指设计分布式控制律使无人机集群保持特定三维结构的姿态和位置稳定飞行,达到时间和空间的同步,并能自动根据外部环境和任务动态调整队形。本节在总结无人机集群协同飞行研究现状的基础上,分析了固定翼无人机集群协同飞行控制的挑战。

5.1.1 集群协同飞行控制的研究现状

近 10 年来,国内外在无人机集群协同飞行控制方面展开了大量的理论和实践研究,产生了一大批丰硕的理论成果,可参考文献[1-4]。常用到的集群协同飞行控制方法主要包括跟随领航者法、基于行为法、虚拟结构法、基于一致性方法、人工势场法、协同路径跟踪法等。

1) 跟随领航者法

跟随领航者(leader-follower)法,又称为长僚机法。该方法是目前无人机集群协同飞行控制中应用最普遍、最基础的一种方法。跟随领航者法将集群中某架无人机或引入一架虚拟的无人机作为领航者(长机),其余无人机作为跟随者

(僚机),一起随领航者运动。它将编队问题转化成了经典控制理论中的误差跟踪问题,主要研究距离和角度的相对误差[5-6]。例如,文献[7]利用反馈线性化分析方法,对相对于领航者的跟随者进行了相对距离和方向角稳定性分析,针对一阶和二阶运动学模型设计了队形控制器,将障碍物作为一个虚拟领航者,提出了快速避障方法。

值得注意的是,固定翼无人机的模型通常较为复杂,不能简化为线性模型或者一、二阶积分器模型。文献[8-9]设计了跟随者的跟随领航型飞行控制律,实现了2架固定翼无人机的编队飞行;其中,跟随者控制律分为外环和内环2层,外环控制器以最小化跟随者相对于领航者的位置误差为目标,生成期望的滚转角和俯仰角以交给内环控制。文献[10]使领航者沿航线飞行,跟随者借助于机载的视角传感器估计领航者的位置,进而实现了2架固定翼无人机按2倍翼展距离的紧密编队飞行。北京航空航天大学段海滨教授所在的研究团队将领航-跟随法结合鸽群的分层策略[11],设计了小规模无人机集群的分布式控制方法,并对8架无人机集群进行了仿真验证[12]。文献[13]对20架固定翼无人机采用领航-跟随法进行了飞行验证,但是该文献并未给出控制律的具体形式。文献[8-12]虽针对固定翼无人机设计了跟随领航者的控制律,但是未做闭环系统稳定性的分析,也未考虑固定翼无人机控制受限的影响。

跟随领航者法具有较强的扩展性,但整个队形依赖领航无人机,队形的鲁棒性和容错性相对较差。在动态的复杂环境中,这种依赖于单一无人机状态的控制方法很难保证集群系统的稳定性。跟随领航者法的主要问题是当领航者损毁后,可能会导致整个集群的瘫痪。为解决这一问题,很多研究使用虚拟领航者,并将编队中多个真实的个体作为虚拟领航者的直接跟随者[14-16],以避免全局领航者损毁后"牵一发而动全身"。文献[14]研究了虚拟领航者的轨迹对各无人机已知的情况,以及虚拟领航者始终为当前无人机集群重心时的情况,并用3架固定翼无人机对控制律加以验证。文献[16]研究了虚拟领航者的状态仅对部分无人机已知,需对其他无人机设计分布式估计器估计虚拟领航者的位置,从而实现协同控制的问题。

值得一提的是,跟随领航者法作为最基本的集群控制框架,很容易与其他方法,如势场法[17-18]等相结合,还可应用诸如MPC[19]、滑模控制[18,20-21]。

2) 基于行为法

基于行为法源于人工智能的行为主义学派,其基本思想是控制器由一系列简单的基本动作组成,核心是基本行为集合和行为协调机制的设计[22]。

在研究计算机图形学模拟鸟群、鱼群的群体行为时，Reynolds 于 1987 年提出了著名的 Reynolds 三原则，即碰撞规避（collision avoidance，CA）、速度匹配（velocity matching，VM）、向中心靠拢（flock centering，FC）[23]，该研究被视为集群行为主义的开端。Vicsek 等人在研究微观粒子运动时提出了 Vicsek 模型，每个以定常速度运动的粒子，其下一时刻的朝向取决于一定范围内的邻居当前时刻的朝向[24]。这些研究奠定了基于行为法实现集群控制的基础，其采用的分布式、自组织的思想，逐步成为目前构建集群系统的重要方法之一。此外，Dorigo 所在的布鲁塞尔自由大学的研究团队，基于 Swarm-Bot 集群系统，开展了许多基于群体进化的集群行为生成研究：文献[25]设计了简单的神经元控制器，通过演化算法不断优化控制器参数，最终形成期望的队形；文献[26]通过机械臂相连和人工演化，多个 Swarm-Bot 集群系统，最终可以在指定区域内被搜索，并且避开区域内的"洞"。文献[27]根据指定任务和机器人当前状态，基于概率有限状态机设计控制器，经过上万次的仿真优化后，可使 20 个 E-puck 机器人产生聚集、觅食等行为，但是该方案设计的控制器与人的手工设计相比，效果仍有一定的差距；文献[28]对文献[27]的优化算法进行改进，最终使控制器的效果超越了人的手工设计。

在基于行为的无人机集群控制方面，文献[29]研究了受限空间内的集群协同控制问题，并结合演化优化的框架进行参数优化，最终完成了室外 30 架规模的多旋翼无人机集群协同飞行；文献[30]将 Reynolds 原则用于固定翼无人机，并进行了 10 架无人机的飞行验证。

3）虚拟结构法

虚拟结构法最早由文献[31]提出，其核心思想是每个个体跟随一个移动的刚性结构上的固定点运动。加拿大多伦多大学的研究团队利用虚拟结构法研究了多机的运动协调问题，并进行了数值仿真[32]。文献[33]提出一种动态虚拟结构编队控制方法。该方法可使固定翼无人机沿规划的编队轨迹飞行时完成队形变换。

虚拟结构法很好地避免了传统领航-跟随法当全局领航者损毁后，整个集群面临瘫痪的问题。事实上，虚拟领航者法本质上也是将传统的领航-跟随法与虚拟结构法相结合[14]。虚拟领航者可以看成是基于虚拟结构法确定的，每个无人机相对于虚拟领航者保持期望的位形，这一点又类似于领航-跟随法中对于跟随者的控制。由此，虚拟结构法与领航-跟随法两者的界限在一定程度上也变得模糊。文献[34]在基于虚拟结构法设计三维空间内固定翼无人机的编队控制策略时，以及文献[35]基于虚拟结构法设计独轮车群体队形保持控制律时，都用到了虚拟领航者这一概念。

4）基于一致性方法

一致性概念最早出现在计算机分布式网络化的动态系统中，是指网络中的个体利用其邻居的状态信息更新自身的状态，最终使得网络中的所有个体的状态达到一致。采用一致性理论研究无人机编队控制，基于分布式网络实现无人机之间的信息感知与交互，可以实时应对突发情况，提高集群的安全性和鲁棒性。已有的基于一致性编队控制方法主要可分为基于相对位置[36]、基于相对距离[37]和基于相对方位[38-39]的编队控制方法。基于相对位置方法可以实现编队在空间的平移运动，但是无法实现编队的旋转或者缩放等运动。基于相对距离方法能很好地解决编队的平移和旋转问题。然而基于相对距离的方法得到的模型具有非线性，难以在理论上进行推广。基于方位信息方法能够很好地控制编队的平移和缩放，但不能实现编队的旋转机动控制。基于一致性方法具有良好的鲁棒性，然而分布式控制算法比较复杂，对通信要求较高，现有的编队控制器不能长时间保障所有无人机收敛到一致状态。

5）人工势场法

人工势场法借鉴了物理学中关于势场的概念，在集群控制问题中，通过设计势场函数，使无人机收敛到期望的相对位置。人工势场法还可以将空间中的各类障碍设计为对无人机的排斥作用，从而使无人机规避各类障碍[40]。文献[41]基于人工势场法和滑模控制，研究了集群的聚集问题。文献[42]在有通信时延的条件下，基于人工势场法实现了受非完整性约束的机器人的蜂拥控制，将机器人聚集的同时，实现朝向一致，但其方法最终会使机器人停下来，因而并不适用于固定翼无人机。文献[17]针对固定翼无人机转弯约束以及最小空速必须为正的约束，提出一种非对称的局部势场法，并借助领航框架，使无人机的空速和航向角收敛至其领航者的空速和航向角。文献[43]在传统势场法的基础上，提出一种分叉势场法，使用该方法设计的控制器不仅可以使无人机集群形成一定的队形，还可以通过参数的改变，使无人机集群实现在某些队形之间的切换。

人工势场法最主要的问题是容易存在局部极值，由此造成势场函数的设计以及闭环系统稳定性的证明都较为困难。例如，文献[17]和文献[43]针对固定翼无人机设计的基于人工势场法的集群控制律，都未证明闭环系统的稳定性。

6）协同路径跟踪法

协同路径跟踪也是实现无人机集群协同飞行的一种方式。事实上，协同路径跟踪控制可以看作是将路径跟踪控制和编队控制两部分结合，如文献[35]将基于虚拟结构法的编队控制律与路径跟踪控制律相结合实现编队的路径跟踪。通过协同路径跟踪法实现无人机集群协同飞行的优势在于，当通信极度不畅或者受到干扰时，无人机依然能够沿航线飞行，从而尽可能保证整个集群系统的安全。

早期的协同路径跟踪控制研究主要针对一般的非线性系统。例如，文献[44]证明了路径跟踪系统的无源性，并结合无源性的协同策略，建立了基于无源性的协同路径跟踪框架；文献[45]研究了存在通信丢包和时延的协同路径跟踪问题，并给出了系统稳定的充分条件。

作为满足非完整性约束机器人的简化，独轮车(unicycle)模型的协同路径跟踪控制问题受到了许多研究者的关注。为处理独轮车模型的非线性特性，在设计协同路径跟踪控制器时，常用的控制方法包括混杂控制[46]、反馈线性化[47-49]、级联系统理论[50-52]等。此外，许多文献还考虑了不同场景下独轮车的协同路径跟踪控制。例如，文献[50]研究了各机器人之间的信息交互发生在量化通信网络上的协同路径跟踪问题，并给出了闭环稳定性的充分条件；文献[52]研究了采用事件驱动的控制和通信策略的协同路径跟踪问题；文献[53]研究了在时不变的流场中，独轮车沿不同的闭合曲线协同路径跟踪的情形。

对于无人机集群的协同路径跟踪问题，文献[54]和[55]研究了多旋翼的情形。对于固定翼无人机而言，由于其独特的控制限制，针对一般的独轮车模型和多旋翼的协同路径跟踪控制方法通常难以适用于固定翼无人机。在一些现有的固定翼无人机的协同路径跟踪控制的文献中，讨论了部分控制限制。例如，文献[56-57]研究了时间关键(time-critical，TC)的协同路径跟踪控制问题，其控制目标是使所有无人机在沿航线飞行的同时，同步到达各自目标点，并采用2架无人机的室外协同飞行对算法进行了验证，其研究考虑了无人机的最小速度和最大速度的限制，但是未考虑航向角速度的约束，反而假设航向角速度的指令不会导致输入饱和；文献[58]研究了多机协同跟踪一条可移动的路径的情形，并通过仿真对算法加以验证，该研究同样也考虑了无人机的最小速度和最大速度的限制，但是对于航向角速度的限制仅是保证了该约束能够在系统稳态时满足，而对于系统的瞬态过程，则忽略了这一限制。

5.1.2　集群协同飞行控制的挑战

在无人机集群协同飞行控制时，需要考虑无人机自身与外界环境的各种因素。相对于传统的多智能体协同或者多地面机器人协同问题，固定翼无人机特殊的动力学特性、任务耦合和数量规模等因素使得集群协同飞行控制非常具有挑战性。

1) 固定翼无人机特殊的动力学特性给集群协同带来的挑战

固定翼无人机是典型的欠驱动、非线性高速运动体,存在巡航速度,最大、最小速度,最大角速度,正失速速度等约束,且其空气动力学参数与飞行速度密切耦合。以"双子星"无人机为例,其巡航速度约为 16 m/s,失速速度约为 12 m/s,最大速度约 23 m/s。小型固定翼无人机由于质量轻、推力小,在飞行中不可避免地受到机体震颤和阵风等影响。

(1) 固定翼无人机是典型的欠驱动非线性系统。经典构型的小型固定翼无人机模型可以描述为一组相当复杂的 12 维非线性、耦合、一阶常微分方程。它为三维空间中包含 6 个自由度(3 个移动自由度和 3 个转动自由度),12 维状态(三维位置+三维姿态+三维速度+三维角速度),4 维输入(推进力、副翼、方向舵、升降舵)的非线性欠驱动动力学模型[59]。并且,这 12 维的状态方程包含大量与无人机构型、无人机飞行状态、大气参数等密切相关的气动系数和气动导数,导致状态方程具有时变性和不确定特点。如第 4 章所述,为简化控制相关问题,将该运动方程线性化和解耦,可以得到降阶传递函数和状态空间模型。但是,简化后的模型,仍然为非线性欠驱动系统,远比常见协同控制中的一阶、二阶或者线性系统模型复杂。如果进一步考虑不可避免的风干扰、不确定性测量和模型简化的不准确性等因素,小型固定翼无人机集群的协同更具有挑战性。

(2) 固定翼无人机输入受限,且存在正失速速度约束。固定翼无人机的输入受限,存在最大、最小速度,最大、最小角速度等非线性的饱和约束。比如,将无人机建模为独轮车模型时,速度和角度均存饱和约束。特别地,不同于地面移动机器人,固定翼无人机通常可以前进、后退,由于存在正失速速度,它的速度约束不是常见的对称型饱和约束,而是被限制在某一正区间内。非对称型约束,使得传统的独轮车模型中饱和约束的分析难以直接扩展应用,进一步增加了无人机协同控制的挑战性。

(3) 固定翼无人机存在巡航速度,集群协同飞行时尽可能保持在巡航速度附近。固定翼无人机通常以省油、经济的速度巡航飞行,即存在巡航速度。为尽可能增加集群无人机执行任务的时间或者提升飞行的经济性,无人机的飞行速度通常需要尽可能保持在巡航速度附近。这一特点降低了无人机速度调节的范围,极大地限制了无人机集群队形保持和重构过程中的机动性。这一点在现有研究中很少被考虑,且明显不同于地面移动机器人或者其他无人机系统。

现有针对多智能体协同控制的研究大多基于质点模型或者含对称输入约束的独轮车模型,很难直接应用于小型固定翼无人机集群协同飞行和重构控制问题中。进一步,固定翼无人机集群执行任务过程中飞行环境会大范围变化,飞行条件变化带来的气动参数摄动、建模误差及外界干扰都有可能引起集群协同系统的不稳定,甚至失效。

2)组簇耦合及有限通信给固定翼无人机集群带来的挑战

无人机集群通常采用"点面结合"的方式同时遂行多重任务,然而协同任务通常具有不确定性,且彼此耦合。例如,在侦查和目标跟踪的典型任务中,侦察和跟踪任务耦合,地面目标数量、运动状态不断变化(动态出现/被遮蔽,且不规则运动等)、无人机数量不断变化(部分损毁、部分返航补充燃料、部分通信失联等)、环境区域复杂(山区环境,通常为不规则的非凸构型)等,导致无人机集群协同执行任务时,通常需要分组分簇进行;且各组簇之间互相耦合,组簇关系也在动态变化。进一步,固定翼无人机集群系统的通信距离和带宽等性能受限,导致无人机集群协同飞行和重构非常具有挑战性:

(1)通信距离受限,导致集群无人机只能局部组网,即每架无人机只能和有限通信范围内的有限架无人机通信。故而,无人机集群只能局域组网;特别地,由于任务耦合、多变,无人机运动的高速性等影响,构建的拓扑结构会高度动态变化。所以,无人机集群协同飞行和重构一方面必须考虑拓扑连通性的保持,另一方面需要能够适应拓扑结构的快速时变。

(2)通信带宽受限,导致无人机集群的交互信息有限。更关键的是,集群通信通常存在不确定的时延,并且不同节点之间的时延不一致,即存在不确定的异步通信时延。因此,无人机集群协同飞行和重构控制律的设计,一方面需要尽可能降低群间的通信量,另一方面要能够适应不同的异步通信时延。

现有针对多智能体协同控制的研究,在连通保持和通信受限方面的工作主要针对一阶、二阶积分器模型。对于快速时变拓扑、异步通信时延的研究还有待进一步的工作。特别地,如何基于小型固定翼的平台性能约束,并考虑非理想通信等不确定性条件,实现大规模无人机协同,仍然是一个挑战性问题。

3)集群规模可扩展性面临的挑战

无人机集群的数量规模通常很大(成百上千计)。集群系统数量规模的增大将导致协同难度的指数上升,在系统性能如收敛性和稳定性等方面存在天花板效应;同时集群系统的实现难度也随指数增加,在控制器软、硬件实现上存在挑战。

(1)很多现有控制律的设计,在理想条件下具有可扩展性或者规模无关性,但在实际面临集群规模或者集群组簇结构变化时,控制器的参数需要重新调整,或者需要重新设计和优化局部控制律。导致这一问题的一个重要原因是导航信息的不精确性或者风干扰等(这两个因素在实际飞行中是不可避免的)。当导航信息存在误差或者存在不确定风干扰时,作用于单机的局部控制器不可避免存在误差;控制误差会在集群中线性或者网状迭代传播,不断放大,导致控制精度随网络规模急剧下降,收敛性和稳定性受到了极大的影响。另一个原因是在现有很多协同控制律的设计中,需要部分用到全局或者局部拉普拉斯矩阵信息,当集群系统规模或者拓扑结构发生变化时,控制器的参数需要重新设计。故而,如何设计规模和拓扑无关、误差传递可抑制的集群控制器,还需要深入的研究。

(2) 随着集群系统规模的增大,平台故障的概率将会随着规模呈指数增加,从而使小概率故障事件成为大概率事件。现有控制器的设计中,较少考虑到单机和集群的容错控制,导致某一个局部控制器失效后,容易导致其他局部控制器的链式反应。此外,对于可能的各种意外事件,如执行器故障(舵面、推进部分失效)、传感器故障、通信干扰(通信被压制或者部分通信链路被干扰),甚至部分无人机损毁等,当前的控制器设计中较少考虑这些问题。局部控制器的鲁棒性、容错性还需要进一步的考虑。

故而,现有协同控制规模可扩展性的研究虽然具有理论意义,但是还需要更多地考虑集群系统实现的因素,设计规模/拓扑无关、误差传递可抑制、意外事件可容错的集群控制器。

综合上述三种特点,如何基于固定翼无人机特殊的动力学特性,在集群非理想通信的约束下,设计规模可扩展、系统可实现的无人机集群控制律,仍然是一个非常具有挑战性的问题。

5.2　无人机集群协同飞行建模

无人机集群协同飞行模型主要由三个部分组成: ① 个体运动学模型;② 群体交互模型;③ 运动过程模型。其中,个体运动学模型是建立在个体无人机控制之上的(具体控制方法详见第4章),即协调层所使用的无人机运动模型;群体交互模型主要用于描述个体与个体之间的相互作用;运动过程模型为集群协同飞行的关键过程剖面。本节将对这三部分模型进行详细介绍。

5.2.1　协调层的单机运动模型

当系统的运动方程变得复杂时,往往需要开发具有明显较少数学复杂性但仍能反应系统基本行为的控制模型。经典构型的小型固定翼无人机模型为 12 维状态耦合的一阶常微分非线性方程,其参数与无人机构型、飞行状态、大气参数等密切相关[59]。该模型非常复杂,通常不直接用于高级导航控制相关工作中。为简化问题,可以将模型降阶,用于航线跟踪、集群协同飞行、飞行安全控制等工作中。本节介绍常用的几种简化模型。无人机世界坐标系与机体坐标系如图5-1所示。

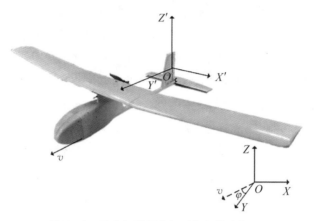

图5-1　无人机世界坐标系与机体坐标系

1)三维二阶动力学模型

考虑在空间中移动的 N 架无人机,忽略空气动力学等不确定性影响,可以将其建模为二阶动力学方程:

$$
\begin{cases}
x_i = v_i \cos \gamma_i \cos \varphi_i \\
y_i = v_i \cos \gamma_i \sin \varphi_i \\
z_i = v_i \sin \gamma_i \\
\gamma_i = \mu_i \\
\varphi_i = \omega_i \\
v_i = a_i
\end{cases}
\tag{5-1}
$$

式中: $p_i(t) = [x_i(t), y_i(t), z_i(t)]$ 描述无人机的位置; $v_i(t)$ 为无人机相对于大地坐标系的速度,即地速; γ_i 和 φ_i 分别为俯仰角和航向角,通常满足约束 $-\pi \leqslant \varphi_i(t) \leqslant \pi$, $-\dfrac{\pi}{2} \leqslant \gamma_i(t) \leqslant \dfrac{\pi}{2}$; ω_i, μ_i 和 a_i 分别描述航向角变化率、俯仰角变化率和地速加速度,它们为模型的输入。该模型本质为二阶的加速度模型,即简化的三维二阶动力学模型。

2)三维6状态运动模型

进一步假定无人机配有速度、航向角和高度三个回路的自动驾驶仪,则式(5-1)中的三个加速度项可以简化为一阶惯性环节。比如,无人机的速度 v_i 对于参考速度 v_{c_i} 为一阶惯性过程;无人机的偏航角 φ_i 对于参考偏航角 φ_{c_i} 同样为一阶惯性过程。同时,考虑速度和高度控制的解耦特性,以速度、航向角和高度为控制指令的三维 6 状态运动模型如下:

$$\begin{cases} x_i = v_i \cos \varphi_i \\ y_i = v_i \sin \varphi_i \\ z_i = \lambda_i \\ v_i = \dfrac{1}{\tau_{v_i}} (v_{c_i} - v_i) \\ \varphi_i = \dfrac{1}{\tau_{\varphi_i}} (\varphi_{c_i} - \varphi_i) \\ \lambda_i = -\dfrac{1}{\tau_{\lambda_i}} \lambda_i + \dfrac{1}{\tau_{z_i}} (z_{c_i} - z_i) \end{cases} \tag{5-2}$$

式中:x_i,y_i,z_i 分别表示无人机的二维水平位置和高度;v_i,φ_i,λ_i 分别表示无人机的二维水平速度、偏航角以及高度变化率;v_{c_i},φ_{c_i},z_{c_i} 分别表示自驾仪中速度、偏航角与高度三个回路上的输入,其与真实响应 v_i,φ_i,λ_i 之间的关系为一阶线性微分方程;τ_{v_i},τ_{φ_i},τ_{λ_i},τ_{z_i} 对应相应的时间常数。式(5-2)给出的模型是高度与水平控制解耦条件下较为一般的模型,其控制输入为速度、航向角和高度指令 v_{c_i},φ_{c_i},z_{c_i}。

3) 二维二阶动力学模型

在研究某类问题时,往往可以进一步忽略高度信息(如所有无人机飞行在同一高度,或高度信息对问题的研究并不重要时)。故而,忽略三维二阶动力学模型中高度相关量 z_i 和 γ_i,式(5-1)可以简化得

$$\begin{cases} x_i = v_i \cos \varphi_i \\ y_i = v_i \sin \varphi_i \\ v_i = a_i \\ \varphi_i = \omega_i \end{cases} \tag{5-3}$$

此时,模型的输入为航向角变化率和地速加速度 ω_i 和 a_i。

4) 二维 4 状态模型

同样,在忽略三维 6 状态运动模型中高度相关信息 z_i 和 λ_i 时,简化式(5-2)可以得到无人机的二维 4 状态运动模型:

$$
\begin{cases}
x_i = v_i \cos \varphi_i \\
y_i = v_i \sin \varphi_i \\
v_i = \dfrac{1}{\tau_{v_i}} (v_{c_i} - v_i) \\
\varphi_i = \dfrac{1}{\tau_{\varphi_i}} (\varphi_{c_i} - \varphi_i)
\end{cases}
\tag{5-4}
$$

此时,控制输入为速度和航向角指令 v_{c_i} 和 φ_{c_i}。

　　5) 平面独轮车模型

　　进一步,当速度控制器性能较好,认为无人机的速度 v_i 能够实时响应时,忽略速度响应,式(5-4)可以进一步改写为

$$
\begin{cases}
x_i = v_i \cos \varphi_i \\
y_i = v_i \sin \varphi_i \\
\varphi_i = \omega_i
\end{cases}
\tag{5-5}
$$

此时,系统的输入为速度 v_i 和角速度 ω_i。值得注意的是,式(5-5)本质为独轮车模型。

　　上述各模型均为非线性欠驱动模型。特别值得注意的是,无人机的航向控制也可以借助滚转角,采用协调转弯方式进行。协调转弯过程满足 $\varphi = g \cdot \tan \phi / v$,其中 ϕ 为无人机的滚转角。此时,期望航向角可进一步转化为期望滚转 ϕ_c,上述各模型可以改写为带有滚转角的模型。比如,三维 6 状态运动模型(式(5-2))可以进一步改写为如下的带有滚转的三维 6 状态运动模型:

$$
\begin{cases}
x_i = v_i \cos \varphi_i \\
y_i = v_i \sin \varphi_i \\
\varphi_i = g \dfrac{\tan \phi_i}{v_i} \\
z_i = \lambda_i \\
v_i = \dfrac{1}{\tau_{v_i}} (v_{c_i} - v_i) \\
\phi_i = \dfrac{1}{\tau_{\phi_i}} (\phi_{c_i} - \phi_i) \\
\lambda_i = -\dfrac{1}{\tau_{\lambda_i}} \lambda_i + \dfrac{1}{\tau_{z_i}} (z_{c_i} - z_i)
\end{cases}
\tag{5-6}
$$

其控制输入为速度、滚转角和高度指令 v_{c_i}, ϕ_{c_i}, z_{c_i}。

值得注意的是,在实际系统中,各模型还需要进一步考虑状态和输入的约束。

(1) 角度和角速度约束,即通常为对称型约束。角度约束为 $\gamma_i \in [-\gamma^i_{max}, \gamma^i_{max}]$, $\varphi_i \in [-\varphi^i_{max}, \varphi^i_{max}]$ 和 $\phi_i \in [-\phi^i_{max}, \phi^i_{max}]$。通常取值 $-\pi/2 \leqslant \gamma_i(t) \leqslant \pi/2$, $-\pi \leqslant \varphi_i(t) < \pi$ 和 $-\pi/6 \leqslant \phi_i(t) < \pi/6$。角速度约束为 $\mu_i(t) \in [-\mu^i_{max}, \mu^i_{max}]$ 和 $\omega_i(t) \in [-\omega^i_{max}, \omega^i_{max}]$。

(2) 速度约束。固定翼无人机存在失速速度和最大速度,受飞行时的速度包线限制。因为无人机在一定高度飞行,为了保证能够获得一定的升力,其速度必须保持在一定的范围内,并且在不同高度时,速度范围也不同。图 5-2 给出了风暴之影无人机及其速度包线。

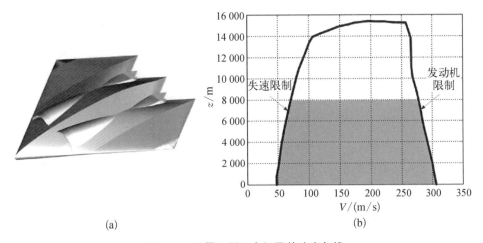

(a)   (b)

图 5-2 风暴之影无人机及其速度包线

(a) 风暴之影无人机;(b) 风暴之影无人机速度包线

为了保证无人机的飞行稳定性,当无人机飞行高度一定时,其速度应满足约束 $v_i \in [v_{min}, v_{max}]$。特别值得指出的是,由于存在正的失速速度,使得无人机的速度约束不是对称型饱和约束,而是被限制在某一正区间内。

(3) 加速度约束。无人机一般存在饱和约束 $a_i(t) \in [a^n_{max}, a^p_{max}]$。通常,无人机加速与减速的控制器不同,此外,无人机的过载能力与其当前的速度相关,因此无人机的最大加速度和最大减速度与无人机的当前状态相关。一般地,$|a^n_{max}|$ 和 $|a^p_{max}|$ 满足 $|a^n_{max}| < |a^p_{max}|$ 条件。很多时候,为了简化分析,可以认为 $|a^n_{max}| = |a^p_{max}| = a_{max}$,故而加速度约束可以简单写为 $a_i(t) \in [-a_{max}, a_{max}]$。

除此之外,固定翼无人机还存在巡航速度 v_{cruis}。在该速度下,无人机飞行时通常最省能量或最具经济性,也通常具有最大的航时或航程。不同类型的无人机,巡航速度通常不同;同一类型的无人机在不同载荷和高度条件时,巡航速度通常也略有不同。无人机通常需要尽可能地保持在巡航速度左右飞行。

根据不同的应用场景和控制需求,可以选用不同简化程度的无人机模型。比如,无人机集群集结时,采用二维二阶动力学模型;基于混杂控制的无人机集群编队飞行,采用平面独轮车模型;基于拟态物理法的无人机集群协同飞行时,进一步扩展采用带有滚转的三维 6 状态运动模型。

5.2.2　无人机群体交互模型

无人机群体交互模型主要描述无人机个体与个体之间的连接关系,这种关系可以用代数图论来进行描述和分析。

考虑有 N 架无人机的系统,无人机之间信息交互的网络拓扑结构可由一个加权有向图 $G=(V, E, A)$ 来描述。其中,$V=\{v_1, \cdots, v_N\}$ 为图的节点集,每个节点代表一架无人机,且节点序号属于有限集合 $I=\{1, 2, K, N\}$;$E \subset V \times V$ 为图的边集;(v_i, v_j) 表示图的边,其代表无人机 i 对于无人机 j 的作用(或无人机 j 接收到了无人机 i 的信息)。如果两个节点 v_i, v_j 之间存在一组边 $(v_i, v_{k_1})(v_{k_1}, v_{k_2})\cdots(v_{k_l}, v_j)$,则称从节点 v_i 到节点 v_j 存在有向路径。

在无人机集群系统中,希望通过局部作用来获得全局的一致行为,这也是大多数集群协同、协作控制的基础。值得注意的是,全局一致行为是以图 G 中具有生成树、强连通或连通来确保的,其具体定义如下:

定义 5.1(生成树、强连通与连通):如果图 G 中存在一个节点使得任意节点到这个节点都存在有向路径,则称图 G 存在生成树;如果图 G 中每个节点与其他任意节点间存在一个有向路径,则图 G 是强连通的;若图 G 为无向图,则称图 G 是连通的。

其中,连通图、强连通图对应的网络会使系统的一致行为受到每个个体行为的影响(如群体行为是个体行为的平均或加权)。具有生成树的网络,系统的一致性行为未必会受到每个个体行为的影响(如在有些网络中,所有的个体行为都会收敛到某个个体的行为,这个个体称为 leader,而其他个体称为 follower。值得注意的是 leader-follower 的结构在无人机集群协同飞行中扮演着重要的角色)。

为了进一步对集群相互作用进行描述,需要继续引入代数图论的概念。

定义 $A=[a_{ij}]$ 为邻接矩阵,且 $(v_j, v_i) \in E \Leftrightarrow a_{ij} > 0$。节点 v_i 的相邻节点的集合可定义为 $N_i=\{v_j \in V: (v_j, v_i) \in E\}$。节点 v_i 的入度与出度定义

为 $d_{\mathrm{in}}(v_i)=\sum_{j=1}^{N}a_{ij}$，$d_{\mathrm{out}}(v_i)=\sum_{j=1}^{N}a_{ij}$。图 G 的度矩阵定义为 $\boldsymbol{D}=[d_{ij}]$，其中 $d_{ij}=0$（$i\neq j$），$d_{ii}=d_{\mathrm{in}}(v_i)$。图的拉普拉斯(Laplacian)矩阵定义为 $\boldsymbol{L}=\boldsymbol{D}-\boldsymbol{A}$。

定理 5.1(Laplacian 矩阵性质)：图 G 中的 Laplacian 矩阵 $\boldsymbol{L}$ 满足：

(1) $\boldsymbol{L}$ 至少含有一个 0 特征值，且 $\boldsymbol{l}_N$ 是 0 特征值所对应的一个右特征向量。

(2) 如果 G 具有一个生成树，那么 0 是 $\boldsymbol{L}$ 的单特征值，并且其他 $N-1$ 个特征值均具有正实部。

(3) 如果 G 不具有一个生成树，那么 $\boldsymbol{L}$ 至少含有两个 0 特征值，并且其几何重数不小于 2。

5.2.3　集群协同飞行过程建模

固定翼无人机集群协同飞行的任务剖面通常如图 5－3 所示，它包含盘旋集结、编队飞行和队形重构。各无人机在序贯起飞后，首先在某一聚集区盘旋集结；而后集群根据任务需要，形成一定的编队，以编队形式飞行；当环境中存在障碍，或集群任务改变时，编队需要动态调整，通过队形重构形成新的编队队形。

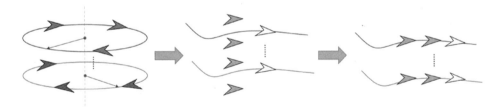

图 5－3　固定翼无人机集群协同飞行的任务剖面

(1) 盘旋集结。当固定翼无人机集群执行任务时，由于跑道数量有限，各无人机通常序贯起飞。但是，由于存在最小飞行速度约束，序贯起飞的固定翼无人机首先需要在某一聚集区(即环绕会合)盘旋，以等待其他的无人机聚集。对于无人机集群来说，有序的盘旋集结有利于为各无人机提供相近的时间和空间一致性，降低了集群任务执行的初始复杂度；此外也是一种"安全缓冲"机制，可以大大降低无人机之间的碰撞可能性。

(2) 编队飞行。无人机集群在飞行的过程中，根据任务的需要，往往按照期望的相对距离、方位等形成一定的队形并保持队形飞行。编队飞行是无人机集群最典型的协同场景，也是其执行各类复杂任务的行为基础。以无人机集群执行区域侦察任务为例，各无人机根据机载传感器的探测能力组成合适的队形，可以大幅扩大侦察的范围以及提高对目标定位的准确度。

（3）队形重构。当环境中存在障碍，或集群任务改变时，无人机集群组成的编队队形也需要动态调整，从而形成新的编队队形。例如，菱形队形的无人机集群在遇到狭窄通道时，可以变为纵向队形以便顺利通过。在队形重构过程中，无人机需要平滑地从一种队形切换到另一种队形，并尽可能降低无人机之间的碰撞可能性，以确保无人机的安全。

5.3 基于一致性的无人机集群盘旋集结控制

无人机在执行任务待命或编队飞行准备时，需要进行盘旋集结使多架无人机在待命、准备时具有一定的安全性，且可以随时投入执行的任务或编队中。本节主要针对集群起飞后的盘旋集结，为无人机集群提供一种集结的控制手段。

5.3.1 一致性理论简述

一致性问题有着相对较长的历史，可以回溯到 20 世纪 60 年代人们对于计算机科学与分布式计算的研究。其目标是如何通过个体（智能体）之间的相互作用，从而形成集群整体的行为、认知一致。

由于很多集群协同问题本质上是个体通过局部交流产生了某种所需的一致性，因此一致性理论自然而然地受到了广泛的关注。

在一致性理论研究初期，人们对一阶智能体的群体进行了研究。顾名思义，一阶模型只包含了一个所需达到一致的状态。考虑一个互联的一阶多智能系统，一种最为常见的一致性协议形式为

$$\dot{x}_i(t) = -\sum_{j=1}^{n} a_{ij}(x_i(t) - x_j(t)), \ i = 1, \cdots, n$$

式中：a_{ij} 为智能体 i 与智能体 j 之间的连接系数。如果该系统智能体之间的拓扑关系是时不变的，则对整个系统而言，一致性控制协议可以写成以下矩阵形式：

$$\dot{x}(t) = -Lx(t)$$

式中：$x(t) = [x_1, \cdots, x_n]^T$ 为系统中所有智能体状态所组成的向量；L 为 5.2.2 节中介绍的 Laplacian 矩阵。文献[61-62]表明，当多智能体的图 G 是一个生成树，即 0 是 L 的单特征值，并且其他的 $N-1$ 个特征值均具有正实部，那么 $x(t) \to x_0 l_n$，其中 x_0 为一常向量，l_n 为一维数为 n、元素全是 1 的向量。也就

是说,当 $t \to \infty$ 时,$|x_i(t) - x_j(t)| \to 0$ 对所有 $i,j = 1, \cdots, n$ 均成立。此时,系统状态 $x(t)$ 达到一致。

5.3.2　基于一致性的无人机集群集结

在集群无人机盘旋时,考虑无人机编队将无人机分层,即无人机在相同半径但不同高度的几个同心圆轨迹上盘旋。根据无人机在飞行时的高度,整个无人机编队分为 k 个子组 $\Omega_1, \Omega_2, \cdots, \Omega_k$,即一个子组中的无人机具有相同的高度。为了形成有序的盘旋集结,要求不同高度的子组达到角度一致;为了避免无人机之间出现碰撞,要求同一子组中的无人飞行器保持一定的角距离。

为了实现此目标,本节提出一种基于一致性的盘旋算法,具体步骤如下:

(1) 首先为每个子组 j 定义一个协调变量 ι_j,即

$$l_j = \sum_{i \in \Omega_j} \varphi_i \Big/ |\Omega_j| \tag{5-7}$$

式中:φ_i 为从盘旋圆心指向无人机 i 的直线与正北方向之间的夹角。

(2) 为了使同一子组中的无人机避免碰撞并形成有序序列,将任一子组 j 中的无人机按照误差量 $|\varphi_i - \iota_j|$ 升序排列,其中 $i \in \Omega_j$,从而得到子组 j 中任一无人机 i 的一个序号 z_i,其中 $1 \leqslant z_i \leqslant |\Omega_j|$。 接着在协调变量 ι_j 的基础上计算一个相对角距离 φ_i^r,其定义如下:

$$\varphi_i^r = \varphi_r \times \left(z_i - \frac{|\Omega_j| + 1}{2} \right),\ i \in \Omega_j \tag{5-8}$$

式中:$\varphi_i^r > 0$ 表示在同一子组中相邻两架无人机的期望角距离。

(3) 对无人机 i 而言,其期望的协同盘旋速度指令为

$$V_i^r = V_c - k_1 \sum_{m=1}^{k} \Gamma(\iota_j - \iota_m)/k + k_2(\varphi_i^r - \Gamma(\varphi_i - \iota_j)),\ i \in \Omega_j \tag{5-9}$$

式中:V_c 表示无人机巡航速度,$k_1 > 0$ 和 $k_2 > 0$ 是 2 个比例系数;$\Gamma(x)$ 是一个归一化函数,其具体定义如下:

$$\Gamma(x) = \begin{cases} x, & -180 \leqslant x \leqslant 180 \\ x - 360n, & -180 + 360n \leqslant x \leqslant 180 + 360n, n \text{ 为一正整数} \end{cases} \tag{5-10}$$

式 (5-9) 中第一项为整个无人机编队期望的巡航速度,第二项实际上是一种基于一致性协议的协调控制算法。定义 $l = [l_1^T, l_2^T, \cdots, l_k^T]^T$,若式 (5-9) 中仅考

虑第二项,则由式(5-7)可得 l 的微分方程为

$$\dot{l} = -k_1 \mathbf{L} l / (2\pi R)$$

式中: $\mathbf{L}$ 为图 G 对应的 Laplacian 矩阵。从式(5-8)可以看出,图 G 是一个全连通拓扑结构。因此,根据 5.3.1 节中的结论可知,式(5-9)中第二项 $-k_1 \sum\limits_{m=1}^{k} \Gamma(\iota_j - \iota_m)/k$ 驱使不同高度的无人机进行聚集。第三项 $k_2(\varphi_i^r - \Gamma(\varphi_i - \iota_j))$ 将驱使同一高度层的无人机保持一个角距离 φ_i^r,以避免无人机之间的碰撞。

(4)步骤(3)中的一致性控制协议存在两种平衡点:一种是期望不同高度的无人机聚集到同一水平上;而另一种则是所有无人机均匀分布在盘旋圆上。为了避免无人机位置收敛到第二种情况,本节采用一种预对齐——一致性协议的控制方法,即在使用一致性协议之前,选取一个子组 L 作为领航者子组,其余子组与领航者子组 L 进行对齐的控制算法。具体预对齐控制算法描述如下:

$$V_i^r = \begin{cases} V_c + k_2(\varphi_2^r - \Gamma(\varphi_i - \iota_j)), & i \in \Omega_j, j = L \\ V_c + k_2(\varphi_i^r - \Gamma(\varphi_i - \iota_j)) + k_3 \Gamma(\iota_L - \iota_j), & i \in \Omega_j, j \neq L \end{cases}$$

$$(5-11)$$

式中: k_3 为一比例系数, $k_3 > 0$。

当以下条件满足:

$$|l_j - \iota_L| < \varphi_t, \quad j = 1, \cdots, k \tag{5-12}$$

控制算法则由预对齐算法切换为一致性控制算法,其中 φ_t 为一预设的阈值常量。基于一致性的协调盘旋控制算法归纳总结如下:

算法 5-1　基于一致性的协调盘旋控制算法

① 由式(5-6)计算出每个无人机群的角度协调变量

② if 所有的角度协调变量接近彼此,即满足条件式(5-12)时,then

③ 由式(5-9)计算期望速度 V_i^r

④ else

⑤ 由式(5-12)计算期望速度 V_i^r

⑥ end if

在基于一致性的协调盘旋控制算法中,每个子组都有一个角度协调变量,该

变量起着两个重要作用：

（1）组内协调。通过将角度协调变量作为参考值，每个子组中的所有无人机都可以实现前无人机的角度与角度协调变量完全相等的角度对齐。

（2）组间协调。通过不断交换角度协调变量并调整无人机的速度，所有子组都可以使这些协调值彼此足够接近。

根据 5.3.1 节介绍的一致性结论，可以很容易证明，只要在各层之间、各领航者之间分别存在连通图，集群的角度协调变量将趋于有界一致（所有角度差不大于 φ_t），期望指令速度 V_i^r 将趋于一致。具体证明过程，本节不做展开。

按照基于一致性的协调盘旋控制算法，无人机盘旋集结首先要在组间达成一致性，这可以避免可能存在的振荡（在收敛意义上）。在组间几乎达成一致性后，每架无人机将利用基于一致性的协调盘旋控制算法开始进行盘旋集结（算法 5-1 中③），否则所有无人机都会调整速度进行角度预对齐（算法 5-1 中⑤）。

5.3.3　无人机集群盘旋集结飞行试验

飞行试验的环境和平台参见附录 B。无人机集群集结算法采用基于一致性的协调盘旋控制算法，以 C++ 语言实现在每架无人机的集群控制器中；集群的通信采用全连通无向拓扑。图 5-4 展示了 7 架"灵雁"无人机在盘旋集结过程中的飞行轨迹，从图中可以看出，无人机集群飞行在不同高度的同心圆上，并调整速度进行集结。图 5-5 为完成集结后的情形，从图中可以看出不同高度层的无人机角度对齐，同一高度层的无人机保持相同的角距离，实现了预期控制目标。

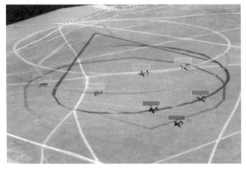

图 5-4　无人机集群盘旋集结过程　　　图 5-5　盘旋集结实现场景图

5.4　基于混杂控制的无人机集群协同飞行控制

本节基于固定翼无人机的运动学模型的特性，提出了基于群组的大规模集群分层控制策略,在此基础上分别设计了基于协同路径跟踪的长机控制律和基于跟随领航者的僚机控制律,实现了基于混杂模式的集群控制律综合。

5.4.1　基于群组的大规模集群分层控制策略

面向大规模无人机集群,本节采用分组的思想,并借助"长-僚机"框架的层级结构,提出一种基于群组的分层控制策略,如图5-6所示。集群中的所有无人机被分成若干个独立且不相交的群组,并在各群组内形成"长机层"和"僚机层"的集群双层控制架构。每个群组内只有一架长机,一方面它与其他组的长机进行信息交互,实现组间的协同,另一方面它对组内其他无人机起引导作用;群组内除长机之外的无人机均作为僚机,采用通信的方式获取长机的状态以跟随长机。

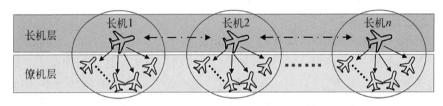

图5-6　基于群组的无人机集群分层控制架构

为实现长机层的协同,本节为每架长机规划一条航线,并通过协同路径跟踪控制,使各长机在沿其航线飞行的过程中,满足一定的协同关系。对于各僚机,为实现与其长机的协同,需要利用僚机与长机的相对位置等信息,设计僚机跟随长机的控制律,以实现同一组内所有无人机的协同。

该控制策略的主要优点在于:

(1) 相比于对所有无人机采用协同路径跟随控制的方式,该控制策略不需要为所有无人机规划航线。由于组内的长机具有引导组内僚机的能力,因此在规划时只需要为长机规划航线;而僚机采用基于跟随领航者的编队控制律与长机协调,无须规划航线。众所周知,协同航线的复杂度与规划指数相关,故而该方案极大地降低了航线规划的复杂度,能够适应较大的规模数量。

(2) 相比于传统的基于"长-僚机"框架的跟随领航者法,该方案的控制架构仅有两层,一方面克服了因误差逐层累积以及层级过多造成的误差传递逐级放大的问题,另一方面存在多个互相协调的领航者,极大避免领航者损毁造成编队失效的分享。同时,该控制策略避免了过多的个体跟随同一个领航者,分散了对某一单独节点的瞬时通信能力的需求。

基于上述控制策略,5.4.2 节介绍基于协同路径跟踪的长机控制律设计,5.4.3 节介绍基于跟随领航者方法的僚机控制律设计。本节所使用的无人机模型为式(5-5)所描述的独轮车模型,所有无人机的同构,且满足如下约束:

$$v_i \in [v_{\min}, v_{\max}], \omega_i \in [-\omega_{\max}, \omega_{\max}] \tag{5-13}$$

式中:$v_{\min}$,$v_{\max}$ 和 $\omega_{\max}$ 均为正数。

5.4.2　基于协同路径跟踪的长机控制律设计

本节提出基于协同路径跟踪的长机控制律,以实现各长机之间的精确稳定编队控制。首先给出基于协同路径跟踪的控制框架,在此基础上,分别设计基于协同路径跟踪的编队飞行和队形重构控制律,并给出基于 X-Plane 的半实物仿真结果。

5.4.2.1　控制框架设计

基于协同路径跟踪的长机控制框架如图 5-7 所示。该框架中共包含四个模块,分别是协同规划模块、无人机之间通信模块、协同路径跟踪控制模块,以及稳定回路控制模块。

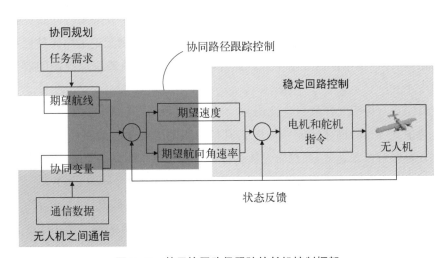

图 5-7　基于协同路径跟踪的长机控制框架

(1) 协同规划模块。该模块可以以预先规划的方式离线运行,或者在通信带宽和计算资源充分的情况下,以实时规划的方式运行。该模块根据任务需求,为各长机生成一系列航线。关于具体的无人机规划算法可参见文献[63]和文献[64]。

(2) 无人机之间通信模块。通信数据为协同路径跟踪控制提供协同变量,以保证无人机能够协同飞行。关于多机系统通信网络的综述可参见本书第 3 章和文献[65]和文献[66]。在许多实际应用中,通信带宽极其有限。因此,必须选择合适的协同变量,以保证算法在有限通信带宽的条件下仍可以应用于较大规模的集群。

(3)协同路径跟踪控制模块。该模块是整个控制框架的控制律设计核心,其目标是使各长机沿协同规划模块生成的期望航线飞行,同时利用无人机之间通信提供的其他长机的状态信息实现协同。该模块实质上可视作外环的导引控制,为内环的稳定回路控制生成导引指令。当无人机采用独轮车模形式时,该模块的输出为期望速度和期望航向角速率。

(4)稳定回路控制模块。该模块利用协同路径跟踪控制模块的输出,生成电机和舵机指令,从而实现无人机的姿态、高度以及速度跟踪。在该模块中,通常会用到自驾仪。无人机自驾仪的综述可参考文献[67]。

协同规划模块为长机生成期望的轨迹。当轨迹生成之后,通常有两种任务执行方式[56]:一种是轨迹跟踪控制[68],使每架长机跟踪一条以时间为参数的轨迹;另一种是协同路径跟踪控制,即所有的长机跟随各自路径并实现某种方式的协同。路径与轨迹的区别在于,路径并非以时间为参数,因此在生成轨迹之后可以再重新参数化,将空间的曲线路径与时间参数解耦。本节采用协同路径跟踪控制,主要原因是当存在不稳定的零动态时,轨迹跟踪控制无论采用何种控制结构,都存在一些基本性能限制[69-70]。此外,在风干扰下,轨迹跟踪控制的效果会更差[71-72]。

5.4.2.2 编队飞行控制律设计

考虑式(5-5)描述的任一长机 i,其期望跟随的有向曲线路径记作 Γ_i。设该路径存在解析表达式,其二阶导数存在且连续。将曲线路径上 p_i 点处路径的单位切向量记作 $\boldsymbol{T}(p_i)$,则 p_i 点处的曲率可以定义为 $\kappa(p_i)=\mathrm{d}\boldsymbol{T}(p_i)/\mathrm{d}s_i$,其中 s_i 是表示曲线长度的自然参数。对路径 Γ_i 进一步做如下假设:

假设 Γ_i 对长机 i 全局已知,并且 Γ_i 在点 p_i 处曲率值的绝对值小于一常数 κ_0,即 $|\kappa(p_i)|<\kappa_0$。

由于无人机速度和航向角速率的约束,为使长机能够跟随路径,应满足 $\kappa_0 \leqslant \omega_{\max}/v_{\min}$。对于路径上一点 $p_i=(p_{ix},\ p_{iy})^{\mathrm{T}}$,若向量 $\boldsymbol{t}=(x_i-p_{ix},\ y_i-p_{iy})^{\mathrm{T}}$ 垂直于 $\boldsymbol{T}(p_i)$,则称 p_i 为长机 i 在路径 Γ_i 上的投影。定义 $f_i=(r_i,\ y_i)$ 为长机 i 的路径跟踪误差(见图 5-8),其中 $\rho_i \in i$ 为长机 i 到它在路径 Γ_i 上最近的投影点 p_i 的带符号距离。当长机 i 在路径 Γ_i 的左侧时,则 $\rho_i > 0$;当长机

i 在路径 $\boldsymbol{T}_i$ 的右侧时, 则 $\rho_i < 0$。$y_i \in [-p, p)$ 是长机 i 的航向角与它在 Γ_i 的最近投影 p_i 点处的切线 $\boldsymbol{T}(p_i)$ 方向所呈的夹角。这样, ρ_i 可以看作长机 i 相对于路径 Γ_i 的位置误差, y_i 可以看作长机 i 相对于 $\boldsymbol{T}(p_i)$ 的航向误差。

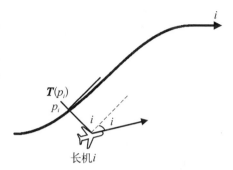

图 5-8 单架长机路径跟踪示例

若 $|\rho_i| < R_0$, 其中 $R_0 = 1/\kappa_0$, 那么长机 i 的最近投影 p_i 是唯一的。此时, 对于长机 i 的路径跟踪模型可表示如下:

$$\begin{cases} r_i = v_i \sin y_i \\ y_i = w_i - \dfrac{k(p_i)v_i \cos y_i}{1 - k(p_i)r_i} \quad i = 1, \cdots, n \end{cases} \tag{5-14}$$

长机 i 可以渐近跟随路径 Γ_i 当且仅当 $f_i \to 0$。

对于式 (5-13) 表示的路径跟踪控制系统, 当假设 5.1 对每架长机都成立时, 若每架无人机都能在控制律的作用下收敛到各自在路径上的最近投影点, 则通过同步化它们的最近投影点实现协同。

在编队飞行控制问题中, 所有无人机的相对位移保持不变。在该情形下, 所有长机的期望路径可以视作将某架长机的期望路径平移得到。故而在该过程中, 所有长机的期望路径长度都相等。为保持编队队形, 所有长机在期望路径上所对应的各自曲线长度的自然参数 s_i 也应尽可能相同。此情形下, 编队飞行的控制目标为对于任意的 $i, j \in \{1, \cdots, n\}$, $f_i \to 0$, 且 $s_i(t) - s_j(t) \to 0$。

为此, 将编队飞行控制律设计为

$$\begin{cases} w_i = Sat(w_d, -w_{max}, -w_{max}) \\ v_i = Sat(v_d, v_{min}, v_{max}) \end{cases} \tag{5-15}$$

其中,

$$\begin{cases} w_d = v_i \left(-\dfrac{k_1}{k_2}(k_1 r_i + k_2 y_i) + \dfrac{k(p_i)\cos y_i}{1 - k(p_i)r_i} \right) - a \cdot \text{sign}(k_1 r_i + k_2 y_i) \\ v_d = \dfrac{1 - k(p_i)r_i}{\cos y_i}(v_c + \Sigma_{j \in N_i} w_{ij}(s_i - s_j)) \end{cases}$$

$$\tag{5-16}$$

参数满足 $a \leqslant Rk_1 < ak_2$, $\boldsymbol{W} = [w_{ij}]_{n \times n}$ 为无人机图 G 所对应的加权邻接矩

阵,且图 G 为连通无向图,v_c 为无人机的巡航速度,满足 $v_{min} < v_c < v_{max}$,饱和函数 $Sat(x,c_1,c_2)$ 定义为

$$Sat(x,c_1,c_2)=\begin{cases} \min(c_1,c_2), & x < \min(c_1,c_2) \\ x, & \min(c_1,c_2) \leqslant x < \max(c_1,c_2) \\ \max(c_1,c_2), & x \geqslant \max(c_1,c_2) \end{cases}$$

定理 5.2: 若存在正常数 $0 < a < \pi/2, 0 < R_1 < R_0, \alpha > 0$,使得不等式成立,且所有无人机的路径跟踪误差满足 $f_i \in S_1$,则

$$\sqrt{\left(\frac{a}{R_1}\right)^2 + k_0^2} + \frac{a}{v_{max}} \leqslant \frac{w_{max}}{v_{max}} \tag{5-17}$$

$$\frac{k_0}{1 - k_0 R_1} + \frac{a}{v_{max}} \leqslant \frac{w_{max}}{v_{max}} \tag{5-18}$$

其中 $S_1 = \{(r_i,y_i): |r_i| \leqslant R_1, |y_i| \leqslant a, |ar_i + R_1 y_i| \leqslant aR_1\}$,则采用式(5-15)和式(5-16),可以使得 $f_i \to 0$,且 $s_i(t) - s_j(t) \to 0$ 对任意的 $i,j \in \{1,\cdots,n\}$ 成立。

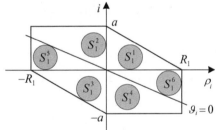

图 5-9　将 S_1 划分的 6 个子集

为了证明定理 5.2,令 $J_i = k_1 r_i + k_2 y_i$,则 $\vartheta_i = 0$ 是一条经过原点的直线,$\vartheta_i > 0$ 在直线的右上方,$\vartheta_i < 0$ 在直线的左下方。$\vartheta_i = 0$ 和 ρ_i 轴及 y_i 轴将 S_1 划分为如图 5-9 所示的 6 个子集,定义如下:

$$S_1^1 = \{f_i \in S_1: r_i > 0, y_i \geqslant 0, J_i > 0\}$$

$$S_1^2 = \{f_i \in S_1: r_i \leqslant 0, y_i \geqslant 0, J_i \geqslant 0\}$$

$$S_1^3 = \{f_i \in S_1: r_i < 0, y_i \leqslant 0, J_i < 0\}$$

$$S_1^4 = \{f_i \in S_1: r_i \geqslant 0, y_i \leqslant 0, J_i \leqslant 0\}$$

$$S_1^5 = \{f_i \in S_1: r_i < 0, y_i > 0, J_i < 0\}$$

$$S_1^6 = \{f_i \in S_1: r_i > 0, y_i < 0, J_i > 0\}$$

根据该定义,原点既包含在 S_1^2 中,也包含在 S_1^4 中。定理如下:

定理 5.3: 采用式(5-15)和式(5-16),有以下结果成立:

(1) 若 $\vartheta_i > 0$,则 $y_i \leqslant -a$;若 $\vartheta_i < 0$,则 $y_i \geqslant a$。

(2) 若 $f_i \in S_1^1 \bigcup S_1^3$，且 $y_i \neq 0$，则 $\dfrac{y_i}{r_i} \leqslant -\dfrac{a}{R_1}$。

证明：

(1) 只证明 $\vartheta_i > 0$ 的情形，$\vartheta_i < 0$ 时可同理得证。由式(5-14)可知，$\dot{y}_i =$

$\omega_i - \dfrac{k(p_i) v_i \cos y_i}{1 - k(p_i) r_i}$。再结合 $\omega_i = Sat(\omega_d - \omega_{max}, -\omega_{max})$，分类讨论如下：

① 若 $\omega_i = \omega_d$，由式(5-15)可得 $\dot{y}_i = \omega_d - \dfrac{k(p_i) v_i \cos y_i}{1 - k(p_i) r_i} \leqslant -a$。

② 若 $\omega_i = \omega_{max}$，则意味着 $\omega_d \geqslant \omega_i$，利用①，则

$$\dot{y}_i = \omega_i - \frac{k(p_i) v_i \cos y_i}{1 - k(p_i) r_i} \leqslant \omega_d - \frac{k(p_i) v_i \cos y_i}{1 - k(p_i) r_i} \leqslant -a$$

③ 若 $\omega_i = -\omega_{max}$，由于 $0 < R_1 < R_0$，则

$$\dot{y}_i = -\omega_{max} - \frac{k(p_i) v_i \cos y_i}{1 - k(p_i) r_i} \leqslant -\omega_{max} + \frac{k_0 v_{max}}{1 - k_0 R_1}$$

由式(5-14)得 $-\omega_{max} + \dfrac{k_0 v_{max}}{1 - k_0 R_1} \leqslant -a$，故 $\dot{y}_i \leqslant -a$。

(2) 只证明 $f_i \in S_1^1$ 的情形，$f_i \in S_1^3$ 时可同理得证。$f_i \in S_1^1$ 且 $y_i \neq 0$ 时，

$y_i > 0$。根据式(5-14)得 $r_i > 0$，故证明 $\dfrac{y_i}{r_i} \leqslant -\dfrac{a}{R_1}$ 等价于证明 $a r_i + R_1 y_i \leqslant 0$。

① 若 $\omega_i = \omega_d$，由式(5-16)可得

$$a r_i + R_1 \dot{y}_i = v_i \left(a \sin y_i - R_1 \frac{k(p_i) \cos y_i}{1 - k(p_i) r_i} \right) + R_1 \omega_i$$

$$= a v_i \sin y_i - \frac{k_1 R_1 v_i}{k_2} (k_1 r_i + k_2 y_i) - R_1 a$$

$$\leqslant a v_i \sin y_i - k_1 R_1 v_i y_i - R_1 a \leqslant -R_1 a < 0$$

② 若 $\omega_i = \omega_{max}$，则 $\omega_d \geqslant \omega_i$，利用①，则

$$a r_i + R_1 \dot{y}_i = v_i \left(a \sin y_i - R_1 \frac{k(p_i) \cos y_i}{1 - k(p_i) r_i} \right) + R_1 \omega_i$$

$$\leqslant a v_i \sin y_i - \frac{k_1 R_1 v_i}{k_2} (k_1 r_i + k_2 y_i) - R_1 a < 1$$

③ 若 $\omega_i = -\omega_{max}$，则 $a r_i + R_1 \dot{y}_i = v_1 \left(a \sin y_i - R_1 \dfrac{k(p_i) \cos y_i}{1 - k(p_i) r_i} \right) - R_1 \omega_{max}$。

由于 $f_i \in S_1^1$，故 $v_i \left[a \sin y_i - R_1 \dfrac{k(p_i) \cos y_i}{1 - k(p_i) r_i} \right] - R_1 \omega_{\max} \leqslant v_{\max} \sqrt{a^2 + (R_1 k_0)^2} - R_1 \omega_{\max}$。由式(5-17)得，$v_{\max} \sqrt{a^2 + (R_1 k_0)^2} - R_1 \omega_{\max} \leqslant -R_1 a < 0$，即 $ar_i + R_1 y_i < 0$。

定理 5.4[73]：考虑由 $g(x) = 0$ 描述的一个闭合轮廓，轮廓内满足 $g(x) < 0$，其中 $g(x)$ 是连续可微函数。若在轮廓上一点 x 的 VF $f(x)$ 与梯度向量 $\nabla g(x)$ 的内积为负，即 $f(x) \nabla g(x) < 0$，则 VF 指向轮廓内；若 $f(x) \nabla g(x) > 0$，则 VF 指向轮廓外；若 $f(x) \nabla g(x) = 0$，则 VF 与轮廓相切。若系统 $x = f(x)$ 的轨迹从轮廓内运动到轮廓外，则必然存在轮廓上的点 x_0，满足 $g(x_0) = 0$ 且 $f(x_0) \nabla g(x_0) > 0$。

利用引理 5.1 和引理 5.2，现证明定理 5.1。

证明： 首先证明在式(5-15)和式(5-16)给出的控制律的作用下，S_1 是一个正不变集，若 $f_i(t_0) \in S_1$，则 $f_i(t) \in S_1$ 对任意 $t^3 t_0$ 成立。不然，因 f_i 连续，不妨设 f_i 从 S_1 的边界 $ar_i + R_1 y_i = aR_1$ 上离开 S_1，但根据 $ar_i + R_1 y_i \leqslant 0$，由定理 5.4 知，$f_i$ 不可能从 S_1 的边界 $ar_i + R_1 y_i = aR_1$ 上离开 S_1。同理可得 f_1 无法从 S_1 其他的边界离开 S_1。因此 S_1 是一个正不变集。

由定理 5.1 的第(1)点可知，当 $\vartheta_i > 0$ 时，$y_i \leqslant -a < 0$；当 $\vartheta_i < 0$ 时，又由于 S_1 是一个正不变集，且 $f_i \in S_1$ 时，$|y_i| \leqslant a$。因此，对于任意的 $f_i(0) \in S_1$，都存在一个有限的时间 $t_0 \leqslant 2a/\alpha$，满足 $\vartheta_i(t_0) = 0$。对于任意的 $f_i(t_0) \in \{(r_i, y_i): J_i = 0\}$，由于当 $f_i \in S_1^5 \cup S_1^6$ 时，$J_i J_i = J_i(k_1 r_i + k_2 y_i + k_3 y_i \cos y_i) < 0$，因此 f_i 不会直接进入 S_1^5 或 S_1^6。故而，若 $f_i(t_0) \in \{(r_i, y_i): J_i = 0\}$，那么 f_i 在 t_0 之后的轨迹可以分为以下三种情况：

情况一，$f_i(t) \in \{(r_i, y_i): J_i = 0\}$ 对任意的 $t \geqslant t_0$ 都成立。由于 $J_i = k_1 r_i + k_2 y_i + k_3 \sin y_i$，可写成 $J_i = k_1 r_i + k_2 \arcsin \dfrac{r_i}{v_i} + k_3 \dfrac{r_i}{v_i}$。记 $h(x) = k_2 \arcsin \dfrac{x}{v_i} + k_3 \dfrac{x}{v_i}$，$x \in [-v_i \sin a, v_i \sin a]$。显然，$h(x)$ 是一个奇函数，且它的逆函数 $h^{-1}(x)$ 存在。故而，若 $\vartheta_i(t) \equiv 0$ 对任意的 $t \geqslant t_0$ 成立，则 $\rho_i = -h^{-1}(k_1 \rho_i)$。由于 $h(x)$ 满足 Lipschitz 条件，因此存在一个正常数 c_1 满足 $|h(x)| \leqslant |c_1 x|$。故 $|\rho_i(t)| \leqslant |\rho_i(t_0)| \exp\left(-\dfrac{k_1}{c_1}(t - t_0)\right)$，这意味着当 $t \to \infty$ 时，$\rho_i(t) \to 0$。同时，由于 $J_i(t) = k_1 r_i + k_2 y_i + k_3 \sin y_i \equiv 0$ 对于所有的

$t \geqslant t_0$ 都成立，故而 $y_i(t) \to 0$。

情况二，存在 $t > t_0$，满足 $f_i(t) \notin \{(r_i, y_i): J_i = 0\}$，但 $f_i(t) \in S_1^2 \bigcup S_1^4$，$\forall t > t_0$。在该情况下，当 $f_i \in S_1^4 \backslash \{(r_i, y_i): J_i = 0\}$ 时，$y_i \geqslant a$；当 $f_i \in S_1^2 \backslash \{(r_i, y_i): J_i = 0\}$ 时，$y_i \leqslant -a$。因此，$|y_i|$ 在 $f_i(t) \notin \{(r_i, y_i): J_i = 0\}$ 时单调非增，且 $f_i(t) \notin \{(r_i, y_i): J_i = 0\}$ 的总时间是有限的，不超过 a/α。此外，当 $f_i(t) \notin \{(r_i, y_i): J_i = 0\}$ 时，$|\rho_i|$ 也单调非增，结合情况一，有 $|\rho_i(t)| \leqslant |\rho_i(t_0)| \exp\left(-\frac{k_1}{c_1}\left(t - t_0 - \frac{a}{\alpha}\right)\right)$，因此 $\lim\limits_{t \to \infty} \rho_i(t) = 0$。由于 $|y_i|$ 非增且有界，因此 $\lim\limits_{t \to \infty} |y_i|$ 存在。由于 $f_i(t) \notin \{(r_i, y_i): J_i = 0\}$ 的总时间是有限的，且 $\lim\limits_{t \to \infty} \rho_i(t) = 0$，故而 $\lim\limits_{t \to \infty} y_i(t) = 0$，即 $\lim\limits_{t \to \infty} f_i(t) = 0$。

情况三：存在 $t > t_0$，满足 $f_i(t_0) \in \{(r_i, y_i): J_i = 0\}$ 且 $f_i(t) \notin S_1^2 \bigcup S_1^4$。由于 f_i 不会直接进入 S_1^5 和 S_1^6，因此 f_i 必然穿过 y_i 轴进入 $S_1^1 \bigcup S_1^3$。假设 $\rho_i(t_0) > 0$，$y_i(t_0) < 0$，如图 5 - 10 所示，在 f_i 进入 S_1^3 之后，由于 $y_i \geqslant a > 0$ 在 S_1^3 和 S_1^5 中都成立，故存在有限时刻 $t_1 \leqslant t_0 + 2a/\alpha$，满足 $f_i(t_1) \in \{(r_i, y_i): J_i = 0\}$，且 $\rho_i(t_1) \leqslant 0$，$y_i(t_1) \geqslant 0$。记 f_i 的轨迹与 ρ_i 轴的交点为 $(-r_1, 0)$，由于当 $f_i \in S_1^4 \backslash \{(r_i, y_i): J_i = 0\}$ 时，$y_i \geqslant a > 0$，且 $f_i \in S_1^3$ 时始终有 $\frac{y_i}{r_i} \leqslant -\frac{a}{R_1}$ 成立，因此 $r_1 < \frac{R_1}{a} |y_i(t_0)|$。此外，由于在 S_1^5 中 $r_i = v_i \sin y_i > 0$，故 $|r_i(t_1)| < r_1 < \frac{R_1}{a} |y_i(t_0)|$。又由于 $|y_i(t_0)| \leqslant \frac{k_1}{k_2} |r_i(t_0)|$，$|y_i(t_1)| \leqslant \frac{k_1}{k_2} |r_i(t_1)|$，故 $|\rho_i(t_1)| < \frac{R_1 k_1}{a k_2} |\rho_i(t_0)|$，$|y_i(t_1)| < \frac{R_1 k_1}{a k_2} |y_i(t_0)|$。$\sigma = \frac{R_1 k_1}{a k_2}$，则 $\sigma < 1$。当 $t \in [t_0, t_1]$ 时，$|\rho_i(t)| \leqslant |\rho_i(t_0)|$，$|y_i(t)| \leqslant |y_i(t_0)|$。再由对称性可得，当 $f_i(t_1) \in \{(r_i, y_i): J_i = 0\}$，$t_1$ 时刻之后，f_i 的轨迹有三种可能，对应于这里列出的三种情况。由于其他两种情况，路径跟踪误差都收敛到零，在此仅考虑情况三，即 f_i 在 t_1 之后又进入 S_1^1，然后又在 t_2 时刻到达 $\{(r_i, y_i): J_i = 0\}$，同理可得 $t \in [t_1, t_2]$ 时，$|\rho_i(t)| \leqslant \sigma |\rho_i(t_0)|$，$|y_i(t)| \leqslant s |y_i(t_0)|$。不断递推，当 $t \in [t_m, t_{m+1}]$ 时，$|\rho_i(t)| \leqslant \sigma^{m-1} |\rho_i(t_1)|$，$|y_i(t)| \leqslant s^{m-1} |y_i(t_1)|$，其中 t_m 对应于 f_i 离开 $S_1^2 \bigcup S_1^4$ 之后第 m 次到达 $\{(r_i, y_i): J_i = 0\}$。当 $m \to \infty$ 时，$\sigma^{m-1} \to 0$，故而 $\lim\limits_{t \to \infty} |\rho_i(t)| = 0$，$\lim\limits_{t \to \infty} |y_i(t)| = 0$，即 $\lim\limits_{t \to \infty} f_i(t) = 0$。

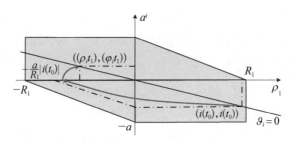

图 5-10 满足 $f_i(t_0) \in \{(r_i, y_i): J_i = 0\}$ 的情况三对应的系统轨迹示意图

现证 $\lim\limits_{t \to \infty} s_i - s_j = 0$。记无人机 i 在曲线上的投影的运动速度为 v_i^{r}，则 $v_i^{\mathrm{r}} = \dfrac{\cos y_i}{1 - k(p_i)r_i} v_i$。由 $\dot{s}_i = v_i^{\mathrm{r}}$，可得

$$\dot{s}_i = Sat(u_i, \alpha_i v_{\min} - v_{\mathrm{c}}, \alpha_i v_{\max} - v_{\mathrm{c}}) + v_{\mathrm{c}} \tag{5-19}$$

其中：$u_i = -\sum_{j \in N_i} w_{ij}(s_i - s_j)$，且 $a_i = \dfrac{\cos y_i}{1 - k(p_i)r_i}$。

选择 Lyapunov 函数：

$$V = \frac{1}{2} \sum_{i=1}^{n} \sum_{j \in N_i} w_{ij}(s_i - s_j)^2 \tag{5-20}$$

将 V 对时间求导，得

$$
\begin{aligned}
V &= \sum_{i=1}^{n} \sum_{j \in N_i} w_{ij}(s_i - s_j)(\dot{s}_i - \dot{s}_j) \\
&= \sum_{i=1}^{n} \sum_{j \in N_i} w_{ij}(s_i - s_j)(Sat(u_i, a_i v_{\min} - v_{\mathrm{c}}, a_i v_{\max} - v_{\mathrm{c}}) - \\
&\quad Sat(u_j, a_j v_{\min} - v_{\mathrm{c}}, a_j v_{\max} - v_{\mathrm{c}})) \\
&= -\sum_{i=1}^{n} u_i Sat(u_i, a_i v_{\min} - v_{\mathrm{c}}, a_i v_{\max} - v_{\mathrm{c}}) - \\
&\quad \sum_{i=1}^{n} \sum_{j \in N_i} w_{ij}(s_i - s_j) Sat(u_j, a_j v_{\min} - v_{\mathrm{c}}, a_j v_{\max} - v_{\mathrm{c}}) \\
&= -\sum_{i=1}^{n} u_i Sat(u_i, a_i v_{\min} - v_{\mathrm{c}}, a_i v_{\max} - v_{\mathrm{c}}) - \\
&\quad \sum_{i=1}^{n} \sum_{j \in N_i} w_{ij}(s_j - s_i) Sat(u_i, a_i v_{\min} - v_{\mathrm{c}}, a_i v_{\max} - v_{\mathrm{c}}) \\
&= -2 \sum_{i=1}^{n} u_i Sat(u_i, a_i v_{\min} - v_{\mathrm{c}}, a_i v_{\max} - v_{\mathrm{c}})
\end{aligned}
$$

由于 $f_i(t) \rightarrow 0$，故存在时间 t_1，当 $t > t_1$ 时，$v_c - \alpha_i v_{max} < 0$ 且 $v_c - \alpha_i v_{min} > 0$，对所有的 i 成立。再根据 $Sat(x, c_1, c_2)$ 的定义知，当 $t > t_1$ 时，$\dot{V} \leqslant 0$ 恒成立，且 $\dot{V} = 0$ 当且仅当 $u_i = 0$，$i = 1, \cdots, n$。此外，由于 $|\dot{s}_i - \dot{s}_j| < \dfrac{1}{1 - \kappa_0 R} v_{max} - \dfrac{\cos a}{1 + \kappa_0 R} v_{min}$，因此 $|s_i - s_j|$ 在 t_1 时刻是有界的，即 V 始终是有界的。根据 LaSalle 不变集原理，可得 $\lim\limits_{t \to \infty} u_i(t) = 0$，$\forall i \in V$。$\lim\limits_{t \to \infty} s_i - s_j = 0$，$\forall i$，$j = 1, \cdots, n$。

定理 5.2 表明，式(5-15)和式(5-16)给出的控制律能够使长机通过协同路径跟踪实现编队飞行。

注意：定理 5.1 要求所有长机的路径跟踪误差都在 S_1 中，当长机不在 S_1 中时，可能无法同时保证单个长机路径跟踪误差收敛到零，且各机实现协同。由于 S_1 是根据单个长机的路径跟踪误差所定义，此时，可以先采用单机路径跟踪控制方法，使长机的路径跟踪误差收敛到 S_1 中，再应用控制律(式(5.15)～式(5.16))。

5.4.2.3　队形重构控制律设计

在很多场景下，无人机集群需要在不同的地点形成不同的队形，为此需要队形重构。对于固定翼无人机而言，由于无人机的非完整、欠驱动特性，导致不存在光滑的状态反馈控制律使无人机从任意初始位置形成期望的队形[74]。此外，纯控制方法往往忽视队形变换的中间过程，使无人机集群容易在队形变换的过程中发生碰撞。

基于协同路径跟踪的框架(见图 5-7)中，由于采用了协同规划模块，所以可以考虑队形变换的中间过程。以图 5-11 所示的过程为例，在 $t_1 \sim t_2$ 时刻，两架长机期望排成一排，t_2 时刻开始队形变换，t_4 时刻变换完成。协同规划模块为每架长机生成一系列航路点，生成的航线满足时空上的避碰约束和无人机的运动约束。所有长机规划的航路点个数相同，且所有航路点的期望时间戳相等，

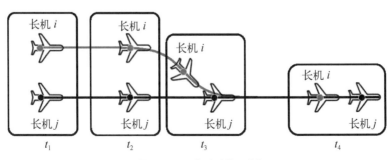

图 5-11　队形重构示例

即要求所有长机同时到达各自相同序号的航路点,如图 5-11 所示。此外,还要求所有长机从第 k 个到第 $k+1$ 个航路点的航线长度的差异较小,这样协同路径跟踪控制模块可以以较小的代价协调各长机的最近投影到当前航路点的路径长度,使各长机同时到达相同序号的航路点。如此,集群的队形变换可以以一种有"引导"的方式完成,便于地面人员监控整个队形变换过程,同时降低集群相互碰撞的概率,确保集群系统在变换过程中的安全。

在队形重构过程中,最近投影点可按照目标曲纹距离进行同步。目标曲纹距离是指无人机的最近投影到无人机当前航路点的曲纹距离。对长机 i,其目标曲纹距离记作 l_i,如图 5-12 所示。队形变换场景下,协同路径跟踪控制律的控制目标是使所有长机沿期望路径飞行,且同步化所有无人机的目标曲纹距离。此情形下,队形重构的控制目标为对于任意的 $i, j \in \{1, \cdots, n\}$,$f_i \to 0$,且 $l_i(t) - l_j(t) \to 0$。

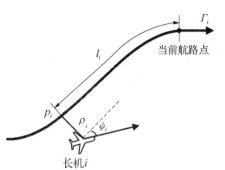

图 5-12　目标曲纹距离 l_i

为在指定地点形成期望队形,队形重构的控制目标应在有限时间内收敛,该有限时间应当小于任一无人机从初始位置开始,到达期望队形所对应的航路点的用时。在输入受限的条件下,该问题的求解非常困难。在此仅研究系统的渐近稳定性,即控制目标在 $t \to \infty$ 时成立。事实上,如果从无人机的初始位置到期望队形所对应的航路点的路径较长,则意味着有较长的时间使系统逐渐稳定。在这种情况下,队形重构问题可以近似解决。

对比编队飞行问题,队形重构的控制律只需将式(5-16)中的曲线长度自然参数 s_i 替换为目标曲纹距离 l_i,即式(5-16)变为

$$
\begin{cases}
w_d = v_i\left(-\dfrac{k_1}{k_2}(k_1 r_i + k_2 y_i) + \dfrac{k(p_i)\cos y_i}{1 - k(p_i)r_i}\right) - a \cdot \text{sign}(k_1 r_i + k_2 y_i) \\
v_d = \dfrac{1 - k(p_i)r_i}{\cos y_i}\left(v_c + \sum_{j \in N_i} w_{ij}(s_i - s_j)\right)
\end{cases}
$$

$$(5-21)$$

同时,在无人机到达期望队形对应的航路点后,若各无人机的路径满足平移性质,即无人机 i 的路径可由另一无人机 j 的路径平移得到,则无人机集群可以保持该队形飞行。具体证明可以参考定理 5.1,本节不做具体展开。

5.4.2.4 基于 X-Plane 的半实物仿真

基于附录 A 中的固定翼无人机集群协同环境,本节给出了编队飞行和重构控制律的验证结果。仿真环境中运行 7 架小型固定翼无人机。使用协同规划模块为每架无人机预先规划一条航线。所有无人机在面积约为 $1 \times 0.7 \text{ km}^2$ 的测试场地上空飞行约 3 圈。在协同过程中,每架无人机向其他无人机以 5 Hz 的频率广播自己的目标曲纹距离。

半实物仿真的参数设置如下:$v_{\max} = 17 \text{ m/s}$,$v_{\min} = 10 \text{ m/s}$,$v_c = 13.5 \text{ m/s}$,$\omega_{\max} = 0.425 \text{ rad/s}$,$\kappa_0 = 0.02$。优化后的协同集参数 $a = 0.15$,$R_1 = 10$。控制参数设置为 $k_1 = 1$;$k_2 = 70$;$w_{ij} = 0.2$,$\forall i \neq j$。

现分析 7 架无人机仿真中的 1 架无人机的路径跟踪效果。无人机 1 在整个飞行过程中的期望路径与实际位置如图 5-13 所示,从图中可以看出,代表期望航线和实际位置的两条曲线基本重合,意味着无人机可以较为理想地跟踪其路径。7 架无人机的路径跟踪误差如图 5-14 所示,从图中可以看出,当系统稳定后,无人机的位置误差都在 5 m 范围之内,航向误差基本控制在 0.05 rad 范围之内。

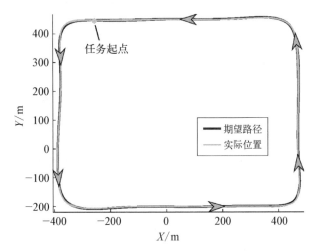

图 5-13 无人机 1 在整个飞行过程中的期望路径与实际位置

现分析协同效果,整个编队飞行过程如图 5-15 所示。无人机先后形成了三种队形,分别是"一"字形、"二"字形以及"V"形,三种编队队形在 X-Plane 中的视角如图 5-15 所示。图 5-16 中的虚线表示无人机的期望航线,实线表示无人机的实际位置。整个飞行过程中发生了三次队形变换,即"一"字形变换到"二"字形、"二"字形变换到"V"形,以及"V"形变换到"一"字形。三次队形变换的起始时间分别是 $t = 157 \text{ s}$,$t = 346 \text{ s}$ 和 $t = 566 \text{ s}$,结束时间分别是 $t = 264 \text{ s}$,$t = $

438 s 和 $t = 638$ s。从 $t = 217$ s，$t = 384$ s 和 $t = 604$ s 三个瞬间可以看到，期望队形已基本形成，即采用本节提出的算法可以使队形较早地形成。同时，当无人机形成队形后，期望航线满足平移特性，从图 5-16 中可以看到，本节提出的算法可以使队形变换结束后继续保持新的期望队形飞行。

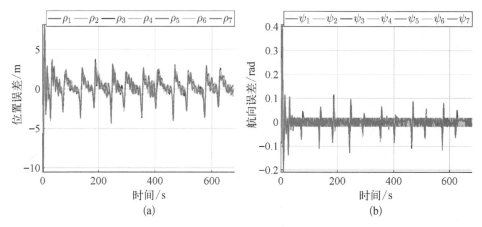

图 5-14　7 架无人机的路径跟踪误差

(a) 位置误差；(b) 航向误差

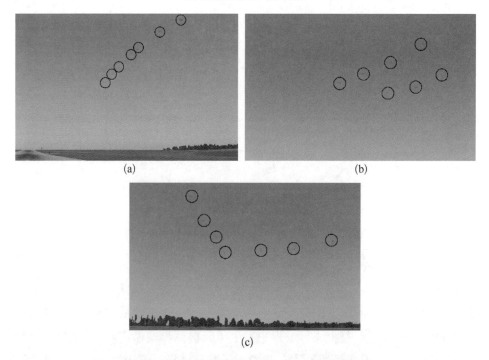

图 5-15　三种编队队形在 X-Plane 中的视角

(a)"一"字形编队；(b)"二"字形编队；(c)"V"形编队

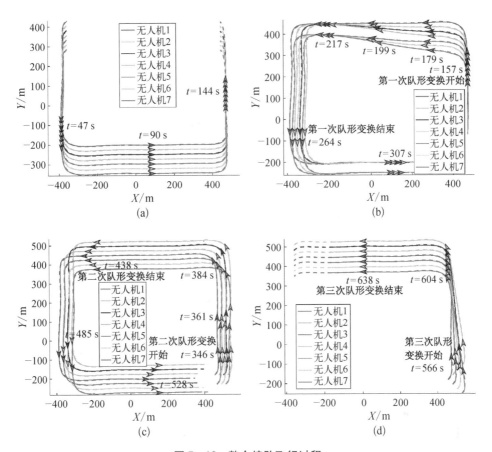

图 5 - 16 整个编队飞行过程

(a) 初始时形成"一"字形;(b) "一"字形变换到"二"字形;
(c) "二"字形变换到"V"形;(d) "V"形变换到"一"字形

5.4.3 基于跟随领航者法的僚机编队控制律设计

在编队飞行时,对僚机的控制目标是使其相对于长机的相对位置收敛到期望值,并且与长机的航向保持一致,即

$$\lim_{t \to \infty} x_f(t) - x_l(t) = d_f^x, \ \lim_{t \to \infty} y_f(t) - y_l(t) = d_f^y, \ \lim_{t \to \infty} j_f(t) \to j_l(t) = 0$$

$$(5-22)$$

式中:$[d_f^x, d_f^y]^{\mathrm{T}}$ 为二维平面内僚机 f 相对于长机 l 的期望位置。

为实现控制目标,引入如下的坐标变换,将惯性坐标系下的僚机跟踪误差转化到僚机 f 的机体坐标系下,如图 5-17 所示。

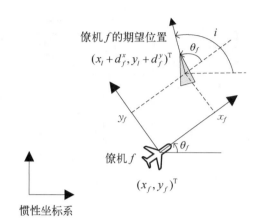

图 5-17　僚机 f 机体坐标系下的误差示意图

$$
\begin{bmatrix} \widetilde{x}_f \\ \widetilde{y}_f \\ \widetilde{\theta}_f \end{bmatrix} = \begin{bmatrix} \cos\theta_{jf} & \sin\theta_{jf} & 0 \\ -\sin\theta_{jf} & \cos\theta_{jf} & 0 \\ 0 & 0 & 1 \end{bmatrix} \begin{bmatrix} x_l - x_f + d_f^x \\ y_l - y_f + d_f^y \\ \theta_{jl} - \theta_{jf} \end{bmatrix}
\tag{5-23}
$$

根据式(5-14),对僚机的控制问题等价于设计满足僚机控制约束的控制律,使得 $t \to \infty$ 时,有 $\widetilde{x}_f(t) \to 0$, $\widetilde{y}_f(t) \to 0$, $\widetilde{\theta}_f(t) \to 0$。

僚机控制律可设计为如下形式:

$$
\begin{cases}
w_f = Sat\left(w_l + k_1\left(k_2\theta_{jf} + \dfrac{\widetilde{y}_f}{\sqrt{1 + \widetilde{x}_{f}^2 + \widetilde{y}_{f}^2}}\right)\right) \\
v_f = Sat(v_l\cos\theta_{jf} + k_3\widetilde{x}_f, v_{\min}, v_{\max})
\end{cases}
\tag{5-24}
$$

式中:k_1, k_2, k_3 均为正常数;w_l, v_l 为长机 l 的控制输入。对于控制律(式(5-23)),有如下定理:

定理 5.5: 若长机 l 的控制输入满足 $v_{\min} + \varepsilon_v \leqslant v_l \leqslant v_{\max} - \varepsilon_v$, $-w_{\max} + \varepsilon_w \leqslant w_l \leqslant w_{\max} - \varepsilon_w$,且 ε_v, $\varepsilon_w > 0$,则采用式(5-24)给出的控制律,通过配置参数 k_1, k_2, k_3 的值,得 $t \to \infty$ 时,有 $x_f(t) \to 0$, $y_f(t) \to 0$, $\varphi_f(t) \to 0$。

定理 5.5 的证明参见文献[68]。进一步,文献[68]中给出了实现 $x_f(t) \to 0$, $y_f(t) \to 0$, $\varphi_f(t) \to 0$ 的控制目标且满足控制约束式(5-13)的一系列关于参数选择的充分非必要条件。在实际问题中,可通过多次仿真优化以选择合适的僚机控制参数。

采用式(5-24)给出的控制律可实现僚机与长机共同编队飞行,当需要队形重构时,相应地调整僚机相对于长机的期望位置 $[d_f^x, d_f^y]^T$ 即可。

5.4.4　基于混杂控制的集群控制律综合

基于协同路径跟踪的控制律需要为每架无人机规划一条航线,当无人机规模增大时,将面临规划时间长、在线调整困难等问题;基于诱导航线的编队控制律解决了僚机的编队控制问题,但未涉及对长机的控制。为此,面向大规模无人机集群的实现,本节实现了基于混杂模式的集群控制律综合。整个控制律可概括如下:

算法 5-2:无人机 i 的混杂编队控制实现

① if 无人机 i 为长机
②　　执行 5.4.1 节设计的基于协同路径跟踪控制律
③ else
④　　执行 5.4.2 节设计的编队控制律
⑤ end

进一步分析大规模集群混杂编队在实际控制中的误差。用 L_i 表示无人机 i 对应的长机,并记 δ_i 为无人机 i 跟踪其长机的误差;特别地,若 i 为长机,则 $L_i = i, \delta_i = 0$;记 $\delta_{L_i}^{L_j}$ 为无人机 i 的长机与无人机 j 的长机在执行协同路径跟踪控制律产生的相对于期望队形的偏差。对于任意 2 架无人机 i 和 j,两者之间相对于期望队形的偏差上界为 $\delta_i + \delta_j + \delta_{L_i}^{L_j}$。因此,当长机的协同路径跟踪和僚机跟踪长机两个环节的控制误差均有界时,集群内任意两架无人机的相对位置误差也有界值;当这两个环节的控制误差均为零时,整个集群收敛到期望队形。

5.4.5　集群协同飞行试验验证

本节给出集群协同飞行试验验证结果。飞行试验环境参考附录 B。首先基于协同路径跟踪控制方法完成了 7~10 架无人机的编队飞行和重构控制;而后,基于混杂控制方法完成 21 架无人机的编队飞行和重构控制。

5.4.5.1　基于协同路径跟踪的 7~10 架无人机编队飞行和队形重构

本节完成了 7~10 架无人机基于协同路径跟踪的编队飞行。图 5-18 展示了飞行验证时形成的部分编队队形,包括 7 架无人机"V"形编队、10 架无人机"二"字形编队、10 架无人机"八一"形编队等。在此以 7 架无人机队形保持和队形变换场景为例,分析飞行验证的结果。

首先分析路径跟踪效果。图 5-19 展示了 7 架无人机编队飞行过程中无人机 1 的期望路径与实际位置。从图中可以看出,路径跟踪的效果与无人机最近

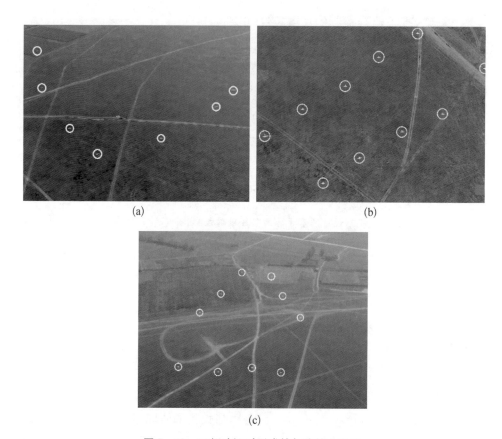

图 5-18　飞行验证时形成的部分编队队形

（a）7 架无人机"V"形编队；（b）10 架无人机"二"字形编队；（c）10 架无人机"八一"形编队

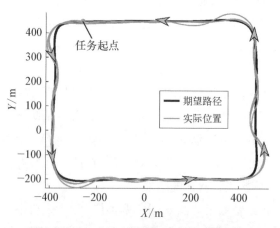

图 5-19　无人机 1 的期望路径与实际位置

投影点所对应的曲率有关。曲率绝对值较大的点容易导致较大的路径跟踪误差，而在较为平直的路径段上，无人机会渐渐收敛到路径上。其他 6 架无人机的情况与无人机 1 的跟随效果类似。7 架无人机的路径跟踪误差随时间的变化情况如图 5-20 所示。从图中可以看出，在绝大多数时间内，无人机的位置误差大致控制在 10 m 范围之内，航向误差大致控制在 0.2 rad 范围之内。

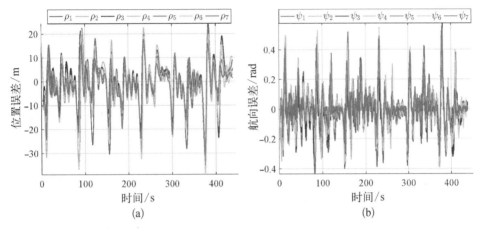

图 5-20 7 架无人机的路径跟踪误差随时间的变化情况

(a) 位置误差；(b) 航向误差

图 5-21 展示了飞行验证中 7 架无人机的轨迹。整个过程中，无人机先后形成了三种队形，分别是"一"字形、"二"字形以及"V"形。图中的虚线表示无人机的期望航线，实线表示无人机的实际位置。整个飞行过程中发生了三次队形变换，即"一"字形变换到"二"字形、"二"字形变换到"V"形，以及"V"形变换到"一"字形。三次队形变换的起始时间分别是 $t=106$ s，$t=232$ s 和 $t=378$ s，结束时间分别是 $t=176$ s，$t=291$ s 和 $t=425$ s。此外，从图中可以看出，队形大致形成的时间要早于队形变换结束的时间，分别在 $t=145$ s，$t=256$ s 和 $t=402$ s时，期望队形已基本形成。同时，当无人机形成队形后，期望航线满足平移特性，从图中可以看到新队形形成后，整个集群继续保持新的期望队形飞行。

比较基于协同路径跟踪方法的飞行验证结果与半实物仿真结果，可以看出实物飞行验证的路径跟踪效果以及协同效果都有所下降，其主要原因是飞行验证中存在风干扰、传感器测量不准、通信时延甚至局部通信中断等问题。但从图 5-18 和图 5-21 的结果来看，无人机集群仍能较好地实现编队飞行和队形重构。

5.4.5.2　基于混杂控制的 21 架无人机编队飞行和队形重构

在此以 21 架"灵雁"无人机集群的编队飞行为例，验证混杂模式下集群控制

律综合的有效性。21 架无人机分为 6 个群组，每个群组内有 1 架长机；在群组
1，3，5 中，每个群组有 3 架僚机，这 3 个群组的长机共享相同的编队航线，相互
之间保持固定的 160 m 的曲纹距离；在群组 2，4，6 中，每个群组有 2 架僚机，同
样地，这 3 个群组的长机共享相同的编队航线，并相互之间保持固定的 160 m 的
曲纹距离。6 架长机形成的通信拓扑如图 5-22 所示。各长机之间，长、僚机之
间，均以 5 Hz 的频率保持通信。在 21 架无人机编队飞行的过程中，通过各长机
的协同跟踪路径实现组间的协同，通过僚机跟踪长机实现组内的协同，进而实现
集群整体的协同。

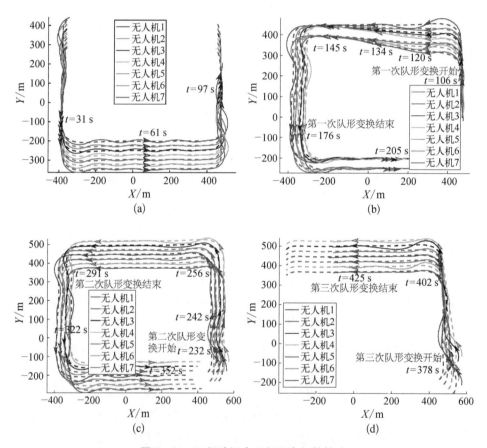

图 5-21　飞行验证中 7 架无人机的轨迹

(a) 初始时形成"一"字形；(b)"一"字形变换到"二"字形；
(c)"二"字形变换到"V"形；(d)"V"形变换到"一"字形

图 5-23 展示了 21 架无人机集群协同飞行验证的编队队形及部分轨迹。
在图 5-23(a)中，群组 1 和 2、群组 3 和 4、群组 5 和 6 分别形成纵"一"字，从而

使整个集群以"一"字队形向前;在图 5-23(b)中,每个群组形成一个横"一"字
队形,从而使整个集群以六横排的编队向前;在图 5-23(c)中,群组 1 和 2、群组
3 和 4、群组 5 和 6 分别期望形成 V 形编队,从而使整个集群形成 3 个 V 形。在
整个 21 架无人机编队飞行过程中,群组 1 和群组 2 内的协同效果一般,但群组 3
到群组 6 基本能形成期望的队形。

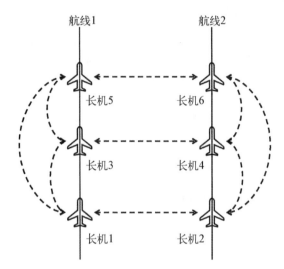

图 5-22　6 架长机形成的通信拓扑

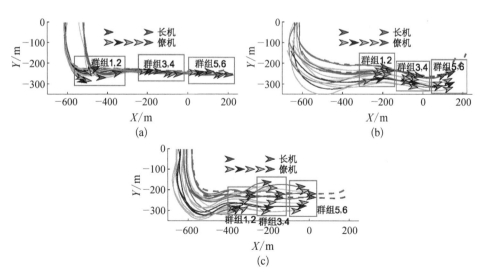

图 5-23　21 架无人机集群协同飞行验证的编队队形及部分轨迹

(a) 纵"一"字编队;(b) 六横排编队;(c) 三"V"形编队

图 5‑24 分别展示了集群呈现纵"一"字编队和六横排编队时的航拍视角。

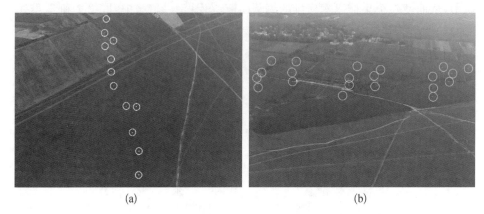

(a)   (b)

图 5‑24   21 架无人机集群协同飞行验证的航拍视角

(a) 纵"一"字编队；(b) 六横排编队

5.5   基于拟态物理法的无人机集群协同飞行控制

本节介绍了另外一种无人机集群协同飞行控制方法：基于拟态物理法的方法。首先，设计拟态物理控制律使二阶质点模型无人机集群系统能够生成均匀分布的标准构型。在此基础上，考虑队形重构问题，设计了基于双射变换的一般性构型拟态物理协同控制律，进而设计了队形收缩与扩张、构型切换和集群避障等集群重构策略；并扩展至固定翼无人机集群，进行了半实物仿真验证。

5.5.1   质点模型无人机的标准构型集群控制律

针对无人机集群编队生成与保持问题，本节首先定义无人机巡航队形，即标准构型，然后对传统的拟态物理法进行改进，设计生成标准构型的分布式控制律，并证明其稳定性。

5.5.1.1   基于拟态物理法的集群控制律设计

假设 N 架无人机构成的集群，其中第 i 架（$0 < i < N$）无人机的质点模型为

$$\dot{x}_i = v_i$$
$$\dot{y}_i = \mu_i$$

$$(5-25)$$

为方便后文研究，首先定义无人机集群的标准构型。

定义 5.2（标准构型）：多机等角度均匀分布在圆周上形成的构型，称为无人

机集群的标准构型。

图 5-25 给出了 5 架无人机的标准构型。记圆周半径为 R，无人机架数为 N，相邻无人机之间的期望距离为 L，则

$$R = L/(2\sin(\pi/N)) \qquad (5-26)$$

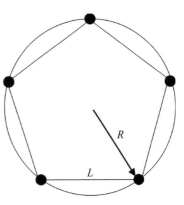

图 5-25 5 架无人机的标准构型

本节的目标是表述式(5-25)的 N 架无人机设计分布式集群控制律 μ_i，驱动无人机集群形成标准构型，即 N 架无人机均匀分布在半径为 R 的圆上，相邻无人机之间的距离为 L。

为使无人机集群形成标准构型，首先改进传统的 AP 方法。在传统 AP 方法定义力的基础上，定义两种新的力，即引力和斥力。第 i 架与第 j 架无人机之间的引力 f_{ija} 定义为

$$f_{ija} = \begin{cases} G(\|r_{ij}\| - L)r_{ij}/\|r_{ij}\|, & \|r_{ij}\| > L \\ 0, & \|r_{ij}\| \leqslant L \end{cases} \qquad (5-27)$$

式中：$\boldsymbol{r}_{ij} = x_j - x_i$ 为第 i 架无人机与第 j 架无人机之间的相对位置向量；G 为万有引力常数；L 为形成标准构型时相邻无人机之间的期望距离，符号 $\|\cdot\|$ 表示向量的标准范数。明显地，当且仅当 $\|r_{ij}\| > L$ 时，无人机之间产生引力。

第 i 架与第 j 架无人机之间的斥力定义为

$$f_{ijr} = \begin{cases} G(\|r_{ij}\| - L)r_{ij}/\|r_{ij}\|, & \|r_{ij}\| \leqslant L \\ 0, & \|r_{ij}\| > L \end{cases} \qquad (5-28)$$

式中：r_{ij}, G 和 L 的定义同式(5-27)。同样，当且仅当 $\|r_{ij}\| \leqslant L$ 时，无人机之间产生斥力。

综合考虑引力式(5-27)和斥力式(5-28)，可以定义第 i 架与第 j 架无人机之间的相互作用力为

$$f_{ij} = G(\|r_{ij}\| - L)\vec{r}_{ij}/\|r_{ij}\|$$

式中：r_{ij}, G 和 L 的定义同式(5-28)。当无人机之间的距离 $\|r_{ij}\| > L$ 时，第 i 架与第 j 架无人机之间的相互作用力表现为引力；当 $\|r_{ij}\| < L$ 时，相互作用力表现为斥力；当且仅当 $\|r_{ij}\| = L$，相互作用力为零。

进一步假设在标准构型的中心存在一架无人机。该无人机作为长机，可以

是虚拟的,也可真实存在的。相应地,其余无人机可以被看作僚机。定义中心长机 c 对第 i 架无人机的作用力为

$$f_c = G \frac{(\| r_{ic} \| - R) r_{ic}}{\| r_{ic} \|} \tag{5-29}$$

式中: $r_{ic} = x_c - x_i$ 为第 i 架无人机与中心长机 c 的距离向量,G 和 L 的定义同式(5-28);R 为标准构型圆的半径,与 L 及无人机架数 n 之间满足式(5-26)。

值得指出的是,为了避免无人机之间的碰撞,每架无人机之间的斥力是必要的,但无人机之间的吸引力并不是必要的。施加在无人机上的力越多,越容易产生局部最优解[75]。故而,只考虑无人机之间的斥力和中心长机的作用力,施加在第 i 架无人机的合力为

$$f_i = \sum_{j=1, j \neq i}^{N} f_{ijr} + f_c \tag{5-30}$$

中心长机可为其他无人机(僚机)提供引力和斥力。当僚机与长机的距离大于 R 时,就会产生吸引力;当僚机与长机的距离小于 R 时,就会产生排斥力。在中心僚机的引力和斥力作用下,期望僚机分布在标准构型的圆周上。僚机之间存在排斥力,当僚机之间的距离小于 L 时,就会产生斥力,以确保无人机之间避免碰撞并均匀分布在圆周上。

由于刚体旋转的自由度,上述策略所形成的标准构型的集群可能有无数种,如图5-26所示,构型可能具有不同的朝向。在实际的集群协同飞行中,希望消除这种不确定性,因此需要引进一种额外的控制力来消除这种自由度。

图5-26 不同朝向的标准构型集群

在圆周上取一点 x^*,作为吸引子。取与圆心相同纵坐标的圆周点 $(R, 0)$ 为吸引子(实际飞行中,可根据构型朝向的需要选取,但不影响后文的分析和控制律设计)。定义 L^* 为吸引子 x^* 的吸引区域。如果无人机与吸引子之间的距离小于 L^*,那么产生吸引力施加在该架无人机上,驱动该无人机朝吸引子运动。这样

就会使无人机构型在圆周上重新分配。如图 5-27 所示，根据几何关系得

$$L^* = L / (2\cos((\arcsin(L/2R))/2)) \tag{5-31}$$

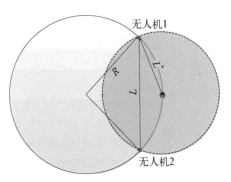

图 5-27 吸引区域的计算

一般而言，必须保证每次进入吸引区的无人机不超过 1 个。假设第 i 架无人机进入吸引区域，则其与吸引子之间的力定义为

$$f_\circ = \begin{cases} G(x^* - x_i), & \| x^* - x_i \| \leqslant L^* \\ 0, & \text{其他} \end{cases} \tag{5-32}$$

式中：G 为吸引常数。

此外，为避免震荡，系统可增加一个阻尼项 $b\dot{x}_i$。故而，作用于第 i 架无人机的合力可以表示为

$$f_i = \begin{cases} \sum\limits_{j=1,\,j\neq i}^{N} f_{ijr} + f_c + f_\circ - b\dot{x}_i, \text{无人机 } i \text{ 在吸引域} \\ \sum\limits_{j=1,\,j\neq i}^{N} f_{ijr} + f_c - b\dot{x}_i, \text{无人机 } i \text{ 不在吸引域} \end{cases} \tag{5-33}$$

5.5.1.2 集群控制律的稳定性分析

定理 5.6： 对于无人机的质点模型，考虑力 f_i，令无人机控制输入为 $\mu_i = f_i$。当只有一架无人机进入 x^* 的吸引区域时，N 架无人机才会形成标准构型，即无人机之间的距离趋近于 L，无人机与中心点的距离趋近于 R，且无人机的速度趋近于零。

证明： 将式(5-33)代入质点模型式(5-25)可得

$$\ddot{x}_i = u_i$$

$$u_i = \sum_{j=1,\,j\neq i}^{N} f_{ijr} + f_c + f_\circ - b\dot{x}_i \tag{5-34}$$

不失一般性，假设只有第 $m(0 < m \leqslant N)$ 架无人机进入 x^* 的吸引区域。定义李亚普诺夫候选函数为

$$V = \sum_{i=1}^{N} \left[V_{ic} + V_{iar} + \frac{1}{2} \| \dot{x}_i \|^2 \right] + V_m \tag{5-35}$$

其中

$$V_{ic} = \frac{1}{2}G(\parallel r_{ic} \parallel -R)^2 \qquad (5-36)$$

$$V_{iar} = \begin{cases} \dfrac{1}{2}G\Big(\displaystyle\sum_{j=1,\,j\neq i}^{N}(\parallel r_{ij}\parallel -L)^2\Big), & \parallel r_{ij} \parallel < L \\ 0, & \parallel r_{ij} \parallel \geqslant L \end{cases} \qquad (5-37)$$

$$V_{m} = \frac{1}{2}G\parallel x^* - x_{m} \parallel^2 \qquad (5-38)$$

式中：G 为引力系数；r_{ic} 为第 i 架无人机与标准构形圆心的距离向量；r_{ij} 为第 i 架无人机与第 j 架无人机之间的距离向量；x^* 为吸引子。

显然，$V \geqslant 0$。当且仅当 $\parallel r_{ic} \parallel = R$，$\parallel r_{ij} \parallel \geqslant L$，$\parallel x_i - x^* \parallel = 0$ 以及 $\parallel \dot{x}_i \parallel = 0$（所有 $0 < i,j \leqslant N$，且 $j \neq i$），$V = 0$。

对式（5-34）的李亚普诺夫候选函数两边微分，得

$$\dot{V} = \sum_{i=1}^{N} \dot{x}_i^{\mathrm{T}} \Big(\frac{\partial V_{ic}}{\partial x_i} + \frac{\partial V_{iar}}{\partial x_i} + \ddot{x}_i\Big) + \frac{\partial V_{m}}{\partial x_{m}} \qquad (5-39)$$

结合式（5-35），对向量 x_i 求导，得

$$\frac{\partial V_{ic}}{\partial x_i} = G(\parallel r_{ic} \parallel -R)\frac{\partial \parallel r_{ic} \parallel}{\partial x_i}$$

$$= -G(\parallel r_{ic} \parallel -R)\frac{x_{c} - x_i}{\parallel x_{c} - x_i \parallel}$$

$$= -f_{c}$$

同理，式（5-36）和式（5-37）分别对矢量 x_i 求导，得

$$\frac{\partial V_{iar}}{\partial x_i} = -\sum_{j=1,\,j\neq i}^{N} G(\parallel r_{ij} \parallel -L)\frac{\partial \parallel r_{ij} \parallel}{\partial x_i} = -\sum_{j=1,\,j\neq i}^{N} f_{ijr}$$

$$\frac{\partial V_{m}}{\partial x_i} = -G\parallel x^* - x_{m} \parallel = -f_{o}$$

将上述偏导代入式（5-38），并结合式（5-33），得

$$\dot{V} = \sum_{i=1}^{N}\Big(\dot{x}_i^{T}\big(-f_{c} - \sum_{j=1,\,j\neq i}^{N} f_{ij} + u_i\big)\Big) - \dot{x}_i^{T} f_{o} = -\sum_{i=1}^{N} b\,\dot{x}_i^{T}\dot{x}_i$$

记 $\dot{V}=V^*=-\sum_{i=1}^{N}b\dot{x}_i^T\dot{x}_i$。明显地 $\dot{V}=V^*\leqslant 0$。进一步,当 $V^*=0$ 时,$\dot{x}_i=0$ $(i=1,\cdots,N)$,即任何无人机的速度均为 0。

将 $\dot{x}_i=0$ $(i=1,\cdots,N)$ 代入式(5-33),有

$$\ddot{x}_i=\begin{cases}\sum_{j=1,j\neq i}^{N}f_{ijr}+f_c, & i\neq m\\\sum_{j=1,j\neq i}^{N}f_{ijr}+f_c+f_o, & i=m\end{cases} \quad (5-40)$$

令 $\ddot{x}_i=0$,考察式(5-40)。明显地,当且仅当 $\|r_{ij}\|\geqslant L$ $(0<i\neq j\leqslant N)$,$\|r_{ic}\|=R$ $(0<i\leqslant N)$,且 $x_m=x^*$ 时,式(5-40)成立。进一步,当 $\|r_{ic}\|=R$ 时,表明无人机都分布在标准构型圆周上;$\|r_{ij}\|\geqslant L$ 表明任意两架无人机之间的距离大于等于 L,结合 $\|r_{ic}\|=R$,$\|r_{ij}\|$ 只能等于 L,即此时无人机集群形成标准构型。故而,根据 LaSalle 不变集理论,集群将渐进收敛到标准构型,且第 m 架无人机的位置位于 x^* 处。

注释 5.1: 为确保只有一架无人机进入 x^* 的吸引域,可以直接指定 x^* 对某一架无人机,如对第 m $(0<m\leqslant N)$ 架无人机有作用力,对其他无人机无作用力,此时式(5-32)可以修改为

$$f_i=\begin{cases}\sum_{j=1,j\neq i}^{N}f_{ijr}+f_c+f_o-b\dot{x}_i & i=m\\\sum_{j=1,j\neq i}^{N}f_{ijr}+f_c-b\dot{x}_i & i\neq m\end{cases} \quad (5-41)$$

值得注意的是,此时形成的标准队形中,第 m 架无人机的位置位于 x^* 处,即 $x_m=x^*$。

5.5.1.3 序号无关的标准构型和局部极值的改进

定理 5.6 中要求只有一架无人机进入 x^* 的吸引域,但是无人机在构型形成过程中,可能存在两架或者以上无人机进入吸引区域。在注释 5.1 中,指定 x^* 只对特定的无人机有作用力,可以解决该问题。但是该方法形成的标准构型与无人机的序号相关,即指定的第 m 架无人机的位置只能位于 x^* 处。无人机集群(特别是同构的多机)执行任务通常只考虑无人机的构型和朝向,并不需要指定无人机序号,按照注释 5.1 给定的策略,有可能使得构型的生成过程并不合理。

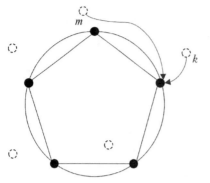

图 5-28 序号相关无人机构型

如图 5-28 所示,虚线圆为无人机初始位置,实心圆为期望的无人机标准构型。按照注释 5.1 指定的策略,第 m 架无人机将收敛到 x^* 处。事实上,对于序号无关的构型,明显地,如果第 k 架无人机收敛到 x^* 处,将使得构型的形成速度更快,也更为合理。

故而,放宽"只有一架无人机进入 x^* 的吸引域"的条件,可得

定理 5.7: 对于无人机质点模型(式(5-25)),考虑力(式(5-33)),令无人机控制输入为 $\mu_i = f_i$,N 架无人机可能形成标准构型,也可能收敛到某些局部极值构型。

证明: 该定理的证明与定理 5.2 证明思路一致,所不同的是考察式(5-40)。明显地,当 $\|r_{ij}\| \geqslant L\,(0 < i \neq j \leqslant N)$ 且 $\|r_{ic}\| = R\,(0 < i \leqslant N)$ 时,式(5-40)中 $\ddot{x}_i = 0$ 成立,即 N 架无人机可能形成标准构型。但同时,其他局部极值构型也可能令式(5-40)中 $\ddot{x}_i = 0$ 成立,如图 5-29 所示的构型。

在图 5-29 中,无人机 1、无人机 4 和无人机 5 均位于标准构形的圆周之上,且它们与邻机的距离大于 L;无人机 2 和无人机 3 位于标准构形圆周的外侧,关于 x^* 对称分布,且它们位于 x^* 的吸引域内,彼此间距离小于 L。此时,无人机 1、无人机 4 和无人机 5 所受到的无人机之间的虚拟作用力 f_{ijr}、f_{ic} 和 f_o 均为 0,即 $i = 1,4,5$ 时,式(5-40)中 $\ddot{x}_i = 0$ 成立。考察无人机 2 和无人机 3,其受力分析如图 5-30 所示。对于无人机 3,存在一个位置使得其所受的合外力为 0,即所受到的由无人机 2 产生的排斥力与由中心点及 x^* 产生的吸引力相平衡。同理可得,x^* 的对称位置使得无人机 2 受到合外力亦为 0。因此所有无人机(无人机 1,…,无人机 5)都受力平衡,速度和加速度均为零。故而,如图 5-29 所示的构型也是式(5-40)中 $\ddot{x}_i = 0$ 的不变集。类似的构型称为局部极值构型。

根据 LaSalle 不变集理论,N 架无人机可能形成标准构型,也可能收敛到某些局部极值构型。

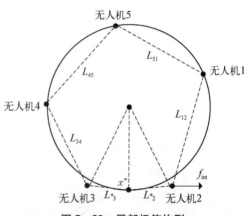

图 5-29 局部极值构型

由定理 5.7 可知，采用集群控制律
（式(5-33)）的无人机集群，可能形成
序号无关的标准构型集群，如图 5-25
所示。但是受限于无人机初始位置，当
存在多架无人机同时进入 x^* 的吸引域
时，集群也可能陷入某些局部极值构
型，如图 5-30 所示。为解决集群控制
律(式(5-32))可能存在的局部极值构

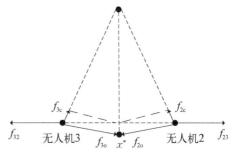

图 5-30　无人机 2 及无人机 3 受力分析

型问题，进一步引入随机扰动力 f_{int}，使集群系统跳出局部极值构型。如图 5-29
所示，随机扰动力被施加于相互距离最近的两架飞机中的任意一架之上，定义为

$$f_{int} = K_{int}(L^* - \| r_{int} \|)r_{int} / \| r_{int} \| \tag{5-42}$$

式中：K_{int} 为扰动系数，其大小由系统的采样时间及 x^* 吸引域的大小决定；r_{int} 为
相互距离最近的两架无人机之间的位置向量；L^* 为吸引子 x^* 的吸引区域。

跳出局部极值构型的随机扰动算法如下：

算法 5-3　跳出局部极值构型的随机扰动算法

① 当系统没有被标记为陷入局部极值时，进行如下操作：

记录每架无人机的速度，如果速度低于预设的极小阈值 ε，则该无人机的标志加 1

② 如果每架无人机的标志都大于临界值 M，则认为多机系统已经进入平衡状态。此时检
查各无人机之间的相对距离，并结合几何原理判定平衡状态的队形是否为期望的标准队形。
如果是，则算法结束；如果不是，则将系统标记为陷入局部极值

③ 当系统被标记为陷入局部极值时，确定距离最近的两架无人机。而后，对其中一架
在一定的时间 t_{int} 内施加随机力(式(5-42))，使得系统跳出局部极值构型。而后，重新进
入①

采用算法 5-3 的随机力策略，系统能够跳出局部极值构型，并最终形成期
望的标准构型。

5.5.1.4　标准构型集群控制律的仿真验证

为验证本书提出的基于 AP 方法的无人机集群协同控制策略，基于机器人
操作系统(robot operating system, ROS)及 Gazebo 仿真器，构建了四旋翼无人
机集群的协同仿真环境。基于 ROS 和 Gazebo 的四旋翼集群协同仿真环境如
图 5-31 所示，其中无人机 0 扮演虚拟中心的角色，不参与构型的生成。

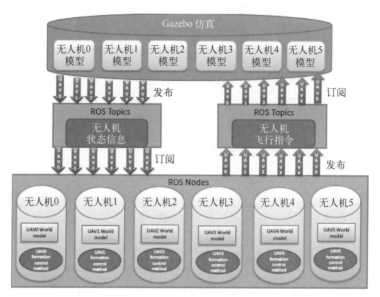

图 5‑31 基于 ROS 和 Gazebo 的四旋翼集群协同仿真环境

为验证提出的集群构型生成和跳出局部机制的随机扰动策略,本节共设置了三组试验,分别如下:① 未出现局部极值构型的情况;② 出现局部极值但是未加入随机扰动策略的情况;③ 出现局部极值并加入随机扰动策略的情况。

图 5‑32 为第一组试验中 5 架无人机的集群构型生成过程。值得指出的是,中心位置的无人机 0 仅为了便于试验观察,充当中心点而不参与集群。由上述仿真结果可知,设计的基于 AP 方法的集群控制律可以形成序号无关的期望集群构型。

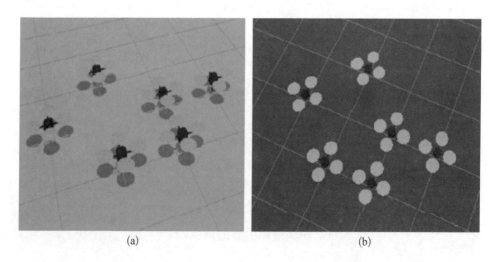

(a)　　　　　　　　　　　　　　(b)

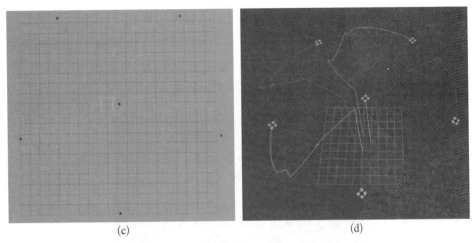

图 5‑32　第一组试验中 5 架无人机的集群构形生成过程

(a) 5 架无人机在 Gazebo 中的任意初始状态；(b) 5 架无人机在 Rviz 中的
任意初始状态；(c) 在 Gazebo 中 5 架无人机形成标准集群构型的结果；
(d) 5 架无人机在 Rviz 中的集群构型形成状态及每架无人机的运动轨迹

　　图 5‑33 为第二组的试验情况，即无人机集群出现了局部最优解情况。从图中可以看到，当无人机处于某些初始位置时，集群系统可能进入某些局部极值构型，而不收敛到期望的标准构型。

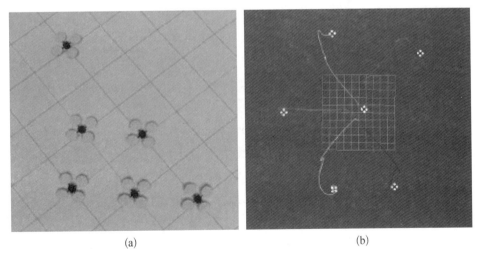

图 5‑33　局部最优解

(a) 无人机在 Gazebo 中的初始状态；(b) 集群系统的最终构型和每架无人机的运动轨迹

　　图 5‑34 为第三组试验的结果，即系统跳出局部极值。第三组试验是在第二组试验的基础上加入了算法 5‑3 给出的随机扰动策略。从图中可以看到，集

群系统在开始时陷入了局部极值构型;但是随着时间推移,通过加入随机扰动力,系统逃离了局部极值构型,并最终形成了期望的标准集群构型。仿真结果中无人机的飞行轨迹存在一些小角度的急转弯,但是考虑到四旋翼是可以全向移动的飞行器,所以出现这种情况是合理的,并不影响编队的控制效果。

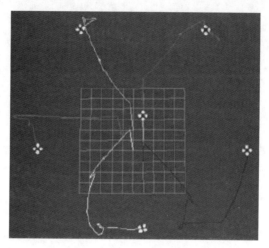

图5-34　系统跳出局部极值

5.5.2　基于双射变换的一般性构型的集群控制

本节将基于双射变换思想将标准构型控制律变换为一般性构型的控制律。其基本思想为将一般性构型映射到虚拟空间的标准构型,而后在虚拟空间中设计集群控制的力,并利用逆变换将控制力映射回真实空间中,形成期望的构型。

5.5.2.1　集群构型空间的双射变换

真实坐标系为无人机在真实空间中的惯性坐标系,虚拟坐标系为无人机构型变化过程中的一种虚拟的坐标系。真实坐标系中的无人机位置为惯性空间的真实位置;虚拟坐标系中的无人机位置是变换中的一个中间过程。例如,无人机集群系统在真实坐标系中的构型如图5-35(a)所示,但其在虚拟坐标系中的构型如图5-35(b)所示。

不失一般性,将无人机构型的中心作为真实和虚拟坐标系的原点。以原点为顶点,相邻两架无人机的期望位置作为三角区域边上的点,可以将不同坐标系下的构型空间分成若干个三角区域,如图5-35所示,同种颜色的三角区域相互对应。那么上述两种空间是否存在一种空间变换,可以将真实坐标系中的三角空间映射到虚拟坐标系中的三角空间?例如,将图5-35(a)中的深黑色空间映射到图 5-35(b)中的深黑色空间。为回答上述问题,给出了下述定理。

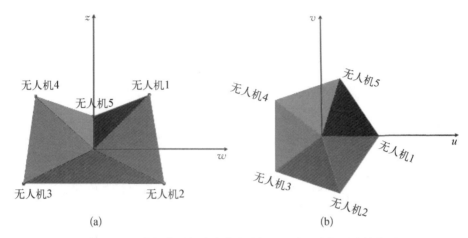

图 5-35　无人机集群系统在真实坐标系和虚拟坐标系中的构型

(a) 无人机集群系统在真实坐标系中的构型;(b) 无人机集群系统在虚拟坐标系中的构型

定理 5.8: 存在形如

$$T = \begin{bmatrix} a & b & c \\ d & e & f \\ 0 & 0 & 1 \end{bmatrix}$$

的变换矩阵可以将真实坐标系与虚拟坐标系中的三角空间相互映射。

证明: 不失一般性,记三角空间中三个顶点在真实坐标系和虚拟坐标系中的位置分别为 $x_i = (w_i, z_i, 1)$ 和 $x'_i = (u_i, v_i, 1)$,其中 $i = 1, 2, 3$。考虑点之间的对应关系,有

$$u_1 = aw_1 + bz_1 + c$$

$$v_1 = dw_1 + ez_1 + f$$

$$u_2 = aw_2 + bz_2 + c$$

$$v_2 = dw_2 + ez_2 + f$$

$$u_3 = aw_3 + bz_3 + c$$

$$v_3 = dw_3 + ez_3 + f$$

改写成矩阵形式为

$$x'_i = T x_i$$

将 a, b, c, d, e, f 视为未知数,得

$$
\begin{bmatrix}
w_1 & z_1 & 1 & 0 & 0 & 0 \\
0 & 0 & 0 & w_1 & z_1 & 1 \\
w_2 & z_2 & 1 & 0 & 0 & 0 \\
0 & 0 & 0 & w_2 & z_2 & 1 \\
w_3 & z_3 & 1 & 0 & 0 & 0 \\
0 & 0 & 0 & w_3 & z_3 & 1
\end{bmatrix}
\begin{bmatrix}
a \\ b \\ c \\ d \\ e \\ f
\end{bmatrix}
=
\begin{bmatrix}
u_1 \\ v_1 \\ u_2 \\ v_2 \\ u_3 \\ v_3
\end{bmatrix}
\tag{5-43}
$$

求解式(5-42),可以求得变换矩阵 $\boldsymbol{T}$。故该变换可以将真实坐标系中的三个点映射到虚拟坐标系中对应的三个点。

进一步,通过数学变换可知,变换矩阵 $\boldsymbol{T}$ 可以将真实坐标系中两点连成的直线映射到虚拟坐标系中对应两点连成的直线。Meserve 在 1983 年提出线性变换可以将一条直线投影到另一条直线[76],故而变换 $\boldsymbol{T}$ 本质为一种线性变换。线性变换可以将一个凸集映射到另一个凸集[77],而三角区域必定为凸集,故而真实坐标系中的三角区域经过变换 $\boldsymbol{T}$ 可以映射到虚拟坐标系中的三角区域。即变换 $\boldsymbol{T}$ 可以将真实坐标系与虚拟坐标系中的三角空间相互映射。

进一步,考察变换矩阵 $\boldsymbol{T}$ 的性质,一般情况下,该变换为唯一可逆的双射,即定理 5.9。

定理 5.9: 若无人机集群系统的期望位置没有占据相同的位置或者任意两架无人机和期望构型的中心不共线,则定理 5.8 定义的变换矩阵是一种双射变换,且唯一可逆。

证明:

唯一性:无人机集群系统的期望位置不相同或者任意两架无人机和期望构型的中心不共线,那么式(5-42)中左侧由三个顶点位置组成的矩阵线性独立,故而 a,b,c,d,e,f 有唯一解,即三角区域间的变换是唯一的。

可逆性:矩阵 $\boldsymbol{T}$ 的行列式为 $\det \boldsymbol{T} = ae - bd$,根据式(5-42),可以改写为

$$
\det \boldsymbol{T} = \frac{-w_1 z_2 + w_3 z_2 - w_3 z_1 + w_1 z_3 + w_2 z_1 - w_2 z_3}{u_2 v_3 - u_2 v_1 - v_3 u_1 + v_1 u_3 + u_1 v_2 - u_3 v_2}
$$

考虑到不失一般性,假设期望构型的重心位置坐标系零点,即 $w_3 = z_3 = u_3 = v_3 = 0$,即

$$
\det \boldsymbol{T} = \frac{-w_1 z_2 + w_2 z_1}{-u_2 v_1 + u_1 v_2}
$$

当无人机集群系统的期望位置不相同或者任意两架无人机和期望构型的中

心不共线时，明显有 $\det \boldsymbol{T} \neq 0$，即 $\boldsymbol{T}$ 是可逆的，故而 $\boldsymbol{T}$ 为双射。

注释 5.2：定理 5.7 的证明实际上给出了变换矩阵 $\boldsymbol{T}$ 的求解方法，即通过求解式(5-42)可得到唯一可逆的矩阵 $\boldsymbol{T}$。进一步，每个三角区域 i 均可以求得一个变换矩阵 $\boldsymbol{T}_i$。对于具有 N 架无人机的系统，可以划分 N 个三角区域，分别为 $\Delta_{012}, \Delta_{023}, \cdots, \Delta_{0N1}$，其中 0 代表期望位型的中心；相应地每个三角区域在真实坐标系和虚拟坐标系中都存在唯一的可逆双射变换，表示为 $\boldsymbol{T}_1$，$\boldsymbol{T}_2$，$\boldsymbol{T}_3, \cdots, \boldsymbol{T}_N$。组合这些变换矩阵，全空间的变换矩阵可表示为对角矩阵：

$$\boldsymbol{T}_s = \begin{bmatrix} \boldsymbol{T}_1 & 0 & \cdots & & 0 \\ 0 & \boldsymbol{T}_2 & 0 & \cdots & 0 \\ \vdots & \vdots & \vdots & \vdots & \vdots \\ 0 & \cdots & 0 & \boldsymbol{T}_{N-1} & 0 \\ 0 & \cdots & & 0 & \boldsymbol{T}_N \end{bmatrix} \tag{5-44}$$

5.5.2.2　基于双射变换的集群控制律设计及分析

前节给出的空间双射变换可以把真实坐标系与虚拟坐标系的区域相互映射。本节将借助该双射变换对控制量进行映射(算法5-4)，生成实现一般性构型，并分析控制律的稳定性。

算法 5-4　基于双射变换的一般性构型生成算法

① 给定无人机集群的一般性构型，该构型中无人机不重合或者任意两架无人机和构型中心不共线；并构建对应的虚拟坐标系中的标准构型

② 划分一般性构型和虚拟空间标准构型。应用式(5-43)，分别计算双射变换 $\boldsymbol{T}_i$，并形成式(5-44)中全空间变换矩阵 $\boldsymbol{T}_s$

③ 利用 $\boldsymbol{T}_s$ 将每架无人机的位置映射到虚拟坐标系中。在虚拟坐标系中，应用式(5-32)设计形成虚拟空间中标准构型的控制律，得到每架无人机的虚拟控制量 f_i'

④ 计算双射变换 $\boldsymbol{T}_s$ 的逆矩阵 $\boldsymbol{T}_s^{-1}$。而后利用 $f_i = \boldsymbol{T}_s^{-1} f_i'$ 将虚拟控制量 f_i' 映射到真实坐标系中，得到每架无人机的控制量 f_i

---

在算法5-4给定的策略下，无人机集群将会形成给定的一般性构型。

定理 5.10：在算法5-4给定的策略下，通过双射变换得到的控制律 f_i，将使多机系统形成期望的一般性集群构型。

证明：假设第 $i\,(0 < i \leqslant N)$ 架无人机在真实坐标系和虚拟坐标系中的期望坐标分别是 $x_{iD} = (w_{iD}, z_{iD})$ 和 $x_{iD}' = (u_{iD}, v_{iD})$。在 t 时刻，第 i 架无人机在真实坐标系和虚拟坐标系中的位置分别记为 $x_i(t)$ 和 $x_i'(t)$。

由双射变换有

$$x'_{iD} = \boldsymbol{T} x_{iD} \tag{5-45}$$

由定理 5.6 可知,在控制律(式(5-33))作用下,虚拟坐标系中的无人机集群将形成标准构型,故

$$\lim_{t \to \infty} x'_i(t) = x'_{iD} \tag{5-46}$$

因为 $\boldsymbol{T}$ 是唯一可逆的,即

$$x_{iD} = \boldsymbol{T}^{-1} x'_{iD}$$

$$x_i(t) = \boldsymbol{T}^{-1} x'_i(t) \tag{5-47}$$

综合式(5-45)、式(5-46)和式(5-47),得

$$\lim_{t \to \infty} x_i(t) = \lim_{t \to \infty} \boldsymbol{T}^{-1} x'_i(t) = \boldsymbol{T}^{-1} \lim_{t \to \infty} x'_i(t) = \boldsymbol{T}^{-1} x'_{iD} = x_{iD} \tag{5-48}$$

式(5-48)表明在算法 5-4 给定的策略下,通过双射变换得到的控制律 f_i,将使得第 i 架无人机收敛到期望的位置 x_{iD}。故而,无人机集群系统最终将形成期望的一般性构型。

5.5.2.3 基于双射变换的集群重构控制设计及分析

无人机集群在执行不同任务时会使用不同形式的集群队形,即队形需要收缩与扩张,不同队形之间需要变换。本节主要讨论利用双射变换实现几何形状不变的无人机集群队形收缩与扩张,以及几何形状改变的不同集群构型之间的变换问题。受限于篇幅,本节只给出集群变换与避障的策略,略去了相应的证明。

1) 集群构型的收缩与扩张

考虑到队形的几何形状不变,故而在集群变换矩阵 $\boldsymbol{T}$ 的基础之上,可通过引入放缩矩阵 $\boldsymbol{S}$ 实现集群的收缩与扩张。放缩矩阵 $\boldsymbol{S}$ 定义为

$$\boldsymbol{S} = \begin{bmatrix} a & 0 & 0 \\ 0 & a & 0 \\ 0 & 0 & 1 \end{bmatrix}$$

其中,当 $a > 1$ 时,可以实现集群的收缩;当 $a < 1$ 时,可以实现集群的扩张。

2) 不同集群构型之间的变换

不同集群构型之间的变换通过改变变换矩阵 $\boldsymbol{T}$ 实现。假设两个一般性集群构型与虚拟空间中的标准构形的变换矩阵分别为 $\boldsymbol{T}_s^1$ 和 $\boldsymbol{T}_s^2$。考虑到变换矩阵的

唯一型和可逆性,则该两个一般性构型之间的变换矩阵为 $T_s = T_s^1(T_s^2)^{-1}$。

3) 集群防碰与障碍规避

基于 AP 方法的集群控制策略设计了无人机之间的虚拟斥力,所以算法本身具有一定的集群间防撞功能。在控制律(式(5-33))的设计过程中,当无人机之间的距离小于 L 时,排斥力就会产生。故而,当参数选择合适时,各无人机之间不会碰撞。

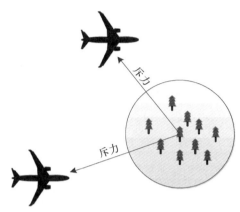

图 5-36 障碍物建模

基于 AP 方法控制律的本质是力,因此可以将障碍或威胁视为斥力源,实现集群的防碰与障碍规避。多机系统在形成集群过程中可能遇到外部障碍时,如图 5-36 所示。此时,可将障碍建模为圆,所有的障碍包含在圆内。

假设障碍物中心的空间坐标为 $O_b = (x_{Ob}, y_{Ob})$,第 i 架无人机 t 时刻的坐标为 $p_i = (x_i(t), y_i(t))$。那么 t 时刻该无人机与障碍物中心的距离为

$$D = \sqrt{(x_i(t) - x_{Ob})^2 + (y_i(t) - y_{Ob})^2}$$

记障碍物中心与无人机之间避免碰撞的极限距离是 L_{min}。由于运动惯性的原因,当障碍物中心与无人机之间的距离为 $L_s(L_s > L_{min})$ 时,障碍物就需要为无人机提供虚拟的斥力。障碍物提供的斥力为

$$F_{Obr} = G_{Obr}(L_s - D) \tag{5-49}$$

该斥力可直接加入式(5-33)的集群控制律中。

斥力(式(5-48))中的距离 L_s 取决于无人机的加速度性能,飞行速度以及 L_{min},其大小可由做功原理估算。假设无人机飞向障碍物的最大速度是 V_{max},由做功原理 $\frac{1}{2}mV_{max}^2 = \int_{L_{min}}^{L_s} F_{Obr} r \, dr$ 可估算 L_s 的有效值。值得注意的是,式(5-49)成立的前提是其产生的加速度需满足无人机加速度性能,即需要根据无人机性能调节障碍排斥因子 G_{Obr} 的大小。

5.5.2.4 一般性集群构型的编队和重构控制的仿真验证

为验证本节提出的一般性构型生成和变换策略,在构建的四旋翼集群协同仿真环境上进行仿真试验。

1) 一般性构型的生成仿真验证

5 架无人机系统在真实坐标系中的期望构型设置为(8，8)，(10，−4)，(0，5)，(−10，−4)和(−8，8)；初始位置设置为(5，4)，(5，−5)，(1，9)，(−7，5)和(−4，9)，如图 5−37(a)。由式(5−44)计算各双射变换矩阵，分别为

$$T_1 = [0.482\,9 \quad 0.581\,6 \quad 0; -0.581\,3 \quad 0.581\,3 \quad 0; 0 \quad 0 \quad 1]$$

$$T_2 = [0.473\,2 \quad 0.557\,5 \quad 0; -0.161\,2 \quad 1.631\,6 \quad 0; 0 \quad 0 \quad 1]$$

$$T_3 = [0.742\,2 \quad -0.114\,3 \quad 0; 0.169\,6 \quad 0.805\,1 \quad 0; 0 \quad 0 \quad 1]$$

$$T_4 = [1.392\,6 \quad 0.536\,4 \quad 0; 0.984\,8 \quad 1.620\,1 \quad 0; 0 \quad 0 \quad 1]$$

$$T_5 = [0.528\,0 \quad 0.536\,5 \quad 0; -1.620\,5 \quad 1.620\,5 \quad 0; 0 \quad 0 \quad 1]$$

而后应用算法 5−4 生成期望的一般性构型。

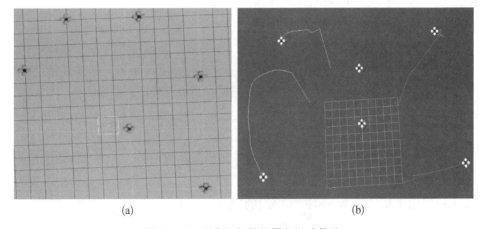

(a)　　　　　　　　　　　　(b)

图 5−37　无人机初始位置和运动轨迹

(a) 初始位置；(b) 运动轨迹

图 5−37(b)显示在采用 Rviz 显示的 Gazebo 中 5 架无人机的运动轨迹和最终集群构型。图 5−38(a)和图 5−38(b)分别给出了各无人机在真实坐标系和虚拟坐标系中的运动轨迹。特别注意在图 5−38(b)中多机系统生成标准构型。由图中结果可知，在设计的算法 5−4 的作用下，无人机集群系统最终生成了期望的一般性构型。

2) 构型的收缩与扩张仿真验证

在前节形成一般性构型的基础上，5 架无人机保持构型形状先收缩至原队形 1/2，而后再扩张回原队形。无人机的初始位置同前节所示。

队形收缩时，集群变换矩阵为

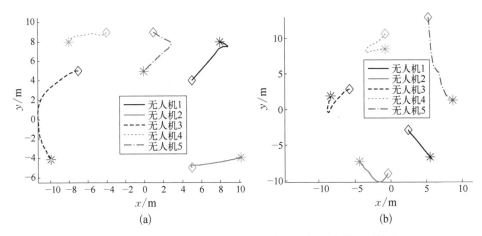

图 5-38　各无人机在真实坐标系和虚拟坐标系中的运动轨迹

（a）各无人机在真实坐标系中运动轨迹；（b）各无人机在虚拟坐标系中运动轨迹

$$\boldsymbol{T}'_s = \begin{bmatrix} 2 & 0 & 0 & 0 & 0 \\ 0 & 2 & 0 & 0 & 0 \\ 0 & 0 & 2 & 0 & 0 \\ 0 & 0 & 0 & 2 & 0 \\ 0 & 0 & 0 & 0 & 2 \end{bmatrix} \boldsymbol{T}_s$$

队形扩张时，集群变换矩阵为 $\boldsymbol{T}_s$

$$\boldsymbol{T}_s = \begin{bmatrix} T_1 & 0 & 0 & 0 & 0 \\ 0 & T_2 & 0 & 0 & 0 \\ 0 & 0 & T_3 & 0 & 0 \\ 0 & 0 & 0 & T_4 & 0 \\ 0 & 0 & 0 & 0 & T_5 \end{bmatrix}$$

图 5-39 给出了无人机集群构型的收缩和扩张。在二维平面轨迹图中，各种形状轨线代表各无人机的运动：菱形代表无人机的初始位置，矩形代表多机系统形成的期望构型，星形代表多机系统收缩后的构型。图 5-39 给出了多机系统构型的扩张过程，符号的含义同图 5-39。由图 5-39 可知，无人机集群系统在设计的控制律作用下，能够实现集群构型的收缩和扩张。

3）集群构型变换的仿真验证

仿真中假设 5 架无人机系统采用集群变换通过右端障碍（图 5-40 的 3 个球形障碍），故而其由初始构型变换为上、下两排的一字构型。其中 3 个球形障碍的中心坐标分别设置为(35，0，0)(35，8，0)和(40，−7，0)，半径为 2 m。

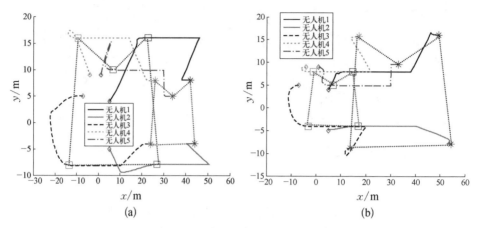

(a)　　　　　　　　　　　　　　　　　(b)

图 5-39　无人机集群构型的收缩和扩张

(a) 集群构型的收缩；(b) 集群构型的扩张

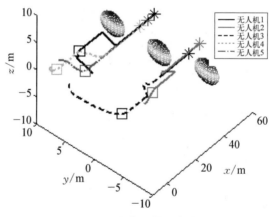

图 5-40　集群构型变换

由原集群构型变为"一"字构型的变换矩阵为

$$\boldsymbol{T}_1 = [1.087\,4 \quad 0.615\,9 \quad 0; -1.162\,7 \quad 1.162\,7 \quad 0; 0 \quad 0 \quad 1.000\,0]$$

$$\boldsymbol{T}_2 = [1.183\,2 \quad 0.743\,5 \quad 0; -0.402\,9 \quad 2.175\,8 \quad 0; 0 \quad 0 \quad 1.000\,0]$$

$$\boldsymbol{T}_3 = [1.581\,7 \quad 0.211\,9 \quad 0; 0.266\,4 \quad 1.283\,0 \quad 0; 0 \quad 0 \quad 1.000\,0]$$

$$\boldsymbol{T}_4 = [1.906\,3 \quad 0.536\,4 \quad 0; 0.603\,6 \quad 1.620\,4 \quad 0; 0 \quad 0 \quad 1.000\,0]$$

$$\boldsymbol{T}_5 = [1.166\,8 \quad 0.536\,5 \quad 0; -1.620\,2 \quad 1.620\,2 \quad 0; 0 \quad 0 \quad 1.000\,0]$$

无人机集群的变换过程和运动轨线如图 5-41 所示。明显地，无人机集群
系统顺利地完成了构型变换，并通过了障碍区域。

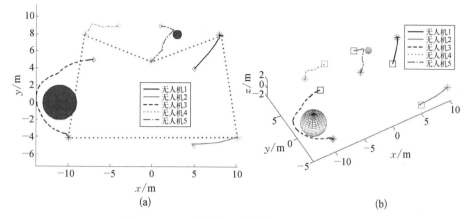

图 5 - 41 无人机集群的变换过程和运动轨迹

(a) 有障碍时,各无人机平面运动轨迹;(b) 有障碍时,各无人机三维运动轨迹

在 5 架无人机系统一般性构型生成的过程中,添加 2 个障碍物。障碍中心的三维坐标分别是 $(-11, 0, 0)$ 和 $(3, 8, 0)$,球半径分别为 2 m 和 0.5 m。在控制律(式(5 - 33))的基础上施加障碍物斥力(式(5 - 49)),无人机集群系统构型生成的轨线如图 5 - 41 所示。其中,图 5 - 41(a) 和图 5 - 41(b) 分别为二维和三维平面的各无人机轨线图。由图可知,当无人机集群系统在队形生成过程中遇到障碍时会绕开障碍,并最终形成期望的一般性集群构型。

5.5.3 带有自驾仪的固定翼无人机集群控制

前节主要针对可以全向运动的旋翼无人机集群系统,本节将其扩展至固定翼无人机集群系统。

5.5.3.1 固定翼无人机集群控制策略

固定翼无人机的模型考虑带有滚转的三维 6 状态运动模型,如式(5 - 6)所示。在控制律(式(5 - 32))的基础上,可以进一步得到在 t 时刻第 i 架无人机速度指令 $v_i^c(t)$ 和航向角指令 $\varphi_i^c(t)$,如下:

$$v_i^c(t) = \int u_i \mathrm{d}t$$

$$\varphi_i^c(t) = \begin{cases} -\pi/2, & v_{ix}^c = 0, \ v_{iy}^c \leqslant 0 \\ \pi/2, & v_{ic}^c = 0, \ v_{iy}^c \geqslant 0 \\ -\pi + \arctan(v_{iy}^c/v_{ix}^c), & v_{ix}^c < 0, \ v_{iy}^c < 0 \\ \pi + \arctan(v_{iy}^c/v_{ix}^c), & v_{ix}^c < 0, \ v_{iy}^c > 0 \\ \arctan(v_{iy}^c/v_{ix}^c), & \text{其他} \end{cases} \quad (5 - 50)$$

式中：v_{ix}^c 和 v_{iy}^c 是 v_i^c 沿坐标系 x 轴和 y 轴的分量。进一步，由模型可知，协调转弯的无人机的滚转角与航向角之间满足 $\dot{\varphi}_i = g\dfrac{\tan\phi_i^c}{v_i}$。故而，结合式(5-49)，设计惯性性质的滚转角控制律为

$$\phi_i^c(t) = \arctan(k(\varphi_i^c(t) - \varphi_i)v_i^c/g) \qquad (5-51)$$

故而，结合控制律式(5-33)、式(5-50)和式(5-51)，可以求得固定翼无人机集群系统协同飞行的各无人机速度指令 $v_i^c(t)$、航向角指令 $\varphi_i^c(t)$ 和滚转角指令 $\phi_i^c(t)$。

注释 5.3： 在 5.5.1 节中，已经证明质点模型的无人机集群在控制律(式(5-33))作用下能够形成期望构型，并进行编队构型的重构。值得指出的是，控制律(式(5-33))得到的虚拟控制力 f_i 并非无人机的直接控制量，需要结合无人机模型将虚拟的控制力解算为无人机的实际控制量。故而，本节设计的集群控制策略将前述集群控制律得到的指令速度和航向角映射到固定翼无人机自驾仪的期望控制量，而后通过无人机自驾仪的飞行控制系统对各控制量进行跟踪控制。固定翼无人机存在着速度和滚转角等约束，所以在跟踪的过程中无人机的状态可能达到饱和或者受到限制，但是经过有限时间后，编队最终可以达到稳定状态。因此，若自驾仪可以鲁棒跟踪期望速度和航向角等控制量，那么层叠的无人机集群系统可以形成期望的集群构型，并进行编队构型之间的重构变换。

5.5.3.2 基于 X-Plane 的集群协同半实物仿真验证

试验采用 4 套 X-Plane 模拟 4 架无人机集群协同飞行。在仿真中，无人机 1 扮演领航无人机角色，它在轨迹跟踪控制律作用下沿着预定轨线飞行；无人机 2、无人机 3 和无人机 4 跟随无人机 1，期望形成三机在圆周上均匀分布的标准构型。相邻 2 架无人机之间期望的距离为 500 m，可以计算得到期望标准构型的半径为 288.68 m。

采用前节中的集群控制策略，即结合控制律(式(5-33)、式(5-49)和式(5-50))求得各无人机的速度指令 $v_i^c(t)$、航向角指令 $\varphi_i^c(t)$ 和滚转角指令 $\phi_i^c(t)$，并作为姿态控制回路的期望输入。无人机集群系统的仿真结果如图 5-42～图 5-44 所示。

图 5-43 为飞行位置数据导入 MATLAB 绘制的无人机运动轨迹。由图 5-43 可知，3 架僚机(无人机 2，无人机 3 和无人机 4)在集群控制律作用下形成了标准构型。

(a)　　　　　　　　　　　　　　　　(b)

图5－42　飞行位置数据导入 MATLAB 绘制的无人机运动轨迹

(a) 4 架无人机在 X－Plane 中的场景；(b) 4 架无人机运动轨迹在集群地面控制站中的显示

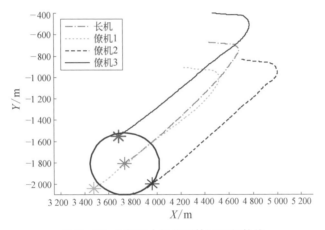

图5－43　4 架无人机集群协同飞行轨线

进一步,分别绘制僚机和长机,以及各僚机之间的相对距离,如图5－44所示。图5－44(a)中给出了完成转弯后僚机与长机间的距离误差。僚机 1 与长机的距离误差为 50～60 m;僚机 2 与长机的距离误差为 0～10 m;僚机 3 与长机的距离误差为－30～－20 m。特别需要指出的是,误差峰值是在集群转弯过程中产生。

图5－44(b)为 3 架僚机在完成转弯之前的相对距离轨线。由图可知,僚机 2 与僚机 3 之间的距离在转弯后较快地稳定在 480 m 附近;僚机 2 与僚机 4,僚机 3 与僚机 4 均在变化过程中。对比图5－44(a)中 3 架僚机与长机的距离误差在转弯后很快趋于稳定,图5－44(b)中两组僚机之间的距离却仍在调整过程中,故而说明仿真中给定的控制律参数中,长机对僚机的控制力占主导地位。

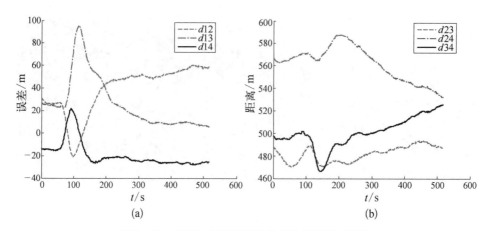

图 5 - 44　僚机和长机以及各僚机之间的相对距离

(a) 3 架僚机与长机的距离误差；(b) 3 架僚机之间的距离轨线

值得指出的是,图 5 - 43 和图 5 - 44 的误差产生的一个重要原因在于无人机底层姿态控制回路的误差。仿真中,姿态控制器采用自抗扰控制[78],没有考虑无人机的动力学特性,存在跟踪控制误差。此外,固定翼无人机本质为欠驱动系统,无人机集群控制律设计时并未考虑其运动学和动力学约束,也会产生误差。

5.6　结语

本章围绕无人机集群协同飞行的关键理论与技术展开了初步研究,系统总结了集群协同飞行控制的研究现状和技术挑战,并针对固定翼无人机集群协同飞行,建立了协调层的单机运动模型以及无人机群体交互模型;按照固定翼无人机集群协同飞行的任务剖面,将集群协同飞行过程分为盘旋集结、编队飞行以及队形重构三个阶段;针对盘旋集结问题,提出了基于一致性的盘旋集结控制方法;针对编队飞行和队形重构问题,分别提出了混杂控制方法和拟态物理方法。

目前,无人机集群协同飞行控制仍然是机器人和控制学界的研究热点,特别是对于存在环境、模型不确定性以及通信受限等因素时,如何实现精确稳定的编队控制仍具有一定的挑战性;此外,面向更大规模集群的控制方案仍有待进一步验证。

参|考|文|献　••••••••••••••••••••••••••••••••••••

[1] 宗群,王丹丹,邵士凯,等.多无人机协同编队飞行控制研究现状及发展[J].哈尔滨工业大学学报,2017,49(3)：1 - 14.

［2］WANG X K, ZENG Z W, CONG Y R. Multi-agent distributed coordination control: developments and directions via graph viewpoint ［J］. Neurocomputing, 2016(199): 204 – 218.

［3］ZHU B, XIE L, HAN D, et al. A survey on recent progress in control of swarm systems ［J］. Science China Information Sciences, 2017, 60(7): 1 – 24.

［4］CHUNG S, PARANJAPE A, DAMES P, et al. A survey on aerial swarm robotics ［J］. IEEE Transactions on Robotics, 2018, 34(4): 837 – 855.

［5］DESAI J P, OSTROWSKI J P, KUMAR V. Modeling and control of formations of nonholonomic mobile robots［J］. IEEE Transactions on Robotics and Automation, 2001, 17(6): 905 – 908.

［6］DESAI J P. A graph theoretic approach for modeling mobile robot team formations［J］. Journal of Robotic Systems, 2002, 19(11): 511 – 525.

［7］SOORKI M N, TALEBI H A, NIKRAVESH S K Y. A leader-following formation control of multiple mobile robots with active obstacle avoidance［C］//IEEE Iranian Conference on Electrical Engineering. IEEE, 2011: 1 – 6.

［8］GU Y, SEANOR B, CAMPA G, et al. Design and flight testing evaluation of formation control laws ［J］. IEEE Transactions on Control Systems Technology, 2006, 14(6): 1105 – 1112.

［9］CAMPA G, GU Y, SEANOR B, NAPOLITANO M, et al. Design and flight-testing of non-linear formation control laws ［J］. Control Engineering Practice, 2007, 15(9): 1077 – 1092.

［10］WILSON D, GOKTOGAN A, SUKKARIEH S. Vision-aided guidance and navigation for close formation flight ［J］. Journal of Field Robotics, 2016, 33(5): 661 – 686.

［11］NAGY M, AKOS Z, BIRO D, et al. Hierarchical group dynamics in pigeon flocks ［J］. Nature, 2010, 464(7290): 890.

［12］LUO Q N AND DUAN H B. Distributed UAV flocking control based on homing pigeon hierarchical strategies ［J］. Aerospace Science and Technology, 2017(70): 257 – 264.

［13］CHUNG T, CLEMENT M, DAY M, et al. Jones, Live-fly, large-scale field experimentation for large numbers of fixed-wing UAVs ［C］// IEEE International Conference on Robotics and Automation (ICRA). IEEE, 2016: 1255 – 1262.

［14］WATANABE Y, AMIEZ A, CHAVENT P. Fully-autonomous coordinated flight of multiple UAVs using decentralized virtual leader approach ［C］// IEEE International Conference on Intelligent Robots and Systems. IEEE, 2013: 5736 – 5741.

［15］LU X, LU R, CHEN S, AND LU J. Finite-time distributed tracking control for multi-agent systems with a virtual leader ［J］. IEEE Transactions on Circuits and Systems I: Regular Papers, 2013, 60(2): 352 – 362.

［16］YU X AND LIU L. Distributed formation control of nonholonomic vehicles subject to velocity constraints ［J］. IEEE Transactions on Industrial Electronics, 2016, 63(2): 1289 – 1298.

［17］KOWNACKI C AND AMBROZIAK L. Local and asymmetrical potential field approach to leader tracking problem in rigid formations of fixed-wing UAVs [J]. Aerospace Science and Technology, 2017(68): 465-474.

[18] NAIR R, KARKI H, SHUKLA A, et al. Fault-tolerant formation control of nonholonomic robots using fast adaptive gain nonsingular terminal sliding mode control [J]. IEEE Systems Journal, 2019, 13(1): 1006-1017.

[19] SUN Z, DAI L, XIA Y, et al. Event-based model predictive tracking control of nonholonomic systems with coupled input constraint and bounded disturbances [J]. IEEE Transactions on Automatic Control, 2017, 63(2): 608-615.

[20] FAHIMI F. Sliding-mode formation control for underactuated surface vessels [J]. IEEE Transactions on Robotics, 2007, 23(3): 617-622.

[21] DEFOORT M, FLOQUET T, KOKOSY A, et al. Sliding-mode formation control for cooperative autonomous mobile robots [J]. IEEE Transactions on Industrial Electronics, 2008, 55(11): 3944-3953.

[22] 王祥科, 李迅, 郑志强. 多智能体系统编队控制相关问题研究综述[J]. 控制与决策. 2013, 28(11): 1601-1613.

[23] REYNOLDS C W. Flocks, herds, and schools: A distributed behavioral model [J]. Computer Graphics. 1987, 21(4): 25-34.

[24] VICSEK T, CZIRÓK A, BEN-JACOB E, et al. Novel type of phase transition in a system of self-driven particles [J]. Physical review letters, 1995, 75 (6): 1226-1229.

[25] BALDASSARRE G, TRIANNI V, BONANI M, et al. Self-organized coordinated motion in groups of physically connected robots [J]. IEEE Transactions on Systems, Man, and Cybernetics, Part B (Cybernetics), 2007, 37 (1): 224-239.

[26] TRIANNI V, NOLFI S, DORIGO M. Cooperative hole avoidance in a swarm-bot [J]. Robotics and Autonomous Systems, 2006, 54 (2): 97-103.

[27] FRANCESCA G, BRAMBILLA M, BRUTSCHY A, et al. AutoMoDe: a novel approach to the automatic design of control software for robot swarms [J]. Swarm Intelligence, 2014, 8 (2): 89-112.

[28] FRANCESCA G, BRAMBILLA M, BRUTSCHY A, et al. AutoMoDe-chocolate: automatic design of control software for robot swarms [J]. Swarm Intelligence, 2015, 9(2-3): 125-152.

[29] VÁSÁRHELYI G, VIRÁGH C, SOMORJAI G, et al. Optimized flocking of autonomous drones in confined environments [J]. Science Robotics, 2018, 3(20): eaat3536.

[30] HAUERT S, LEVEN S, VARGA M, et al. Reynolds flocking in reality with fixed-wing robots: communication range vs. maximum turning rate [C]//IEEE/RSJ International Conference on Intelligent Robots and Systems (IROS). IEEE, 2011: 5015-5020.

[31] LEWIS M A, TAN K H. High precision formation control of mobile robots using virtual structures [J]. Autonomous robots, 1997, 4(4): 387-403.

[32] LI N H, LIU H H. Formation UAV flight control using virtual structure and motion synchronization [C]//American Control Conference. IEEE, 2008: 1782-1787.

[33] LOW C B. A dynamic virtual structure formation control for fixed-wing UAVs [C]//IEEE

International Conference on Control and Automation (ICCA). IEEE，2011：627 - 632.

[34] REZAEE H，Abdollahi F. Motion synchronization in unmanned aircrafts formation control with communication delays ［J］. Communications in Nonlinear Science and Numerical Simulation，2013，18（3）：744 - 756.

[35] LI Q，JIANG Z P. Pattern preserving path following of unicycle teams with communication delays ［J］. Robotics and Autonomous Systems，2012，60(9)：1149 - 1164.

[36] ANDERSON B D O，YU C，FIDAN B，et al. Rigid graph control architectures for autonomous formations[J]. IEEE Control Systems Magazine，2008，28(6)：48 - 63.

[37] SUN Z，PARK M C，ANDERSON B D O，et al. Distributed stabilization control of rigid formations with prescribed orientation ［J］. Automatica，2017(78)：250 - 257

[38] ZHAO S，ZELAZO D. Bearing rigidity and almost global bearing-only formation stabilization[J]. IEEE Transactions on Automatic Control，2015，61(5)：1255 - 1268.

[39] ZHAO S，ZELAZO D. Translational and scaling formation maneuver control via a bearing-based approach[J]. IEEE Transactions on Control of Network Systems，2015，4(3)：429 - 438.

[40] CETIN O，YILMAZ G. Real-time autonomous UAV formation flight with collision and obstacle avoidance in unknown environment ［J］. Journal of Intelligent and Robotic Systems，2016，84(1 - 4)：415 - 433.

[41] GAZI V. Swarm aggregations using artificial potentials and sliding-mode control ［J］. IEEE Transactions on Robotics，2005，21（6）：1208 - 1214.

[42] HU H，YOON S Y，LIN Z. Coordinated control of wheeled vehicles in the presence of a large communication delay through a potential functional approach ［J］. IEEE Transactions on Intelligent Transportation Systems，2014，15（5）：2261 - 2272.

[43] BENNET D J，MACINNES C，SUZUKI M，et al. Autonomous three-dimensional formation flight for a swarm of unmanned aerial vehicles ［J］. Journal of Guidance，Control，and Dynamics，2011，34（6）：1899 - 1908.

[44] IHLE I A F，ARCAK M，FOSSEN T I. Passivity-based designs for synchronized path-following ［J］. Automatica，2007，43（9）：1508 - 1518.

[45] GHABCHELOO R，AGUIAR A P，PASCOAL A，et al. Coordinated path-following in the presence of communication losses and time delays ［J］. SIAM Journal on Control and Optimization，2009，48(1)：234 - 265.

[46] LAN Y，YAN G，LIN Z. Synthesis of distributed control of coordinated path following based on hybrid approach ［J］. IEEE Transactions on Automatic Control，2011，56（5）：1170 - 1175.

[47] REYES L A V，Tanner H G. Flocking，formation control，and path following for a group of mobile robots ［J］. IEEE Transactions on Control Systems Technology，2015，23（4）：1358 - 1372.

[48] DOOSTHOSEINI A，NIELSEN C. Coordinated path following for unicycles：a nested invariant sets approach ［J］. Automatica，2015(60)：17 - 29.

[49] LI Y，NIELSEN C. Synchronized closed path following for a differential drive and manipulator

robot [J]. IEEE Transactions on Control Systems Technology, 2017, 25(2): 704 - 711.

[50] GHOMMAM J, MEHRJERDI H, SAAD M, et al. Adaptive coordinated path following control of non-holonomic mobile robots with quantised communication [J]. IET Control Theory and Applications, 2011, 5(17): 1990 - 2004.

[51] CAO K, JIANG B, YUE D. Cooperative path following control of multiple nonholonomic mobile robots [J]. ISA Transactions, 2017(71): 161 - 169.

[52] JAIN R P, AGUIAR A P, DE SOUSA J B. Cooperative path following of robotic vehicles using an event-based control and communication strategy [J]. IEEE Robotics and Automation Letters, 2018, 3(3): 1941 - 1948.

[53] CHEN Y, TIAN Y. Coordinated path following control of multi-unicycle formation motion around closed curves in a time-invariant flow [J]. Nonlinear Dynamics, 2015, 81(1 - 2): 1005 - 1016.

[54] CICHELLA V, KAMINER I, DOBROKHODOV V, et al. Cooperative path following of multiple multirotors over time-varying networks [J]. IEEE Transactions on Automation Science and Engineering, 2015, 12(3): 945 - 957.

[55] CICHELLA V, CHOE R, MEHDI S B, et al. Safe coordinated maneuvering of teams of multirotor unmanned aerial vehicles: a cooperative control framework for multivehicle, time-critical missions [J]. IEEE Control Systems Magazine, 2016, 36(4): 59 - 82.

[56] XARGAY E, DOBROKHODOV V, KAMINER I, et al. Time-critical cooperative control of multiple autonomous vehicles [J]. IEEE Control Systems Magazine, 2012, 32(5): 49 - 73.

[57] XARGAY E, KAMINER I, PASCOAL A, et al. Time-critical cooperative path following of multiple unmanned aerial vehicles over time-varying networks [J]. Journal of Guidance Control and Dynamics, 2013, 36(2): 499 - 516.

[58] WANG Y, WANG D, ZHU S. Cooperative moving path following for multiple fixed-wing unmanned aerial vehicles with speed constraints [J]. Automatica, 2019(100): 82 - 89.

[59] BEARD R W, MCLAIN T W. Small unmanned aircraft: theory and practice[M]. Princeton University Press, 2012.

[60] GODSIL C, ROYLE G F. Algebraic graph theory [M]. New York: Springer-Verlag, 2004.

[61] REN W, BEARD R W, ATKINS E M. Information consensus in multivehicle cooperative control[J]. IEEE Control Systems Magazine, 2007, 27(2): 71 - 82.

[62] MOREAU L. Stability of continuous-time distributed consensus algorithms[C]//2004 43rd IEEE Conference on Decision and Control (CDC)(IEEE Cat. NO. 04CH37601). IEEE, 2004: 3998 - 4003.

[63] GOERZEN C, KONG Z, Mettler B. A survey of motion planning algorithms from the perspective of autonomous UAV guidance [J]. Journal of Intelligent and Robotic Systems, 2010, 57(1 - 4): 65.

[64] TSOURDOS A, WHITE B, SHANMUGAVEL M. Cooperative path planning of

unmanned aerial vehicles [M]. Chichester，UK：John Wiley & Sons，2011.

[65] GUPTA L，JAIN R，VASZKUN G. Survey of important issues in UAV communication networks [J]. IEEE Communications Surveys & Tutorials，2016，18(2)：1123-1152.

[66] HAYAT S，YANMAZ E，MUZAFFAR R. Survey on unmanned aerial vehicle networks for civil applications：a communications viewpoint [J]. IEEE Communications Surveys and Tutorials，2016，18(4)：2624-2661.

[67] CHAO H，CAO Y，CHEN Y. Autopilots for small unmanned aerial vehicles：a survey [J]. International Journal of Control，Automation and Systems，2010，8(1)：36-44.

[68] REN W，BEARD R W. Trajectory tracking for unmanned air vehicles with velocity and heading rate constraints [J]. IEEE Transactions on Control Systems Technology，2004，12(5)：706-716.

[69] AGUIAR A P，HESPANHA J P，KOKOTOVIC P V. Path-following for nonminimum phase systems removes performance limitations [J]. IEEE Transactions on Automatic Control，2005，50(2)：234-239.

[70] AGUIAR A P，HESPANHA J P，KOKOTOVIĆ P V. Performance limitations in reference tracking and path following for nonlinear systems [J]. Automatica，2008，44(3)：598-610.

[71] BEARD R W，FERRIN J，HUMPHERYS J. Fixed wing UAV path following in wind with input constraints [J]. IEEE Transactions on Control Systems Technology，2014，22(6)：2103-2117.

[72] ZHAO S，WANG X，ZHANG D，et al. Curved path following control for fixed-wing unmanned aerial vehicles with control constraint [J]. Journal of Intelligent and Robotic Systems，2018，89(1-2)：107-119.

[73] KHALIL H K. Nonlinear systems [M]. New York：Upper Saddle River，2002.

[74] BROCKETT R W. Asymptotic stability and feedback stabilization [J]. Differential geometric control theory，1983，27(1)：181-191.

[75] MARCOLINO. No robot left behind：Co-ordination to overcome local minima in swarm navigation[C]//Proceedings of the IEEE International Conference on Robotics and Automation. IEEE，2008：1904-1909.

[76] MESERVE B E. Fundamental concepts of geometry[M]. New York：Dover，1983.

[77] ROCKAFELLAR R T. Convex analysis[M]. Princeton：Princeton University Press，1997.

[78] 韩京清.自抗扰控制技术[J].前沿科学,2007(1)：24-31.

6 无人机集群飞行安全控制

　　无人机集群的飞行安全控制是系统在集成空域能够顺利执行任务的关键技术之一。一方面,无人机集群的任务环境通常较为复杂,如建筑物密布的城市环境、山峰悬崖林立的山区环境、树木飞鸟集聚的森林环境、动态未知的战场环境等,无人机集群飞行中不可避免地面临与环境中各种障碍物发生碰撞的危险;另一方面无人机的数量规模不断扩大,集群内各无人机在队形变换以及任务调度过程中极有可能因为路径交叉以及飞行不确定性等因素而发生碰撞冲突。因此,研究设计集群的冲突消解和防撞控制策略对集群系统的飞行安全控制至关重要。

　　本章首先对无人机集群的飞行安全控制问题进行分析和建模,给出安全空域、空中威胁、无人机安全区域等模型和几种基本调整策略;在此基础上,提出了一种综合"重规划、控制/优化和应急机动"的系统性三层安全控制架构,并给出了外层和内层策略的典型设计;接着专注于中间层的控制、优化方法,分别介绍了基于控制的模型预测飞行安全控制方法,基于优化的集群冲突消解策略。

6.1　问题分析与建模

　　本节首先回顾了集群飞行安全控制问题的研究现状,在此基础上分析和建模了集群飞行安全控制问题,包括集群安全飞行问题模型、飞行调整策略和控制目标等。

6.1.1　集群飞行安全控制研究现状

　　随着无人机应用的不断拓展,近年来无人机的撞击事故频频发生。2014 年至 2016 年间,官方报道的无人机与大型客机危险接近,发生撞击的事件共达

24 起。2017 年的情况更加严峻,短短 4 个月,无人机发生的相关事故的数量接近 24 起。故而,固定翼无人机的飞行安全问题得到了不少学者的关注,但是现阶段相关研究主要关注于协同飞行以及单机的规避控制,对于复杂条件下的集群防撞规避问题,尚缺乏针对性研究。

集群飞行安全控制问题的核心是碰撞规避问题。尤其当众多机在有限空域内飞行时,极有可能因为航路调整或者任务需要造成无人机之间的路线冲突,从而发生撞击事故。同时在建筑物密集的城市,以及峭壁林立的山区等,无人机也很有可能与建筑物、山峰等环境障碍发生碰撞。近些年,随着无人机相关技术和应用的蓬勃发展,无人机飞行安全控制也受到越来越多学者的关注,关于无人机的防撞控制形成了一系列的理论方法[1-4]。

从算法分类角度,现有的防撞方法可以大致分为基于路径规划类碰撞规避方法、基于优化控制类防撞控制方法、基于反应式防撞方法三类(见表 6-1)。路径规划类碰撞规避方法的核心思想是寻找一个最优或接近最优的飞行路径,将指定的起点连接到期望的目标点,并避免与任何已知的障碍物发生碰撞[5-7]。它主要包括基于势场法的路径规划、基于快速扩展随机树的路径规划、基于采样的运动规划、基于遗传算法或粒子群优化算法的路径规划等。基于路径规划类防撞方法的普遍局限是算法通常需要知道障碍物状态的先验信息,并且需要大量的计算资源和时间。因此,在现实中,它通常是离线计算的。基于优化控制类防撞控制方法将碰撞规避建模为最小化某个性能指标的优化控制问题,从而针对当前状态求解出性能最优的控制策略[8-9]。一个典型的基于优化控制类防撞控制方法是基于 MPC 的防撞控制方法,通过求解相应的优化控制问题得到最优防撞机动策略。它主要包括基于分布式优化算法、基于博弈论算法、基于遗传算法和基于预测控制算法等[10]。基于反应式防撞方法主要包括基于规则的反应式协调法和基于几何构型的反应式方法。基于反应式防撞方法通常基于小范围冲突场景设计紧急状态下的控制律,因此其主要特点是计算简单、响应速度快[11-12]。

表 6-1 防撞方法分类

防 撞 方 法	相关方法理论	策略求解方法	算 法
基于路径规划类碰撞规避方法	几何构型分析 最优控制理论	数学优化方法 智能计算方法	边界跟踪算法 粒子群优化算法 ……

续　表

防　撞　方　法	相关方法理论	策略求解方法	算　　法
基于优化控制类 防撞控制方法	速度障碍理论 最优控制理论	最优化方法 动态规划 近似动态规划	博弈论 强化学习 分布式优化控制 DMPC ……
基于反应式防撞 方法	势场理论 几何构型分析 速度障碍理论	势场函数法 基于规则协调	人工势场法 速度障碍法 ……

　　不同方法的适用对象和场景也有所不同。从智能体系统的数量规模角度考虑,防撞方法分为适用于单智能体的避障方法和适用于多智能体复杂冲突场景的防撞方法。例如,速度障碍法最初的研究是针对两个相互协作的智能体[11],后来又扩展到多个智能体之间的冲突场景[12]。针对多智能体的防撞控制,还有很多基于智能体之间的协作进行分布式优化求解响应的防撞控制律的研究,常用的方法如分布式模型预测方法,通过局部通信,每个智能体求解一个局部性能最优的优化控制问题,从而得到优化控制策略[13-14]。博弈论算法也被用于多智能体冲突场景的防撞控制研究。另外,从规避对象的运动特性角度,针对障碍的规避策略设计往往更具有挑战性。针对运动障碍的场景,基于路径规划类碰撞规避方法的搜索空间和终端约束的复杂性激增。在现有研究中,针对运动障碍的规避方法通常会对障碍的运动状态进行一定的假设。例如,文献[15]中假设障碍沿固定方向和固定速度进行运动,采用速度障碍法研究了相应的规避控制律。针对未知障碍,文献[16]基于传感器观测,对障碍物的预期运动进行建模和估计,从而计算碰撞发生的概率。

　　此外,在复杂环境中作业的机器人、智能体种类很多,如地面车辆、无人机、水面舰艇、潜艇等。这些智能体通常可以建模为三类运动学模型[2]:全向运动学、Bicycle 运动学和 Unicycle 运动学。全向运动学描述的是对任意方向的运动都具有控制能力的机器人,如直升机、旋翼无人机,或者装有全向轮的地面机器人等。Bicycle 运动学用来描述类似地面小车式的前轮驱动型四轮机器人。这类运动学的特点是,机器人的转弯速率与运动速度的大小成正比。因此,上述两类运动学的方法不适用于固定翼无人机。Unicycle 运动学描述运动速度具有特定方向,且速度方向变化受到角速度约束的一类机器人,如在恒定高度飞行的固定翼无人机等。因此,对固定翼无人机的研究大多是基于 Unicycle 运动学[17-18]。还有一些研究为了发挥无人机在防撞过程中的三维机动性能,将水平运动和垂直运动解耦,额外考虑了高度调整的控制策略[19]。

综上,任何一种方法都不能独自应对所有的冲突场景。基于路径规划类碰撞规避方法的更新周期较长,通常适用于较远距离且环境状态已知的碰撞冲突场景;基于优化控制类碰撞规避方法的灵活性和适应性更强,适用于中短距离范围以及更为复杂的冲突场景;基于反应式类碰撞规避方法的反应时间短,对动态场景的响应速度快,以最高优先级保证安全,适用于近距离尤其是各种突发的紧急碰撞冲突场景。尽管现有研究多种多样,但一个关键问题是:现有方法大多针对单一或者特定的冲突场景,缺乏针对一体化任务环境的整体性系统解决方案。

6.1.2　集群飞行安全问题分析

6.1.2.1　无人机模型

无人机模型通常采用第 5 章描述的各种模型,如三维二阶动力学模型和平面 Unicycle 模型。需要补充的是,很多时候,固定翼无人机的转弯通常通过控制无人机的副翼和倾斜机身实现,所以无人机水平方向的最小转弯半径可由式(6-1)确定:

$$R_{i,h}^{\min} = \frac{v_i^2 \cos^2 \gamma_{\max}^i}{ng \sin |v_{\max}^i|} \tag{6-1}$$

式中:$v_{\max}^i$ 为最大滚转角;$\gamma_{\max}^i$ 为最大俯仰角;n 为过载系数;g 为重力加速度。与水平机动相似,当无人机需要爬升或下降时,在竖直平面转弯的过程也会构成一段转弯曲线,可以近似为圆的一部分弧段。无人机的竖直平面最小转弯半径可由式(6-2)确定:

$$R_{i,v}^{\min} = \frac{v_i^2}{g(n_f - \cos(\gamma_i))} \tag{6-2}$$

因此,无人机 i 的最大水平转弯速率与竖直转弯速率为

$$w_{\max}^i = \frac{1}{R_{i,h}^{\min}}, \ \mu_{\max}^i = \frac{1}{R_{i,v}^{\min}} \tag{6-3}$$

6.1.2.2　安全空域模型

为保证无人机在三维空间的飞行安全,需要为每个飞机设定安全区域。但是,无人机之间应当保持多大的间隔才算是安全的,是研究人员持续讨论的问

题。一般认为,确定其安全区域范围时需考虑以下因素:

(1) 尾涡对飞机的影响。飞机在空中飞行时会产生尾涡,这导致其飞过的空域有气流紊流。如其他飞机进入该紊流气团可能造成飞机运行失稳。但小型固定翼无人机通常体积小,其飞行对周围的气流产生的影响也较小,本章不做考虑。

(2) 作为紧急避让行为的触发界限。当其他无人机进入无人机的安全区域后,无人机需要有一定的时间做非合作逃避。具体每架无人机的安全间隔范围的确定应考虑飞机的平台尺寸及飞行速度等状态信息。

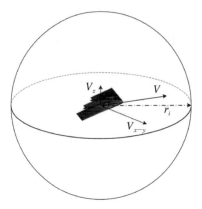

小型固定翼无人机飞行过程中的碰撞规避问题中,需要类比有人机的碰撞规避问题研究,为无人机划设一个独占的限制安全空域。该空域内严格禁止其他物体进入。考虑无人机在空中飞行过程中可能会在不同的高度层之间机动,因此可以将无人机的安全区域建模为三维球体,如图 6-1 所示。

图 6-1 无人机三维球状安全空域图

将图 6-1 所示的安全区域定义为 $D_i(P_i, r_i)$,如式(6-4)所示。

$$D_i(P_i(t), r_i) = \{P_s \mid \| (p_s^x - p_i^x(t), p_s^y - p_i^y(t), p_s^z - p_i^z(t)) \| < r_s^i\}$$

$$(6-4)$$

如果考虑无人机在作业时可能不会轻易调整其飞行高度,此时可将无人机的三维安全区域定义为圆柱形的区域,如图 6-2 所示。

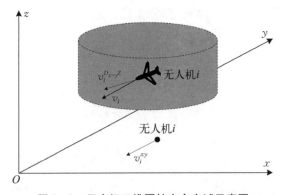

图 6-2 无人机三维圆柱安全空域示意图

此时安全区域可定义如下:

$$D_i(P_i(t), r_i) = \{P_s \mid \| (p_s^x - p_i^x(t), p_s^y - p_i^y(t)) \| < \\ r_s^i \vee \| p_s^z - p_i^z(t) \| < h_s^i \} \tag{6-5}$$

虽然通过调整高度的避让方法效率较高，但在很多情况下飞机会飞行在固定的高度层以执行任务。这种情况下，无人机之间发生冲突时通常采用在水平高度层调整方向或速度的方式解决无人机之间的冲突。在水平高度层调整无人机之间的冲突时，将安全区域考虑为以飞机当前所在位置为中心的圆，如图 6-3 所示。

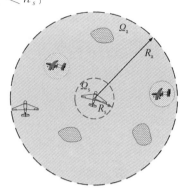

图 6-3 无人机平面圆形安全空域示意图

此时安全区域可定义如下：

$$D_i(P_i(t), r_i) = \{P_s \mid \| (p_s^x - p_i^x(t), p_s^y - p_i^y(t)) \| < r_s^i \} \tag{6-6}$$

上述三类安全空域分别称为三维球状安全空域、三维圆柱安全空域和平面圆形安全空域。

6.1.2.3 碰撞冲突模型

本章讨论的复杂环境指包含一系列数目和形状未知的简单、封闭、不可穿越的静态障碍（如山体、建筑物、气团等），以及一系列数目、形状和运动轨迹未知的动态障碍（如飞鸟、有人机或其他飞行器等）的有限空域。如图 6-4 所示为无人机集群的复杂任务环境示意图。数量规模为 n 的固定翼无人机集群在有限空域 Ω 内飞行，空域中分布着一系列静态和动态障碍，其中 O_{sta} 是 n_{os} 个静态障碍的集合，O_{dyn} 是 n_{od} 个动态障碍的集合。

根据障碍物的外廓，可以用各类函数来描述障碍物，三维空间常见的描述可以用包含障碍物的球形、圆柱形、圆锥形或者它们的组合。在二维平面中，山体和建筑物等静态障碍通常描述为一系列非凸多边形，飞鸟或其他无人机等运动障碍通常描述为圆形。

无人机集群飞行安全的基本目的是保证在集群执行任务的全流程中，每架无人机的安全空域内没有其他动态或者静态障碍物的侵入。

在安全空域基础上，给出无人机发生碰撞的形式化描述如下：

定义 6.1（三维碰撞）：设无人机 i 的安全区域为 D_i，障碍区域的形式化表示为 O_{sta}。如果在某一时刻无人机的安全区域和障碍区域的关系满足 $D_i \bigcap (O_{\text{sta}} \bigcup O_{\text{dyn}}) \notin \varnothing$，即安全区域和障碍区域存在交集，则认为该时刻无人机与障碍发生碰撞。特别地,对于障碍O,如果某一时刻满足$D_i \bigcap O_o \not\subset \varnothing$,则无人机$i$和障碍$O$发生碰撞。

在固定的高度层执行任务时,即无人机飞行高度一定时,碰撞可以进一步定义。

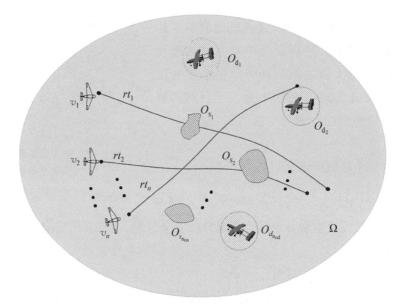

图 6-4　无人机集群的复杂任务环境示意图

定义 6.2(二维碰撞):设无人机的质心位置坐标为P,物体o的特征点为P_o,若飞行过程中某一时刻,无人机与物体o的位置关系满足$|P - P_o|^2 \leqslant R_s + R_o$,则认为该时刻物体$o$与无人机发生碰撞。其中,$R_s$表示无人机的安全半径,$R_o$表示无人机对物体$o$的边缘保持距离。

将在有限前瞻时间量内检测到无人机可能发生碰撞危险的情况称为碰撞冲突。

定义 6.3(碰撞冲突):在任一采样时刻,对无人机与物体o在未来一段时间的相对状态进行预测,在无人机不采取任何规避行为的情况下,若预测得到的两者之间的相对状态关系在有限时间τ内满足

$$\min_{0 \leqslant t \leqslant \tau} \{ \| P(t) - P_o(t) \|_2 \} \leqslant R_s + R_o$$

则判定物体o与无人机之间存在碰撞冲突,其中τ称为碰撞冲突预警时间。

进一步,考虑两架无人机之间的潜在碰撞冲突问题。

定义 6.4(无人机之间冲突):两架无人机i与无人机j之间没有发生碰撞,但如果两架无人机保持当前的运动状态不改变,它们在τ时间内将发生碰撞。

这样的状态称为两架无人机发生了冲突。

当无人机距离较近时,可以根据无人机当前的状态检测它们可能发生的冲突。基于此,可以建立两类碰撞模型,即碰撞锥模型和速度障碍模型。

1) 碰撞锥模型

碰撞锥模型最初是针对两个圆形运动体提出的[11]。如图 6-5 所示的 A 和 O_1,在初始时刻的速度分别为 V_A 和 V_{O_1}。假定 A 和 O_1 的速度保持不变,则为了判断两个运动体之间的冲突情况,将两个运动体在 A 的配置空间(configuration space,CS)进行描述。将运动体 A 压缩到点 $\hat{A}$,并通过将 A 的半径叠加到 O_1 的半径之上将 O_1 放大至 $\hat{O}_1$。然后,运动体的速度即为点 $\hat{A}$ 和 $\hat{O}_1$ 中心点的速度,可以进一步得到相对速度为

$$V_{A,O_1} = V_A - V_{O_1}$$

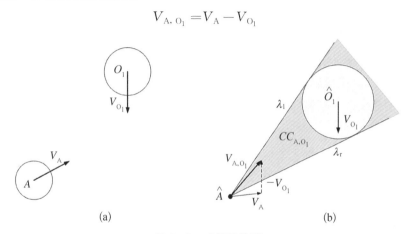

图 6-5　碰撞锥模型

(a) A 和 O_1 在初始时刻的速度;(b) 速度空间的划分

当两者保持当前运动速度不变时,若相对速度所在的射线 λ_{A,O_1} 与 $\hat{O}_1$ 有交叉,则两个物体会在未来一段时间内相撞。

$$\lambda_{A,O_1} \cap \hat{O}_1 \neq \varnothing$$

由图 6-5 中可以看出,任意落在从点 $\hat{A}$ 到 $\hat{O}_1$ 的两条切线 λ_1 与 λ_2 之间的相对速度都会造成两个运动物体发生碰撞。因此,碰撞锥 CC_{A,O_1} 被定义为使得 $\hat{A}$ 和 $\hat{O}_1$ 相撞的相对速度的集合,用公式描述为

$$CC_{A,O_1} = \{V_{A,O_1} \mid \lambda_{A,O_1} \cap \hat{O}_1 \neq \varnothing\}$$

该区域是以点 $\hat{A}$ 为顶点,切线 λ_1 和 λ_r 包围的锥状区域。显然,该碰撞锥模型将速度空间划分为两部分,落在锥形区域内的相对速度会造成碰撞,而落在锥形区

域外的相对速度则不会造成碰撞。因此,碰撞锥模型可以基于运动体之间的相对速度判断两者之间是否有相撞的风险,即是否存在碰撞冲突。

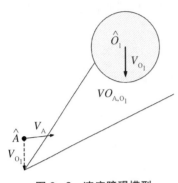

图 6-6　速度障碍模型

2) 速度障碍模型

上述碰撞锥模型的定义与特定的两个运动体相关联,因此不能考虑多个运动体的冲突场景。基于此考虑,基于绝对速度的等价模型被提出,即速度障碍模型。该模型可以简单地通过在碰撞锥模型上叠加冲突对象的运动速度得到,如图 6-6 所示。

通过叠加速度 V_{O_1},得到了 A 相对于障碍 O_1 的速度障碍为

$$VO_{A,O_1} = CC_{A,O_1} \oplus V_{O_1}$$

从图 6-6 中可以看出,速度障碍模型将速度空间划分为两部分,令 A 选取区域外的速度即可规避碰撞。因此,速度障碍模型进一步划分出了可选择的无碰撞的速度空间。

6.1.2.4　集群飞行安全控制问题分类

将无人机集群在复杂场景飞行的碰撞风险的处理问题称为飞行安全控制问题。根据障碍对象不同,无人机集群的飞行安全控制问题可以分为两类。

第一类,与集群外环境障碍的碰撞规避。这类问题的突出特点是:规避对象的运动状态(位置、速度、航向等)可以通过测量获得,但其运动轨迹(期望任务路径)和运动意图(控制输出信息等)是未知的;特别地,对于环境障碍,无人机的规避行为通常采取单方面规避动作,不考虑对方可能采取的(合作)规避行为。

第二类,与集群内其他无人机之间的碰撞规避。这类问题的显著特点是:规避对象的运动状态(位置、速度、航向等)、运动轨迹(期望任务路径)和运动意图(控制输出信息等)均可以通过通信直接获得;并且作为同一集群内的各个子系统,可以设计协调策略使存在碰撞危险的双方均进行主动的碰撞规避行为。

综上,第一类飞行安全控制问题的核心是对未知目标的单方面碰撞躲避,第二类飞行安全控制问题的核心是对已知(或可预测)目标的合作式碰撞预防。因此给出如下定义:

定义 6.5(避障):针对集群外无法直接通信的可能造成碰撞危险的任意静态或动态物体(包括山体、建筑物、气团以及集群外其他飞行器等)所进行的单方

面规避行为，称为避障。

定义 6.6（防撞）：针对集群内能够直接通信的、可能造成碰撞危险的任意物体（如集群内相邻无人机等）所进行的合作式规避行为，称为防撞。

在避障问题中，无人机通常通过机载传感器（如激光雷达、超声波、摄像头等）来获取环境障碍的位置、速度和航向等状态信息，因此常选取感知到的障碍物上距离无人机最近的一点为其特征点；在防撞问题中，集群内其他无人机的位置、速度和航向信息能够通过通信获取，因此直接选取其质心为特征点。

对于第二类的防撞问题，很多时候需要考虑一个时间段内的潜在防撞，故而也称为冲突消解问题，其目的是根据当前无人机之间的冲突场景设计调整策略以保证无人机之间不发生碰撞。

6.1.3　无人机集群调整策略分析

无人机飞行时，潜在的碰撞或者冲突的类型有很多种，如图 6-7 所示，主要包括：① 相向冲突，多机相向飞行时的碰撞；② 侧方冲突，在侧方位时，多机向同一个区域汇聚时的冲突；③ 超越冲突，同向飞行时，后机速度比前机速度快，易形成超越过程冲突；④ 固定障碍碰撞，无人机与固定障碍间的冲突，固定障碍包括恶劣空气团、高大的建筑以及禁飞区等限制。

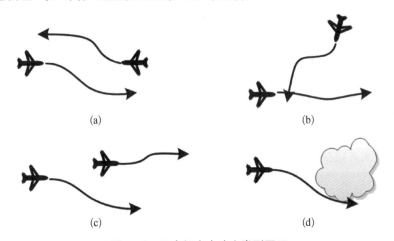

图 6-7　无人机空中冲突类型图示

（a）相向冲突；（b）侧方冲突；（c）超越冲突；（d）固定障碍碰撞

基于无人机模型，常见的调整动作包括速度调整、方向调整和高度调整。

（1）速度调整：通过改变一架或多架无人机的速度大小以确保飞行安全。应用速度调整策略，可以确保无人机不会偏离原来的飞行航线。但是无人机的飞行包线限制决定了短期的速度调整可能不会带来明显的冲突状态改变。此外，速度调整方法无法消除相向冲突、同一个航线的超越冲突以及固定障碍碰撞等场景。两架无人机的飞行方向夹角较小时，应用速度调整的效率也较低。

（2）方向调整：通过改变一架或多架无人机的速度方向以确保飞行安全，通常调整的为偏航方向。应用方向调整策略可以避开图6-7中列出的所有类型的冲突，但是方向调整策略会导致无人机偏离原定的飞行航线。

（3）高度调整：通过改变一架或多架无人机的飞行高度以确保飞行安全。应用高度调整策略可以避开图6-7中列出的四种类型的冲突，但是无人机的飞行高度通常是通过调整俯仰角进行的，因此高度调整的响应速度较慢，即高度调整策略不适合近距离的冲突消解场景。

故而，不同的调整策略适用于不同的冲突场景。选择无人机冲突消解策略时，需要考虑每种机动策略的特点以及无人机执行任务的需求。根据需要，也可以同时进行多个动作的调整。

6.1.4　无人机集群飞行安全控制目标

无人机集群通常为集群内每架无人机都分配有特定的任务。飞行安全控制的最终目的是在保证集群内每架无人机在安全飞行的前提下最优化任务执行收益。安全控制的策略包括速度、方向和高度调整，对应的影响可能是导致无人机偏离航线或者是无法准时到达目的地。因此，飞行安全控制目标应当根据其具体的任务模式进行分析。复杂环境中，无人机集群的飞行安全目标是：① 集群内各无人机之间不发生碰撞；② 各无人机与环境中外部障碍之间不发生碰撞；③ 集群内各无人机在完成飞行任务以及碰撞规避动作的同时消耗尽可能少的成本，即总消耗最少。其中目标①和目标②是硬性指标，目标③是软性条件。这里主要讨论目标③的设计。

每架无人机执行的任务不同，同时每个任务对无人机飞行过程的需求不同。例如，侦察监视点目标时，要求飞机准时到达目标位置点，可能还需要飞机在目标上空持续盘旋飞行；而侦察线目标等行动时需要飞机沿既定的路线飞行而不能在空间上偏离原来的航线。安全控制的最终目的是在保证安全的前提下实现尽量按时到达目标点、尽量不偏离航线、尽可能降低能量消耗等目标。安全控制的性能指标通常包括时空误差评价指标、能量消耗评价指标、安全代价指标。

（1）时空误差评价指标。为了描述当前的飞行状态与既定的飞行计划之间的差别，定义参数 t_{d-}^i，t_{d+}^i，以及 d_{dev}^i。其中 t_{d-}^i 定义无人机 i 的飞行状态与既定计划相比的时间延迟量；t_{d+}^i 定义当前飞行状态与既定计划相比的时间超前量；

d_{dev}^i 定义当前的飞行航迹与既定的飞行航迹之间的偏差量。在刚起飞或者执行任务开始阶段,这些变量的取值都为 0;随着飞行过程受到各种要素影响这些变量取值不断变化。值得注意的是,航迹偏差量通常进一步采用积分形式,定义飞行轨迹与期望飞行路径的总偏离量 $J_{dev} = \int_{t=0}^{\infty} d_{dev}^i \mathrm{d}t$。

(2) 能量消耗评价指标。根据无人机任务类型及当前的飞行状态定义三个参数,分别是 ρ_{t-}^i、ρ_{t+}^i 和 ρ_d^i。其中,ρ_{t-}^i 描述无人机 i 在当前状态下进一步进行减速运动的单位消耗量(将加速定义为负减速);ρ_{t+}^i 描述无人机 i 在当前状态下进一步进行加速运动的单位消耗量(将减速定义为负加速);ρ_d^i 定义无人机 i 在当前状态下进一步偏离原来的飞行航向的单位消耗量。这三个参数取值不仅是由无人机 i 执行的任务决定的,也决定于无人机 i 当前的状态参数。定义取值函数如下:

$$\rho_{t-}^i = \rho_{t-}^{i;o} + f_{td}^{i-}(t_{d-}^i)$$
$$\rho_{t+}^i = \rho_{t+}^{i;o} + f_{ta}^{i+}(t_{d+}^i) \qquad\qquad (6-7)$$
$$\rho_d^i = \rho_d^{i;o} + f_{dev}^i(d_{dev}^i)$$

式中:$\rho_{t-}^{i;o}$、$\rho_{t+}^{i;o}$ 和 $\rho_d^{i;o}$ 为根据无人机 i 的任务定义的初值;函数 f_{td}^{i-}、f_{ta}^{i+} 和 f_{dev}^i 的结构取决于任务类型。很多时候,能量消耗评价参数可以简化为输入量的积分,也可以根据具体任务分析实际的能量消耗。具体讨论可以参见 6.4 节相关问题的描述。

(3) 安全代价指标。根据无人机自身状态以及周围障碍状态,定义无人机在 t 时刻的安全控制成本 ρ_{ca}。通常情况下,无人机与冲突对象的相对距离越小,碰撞发生的风险越高,无人机执行安全控制的代价和成本就越高。对于某一检测到的碰撞冲突,无人机的机动能够造成与潜在冲突之间的相对距离增大/减小,进而造成无人机对该碰撞冲突的规避成本减小/增大。

故而,对无人机 i 而言,总性能指标为上述三项指标的加权和,即 $J_i = k_1$ 时空误差评价指标 $+ k_2$ 能量消耗评价指标 $+ k_3$ 安全代价指标。无人机集群的总性能指标为所有无人机的性能指标和 $J = \sum_{i=1}^n J_i$。

值得指出的是,实际问题中,上述三类性能指标不需要均考虑到,需要结合具体任务和求解需求考虑。

集群飞行安全问题可以描述如下:对于包含 n_{os} 个静态障碍以及 n_{od} 个动态障碍的任务环境,对集群内 n 架固定翼无人机分别设计调整策略,在满足各无人机的输入约束条件下,使得集群系统总的性能指标 $J = \sum_{i=1}^{n} J_i$ 最小。

6.2 三层安全控制框架

在无人机集群层次化安全机制的基础上,本节系统性地设计了"外层规划—中层优化/控制—内层反应式机动"的三层安全控制框架,并针对各层进行了策略设计。

6.2.1 无人机集群层次化安全机制

研究人员从不同层次考虑无人机飞行安全控制问题,并给出了不同的解决方案,但每种方案的处理能力都是有限的。一方面,虽然高效的算法可能局部解决无人机之间的冲突问题,但如果不考虑算法之上的协调和管理机制,在更大的时空范围内可能造成新的更严重的冲突。另一方面,算法输入需要考虑多方面因素,包括任务优先级、任务类型等。因此,适用于特定情况的各种算法通常只是无人机空域飞行安全系统中的基本求解单元,其上层还需要综合考虑各种因素的安全飞行机制[20]。故而,研究人员设计了各种层次化的安全机制。Dalamagkidis 等人针对无人机融入集成空域问题,借鉴有人机的安全模式构建了多层安全间隔管理机制,如图 6-8 所示[21]。

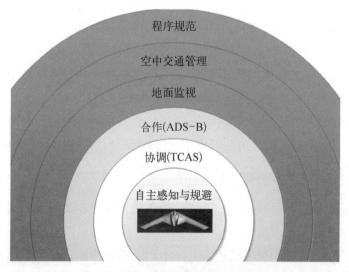

图 6-8 无人机层次化空域安全管理机制

为了保证安全飞行,无人机安全管理体系是多层次、多阶段的。在正常飞行状态下,无人机遵循程序规范在既定的区域或航路中飞行。根据事先规划的路径,无人机之间可以保证安全分离。但一些计划外情况,如天气因素或是执行具体操作时产生的时空误差,可能影响无人机的飞行计划进而导致无人机之间出现过度接近的状况。当无人机距离较远,不用进行紧急状况下的应急机动时,空中管理系统可对无人机进行集中调节。这种方法通过考虑较大范围内无人机的飞行状况以降低计划改变对空域的影响,此时为空中交通管理和地面监视阶段。当无人机之间的距离继续接近而有较大可能发生冲突时,对涉及冲突无人机的飞行航迹进行较小范围的调节以实现协作式机动避撞,此时为合作式和协调式冲突消解阶段。当无人机之间距离过近时,无人机采用非合作式机动方式摆脱威胁,此时为自主感知与规避阶段。Dalamagkidis 等人提出的框架指明了无人机空域融合完善的理想管理架构。该架构对管理体系建设、通信技术研究等都有指导意义。为了解决无人机集群系统的安全飞行问题,可以考虑应用该整体架构的子集,如设置合作层、协调层以及机载自主避障的机制保证无人机集群安全飞行。Xavier 等人提出研究无人机冲突消解问题应当综合考虑的各种因素,即飞行的空域类型、天气状况、飞行高度、无人机自主化水平和无人机的平台能力等[22]。

Jenie 等人在 Dalamagkidis 等人提出的多层次空域安全管理体系的基础上提炼出确保无人机安全飞行需考虑的四个要素:监视方法、协调水平、冲突消解机动类型和冲突消解决策方式[23],如图 6-9 所示。每个技术要素对应不同的解决方案,从理论上来分析,将这四种要素进行排列组合能得到很多的无人机冲突检测和消解方法策略组合。他们分析了各个策略的应用环境和在相应环境中适宜配合其他要素的方法,根据 Dalamagkidis 等人提出的多层次管理机制提出对应每一层的合理冲突检测和消解方法。他们提出的解决方案主要针对融入集成空域内的无人机。这些无人机不属于同一个集群且执行各自任务,因此对这类无人机的安全飞行采用较为严格的措施进行管理是合适的。由于无人机集群内部通信较流畅且共同执行的任务和隶属关系决定它们相互信任和合作,因此对集群中无人机的安全飞行的管理体系应适当宽松。

无人机处于较近距离时,依然可以采用基于层次化的安全调整机制[24-25]。如图 6-10 所示,在近距离冲突消解问题中,安全预警时间较短。当无人机进入预警区域后,监视设备首先开始对无人机保持监视;当进入更近的冲突消解区域后,无人机进行冲突消解机动。此时的机动动作仍不会过于剧烈。当无人机进入对方的逃离区域时,两架无人机将同时采用大幅机动动作逃离无人机保护区域。

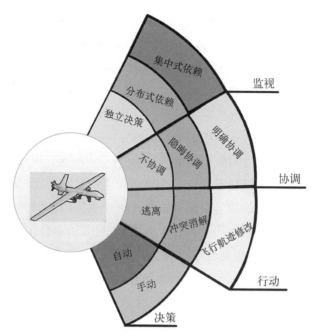

图 6-9 无人机空域安全分离关键要素分析

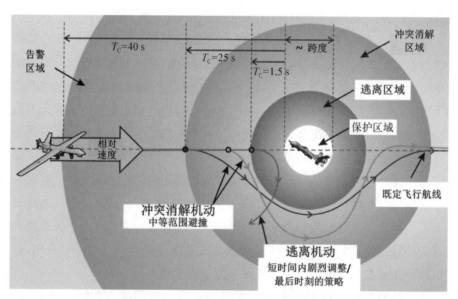

图 6-10 近距离无人机冲突消解策略图

当前对无人机集群飞行安全管理的解决方案实际上是将有人机空域运行管理的机制与在非合作空域中无人机的感知、避撞相关的方法和设备相结合的产物。已有的研究对无人机集群化飞行的任务场景、管理机制以及无人机类型这些要素之间的关系研究仍然不明确。无人机集群飞行安全问题的解决需要构建一个多层次的冲突消解机制。每个层次的任务不同,需要应用不同的策略。不同于有人机空域管理系统,无人机的集群安全难以依赖地面监视、空中监视管理等系统。

6.2.2 集群分层安全控制框架设计

现有飞行安全控制的方法主要包括基于路径规划的规避方法、反应式机动策略,以及基于优化、控制的方法。其中,基于路径规划的规避方法更新周期较长,适用于较远距离以及环境信息已知的碰撞冲突场景;反应式机动策略更新周期短,对动态场景的响应速度快,适用于近距离尤其是各种突发的紧急碰撞冲突场景;基于优化、控制的方法,能够同时处理任务目标和防撞约束,并且能够处理非线性模型、环境干扰等各种不确定因素,适用于高动态性和高不确定性的中短距离范围的冲突场景。

根据定义 6.3 可知,碰撞冲突预警时间 τ 越大,无人机可用于规避机动的时间越长,那么该冲突对无人机飞行安全的威胁程度越低;对应的 τ 越小,该冲突对无人机飞行安全的威胁程度越高。因此,无人机集群在复杂环境中执行飞行任务时,需要持续进行碰撞冲突检测,并且根据冲突的威胁程度采取相应策略。易知,冲突预警时间 τ 与无人机和障碍的相对距离大小成正比,与无人机对该物体的相对速度在沿该物体视线方向的分量大小成反比。即相对距离越大,留给无人机进行安全控制的时间越长,该冲突的碰撞威胁越低。因此,根据检测到冲突时无人机与障碍物的相对距离大小,在无人机飞行的局部空域 Ω_c 内,划分三层碰撞冲突空域 Ω_e,Ω_m 和 Ω_i:

$$\begin{cases} \Omega_c = \Omega_e \bigcup \Omega_m \bigcup \Omega_i \\ \Omega_m = \{P_t \mid R_i < \parallel P_t - P \parallel_2 \leqslant R_m\} \end{cases}$$

式中: P_t 为无人机飞行局部空域内的点在惯性系下的坐标;$\parallel P_t - P \parallel_2$ 为局部空域内该点与无人机质心 P 的距离。如图 6-11 所示为无人机飞行局部空域内的三层冲突空域模型。

位于三层冲突空域内的潜在冲突对象对无人机产生的碰撞威胁程度不同。相对而言,内层冲突空域内的碰撞威胁程度最高,对无人机的响应速度要求最高;中层冲突空域内的碰撞威胁程度较高,但是其不确定性和动态性更高,对无人机响应的优化性与有效性要求更高;外层冲突空域内的碰撞威胁程度较低,并且相比于无人机的瞬时状态,其冲突关系受无人机的任务影响较大。基于上述考虑,在三层冲突空域模型的基础上设计了无人机集群"外层规划—中层优化控制—内层反应式机动"的三层安全控制框架,如图 6-12 所示。

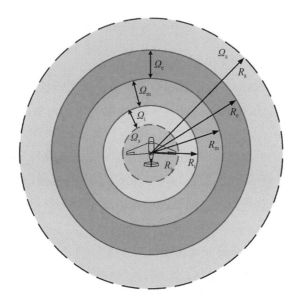

图 6-11　三层冲突空域模型

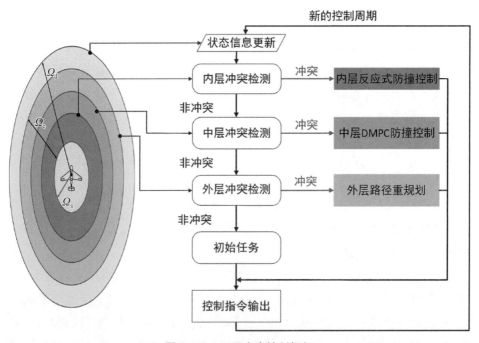

图 6-12　三层安全控制框架

（1）外层规划。外层空域给了无人机相对较长的响应时间，因此该区域的冲突采用路径规划方案。如同 6.1.1 节中的综述所示，基于路径规划类碰撞规避方法被广泛地应用在碰撞规避相关研究中。其核心思想是寻找一个最优或接近最优的飞行路径，将指定的起点连接到期望的目标点，并避免与任何已知的障碍物发生任何碰撞。

（2）中层优化控制。中层空域的高度不确定性和动态性要求冲突检测和响应方案具有更好的优化和灵活性，基于优化控制类防撞控制方法较为合适。优化控制的思想将飞行安全问题建模为优化某个性能指标的问题，而后针对当前状态求解出性能最优的控制或行为策略。

（3）内层反应式机动。内层空域与无人机的距离最短，这使得无人机从冲突检测到行动响应的时间很短，因此采用基于反应式防撞方法。反应式机动通常基于小范围冲突场景，为无人机设计紧急状态下的机动行为。

综上，基于三层控制框架，首先判断无人机潜在的冲突空域范围。而后根据所属冲突空域层级采取相应的安全控制策略。值得注意的是，内层反应式方法具有最高优先级，中间层次之，外层最后。如果没有检测到冲突，无人机按照预定的轨迹执行任务。必须指出的是，图 6-12 给出的分层控制框架，只是参考框架。各层的安全控制策略还需要具体设计。根据实际需要，各层的算法可以是局部集中式，也可以是完全分布式。

6.2.3 外层基于规划的规避控制策略

本节针对图 6-12 中三层冲突空域模型中的外层冲突空域 Ω_e，基于在线重规划的思想设计无人机集群的外层响应策略。首先，基于外层冲突空域的特点，提出了基于已知参考路径的碰撞冲突检测方法，在此基础上结合子目标（subtarget, ST）规划和三次 B 样条算法提出了一种在线重规划的边缘跟踪规避控制策略。

6.2.3.1 外层安全控制问题分析

由分层冲突空域模型的划分方法可知，外层冲突空域的特点是：距离远、冲突预警时间长，因此留给无人机的规避响应时间长。此外，这也意味着该空域范围内的物体对无人机的冲突关系的变化性、无人机当前时刻飞行状态的依赖性更弱。

碰撞锥模型是常用的碰撞冲突检测以及规避策略选择方法。假设无人机沿着期望的航线飞行，如图 6-13 所示。无人机当前和障碍 O_m 的相对位置以及最小安全距离得到的锥形区域（即图中黑色阴影区域），即为障碍 O_m 对无人机引起的碰撞区域。由图 6-13 可知，无人机当前的速度在碰撞锥形内，因此与障

碍 O_m 之间存在碰撞冲突。这种检测方法适用于近距离的冲突检测,即无人机的期望速度及航向几乎不发生变化的情况下,能够快速有效地检测到碰撞冲突,并且为规避行为的决策提供有效依据。但针对远距离的障碍,或者针对无人机运动方向动态变化较大的场景,该方法存在明显的弊端。如图 6‑13 所示,考虑位于无人机期望路径上前方不远处的障碍 O_n。采用碰撞锥模型检测方法,障碍 O_n 与无人机之间不存在碰撞冲突。但是实际上,在障碍 O_m 和 O_n 与无人机的距离几乎相等的情况下,实际的冲突情况与碰撞锥冲突检测方法的检测结果恰恰相反。由上述讨论可知,对于沿预置曲线路径飞行的无人机,无人机的飞行状态严重依赖于曲线路径的形状。因此,仅仅依靠相对速度和相对位置并不能及时准确检测到曲线上(或曲线附近)存在碰撞冲突。

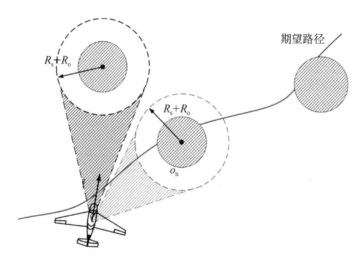

图 6‑13   碰撞锥模型冲突检测示意图

对于沿参考路径飞行的固定翼无人机,本节进一步给出了基于路径的外层冲突检测方法。如图 6‑14 所示,图中 d_{err} 表示无人机跟踪期望路径的横侧向跟踪误差上界,以期望路径为中心,可以划定无人机在平面内的有界飞行范围 Ω_{rt}(图中两条虚线所包围的深灰色阴影区域)。因此,结合图 6‑11 中的分层冲突空域模型,将外层冲突空域的临界距离 R_e 投射在期望路径上。即以无人机当前位置距离期望路径的最近点为起始点,向前进方向前推一个距离 R_e,则得到一个前推的冲突检测飞行区域 Ω_{ahead},如图 6‑14 中,宽为 $2d_{err}$,长为 R_e 的浅灰色阴影区域。

在外层冲突检测环节,一个障碍物是否存在碰撞冲突,取决于该障碍与无人机的前推冲突检测飞行区域 Ω_{ahead} 的距离关系。

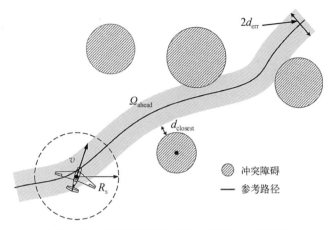

图 6‑14 基于路径的外层冲突检测方法示意图

定义 6.7(外层冲突)：已知无人机的任务路径 r_t，以及以路径 r_t 为中心得到的前推冲突检测飞行区域 Ω_{ahead}，若物体 o 满足下式，则称物体 o 对无人机存在外层冲突。

$$\min\{\|P_o - P\| \mid P \in \Omega_{ahead}\} \leqslant R_s + R_o$$

式中：P_o 为物体 o 的特征点的坐标；R_s 为无人机的限制安全半径；R_o 为对物体 o 的边缘保持距离。

6.2.3.2 基于子目标点重规划的外层安全控制

本节在考虑无人机飞行和感知不确定性的基础上，结合一种典型的在线重规划算法——子目标路径点生成算法[26]和三次 B 样条曲线生成算法，设计了针对远距离外层冲突的在线重规划的边缘跟踪规避控制策略。

对于检测到的外层冲突物体，子目标路径点生成算法基于已知的参考路径和冲突物体的位置，遵循最小偏离的原则，通过迭代取点的方法，沿障碍边缘生成一组无碰撞的路径点 $\{P_{sub_1}, P_{sub_2}\cdots\}$。子目标路径点生成算法的运算流程如下所示：

算法 6‑1 子目标路径点生成算法的运算流程

输入：无人机当前的位置坐标 P、期望路径 r_t 以及局部空域内障碍特征点的坐标序列 $\{P_{o_2}, P_{o_2}\cdots\}$，障碍总数为 n_o，前向路径上距离 R_e 处的目标点坐标

输出：无碰撞的子目标路径点坐标序列 $\{P_{sub_1}, P_{sub_2}\cdots\}$

① 确定前向路径上冲突的障碍集合 $O_c = \{o_j \mid d_{lat_j} \leqslant R_s + R_o\}$

② 在冲突障碍集合中，找出第一个冲突障碍 $o_{1st} = \{o_j \mid o_j \in O_c \wedge d_{lon_{1st}} = \min\{d_{lon_m}\}$

$o_m \in O_c$}}

③ 确定包含第一个冲突障碍 o_{1st} 在内的所有需要规避的障碍集合 O_a；初始化 $O_a = \{o_{1st}\}$

for $i=1 : n_o$ do

  If $d_{o_i, o_{1st}} \leqslant 2(R_s + R_o)$ then

    $O_a = O_a \bigcup \{o_i\}$

  end if

end for

④ 确定子目标路径点的坐标

确定子目标点相对前向路径的方向（正偏/反偏）；

确定规避集合 O_a 中各障碍需要的最小偏转角度；

根据需要的最大偏转角度计算第一个子目标点的坐标 P_{sub_1}

⑤ 以 P_{sub_1} 为起始点坐标，重复上述①～④步骤，直至起始点与目标点之间的冲突障碍集合 O_c 为空

⑥ 返回子目标路径点的坐标序列

然后，基于得到的无碰撞路径点序列，采用三次 B 样条曲线生成算法对该路径点序列插值拟合得到期望的光滑规避路径。一条 B 样条曲线 L：$[0, 1] \rightarrow R^2$ 的定义为如下形式：

$$L(u) = \sum_{i=0}^{m} P_i N_{i, k}(u)$$

式中：P_i 为由路径点序列得到的控制点；$N_{i, k}(u)$ 为根据 Cox-de Boor 迭代公式[27]得到的样条基函数。

$$N_{i, 0}(u) = \begin{cases} 1, & u_i \leqslant u \leqslant u_{i+1} \\ 0, & 其他 \end{cases}$$

$$N_{i, k}(u) = \frac{u - u_i}{u_{i+k} - u_i} N_{i, k-1}(u) + \frac{u_{i+k-1} - u}{u_{i+k-1} - u_{i+1}} N_{i+1, k-1}(u)$$

式中：u_i 为节点，$u_0 \leqslant u_1 \leqslant \cdots \leqslant u_m$，共 $m+1$ 个节点；$U = [u_0, u_1, \cdots, u_m]$ 为节点向量；k 为基函数的度。如果选 $k=3$，则得到三次 B 样条曲线。

示例：假设无人机沿如图 6 - 15 所示的期望路径飞行，飞行途中存在几个可能发生碰撞的不规则障碍区域。通过边沿检测算法，判断是否需要避障。当需要避障时，启动子目标路径点生成算法，生成新的子目标点。

图中所示的黑色曲线是由三次 B 样条插值拟合得到的光滑规避路径。最后，无人机跟踪生成的光滑曲线路径，实现避障。

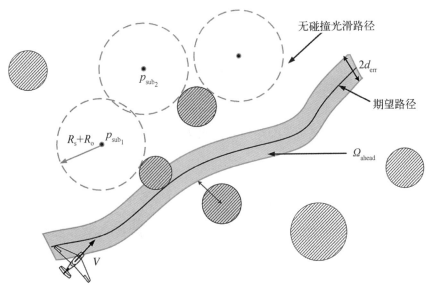

图 6‑15　子目标路径点和三次 B 样条曲线规避路径生成过程示意图

6.2.4　内层反应式规避控制策略

本节针对图 6‑11 中三层冲突空域模型中的内层冲突空域 Ω_i，设计无人机集群的反应式机动控制律，主要关注进行密集环境下集群飞行、在物理距离上紧密编队的集群内无人机之间的防撞控制。

6.2.4.1　内层安全控制问题分析

在每个控制周期，以当前时刻为初始时刻，则已知无人机 i 的位置向量 $\boldsymbol{P}_i(t_0)$，内层冲突空域内某邻近无人机 $j(j\neq i)$ 的位置向量 $\boldsymbol{P}_j(t_0)$，则无人机 i 对于无人机 j 的相对位置向量为 $\boldsymbol{P}_{ij}(t_0)=\boldsymbol{P}_i(t_0)-\boldsymbol{P}_j(t_0)$，因此无人机 i 对于无人机 j 的相对速度表示为

$$\boldsymbol{V}_{ij}(t_0)=\dot{\boldsymbol{P}}_{ij}(t_0)=\dot{\boldsymbol{P}}_i(0)-\dot{\boldsymbol{P}}_j(0)=\boldsymbol{V}_i(t_0)-\boldsymbol{V}_j(t_0) \tag{6-8}$$

假设在足够小的时间间隔内，无人机 i 和无人机 j 的运动可以看作匀速直线运动，则有限时间 τ 之后无人机 i 和无人机 j 的位置向量分别为

$$\begin{cases} \boldsymbol{P}_i(t_0+\tau)=\boldsymbol{P}_i(t_0)+\displaystyle\int_{t_0}^{t_0+\tau}\boldsymbol{V}_i(t_0)\mathrm{d}t=\boldsymbol{P}_i(t_0)+\boldsymbol{V}_i(t_0)\tau \\[2mm] \boldsymbol{P}_j(t_0+\tau)=\boldsymbol{P}_j(t_0)+\displaystyle\int_{t_0}^{t_0+\tau}\boldsymbol{V}_j(t_0)\mathrm{d}t=\boldsymbol{P}_j(t_0)+\boldsymbol{V}_j(t_0)\tau \end{cases} \tag{6-9}$$

两架无人机之间的距离为

$$d_{ij}(t_0 + \tau \mid t_0) = \| \boldsymbol{P}_{ij}(t_0 + \tau \mid t_0) \| = \| \boldsymbol{P}_{ij}(t_0) + \boldsymbol{V}_{ij}(t_0)\tau \|$$

用 γ 表示相对速度向量 $\boldsymbol{V}_{ij}$ 与相对位置向量 $\boldsymbol{P}_{ij}$ 之间的夹角,即 $\gamma = \arccos \dfrac{\boldsymbol{V}_{ij}\boldsymbol{P}_{ij}}{\| \boldsymbol{V}_{ij} \| \| \boldsymbol{P}_{ij} \|}$,则 $\gamma \in [0, \pi]$。当 $\gamma \in [0, \pi/2)$ 时,有 $\boldsymbol{P}_{ij}\boldsymbol{V}_{ij} > 0$,两架无人机正相互远离;当 $\lambda \in [\pi/2, \pi]$ 时,有 $\boldsymbol{P}_{ij}\boldsymbol{V}_{ij} \leqslant 0$,两架无人机正在相互接近。如图 6-16 所示。

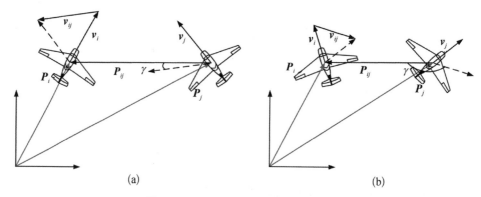

图 6-16   相邻无人机相对运动示意图

(a) $\gamma \in [0, \pi/2)$; (b) $\lambda \in [\pi/2, \pi]$

根据上述分析,只有当两架无人机处于图 6-16(b)的场景,即 $\lambda \in [\pi/2, \pi]$,两架无人机相互接近时,两架无人机之间才有可能发生碰撞冲突。因此,设两架无人机在相互靠近过程中,经过 Δt^* 事件达到最小距离,即

$$\min_{t \geqslant t_0} d_{ij}(t) = \| \boldsymbol{P}_{ij}(t_0 + \Delta t^*) \|$$

引入一个平方最小项,即

$$\left. \frac{\partial(d_{ij}^2(t))}{\partial t} \right|_{t = t_0 + \Delta t^*} = 0$$

则

$$2\boldsymbol{P}_{ij}(t_0 + \Delta t^*)\dot{\boldsymbol{P}}_{ij}(t_0 + \Delta t^*) = 0$$

根据相对位置向量的计算可知:

$$\dot{\boldsymbol{P}}_{ij}(t_0 + \Delta t^*) = \dot{\boldsymbol{P}}_{ij}(t_0) + \dot{\boldsymbol{V}}_{ij}(t_0)\Delta t^* + \boldsymbol{V}_{ij}(t_0) = \boldsymbol{V}_{ij}(t_0)$$

又 $\boldsymbol{P}_{ij}(t_0 + \Delta t^*) = \boldsymbol{P}_{ij}(t_0) + \boldsymbol{V}_{ij}(t_0)\Delta t^*$,在等式两边同乘以 $\boldsymbol{V}_{ij}^T(t_0)$ 得

$$\boldsymbol{P}_{ij}(t_0 + \Delta t^*)\boldsymbol{V}_{ij}^T(t_0) = \boldsymbol{P}_{ij}(t_0)\boldsymbol{V}_{ij}^T(t_0) + \boldsymbol{V}_{ij}(t_0)\boldsymbol{V}_{ij}^T(t_0)\Delta t^*$$

结合上述平方最小项导数计算结果得

$$\Delta t^* = -\frac{\boldsymbol{P}_{ij}(t_0)\boldsymbol{V}_{ij}^T(t_0)}{\|\boldsymbol{V}_{ij}(t_0)\|^2}$$

为了确保两架无人机不发生碰撞,则需要最小距离大于最小安全距离,即

$$\min\|\boldsymbol{P}_{ij}(t)\| = \|\boldsymbol{P}_{ij}(t_0 + \Delta t^*)\| \geqslant 2R_s$$

直接求解最小距离 $d_{ij}^{t_0 + \Delta t^*}$,即

$$
\begin{aligned}
d_{ij}^{t_0 + \Delta t^*} &= \sqrt{\boldsymbol{P}_{ij}(t_0 + \Delta t^*)\boldsymbol{P}_{ij}^T(t_0 + \Delta t^*)} \\
&= \sqrt{\boldsymbol{P}_{ij}(t_0 + \Delta t^*)(\boldsymbol{P}_{ij}(t_0) + \boldsymbol{V}_{ij}(t_0)\Delta t^*)^T} \\
&= \sqrt{(\boldsymbol{P}_{ij}(t_0) + \boldsymbol{V}_{ij}(t_0)\Delta t^*)\boldsymbol{P}_{ij}^T(t_0)} \\
&= \sqrt{\|\boldsymbol{P}_{ij}(t_0)\|^2 - \frac{|\boldsymbol{V}_{ij}(t_0) \cdot \boldsymbol{P}_{ij}^T(t_0)|^2}{\|\boldsymbol{V}_{ij}(t_0)\|^2}} \\
&= \|\boldsymbol{P}_{ij}(t_0)\|\sin\gamma(t_0)
\end{aligned}
$$

因此,使最小距离大于最小安全距离的等价条件为

$$\sin\gamma \geqslant \frac{2R_s}{\|\boldsymbol{P}_{ij}(t_0)\|}$$

又因为在两架无人机相互接近过程中,$\lambda \in [\pi/2, \pi]$,因此上述条件可以进一步等价为

$$\gamma \leqslant \pi - \arcsin\frac{2R_s}{\|\boldsymbol{P}_{ij}(t_0)\|}$$

综上,无人机 i 和无人机 j 无碰撞的充分条件如下:

定理 6.1: 在一个新的控制周期,任意两架无人机 i 和无人机 j 不会发生碰撞,若两架无人机的初始状态满足以下条件:

① $\|\boldsymbol{P}_{ij}(t_k)\| > 2R_s$

② $\gamma(t_k) \leqslant \pi - \arcsin\dfrac{2R_s}{\|\boldsymbol{P}_{ij}(t_k)\|}$

因此,根据定理 6.1 给出的判定条件,给出如下定义:

定义 6.8(内层冲突):在任意采样时刻 t_k,对于集群中无人机 i,若任一位于

其内层冲突空域 Ω_i 中的无人机 j 的状态满足：

① $\|\boldsymbol{P}_{ij}(t_k)\| > 2R_s$；

② $\gamma(t_k) \leqslant \pi - \arcsin \dfrac{2R_s}{\|\boldsymbol{P}_{ij}(t_k)\|}$

则称无人机 j 对无人机 i 不存在碰撞冲突。否则，称无人机 j 对无人机 i 存在内层冲突。

6.2.4.2　基于碰撞检测的快速反应式避障

本节在内层冲突判定方法基础上，设计快速反应式避障。在一个新的控制周期 k，已知无人机 i 和无人机 j 的初始状态 $(\boldsymbol{P}_i(t_k), \boldsymbol{V}_i(t_k), \boldsymbol{P}_j(t_k), \boldsymbol{V}_j(t_k))$，若两架无人机之间存在碰撞冲突，则 $\gamma(t_k) > \pi - \arcsin \dfrac{2R_s}{\|\boldsymbol{P}_{ij}(t_k)\|} > \dfrac{\pi}{2}$。为了使两架无人机不发生碰撞，根据定理 6.1 提出的无碰撞充分条件，一种简单的思路是通过机动调整，使得 $\gamma \in [0, \pi/2]$。则从合作式防撞的角度触发，两架无人机需要调整的角度的总和为

$$\Delta\psi_{\text{total}} = \gamma(t_k) - \frac{\pi}{2} = \arccos \frac{\boldsymbol{V}_{ij}(t_k)\boldsymbol{P}_{ij}(t_k)}{\|\boldsymbol{V}_{ij}(t_k)\| \, \|\boldsymbol{P}_{ij}(t_k)\|} - \frac{\pi}{2}$$

由于每架无人机的控制器是相同的，因此可以认为两架无人机平分规避责任，则对于无人机 i，为了实现碰撞规避，需要进行的航向调整角度为

$$\Delta\psi_d = \frac{1}{2}\Delta\psi_{\text{total}} = \frac{1}{2}\arccos \frac{\boldsymbol{V}_{ij}(t_k)\boldsymbol{P}_{ij}(t_k)}{\|\boldsymbol{V}_{ij}(t_k)\| \, \|\boldsymbol{P}_{ij}(t_k)\|} - \frac{\pi}{4}$$

设计反应式控制律为

$$U_i = \rho k_\psi \Delta\psi_d = \rho k_\psi \left(\frac{1}{2}\arccos \frac{\boldsymbol{V}_{ij}(t_k)\boldsymbol{P}_{ij}(t_k)}{\|\boldsymbol{V}_{ij}(t_k)\| \, \|\boldsymbol{P}_{ij}(t_k)\|} - \frac{\pi}{4} \right) \quad (6-10)$$

式中：ρ 为方向因子，它决定了控制输入 $U_i (|U_i| \leqslant U_{\max})$ 的符号，即航向偏转的方向。$k_\psi(1/s)$ 为常数系数，将期望的航向调整角度转化为航向调整速率。由上述分析可知，两架无人机进行碰撞规避所需的角度调整的和满足 $2\Delta\psi_d \leqslant \dfrac{\pi}{2}$。因此，为了使无人机有足够的时间进行规避机动，则内层冲突需要尽可能早地被检测到。即令内层冲突空域的距离阈值所对应的无人机最大航向调整量满足：

$$\Delta\psi_{\max} = \frac{R_i - R_s}{\|\boldsymbol{V}_i(t_k)\|}\omega_{\max} \geqslant \frac{\pi}{2}$$

则内层冲突空域的距离阈值应满足：

$$R_i \geqslant \dfrac{\dfrac{\pi}{2}}{\omega_{\max}} \parallel \boldsymbol{V}_i(t_k) \parallel + 2R_s$$

同时,令 $k_\psi \leqslant \dfrac{\omega_{\max}}{\dfrac{\pi}{4}}$,则易得控制律满足 $\mid U_i \mid = \mid k_\psi \Delta\psi_d \mid \leqslant \omega_{\max}$。

另外,需要考虑航向调整的方向。引入角度差 $\psi_\rho = \angle - \boldsymbol{P}_{ij}(t_k) - \psi_i(t_k)$,则航向调整的方向可以由下式决定

$$\rho = \begin{cases} -1, & \psi_\rho \in [-\pi, 0) \bigcup [\pi, 2\pi) \\ 1, & \psi_\rho \in [-2\pi, -\pi) \bigcup [0, \pi) \end{cases}$$

因此,可以得到下述定理。

定理 6.2: 对于无人机 i,在控制周期 k,对于正在靠近冲突的相邻无人机 j,

令 $k_\psi = \dfrac{\omega_{\max}}{\dfrac{\pi}{4}}$,$R_i = \dfrac{\dfrac{\pi}{4}}{\omega_{\max}} \parallel V_i(t_k) \parallel + 2R_s$,则下述控制律能够有效规避碰撞:

$$U_i = \rho k_\psi \left(\dfrac{1}{2} \arccos \dfrac{\boldsymbol{V}_{ij}(t_k)\boldsymbol{P}_{ij}(t_k)}{\parallel \boldsymbol{V}_{ij}(t_k) \parallel \parallel \boldsymbol{P}_{ij}(t_k) \parallel} - \dfrac{\pi}{4} \right)$$

$$\rho = \begin{cases} -1, & \psi_\rho \in [-\pi, 0) \bigcup [\pi, 2\pi) \\ 1, & \psi_\rho \in [-2\pi, -\pi) \bigcup [0, \pi) \end{cases}$$

$$\psi_\rho = \angle - \boldsymbol{P}_{ij}(t_k) - \psi_i(t_k)$$

证明: 对于任意无人机 i 和无人机 j,初始时刻两架无人机没有发生碰撞但是存在碰撞冲突,即 $\parallel \boldsymbol{P}_{ij}(t_k) \parallel \geqslant 2R_s$,定理 6.1 的条件没有完全满足。

令两架无人机按照上述定理采取规避机动,则无人机 i 和无人机 j 完成规避航向调整的时间为

$$\tau_{ca}^i = \tau_{ca}^j = \dfrac{\Delta\psi_d}{\mid U_i \mid} = \dfrac{\Delta\psi_d}{\mid U_j \mid} = \dfrac{\dfrac{\pi}{4}}{\omega_{\max}}$$

则两架无人机的航向调整造成的相对距离的变化为

$$d_{\tau_{ca}}^i = \parallel \boldsymbol{V}_i \parallel \tau_{ca}^i = V \dfrac{\dfrac{\pi}{4}}{\omega_{\max}}$$

$$d_{\tau_{\mathrm{ca}}}^{j} = \| \boldsymbol{V}_{j} \| \, \tau_{ca}^{j} = V \, \frac{\dfrac{\pi}{4}}{\omega_{\max}}$$

假设当两架无人机的距离达到内层冲突距离阈值时就检测到碰撞冲突,并且马上进行防撞规避,则当两架无人机完成防撞机动时,相对距离为

$$d_{ij}^{t_k+\tau_{\mathrm{ca}}} = d_{ij}^{t_k} - \Delta d_{\tau_{\mathrm{ca}}}^{total} = R_{\mathrm{c}} - (d_{\tau_{\mathrm{ca}}}^{i} + d_{\tau_{\mathrm{ca}}}^{j})$$

又因为 $R_i \geqslant \dfrac{\dfrac{\pi}{2}}{\omega_{\max}} \| \boldsymbol{V}_i(t_k) \| + 2R_{\mathrm{s}}$,则

$$d_{ij}^{t_k+\tau_{\mathrm{ca}}} \geqslant 2R_{\mathrm{s}}$$

此时两架无人机都完成航向调整,即

$$\gamma_i^{t_k+\tau_{\mathrm{ca}}} = \gamma_j^{t_k+\tau_{\mathrm{ca}}} = \frac{\pi}{2} \leqslant \pi - \arcsin \frac{2R_{\mathrm{s}}}{\| \boldsymbol{P}_{ij}(t_k+\tau_{\mathrm{ca}}) \|}$$

定理 6.1 中的无碰撞的充分条件均得到了满足,因此该碰撞冲突得到了有效的规避。

6.3　基于 MPC 算法的集群飞行安全

本节针对中层冲突空域 Ω_{m} 可能发生的碰撞冲突,基于 MPC 算法分别设计无人机集群的非合作式避障以及合作式无人机之间防撞控制器。图 6-4 展示了无人机飞行的复杂任务空域,对于无法进行通信、无法采取主动合作式规避的环境障碍,首先基于 MPC 算法设计了只考虑自身指标优化的非合作式避障控制律;针对集群内可以通信的相邻无人机,对于可能发生的相互接近以及冲突状况,进一步基于 DMPC 算法设计了合作式的分布式优化防撞控制律,综合考虑冲突的每架无人机的性能优化。

6.3.1　模型预测规避控制

MPC 算法是一种基于模型的在线优化控制算法。其基本工作原理如下:利用预测模型对系统在未来有限时域内的动态行为进行预测,在每个控制周期求解与未来一段时间的系统状态相关的优化目标函数,得到满足系统控制约束的、使系统在有限时域内性能最优的控制序列。但是,仅将控制序列的第一项作

用于系统。在每一更新时刻重复这一过程,能够保证规划的稳定性和收敛性。其具体实现过程(见图6-17)可以描述如下:在每个采样时刻,基于系统的预测模型预测系统未来N步(有限时域)的系统状态序列$\{X_1, X_2, \cdots, X_N\}$;同时,基于给定的性能指标及约束条件,在线求解一个开环优化问题,得到系统在有限时域内的最优控制序列$\{U_0, U_1, \cdots, U_{N-1}\}$。考虑到预测模型与实际被控对象的差别,以及系统外部的扰动因素,只将当前时刻的最优控制量U_0作用于系统。在下一采样时刻,将系统实际输出的测量值与基于模型的预测值进行对比,利用得到的误差对预测值进行修正之后,重新进行有限时域内基于预测的开环优化求解。因此,从整体过程上看,MPC算法对模型施加了一个基于测量值的反馈校正,使其成为一种闭环优化的控制算法。

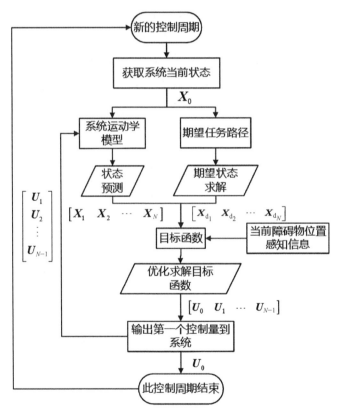

图6-17　MPC算法求解流程图

MPC算法相比于其他控制算法,有几个突出特点:① 基于预测模型。不同于其他控制算法,它强调模型的功能而不是模型的结构,只要模型可以利用系统的历史信息预测系统未来的状态响应,就可以作为预测模型。② 滚动优化。

MPC 算法作为一种特殊的优化控制算法,并不以系统全局性能为优化指标,而是对有限时域的系统性能指标进行滚动优化。通过反复在线优化、滚动实施控制策略,使模型失配、时变干扰等引起的不确定性及时得到弥补,从而提高系统的控制效果。③ 反馈校正。由于系统存在非线性、不确定性等因素,基于不变模型的预测输出不可能与系统的实际输出完全一致。MPC 算法中,每个采样时刻都根据最新系统观测数据对预测序列进行校正,使滚动优化过程不仅基于模型,而且利用反馈信息,构成整体的闭环优化,能够有效地克服系统的不确定性,提高系统的控制精度和鲁棒性。

MPC 算法可以扩展到多智能体集群系统中,常见方式有集中式、分散式和分布式三种结构,如图 6-18 所示。集中式模型预测控制的计算量将随集群数量规模的增大成指数性增长,实时性难以保证。因此,由各个子系统独立拥有一个子控制器的控制架构(分散式模型预测控制和 DMPC)得到发展。与集中式模型预测控制相比,DMPC 将系统降维,减小各子控制器在线优化的计算量,增加系统的可靠性。但在集群系统工作过程中,各子控制器之间没有信息交互,无法很好地处理各子系统之间存在耦合的多智能体系统的控制问题。因此,允许各子控制器之间信息交互的 DMPC 得到了学者们的广泛关注。DMPC 算法可以

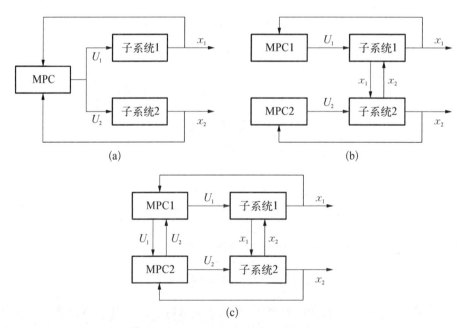

图 6-18 多智能体集群系统模型预测控制

(a) 集中式模型预测控制;(b) 分散式模型预测控制;(c) DMPC 算法

处理包括来自系统模型的动态耦合、来自优化目标的成本耦合,以及来自各子系统输出之间的约束耦合,并且在此基础上进行各子系统之间的协同优化。分布式模型预测控制主要优点为:① 与集中式模型预测控制相比,DMPC 减小了控制器的在线计算量,提高了系统的实时性;② 与分散式模型预测控制相比,DMPC 允许各子系统控制器之间进行信息交互,因此能够在优化求解过程中充分考虑各子系统之间的耦合约束关系,从而使集群系统整体性能更优;③ DMPC 对大规模的多智能体集群系统的应用具备很好的可扩展性、可靠性和易维护性等优点。

MPC 算法能够综合考虑无人机的碰撞规避和运动目标,并且很好地显式处理系统的动力学和轨迹约束,适用于解决动态复杂的无人机集群飞行安全问题。同时考虑到中层冲突场景中,无人机有较为充分的规避时间,因此综合考虑控制器性能的优化性以及响应时间的快速性需求,采用非线性模型预测控制(nonlinear model predictive control,NMPC)研究集群系统的中层安全控制问题。

固定翼无人机集群在复杂环境中的飞行控制问题分为对外部障碍的集群避障控制和集群内无人机之间的防撞控制。两者的主要区别在于:避障控制为非合作式策略,即无人机针对该类冲突问题,在仅考虑自身利益(如自身机动能耗、自身的路径偏离量或者任务时间等指标)最优的情况下,进行控制律求解。故而,采用 NMPC,设计了非合作式的避障控制律;采用 DMPC 方法,设计了合作式防撞控制律。

6.3.2 集群外部非合作式避障控制

本节首先研究集群内无人机面临的第一类"集群避障控制"问题,即由集群外环境障碍以及无法通信的其他无人机造成的碰撞冲突。基于 MPC 算法,本节提出了一种非合作式避障控制算法,使无人机集群在飞行过程中始终保持与环境障碍之间的安全距离,并以最小机动能耗和最小路径偏离量完成期望路径的跟踪飞行。

6.3.2.1 集群非合作式避障控制问题建模与分析

针对外部障碍的集群避障控制问题,首先做出如下假设:① 对于任意进入无人机局部区域范围 Ω_a 的外部障碍,无人机均能够通过机载传感器获取其特征点的位置信息;② 在足够小的时间间隔内,所有外部动态障碍的运动可以看作匀速直线运动;③ 无人机不能与环境中的外部障碍(包括建筑物、山体、集群外其他飞行器,以及集群内不存在通信连接的无人机等)进行信息交互。

由上述假设可知,在集群避障问题中,无人机无法对外部障碍的运动意图进行准确判断,即无法预知外部障碍在碰撞冲突存在的情况下,是否会主动进行规避控制;此外,无人机无法获取外部障碍的期望轨迹和参考状态,也无法在统筹考虑障碍运动性能的基础上对自身运动进行优化控制。因此,在无人机集群针对环境外部障碍的避障控制中,从安全的角度考虑,无人机自身需要承担全部规避责任。在设计相应控制策略时,仅考虑无人机自身的规避控制性能,而不考虑障碍目标的合作性。综上,针对本章研究的无人机集群的避障控制问题,给出如下定义:

定义 6.9(非合作式避障):设 n 架固定翼无人机在多障碍任务场景中集群飞行,对于集群内任意无人机 i $(i \in \{1, 2, \cdots, n\})$,若检测到外部障碍 O_j $(j>0)$ 与无人机 i 存在碰撞冲突,并且无人机 i 无法与障碍 O_j 进行信息交互;且无法确定障碍 O_j 是否存在主动规避碰撞的意图。

那么无人机 i 针对障碍 O_j 引起的碰撞冲突,仅基于自身控制性能进行的单方面规避机动,称为非合作式避障。

定义集合 O_Ω 表示无人机集群空域中感知到的所有障碍物的总和,则无人机集群的非合作式避障控制指:对于集群内任一无人机 i $(i \in \{1, 2, \cdots, n\})$,设计分布式规避控制律 U_i,使得其在集群飞行过程中与集合 O_Ω 中的任意障碍 O_j 不发生碰撞,即 $d_{i, O_j} \geqslant R_s + R_o$。

基于上述规避控制目标,设无人机的路径跟踪误差 $e_i(t_k) = X_i(t_k) - X_i^d(t_k)$,控制输入 U_i、定义路径偏离指标 $\rho_e(k)$、控制能耗指标 $\rho_U(k)$、规避代价指标 $\rho_{ca}(k)$ 关系为

$$\rho_{e_i}(k) = k_e \boldsymbol{e}_i^T(t_k) \boldsymbol{e}_i(t_k)$$

$$\rho_{U_i}(k) = k_u U_i^2(t_k)$$

$$\rho_{ca_i}(k) = \sum_{o_j \in O_i(k)} H_{i, O_j}(k)$$

式中:k_e 为路径跟踪偏离项比例系数,$k_e > 0$;k_u 为控制能耗项比例系数,$k_u > 0$,表示 t_k 时刻无人机 i 感知到的环境障碍的集合;$H_{i, O_j}(k)$ 为 t_k 时刻障碍 O_j 对无人机 i 产生的规避成本,其具体形式为

$$H_{i, O_j}(k) = \begin{cases} 0, & d_{i, O_j} > R_m \\ k_d \exp\left(-\dfrac{d_{i, O_j}^2(k) - (R_s + R_o)^2}{\sigma}\right), & d_{i, O_j} \leqslant R_m \end{cases}$$

式中:k_d 为比例系数;σ 为可调参数,$\sigma > 0$;由上述规避成本函数可以看出,只有

当障碍进入中层冲突空域之后，才会对无人机产生规避成本，并且相对距离越接近最小安全距离，成本越高。因此，在中层冲突规避过程中，优化控制目标函数直接包含了冲突检测。

无人机的规避控制优化目标函数为

$$J_i(k) = \rho_{e_i}(k) + \rho_{U_i}(k) + \rho_{ca_i}(k)$$

$$= k_e \boldsymbol{e}_i^T(t_k)\boldsymbol{e}_i(t_k) + k_u U_i^2(t_k) + \sum_{O_j \in O_i(k)} H_{i,O_j}(k)$$

综上，在采样时刻 t_k，已知无人机 i 的状态 $X_i(k)$，无人机 i 感知到的环境障碍的集合 $O_i(k)$，基于上述性能指标函数得到优化控制问题如下：

$$U_i^* = \arg\min_{U_i(k) \in U} \sum_{k=0}^{\infty} J_i(k)$$

$$s.t. \begin{cases} \boldsymbol{X}_i(k+1) = g(\boldsymbol{X}_i(k), U_i(k)) + T\boldsymbol{W}_k \\ U_i(k) \in U \\ d_{i,O_j} \geqslant R_s + R_o \end{cases}$$

式中：U 为允许的控制输入取值范围，$U = [-\omega_{max}, \omega_{max}]$。

6.3.2.2 无人机无障碍场景路径跟踪控制

基于上述优化控制目标分析，无障碍的简单场景下，无人机不需要考虑防撞成本，则相应的路径跟踪控制问题可以简化为下述优化控制问题：

$$U_i^* = \arg\min_{U_i(k) \in U} \sum_{k=0}^{\infty} (k_e \boldsymbol{e}_i^T(t_k)\boldsymbol{e}_i(t_k) + k_u U_i^2(t_k))$$

$$s.t. \begin{cases} \boldsymbol{X}_i(k+1) = g(\boldsymbol{X}_i(k), U_i(k)) + T\boldsymbol{W}_k \\ U_i(k) \in U \\ d_{i,O_j} \geqslant R_s + R_o \end{cases}$$

本节采用 MPC 算法进行上述优化控制问题的求解。设模型预测路径跟踪控制器的预测时域为 Δt，系统的控制周期等于采样周期（T），则控制器的预测步数为

$$N = \frac{\Delta t}{T}$$

在采样时刻 k，已知无人机 i 的状态向量 $\boldsymbol{X}_i(k)$，设无人机 i 在预测时域内的 N 步控制输入序列和假定状态序列分别为

$$\begin{cases} \widetilde{\boldsymbol{X}}_i(k) = \{\boldsymbol{X}_i(k\mid k), \boldsymbol{X}_i(k+1\mid k), \cdots, \boldsymbol{X}_i(k+N-1\mid k)\} \\ \widetilde{U}_i(k) = \{U_i(k\mid k), U_i(k+1\mid k), \cdots, U_i(k+N-1\mid k)\} \end{cases}$$

式中：$\boldsymbol{X}_i(k\mid k) = \boldsymbol{X}_i(k)$，$U_i(k\mid k) = U_i(k)$。同时，已知采样时刻 k 无人机在参考路径上对应的期望状态向量为 $\boldsymbol{X}_i^d(k)$，设参考点在参考路径上移动的速度大小为 $V_{d_i}(k)$，则根据参考路径的曲线函数 $R_i(l)$ 可以计算得到无人机 i 在预测时域内 N 步的参考点对应的曲线弧长序列为

$$l_i(k+p) = l_i(k) + pV_{d_i}(k)T, \ p \in \{0, 1, \cdots, N-1\}$$

进一步，可以得到无人机 i 在预测时域内 N 步的参考状态序列：

$$\widetilde{\boldsymbol{X}}_{d_i}(k) = \{\boldsymbol{X}_{d_i}(k\mid k), \boldsymbol{X}_{d_i}(k+1\mid k), \cdots, \boldsymbol{X}_{d_i}(k+N-1\mid k)\}$$

进一步，可以得到无人机在预测时域内的跟踪误差序列为

$$\widetilde{\boldsymbol{e}}_i(k) = \{\boldsymbol{e}_i(k\mid k), \boldsymbol{e}_i(k+1\mid k), \cdots, \boldsymbol{e}_i(k+N-1\mid k)\}$$

在 MPC 算法框架中，上述无穷时域内的跟踪优化问题描述为下述有限时域内的跟踪优化问题：

$$\widetilde{\boldsymbol{U}}_i^*(k) = \arg \min_{U_i(k+p\mid k) \in U} \sum_{p=0}^{N} (k_e \boldsymbol{e}_i^T(k+p\mid k)\boldsymbol{e}_i(k+p\mid k) + k_u U_i^2(k+p\mid k))$$

$$s.t. \begin{cases} \boldsymbol{X}_i(k+p+1\mid k) = g(\boldsymbol{X}_i(k+p\mid k), U_i(k+p\mid k)) + T\boldsymbol{W}_k \\ U_i(k+p\mid k) \in U \\ d_{i,O_j} \geqslant R_s + R_o \end{cases}$$

求得的 $\widetilde{\boldsymbol{U}}_i^*(k)$ 就是无人机在 k 时刻的 N 步最优跟踪控制律序列，将序列的第一项 $U_i^*(k\mid k)$ 作用于系统，余下 $N-1$ 项用于构造下一时刻系统的猜想控制输入序列。

引入有界跟踪的概念，进行上述跟踪控制律的迭代可行性的证明。

定义 6.10（有界跟踪）：对于给定的允许误差范围 $\boldsymbol{E}$，若 $\forall t = (0, \infty)$，有 $\boldsymbol{e}_i(t) \in \boldsymbol{E}$，则认为无人机 i 能够有界跟踪参考路径。

在上述定义的基础上，做如下假设：

假设：在离散时刻 k，对任意允许的无人机状态向量 $\boldsymbol{X}_i(k) \in \boldsymbol{X}$，跟踪误差 $\boldsymbol{e}_i(k) \in \boldsymbol{E}$，有界风扰矢量 $\boldsymbol{W}_k \in \boldsymbol{W}(\boldsymbol{W} \subseteq \boldsymbol{E})$，以及期望状态向量 $\boldsymbol{X}_{d_i}(k) \in \boldsymbol{X}_d$ 都存在允许的控制输出 $U_i(k\mid k) = U_i(0, \boldsymbol{X}_i(k)) \in U$，使得下一时刻的跟踪误差 $\boldsymbol{e}_i(k+1\mid k) = g(\boldsymbol{X}_i(k), U_i(0, \boldsymbol{X}_i(k))) + T\boldsymbol{W}_k - \boldsymbol{X}_{d_i}(k+1) \in \boldsymbol{E}$。

上述模型预测控制律的迭代可行性证明如下：

设当前时刻为 k，$\boldsymbol{e}_i(k) \in \boldsymbol{E}$，$\boldsymbol{X}_{\mathrm{d}_i}(k) \in \boldsymbol{X}_{\mathrm{d}}$，$\boldsymbol{X}_i(k) \in \boldsymbol{X}$，$\boldsymbol{W}_k \in \boldsymbol{W}(\boldsymbol{W} \subseteq \boldsymbol{E})$，则存在优化控制输出 $U_i(0, \boldsymbol{X}_i(k))$，使得系统在 $k+1$ 时刻的系统状态满足：

$$\boldsymbol{e}_i(k+1) = \boldsymbol{X}_i(k+1) - \mathrm{X}_{\mathrm{d}_i}(k+1) \in \boldsymbol{E}$$

$\boldsymbol{X}_i(k+1) \in \boldsymbol{X}$，则由假设知，存在 $\boldsymbol{X}_{\mathrm{d}_i}(k+2) \in \boldsymbol{X}_{\mathrm{d}}$，即

$$\boldsymbol{e}_i(k+2) = g(\boldsymbol{X}_i(k+1), U_i(0, \boldsymbol{X}_i(k+1))) + TW_{k+1} - \boldsymbol{X}_{\mathrm{d}_i}(k+2) \in \boldsymbol{E}$$

$k+1$ 时刻的跟踪优化控制器有解，又因为初始时刻的状态满足 $\boldsymbol{e}_i(0) = \boldsymbol{X}_i(0) - \boldsymbol{X}_{\mathrm{d}_i}(0) \in \boldsymbol{E}$，因此初始时刻系统的优化跟踪控制器有解。由数学归纳法可知，系统能够有界跟踪期望路径。

将无人机的跟踪误差在局部 Serrt‑Frenet 坐标系中表示，得

$$\boldsymbol{e}_{\mathrm{SF}} = \begin{bmatrix} e_{\mathrm{s}} \\ e_{\mathrm{d}} \\ e_{\psi} \end{bmatrix} = \begin{bmatrix} e_{\mathrm{d}}\kappa(l)V_{\mathrm{d}} + V\cos e_{\psi} + W_{\mathrm{ex}} - V_{\mathrm{d}} \\ -e_{\mathrm{s}}\kappa(l)V_{\mathrm{d}} + V\sin e_{\psi} + W_{\mathrm{ey}} \\ \omega - \kappa(l)V_{\mathrm{d}} \end{bmatrix}$$

式中：e_{s} 和 e_{d} 分别表示前向跟踪误差和横侧向跟踪误差；e_{ψ} 表示航向角误差；$\kappa(l)$ 是参考曲线在期望点处的曲率；V_{d} 指的是参考点在曲线上移动的速率；e_x 和 e_y 分别表示 x 和 y 方向误差。

$$W_{\mathrm{ex}} = W_x \cos \psi_{\mathrm{d}} + W_y \sin \psi_{\mathrm{d}}$$

$$W_{\mathrm{ey}} = -W_x \sin \psi_{\mathrm{f}} + W_y \cos \psi_{\mathrm{d}}$$

表示有界风扰 $V_{\mathrm{w}} = \sqrt{W_x^2 + W_y^2} = \sqrt{W_{\mathrm{ex}}^2 + W_{\mathrm{ey}}^2}$ 为 Serrt‑Frenet 坐标系中坐标轴上的分量。

李雅普诺夫函数 $L = \dfrac{1}{2}\boldsymbol{e}^{\mathrm{T}}\boldsymbol{e}$，将上述误差向量代入得到李雅普诺夫函数的导数：

$$L = \boldsymbol{e}_{\mathrm{SF}}^T \boldsymbol{e}_{\mathrm{SF}} = \begin{bmatrix} e_{\mathrm{s}} & e_{\mathrm{d}} & e_{\psi} \end{bmatrix} \begin{pmatrix} e_{\mathrm{d}}\kappa(l)V_{\mathrm{d}} + V\cos e_{\psi} + W_{\mathrm{ex}} - V_{\mathrm{d}} \\ -e_{\mathrm{s}}\kappa(l)V_{\mathrm{d}} + V\sin e_{\psi} + W_{\mathrm{ey}} \\ \omega - \kappa(l)V_{\mathrm{d}} \end{pmatrix}$$

因为航向角调整的方向与误差方向相反，即

$$e_{\psi}\omega < 0$$

将上述李雅普诺夫函数展开,可以得到当参考速度满足

$$V_d = \frac{e_s(V\cos e_\psi + W_{ex}) + e_d(V\sin e_\psi + W_{ey})}{e_s + e_\psi\kappa(l)} + \upsilon_0$$

时($\upsilon_0 > 0$ 为速度调节参数),$\dot{L} < 0$,则无人机能够稳定跟踪期望路径。

6.3.2.3　无人机集群非合作式避障控制

基于上述优化控制目标分析,本节采用 MPC 算法进行了优化规避控制律求解。首先,在 MPC 算法框架下重新梳理优化控制问题。在采样时刻 k,已知无人机 i 的状态向量 $\boldsymbol{X}_i(k)$,无人机检测到的局部空域内的环境障碍集合 $O_i(k)$ 中各障碍的位置向量 $\boldsymbol{P}_{O_j}(k)$ 和速度向量 $\boldsymbol{V}_{O_j}(k)$,设无人机 i 在预测时域内的 N 步控制输入序列和假定状态序列分别为

$$\begin{cases} \widetilde{\boldsymbol{X}}_i(k) = \{\boldsymbol{X}_i(k\mid k), \boldsymbol{X}_i(k+1\mid k), \cdots, \boldsymbol{X}_i(k+N-1\mid k)\} \\ \widetilde{U}_i(k) = \{U_i(k\mid k), U_i(k+1\mid k), \cdots, U_i(k+N-1\mid k)\} \end{cases}$$

其中,$\boldsymbol{X}_i(k\mid k) = \boldsymbol{X}_i(k)$,$U_i(k\mid k) = U_i(k)$。假设障碍在预测时域内做匀速直线运动,则障碍 $O_j \in O_i(k)$ 在预测时域内的离散运动方程为

$$\begin{cases} x_{O_j}(k+1) = x_{O_j}(k) + \Delta T V_{O_j}(k)\cos\psi_{O_j}(k) \\ y_{O_j}(k+1) = y_{O_j}(k) + \Delta T V_{O_j}(k)\sin\psi_{O_j}(k) \end{cases}$$

式中:$V_{O_j}(k) = \|\boldsymbol{V}_{O_j}(k)\|$,$\psi_{O_j}(k) = \angle\boldsymbol{V}_{O_j}(k)$,由此可以预测障碍在预测时域内的 N 步位置向量序列 $\{\boldsymbol{P}_{O_j}(k\mid k), \boldsymbol{P}_{O_j}(k+1\mid k), \cdots, \boldsymbol{P}_{O_j}(k+N-1\mid k)\}$ 和 N 步速度向量序列 $\{\boldsymbol{V}_{O_j}(k\mid k), \boldsymbol{V}_{O_j}(k+1\mid k), \cdots, \boldsymbol{V}_{O_j}(k+N-1\mid k)\}$。进一步,可以得到无人机相对障碍 $O_j \in O_i(k)$ 在预测时域内的 N 步相对位置向量和相对速度向量为

$$\begin{cases} \widetilde{\boldsymbol{P}}_{i,O_j}(k) = \{\boldsymbol{P}_{i,O_j}(k\mid k), \boldsymbol{P}_{i,O_j}(k+1\mid k), \cdots, \boldsymbol{P}_{i,O_j}(k+N-1\mid k)\} \\ \widetilde{\boldsymbol{V}}_{i,O_j}(k) = \{\boldsymbol{V}_{i,O_j}(k\mid k), \boldsymbol{V}_{i,O_j}(k+1\mid k), \cdots, \boldsymbol{V}_{i,O_j}(k+N-1\mid k)\} \end{cases}$$

在 MPC 框架下,无人机在预测时域内的 N 步优化控制问题为

$$\widetilde{U}_i^*(k) = \arg\min_{U_i(k+p\mid k)\in U} J_i(\widetilde{\boldsymbol{X}}_i(k), \widetilde{U}_i(k), \widetilde{\boldsymbol{P}}_{i,O_j}(k), \widetilde{\boldsymbol{P}}_{i,O_j}(k))$$

$$s.t. \begin{cases} o_j \in O_j(k) \\ \boldsymbol{X}_i(k+1) = g(\boldsymbol{X}_i(k), U_i(k)) + \Delta T \boldsymbol{W}_k \\ U_i(k+p\mid k) \in U, \ p = \{0, 1, \cdots, N-1\}p \\ d_{i,O_j}(k+p\mid k) \geqslant R_s + R_o \end{cases}$$

在每个采样时刻,对上述优化控制问题进行求解,即可得到无人机 i 在 k 时刻的最优规避控制序列 $\widetilde{U}_i^*(k) = \{U_i^*(k \mid k), U_i^*(k+1 \mid k), \cdots, U_i^*(k+N-1 \mid k)\}$, 第一项 $U_i^*(k \mid k)$ 即为当前时刻无人机的最优规避控制律,将其作用于系统,并将剩余 $N-1$ 项作为下一时刻的假定控制输入。

算法 6-2　无人机集群非合作式避障控制算法

输入:无人机的环境感知信息集合 $\mathbf{X}_o(k)$,系统自身的当前状态 $\mathbf{X}_i(k)$,以及上一时刻存储系统当前时刻的 N 步猜测控制输出序列 $\widetilde{U}_i(k) = \{U_i^*(k \mid k-1), \cdots, U_i^*(k+N-2 \mid k-1), U_i^*(k+N-2 \mid k-1)\}$

输出:系统当前的最优控制量 $U_i^*(k \mid k)$

① 利用环境感知信息 $\mathbf{X}_o(k)$ 预测得到邻近空域内障碍物在预测时域 Δt 内的 N 步预测状态序列

② 结合系统自身的当前状态 $\mathbf{X}_i(k)$ 和上一时刻存储的 N 步猜测控制输入序列,计算系统自身在预测时 Δt 内的 N 步预测状态序列 $\widetilde{\mathbf{X}}_i(k)$,并根据参考路径计算自身在预测时域 Δt 内的 N 步参考状态序列 $\widetilde{\mathbf{X}}_i^d(k)$

③ 结合自身以及障碍的预测状态序列,对非合作式优化防撞控制问题进行优化求解,得到最优控制序列集 $\widetilde{U}_i^*(k) = \{U_i^*(k \mid k), U_i^*(k+1 \mid k), \cdots, U_i^*(k+N-1 \mid k)\}$

④ 将最优控制序列 $\widetilde{U}_i^*(k \mid k)$ 的第一项作用于系统,将其余 $N-1$ 项存储起来作为下一时刻的 N 步猜测控制输入序列 $\widetilde{U}_i(k+1) = \{U_i^*(k+1 \mid k), \cdots, U_i^*(k+N-1 \mid k), U_i^*(k+N-1 \mid k)\}$

⑤ 本控制周期结束,下一控制周期重复上述步骤

6.3.2.4　仿真结果与分析

本节对于上述非合作式避障控制律,针对多静态障碍场景、多动态障碍场景以及综合场景依次进行了多机飞行的数值仿真测试。

1) 多静态障碍场景下避障控制器仿真结果分析

本节在多静态障碍场景下,对本章提出的非合作式避障控制算法进行避障性能测试。首先,给定 6 个控制点的经纬度坐标(48：2 669,−124：3 241) (48：2 681,−124：3 178)(48：2 646,−124：3 150)(48：2 610,−124：3 171)(48：2 622,−124：3 244)(第六个点与第一个点重合)。以第一个点为参考点建立惯性参考系。在该惯性参考系中,利用 3 次 B 样条曲线拟合算法生成无人机飞行的封闭参考路径。然后,在路径上(或附近)设置 4 个静态障碍。设控制器的预测步长 $N=5$,$R_s + R_o = 35$ m,设置无人机的初始位置为(0, 0),风向为 $\angle \mathbf{V}_w = -\pi$,风速分别为 0 m/s,3 m/s,5 m/s 的条件下依次测试了上述分布合作式控制律的避障性能。图 6-19 展示了 3 种风速条件下,无人机跟踪参

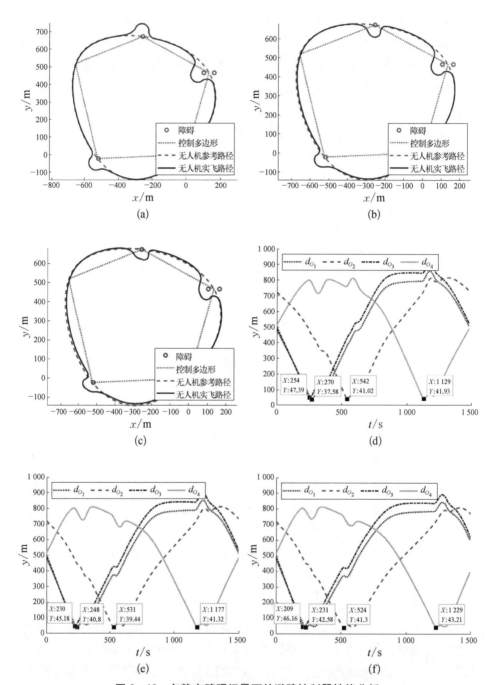

图 6-19　多静态障碍场景下的避障控制器性能分析

（a）风速为 $V_w = 0$ m/s 时，无人机的避障轨迹；（b）风速为 $V_w = 3$ m/s 时，无人机的避障轨迹；
（c）风速为 $V_w = 5$ m/s 时，无人机的避障轨迹；（d）风速为 $V_w = 0$ m/s 时，无人机的避障距离；
（e）风速为 $V_w = 3$ m/s 时，无人机的避障距离；（f）风速为 $V_w = 5$ m/s 时，无人机的避障距离考路径过程中的避障轨迹,以及无人机与 4 个静态障碍实现的避障距离。从仿真结果可以看出,该控制律在风干扰条件下仍然能够始终满足试验设置的避障距离约束,验证了该控制律具有较好的抗风性。

2) 多动态障碍场景下避障控制器仿真结果分析

本节在多动态障碍场景下,对本章提出的非合作式避障控制算法进行避障性能测试。沿用前节中无人机的光滑曲线参考路径。试验设置控制器的预测步长 $N=5$,无人机的初始位置为 $(0,0)$。参考路径上 4 个障碍做匀速直线运动,针对障碍速度为 $V_o=0$ m/s, $V_o=5$ m/s, $V_o=10$ m/s 的 3 种情况依次进行了规避性能仿真测试。

图 6 - 20 展示了障碍速度分别为 3 m/s, 5 m/s 和 10 m/s 的条件下无人机的规避效果以及规避过程中与障碍的距离。由图中数据可以看出,在预测步长 $N=5$ 的条件下,无人机对于三种速度的动态障碍场景都未完全满足避障距离约束条件。图 6 - 20(d)～图 6 - 20(f) 三个分图中的 d_{O_2} 线标识的未满足约束条

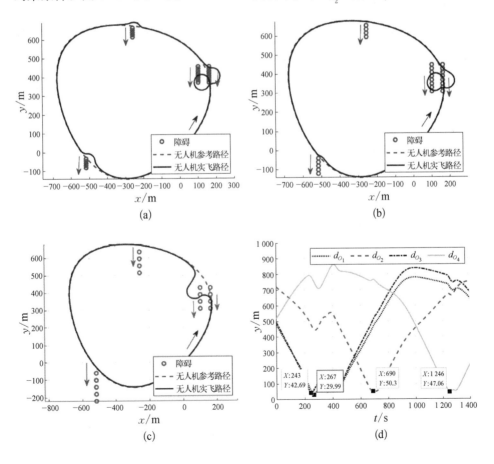

(a)

(b)

(c)

(d)

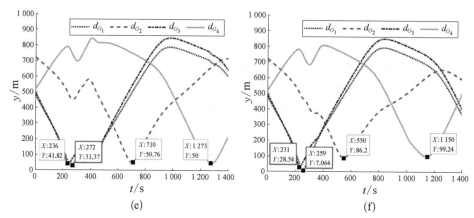

图 6-20 多动态障碍场景的避障控制器性能测试

(a) $V_o = 0\ \text{m/s}$ 时,无人机避障轨迹;(b) $V_o = 5\ \text{m/s}$ 时,无人机避障轨迹;
(c) $V_o = 10\ \text{m/s}$ 时,无人机避障轨迹;(d) $V_o = 0\ \text{m/s}$ 时,无人机避障距离;
(e) $V_o = 0\ \text{m/s}$ 时,无人机避障距离;(f) $V_o = 0\ \text{m/s}$ 时,无人机避障距离

件的最近避障距离数据显示:其中,当障碍运动速度为 3 m/s 时,无人机与障碍
O_1 的避障距离 d_{O_1} 最小达到 29.39 m,小于避障约束距离 35 m;当障碍运动速度
为 5 m/s 时,无人机与障碍 O_1 的避障距离 d_{O_1} 最小达到 31.37 m,小于避障约束
距离 35 m;当障碍运动速度为 10 m/s 时,无人机与障碍 O_1 和障碍 O_3 的避障距
离 d_{O_1} 和 d_{O_3} 最小分别达到了 28.54 m 和 7.064 m,均小于避障约束距离 35 m。即
在预测步长不变的条件下,控制器的避障效果随着障碍运动速度的增大明显降低。

为了进一步测试控制器参数对动态障碍规避效果的影响。在其他试验设置
不变的情况下,分别在预测步长 $N=10$ 和 $N=15$ 两种条件下,以障碍运动速度
$V_o = 10\ \text{m/s}$ 为例,对控制器的避障效果进行了进一步的仿真测试。如图 6-21
所示,当 $N=15$ 时,已经能够成功规避相向而行的速度为 10 m/s 的动态障碍。

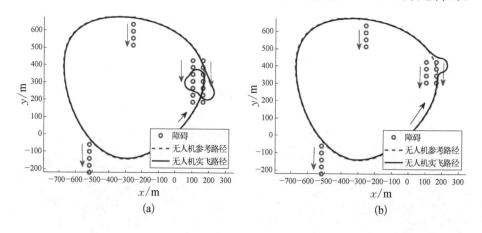

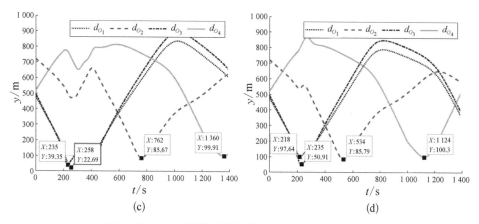

图 6-21　动态障碍场景控制器预测步长性能影响测试

(a) $V_o = 10\ \text{m/s}, N = 15$ 条件下,无人机避障轨迹;(b) $V_o = 10\ \text{m/s}, N = 20$ 条件下,无人机避障轨迹;
(c) $V_o = 10\ \text{m/s}, N = 15$ 条件下,无人机避障距离;(d) $V_o = 10\ \text{m/s}, N = 20$ 条件下,无人机避障距离

3) 综合场景下避障控制器仿真结果分析

本节以 4 架固定翼无人机在多静态障碍场景的集群飞行为背景,假设集群系统的通信网络发生故障(即集群内各无人机之间不能进行信息交互),各无人机视集群内其他相邻无人机为不可合作的外部动态障碍,基于感知信息进行避障控制。设预测步长 $N = 12$,无人机的避障安全距离为 30 m。图 6-22(a)展示了集群飞行的 4 架无人机的避障轨迹。图 6-22(b)和图 6-22(c)分别展示了无人机集群避障过程中每 2 架无人机之间的距离以及每架无人机的路径跟踪偏移量。图 6-23 给出了集群避障过程中 4 架无人机分别于 4 个静态障碍之间的避障距离。从图中的统计数据可以看出,在试验设置的控制器参数条件下,无人机集群能够较好地规避外部静态障碍,但是对于集群内高速运动的相邻无人机,非合作式的避障策略没有达到期望的规避效果。

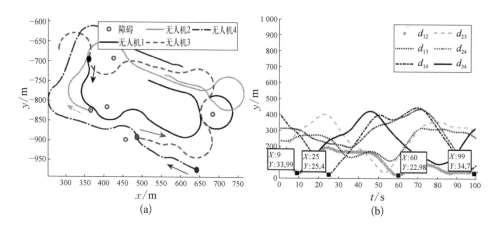

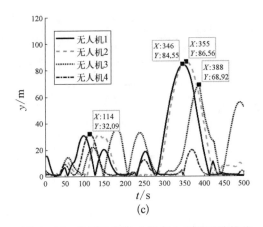

(c)

图 6‑22   集群飞行的 4 架无人机的避障轨迹

（a）4 架无人机避障轨迹；（b）4 架无人机集群机间避障距离；（c）4 架无人机集群避障路径偏离量

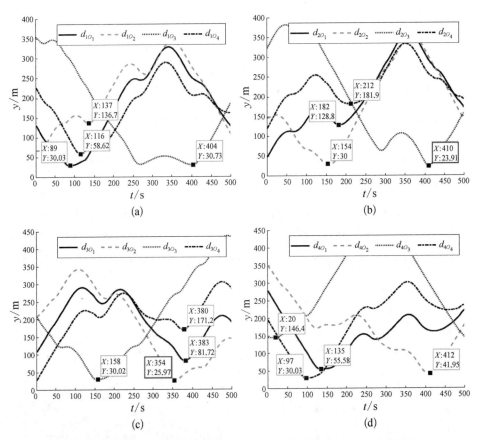

(a)

(b)

(c)

(d)

图 6‑23   集群避障过程中 4 架无人机分别于 4 个静态障碍之间的避障距离

（a）无人机 1 对静态障碍的避障距离；（b）无人机 2 对静态障碍的避障距离；

（c）无人机 3 对静态障碍的避障距离；（d）无人机 4 对静态障碍的避障距离

6.3.3 集群内部合作式防撞控制

无人机集群飞行面临的第二类碰撞规避问题是与集群内其他相邻无人机之间的碰撞规避。这类问题的显著特点是：规避对象的运动状态（位置、速度、航向等）、运动轨迹（期望任务路径）和运动意图（控制输出信息等）均可以通过通信直接获得；作为同一集群内的各个子系统，可以设计协同控制器使存在碰撞危险的双方都进行主动的碰撞规避行为。该类碰撞规避问题的核心是对已知（或可预测）目标的合作式碰撞预防。故而，各无人机的防撞策略和防撞约束使得各无人机子系统之间存在成本耦合和约束耦合。因此，本节采用 DMPC 算法，对无人机集群飞行中的避障控制问题展开研究。

6.3.3.1 集群内部无人机之间防撞问题建模与分析

首先，针对无人机集群内部的合作式防撞问题，做出如下假设：

假设：① 集群内各无人机是同构的，即每架无人机有相同的机动性能参数和机动能力约束；② 集群内具有通信连接的两架无人机之间能够双向通信，通信信息包括无人机当前的飞行状态、无人机的期望飞行状态（或期望飞行轨迹）以及无人机的控制指令等。

在上述假设的前提下，考虑规模为 n 的固定翼无人机集群的无人机之间合作式防撞控制问题。借助图论工具，假设集群内存在一定数量的通信连接，并且每条通信链路上的信息传递是双向的，那么无人机集群的通信拓扑结构可以使用无向图 $G=(V,E)$ 来表示。其中 $V=\{v_1,v_2,\cdots,v_n\}$ 是表征 n 架无人机的节点集，$E\subseteq V\cdot V$ 是表征通信连接的边集。若无人机 i 与无人机 j 之间存在双向通信连接，则 $(i,j)\in E$，并且 $(j,i)\in E$。其中 (j,i) 表示图 G 中从节点 v_j 到节点 v_i 连线，$(j,i)\in E$ 说明无人机 i 能够获得无人机 j 的信息集合 $X_{i,j}$。将无人机 $i(v_i\in V)$ 获得的所有集群内其他无人机的信息表示为集合 X_i。根据 DMPC 算法的思路，无人机 i 能够基于信息集合 X_i 对集群内其他无人机的状态进行预测，并进行合作式规避控制。

在此基础上，给出如下定义：

定义 6.11（合作式无人机之间防撞）：在无人机集群构成的无向图 G 中，对于任意无人机 i 和无人机 $j(v_i,v_j\in V,i\neq j)$，边 $(i,j)\in E$，且边 $(j,i)\in E$；无人机 i 和无人机 j 都会采取主动规避的控制行为。则无人机 i 针对无人机 j 引起的碰撞冲突所进行的规避行为称为合作式无人机之间防撞。

已知集群内各无人机沿一条预置的曲线参考路径飞行。根据定义 6.11，可将无人机集群分布合作式无人机之间防撞控制问题描述如下：不依赖中央控制器,在获取集群内邻近无人机信息的基础上,对每架无人机子系统设计分布式飞行控制律 U_i,在实现合作式防撞的基础上,使得集群系统整体以最小能耗和最小路径偏离跟踪期望路径飞行。因此,设计的分布式各无人机子控制律 U_i 旨在达成如下整体性控制目的:① 使集群内所有无人机跟踪期望路径的总偏离量最小;② 使整个集群任务过程中各无人机的防撞成本之和最小;③ 使整个集群任务过程中,集群内各无人机的机动能耗总和最少。

设 k 时刻无人机 $i(v_i \in V)$ 的路径跟踪总偏离量为 ρ_{e_i},防撞成本为 ρ_{coop_i},机动能耗为 ρ_{U_i}。将所有与无人机 i 发生合作式规避的其他无人机的集合定义为无人机 i 的相邻无人机集合,表示为 N_i,则无人机 i 的防撞成本 ρ_{coop_i} 定义为集合 N_i 中所有无人机对无人机 i 造成的碰撞威胁的总和。

已知无人机的限制安全距离为 R_s。根据定义 6.2,当检测到有限时间内两架无人机之间的距离满足 $d_{ij} \leqslant 2R_s$ 时,则说明检测到这两架无人机之间存在碰撞冲突。对于集群内任意无人机 i,若无人机 $j \in N_i$,则表明无人机 j 的状态以及控制信息对无人机 i 是已知的。因此,无人机 i 能够根据无人机 j 的当前状态、当前控制指令以及未来的参考状态预测到无人机 j 的未来运动状态,并结合无人机 i 自身的期望运动状态进行碰撞冲突检测。当检测到碰撞冲突存在时,无人机 i 应调整飞行计划,以保证与无人机 j 之间的距离始终大于两架无人机的限制安全距离之和,因此防撞性能指标函数与相对距离 d_{ij} 呈负相关关系。

进而,已知无人机 i 的状态向量为 $\boldsymbol{X}_i(k) = (x_i(k), y_i(k), \psi_i(k))$,无人机 $j(j \in N_i)$ 的状态向量为 $\boldsymbol{X}_j(k) = (x_j(k), y_j(k), \psi_j(k))$,则两架无人机的位置向量为 $\boldsymbol{P}_i(k) = (x_i(k), y_i(k))$ 和 $\boldsymbol{P}_j(k) = (x_j(k), y_j(k))$,速度向量为 $\boldsymbol{V}_i(k)$ 和 $\boldsymbol{V}_j(k)$,且 $\|\boldsymbol{V}_i(k)\| = \|\boldsymbol{V}_j(k)\| = V$,$\angle \boldsymbol{V}_i(k) = \psi_i(k)$,$\angle \boldsymbol{V}_j(k) = \psi_j(k)$。因此,无人机 i 对于无人机 j 的相对位置向量 $\boldsymbol{P}_{i,j}(k) = \boldsymbol{P}_i(k) - \boldsymbol{P}_j(k)$,相对速度向量 $\boldsymbol{V}_{i,j}(k) = \boldsymbol{V}_i(k) - \boldsymbol{V}_j(k)$。将 $\boldsymbol{P}_{i,j}(k)$ 与 $\boldsymbol{V}_{i,j}(k)$ 的夹角表示为 $\eta_{ij}(k)$,如图 6-24(a) 和图 6-24(b) 所示。

$$\begin{cases} \boldsymbol{P}_{i,j}(k)\boldsymbol{V}_{i,j}(k) > 0, & \eta_{ij}(k) \in \left(-\dfrac{\pi}{2}, \dfrac{\pi}{2}\right) \\ \boldsymbol{P}_{i,j}(k)\boldsymbol{V}_{i,j}(k) \leqslant 0, & \eta_{ij}(k) \in \left[-\pi, -\dfrac{\pi}{2}\right] \cup \left[\dfrac{\pi}{2}, \pi\right] \end{cases}$$

当 $\cos \eta_{ij}(k) > 0$ 时,$\boldsymbol{V}_{i,j}(k)$ 有使相对距离 $d_{i,j}(k)$ 减小的趋势,即无人机 j 正在接近无人机 i,两架无人机之间的碰撞威胁较大;当 $\cos \eta_{ij}(k) < 0$ 时,

$V_{i,j}(k)$ 有使相对距离 d_{ij} 增大的趋势,即无人机 j 正在远离无人机 i,两架无人机之间的碰撞威胁较小。因此,无人机的防撞控制成本是相对速度大小 $\|V_{i,j}(k)\|$ 和夹角 $\eta_{ij}(k)$ 的余弦值 $\cos\eta_{ij}(k)$ 的函数。当 $\cos\eta_{ij}(k)>0$ 时,防撞控制成本指标函数与 $\|V_{i,j}(k)\|$ 呈正相关关系;当 $\cos\eta_{ij}(k)<0$ 时,防撞控制成本指标函数与 $\|V_{i,j}(k)\|$ 呈负相关关系。

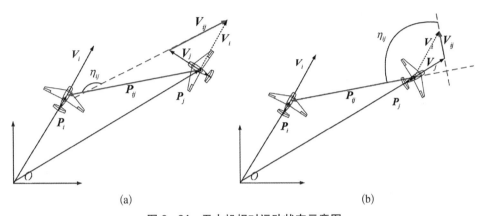

(a)　　　　　　　　　　　　　　　　　(b)

图 6 - 24　无人机相对运动状态示意图

(a) 两架无人机相互接近;(b) 两架无人机相互远离

建立无人机 i 与无人机 $j(j\in N_i)$ 的合作式防撞成本指标函数 $H_{ij}^2(k)$ 为

$$H_{ij}^{ii}(k)=k_{\mathrm{coop}_1}e_1-\cos\eta_{ij}(k)k_{\mathrm{coop}_2}e_2$$

式中: $e_1'=\exp\left(\dfrac{d_{ij}^2(k)-(2R_\mathrm{s})^2}{-\sigma_{\mathrm{coop}}}\right)$, $e_2'=\left(\dfrac{\|V_{i,j}(k)\|^2}{-\xi_{\mathrm{coop}}}\right)$, k_{coop_1} 和 k_{coop_2} 是比例系数。

综上,无人机 i 在 k 时刻的防撞控制性能指标函数为

$$J_{\mathrm{coop}_i}(k)=\rho_{\mathrm{coop}_i}(k)+\rho_{e_i}(k)+\rho_{u_i}(k)$$

$$=\sum_{j\in N_i}H_{ij}^2(k)+\rho_{e_i}(k)+\rho_{u_i}(k)$$

本节研究的固定翼无人机集群分布合作式防撞控制问题的数学描述如下:已知 n 架固定翼无人机构成的通信网络 G, n 条参考任务路径的集合 $RT=\{rt_1,\cdots,rt_i,\cdots,rt_n\}$,无人机 $i(v_i\in V)$ 的相邻无人机集合 N_i。则无人机集群分布合作式防撞控制是指,对集群内每架无人机 $i(v_i\in V)$ 设计基于相邻无人机信息集合的分布式控制律 $U_i(k)$,使得无人机之间防撞性能指标函数 $J_{\mathrm{coop}_1}(k)$ 的值最小。

注释6.1：值得注意的是,本章研究的分布合作式集群无人机之间防撞控制和第三章研究的非分布非合作式集群避障控制的不同点在于:

(1) 合作式无人机之间防撞控制中,无人机与待规避目标之间存在合作,利用待规避目标的参考运动轨迹以及控制指令等信息进行防撞控制的优化求解;而非合作式避障控制中,无人机与待规避目标之间不存在合作,无人机独立承担全部的规避任务,在进行避障控制优化求解的过程中不利用待规避目标的参考运动状态以及控制指令信息。

(2) 合作式无人机之间防撞控制中,防撞控制策略的求解以通信网络内多架无人机整体性能为优化指标,因此选择的策略对于个体本身不一定最优;在非合作式避障中,避障控制策略的求解以无人机自身性能为优化指标,不考虑其他飞机。

6.3.3.2　集群分布式合作式无人机之间防撞控制

设分布式模型预测控制器的预测时域长度为 Δt,采样周期等于控制周期 T,则预测步数为 $N = \Delta t / T$。在采样时刻 k,已知无人机 i 的状态向量为 $X_i(k)$,其相邻无人机集合 $N_i(k)$,将无人机 i 和无人机集合 $N_i(k)$ 在 k 时刻的状态向量集合表示为 $\boldsymbol{X}_{i \bigcup N_i(k)}(k) = \{\boldsymbol{X}_i(k), \boldsymbol{X}_j(k) \mid j \in N_i(k)\}$,设无人机 i 和其相邻无人机在预测时域内 N 步状态序列和控制序列分别为

$$\begin{cases} \widetilde{\boldsymbol{X}}_{i \bigcup N_i(k)}(k) = \{\boldsymbol{X}_{i \bigcup N_i(k)}(k \mid k), \boldsymbol{X}_{i \bigcup N_i(k)}(k+1 \mid k), \cdots, \boldsymbol{X}_{i \bigcup N_i(k)}(k+N-1 \mid k)\} \\ \widetilde{U}_{i \bigcup N_i(k)}(k) = \{U_{i \bigcup N_i(k)}(k \mid k), U_{i \bigcup N_i(k)}(k+1 \mid k), \cdots, U_{i \bigcup N_i(k)}(k+N-1 \mid k)\} \end{cases}$$

则以局部通信连接为基础的集群系统分布式模型预测规避控制优化模型为

$$U^*_{i \bigcup N_i(k)}(k) = \arg \min_{U_i(k), U_j(k) \in U} J_i(\widetilde{\boldsymbol{X}}_{i \bigcup N_i(k)}(k), \widetilde{U}_{i \bigcup N_i(k)}(k))$$

$$s.t. \begin{cases} \boldsymbol{X}_i(k+1) = g(\boldsymbol{X}_i(k), U_i(k)) + T\boldsymbol{W}_k \\ \boldsymbol{X}_j(k+1) = g(\boldsymbol{X}_j(k), U_j(k)) + T\boldsymbol{W}_k \\ U_i(k), U_j(k) \in U \\ \boldsymbol{X}_i(k), \boldsymbol{X}_j(k) \in \boldsymbol{X} \\ d_{i,j}(k) \geqslant 2R_s \end{cases}$$

由上述集群分布式规避控制优化模型可知,子控制器 i 的优化求解依赖于相邻无人机集合 N_i,即所有相邻无人机的信息集合 $X_{N_i} = \{\boldsymbol{X}_j \mid j \in N_i\}$。考虑无人机在局部空域内,基于有效通信距离自主建立通信连接。设集群内每架无人机的有效通信距离均相等,记为 R_{comm}。则对于无人机 $i(v_i \in V)$, k 时刻其相

邻无人机的集合 N_i 描述为

$$N_i(k) = \{v_j \mid v_j \in V, \ \| \boldsymbol{P}_i(t_k) - \boldsymbol{P}_j(t_k) \| \leqslant R_{\text{comm}}\}$$

无人机 i 的相邻无人机的集合 N_i 中的节点是随时间变化的,由每一采样时刻无人机 i 与集群内其他无人机的物理距离决定。考虑通信网络在每个控制周期只允许一次信息传递,则分布式子控制器 i 在离散时刻 k 的求解流程如算法 6-3。

算法 6-3 基于 DMPC 的分布合作式集群无人机之间防撞控制算法

输入:$k-1$ 时刻获取的相邻无人机的信息集合 i,系统自身的当前状态 $\boldsymbol{X}_i(k)$,以及上一时刻存储系统当前时刻的 N 步猜测控制输出序列 $\widetilde{U}_i(k) = \{U_i^*(k \mid k-1), \cdots, U_i^*(k+N-2 \mid k-1), U_i^*(k+N-2 \mid k-1)\}$

输出:系统当前的最优控制量 $U_i^*(k \mid k)$

① 利用 $k-1$ 时刻获取的信息集合 X_{N_i} 预测所有相邻无人机 $j(j \in N_i)$ 在预测时域 Δt 内的 N 步预测状态序列

② 结合系统自身的当前状态 $\boldsymbol{X}_i(k)$ 和上一时刻存储的 N 步猜测控制输入序列,计算系统自身在预测时 Δt 内的 N 步预测状态序列 $\widetilde{X}_i(k)$,并根据参考路径计算自身在预测时域 Δt 内的 N 步参考状态序列 $\widetilde{X}_i^d(k)$

③ 结合自身以及相邻无人机的预测状态序列,进行碰撞冲突检测,并对局部合作式优化规避控制问题进行优化求解,得到最优控制序列集,即

$$\widetilde{U}_{i \bigcup N_i}(k) = \widetilde{U}_i(k) \bigcup \{\widetilde{U}_j(k) \mid j \in N_i\}$$

④ 将最优控制序列 $\widetilde{U}_i^*(k)$ 的第一项作用于系统,将其余 $N-1$ 项存储起来作为下一时刻的 N 步猜测控制输入序列 $\widetilde{U}_i(k+1) = \{U_i^*(k+1 \mid k), \cdots, U_i^*(k+N-1 \mid k), U_i^*(k+N-1 \mid k)\}$

⑤ 将系统自身在下一时刻的 N 步猜测控制序列 $\widetilde{U}_i(k+1)$、系统当前的 N 步参考状态序列 $\widetilde{X}_i^d(k)$,以及系统当前的状态 $\boldsymbol{X}_i(k)$ 发送给所有的相邻无人机,并接收和存储所有相邻无人机的信息

⑥ 本控制周期结束,下一控制周期重复上述步骤

6.3.3.3 仿真结果与分析

本节在理想情况下,不考虑通信带来的时延影响,以 4 架无人机的集群飞行场景为例,通过 MATLAB 仿真测试上述分布合作式防撞控制器的控制效果。

设集群内 4 架无人机各自沿一条光滑封闭曲线参考路径循环飞行,则飞行过程中 4 架无人机将依次与其他相邻无人机发生碰撞冲突。为了测试有效通信距离(通信网络覆盖范围)对控制器性能的影响,分别测试了有效通信距

离 $R_{\text{comm}} = 200$ m，$R_{\text{comm}} = 250$ m 和 $R_{\text{comm}} = 280$ m 条件下的控制器作用效果，如图 6-25(a)、图 6-25(b)和图 6-25(c)展示了 3 个通信距离条件下集群内无人机的防撞轨迹，其中圆圈标示的是无人机的初始位置。

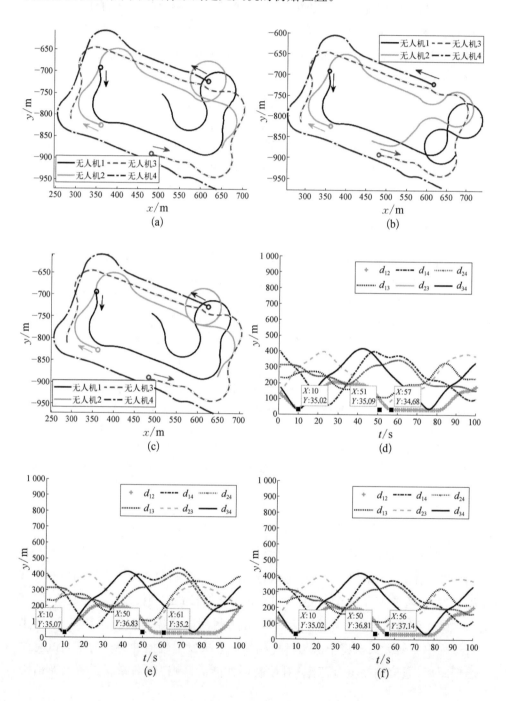

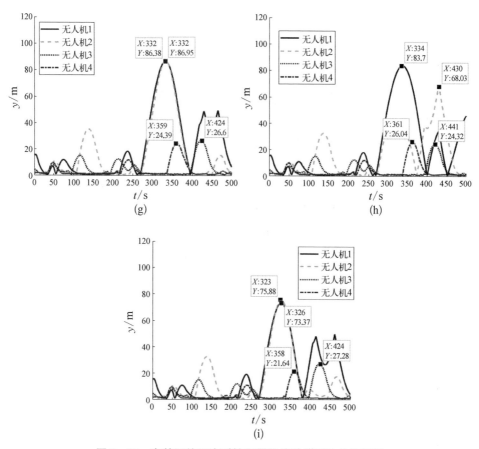

图 6-25 有效通信距离对控制器防撞性能影响仿真测试

(a)($R_{comm} = 200\,m$) 4 架无人机集群无人机之间防撞轨迹;(b)($R_{comm} = 250\,m$) 4 架无人机集群无人机之间防撞轨迹;(c)($R_{comm} = 280\,m$) 4 架无人机集群无人机之间防撞轨迹;(d)($R_{comm} = 200\,m$) 4 架无人机集群无人机之间防撞距离;(e)($R_{comm} = 250\,m$) 4 架无人机集群无人机之间防撞距离;(f)($R_{comm} = 280\,m$) 4 架无人机集群无人机之间防撞距离;(g)($R_{comm} = 200\,m$) 4 架无人机集群无人机之间防撞路径偏离;(h)($R_{comm} = 250\,m$) 4 架无人机集群无人机之间防撞路径偏离;(i)($R_{comm} = 280\,m$) 4 架无人机集群无人机之间防撞路径偏离

图 6-25(d)、图 6-25(e)和图 6-25(f)进一步展示了 3 个通信范围下,4 架无人机集群无人机之间防撞的无人机之间距离保持情况,结果显示 2 个通信范围下控制器都能够使无人机之间距离始终满足防撞约束。图 6-25(g)、图 6-25(h)和图 6-25(i)进一步对仿真测试过程中 4 架无人机的路径跟踪偏离量进行了分析,从图中数据可以看出,当有效通信距离为 280 m 时,集群整体的路径跟踪偏离量要小于通信距离为 250 m 和 200 m 的条件下的仿真结果。仿真结果符合理论常识,即在计算能力可承受的范围内,通信范围越大,各分布式子系统能够得到相对于集群系统整体的更优控制量。但在实际应用过程中,防撞约束条件是

首先重要的控制目标,在具体的情况下,可以根据系统需求适当牺牲系统的路径跟踪性能。

上述仿真均在理想条件下进行测试,即不考虑通信网络拓扑切换时延以及通信时延,为了进一步测试时延存在的条件下基于时变通信拓扑的防撞控制器的控制性能,本节针对通信时延,进行了通信时延为 $3T,5T$ 以及 $10T$ 条件下 4 架无人机集群的无人机之间防撞仿真测试。图 6-26(a)、图 6-26(b) 和图 6-26(c) 展示了 3 种时延条件下,集群各无人机的防撞轨迹。图 6-26(d)、图 6-26(e) 和图 6-26(f) 对 3 组集群防撞仿真结果的无人机之间防撞保持距离进行了分析,从图示数据可以看出,随着时延越增长,集群中有越多的无人机之间无法满足防撞距离约束。因此,结合前面几节的仿真分析结果可知,通信距离越大、预测时域越长、通信时延越短,提出的防撞控制器的防撞性能越好。实际应用中,可以结合系统通信条件,具体选择合适的预测步长,以保证各无人机之间的安全间隔距离。

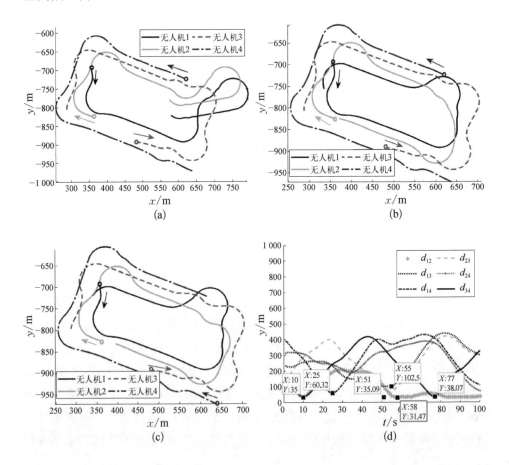

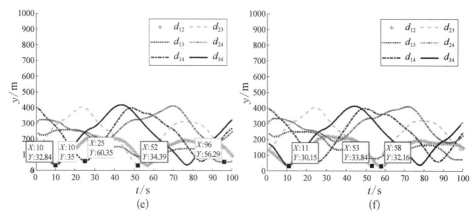

图 6-26　通信时延对控制器防撞性能影响测试结果

（a）通信时延为 $3T$ 时 4 架无人机集群防撞轨迹；（b）通信时延为 $5T$ 时 4 架无人机集群防撞轨迹；（c）通信时延为 $10T$ 时 4 架无人机集群防撞轨迹；（d）通信时延为 $3T$ 时 4 架无人机集群无人机之间防撞距离；（e）通信时延为 $5T$ 时 4 架无人机集群无人机之间防撞距离；（f）通信时延 $10T$ 时 4 架无人机集群无人机之间防撞距离

6.3.4　三层避障策略仿真验证与分析

为验证三层安全控制框架的有效性，本节针对确定性感知和不确定性感知 2 个场景，分别采用单独的 MPC 算法和"外层规划—中层优化控制—内层反应"三层碰撞规避算法，针对 5 架无人机集群多障碍场景进行了对比仿真验证。

仿真均采用 MATLAB 2018 平台进行，每架无人机作为一个单独的 MATLAB 线程运行，并通过 UDP 协议进行无人机之间通信。在仿真验证中，5 架无人机被设置为全连通理想通信网络，即不考虑通信中断和延迟。每架无人机采用视线追踪法以恒定速度跟踪一条预设航线。为了提高冲突的频率以充分测试算法性能，5 条参考路径被设计为相互交叉的 5 条循环路径。单圈路径全长约 1 500 m。在路径上/旁设置了若干障碍。仿真参数设置如表 6-2 所示。

表 6-2　仿真参数设置

参　　数	值	含　　义
$V/(\mathrm{m/s})$	19	巡航速度
$\omega_{\max}/(\mathrm{rad/s})$	0.6	最大航向角速率
$R_{\mathrm{o}}/\mathrm{m}$	80	外层冲突检测空域半径
$R_{\mathrm{m}}/\mathrm{m}$	70	中层冲突检测空域半径
$R_{\mathrm{i}}/\mathrm{m}$	55	内层冲突检测空域半径
T/s	0.1	采样/控制周期

1) 确定性感知下集群防撞仿真验证

本节首先对确定性感知条件下的 5 架无人机集群进行了仿真,即在任何物体进入无人机的可感知区域时,无人机能够立刻感知并且获得障碍物的状态信息。无人机在飞行过程中不断进行冲突检测,并在检测到某些冲突时,激活相应的冲突解决方法。

在每一组对比仿真中,无人机的初始位置是相同的,并从参考路径中的非冲突点中随机选择。仿真时长设置为 5 000 个控制周期。因此,仿真试验中每架无人机的飞行距离约为 9 500 m。一旦无人机与障碍物的距离小于 30 m,则标记为规避失败。

表 6 - 3 显示了确定性感知条件下 5 组对比仿真试验结果。从表中可以看出,使用所提出的分层安全控制算法,约 47 500 m 的航程中碰撞规避失败的总数为 127,这远远小于单独采用 DMPC 算法(342)的结果。并且,采用三层安全控制算法的平均无碰撞距离是 429.64 m,远远大于单独使用 DMPC 算法的 140.60 m。

表 6 - 3　确定性感知条件下 5 组对比仿真试验结果

仿真试验	规避失败次数		平均无碰撞距离/m	
	DMPC 算法	三层安全控制算法	DMPC 算法	三层安全控制算法
仿真 1	74	48	128.88	220.93
仿真 2	69	24	137.68	395.83
仿真 3	66	17	143.94	558.82
仿真 4	77	28	123.38	339.28
仿真 5	56	15	169.64	633.33
总 计	342	127		
平 均			140.60	429.64

图 6 - 27 进一步给出了一组确定性感知条件下对比仿真试验中 5 架无人机的实际运动轨迹。图 6 - 28(a)和图 6 - 28(b)展示了 2 种防撞算法作用下 5 架无人机与障碍物的规避距离。从图中可以看出,在相同的初始状态下,三层安全控制算法能够更多地规避潜在的碰撞冲突。

2) 不确定性感知下集群防撞仿真验证

考虑到现实中的感知不确定性的情况,本节进一步在感知不确定条件下对 5 架无人机集群的规避控制算法进行对比仿真试验验证,即当障碍物进入无人机

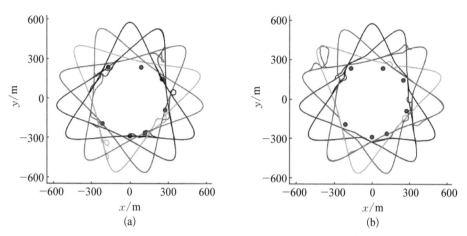

图 6-27　一组确定性感知条件下对比仿真试验中,5 架无人机的实际运动轨迹

（a）DMPC 算法；（b）三层安全控制算法

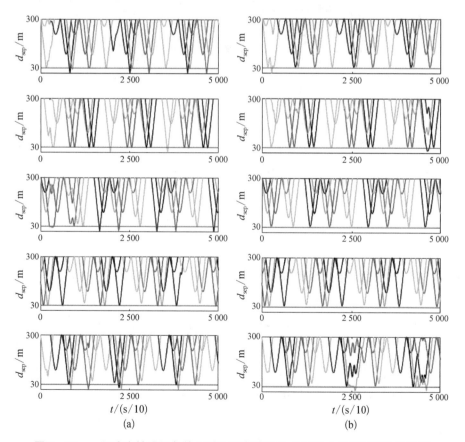

图 6-28　一组确定性感知条件下对比仿真试验中,5 架无人机与障碍物的距离

（a）DMPC 算法；（b）三层安全控制算法

的感知范围之后,障碍物以一定的概率被无人机成功感知到,该概率随着相对距离的减小而提高。

在仿真试验中,外层冲突区域的成功感知概率设置为 0.70,中层冲突区域的概率设置为 0.85,内层冲突区域的概率设置为 1。这种概率性感知在仿真中通过设置一个持续更新的随机数来实现,每个障碍物的随机数在 0~1 之间,每个采样周期更新一次。表 6‑4 展示了在不确定性感知条件下 5 组对比仿真试验结果。从表中可以看出,使用三层安全控制算法的平均无碰撞距离(547.776 m)是单独采用 DMPC 算法(152.534 m)的 3 倍以上。这表明,这种分层安全管理策略在不确定的现实场景中更有应用价值和潜力。

表 6‑4 不确定性感知条件下 5 组对比仿真试验结果

仿真试验	规避失败次数		平均无碰撞距离/m	
	DMPC 算法	三层安全控制算法	DMPC 算法	三层安全控制算法
仿真 1	56	31	169.64	306.45
仿真 2	63	10	150.79	950.00
仿真 3	61	17	155.74	558.82
仿真 4	70	18	135.71	327.78
仿真 5	63	24	150.79	395.83
总 计	313	100		
平 均			152.534	547.776

6.4 基于优化的集群冲突消解

针对中层冲突空域 Ω_m,另一种常见的解决方案是基于优化思想进行的。对于第一类非合作式障碍规避问题,通常可以转化为单机优化问题。对于第二类的防撞或者冲突消解问题,通常为可转化分布式优化问题。无人机集群规模较大,已有理论论证针对较多数量的飞行器,短期单次调整优化方法相比于长期多阶段调整规划方法具有计算简单、耗时少、能够解决复杂场景冲突与规划效果较为理想的优势。因此,本节主要针对集群冲突消解问题,介绍应用短期单次规划的解决方法。

6.4.1 基于单次规划调节集群冲突基本理论

本节中均假设无人机执行任务的高度固定，不考虑高度调整。下面具体介绍方向调整、速度调整过程规划和机动调整消耗函数分析。

6.4.1.1 方向调整过程规划

由于飞机在进行机动调整时，不可能瞬时达到需要调整的速度。因此，基于单次调整思路规划飞机的冲突消解决策会因为近似而存在误差。为了使机动作保证无人机之间的安全间隔，Jérémy 等人在研究通过一次机动调整确保无人机之间安全间隔时做出假设[1]：飞机进行一次机动调整的设计步长固定为 t_h，他们提出飞机在开始机动调整时的虚拟位置为当前位置加以当前速度运动 $t_h/2$ 个时间量的距离，即

$$\tilde{p}_i^{\text{ini}} \in p_i^{\text{ini}} + v_i^{\text{ini}} t_h/2 \qquad (6-11)$$

式中：$\tilde{p}_i^{\text{ini}}$ 为虚拟位置；p_i^{ini} 为实际位置。由于没有考虑飞机实际需调整的角度大小和机动持续时间，这个假设会带来一定幅度的误差。对有人机的冲突消解问题，由于飞机的安全范围较大，因此 Jérémy 等人的假设造成的误差对飞机飞行安全不会产生较大影响。而无人机的安全半径可能仅几百米，这种误差可能导致无人机之间发生严重靠近的危险。基于此讨论，本节提出应用 Dubins 曲线规划无人机机动调整轨迹。

Dubins 首次证明了两点间存在满足飞机转弯半径约束的平滑的最短路径，称为 Dubins 路径[28]。在保持速度恒定和满足最大曲率限制的情况下，连接平面内任意初始点和目标点的最短路径为"CCC"或是"CSC"类型的三段式曲线，其中 C 表示具有最大角速度的圆弧，其转弯方向可以是左转或者右转，S 表示直线段。对飞行器来说，在保持速度恒定的情况下，飞机按照上述的最短 Dubins 曲线飞行可以在最短时间、最低油耗的条件下达到目标位形。因此，应用 Dubins 曲线规划无人机航迹能合理近似无人机的飞行过程[29]。文中假设短时间内飞机机动轨迹的调整按照 Dubins 曲线轨迹调整，将三段调整过程的中间段调整时间考虑为 0，应用 Dubins 曲线近似无人机方向调整的过程。

已知时间前瞻量为 τ，应用 Dubins 曲线估计无人机在时间 τ 内的最大可跟踪的机动角度 $\varphi_{\max}^i(\tau)$，明确可跟踪角度的意义。

可跟踪角度指无人机在时间范围 τ 内经过飞行角度调整后能够保证在 τ 时刻的运动方向相对于初始时刻运动方向改变的角度与其当前位置相对于初始时刻的运动方向产生的偏差值相同。如图 6-29 所示，A_i 在初始时刻运动向量为 **OG**，在 τ 时刻运动向量为 **OB**，而在 $[0,\tau]$ 时间段内 A_i 始末点位置向量也是 **OB**。

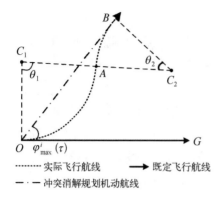

图 6‑29　无人机角度跟踪过程示意图

已知无人机的最大角速度为 $w_{\max}^i$，若 A_i 在 τ 时间段内合理的规划机动过程能够达到最大可跟踪角度。图 6‑29 描述整个调整过程，首先无人机 i 以 C_i 为圆心以最大角速度调整它的飞行方向 θ_1 直到 A 点，然后无人机 i 以 C_2 为圆心以相反的最大角速率反向调整其运动方向 θ_2 直到 B 点。为了实现最大跟踪角度，飞机在 τ 时刻到达 B 点。θ_1 和 θ_2 角度值的计算如下：

$$\begin{cases} \theta_1 + \theta_2 = w_{\max}^i \tau \\ \theta_1 - \theta_2 = \varphi_{\max}^i(\tau) \end{cases} \tag{6-12}$$

满足 B 点为角度调整结束点的条件为：OB 与以 C_2 为圆心、$R_{i,h}^{\min}$ 为半径的圆相切，即

$$OB \cdot C_2 B = 0 \tag{6-13}$$

由于无人机 i 在起始时刻以 C_1 为圆心调整运动方向，因此可以根据无人机 i 在初始时刻的位置和运动方向得到 C_1 的坐标位置：

$$P_{C_1} = \begin{bmatrix} x_i + \cos\left(\phi_i - \dfrac{\pi}{2}\right)\dfrac{v_i}{w_{\max}^i} \\ y_i + \sin\left(\phi_i - \dfrac{\pi}{2}\right)\dfrac{v_i}{w_{\max}^i} \end{bmatrix} \tag{6-14}$$

根据无人机 i 运动的角度 θ_1 可得到 A 点的坐标为

$$P_A = \begin{bmatrix} x_i - \dfrac{v_i}{w_{\max}^i}(\sin(\phi_i - \theta_1) - \sin\phi_i) \\ y_i + \dfrac{v_i}{w_{\max}^i}(\cos(\phi_i - \theta_1) - \cos\phi_i) \end{bmatrix} \tag{6-15}$$

同理可以得到 B 点的坐标为

$$P_B = \begin{bmatrix} P_{Ax} + \displaystyle\int_{t=0}^{\tau - t_1} \cos(\phi_i - w_{\max}^i t_1 + w_{\max}^i t)v_i \,\mathrm{d}t \\ P_{Ay} + \displaystyle\int_{t=0}^{\tau - t_1} \sin(\phi_i - w_{\max}^i t_1 + w_{\max}^i t)v_i \,\mathrm{d}t \end{bmatrix} \tag{6-16}$$

由于无人机 i 在 A 点与以 C_1 为圆心、$R_{i,h}^{\min}$ 为半径的圆和以 C_2 为圆心、$R_{i,h}^{\min}$ 为半径的圆相切，因此可以判断 C_1，A 以及 C_2 三个点处在同一条直线上。根据它们之间的位置关系可知，C_2 的坐标可用 A 的坐标以及向量 $\boldsymbol{C_1 A}$ 确定，即

$$P_{C_2} = P_A + \boldsymbol{C_1 A} \tag{6-17}$$

将式(6-14)～式(6-17)代入式(6-13)：

$$2\cos(w_{\max}^i \tau - \theta_1) - \cos(w_{\max}^i \tau - 2\theta_1) - 1 = 0 \tag{6-18}$$

可将式(6-18)转化为一元四次方程，理论上一元四次方程具有根式解，可借助相关数学工具书中的知识得到这些根的解析表达式，也可以应用数学计算软件求解。联立式(6-12)和式(6-19)可求得 $\varphi_{\max}^i(\tau)$。

在应用方向调整规划无人机机动动作时，无人机规划的角度应满足以下约束：

$$|\varphi_i| \leqslant \varphi_{\max}^i(\tau) \tag{6-19}$$

本章考虑在短距离机动调整时无人机的机动幅度不会太大，将最大的机动角度限制为 $\pi/2$。

同理，在高度调整时，俯仰角调整的约束条件为

$$|\xi_i| \leqslant \xi_{\max}^i(\tau) \tag{6-20}$$

使用 Dubins 曲线规划无人机飞行航线的另一个问题是，在确定飞机方向机动的角度 φ_i 时，如何规划无人机 i 达到规划角度机动的流程。根据上述讨论可知无人机需要连续机动 2 次以达到目标位形。无人机可向左转弯和向右转弯，一般将向左转弯定义为角度增加，向右转弯定义为角度减小。为了降低由方向调整产生的位移估计误差，假设无人机在进行角度调整时按照最大转弯曲率飞行。假设无人机 i 当前的飞行方向是 $\pi/2$，C_1 的坐标在 x 轴上，即 $(R_{i,h}^{\min}, 0)$。设以 C_1 为圆心、$R_{i,h}^{\min}$ 为半径的圆为 R_1，以 C_2 为圆心、$R_{i,h}^{\min}$ 为半径的圆为 R_2，如图 6-30 所示。假设无人机 i 需要机动的角度为 φ_i，则调整之后的飞行方向的斜率如式(6-21)：

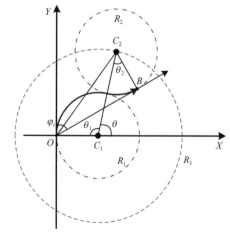

图 6-30 无人机跟踪角度规划

$$k_i = \tan(\phi_i - \varphi_i) \qquad (6-21)$$

在局部坐标系中,无人机 i 调整之后的飞行方向构成的直线可以表达为

$$y = k_i x \qquad (6-22)$$

根据上文假设,当无人机在机动过程中先围绕 R_1 调整方向 θ_1 后围绕 R_2 反向调整方向 θ_2。当无人机 i 的初始运动方向固定后可确定 R_1。由于 R_1 与 R_2 相切,因此可知 C_1 与 C_2 之间的距离应为 $2R_{i,h}^{\min}$。即 C_2 的坐标处在以 C_1 为圆心、以 $2R_{i,h}^{\min}$ 为半径的圆上,将此圆定义为 R_3。C_2 的坐标可以表示为

$$x = 2\cos\theta R_{i,h}^{\min} + R_{i,h}^{\min}$$
$$y = 2\sin\theta R_{i,h}^{\min} \qquad (6-23)$$

根据 Dubins 曲线的规则可知,R_2 与经过调整的无人机 i 的运动方向相切,得

$$\frac{|-k_i(2(\cos\theta)R_{i,h}^{\min} + R_{i,h}^{\min}) + 2(\sin\theta)R_{i,h}^{\min}|}{\sqrt{1+k_i^2}} = R_{i,h}^{\min} \qquad (6-24)$$

化简式(6-24)得

$$4(\sin\theta^2)R_{i,h}^{\min 2}(1-k_i^2) + R_{i,h}^{\min 2}(4k_i^2 - 1 - 4k_i\sin\theta) = 4R_{i,h}^{\min 2}(2k_i\sin\theta - k_i^2)\cos\theta \qquad (6-25)$$

式(6-25)可进一步转化为一元四次方程,并用软件求解得 θ 的取值。将 θ 的取值代入式(6-23)得到 C_2 的坐标数据。

由于 OB 与 R_2 在 B 点相切,根据 C_2 的坐标信息可求得切点 B 的坐标信息。根据已有信息构建向量 $\boldsymbol{C_1C_2}$,$\boldsymbol{C_1O}$,$\boldsymbol{BC_2}$。

$$\theta_1 = \frac{\boldsymbol{C_1C_2} \cdot \boldsymbol{C_1O}}{|\boldsymbol{C_1C_2}| \cdot |\boldsymbol{C_1O}|} \qquad (6-26)$$

$$\theta_2 = \frac{\boldsymbol{C_1C_2} \cdot \boldsymbol{BC_2}}{|\boldsymbol{C_1C_2}| \cdot |\boldsymbol{BC_2}|} \qquad (6-27)$$

根据需调整的角度 φ_i 以及水平最小转弯半径 $R_{i,h}^{\min}$,即可求得方向调整两阶段的调整角度值 θ_1 和 θ_2。如飞机调整时不按照最大转弯角速度进行角度调整,相应 θ_1 和 θ_2 也可通过上述计算得到。

6.4.1.2　速度调整过程规划

速度调整问题与方向调整问题存在的不同为速度调整不会使飞机偏离航

线,即不存在跟踪航向的问题。以加
速为例讨论无人机的速度调整过程,
如图 6-31 所示。

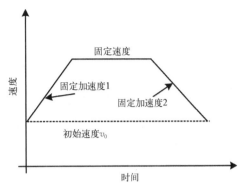

无人机首先以固定加速度加速,
然后保持固定的调整速度运动,直到
确认冲突已经被消解,结束调整后返
回初始最优速度。在短距离飞行调节
时,不能假定飞机的速度调整过程是
瞬时完成的。在研究速度调整问题
时,应用平均速度讨论无人机之间的冲突关系。

图 6-31　无人机速度调整过程示意

飞机的初始速度为 $v_i(0)$。考虑飞机在经过速度调整之后的实际速度是
$v_i(t)$。应用牛顿运动学公式可以计算得到 A_i 经过 τ 时间的运动产生的位移:

$$s_i^\tau = t_c(v_i(t) + v_i(0))/2 + v_t(\tau - t_c) = v_i\tau \qquad (6-28)$$

式中: t_c 为无人机 i 的速度,由 $v_i(0)$ 调整到 $v_i(t)$ 的时间长度,$t_c = (v_i(t) - v_i(0))/a_i$; A_i 在时间 τ 内的平均速度可表示为

$$v_i = t_c(v_i(t) + v_i(0))/2\tau + v_i(t)(1 - t_c/\tau) \qquad (6-29)$$

速度控制的变量为

$$\Delta v_i = v_i - v_i(0)$$

由于飞机的飞行速度与油耗效率相关,假设无人机进行速度调整时采用最
大的加速度和减速度以保证飞机的实际速度 $v_i(t)$ 的变化量尽量小。因此,可以
得到飞机调整速度的时间。

当无人机 i 需要加速达到 $v_i(0) + \Delta v_i$ 时,加速时间为

$$t = \sqrt{(\Delta v_i \cdot \tau)/(0.5a_{i,\max}^p)} \qquad (6-30)$$

当无人机 i 需要减速到达速度 $v_i(0) + \Delta v_i$ 时,减速时间为

$$t = \sqrt{(\Delta v_i \cdot \tau)/(0.5a_{i,\max}^n)} \qquad (6-31)$$

考虑到无人机的飞行包线约束以及机动性能约束,无人机 i 在时间范围
$[0, \tau]$ 内可达速度范围为

$$v_i^{\text{feasible}} \in (\tilde{v}_{i,\min}, \tilde{v}_{i,\max}) \qquad (6-32)$$

其中

$$\tilde{v}_{i,\,\min} = \max(v_i(0) + a^n_{i,\,\max}\tau,\ v_{i,\,\min})$$
$$\tilde{v}_{i,\,\max} = \min(v_i(0) + a^p_{i,\,\max}\tau,\ v_{i,\,\max})$$

(6-33)

式中：$v_{i,\,\min}$ 和 $v_{i,\,\max}$ 是无人机 i 飞行在一定高度的飞行包线限制。根据式(6-32)可以计算得到无人机 i 可以达到的最大和最小平均速度,即

$$v_i^{\min} = \frac{(\tilde{v}_{i,\,\min} - v_i(0)^2)}{2a^n_{i,\,\max}\tau} + \tilde{v}_{i,\,\min}\left(1 - \frac{(\tilde{v}_{i,\,\min} - v_i(0))}{a^n_{i,\,\max}\tau}\right)$$

(6-34)

$$v_i^{\max} = \frac{(\tilde{v}_{i,\,\max} - v_i(0)^2)}{2a^p_{i,\,\max}\tau} + \tilde{v}_{i,\,\max}\left(1 - \frac{(\tilde{v}_{i,\,\max} - v_i(0))}{a^p_{i,\,\max}\tau}\right)$$

因此,在考虑飞行包线限制和飞机的动态性能约束的条件下,无人机 i 在时间 τ 内能够达到的平均速度变化量为

$$V_m^i = \{\Delta v_i \mid \Delta v_i \in (v_i^{\min} - v_i(0),\ v_i^{\max} - v_i(0))\}$$

(6-35)

当求解器得到飞机速度调整量 Δv_i 后,需考虑规划无人机 i 的速度调整过程以确保在 $t_{i,\,v}^{\mathrm{change}}$ 的时间段内平均速度变化率为 Δv_i。

为了保证无人机 i 在 $t_{i,\,v}^{\mathrm{change}}$ 的时间段内的平均速度变化率为 Δv_i,需保证在时间段 $t_{i,\,v}^{\mathrm{change}}$ 范围内无人机飞行的相对位移与初始速度产生的位移的差值为

$$d_i^{\mathrm{different}} = \Delta v_i t_{i,\,v}^{\mathrm{change}}$$

(6-36)

飞机采用最大减速度调整飞机速度的时间,即

$$d_i^{\mathrm{different}} = \frac{1}{2}a^n_{i,\,\max}t_i^2 + (a^n_{i,\,\max}t_i(t_{i,\,v}^{\mathrm{change}} - t_i))$$

(6-37)

飞机采用最大加速度调整飞机的速度,即

$$d_i^{\mathrm{different}} = \frac{1}{2}a^p_{i,\,\max}t_i^2 + (a^p_{i,\,\max}t_i(t_{i,\,v}^{\mathrm{change}} - t_i))$$

(6-38)

求解式(6-24)和式(6-25)可得飞机速度调整时间 t_i。

6.4.1.3　机动调整消耗函数分析

本节主要考虑能量消耗评价指标。下面分别分析方向调整和速度调整的能量消耗。

1) 二维空间方向调整消耗分析

Vela 等人提出在考虑飞机的目标点的条件下,考虑飞机机动一段距离后会调整

飞机的飞行方向,返回目标点[30]。此分析方法建立在目标点确定且距离较远的前提下。他们简化了飞机转弯过程的机动等问题,因此得到了机动方向和飞行角度的线性相关关系。Jérémy 在分析飞机单次机动冲突消解的方向调整飞机的损耗时,应用飞机当前的初始飞行状态估计飞机冲突调整完毕的时间[23]。在考虑环境中只有2架飞机涉及冲突的前提下,应用初始相对速度估计机动的时间上限 $\bar{t}^{ij}_{\text{change}}$。

$$\bar{t}^{ij}_{\text{change}} = \frac{D}{\parallel \boldsymbol{v}^0_{ij} \parallel} - \boldsymbol{P}^o_{ij} \cdot \frac{\boldsymbol{v}^0_{ij}}{\parallel \boldsymbol{v}^0_{ij} \parallel^2} \qquad (6-39)$$

式中:$\boldsymbol{v}^0_{ij}$ 是在初始时刻无人机 j 相对于无人机 i 的速度;$\boldsymbol{P}^o_{ij}$ 是初始时刻无人机 i 在局部坐标系中的位置向量。在环境中不发生新的冲突的情况下,飞机在保持了 $\bar{t}^{ij}_{\text{change}}$ 时间长度的飞行机动之后将调整,并返回当前飞行状态。考虑在无人机 i 可能与多个飞机发生冲突时的机动问题时,当求解出无人机 i 需要机动的角度后,无人机 i 的持续机动动作 φ_i 的时间长度为

$$\bar{t}^i_{\text{change}} = \max\{\bar{t}^{ik_1}_{\text{change}}, \cdots, \bar{t}^{ik_l}_{\text{change}}\}, c(i, k_l) = 1 \qquad (6-40)$$

也就是说,无人机 i 需要保证将所有与自己有关的冲突都调整到安全距离之外,再返回既定目标点。经过时长为 $\bar{t}^i_{\text{change}}$ 的机动后,假设消解了无人机 i 与局部区域内无人机的冲突,此时无人机 i 将开始调整方向飞向确定的目标点或者是目标航线。无人机 i 的整个冲突消解机动过程如图 6-32 所示。

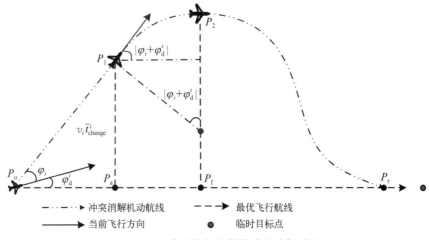

图 6-32　应用方向调整的冲突消解过程

相对于有人机,无人机容易被外部的环境(包括风、气流等)所影响。考虑在真实的环境中无人机在飞行的过程中会不断偏离原定轨道,因此在无人机

的机动过程中假设无人机 i 当前的飞行方向已偏离原有的飞行方向 φ_d^i。对 φ_d^i 的考虑避免了重复的单次调整过程中，无人机 i 的飞行航线偏离既定规划的飞行方向，从而导致冲突消解陷于局部极小的问题。φ_d^i 的正负号定义如下：当无人机 i 当前的飞行方向为目标航向的左侧时，$\varphi_d^i < 0$。当无人机 i 当前的飞行方向为目标航向的右侧时，则 $\varphi_d^i > 0$。

无人机 i 调整运动方向的影响包括偏离最优航线、飞行距离增加产生的更多油耗，以及晚于规定时间到达目的地。定义函数 $f_d^i(\varphi_i)$ 描述无人机 i 方向调整导致偏移最优航线的偏移量。因为油耗与时间的迟到量都与额外飞行距离有关，定义函数 $f_{adddis}^i(\varphi_i)$ 描述无人机 i 的方向机动带来的额外飞行距离：

$$f_{adddis}^i(\varphi_i) = f_{maneuverdis}^i(\varphi_i) - L_{original}^i \tag{6-41}$$

式中：$f_{maneuverdis}^i(\varphi_i)$ 为无人机 i 进行冲突消解从离开原航线（P_0）到返回最优飞行航线（P_r）的过程中飞行航线长度；$L_{original}^i$ 为无人机 i 不进行冲突消解时从 P_0 到 P_r 的直线距离。如图 6-32 所示，将无人机 i 进行方向调整的轨迹分为 3 个阶段。

第一阶段为无人机 i 调整方向躲避障碍阶段。无人机 i 按照预规划的调整策略保持飞行 $\bar{t}_{change}^i$ 的时间长度。无人机 i 的飞行线段是 P_0P_1，其长度为 $v_i\bar{t}_{change}^i$。P_0P_1 在最优飞行航线上映射为 P_0P_a，长度为 $v_i\bar{t}_{change}^i\cos(|\varphi_i + \varphi_d|)$。无人机 i 偏离原航线距离为 $v_i\bar{t}_{change}^i\sin(|\varphi_i + \varphi_d|)$。

第二阶段为无人机调整飞行方向到达与最优航线相平行。这个阶段，无人机 i 的飞行方向为 P_1P_2，其长度为 $|\varphi_i + \varphi_d|R_{i,h}^{min}$。$P_1P_2$ 在无人机 i 最优航线上的投影为 P_aP_f，其长度为 $\sin(|\varphi_i + \varphi_d|)R_{min}^i$。在 P_2 点，无人机 i 偏离最优航线的垂直距离达到最大值 P_2P_f，其长度描述为

$$f_d^i(\varphi_i) = v_i\bar{t}_{change}^i\sin(|\varphi_i + \varphi_d|) + (1 - \cos(|\varphi_i + \varphi_d|))R_{min}^i \tag{6-42}$$

第三阶段为无人机 i 返回最优航线。假设飞机返回最优航线的长度与飞机偏离最优航线的距离相关。令飞机的飞行航线为 P_2P_r，其长度定义为 $l_{P_2P_r}$。而 P_2P_r 在最优航线上的投影 P_fP_r，其长度为 $d_{P_2P_f}$。假设 P_fP_r 与 P_2P_f 的比值为 β，P_2P_r 与 P_2P_f 的长度比值为 α。

对无人机 i 在 3 个阶段飞行航线长度的分析可以得无人机 i 方向调整产生的额外飞行距离为

$$f_{adddis}^i(\varphi_i) = v_i\bar{t}_{change}^i(1 - \cos(|\varphi_i + \varphi_d^i|)) + (|\varphi_i + \varphi_d^i| - \sin(|\varphi_i + \varphi_d^i|))R_{min}^i +$$
$$(\alpha - \beta)[v_i\bar{t}_{change}^i\sin(|\varphi_i + \varphi_d^i|) + (1 - \cos(|\varphi_i + \varphi_d^i|))R_{min}^i]$$

$$\tag{6-43}$$

　　考虑到无人机偏离原定轨迹可能造成飞机执行的任务受到影响以及对其他飞机产生影响。这主要体现在飞机的时间延误和偏离原定的目标点的问题。由于不同飞机的任务不同，因此时间延误和偏离最优航线可能造成的影响不同。下面分别讨论方向调整和时间延误对飞机任务的影响。航线调整的影响因子为 ρ_d^i 与 ρ_{t-}^i。在飞机速度不变的情况下，飞机的时间延误可直接由飞机额外飞行距离和速度求集得到。飞机的最大偏离距离如式(6-45)所示。因此，无人机 i 进行方向机动的总体消耗可归纳为

$$f_{consum}^i(\varphi_i) = f_{adddis}^i(\varphi_i)\varsigma_i + \rho_{t-}^i f_{adddis}^i(\varphi_i)/v_i + \rho_d^i f_d^i(\varphi_i) \qquad (6-44)$$

式中：ς_i 是飞行距离与油耗的线性转化系数。将式(6-42)和式(6-43)代入式(6-44)可整理得

$$f_{consum}^i(\varphi_i) = (\varsigma_i + \rho_{t-}^i)v_i\tau + ((\varsigma_i + \rho_{t-}^i)\gamma + \rho_d^i)R_{min}^i +$$
$$R_{min}^i(\varsigma_i + \rho_{t-}^i)\mid\varphi_i + \varphi_d^i\mid + \sqrt{\kappa_i^{12} + \kappa_i^{22}}\sin(\mid\varphi_i + \varphi_d^i\mid - \varphi_\eta^i)$$
$$(6-45)$$

式中：

$$\begin{cases} \gamma = \alpha - \beta \\ \kappa_i^1 = v_i\bar{t}_{change}^i\gamma(\varsigma_i + \rho_{t-}^i) - R_{min}^i(\varsigma_i + \rho_{t-}^i) + \rho_d^i v_i\bar{t}_{change}^i \\ \kappa_i^2 = v_i\bar{t}_{change}^i(\varsigma_i + \rho_{t-}^i) + (\gamma(\varsigma_i + \rho_{t-}^i) + \rho_d^i)R_{min}^i \\ \varphi_\eta^i = \arcsin(\kappa_i^2/\sqrt{\kappa_i^{12} + \kappa_i^{22}}) \end{cases} \qquad (6-46)$$

　　在确定 $\bar{t}_{change}^i$ 取值的前提下，式(6-46)中项 $(\varsigma_i + \rho_{t-}^i)v_i\bar{t}_{change}^i + ((\varsigma_i + \rho_{t-}^i)\gamma + \rho_d^i)R_{min}^i$ 是已知常量。函数的取值取决于后面两项，他们是 φ_i 的函数。由于 φ_d^i 的取值不同，对函数凹凸特性造成影响，因此 $f_{consum}^i(\varphi_i)$ 是分区域凸函数。

　　2) 速度调整消耗分析

　　无人机速度调整会造成两方面影响。首先飞行的速度与燃油效率相关，如改变无人机飞行速度，可能降低其燃油效率，增加燃油消耗。其次无人机飞行速度的调整可能使其提前或迟于到达既定目标的计划时间，影响其任务执行效果。

　　首先讨论无人机的速度与燃油效率之间的关系。影响无人机油耗的因素有很多，如无人机的飞行高度、速度、加速度、俯仰、转弯、风速等因素。无人机的飞行速度与油耗之间的关系可以归因到无人机发动机燃油燃烧效率与进气量之间的关系。飞行速度过慢或过快都会造成发动机燃油不充分，导致燃油效率低。

此外,无人机在空中飞行速度越快,受到的摩擦阻力越大。文献[31]将油耗与速度的关系在一定范围内将拟合为一元二次方程。

$$FF = k_1 V^2 + k_2 V + k_3 \qquad (6-47)$$

式中:k_1, k_2, k_3 的取值与无人机的飞行高度有关系。

为了方便计算,将速度与燃油比之间的关系进行线性化处理。为了描述 v_i 与燃油效率的关系,定义了一系列线性不等式。假设无人机 i 的油耗线性化为 l_i 个线性不等式,每一个线性不等式由特定的斜率 $a_{k,i}$ 以及常数 $b_{k_f,i}$ 确定,其中 $k_f = 1, \cdots, l_i$:

$$
\begin{aligned}
a_{1,i}(v_0^i + \Delta v_i) + b_{1,i} &\leqslant t_i \\
a_{2,i}(v_0^i + \Delta v_i) + b_{2,i} &\leqslant t_i \\
&\cdots\cdots \\
a_{l,i}(v_0^i + \Delta v_i) + b_{l,i} &\leqslant t_i
\end{aligned}
\qquad (6-48)
$$

速度调整造成的飞机提前或推迟到达目的地也给执行任务带来了影响。在讨论由于速度调整带来执行任务时间变化损失时,可分为两个阶段讨论:

第一个阶段,无人机 i 在 τ 时刻调整其速度以满足冲突消解的机动需求。此时因为加速或者减速造成时间误差。

$$\Delta t_1^i = \tau \Delta v_i / v_0^i \qquad (6-49)$$

第二个阶段,无人机 i 由在速度调整过程中达到的真实速度 v_t^i 返回到最优速度 v_0^i。根据 Δv_i 和 τ 确定速度调整过后的真实速度 v_t^i。

$$
v_t^i = \begin{cases}
v_0^i + a_{i,\max}^p \sqrt{(\Delta v_i \cdot \tau)/(0.5 a_{i,\max}^p)}, & \text{无人机 } i \text{ 加速} \\
v_0^i + a_{i,\max}^n \sqrt{(\Delta v_i \cdot \tau)/(0.5 a_{i,\max}^n)}, & \text{无人机 } i \text{ 减速}
\end{cases}
\qquad (6-50)
$$

在 $[0, \tau]$ 时间段内,如果无人机 i 进行了加速运动,则在冲突消解之后,无人机 i 需要返回原来的最优速度;反之亦然。假设飞机返回原来的速度应用的是最大加速度,可以得到速度恢复时间为

$$
\Delta t_2^i = \begin{cases}
\dfrac{v_t^i - v_0^i}{|a_{i,\max}^n|} \times 2 \dfrac{v_t^i - v_0^i}{v_0^i}, & v_t^i > v_0^i \\[3mm]
\dfrac{v_t^i - v_0^i}{a_{i,\max}^p} \times 2 \dfrac{v_t^i - v^0}{v_0^i}, & \text{其他}
\end{cases}
\qquad (6-51)
$$

将 v_t^i 的值代入式(6-51)可以得到在第二阶段返回原定速度时产生的时间差值：

$$\Delta t_2^i = \begin{cases} 4a_{i,\max}^p \Delta v_i \tau / (\mid a_{i,\max}^n \mid v_0^i), & v_t^i > v_0^i \\ 4a_{i,\max}^n \Delta v_i \tau / (a_{i,\max}^p v_0^i), & 其他 \end{cases} \quad (6-52)$$

速度调整过程造成的全部时间差值为

$$\Delta t_i = \Delta t_1^i + \Delta t_2^i \quad (6-53)$$

由速度调整造成的多余消耗为

$$f_{\mathrm{consum}}^i (\Delta v_i) = \begin{cases} e_i + \rho_{t+}^i \Delta t_i, & v_t^i > v_0^i \\ e_i + \rho_{t-}^i \Delta t_i, & 其他 \end{cases} \quad (6-54)$$

6.4.2 无人机集群内集中式冲突消解

6.4.2.1 基于速度障碍模型的冲突消解

1) 问题描述

本节采用速度障碍模型描述无人机之间的冲突问题。速度障碍描述的是一个速度范围集合，由无人机 i 的状态确定。如果无人机 j 的速度矢量进入该范围，则 2 架无人机将发生冲突。

将速度障碍的约束条件由速度空间转化到位移空间，可以得到对相对位移 $\boldsymbol{S}_{ji}'$ 的终点约束条件。2 架无人机的初始距离向量为 $\boldsymbol{P}_i(0)$，则 2 架无人机在时刻 t 时的距离可以表示为

$$\boldsymbol{d}_{ij}(t) = \boldsymbol{P}_i(0) - \boldsymbol{v}_{ji} t \quad (6-55)$$

为了确保在时间 τ 内，相对位移 $\boldsymbol{S}_{ji}'$ 不进入 $D_{ij}(\boldsymbol{P}_i, r_s^{ij})$，由终点约束条件可得到 2 种不同的约束。第一种约束如图 6-33(a)所示，当 2 架无人机在 $[0, \tau]$ 时间段内最小距离为 τ 时刻，则应满足约束：

$$\parallel \boldsymbol{d}_{ij}(\tau) \parallel > r_s^{ij} \quad (6-56)$$

若 2 架无人机在 $[0, \tau]$ 时刻的最小距离不是取在终点时刻，应保证 $\boldsymbol{S}_{ji}'$ 所在的直线不是 $D_{ij}(\boldsymbol{P}_i, r_s^{ij})$ 的割线，如图 6-33(b)所示。用范数表示由坐标点 $P_i(0)$ 到由向量 $\boldsymbol{S}_{ji}'$ 所确定的直线的最短距离为

$$d_{ij}^p = \left\| \boldsymbol{P}_{ij}(0) - \frac{\boldsymbol{P}_{ij}(0) \cdot \boldsymbol{v}_{ji}}{\parallel \boldsymbol{v}_{ji} \parallel_2} \right\|_2 \quad (6-57)$$

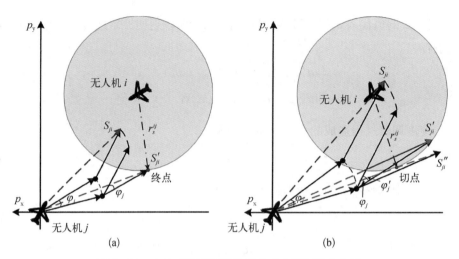

图 6-33　由速度障碍模型推导的安全间隔约束条件

(a) 终点约束中最小距离取在 τ 时刻；(b) 终点约束中最小距离取在 $[0, \tau]$ 时间段内

在二维空间中，式(6-57)可以用代数方程表示为

$$d_{ij}^{p} = | - k_{ij} P_{i,0}^{x} + P_{i,0}^{y} | / \sqrt{1 + k_{ij}^{2}} \qquad (6-58)$$

为了确保飞机之间的安全间隔，应当满足的条件为

$$d_{ij}^{p} \geqslant r_{s}^{ij} \qquad (6-59)$$

2）水平二维空间应用方向调节的非线性优化模型

考虑无人机的动态性能约束、安全间隔约束以及目标函数，二维平面的冲突消解的问题是一个非线性优化问题。根据无人机之间的冲突关系构建一个最小连通图，将其定义为冲突簇。

集群中第 l 个冲突簇中的冲突消解问题可以形式化为

$$\min F = \sum_{i=1}^{n_{l}} f'_{\text{consum}}(\varphi_{i}) \qquad (6-60)$$

约束为

$$\phi_{i} = \phi_{i}^{o}, \ v_{i} = v_{i}^{o}, \ p_{i} = p_{i}^{o}$$
$$g_{ij}(\varphi_{i}, \varphi_{j}) > r_{s}^{ij}, \ r_{s}^{ij} = \max(r_{i}, r_{j}), \ cr_{ij} = 1 \qquad (6-61)$$
$$-\varphi_{\max}^{i}(\tau) > \varphi_{i} > \varphi_{\max}^{i}(\tau), \ i, j \in [1, 2, \cdots, n_{l}]$$

式中：n_{l} 为第 l 个冲突簇中的无人机数量；ϕ_{i}^{o} 和 p_{i}^{o} 分别为规划初始时刻无人机 i 的运动方向和位置；φ_{i}，φ_{j} 为水平运动方向调整量；cr_{ij} 描述无人机 i 与无人机 j

的冲突关系;$\varphi^i_{max}(\tau)$为无人机 i 在 τ 时间段内的最大可跟踪角度。当无人机的速度不同时,一对一冲突的约束是非线性的。同时目标函数也是非线性函数。直接应用已有的非线性优化求解器求解这个非线性优化问题,如 SNOPT 求解器等。但是这些求解器需要在计算过程中计算约束函数的偏微分方程和黑塞矩阵,且求解器难以灵活地根据函数特点定义目标函数和非线性约束函数,造成计算效率低的问题。为了满足在线冲突消解求解的计算实时性需求,需自行设计优化求解方法。

无论是终点约束条件或是切线约束条件都包含着三角函数项,因此这些约束条件都是非凸的。但终点约束函数和切线约束函数具备其他的较好特性,如图 6-34 所示。

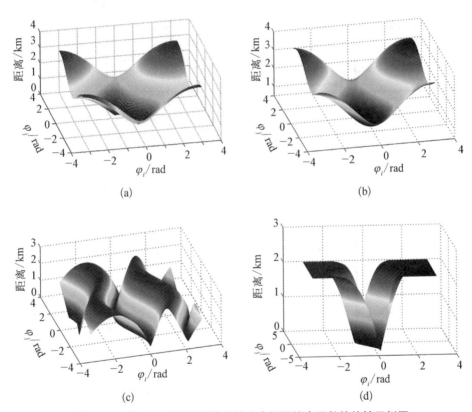

(a)

(b)

(c)

(d)

图 6-34 由速度障碍模型推导的安全间隔约束函数的特性示例图

(a) 2 架无人机终点距离与(φ_i,φ_j)的关系;(b) 2 架无人机终点距离与(φ_i,φ_j)的关系;

(c) 相对速度 v_{ji} 向量与 $P_{ij}(0)$ 的最短距离与(φ_i,φ_j)的关系;

(d) 考虑 v_{ji} 的方向时,v_{ji} 与 $P_{ij}(0)$ 的最短距离与(φ_i,φ_j)的关系

3) 基于随机并行梯度下降法的初始解求解算法

当前有一些能够快速寻找到局部最优解的算法,如序列二次规划(sequential

quadric programming，SQP)算法。这类算法的成功率与计算速度和初始解的好坏有关。为了应用已有性能较好的算法，需要首先找到可行解，然后在可行解的基础上求解局部最优解。由于约束条件式(6-43)与式(6-46)都是在整个可行域内非凸但较大区域内局部单调的函数。根据这一特性设计高效的初始解求解算法。

终点约束条件是单调凹函数，由于非可行解区域是凸区域，可行解区域为一个完整的区域被挖走了一块凸区域，从而是非凸的，如图6-35(a)和图6-35(b)所示，灰色区域是不可行区域。因此，求解基于终点约束限制的冲突消解方案时，采取分区域求解的方法求解冲突消解可行解。

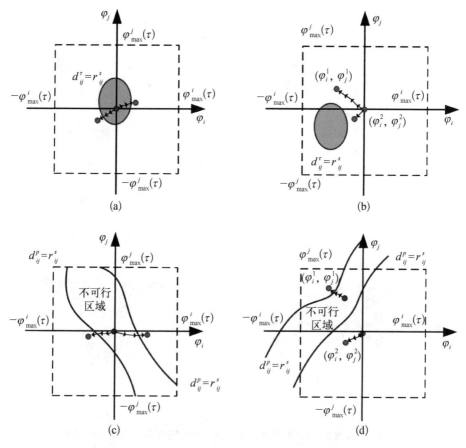

图6-35 2架无人机发生一对一冲突的初始解搜索图示

(a) 终点条件约束的既有冲突初始解搜索图示；(b) 终点条件约束的潜在冲突初始解搜索图示；
(c) 切线条件约束的既有冲突初始解搜索图示；(d) 切线条件约束的潜在冲突初始解搜索图示

在 k 值从负无穷到正无穷的一个周期内，切线约束函数是单调的函数。但是 k 值的周期为 $[-\pi/2, \pi/2]$，由于 (φ_i, φ_j) 机动的区间为 $[-\pi/2, 3\pi/2]$，经过

了 k 值的 2 个周期的区间。因此，在搜索冲突消解的解时，将搜索空间划分为 2 个子区域，如图 6-35(c)和图 6-35(d)所示。

当环境中只有 2 架无人机发生冲突时，利用梯度下降法可以找到保证 2 架无人机安全分离的算法，如图 6-35(a)与图 6-35(c)所示。此时不用考虑涉及潜在冲突的无人机。但在多机冲突的环境中，1 架无人机可能与多架其他无人机发生冲突从而面对多个安全约束所限制。此时需要考虑多约束耦合的问题。

针对多约束耦合问题，可采取在每步迭代过程中计算每个冲突对的梯度方向，然后根据多个梯度方向信息搜索能够保证每对无人机相互远离的搜索方向的办法。但这样计算可能由于迭代次数较多，对较多机重复计算梯度而使计算复杂度大幅提升，总体累计计算时间消耗较大。

Alonso 等人提出采用虚拟领域搜索方法搜索应用方向调整消解多机冲突的可行解决方案[32]。这种方法的思想是在每架无人机当前的飞行方向附近邻域内进行离散的角度调整尝试来搜索能够保证无人机之间安全间隔的可行解。这种方法的收敛效果较差，因为它没有考虑安全间隔约束函数的特性。随着随机搜索算法在处理较多数据和约束耦合的问题被广泛应用，它在解决多耦合问题上的优势逐渐引起研究人员的关注[33]。本节介绍一种将 Alonso 等人提出的领域搜索的思想与安全间隔约束函数本身的特性相结合的随机并行梯度下降（stochastic parallel gradient descent，SPGD）算法。

SPGD 算法最初应用于光学的波前相位校正，该算法核心思想是通过对当前的控制量进行小幅扰动，搜索能够使目标函数得到优化的调整方向。SPGD 算法在光学校准问题上应用收到很好的效果[34-35]。相比于 Alonso 等人提出的领域搜索算法，SPGD 算法能够结合安全间隔约束函数的数学特性，即在一个局部机动区域内安全间隔约束函数是单调变化的。本章在解决集中式冲突消解问题中基于 SPGD 算法求解初始解。基本的 SPGD 算法的目标函数为一个标量和的形式。如果考虑冲突消解问题，目标函数为

$$J = \frac{1}{n_c^l} \sum_{k=1}^{n_c^l} c_k \tag{6-62}$$

式中：n_c^l 为在第 l 个冲突簇中的发生一对一冲突的无人机对数；$c_k(\varphi_i, \varphi_j)$ 为描述第 k 个一对一冲突的评价函数：

$$c_k(\varphi_i, \varphi_j) = \lambda_0(g(\varphi_i, \varphi_j)) + (1 - \lambda_0(g(\varphi_i, \varphi_j))) \frac{g(\varphi_i, \varphi_j)}{r_s^{ij}} \tag{6-63}$$

式中：$\lambda_0(x)$ 是一个示性函数，如果 $x \geqslant r_s^{ij}$，则 $\lambda_0(x) = 1$。否则 $\lambda_0(x) = 0$。由于初始可行解搜索的目标是寻找能够保证涉及冲突的无人机对安全间隔的机动解，因此只要无人机 i 与无人机 j 能够保持安全间隔 $c_k(\varphi_i, \varphi_j)$ 的取值为 1，也就是 $c_k(\varphi_i, \varphi_j)$ 的最大值通常不是一个孤立的取值点而是一片区域。这保证当机动动作对 (φ_i, φ_j) 能够保持安全间距时 $c_k(\varphi_i, \varphi_j)$ 的取值不再变化，而其他飞机对无人机 m 与无人机 s 的动作 (φ_m, φ_s) 如果尚未保证它们之间的安全间隔，则搜索方向将会主要由 (φ_m, φ_s) 的取值影响。

综上，冲突消解的初始可行解搜索的问题与光学波前校正问题的不同点如下：问题的目标是找到确保所有无人机之间安全间隔的可行解，而不是达到某个标量最大值。式（6-62）所定义的优化目标函数虽然能够确保找到优化目标解，却忽视了无人机冲突问题的特性，那就是多机的冲突总是可以归结为多个一对一的冲突关系。没有直接涉及一对一冲突的无人机之间的机动动作，只会间接地影响它们各自所面对的冲突问题。如果将优化目标考虑为一个标量和的形式，则意味着目标函数平均考虑冲突簇中各架无人机之间的关系而忽略了无人机之间真实的冲突关系，因此求解过程收敛效率较低。基于上文的讨论，本节提出向量式的优化目标函数，即

$$J^* = [J_1^*, \cdots, J_{n_l}^*] \tag{6-64}$$

$$J_k^* = \sum_{i=1}^{n_c^{l,k}} c_{ik}, \ \forall k \in n_l，其中 n_c^{l,k} 是与无人机 k 发生冲突的无人机数量。如$$

果所有与无人机 k 相邻的无人机都能够与无人机 k 保持安全间隔，则 J_k^* 将会获得最优值。

向量式随机并行梯度下降（V-SPGD）算法是一个迭代寻优算法。假设当前迭代的轮次为第 m 次迭代，对机动动作集 $\Phi^{(m)}$ 产生一个随机扰动 $\delta\Phi^{(m)} = \{\delta\varphi_k^{(m)}\}$。其中，$\delta\varphi_k^{(m)}$ 是一个服从随机规则的随机变量，即被定义为满足均值为 0、方差为 σ_k^2 的正态分布：

$$\delta\varphi_k^{(m)} \sim N(0, \sigma_k^2) \tag{6-65}$$

式中：σ_k^2 是方差，也称为干扰幅值，它的取值基于其邻域内每架与其冲突的无人机的安全间隔 r_s^{ik} 以及 $g(\varphi_i, \varphi_k)$ 的取值。

由 $\delta\Phi^{(m)}$ 得到向量式目标优化函数中每个元素的变动量：

$$\delta J_k^{*(m)} = (J_k^*(\Phi^{(m)} + \delta\Phi^{(m)}) - J_k^*(\Phi^{(m)})) \tag{6-66}$$

目标优化向量的每个元素 $\varphi_k^{(m)}$ 的更新如下：

$$\varphi_k^{(m+1)} = \varphi_k^{(m)} + \gamma_q^{(m)} \delta J_k^{*(m)} \delta \varphi_k^{(m)} \qquad (6-67)$$

式中：$\gamma_q^{(m)}$ 是系统收益系数，$q=1,2$，n_l 代表了不同无人机对应的参数。$\gamma_q^{(m)}$ 的取值与迭代次数相关。迭代停止条件是 $J_k^{*m} = n_c^{l,k}$，$\forall k \in 1, n_l$，或是迭代次数 m 到达一个预设数值。

原有随机并行梯度下降（O - SPGD）算法在统计学意义上能够保证收敛到最优目标值。文中将标量目标函数扩展为向量形式的目标函数后，需要证明 V - SPGD 算法能够确保找到保证冲突消解的可行解。

定理 6.3： 给定一个由 n_l 架无人机构成的冲突簇（$n_l > 2$），在局部单调空间中存在能够保证冲突簇中无人机安全间隔可行解区域的前提下，应用 V - SPGD 算法求解初始可行解可以保证收敛到该可行区域。

证明： 首先假设在当前的搜索区域 D_o 内存在保证所有无人机安全间隔的子区域 D_o^f。为了不失一般性，假设冲突簇中有 n_l 架无人机。由于每个一对一冲突的安全约束函数都是局部单调的，因此可以认为能够保证任意无人机对无人机 i 与无人机 j 安全间隔的角度范围 $D_{i,j}^f$ 与 D_o^f 相连通。根据 V - SPGD 算法的迭代规则，在统计学意义上，SPGD 算法每次迭代时都会向使 J_k^* 取值增加的方向调整。由于每个约束函数都是局部单调的，因此搜索方向会保证 J_k^* 的取值持续增加。

假设在迭代的过程中，冲突簇中有一个子集合 s_1^1 内数量为 n_1^1 的无人机之间相互保持安全间隔，另一个无人机集合 s_1^2 中数量为 $n_1 - n_1^1$ 的无人机还没有搜索到可行解。其关系为

$$c_k(\varphi_i, \varphi_j) = 1, \; i, j \in s_l^1; c_k(\varphi_i, \varphi_j) < 1, \; i \notin s_l^i \text{ 或 } j \notin s_1^1 \qquad (6-68)$$

由于 s_1^1 集合中的无人机能够保持安全间隔，因此迭代的过程中它们的机动对 (φ_i, φ_j) 只要不导致新的冲突都不会影响搜索方向。影响搜索飞行的是尚没有找到可行解的冲突对。根据迭代规则，搜索算法将搜索能够使向没有找到可行解的冲突对的函数 $c_k(\varphi_i, \varphi_j)$ 取值增加的方向，循环搜索直到找到可行解。

因此，在统计学意义上，V - SPGD 算法能够找到确保多机安全间隔的初始可行解。

4）算法对比验证分析

为了验证算法的有效性，本节设计了验证算法的实例。由于初始解求解算法的目的是为了找到可行的初始解。本节设计多机飞行的场景，并且收集了不

同数量无人机(从 2 架无人机到 23 架无人机)涉及冲突时的冲突消解初始可行解求解时间,将 O-SPGD 算法与 V-SPGD 算法的计算时间进行比较,求解结果如图 6-36 所示。当涉及冲突的无人机数目较少时,O-SPGD 算法的计算效率高于 V-SPGD 算法。这是因为 O-SPGD 算法的计算过程较简单,因此当涉及无人机数量较少时 V-SPGD 算法由于计算略复杂而显示不出优势。当涉及冲突的无人机的数量增多时,应用 V-SPGD 算法求解避免冲突解将会获得更好的计算效果,这是因为 V-SPGD 算法能够根据每架无人机所面对的冲突状况确定搜索策略。

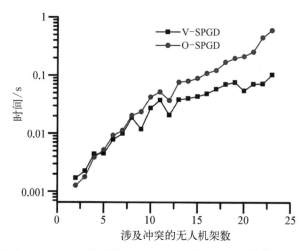

图 6-36   V-SPGD 算法与 O-SPGD 算法的计算性能对比图

5) 局部最优解求解策略研究

在得到初始解之后,应用 SQP 算法计算局部最优解。由于收益函数是分段凸的函数,因此 SQP 算法只能保证找到局部最优解。

安全约束函数在整个空间是非凸函数,只是局部是单调的。无人机之间冲突的复杂度由 2 个要素决定:第一是涉及冲突的无人机的架数,无人机数量越多,计算与分析越复杂;第二是每个冲突簇中一对一冲突的个数,冲突对数越多,冲突簇中需要考虑的约束就越多。每个冲突对都将涉及冲突的 2 架无人机的可行区间大致划分为 2 个子区域。

在图 6-37 中,无人机 i 坐标点为(0, 0),无人机 j 坐标为(0.8, 0.8)。在不同的条件下,切线约束限制的可行解区域大致可以分为 2 个可行解子区域,中间由不可行区域完全分割开,而终点约束条件的可行解区域虽然是连续的,却是非凸的。其可行解区域可以近似考虑为 3~4 个凸的子区域。如图 6-37(a)所示,

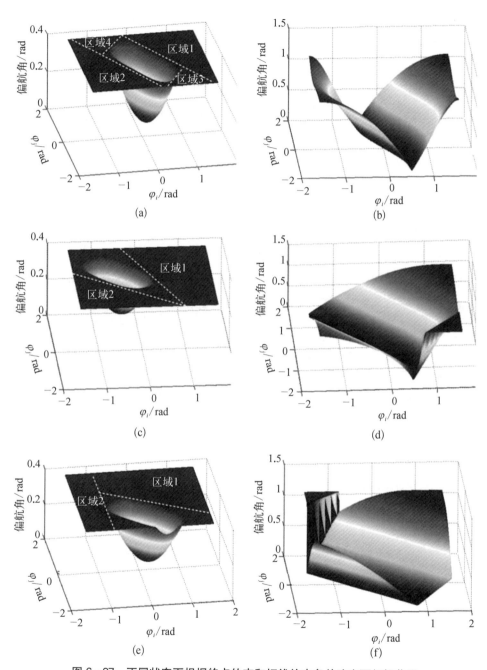

图 6-37 不同状态下根据终点约束和切线约束条件确定可行解范围

(a) 无人机速度比值为 2:1,初始方向为 $\varphi_i = pi/4$, $\varphi_j = 3pi/4$;(b) 无人机速度比值为 2:1,初始方向为 $\varphi_i = pi/4$, $\varphi_j = -3pi/4$;(c) 无人机速度比值为 10:9,初始方向为 $\varphi_i = 3pi/7$, $\varphi_j = -5pi/6$;(d) 无人机速度比值为 10:9,初始方向为 $\varphi_i = 3pi/7$, $\varphi_j = -5pi/6$;(e) 无人机速度比值为 1:1,初始方向为 $\varphi_i = pi/4$, $\varphi_j = pi/2$;(f) 无人机速度比值为 1:1,初始方向为 $\varphi_i = pi/4$, $\varphi_j = pi/2$

在消解无人机之间的冲突时,如果 2 架无人机搜索区域 3 或者区域 4 中的可行解存在的问题是:区域较小,难以求解,同时在大多数情况下,2 架无人机采用不同的偏转方向(相对自己飞行方向)可能导致后续飞行为了返回目标点仍然需要解决穿越同一个点带来的冲突。图 6 - 37(c)与图 6 - 37(e)中所示的场景里,由于无人机当前无人行方向不同,因此可行解区域也发生了变化。考虑在终点约束中,根据当前无人机的飞行状态将搜索区域分为 2 个可行区域,如图 6 - 37(c)与图 6 - 37(e)所示。切线约束函数造成如图 6 - 37(d)与图 6 - 37(f)中所示的平台将在后面的章节中进行讨论。

如果要获得全局优化解,则区域内的算法需要搜索所有的子区域。考虑到涉及冲突的一对一冲突数量为 n_i^c 个,想要获得全局最优需要搜索的子区域总计为 $2^{n_i^c}$。当无人机的数量增多时,求解冲突消解全局最优解的计算时间将会呈指数增长。为了保证计算时间,当涉及无人机数量较多时,将优化目标降低为搜索若干个子区域内的局部最优解。确定搜索子空间基于几个方面考虑:搜索空间保证得到解的概率较大;求解得到的解应该降低引发后续冲突的可能;求解子空间得到的解尽量接近最优解。搜索子区域的选择需要根据基本的机动规则和无人机冲突对的状态选择。在搜索局部最优解时主要考虑如下 2 个筛选条件:① 能够使无人机 i 在当前的运动状态下靠近目标航线的方向;② 所有无人机同时向相同方向机动的搜索策略,即同时向右边机动或者同时向左边机动。

6.4.2.2 基于碰撞锥模型的冲突消解

1) 问题描述

本节考虑碰撞锥模型。由速度障碍约束得到的终点约束条件的目的是确保无人机之间在 $[0, \tau]$ 时间段的安全间隔。由碰撞锥模型产生的是另一种约束条件。这个约束条件要求 S_{ji}^t 所在的直线不能与复合安全区域 $D_{ij}(P_i, r_s^{ij})$ 相割。即为了保持安全间隔,无人机的机动动作应当总是满足约束条件。

2) 基于速度调整的冲突消解

当无人机之间发生冲突时,可能由于无人机的任务需求限制无人机偏离原来的航线,为了确保无人机之间的安全分离,只能调整无人机的速度大小。

无人机的速度大小调整与方向调整有很大不同。无人机在高空中飞行,其速度应当保持在飞行包线以内。同时在近距离的调整中,飞行速度的调整很难在短时间内产生很大的位移调整量,从而导致冲突消解失败。因此,本章提出在进行速度调整时,一旦系统发现需要靠速度调整的无人机之间发生冲突,则必须采用切线约束条件消解无人机之间的冲突。Pallottino 等人提出了经典的速度调整(velocing change,VC)模型[36]。Alonso-Ayuso 在他们的基础上进一步补充并有所发展[37]，基于他们的已有研究成果，对 VC 模型进行进一步的改进。

（1）无人机安全间隔约束条件分析。首先讨论一对一冲突中速度调整的约束条件。速度的变化不是瞬间达到的。为了简化讨论，假设应用平均速度 v_i 计算冲突消解的速度调整量，则速度变化差值 Δv_i 就是速度调整问题中的控制变量。

基于切线准则的安全限制条件为关于参数 k_{ij} 的不等式：

$$|-k_{ij}P_{ix}+P_{iy}|/\sqrt{1+k_{ij}^2} \geqslant r_s^{ij} \qquad (6-69)$$

根据限制条件定义安全限制边界等式：

$$k_{ij}^2(P_{ix}^2-r_s^{ij2})-2k_{ij}^2P_{ix}P_{iy}+P_{iy}^2-r_s^{ij2}=0 \qquad (6-70)$$

得到式(6-70)的判别式：

$$\Delta=4r_s^{ij2}(P_{ix}^2+P_{iy}^2-r_s^{ij2}) \qquad (6-71)$$

假设系统在发现 2 架无人机冲突的初始时间点，2 架无人机的距离在安全距离之外，有 $P_{ix}^2+P_{iy}^2>r_s^{ij2}$，因此 $\Delta>0$。由此可得式(6-70)的两个实数解：

$$k_{ij}^1=(2P_{ix}P_{iy}-\sqrt{\Delta})/2(P_{ix}^2-r_s^{ij2})$$
$$k_{ij}^2=(2P_{ix}P_{iy}+\sqrt{\Delta})/2(P_{ix}^2-r_s^{ij2}) \qquad (6-72)$$

满足安全分离条件的斜率 k_{ij} 由 k_{ij}^1 和 k_{ij}^2 决定。根据二次方程解的特性可知，由于 $P_{ix}^2-r_s^{ij2}$ 的正、负号的关系，可行解有 2 种不同的方式：

a. 当 $P_{ix}^2>r_s^{ij2}$ 时，可行解的范围为

$$k_{ij}^{\text{feasible}} \in (k_{ij}^2,k_{ij}^1) \qquad (6-73)$$

b. 当 $P_{ix}^2<r_s^{ij2}$ 时，可行解的范围为

$$k_{ij}^{\text{feasible}} \in \{k \mid k \in (-\infty,k_{ij}^1) \bigcup (k_{ij}^2,+\infty)\} \qquad (6-74)$$

根据二次方程求解规则，方式 a 与方式 b 定义了完全不相交的 2 个范围。这是对斜率取值范围的限制，由于函数 $\tan(x)$ 的定义域为 $[-\pi/2,\pi/2]$，而相对速度的方向角度范围是 $[0,2\pi]$。因此，将可行解的取值范围映射到 $[0,2\pi]$ 的角度空间上，可以发现由式(6-61)式(6-62)所规范的角度值只描述了 $[0,2\pi]$ 范围内一半的可行解范围，而与之关于原点对称的区域也是相对速度方向的可行解区域。同时，考虑只在 v_{ji} 与 OP_i^o 构成的射线成锐角时，2 架无人机才有可能发

生相互碰撞,因此与包含着 A_i 的非可行区域(式(6-61)或式(6-62)所定义区域的补集)关于原点对称的区域是相对速度调整的可行区域。将以上分析的可行解区域描述在几何构型上可以得到图 6-38 所示的可行解区域。图 6-38(a)展示的是方式 a 中描述的可行解区域,图 6-38(b)展示方式 b 中描述的情况。由上分析可以得出结论,图 6-38(a)与图 6-38(b)中的可行解区域在几何学上是相似的,其不同点就是相对位置上有一定角度的旋转。根据几何旋转不变性,可以将图 6-38(b)中的原有坐标系进行一定的角度变换,使经过变换后 A_i 在新的坐标系中,X 坐标为 0,Y 坐标为正。

首选需要计算坐标轴旋转的角度。如图 6-38(b)所示,由坐标位置(P_{ix},P_{iy})可计算得到 Y 的正向坐标轴到向量 $\boldsymbol{OP}_i^\circ$ 的角度为 σ_{ij},以顺时针为正,以逆时针为负。坐标系需要旋转的角度值为 σ_{ij}。由此可以得到坐标变换矩阵为

$$\boldsymbol{T} = \begin{bmatrix} \cos \sigma_{ij} & -\sin \sigma_{ij} \\ \sin \sigma_{ij} & \cos \sigma_{ij} \end{bmatrix} \tag{6-75}$$

经过旋转的坐标系中,无人机 i 的坐标为

$$\begin{bmatrix} P'_{ix} \\ P'_{iy} \end{bmatrix} = \boldsymbol{T}^{-1} \begin{bmatrix} P_{ix} \\ P_{iy} \end{bmatrix} \tag{6-76}$$

无人机 i 与无人机 j 的运动方向在新的坐标系中为

$$\begin{aligned} \phi'_i &= \phi_i - \sigma_{ij} \\ \phi'_j &= \phi_j - \sigma_{ij} \end{aligned} \tag{6-77}$$

经过旋转之后,在新的局部坐标系 $X'OY'$ 中,满足切线约束 k_{ij} 的可行解服从式(6-73)的约束。

如图 6-38(a)中所示,完整的可行解区域由区域 1 和区域 2 组成,它们组成了一个连续的角度范围,这个可行解范围扩大了单纯由约束(式(6-61))确定的范围。虽然如图 6-38(a)所示,可行解区域区域 1 和区域 2 是相连的,但是在求解的过程中,对区域 1 和区域 2 这个完整的可行解区域进行连续表示存在困难,这主要与 k_{ij} 函数的周期性相关。因此,只能将 k_{ij} 的可行解拆分为 2 个子区域。对 k_{ij} 函数进一步讨论。在基于速度调整情况下 k_{ij} 的表达式(6-66)如所示:

$$k_{ij} = \frac{\sin \phi_j \cdot (v_o^j + \Delta v_j) - (v_o^i + \Delta v_i) \sin \phi_i}{\cos \phi_j \cdot (v_o^j + \Delta v_j) - (v_o^i + \Delta v_i) \cos \phi_i} \tag{6-78}$$

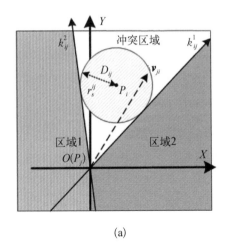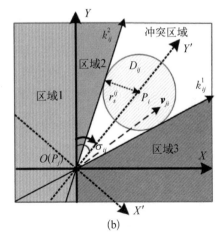

图 6-38　由切线条件临界 k_{ij} 值确定的安全分离可行解区域

(a) 对应情形(a)下的可行区域;(b) 对应情形(b)下的可行区域

函数 k_{ij} 是一个分式函数而不是线性函数。虽然可以通过通分将分式函数的分母项去掉,但是由于函数在分母项取 0 的点是奇异的,而分母函数在变号时可能会造成 k_{ij} 取值发生正、负的变化,乃至由 k_{ij} 确定的不等式的方向发生变化。为了分析分母函数,单独地定义分母函数:

$$f_v^d(\Delta v_i, \Delta v_j) = \cos \phi_j \cdot (v_o^j + \Delta v_j) - (v_o^i + \Delta v_i)\cos \phi_i \qquad (6-79)$$

当 $\bm{S}'_{ji}$ 的方向为 $\pi/2 + k\pi$, $k \in \mathbf{Z}$ 时,$f_v^d(\Delta v_i, \Delta v_j)$ 的取值为 0。因此,正是 $f_v^d(\Delta v_i, \Delta v_j)$ 的取值确定了 k_{ij} 函数的周期性,并且决定了可行解被划分为 2 个相邻却被 $f_v^d(\Delta v_i, \Delta v_j)$ 的取值隔断的子区域。如图 6-38(a)所示,区域 1 和区域 2 中,$f_v^d(\Delta v_i, \Delta v_j)$ 的取值是相反的。如果不进行坐标系转化,如图 6-38(b)所示,区域 2 和区域 3 虽然是同号,却被不可行区间阻挡,导致需要分别搜索 3 个区域。由于 $f_v^d(\Delta v_i, \Delta v_j)$ 是一个线性函数,因此其取值具有连续性,它描述的函数在三维空间是一个平面,所以在 k_{ij} 函数的每个周期中,$f_v^d(\Delta v_i, \Delta v_j)$ 的正负号不变。当 $f_v^d(\Delta v_i, \Delta v_j)$ 的正负号发生了变化时,说明此时相对速度的方向角度值在 k_{ij} 函数的另一个周期中。基于 $f_v^d(\Delta v_i, \Delta v_j)$ 的这一性质,本节提出应用 $f_v^d(\Delta v_i, \Delta v_j)$ 的符号取值界定 k_{ij} 函数取值范围,并且界定区域 1 与区域 2。

首先讨论边界条件。假设 k_{ij} 取值已定,可由式(6-66)推导出 Δv_i 和 Δv_j 之间的关系:

$$\Delta v_j(a_1(k_{ij})) - \Delta v_i(a_2(k_{ij})) = a_3(k_{ij}) \qquad (6-80)$$

其中：

$$a_1(k_{ij}) = k_{ij}\cos\phi_j - \sin\phi_j$$

$$a_2(k_{ij}) = k_{ij}\cos\phi_i - \sin\phi_i \qquad (6-81)$$

$$a_3(k_{ij}) = -a_1(k_{ij})v_o^j + a_2(k_{ij})v_o^i$$

由于 $f_v^d(\Delta v_i, \Delta v_j)$ 在区域 1 和区域 2 两个区域的取值是相反的，因此可以结合 $f_v^d(\Delta v_i, \Delta v_j)$ 的取值符号与式(6-68)将保证安全分离的条件分为互斥的两种条件。

第一种条件：当函数 $f_v^d(\Delta v_i, \Delta v_j)$ 在区域 1 取负值，则可行解可以定义为如下的两组不等式。

$$\begin{cases} \Delta v_j a_1(k_{ij}^2) - \Delta v_i a_2(k_{ij}^2) \geqslant a_3(k_{ij}^2) \\ f_v^d(\Delta v_i, \Delta v_j) < 0 \end{cases} \text{或} \begin{cases} \Delta v_j a_1(k_{ij}^1) - \Delta v_i a_2(k_{ij}^1) \geqslant a_3(k_{ij}^1) \\ f_v^d(\Delta v_i, \Delta v_j) > 0 \end{cases}$$

$$(6-82)$$

第二种条件：当函数 $f_v^d(\Delta v_i, \Delta v_j)$ 在区域 2 取负值，则可行解可以定义为如下的两组不等式：

$$\begin{cases} \Delta v_j a_1(k_{ij}^2) - \Delta v_i a_2(k_{ij}^2) \leqslant a_3(k_{ij}^2) \\ f_v^d(\Delta v_i, \Delta v_j) > 0 \end{cases} \text{或} \begin{cases} \Delta v_j a_1(k_{ij}^1) - \Delta v_i a_2(k_{ij}^1) \leqslant a_3(k_{ij}^1) \\ f_v^d(\Delta v_i, \Delta v_j) < 0 \end{cases}$$

$$(6-83)$$

根据上面的讨论，$f_v^d(\Delta v_i, \Delta v_j)$ 不可能在区域 1 或者区域 2 内变号，因此本节利用 $f_v^d(\Delta v_i, \Delta v_j)$ 的初始值和 k_{ij} 的初始值判断 $f_v^d(\Delta v_i, \Delta v_j)$ 在区域 1 与区域 2 中的取值正、负，当 Δv_i 和 Δv_j 同时取 0 时，$f_v^d(0,0)$ 的取值和 k_{ij}° 的取值。

如果 $f_v^d(0,0) \cdot k_{ij}^\circ > 0$，则说明 k_{ij}° 落在了区域 1 上，且 $f_v^d(0,0)$ 取负或者 k_{ij}° 落在区域 2 上，而 $f_v^d(0,0)$ 取正。这两种情况都说明 $f_v^d(0,0)$ 在区域 1 上取负。

如果 $f_v^d(0,0) \cdot k_{ij}^\circ < 0$，则说明 k_{ij}° 落在了区域 1 上，且 $f_v^d(0,0)$ 取正或者 k_{ij}° 落在了区域 2 上，而 $f_v^d(0,0)$ 取负。这两种情况可能都说明 $f_v^d(0,0)$ 在区域 1 上取正。

如果出现了状况 $f_v^d(0,0) = 0$，或者 $\sin\phi_j \cdot v_o^j - \sin\phi_i \cdot v_o^i = 0$ 时，$f_v^d(0,0) \cdot k_{ij}^\circ$ 的取值要么无意义，要么为 0，则可以给 Δv_i 和 Δv_j 赋以适当取值，以保证

$f_v^d(0, 0) \cdot k_{ij}^\circ$ 取值有意义且非 0,然后按照上面的判断准则确定 $f_v^d(\Delta v_i, \Delta v_j)$ 在不同子区域上的取值正、负。

Pallottino 与 Alonso-Ayuso 等人提出的搜索区间确定方法与本节提出的方法的根本性区别是,他们通过坐标系变换将图 6-38(a)描述的问题转换为图 6-38(b)中的问题,以避免出现在不可行解区域中有 $f_v^d(\Delta v_i, \Delta v_j)$ 取值为 0 造成的奇异值现象[36-37]。他们分别搜索了 $f_v^d(\Delta v_i, \Delta v_j)$ 不同号条件下的约束(式(6-74))所描述的可行域范围,因此他们的算法需要为每对无人机搜索四个可行区域,增加了子区间的个数。本节定义的约束(式(6-73))能有效地减少搜索分支。

(2) 应用速度调整消解冲突的混合整数线性规划模型。根据上述分析,本节将基于速度调整的集群内无人机冲突消解问题建模为 MILP 模型。目标函数为

$$\min: \sum_{i=1}^{n} f_{consum}^{i}(\Delta v_i) \tag{6-84}$$

约束为

$$a_3(k_{ij}^1) - \Delta v_j a_1(k_{ij}^1) + \Delta v_i a_2(k_{ij}^1) \leqslant (1-s_1^{ij})M_1^{ij}$$
$$-f_v^d(\Delta v_i, \Delta v_j) < (1-s_1^{ij})M_1^{ij}$$
$$a_3(k_{ij}^2) - \Delta v_j a_1(k_{ij}^2) + \Delta v_i a_2(k_{ij}^2) \leqslant (1-s_2^{ij})M_2^{ij}$$
$$f_v^d(\Delta v_i, \Delta v_j) < (1-s_2^{ij})M_2^{ij}$$
$$\Delta v_j a_1(k_{ij}^1) - \Delta v_i a_2(k_{ij}^1) - a_3(k_{ij}^1) \leqslant (1-s_3^{ij})M_3^{ij}$$
$$f_v^d(\Delta v_i, \Delta v_j) < (1-s_3^{ij})M_3^{ij}$$
$$\Delta v_i a_2(k_{ij}^2) - \Delta v_j a_1(k_{ij}^2) - a_3(k_{ij}^2) \leqslant (1-s_4^{ij})M_4^{ij} \tag{6-85}$$
$$-f_v^d(\Delta v_i, \Delta v_j) < (1-s_4^{ij})M_4^{ij}$$
$$\sum_{k=1}^{2} s_k^{ij} = 1, \, ds_{ij} > 0, \, \forall i, j \in n, \, g_{ij} \neq 0$$
$$\sum_{k=3}^{4} s_k^{ij} = 1, \, ds_{ij} < 0, \, \forall i, j \in n, \, g_{ij} \neq 0$$
$$a_{k_f, i}\hat{s}_i + b_{k_f, i} \leqslant e_i, \, \forall i \in n, \, k_f \in l_i$$
$$\Delta v_i \in (v_i - v_i^{\min}, \, v_i^{\max} - v_i), \, \forall i \in n$$

M_k^{ij} 被定义为足够大的数值。由于在搜索最优解时必须要确定一个可行解

区域,因此 s_k^{ij} 被定义为选择变量。在前文中已经讨论过,目标函数和约束函数都是线性条件,而选择变量为布尔变量值。因此,速度调整的冲突消解问题是一个标准的 MILP 问题。由于本节中对可行解约束条件进行了进一步的讨论,相比于已有的算法将每个一对一的冲突对的子区间数量由 4 个减少到了 2 个,是原来搜索区间数的 1/2 倍。相比于已有算法,本节的方法在消解多机冲突时将搜索空间减少了 2^{n_c} 倍,n_c 为一对一冲突的个数。

3) 基于方向调整的冲突消解

(1) 安全间隔约束条件。与基于速度调整方法类似,在求解基于方向调整的冲突消解策略时,通过坐标系旋转可将可行域归纳为

$$k_{ji}^{\text{feasible}} \in (k_{ji}^2, k_{ji}^1) \tag{6-86}$$

将 k_{ji} 展开为

$$k_{ji} = \frac{v_j \sin(\phi_j(0) + \varphi_j) - v_i \sin(\phi_i(0) + \varphi_i)}{v_j \cos(\phi_j(0) + \varphi_j) - v_i \cos(\phi_i(0) + \varphi_i)} \tag{6-87}$$

k_{ji} 是周期为 $[-\pi/2 + k\pi, \pi/2 + k\pi], k \in \mathbf{Z}$ 的周期函数。整理式(6-87)为

$$v_j \sin(\phi_j + \varphi_j(0) - \delta(k_{ji})) = v_i \sin(\phi_i + \varphi_i(0) - \delta(k_{ji})) \tag{6-88}$$

式中:$\delta(k_{ji}) = \arcsin(k_{ij} / \sqrt{1 + k_{ji}^2})$。

如图 6-39 所示,完整的可行解区域被划分为区域 1 和区域 2。本节研究在 k_{ji} 的不同周期分别求解冲突消解策略。定义 k_{ji} 的分母函数为

$$f_\varphi^d(\varphi_i, \varphi_j) = v_j \cos(\phi_j(0) + \varphi_j) - v_i \cos(\phi_i(0) + \varphi_i) \tag{6-89}$$

为了方便讨论,设定 v_{ji} 在 4 个象限的方位角为 $[-\pi/2, 3\pi/2]$。$f_\varphi^d(\varphi_i, \varphi_j)$ 确定了 k_{ji} 的周期性。应用函数 $f_\varphi^d(\varphi_i, \varphi_j)$ 取值正负判断 k_{ji} 的周期。定义布尔变量 ds_{ij} 判断函数 $f_\varphi^d(\varphi_i, \varphi_j)$ 在区域 1 与区域 2 上的正负值。定义 v_{ji} 的朝向为 ϕ_{ji},ds_{ij} 的取值定义为

a. 若 $f_\varphi^d(0, 0) \neq 0$,如果 $\phi_{ji} \in [\pi/2, 3\pi/2]$ 且 $f_\varphi^d(0, 0) < 0$,或 $\phi_{ji} \in [-\pi/2, \pi/2]$ 且 $f_\varphi^d(0, 0) > 0$,$ds_{ij} = 1$,否则 $ds_{ij} = 0$。

b. 若 $f_\varphi^d(0, 0) = 0$,给无人机的飞行方向增加一个微小的扰动 $(\varphi_i^r, \varphi_j^r)$,使得 $f_\varphi^d(\varphi_i^r, \varphi_j^r) \neq 0$,将会得到新的值 φ'。根据 $f_\varphi^d(\varphi_i^r, \varphi_j^r)$ 的正负确定 ds_{ij} 的取值。

由此可确定能保证安全间隔的 (φ_i, φ_j) 应满足:

a. 当 $ds_{ij} = 1$,可行解区域满足:

$$\begin{cases} \sin(\phi_j(0) + \varphi_j - \delta(k_{ji}^1)) \leqslant \dfrac{v_i}{v_j} \sin(\phi_i(0) + \varphi_i - \delta(k_{ji}^1)) \\ f_\varphi^d(\varphi_i, \varphi_j) > 0 \end{cases} \tag{6-90}$$

或

$$\begin{cases} \sin(\phi_j(0) + \varphi_j - \delta(k_{ji}^2)) \leqslant \dfrac{v_i}{v_j} \sin(\phi_i(0) + \varphi_i - \delta(k_{ji}^2)) \\ f_\varphi^d(\varphi_i, \varphi_j) < 0 \end{cases} \tag{6-91}$$

b. 当 $\mathrm{d}s_{ij} = 0$，可行解区间满足约束：

$$\begin{cases} \sin(\phi_j(0) + \varphi_j - \delta(k_{ji}^1)) \geqslant \dfrac{v_i}{v_j} \sin(\phi_i(0) + \varphi_i - \delta(k_{ji}^1)) \\ f_\varphi^d(\varphi_i, \varphi_j) > 0 \end{cases} \tag{6-92}$$

或

$$\begin{cases} \sin(\phi_j(0) + \varphi_j - \delta(k_{ji}^2)) \geqslant \dfrac{v_i}{v_j} \sin(\phi_i(0) + \varphi_i - \delta(k_{ji}^2)) \\ f_\varphi^d(\varphi_i, \varphi_j) > 0 \end{cases} \tag{6-93}$$

（2）空间映射方法。无人机 i 与无人机 j 速度相同时，k_{ji} 与 (φ_i, φ_j) 的关系是线性的。但大多数情况下，无人机速度不相同，此时基于方向调整的冲突消解问题是一个混合整数非线性优化问题，其计算复杂度比线性优化问题复杂[38-39]。当无人机的速度不同时，为了建立 k_{ji} 与 (φ_i, φ_j) 的线性关系，对式（6-88）进行进一步讨论。

2 架无人机的安全间隔约束见式（6-78）～式（6-81）。根据约束条件特点，定义映射关系为

$$\begin{aligned} x_s^{i,b} &= \sin(\phi_i(0) + \varphi_i - \delta(k_{ji}^b)) \\ y_s^{j,b} &= \sin(\phi_j(0) + \varphi_j - \delta(k_{ji}^b)) \end{aligned} \tag{6-94}$$

$x_s^{i,b}$ 与 $y_s^{j,b}$ 的值域为 $[-1, 1]$。式（6-94）将角度值关系映射为正弦值关系。式（6-88）转换为 $x_s^{i,b}$ 与 $y_s^{j,b}$ 的关系：

$$v_j y_s^{j,b} = v_i x_s^{i,b} \tag{6-95}$$

由此，安全间隔约束被转换为正弦值空间的线性关系。对式（6-95）进行进一步讨论，得到每架无人机的机动约束。以不等式约束 $v_j y_s^{j,b} \geqslant v_i x_s^{i,b}$ 的可行解为例，如图 6-39 所示。深灰色区域为可行解元组 $(x_s^{i,b}, y_s^{j,b})$ 对应的可行解区域，将其定义为 $FR_{hh,b}^{ij}$，$b \in 1, 2$。$\forall (x_s^{i,b}, y_s^{j,b}) \in FB_{hh,b}^{ij}$ 对应在角度空间，

能保证无人机 i 与无人机 j 安全间隔的机动策略对 (φ_i, φ_j)。深黑线 $l_{hh}^{m,b}$ 是可行解边界，其表达式如式 $(6-83)$。$l_{hh}^{m,b}$ 与坐标轴 $X_s^{i,b}$ 的夹角为 $\theta_{hh}^{k_b}$。

$$\theta_{hh}^{k_b} = \arctan(v_j/v_i) \tag{6-96}$$

坐标系 $X_s^{i,b}OY_s^{j,b}$ 中，当无人机 i 与无人机 j 的运动方向不变时初始点 $P_o^{ij,b} = (x_{s,o}^{i,b}, y_{s,o}^{j,b})$，$x_{s,o}^{i,b} = \sin(\phi_i(0) - \delta(k_{ji}^b))$，$y_{s,o}^{j,b} = \sin(\phi_j(0) - \delta(k_{ji}^b))$。当无人机 i 与无人机 j 存在既有冲突时，$P_o^{ij,b} \notin FR_{hh,b}^{ij}$。此时需无人机 i 和无人机 j 调整 (φ_i, φ_j) 以使 $(\phi_i(0) + \varphi_i, \phi_j(0) + \varphi_j)$ 的映射在区域 $FR_{hh,b}^{ij}$ 内。定义向量 $\boldsymbol{u}_{hh}^b$ 为

$$\boldsymbol{u}_{hh}^b = (\underset{P_{hh} \in l_{hh}^{m,b}}{\arg\min} \| P_{hh} - P_o^{ij,b} \|) - P_o^{ij,b} \tag{6-97}$$

$\boldsymbol{u}_{hh}$ 的范数为从 $P_o^{ij,b}$ 到可行域 $FR_{hh,b}^{ij}$ 的最小距离。根据 $\theta_{hh}^{k_b}$ 可计算得无人机 i 应负担的最小调整量在映射空间中的取值 u_h^i，无人机 j 应负担的最小调整量在映射空间中的取值 u_h^j。$(\phi_i(0) + \varphi_i, \phi_j(0) + \varphi_j)$ 经过映射后在坐标系 $X_s^{i,b}OY_s^{j,b}$ 上的坐标为 $P_n^{ij,b} = (x_{s,n}^{i,b}, y_{s,n}^{j,b})$。从 $P_o^{ij,b}$ 到 $P_n^{ij,b}$ 映射的向量被定义为 $\boldsymbol{m}_{on}^{ij,b}$，如图 $6-39(a)$ 所示。为了保证无人机 i 与无人机 j 的安全间隔，$\boldsymbol{m}_{on}^{ij,b}$ 需满足约束：

$$\boldsymbol{m}_{on}^{ij,b} \cdot \frac{\boldsymbol{u}_{hh}^b}{\| \boldsymbol{u}_{hh}^b \|} \geqslant \boldsymbol{u}_{hh}^b \tag{6-98}$$

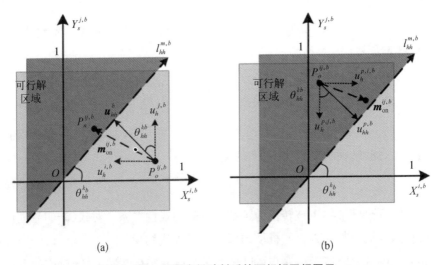

(a) 　　　　　　　　　　　　　(b)

图 6-39　采用空间映射后的可行解区间图示

(a) 空间映射后新坐标系中对既有冲突的分析；(b) 空间映射后新坐标系中对潜在冲突的分析

无人机之间存在潜在冲突时,其机动角度约束也可被描述为式(6-90)、式(6-91)或式(6-92)、式(6-93)。由于安全区域边界的影响,由潜在冲突可得到2个不同的约束,一个与既有冲突的约束相同,另一个约束定义了无人机i与无人机j在当前状态下可机动角度而不是须机动角度。如图6-39(b)所示,深灰色区域为可行解区域,定义为$FR_{hh,b}^{ij}$,$b \in 1$ 或 2,且$P_o^{ij,b} \in FR_{hh,b}^{ij}$。 定义一个向量$\boldsymbol{u}_{hh}^{p,b}$:

$$\boldsymbol{u}_{hh}^{p,b} = (\underset{P_{hh} \in l_{hh}^{m,b}}{\arg\min} \| P_{hh} - P_o^{ij,b} \|) - P_o^{ij,b} \tag{6-99}$$

为保证无人机之间安全间隔,应满足约束:

$$\boldsymbol{m}_{on}^{ij,b} \cdot \frac{\boldsymbol{u}_{hh}^{p,b}}{\| \boldsymbol{u}_{hh}^{p,b} \|} \leqslant \boldsymbol{u}_{hh}^{p,b} \tag{6-100}$$

已知$\boldsymbol{u}_{hh}^{b} = (u_h^{i,b}, u_h^{j,b})$,$\boldsymbol{u}_{hh}^{p,b} = (u_h^{p,i,b}, u_h^{p,j,b})$,$\boldsymbol{m}_{on}^{ij,b} = (m_{on}^{i,b}, m_{on}^{j,b})$。其中$m_{on}^{i,b} = x_{s,n}^{i,b} - x_{s,o}^{j,b}$且$m_{on}^{j,b} = y_{s,n}^{j,b} - y_{s,o}^{i,b}$,定义规则如下:

无人机i与无人机j的机动角度在正弦值空间的映射需分别满足$\boldsymbol{u}_{hh}^{b}$或$\boldsymbol{u}_{hh}^{p,b}$在各坐标系上映射分量的约束。

基于这个规则,涉及既有冲突的无人机i与无人机j应满足如下约束:

a. $u_h^{i,b} > 0 \wedge u_h^{j,b} < 0$,则

$$m_{no}^{i,b} > u_h^{i,b} \wedge m_{no}^{j,b} < u_h^{j,b} \tag{6-101}$$

b. $u_h^{i,b} < 0 \wedge u_h^{j,b} > 0$,则

$$m_{no}^{i,b} < u_h^{i,b} \wedge m_{no}^{j,b} > u_h^{j,b} \tag{6-102}$$

考虑无人机之间的潜在约束时,建立如下不等式约束:

a. $u_h^{p,i,b} > 0 \wedge u_h^{p,j,b} < 0$,则

$$m_{no}^{i} < u_h^{p,i,b} \wedge m_{no}^{j} > u_h^{p,j,b} \tag{6-103}$$

b. $u_h^{p,i,b} < 0 \wedge u_h^{p,j,b} > 0$,则

$$m_{no}^{i} > u_h^{p,i,b} \wedge m_{no}^{j} < u_h^{p,j,b} \tag{6-104}$$

进一步可由非线性冲突约束推导出线性约束条件。在计算获得正弦值空间内的线性约束条件后,经过反三角函数运算即可得到无人机i在与无人机j的冲突中的机动角度约束条件,如$(\varphi_i^{u,1,b}, \varphi_i^{u,2,b})$,同样也可以得到无人机$i$的机动角度约束条件$(\varphi_j^{u,1,b}, \varphi_j^{u,2,b})$。

根据正弦值空间映射得到的线性关系,确定相关无人机在角度空间中的可

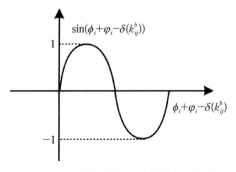

图 6-40 冲突消解问题空间映射示意

行角度范围时需讨论角度值空间与正弦值空间的映射转换问题。

将 $[0, 2\pi]$ 范围内的角度值做正弦运算映射到数值范围 $[-1, 1]$ 的映射关系如图 6-40 所示,这不是双射。

一方面,将角度值映射为 $[-1, 1]$ 范围内的数值时,根据正弦函数特征确定数值范围。另一方面,在确定正弦值空间内的可行解范围后需要将其映射到角度值范围。假设无人机在进行短距离方向机动规划时,最大可跟踪角度 $\varphi^i_{\max}(\tau) \leqslant \pi/2$,在此前提下讨论以上问题。

首先讨论根据 $\varphi^i_{\max}(\tau)$ 确定 x^i_s 的取值范围。由冲突限制条件 k^b_{ij} 可得到参数 $\delta(k^b_{ij})$。进一步可确定 $\phi_i + \varphi_i - \delta(k^b_{ij})$ 能达到的角度范围:

$$\left[\phi_i - \varphi^i_{\max}(\tau) - \delta(k^b_{ij}),\ \phi_i + \varphi'_{\max}(\tau) - \delta(k^b_{ij})\right] \tag{6-105}$$

确定 $\sin(\phi_i + \varphi_i - \delta(k^b_{ij}))$ 的取值范围时,应当考虑正弦函数的特征。如图 6-41 所示,为将角度范围映射到 x^i_s 的 3 种情况。

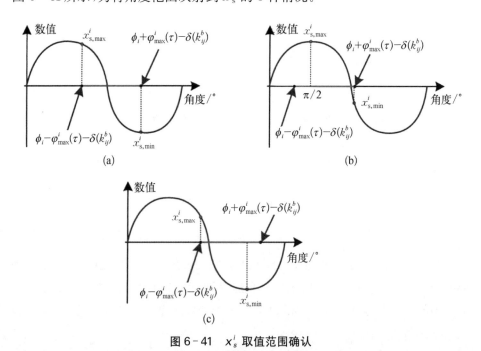

图 6-41 x^i_s 取值范围确认

(a) 一般情况;(b) 最大值不由终点确定;(c) 最小值不由终点确定

进一步讨论,当应用空间映射方法确定无人机 i 的映射参数 x_s^i 的调整量 u_h^i 后,将新的映射值反映射到角度空间以确定无人机 i 的角度调整范围。

第一步:将 x_s^i 调整量映射到角度空间中,求解过程如下:

在已知调整变量 u_h^i 后,得到在映射参数 x_s^i 坐标轴上的坐标为

$$x_{s,n}^j = u_h^i + \sin(\phi_i - \delta(k_{ij}^b)) \tag{6-106}$$

将 $x_{s,n}^i$ 的数值映射到角度空间:

$$\theta_i^{u,1} = \arcsin(x_{s,n}^i) \tag{6-107}$$

由于正弦函数的周期性,在角度坐标轴上可能有邻近的两个角度满足正弦值约束,如图 6-42 所示。但通过反正弦函数的计算只能得到一个角度。为了避免因为遗漏角度值项而造成的对机动角度范围确定的误差,在计算中考虑可能的遗漏项。

$$\theta_i^{u,2} = \pi - \theta_i^{u,1} \tag{6-108}$$

通过计算式(6-108),得到角度 $\varphi_i^{u,1}$ 与 $\varphi_i^{u,2}$:

$$\varphi_i^{u,1} = \theta_i^{u,1} - (\phi_i - \delta(k_{ij}^b)), \quad \varphi_i^{u,2} = \theta_i^{u,2} - (\phi_i - \delta(k_{ij}^b)) \tag{6-109}$$

由于 arcsin 函数计算得到的角度值为 $[-\pi, \pi]$。因为 $\phi_i - \delta(k_{ij}^b)$ 的关系,$\phi_i + \varphi_i - \delta(k_{ij}^b)$ 的取值范围为 $[-2\pi, 2\pi]$。需要对 $\varphi_i^{u,1}$,$\varphi_i^{u,2}$ 进行角度转换处理。

第二步:确定无人机 i 在无人机 i 与无人机 j 的冲突中以斜率 k_{ij}^b 为约束的条件下可机动的角度范围。

首先考虑既有冲突的约束下,确定可调整飞行的范围。以需要通过增加 $x_{s,n}^i$ 的取值为例。如图 6-42(a)所示,如果 $\varphi_i^{u,1}$ 与 $\varphi_i^{u,2}$ 两个角度值只有一个在角度可调整范围 $(-\varphi_{\max}^i(\tau), \varphi_{\max}^i(\tau))$ 内时,可机动角度范围为

$$(-\varphi_{\max}^i(\tau), \varphi_i^{u,1}) \tag{6-110}$$

如图 6-42(b)所示,如果 $\varphi_i^{u,1} \in (-\varphi_{\max}^i(\tau), \varphi_{\max}^i(\tau))$ 且 $\varphi_i^{u,2} \in (-\varphi_{\max}^i(\tau), \varphi_{\max}^i(\tau))$,假设 $\varphi_i^{u,1} < \varphi_i^{u,2}$,可机动角度范围为

$$(\varphi_i^{u,1}, \varphi_i^{u,2}) \tag{6-111}$$

其次讨论与既有冲突相对应的由潜在冲突约束确定的方向可调整区间。同样以图 6-42 为例,当得到潜在冲突造成的约束调整量 $u_h^{p,i}$ 后,对 $u_h^{p,i}$ 进行向

角度空间的映射。得到的可机动空间,在潜在冲突的约束下,可机动角度范围为

$$\left[\varphi_i^{u,1}, \varphi_{\max}^i(\tau)\right] \tag{6-112}$$

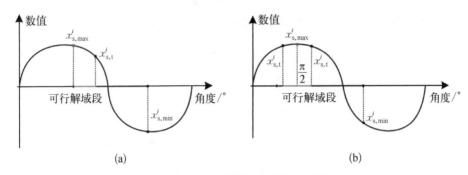

图 6-42   方向调整可行范围映射图

(a) 可行解区域不对称;(b) 可行解区域对称

描述的可机动空间,潜在冲突的约束下,可机动角度范围为

$$\left[-\varphi_{\max}^i(\tau), \varphi_i^{u,1}\right] \bigcup \left[\varphi_i^{u,2}, \varphi_{\max}^i(\tau)\right] \tag{6-113}$$

进一步可得到由 k_{ji}^1 与 k_{ji}^2 分别确定的无人机 i 和无人机 j 的可机动区域。最终可建立无人机 i 与无人机 j 一对一冲突中的可行域集合 S_{ij}。

(3) 冲突消解问题建模。

a. 冲突消解目标函数。在求解基于空间映射的冲突消解策略时,为了构建线性关系,对方向机动的消耗进行适当的简化。由于无人机速度不变,认为无人机机动消耗与当前飞行方向和期望飞行方向的角度差正相关[40]。无人机可能在处理当前面临的冲突前由于风力或者其他因素的影响而偏离原定的航线,设当前无人机 i 原本偏离期望航线的角度为 φ_d^i,经过机动过后偏离期望航向的角度变为 $f_i = |\varphi_i + \varphi_d^i|$。无人机采用机动角度造成的损失定义为

$$f_i = |\varphi_i + \varphi_d^i| \tag{6-114}$$

为消除绝对值带来的非线性特性,将目标函数定义为[41]

$$f_i = \varphi_i^1 + \varphi_i^2 \tag{6-115}$$

其中 $\varphi_i^1 \geqslant 0$,且 $\varphi_i^2 \geqslant 0$。它们满足约束:

$$\varphi_i^1 - \varphi_i^2 = \varphi_i + \varphi_d^i, \quad \varphi_i^1 + \varphi_i^2 = |\varphi_i + \varphi_d^i| \tag{6-116}$$

b. 应用方向调整消解冲突的混合整数线性规划模型。应用在正弦值空间

定义的向量可将非线性约束转化为解耦的线性约束。由于两架无人机的冲突可行解区域分布在 k_{ji} 的两个周期中,每个周期内有 φ_i 与 φ_j 的 1～2 个可行解区间。最优方向调整解需在多个独立可行解区间中搜索。

在多机发生冲突时,对每个一对一冲突无人机 i 与无人机 j 可行解区间的选择会影响它们与其他无人机构成冲突对的优化解的搜索。因此,多机冲突可以看作是多个相互耦合的一对一冲突,本节应用混合整数线性规划方法求解多机冲突消解问题。

将多机集中协作式方向调整问题建模为混合整数线性规划问题。目标函数为降低所有无人机的机动角度之和:

$$\min: \sum_{i=1}^{N} \varphi_i^1 + \varphi_i^2 \tag{6-117}$$

$$s.t. \begin{cases} -\varphi_i^1 - \varphi_i^2 + \varphi_{i,\,n_r}^{u,\,1} \leqslant (1 - s_{n_r}^{ij})M \\ \varphi_i^1 + \varphi_i^2 - \varphi_{i,\,n_r}^{u,\,2} \leqslant (1 - s_{n_r}^{ij})M \\ -\varphi_j^1 - \varphi_j^2 + \varphi_{j,\,n_r}^{u,\,1} \leqslant (1 - s_{n_r}^{ij})M \\ \varphi_j^1 + \varphi_j^2 - \varphi_{j,\,n_r}^{u,\,2} \leqslant (1 - s_{n_r}^{ij})M \\ \{(\varphi_{i,\,n_r}^{u,\,1},\ \varphi_{i,\,n_r}^{u,\,2}),\ (\varphi_{j,\,n_r}^{u,\,1},\ \varphi_{j,\,n_r}^{u,\,2})\} \in S_{ij} \\ \sum_{l=1}^{n_{ij}^s} s_l^{ij} = 1,\ cr_{ij} \neq 0 \ \forall n_r \in n_{ij}^s,\ \forall i,j \in N \\ \varphi_i^1 \geqslant 0,\ \varphi_i^2 \geqslant 0 \\ \varphi_i^1 - \varphi_i^2 > (-\varphi_{\max}^i(\tau) + \varphi_d^i,\ \varphi_{\max}^i(\tau) + \varphi_d^i),\ \forall i \in N \end{cases} \tag{6-118}$$

M 是一个较大的数值。$s_{n_r}^{ij}$ 是布尔变量以建模安全约束或条件。它可以被用来标示优化时选择了哪个约束,也就是在集合 $\boldsymbol{S}_{ij}$ 的哪个子区间中搜索最优解。由于目标函数和安全约束都是选定参数的线性约束,因此整个问题就是一个标准化的混合整数线性规划模型,可应用高效的求解器求解。

6.4.3　无人机集群内分布式冲突消解

随着集群规模的扩大,应用单个中心集中式管理将出现困难。第一方面是因为涉及冲突的无人机数量增加会导致计算速度逐渐下降。第二方面是因为随着集群规模的扩大,集群中无人机散布在较大的范围空域中。在通信设施作用距离受限的情况下,集中控制单元难以快速得到所有无人机的实时状态,同时通信带宽也会限制单个集中控制单元向所有无人机发布信息。第三方面是集中式控制方法缺乏灵活性，同时可靠性也会逐渐降低。分布式冲突消解方法由于其去中心化的特点，可扩展能力强而受到研究人员的关注。与集中式优化方法的应用环境不同的是，在分布式环境下不存在一个特殊的个体在优先级和控制权上高于其他的个体，也不需要集群中无人机具有很强计算处理能力。分布式环境中每架无人机仅需要有限的计算能力以保证分布式计算的需要[42]。

6.4.3.1 基于分布式优化方法的冲突消解

同一个集群内的无人机虽然可能由于缺乏一个集中式控制单元而无法应用集中式优化方法，但由于集群内部的无人机在执行任务时需要相互合作，同时无人机之间的空间距离较近，集群内邻近的无人机间可以应用一些能够保障通信带宽的通信设备。本节提出应用分布式优化方法的冲突消解方法解决分布式条件下集群内无人机之间的冲突。在设计集群内分布式的冲突消解算法之前，首先分析需要满足的一些基本的前提假设。

（1）通信通畅条件。集群内部无人机之间保持接近，他们之间应当能够保持通信。只有通信通畅条件下无人机之间才能进行较高水平的协调，以保证无人机在选择冲突消解方案时采取高度配合的调整方案。

（2）每架无人机需具备自主冲突消解的模块。在分布式环境中没有集中式单元协调涉及冲突的无人机，每架无人机必须具备自主的冲突消解辅助决策模块。在冲突消解过程中，每架无人机与其他无人机之间保持高频的通信交互，机载冲突消解模块应能够根据其他无人机的机动策略实时调整自己的冲突消解策略。

分布式环境中没有集中的控制中心单元，也不存在任何一个无人机的优先级高于其他的无人机。在这种情况下可以依靠无人机之间分布式合作解决无人机之间的冲突，可以将分布式系统看作一个网络模型[43]。Alonso‑Mora 等人研究了多机遭遇障碍时的航线规划和冲突消解问题。根据他们提出的算法，每架无人机都需要进行单独的全局规划，然后根据全局规划的结果确定自己的规划结果[44]。由于所有无人机首先通过协调建立了全部无人机认识一致的局部凸空间，因此虽然每架无人机都孤立地规划自己的结果，但是凸规划的良好特性保证了所有无人机的独立式全局规划得到一致性的解。此方法建立在每架无人机的计算能力足够强大并且无人机处于凸环境的前提下，实际上缺乏可扩展性。随着集群规模的扩大，无人机的数量增加，每架无人机机载计算能力有限。本节考虑每架无人机只有局部信息感知能力，只能与在自己的通信感知范围内的局部无人机交互。

分布式环境中每架无人机作为独立个体会以最大化自己的利益为目标。但在集群系统中为了保证冲突消解的目标能够实现，个体必须考虑一定范围内的社会利益。Hill 等人将分布式冲突消解问题建模为满足式博弈问题(satisfying game theory，SGT)[45]。这是一种分布式优化方法，它的思想是每架无人机都能够采取和其他的无人机合作的行动。在分布式环境中，每个智能体都是理智的个体，即它们采取什么样的行为完全取决于每个智能体的效用函数。为了确保无人机之间采取合作式协调需要设计合理的效用函数。Hill 等人提出的博弈问题中冲突消解策略是离散的机动值，在复杂的环境中可能导致无人机无法找到可行的冲突消解策略。本节借鉴满足式博弈问题的思想，考虑分布合作式冲突消解问题中为了实现涉及冲突的无人机通过合作寻找到优化的冲突消解解决方案，每架无人机必须能够在寻优搜索中考虑与自己发生冲突的无人机的利益。因此，为了找到局部优化的冲突消解策略，每架无人机都需要构建合理的效用函数，从而将冲突消解问题建模为分布式优化问题。

1) 分布式优化方法的基本问题分析

在分布式环境中，每架无人机只能感知到自己周边与自己直接发生冲突的无人机，无法在自己的世界中构建一个完整的冲突簇。但由于每架无人机都会考虑所有与自己有直接冲突的其他无人机，在分布式冲突消解问题中仍然可以应用冲突簇描述局部相关联的无人机群体的冲突。由此分析在一个冲突簇中进行分布式冲突消解优化的问题。

$\boldsymbol{A} = \{A_1, \cdots, A_n l\}$ 是第 l 个冲突簇中的所有无人机，$\boldsymbol{X} = \{x_1, x_2, \cdots, x_{k_l}\}$ 是机动方向变量集。在二维空间中每架无人机的控制变量为水平航迹倾角方向，因此为无人机 i 规划的调整变量是 $\varphi_i(t)$。在三维空间中，无人机 i 可以调整其水平航迹倾角方向和竖直俯仰角，因此可以为无人机 i 规划的调整变量，包括 $\xi_i(t)$ 和 $\varphi_i(t)$。在二维空间中，$k_l = n_l$，在三维空间中 $k_l = 2n_l$，$\boldsymbol{D} = \{D_1, \cdots, D_{k_l}\}$ 是变量定义域集。$\boldsymbol{F} = \{F_1, \cdots, F_{m_l}\}$ 是函数集，函数用来描述无人机的效用。分布式优化的目标是找到一个解集合 $\boldsymbol{X}^*$ 以最大化每架无人机簇的收益。集群内分布式冲突消解的目标与集中式冲突消解的目标相同，即找到可以降低涉及冲突的所有无人机的消耗的机动方案。为了实现这个优化目标，需要为每架无人机设计合适的效用函数以确保所有的无人机采用合作的方式。

因子图(factor graph)是一个双向的图，其中包含了两类节点：参数节点和函数节点[46]。因子图可以用来描述控制参数与约束函数之间的关系。在集群冲突消解问题中，飞机的冲突约束是成对的。使用基于效用的因子图描述涉及冲突的无人机的优化目标是,能够清晰地描述分布式优化中每架无人机的效用函数与其他无人机之间的关系。为了保证所有的无人机最终能够找到优化全局目标的解决方案,需要将冲突簇的总体目标合理地分解到每个效用函数中。在分布式优化问题中,整个求解过程分为两步,第一步搜索安全间隔的可行解,第二步根据可行解搜索能够降低机动消耗的优化解。在不同的求解阶段,需要设计不同的效用函数。以在第一阶段搜索可行解为例,讨论效用函数的定义。

在分布式环境中,每架无人机考虑解决与多个其他无人机的冲突时需要对每个一对一冲突单独考虑。因为每个一对一冲突里,无人机的相互关系是一个二元关系,因此能够应用效用值函数直观地分解冲突消解的总体目标。如图 6-43 所示,当 3 架无人机之间存在冲突时,每架无人机的效用值函数的取值只与其直接相连的无人机的控制变量相关。为了保证分布式优化过程中所有无人机的效用函数之和为整个冲突簇的总体优化目标,本节令每架无人机在确定其效用值函数时,定义为它涉及的每个一对一冲突的冲突评价函数取值的 1/2 之和,如对无人机 1 和无人机 2,无人机 2 和无人机 3 以及无人机 1 和无人机 3 之间的冲突的严重程度进行数值化度量,从而可以得到收益 $p(\varphi_1, \varphi_2)$,$p(\varphi_1, \varphi_3)$ 和 $p(\varphi_2, \varphi_3)$,效用函数可以定义为

$$U_1 = \frac{1}{2}(p(\varphi_1, \varphi_2) + p(\varphi_1, \varphi_3))$$

$$U_2 = \frac{1}{2}(p(\varphi_1, \varphi_2) + p(\varphi_2, \varphi_3))$$

$$U_3 = \frac{1}{2}(p(\varphi_1, \varphi_3) + p(\varphi_2, \varphi_3))$$

(6-119)

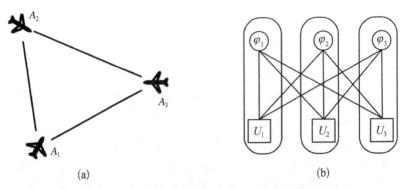

(a)   (b)

图 6-43　应用基于效用的因子图描述分布式条件下无人机的效用函数

(a) 3 架无人机发生冲突的场景;(b) 基于效用函数描述的因子图

所有无人机的效用函数之和就是 3 架无人机的总体收益。因此,分布式优化问题的优化目标是整个冲突簇的整体优化目标。

2) 二维空间中应用分布式优化方法求解局部最优解

在缺乏较好的求解器的情况下,求解应用速度调整的冲突消解策略的求解效率较低,因此本节研究应用方向调整方法解决分布式冲突消解问题。根据前文的讨论,分布式优化的优化目标为降低冲突簇内无人机的机动消耗之和。因此分布式冲突消解问题可建模为 6.4.2.1 节中构建的非线性模型:在考虑无人机的安全间隔约束和机动性能约束的前提下,降低无人机在转弯机动时的消耗。本节考虑分两步求解问题:第一步求解初始可行解;第二步求解局部最优解。算法的核心思想是首先获得可行的初始解,然后在初始可行解所在的连续区域上求解最优解。

初始可行解应当保证无人机安全间隔,后续的优化解在初始解附近进行搜索优化。上文讨论了求解初始可行解的效用函数。由于各架无人机可以检测得到自己与邻近无人机之间的冲突关系,无人机 k 的效用函数可定义为

$$U_k(\Phi_s^k) = \frac{1}{2} \sum_{i=1}^{n_c^{l,k}} c_{ik} \qquad (6-120)$$

式中:$n_c^{l,k}$ 是与无人机 k 面临的一对一冲突对数;$\Phi_s^k = \{\varphi_k^1, \cdots, \varphi_k^{n_c^{l,k}}, \varphi_k\}$ 是无人机 k 和与无人机 k 相冲突的无人机的调整量集合。$c_{ik}(\varphi_k^i, \varphi_k)$ 是第 k 个一对一冲突的评价函数。由于每组一对一冲突的双方都将冲突评价函数的取值考虑在内,因此在无人机 i 的效用函数前乘以 1/2。当所有与无人机 k 发生冲突的无人机调整量能够满足安全间隔约束时 $U_k(\Phi_s^k)$ 的取值达到最大值 $n_c^{l,k}/2$。当第 l 个冲突簇中所有无人机之间都能保证安全间隔时,整个冲突簇中的无人机的收益为最大值 $U_l^{\max}$,则有

$$U_l^{\max} = \sum_{k=1}^{n_l} \max U_k(\Phi_s^k) = n_c^l \qquad (6-121)$$

分布式优化中第 l 个冲突簇中所有无人机的效用函数 U_k 之和就是集中式优化中整个冲突簇的优化目标。由于无人机 i 的效用函数 $U_k(\Phi_s^k)$ 考虑了所有与它冲突的其他无人机,能够确保无人机为了最大化各自的效用函数,考虑其他无人机。由于一个冲突簇中所有无人机的冲突关系是连通的,因此通过通信与迭代,每架无人机的优化目标函数的局部极值就是整个冲突簇的优化目标的局部极值。

在两架无人机相距距离较远的情况下,终点约束条件是双峰函数,切线约束条件在 k 值函数连续的区域是单调函数。在集中式冲突消解过程中有集中控制单元可在每次迭代中对冲突簇中冲突相关无人机进行微调,因此此集中式冲突消解能够获得一次迭代的所有数据。在分布式环境中,每架无人机只能与周边的无人机保持通信,无法获得全局数据,因此保证算法的收敛性成为关键问题。

应用分布式优化方法求解凸问题能够获得较理想的解。分布式寻优过程中智能体之间比较协调,复杂的寻优搜索策略难以保证收敛性,而凸函数能够确保目标函数趋向最优收敛,因此对搜索算法本身的要求不用过于苛刻。在求解分布式优化问题时,基于梯度方法的分布式优化方法的应用较为普遍,梯度算法可以沿着函数下降或者上升的方向搜索最优值。

只有在连续性得到满足的前提下,分布式优化方法才能得到较好的解决。在分布式优化中,需要确保所有的安全间隔约束函数都是 Lipschitz 连续的。Lipschitz 连续性条件是一个比一致连续更强的光滑性条件。

Lipschitz 连续性条件:若存在常数 k 使得对定义域 D 的任意两个不同的实数 x_1,x_2 均有 $\|f(x_1)-f(x_2)\| \leqslant K\|x_1-x_2\|$ 成立,则称 $f(x)$ 在 D 上满足 Lipschitz 条件。

根据终点约束条件和切线约束条件函数的具体形式,可以很容易证明其 Lipschitz 连续性条件。

(1)可行解搜索问题和初始可行解确定。已知终点约束函数所描述的约束条件与切线约束函数为分区域单调函数。但是终点约束条件与切线约束条件不是凸函数。分布式优化方法在处理非凸问题时难以保证找到最优解,但在冲突消解问题中对初始可行解的求解不是为了找到最优解,而是寻找满足安全间隔的任意解。6.4.2 节讨论了安全约束条件的可行解为若干个连续区域而不是一个孤立的极值点。因此,仍然可以应用分布式优化方法求解冲突消解可行解。在优化的过程中,每架无人机的效用函数只包含着与自己冲突的所有无人机的约束函数,无法计算梯度信息。因此,每架无人机都应用随机梯度下降方法求解初始可行解。假设在局部区域有能够保证无人机之间安全间隔的可行解,当每架无人机只能控制一个变量时,随机梯度方法实际上是通过随机扰动寻找能够使 $U_k(\Phi_s^k)$ 取值增大的偏微分方向。

由于非可行解将整个取值空间切分为若干个子区域,因此在分布式的求解过程中只能搜索到局部最优解。因此每架无人机选择的搜索出发点就决定了应用梯度方法搜索的子区域范围。可行解搜索区域的选择主要考虑两个方面的问题:保证更快地搜索到初始可行解;降低无人机的机动消耗。根据这两个方面的考虑,需要每架无人机分析当前面临的冲突形式。

在分布式冲突消解过程中,无人机之间保持较频繁的通信。每架无人机之间的工作过程如下:

在第 m 次的迭代过程中,无人机 k 首先接收相邻无人机更新的角度机动量 $\Phi_s^{k(m)}$。然后在控制量 $\varphi_k^{(m)}$ 上产生一个随机波动 $\delta\varphi_k^{(m)}$。波动服从正态分布 $N(0, \sigma_k^2)$。其中 σ_k^2 是波动的方差,其取值决定于当前无人机 k 遇到的所有冲突的状况 $U_k(\Phi_s^k)/n_c^{l, k}$。无人机 k 将会计算效用函数新的取值 $U_k(\Phi_s^{k(m)} + \delta\Phi_k^{(m)})$。因此,效用函数的变化量为

$$\delta U_k^{(m)} = (U_k(\Phi_s^{k(m)} + \delta\varphi_k^{(m)}) - U_k(\Phi_s^{k(m)})) \qquad (6-122)$$

根据 $\delta U_k^{(m)}$ 可以得到 φ_k 在新一轮迭代中的取值为

$$\varphi_k^{(m+1)} = \varphi_k^{(m)} + \gamma_l^{(m)}\delta U_k^{(m)}\delta\varphi_k^{(m)} \qquad (6-123)$$

式中:$\gamma_k^{(m)}$ 是第 k 个无人机的机动角度调整增益系数,其取值取决于迭代次数。当迭代次数增加时 $\gamma_k^{(m)}$ 的取值也会相应地增加。经过迭代后无人机 k 将会把自己新的机动调整量向相邻无人机进行广播。

当无人机 k 的效用函数达到 $n_l^{c, k}/2, k \in n_l$ 时,说明周围的无人机能够保持安全间隔。无人机 k 将停止对 φ_k 的更新。当无人机 k 周边相邻无人机不再更新它们的调整量时,说明系统中的冲突已经被消解了,此时初始可行解的搜索过程结束。

多机在分布式环境中协调求解初始可行解时,无人机每次得到相邻无人机的状态量后应充分提高独立计算的效率,尽量降低通信带宽的需求。因此,需要对单架无人机独立计算的过程进行优化。由于安全间隔约束条件是分区域单调的,根据多变量微积分的特性可以得到以下的知识:

如果 $d_{ij}^p(\varphi_i + \delta\varphi_i, \varphi_j)$ 与 $d_{ij}^p(\varphi_i, \varphi_j + \delta\varphi_j)$ 的取值比 $d_{ij}^p(\varphi_i, \varphi_j)$ 大,则 $d_{ij}^p(\varphi_i + \delta\varphi_i, \varphi_j + \delta\varphi_j)$ 的取值也大于 $d_{ij}^p(\varphi_i, \varphi_j)$。这说明 $(\delta\varphi_i, \delta\varphi_j)$ 是使 $d_{ij}^p(\varphi_i, \varphi_j)$ 取值下降的方向。

根据这个结论,无人机一对一冲突的涉及方可分别独立地搜索能够改进冲突状态的策略 φ_i 与 φ_j。提出应用自我更新的机制来改善对无人机之间交互数据的利用效益。在式(6-110)与式(6-111)定义的更新算法中,运算可以划分为两个步骤:

第一步,无人机 i 独立地更新 φ_i,进行几轮的迭代计算。这个阶段称为自我更新阶段。主要的计算定义如下：在第 m 个迭代阶段,无人机 i 从相邻无人机处获得了机动策略 $\Phi_s^{i(m)}$。它将使用式(6-110)与式(6-111)定义的更新迭代策略更新自己的策略。在这个阶段中,假设相邻无人机的机动策略是固定不变的,无人机 i 只更新自己的调整策略 $\delta\varphi_i^m$。

第二步,集群内无人机向邻近的无人机公布自己的方向调整策略,以矫正每架无人机独立更新带来的偏差。

无人机 i 在自我更新阶段更新策略时,如图 6-44 所示。它将向相邻无人机广播 $\delta\varphi_i^{(m+1)}$ 的取值。自我更新机制会通过自我更新来提高每一外部迭代数据更新的效率。因此,无人机可以用较少的迭代来获得可行解,这样能够减少需要的通信带宽。

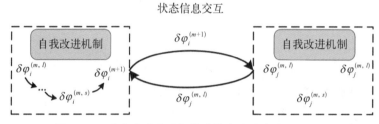

图 6-44   分布式冲突消解策略搜索中的自我更新机制

(2) 冲突消解策略的优化。得到初始可行解后,系统需进一步在可行解所在的局部区域搜索能够降低无人机消耗的局部优化解。由于无人机 i 只能控制自己的机动量,与初始可行解求解的不同在于无人机之间缺乏一个能够明确描述单架无人机机动对整个冲突簇内其他无人机收益影响的关系描述,这导致在优化机动策略时涉及冲突的无人机无法根据直接的相互关联关系判断自己的机动对整体收益的影响。如果每架无人机以降低自己的机动消耗为目标,必然所有无人机将会成为完全自私的智能体,造成局部极小。为了保证无人机在由初始可行解开始求解优化解决方案时考虑到集体的利益(周边相邻无人机的消耗),需要设计能够将所有无人机有机联系起来的效用函数。由于分布式优化的目标是优化整个冲突簇的收益,本节假设所有相互冲突的无人机都了解对方的目标点和目标航迹等信息。根据这些信息每架无人机可以构建出与自己冲突的相邻无人机的目标函数。基于此假设,本节设计无人机的效用函数如下：

$$U_k^*(\Phi_s^{k^*}) = -\frac{1}{n_l^{c,k}+1}\left(f_{\text{add\_fuel}}^k + \sum_{i=1}^{n_l^{c,k}} f_{\text{add\_fuel}}^i\right) \tag{6-124}$$

U_k^* 确定每架无人机的目标是最小化自己的机动消耗和与自己冲突的相邻无人机的机动消耗之和。如果所有无人机都以最小化自己的目标函数 $U_k^*(\Phi_s^{k^*})$ 的取值为目标,最终优化效果就是冲突簇中无人机的机动消耗之和达到局部极小。

即便有了设定的目标函数 U_k^*,但是每架无人机只能控制自己的调整角度而无法决定相邻无人机的角度调整量。因此,如果每架无人机在只考虑自己的调整量的条件下,优化函数 U_k^*,冲突簇中的无人机将仍然不能达到相互合作。其结果就是每架无人机的机动量可能重新导致自己与其他无人机发生冲突。为了保证多机协调的实现,必须为无人机定义一个共同认同的规则。在应用分布式优化方法消解无人机之间的冲突时,每架无人机关注的不应仅是自己的收益和损耗。为了实现社会效益,每架无人机应当采用合作式博弈方法。因此,本书定义在分布式的系统中每架无人机都有涉及冲突无人机会根据总体利益适度牺牲个体利益的信念,即虚拟干涉信念。

为了降低整个冲突簇的机动消耗,如果无人机 k 的优化策略 $\Delta\varphi_k$ 能降低整个集群的损耗,其代价是需要无人机 k 邻近的无人机 i 进行必要的机动以躲避与无人机 k 相撞,那么无人机 i 将采取合作式的机动来保证无人机之间的安全间隔。

无人机关于虚拟干涉信念构成了它们独自搜索但能确保集体合作的前提条件。因为无人机之间不存在优先级上的差别,因此无人机之间不可能自然地形成相互协调的关系。由于每架无人机都有对相邻无人机关于相互协作的信念,因此无人机 k 在搜索能够降低效用函数 U_k^* 的机动解时充分考虑到自己的机动对相邻无人机的影响。例如,当无人机 k 变动调整策略 $\delta\varphi_k^m$ 为 $\varphi_k+\delta\varphi_k^m$。假设调整前,无人机 k 与无人机 i 之间能够保持安全间隔,但是 $\delta\varphi_k^m$ 可能导致无人机 i 与无人机 k 之间重新陷入冲突。此时无人机 k 可以计算根据当前无人机 i 与无人机 k 的位置和运动状态信息,无人机 i 为了避让无人机 k 需要机动的角度 $\delta\tilde{\varphi}_i^m$,$i\in1,n_i^{c,k}$。如此一来,无人机 k 在变动自己的机动方向时可以根据自己的机动对周边无人机的影响来估计别的无人机可能的调整量。本节在变量上添加波折号表示无人机 k 对无人机 i 需机动角度的估计量。定义无人机 k 综合考虑 $\delta\varphi_k^m$ 和由 $\delta\varphi_k^m$ 引起相邻无人机的调整量构成的调整向量为 $\delta\tilde{\varphi}_i^m=\{\delta\varphi_k^m,\delta\tilde{\varphi}_i^m,i\in1,n_i^{c,k}\}$。

$\delta\tilde{\varphi}_i^m$ 导致无人机 k 的效用函数值变化为

$$\delta U_k^{*(m)}=(U_k^*(\Phi_s^{k(m)}+\delta\tilde{\varphi}_i^m)-U_k^*(\Phi_s^{k(m)})) \tag{6-125}$$

基于对无人机相互合作特性的假设,$\delta\tilde{\varphi}_i^m$ 包括无人机 k 调整量和从无人机

k 的角度预测的其他无人机的调整量。由式(6-125)可得 $\delta U_k^{*(m)}$ 的取值。$\delta U_k^{*(m)}$ 为负,意味着 $\delta \bar{\varphi}_i^m$ 导致无人机 k 效用值增加,此时按照迭代原则 φ_k 应当向 $\delta \varphi_k^m$ 相反方向更新。当 φ_k 向相反方向更新时,其估计的其他无人机的调整量将难以成立。因此在迭代的过程中,无人机 k 需要在每次调整时都保证找到能够使 $\delta U_k^{*(m)}$ 为正的调整量 $\delta \bar{\varphi}_i^m$,才对 φ_k 进行更新迭代。

应用与式(6-111)相似的更新机制能够得到无人机 k 的角度更新值为

$$\varphi_k^{(m+1)} = \varphi_k^{(m)} + \gamma_l^{(m)} \delta U_k^{*(m)} \delta \varphi_k^{(m)} \tag{6-126}$$

当迭代超过一定的次数后,或者角度调整带来的收益变化量 $\delta U_k^{*(m)}$ 降低到一个预定阈值之后,停止迭代。

如果无人机 k 的机动没有对其他无人机产生影响,则可以保证无人机 k 的每次机动都能够优化自己的效用函数。只有当无人机 k 的机动导致其他的无人机与它产生冲突时,其他的无人机才会进行机动。因此,关键问题是需要无人机在每次迭代过程中无人机的机动调整量应当保持在微小调整量范围内,随机并行梯度算法才能确保在迭代中能够优化冲突簇中的机动解。因此需要讨论由微小调整量 $\delta \varphi_k^m$ 引起的与其相关的无人机的调整量 $\delta \bar{\varphi}_i^m$,$i \in 1$,$n_l^{c,k}$ 的变动范围。

证明:如果 $(\delta \varphi_k^m, 0)$ 在一个较小的范围内,定义这个较小的范围为开球 $B_\delta(\varphi_k, \varphi_i)$,由 $(\delta \varphi_k^m, 0)$ 引起的变动为

$$\delta y = g(\varphi_k + \delta \varphi_k^m, \varphi_i) - g(\varphi_k, \varphi_i) \tag{6-127}$$

根据连续函数的定义,δy 应当在一个由 $B_\delta(\varphi_k, \varphi_i)$ 限制的开球 $B_\varepsilon(d_o)$ 的范围内。

由于函数 $d = g(\varphi_k, \varphi_i)$ 在局部区域是单调的,因此在假设 $\varphi_k + \delta \varphi_k^m$ 是固定常值的条件下可以求出在局部区域中 $g(\varphi_k, \varphi_i)$ 的反函数 $\varphi_i(d) = g^{-1}(\varphi_k, \varphi_i)$。$\varphi_i$ 可以在局部区域定义为 d 的连续函数。这个函数的意义可以解释如下:

在确定两架无人机之间间隔距离为 d 的条件下,无人机 i 的角度调整量 φ_i 的取值。

根据函数的定义,d 是属于开球 $B_\varepsilon(d_o)$ 不为 d_o 的值 d'。则 $\varphi_i(d')$ 是为了使 d' 返回 d_o 的角度调整值。

由于 $g(\varphi_k, \varphi_i)$ 在局部区域是单调函数,由连续单调函数的性质可知反函数 $\varphi_i(d')$ 是局部单调连续的函数。再次使用连续函数的定义,当 d 的变动值在开球 $B_\varepsilon(d_o)$ 范围内时,相应 $\delta \varphi_i^m$ 也在一个由开球 $B_\varepsilon(d_o)$ 控制的开球 $B_\upsilon(\varphi_i)$ 范

围内。由此递推得,由开球 $B_\delta(\varphi_k, \varphi_i)$ 可以递推出开球 $B_\upsilon(\varphi_i)$。因此可以确定 $\delta\widetilde{\Phi}_i^m = \{\delta\varphi_i^m, \delta\Phi_k^m, k \in 1, n_i\}$ 的范围由 $\delta\varphi_k^m$ 控制,不会发生突变。同时,可以推理出在统计学条件下 $\delta\Phi_k^m$ 可以保证无人机在优化的过程中能够达到局部极小值。

虽然每架无人机都考虑其他无人机会与自己合作,但每一次的迭代中无人机 k 的机动微调量 $\delta\varphi_k^m$ 是独立产生的。因此虽然每架无人机在搜索降低目标函数的机动值的同时考虑了无人机之间的安全间隔问题,但是安全间隔问题仍然会出现在分布式搜索的过程中,飞机的机动方向导致相互之间重新陷入冲突的可能。由于每次调整的幅度较小,因此无人机脱离可行区域的幅度也较小。当无人机 k 发现当前自己的调整角度导致与其他无人机之间的冲突时进入初始可行解求解过程。与无人机 k 冲突的无人机 i 也会进入初值求解过程。在求解得到可行解后,再次进入优化解搜索过程。

(3)无人机的机动方向选择。在集中式优化问题中,在调节无人机的冲突时,需要考虑每架无人机的目标,从若干个可行区域中选择一个能够最小化冲突簇中的无人机机动消耗之和的解作为全局最优解。在分布式环境中每架无人机无法与其他无人机协调逐个搜索所有的可行子区域。因此,在搜索可行解的过程中考虑所有无人机同时向相同的方向调整,这样能够保证所有无人机能够在其选择的机动区间里由于所有无人机有共同的认知而能够找到较优的机动解。在大量无人机拥挤的环境中,所有无人机搜索从自己的飞行方向来判断同一个机动方向从长远的角度看更能够保证所有无人机最终能够保持安全间隔。

6.4.3.2 基于解耦规则的分布式冲突消解

当集群内无人机之间的通信带宽较低,无法满足应用分布式优化方法的条件时,可以采用基于解耦规则的分布式冲突消解方法消解无人机之间的冲突。假设在无人机之间通信受限条件下,无人机之间能够交流的信息包括各自的飞行状态数据,如无人机位置、速度等信息。通过定时接收邻近无人机的状态信息,每架无人机可以检测自己面临的冲突信息,同时可以根据这些信息计算需要调整的量。

假设在集群内进行冲突消解时,相关无人机将遵守共同的规则,也就是说无人机将采取基于规则的避障方法。

1)无人机冲突消解约束条件分析

在分布式冲突消解问题中,由于无人机之间合作水平有限,采用基于速度障碍模型的约束条件需要无人机之间进行高频交互,同时也会导致无人机过度集中,进而使无人机难以找到确保无人机安全间隔的可行解。在分布式冲突消解中,假设无人机遵守基于碰撞锥模型的约束条件调整冲突。

本节讨论涉及冲突的无人机同时进行方向调整的冲突消解问题。前文已讨论了基于空间映射方法的冲突消解方法。在将问题建模为混合整数线性规划问题时,考虑每个一对一冲突中的两个约束 k_{ij}^1 与 k_{ij}^2。在优化时,充分考虑冲突对的所有可行解搜索空间。冲突约束如图 6-45 所示。

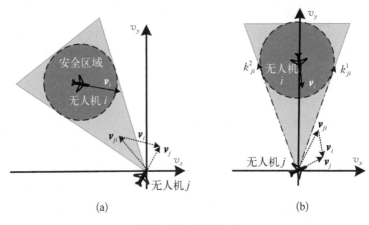

图 6-45　冲突约束

(a) 既有冲突;(b) 潜在冲突

基于空间映射方法可以推导出无人机之间的分布式冲突消解约束条件。多机在分布式冲突消解过程中无法统筹衡量由 k_{ij}^1 和 k_{ij}^2 确定的所有可行解区域,如果所有无人机能够遵守相同的约定,确定遵守以 k_{ij}^1 或 k_{ij}^2 为约束的安全间隔约束,则每个涉及一对一冲突的无人机能够各自通过计算获得针对相邻无人机可机动的角度。

为了确定在一对一冲突中每架无人机在通信带宽受限的条件下获得保证安全间隔的策略,本节定义一个集合,命名为互惠式冲突避免方向范围(reciprocal conflict-free heading range,RCH)。$RCH_{i/j}$ 的意义是在考虑无人机 i 与无人机 j 冲突的条件下无人机 i 安全飞行的范围。

$RCH_{i/j}$ 的范围可以根据空间映射方法确定。假设在邻近范围内的无人机能够检测到与自己有冲突的无人机,并知道与自己冲突的无人机的机动调整策略。每架无人机都能够获得自己与其他无人机之间的安全间隔约束条件。

2) 冲突消解调整方向选择讨论

在分布式调整过程中,每架无人机独立确定自己的调整方向。各无人机都能得到由 k_{ij}^1 和 k_{ij}^2 确定的两个不同的约束条件。此时的问题是如何选择遵循的约束条件使双方达到一致性认知。也就是说使每一组一对一冲突的无人机能够选择相同的约束条件以保证他们的机动策略能够有效。

第一种方法：考虑当前冲突位置信息，根据冲突位置选择最近调整量。如图 6-46 所示，两架无人机根据它们当前的位置和初始速度信息判断当前相对位移 S_{ji} 位于碰撞锥约束的那一侧。如果 S_{ji} 靠近 k_{ij}^1，则两架无人机同时选择以 k_{ij}^1 产生的约束计算冲突消解约束条件。

如果 S_{ji} 靠近 k_{ij}^2，则两架无人机同时选择以 k_{ij}^2 产生的约束计算冲突消解约束条件。

由于涉及冲突的无人机的状态对双方都是明确的，因此双方都能够根据当前的运动状态计算出相对位移 S_{ji} 在碰撞锥中的位置。当两架飞机的相对位移靠近由哪个限制条件确定的安全边界，就选择以这个安全边界为约束进行策略计算。这种方法为就近避让机制。

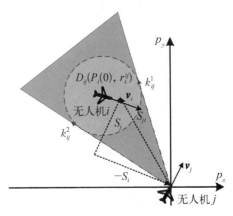

图 6-46　应用初始条件确定冲突消解安全策略

就近避让机制可以保证两架无人机选择冲突消解约束条件的一致性。同时在无人机数量较小时能够保证每架无人机的机动消耗较少。但存在的问题是当无人机数量较多的情况下，由于就近避让机制无法使所有无人机的机动产生统一的趋势而难以得到可行的机动解。

第二种方法：分布式无人机选择同一类约束条件。当发生冲突后，在同一个冲突簇中的无人机都选择绕过碰撞锥的右侧。通过右侧机动策略保证所有无人机遵守相同的约定。这个机制也能够保证所有无人机达成共识且得到所有无人机趋向一致的机动策略。这种方法为同向避让机制。同向避让机制能够保证无人机的机动方向相同，这样无形中使得多机能够产生一致的趋势，从而确保大量无人机的安全飞行。

3) 分布式冲突消解算法

分布式冲突消解算法基本流程如图 6-47 所示：

(1) 无人机 i 在 $t + \Delta t$ 时刻获得自己上一时刻控制命令得到的状态值 S_i^t，感知周边无人机的运动状态，判断冲突情况。

(2) 无人机 i 根据自己与其他无人机之间的相互冲突关系独立计算每个一对一冲突对自己可机动范围的限制条件。

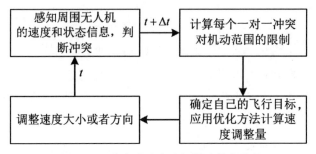

图 6‑47 分布式冲突消解算法基本流程

（3）无人机 i 根据机动范围的约束条件和自己的飞行目标优化求解能够降低消耗的冲突消解策略。

（4）执行冲突消解策略。

根据 6.4.3.2 节中的讨论，无人机 i 与无人机 j 涉及的冲突中，无人机 i 的可行机动空间可以表示为 $RCH_{i/j}$。如果无人机 i 与多机发生冲突，无人机 i 需要综合考虑其在所有涉及的一对一冲突中自己的可机动范围。同时，无人机 i 还需要考虑自己的机动能力范围以及固定障碍对自己的影响。将无人机 i 的可机动范围定义为 H_m^i。因此，综合考虑各个因素，将无人机 i 可以机动的角度范围定义为 RCH_i，如式（6‑128）。

$$RCH_i = \bigcap_{c_{ij}=1} RCH_{i/j} \bigcap H_m^i \qquad (6-128)$$

确定无人机 i 的可机动范围后，在机动范围内求解最优调整方向。

$$\varphi_i = \underset{\varphi_i \in RCH_i}{\mathrm{argmin}} f^i_{\mathrm{consum}}(\varphi_i) \qquad (6-129)$$

$f^i_{\mathrm{consum}}(\varphi_i)$ 为方向调整损失函数（式（6‑48））。前面的讨论中确定 $f^i_{\mathrm{consum}}(\varphi_i)$ 是分区域单调函数，因此无人机 i 的优化方向机动解的求解问题是非线性优化问题。可以应用已有的数值优化求解器，设置多个起始搜索点，从而获得多个局部最优解。通过对比多个局部最优解，选取全局最优解。

6.5　结语

本章建立了从控制模型、规避体系、控制律设计的一体化无人机集群安全控制方法。

（1）模型建立。建立了无人机集群安全控制的基本模型，包括安全空域模型、碰撞冲突模型及调整策略等,考虑无人机飞行任务与能耗的控制目标,并将安全控制分为针对外部障碍的避障控制和针对无人机之间的防撞控制。

（2）三层安全控制结构。系统性地设计了固定翼无人机集群系统的三层规避控制结构。根据碰撞威胁的不同层级以及发生条件,分别设计了外层重规划、中层规划、控制和内层反应式机动的安全控制策略。

（3）基于控制思想的中层控制策略。针对外部障碍的避障控制,设计了基于 NMPC 的非合作式避障控制律;针对无人机之间的防撞控制问题,设计并实现了基于分布式模型预测控制的分布合作式无人机之间的防撞控制律。

（4）基于优化思想的中层多机冲突消解策略。针对多机系统内的冲突消解,提出了基于单次调节的集中式和分布式的冲突消解策略。

本章系统化的集群安全控制策略可以有效适应不同数量规模、不同环境约束的集群任务协同,使得集群系统在任务执行时不必考虑底层安全约束,大大扩展了任务执行包线,为无人机集群的任务执行奠定了安全基础。但是,需要指出的是,本章的框架还需要进一步完善。一方面需要考虑更多的不确定性因素,如状态、模型、通信的不确定;另一方面,本章的安全控制问题主要针对二维空间,还需要进一步扩充到三维空间中。

参|考|文|献 ••••••••••••••••••••••••••••••

[1] ZHANG X, DU Y, GU B, et al. Survey of safety management approaches to unmanned aerial vehicles and enabling technologies[J]. Journal of Communications and Information Networks, 2018, 3(4): 1-14.

[2] HOY M, MATVEEV A S, SAVKIN A V. Algorithms for collision-free navigation of mobile robots in complex cluttered environments: a survey[J]. Robotica, 2015, 33(3): 463-497.

[3] JENIE Y I, VAN KAMPEN E J, ELLERBROEK J, et al. Taxonomy of conflict detection and resolution approaches for unmanned aerial vehicle in an integrated airspace [J]. IEEE Transactions on Intelligent Transportation Systems, 2016, 18(3): 558-567.

[4] YU X, ZHANG Y. Sense and avoid technologies with applications to unmanned aircraft systems: Review and prospects[J]. Progress in Aerospace Sciences, 2015, 74: 152-166.

[5] YANG K, GAN S K, SUKKARIEH S. An efficient path planning and control algorithm for RUAV's in unknown and cluttered environments[C]//the 2nd International Symposium on UAVs, Reno, Nevada, USA June 8-10, 2009. Springer, 2009: 101-122.

[6] TRIHARMINTO H H, WAHYUNGGORO O, ADJI T B, et al. An integrated artificial potential field path planning with kinematic control for nonholonomic mobile

robot[J]. International Journal on Advanced Science, Engineering and Information Technology, 2016, 6(4): 410 – 418.

[7] KOTHARI M, POSTLETHWAITE I. A probabilistically robust path planning algorithm for UAVs using rapidly-exploring Rrandom trees [J]. Journal of Intelligent & Robotic Systems, 2013, 71(2): 231 – 253.

[8] FRANZE G, LUCIA W, TEDESCO F, et al. A distributed obstacle avoidance MPC strategy for leader-follower formations[J]. IFAC Proceedings Volumes, 2014, 47(3): 2570 – 2575.

[9] MYLVAGANAM T, SASSANO M, ASTOLFI A. A differential game approach to multi-agent collision avoidance[J]. IEEE Transactions on Automatic Control, 2017, 62(8): 4229 – 4235.

[10] HILL J, ARCHIBALD J, STIRLING W, et al. A multi-agent system architecture for distributed air traffic control[C]//AIAA guidance, navigation, and control conference. AIAA, 2005: 1005 – 1049.

[11] FIORINI P, SHILLER Z. Motion planning in dynamic environments using velocity obstacles[J]. The International Journal of Robotics Research, 1998, 17(7): 760 – 772.

[12] RASHID A T, ALI A A, FRASCA M, et al. Multi-robot collision-free navigation based on reciprocal orientation [J]. Robotics and Autonomous Systems, 2012, 60(10): 1221 – 1230.

[13] LYU Y, HU J, CHEN B M, et al. Multivehicle Flocking With Collision Avoidance via Distributed Model Predictive Control[J]. IEEE transactions on Cybernetics, 2019: 1 – 12.

[14] ZHOU Y, WANG M, AHN S. Distributed model predictive control approach for cooperative car-following with guaranteed local and string stability[J]. Transportation Research Part B: Methodological, 2019, 128: 69 – 86.

[15] SHILLER Z, GAL O, RIMON E. Safe navigation in dynamic environments[C]//Robot Design, Dynamics and Control (CISM Courses and Lectures). Springer, 2010(524): 225 – 232.

[16] ALTHOFF D, KUFFNER J, WOLLHERR D, et al. Safety assessment of robot trajectories for navigation in uncertain and dynamic environments[J]. Auton. Robot, 2012, 32(3): 285 – 302.

[17] WANG Y, WANG D, ZHU S. Cooperative moving path following for multiple fixed-wing unmanned aerial vehicles with speed constraints[J]. Automatica, 2019(100): 82 – 89.

[18] SQUIRES E, PIERPAOLI P, EGERSTEDT M. Constructive barrier certificates with applications to fixed-wing aircraft collision avoidance[C]//2018 IEEE Conference on Control Technology and Applications (CCTA). IEEE, 2018: 1656 – 1661.

[19] 杨健. 无人机集群系统空域冲突消解方法研究[D]. 长沙: 国防科技大学, 2016.

[20] Caitlin Ailis Kenny. Unmanned Aircraft System (UAS) Delegation of Separation in Next Gen Airspace [D]. San Jose: San Jose State University, 2003.

[21] DALAMAGKIDIS K, VALAVANIS K P, PIEGL L A. On unmanned aircraft systems issues, challenges and operational restrictions preventing integration into the National Airspace System [J]. Progress in Aerospace Sciences, 2008(44): 503 - 519.

[22] XAVIER P, DELGADO L, RAMÍREZ J, et al. Requirements, Issues, and Challenges for Sense and Avoid in Unmanned Aircraft Systems [J]. Journal of Aircraft, 2012(49): 677 - 687.

[23] JENIE Y I, ELLERBROEKZ J, HOEKSTRA J M, et al. Conflict Detection and Resolution System Architecture for Unmanned Aerial Vehicles in Civil Airspace [J]. AIAA Sci Tech, 2015: 1 - 15.

[24] BARFIELD F. Autonomous Collision Avoidance. The Technical Requirements[C]//IEEE National Aerospace and Electronics Conference (NAECON). IEEE, 2000: 808 - 813.

[25] JENIE Y I, VAN KAMPEN E J, REMES B. Cooperative Autonomous Collision Avoidance System for Unmanned Aerial Vehicle [M]. Springer, 2013.

[26] SHUAI C, JUNHAO X, HUIMIN L. Realtime obstacle avoidance using subtargets and cubic bspline for mobile robots[C]//2014 IEEE International Conference on Information and Automation (ICIA). IEEE, 2014: 634 - 639.

[27] LEKKAS A M, FOSSEN T I. Integral LOS path following for curved paths based on a monotone cubic Hermite spline parametrization [J]. IEEE Transactions on Control Systems Technology, 2014, 22 (6): 2287 - 2301.

[28] DUBINS L E. On curves of minimal length with a constraint on average curvature, and with prescribed initial and terminal positions and tangents [J]. Am J Math, 1957, 79(3): 497 - 516.

[29] FIORINI P, SHILLER Z. Motion planning in dynamic environments using velocity obstacles [J]. International Journal of Robotics Research, 1998(17): 760 - 772.

[30] OWEN M, BREAD R W, MCLAIN T W. Implementing Dubins Airplane Paths on fixed-wing UAVs [C]. Handbook for Unmanned Aerial Vehicles. Springer,1677 - 1701.

[31] VELA A E, SOLAK S, CLARKE J P B, et al. Near real-time fuel-optimal en route conflict resolution [J]. IEEE Transactions on Intelligent Transportation Systems, 2010 (11): 826 - 837.

[32] 刘鸿福.作战飞机雷达隐身轨迹规划技术研究[D].长沙：国防科技大学,2013.

[33] ALONSO-AYUSO A, LAUREANO F, ESCUDERO F, et al. A VNS metaheuristic for solving the aircraft conflict detection and resolution problem by performing turn changes [J]. J Glob Optim, 2015(63) 583 - 596.

[34] VORONTSOV M A, CARHART G W, RICKLIN J C. Adaptive Phase-Distortion Correction based on Parallel Gradient-Descent Optimization [J]. Optics Letters, 1997 (22): 907 - 909.

[35] ZHOU P, MA Y, WANG X, et al. Coherent Beam Combination of Three Two-Tone Fiber Amplifiers Using Stochastic Parallel Gradient Descent Algorithm [J]. Optics Letters, 2009(34): 2939 - 2941.

[36] 周朴. 光纤激光相干合成技术研究[D].长沙：国防科技大学,2009.

[37] PALLOTTINO L, FERON E M, BICCHI A. Conflict resolution problems for air traffic management systems solved with mixed integer programming [J]. IEEE Transactions on Intelligent Transportation Systems, 2002(3): 3 - 11.

[38] ALONSO-AYUSO A, LAUREANO F, ESCUDERO F. Collision Avoidance in Air Traffic Management: A Mixed-Integer Linear Optimization Approach [J]. IEEE Transactions on Intelligent Transportation Systems, 2011(12): 47 - 57.

[39] ALONSO-AYUSO A, ESCUDERO L F, MARTÍN-CAMPO F J. Exact and approximate solving of the aircraft collision resolution problem via turn changes[J]. Trans-portation Science, 2016, 50(1): 263 - 274.

[40] ZHAO S, WANG X, LIN Z, et al. Integrating vector field approach and input-to-state stability curved path following for unmanned aerial vehicles [J]. IEEE Transactions on Systems, Man, and Cybernetics: Systems, 2018(99): 1 - 8.

[41] ALONSO-MORA J, NAEGELI T, SIEGWART R, et al. Collision avoidance for aerial vehicles in multi-agent scenarios[J]. Auton Robot, 2015, 39(1): 101 - 121.

[42] DIMITRIS B, TSITSIKLIS J N. Introduction to linear optimization[M]. Belmont, MA: Athena Scientific, 1997.

[43] ANDREAS K, PHILLIP W, NILANJAN C, et al. Human Interaction With Robot Swarms: A Survey [J]. IEEE Transactions on Human-Machine Systems, 2016(46): 9 - 26.

[44] CHEN L, HUEPE C, GROSS T. Adaptive network models of collective decision making in swarming systems [J]. Physical Reviewe, 2016(94): 1 - 9

[45] ALONSO-MORA J, MONTIJANO E, SCHWAGER M, et al. Distributed Multi-Robot Formation Control among Obstacles: A Geometric and Optimization Approach with Consensus [C]//2016 IEEE International Conference on Robotics and Automation (ICRA). IEEE, 2016: 5356 - 5363.

[46] HILL J C, ARCHIBALD J K, STIRLING W C, et al. A Multi-Agent System Architecture for Distributed Air Traffic Control [C]//AIAA Guidance, Navigation, and Control Conference. AIAA, 2005: 1 - 11.

[47] FARINELLI A, ROGERS A, ENNINGS N R. Agent-based decentralised coordination for sensor networks using the max-sum algorithm [J]. Auton Agent Multi-Agent Syst, 2014(28): 337 - 380.

7　无人机集群自主决策与规划

无人机集群决策与规划是无人机集群分布式执行任务的关键，规划与决策效率的高低直接决定着无人机集群任务性能的高低。本章将围绕无人机集群自主决策与规划的关键理论与技术展开。首先介绍集群自主决策与规划问题的内涵和研究现状等，而后从集群的典型任务剖面出发，分别介绍了集群区域覆盖搜索规划、集群自组织任务规划、集群分布式机载航路自主重规划和集群多子群多目标跟踪决策与引导等内容。

7.1　无人机集群自主决策与规划内涵及研究现状

7.1.1　无人机集群自主决策与规划的内涵

无人机集群自主决策与规划技术是实现无人机集群目标分配、任务调度、时序协调、航路规划、冲突消解等功能环节关键，其内涵是"在线实时为集群内每一架无人机分配合适的目标和任务，生成从其起始位置到目标位置的飞行航路，并要求集群航路的路径总代价最低（较低），能够实现集群内无人机相互避碰，且避免与环境碰撞"。

针对无人机集群协同执行典型搜索和侦查任务，可以构建如图 7-1 所示的决策与规划框架。从纵向角度（OODA 环节），无人机集群决策与规划属于无人机自主"感知—判断—决策—行动"的"决策"环节，具体包括集群自主决策环节和集群自主规划环节；从横向角度（任务剖面），无人机集群决策与规划适用于集群区域侦察（覆盖）搜索、集群目标跟踪任务调度、集群目标抵近跟踪引导控制、集群分布式自主决策与规划等子任务环节。

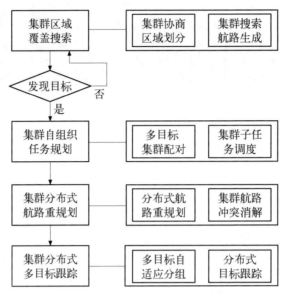

图 7-1　无人机集群自主决策与规划框架

7.1.2　无人机集群决策与规划的典型计算架构

寻求复杂环境中高效率和可扩展性的反应式协调规划算法成为无人机集群领域的热点问题。无人机集群自主决策与规划问题本质上是一个群体智能计算问题。计算架构对于集群效能的发挥至关重要,根据群体规模、通信条件和任务需求,设计合理的计算架构成为实现无人机集群系统的关键和重要前提。考虑集群可扩展性以及同自主决策与规划算法的适应性,可以归纳为以下三种主要计算架构:冗余计算架构、分布计算架构和分层计算架构。

1) 冗余计算架构

冗余计算架构(见图 7-2)是指将同一个自主决策与规划算法复制至每个机器人规划器中,规划器启动前,每个机器人收集当前时刻集群内其他机器人的状态信息,将其输入规划器(虚拟中心),同步执行集群自主决策与规划,再将规划器产生的集群任务及航路计划中属于自己的计划取出来发送给执行器[1]。

该计算架构适用于无法或难以实现完全分布式计算的自主决策与规划算法,如几何学规划方法。它对通信即时可靠性和电磁环境要求很高,严重依赖于输入状态信息的一致性,一旦因为通信时延或者丢包导致信息不一致,就会造成规划结果的不一致甚至路径冲突,该架构仅仅适合于小规模机器人集群在相对理想通信条件下使用。

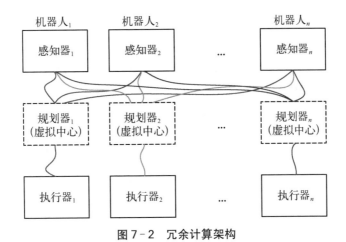

图 7-2　冗余计算架构

2）分布计算架构

分布计算架构（见图 7-3）是指一种完全分布式计算的架构。机器人集群拥有一个全局优化目标，机器人规划器以此为自身的优化目标（也容许考虑私有目标，如避碰等），结合感知器感知的环境状态和通信获得的其他机器人当前状态，以同步或异步方式规划自身计划，再将规划得到的计划发送给执行器[2]。

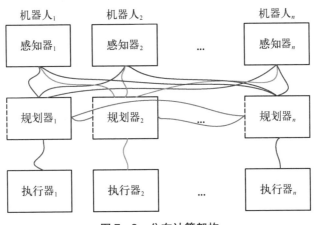

图 7-3　分布计算架构

该计算架构适用于完全分布式计算的自主决策与规划算法，如仿生学规划方法、进化学习规划方法等。它对通信即时可靠性和电磁环境要求较低，不敏感于信息的不一致性。不过，它对通信带宽有一定要求，在集群规划器执行时刻甚至需要连续频繁大容量的信息交换时，对即时带宽有较高的要求。该架构适合于中等规模机器人集群在相对复杂通信条件下使用，当规模达到一定程度时，也会存在自主决策与规划算法难以收敛的问题。

3）分层计算架构

分层计算架构（见图 7－4）是指一种全局集中、局部分散的计算架构,由机器人集群中的一个中心节点或虚拟中心节点执行全局规划,将计划（中间目标点）分发给集群内所有机器人,机器人再以仿生方式跟踪这些中间点,在跟踪过程中考虑与环境的避障问题以及同其他机器人的避碰问题[3]。

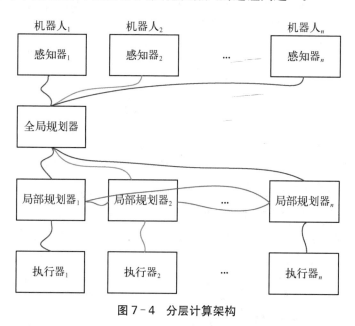

图 7－4 分层计算架构

该计算架构适用于可分层计算的自主决策与规划算法,如人工势场函数法（artificial potential functions,APFs）、经典搜索规划法、仿生学方法。它无论对通信即时可靠性还是通信带宽的要求都很低,不敏感于信息的不一致,在规划器工作过程中不需要大量的信息交互。该架构适合于大规模机器人集群在复杂通信条件下使用,当然集群密度不能够超出环境容限。

7.1.3 无人机集群自主决策与规划的研究现状

无人机集群自主决策与规划从可扩展性和适用性角度,包括仿生学方法、函数 APFs 方法、几何学方法、经典搜索规划法和机器学习方法等。

7.1.3.1 仿生学方法

仿生群体智能算法是一类最适用于机器人集群自主决策与规划的方法,它一直是群体智能领域研究热点,它受自然界社会型生物行为启发,如蚁群、鱼群、鸽群、萤火虫、粒子群以及蝙蝠等,这些生物基于邻近个体间的直接交互,或者所有个体内的共识主动性来实现信息交换,通过个体间自组织协作实现复杂行为的智能涌现,具有分布式、自组织、可扩展等天然优势。大量研究人员通过模拟上述生物行为,设计了各种群体智能算法,如蚁群优化(ant colony optimization,ACO)算法、人工鱼群(artificial fish swarm,AFS)算法、鸽群优化(pigeon-inspired optimization,PIO)算法、萤火虫(firefly algorithm,FA)算法等。

1) ACO 算法

ACO 算法[4]受蚂蚁觅食行为启发,它是启发式方法与蚂蚁环境交互行为相结合的产物,属于非线性优化的元启发式算法,使用群体智能模型来模拟蚂蚁寻找食物最短路径行为。

尽管 ACO 算法易于获得近似最优解,但很难找到最优解,文献[5]提出一种蚁群自主决策与规划算法,可获得更高质量的全局最优路径,且可在满意解与迭代次数之间进行灵活的权衡。文献[6]提出一种基于蚁群优化的动态环境下机器人集群自主决策与规划算法。为了避免 ACO 算法易于陷入局部僵局和停滞问题,文献[7]将自组织协作机制引入集群自主决策与规划中,通过局域信息交换,增强局部范围内机器人之间通信协作,避免死锁。当某个机器人进入死锁区域时,与周围其他个体共享死锁区域位置,主动改变蚁群停留在死锁范围内的信息素,以便其他机器人绕过死锁范围,继续寻找最短路径。不过由于蚂蚁运动具有一定随机性,当种群规模较大时,很难在短时间内找到更优路径,这仍是大规模集群面临的难题。

2) AFS 算法

AFS 算法[3]模仿鱼群交互行为,找到最高密度食物源。建模的鱼群具有四种基本行为:① 觅食。趋向于高食物浓度区域。② 聚集。游到高食物浓度区域而不会过分聚集在食物中心。③ 追尾。追尾食物浓度高的个体,但不会聚集在其周围。④ 随机。自由游动,不断扩大其搜索范围。该算法模拟真实鱼类的尾迹和活动,利用自下而上优化模型实现全局优化,具有全局性、快速收敛性、搜索空间自适应性、参数鲁棒性以及可追溯性等优点。不过,该算法也存在缺陷,即早期收敛速度明显快于后期、参数选择会影响收敛速度和解的精确性、鱼群数量越多优化时间越长、过宽的优化范围和小的变化可能导致收敛速度变慢等问题。

与 ACO 算法类似,AFS 算法易于陷入局部最优,文献[8]提出一种混合改进人工鱼群算法,首先利用 A* 算法确定次优路径,然后基于惯性权重因子改进 AFS 算法的自适应行为,引入衰减函数来改善鱼的视觉范围和移动步长,用于平衡全局和局部自主决策与规划,提高收敛速度和质量。该算法在避免局部最优、收敛速度和精度方面得到了改进,不过当鱼群规模过大时,该算法需大量计算并占用更多存储空间;而当鱼群数量太少时,鱼群局部优化、早熟且易于落入局部极值。针对经典 AFS 算法最优解不精确和收敛效率低的问题,文献[9]提出一种自适应增强猎食行为和分段自适应鱼视距与步长的鱼群算法,称其为混合自适应人工鱼群算法。自适应增强猎食行为用于改进鱼的猎食过程,设计分段自适应策略用于改造鱼的视野和步长。

3) PIO 算法

PIO 算法[10]受自然界中鸽子归巢行为启发,模仿鸽子在寻找目标的不同阶段使用不同导航工具这一机制。该算法包括两种不同算子模型:首先是地图和指南针算子,使用磁性物体感知地磁场,然后在头脑中形成地图,它们把太阳高度作为指南针来调整飞行方向,当接近目的地时,对太阳和磁性物体的依赖性便减小;其次是 Landmark 算子,模拟导航工具中 Landmark 对鸽子的影响,当飞近目的地时,将更多依赖附近 Landmark。如果鸽子对 Landmark 熟悉,将直接飞向目的地。否则,将跟随那些对 Landmark 熟悉的鸽子飞行。

4) FA

FA[11]算法是基于萤火虫闪烁行为的群体智能算法,它能够产生生物发光化学反应,通过不同强度的持续发光或闪烁来吸引其他萤火虫。其亮度可随环境改变,吸引力则与亮度成正比。对于集群自主决策与规划问题,FA 算法具有两大优势:自动细分群体和处理多模态的能力。首先,吸引力随距离减小,这导致整个群体可以自动细分为子群,且每个群体可以围绕每种模态或局部最优进行群集;其次,如果种群大小高于模态的规模,这种细分允许萤火虫能够同时找到所有最佳集群[12]。

文献[13]提出一种基于路径选择的全局自主决策与规划方法,首先利用群搜索优化(group search optimizer,GSO)算法覆盖多个局部最优解的能力,一次生成多条路径;然后,针对多条路径提出两种选择算法:在通过路径交叉点时,对交叉路径进行重新评估并选择较优路径,最终达到路径最优;通过启发式搜索快速选择适当路径,它重用了原搜索结果,从而避免了二次规划。文献[14]提出一种基于 FA 算法的机器人集群自主决策与规划方法,将萤火虫社会行为用来优化群体行为。考虑到自主决策与规划问题是一个非确定多项式(non-determinical polynomical,NP)复杂度问题,多目标进化算法是求解该问题一种有效方法。为此,文献[13]提出一种多目标 FA 算法用于解决机器人自主决策与规划问题的路径安全性、路径长度和路径光滑性等问题。

7.1.3.2 APFs 方法

APFs 方法[15]将机器人工作空间定义为势场。势能是机器人导航过程中为避免碰撞障碍物而产生的力量,目标所在的低势能位置吸引机器人,障碍物所在的高势能位置则排斥机器人。这种通过施加障碍物虚拟斥力和目标吸引力来计算势能,计算简单,它在机器人自主决策与规划中极具吸引力,特别是在实时和动态环境应用中。APFs 方法适用于集群自主决策与规划问题,首先,APFs 方法的计算速度很快,因为群体中每个机器人合力仅取决于附近障碍物、目标以及与相邻机器人的有限交互;其次,APFs 具有可扩展性。当群体增加新机器人时,通常只需计算来自障碍物的排斥力、来自目标的吸引力以及与邻近机器人的有限交互所产生的力。设计避免或最小化机器人陷入局部最小值概率的 APFs 是一个具有挑战性的问题[16]。此外,充满复杂几何形状的多障碍环境中的机器人集群自主决策与规划方法实际上目前仍不存在。

文献[17]运用 APFs 方法来获得流线型路径,将其用于复杂形状建筑的城市环境中无人机集群自主决策与规划和协作目标跟踪问题。为提高集群自主决策与规划效率,文献[18]将概率路标图(probabilistic roadmap techniques,PRMs)与 APFs 方法相结合,提出一种组合路标图与势场集群自主决策与规划(combined roadmaps and potentials for swarms,CRoPS)算法,使集群有效移动到期望目的地,同时避免相互碰撞以及与静态障碍物碰撞。CRoPS 算法不使用概率路标图来规划群体整条路径,而是生成一系列中间目标,这些目标充当吸引势,以引导群体朝向期望的目的地运动;人工势场则为机器人提供局部反应式行为,这些行为旨在使群体保持内聚并远离障碍物。通过存在大量障碍物和狭窄通道的复杂环境仿真验证了 CRoPS 算法的有效性和可扩展性。文献[19]进一步对 CRoPS 算法进行扩展,提出一种可规避动态障碍物的组合路标图与势场集群自主决策与规划(combined roadmaps and potentials for swarms for dynamic obstacles,dCRoPS)算法。首先,dCRoPS 算法改进了 CRoPS 算法,当有动态障碍物向其靠近时,使集群能够快速响应;其次,当机器人由于动态障碍物的干扰而无法到达计划的中间目标时,dCRoPS 算法为群体中机器人提供目标的替代引导。文献[20]通过设计优先级选择机制并改进两种人工势场函数 SWARM 和 SPREAD,从而实时实现集群分布式自主决策与规划问题。通过在群组移动人工势场函数 SWARM 和 SPREAD 中增加新的势场因子,使人工势场函数可用于机器人集群路径避障协调阶段,同时解决 APFs 方法的局部最小问题。

7.1.3.3 几何学方法

除了从路径寻优角度研究机器人集群自主决策与规划方法之外,也有不少研究侧重于使用杜宾斯(Dubins)曲线、贝塞尔(Bezier)曲线、毕达哥拉斯(Pythagorean Hodograph)曲线等二维平面或三维空间几何方法来生成或平滑路径。

1) Dubins 曲线

Dubins 曲线是在满足曲率约束和规定始、末端切线方向的条件下,连接两个二维平面的最短路径。对于自主决策与规划问题,主要考虑路径表示的简易性、路径曲率长度的计算复杂度、改变路径长度的容易度等三个问题,Dubins 曲线由圆弧和它们切线的连接形成,具有表示及其推导非常简单的特点,广泛应用于机器人自主决策与规划问题。比如,文献[21]采用 Dubins 曲线思想解决三维空间无人机集群无人机安全飞行路径的同时到达问题。

2) Bezier 曲线

Bezier 曲线,依据四个位置任意的点坐标绘制出一条光滑曲线,常用于非完整机器人集群自主决策与规划。大多数非完整机器人具有最小转弯半径约束,须在最小转弯半径约束和连续性约束下改进路径。文献[22]提出一种基于 Bezier 曲线的平滑方法,用于非完整机器人集群自主决策与规划。该方法包括全局自主决策与规划、局部运动规划和优化规划等阶段:第一阶段全局自主决策与规划器在自由空间的 Voronoi 图分割中规划路径;第二阶段运动规划器是基于 Memetic 算法的遗传算法;第三阶段导航点被视为 Bezier 曲线控制点,可获得具有最小转弯半径约束的最优路径。由于提出算法还考虑了避碰问题,因此每个机器人始终沿规划路径与其他机器人保持最小安全距离。

3) 毕达哥拉斯曲线

毕达哥拉斯曲线[23]具有以下特点:① 曲线上点均匀分布;② 在计算路径长度时,消除数值求积;③ 参数速度是其参数的多项式函数;④ 曲率和偏移曲线是有理形式。Shanmugavel 等人证明毕达哥拉斯曲线可用于自由空间以及有障碍区域的自主决策与规划问题[24]。文献[25]重点研究无人机自主决策与规划,使用毕达哥拉斯曲线用于跟踪、检测和模拟污染云的形状。

7.1.3.4 经典搜索规划法

上述三类方法在机器人集群自主决策与规划应用上都具有天然的自组织、分布式等特点,但是在经典搜索领域,也存在不少有效研究。

1) 概率路标图

概率路标图算法[26]通过从机器人位形空间(以下简称"C-空间")随机采样点,保留满足特定可行性要求的点(如须对应于可移动物体的无碰撞位形),使用一些简单规划方法来连接这些点以形成路标图。在搜索路径过程中,采用标准图搜索技术从路标图中提取连接其起始位形至目标位形的路径。文献[20]提出一种可规避动态障碍物的组合路标图与势场集群自主决策与规划算法,其集群路径是通过构建和搜索无碰撞路标图得到的,当群体由于动态障碍物干扰而偏离或无法达到计划的中间目标时,则再次搜索路标图以获得备选路径。虽然PRMs算法可有效避免局部最小值问题,但在处理大规模机器人集群问题时,其可扩展性仍然会出现问题。由于集群位形空间由每个机器人的各个位形空间的笛卡尔积组成,因此生成无冲突位形并通过无冲突路径连接相邻位形变得极具挑战性。目前,尽管存在大量的模拟群体行为方法,但这些方法通常只能提供简单的导航和规划能力。为实现更复杂群体行为,文献[27]提出一种路标图自主决策与规划与群体智能相结合的方法。它使用PRMs算法的一种变体,即中轴概率路标图,不在C-空间随机均匀地生成节点,而在中轴或附近生成,非常适合于群体行为;此外,它将行为规则嵌入个体成员和路标图中,根据成员位置和状态来修改路标图边缘权重,实现了归巢、覆盖、搜索、穿越狭窄区域和放牧等群体行为。

2) 经典搜索法

迪杰斯特拉(Dijkstra)算法是从一个顶点到其余各顶点的最短路径寻优算法,解决有向图中最短路径问题,作为最经典路径寻优算法被广泛应用于机器人自主决策与规划问题。针对无人机集群协同自主决策与规划问题,文献[26]提出一种自上而下的分层控制策略。群体首先使用Voronoi图和Dijkstra算法规划群体最优或次优路径,接着在底层设计自组织协调运动策略来引导无人机运动。著名的RRT是一种树形数据存储结构和算法,但RRT算法并不适用于机器人集群。文献[28]针对磁性微型机器人引导药物至瘤细胞问题提出了一种障碍加权RRT算法,它将微型机器人引至自由空间中轴区域附近以减小管壁对微型机器人集群的干扰,并采用分而治之策略通过离散区域转换执行群体聚合。

3) 启发式搜索

高计算成本、陷入局部极小值是造成大多数经典搜索自主决策与规划方法失败的原因之一。其中,启发式搜索被认为是解决这些问题的方法之一,启发式搜索基于短时间间隔内结果的可用性,这对于NP完全问题是有效的[6]。文献[29]提出一种三维环境下无人机集群自主决策与规划方法,采用A*算法为每架无人机规划趋向于目标的路径,采用三维空间欧几里得距离作为启发式代价,并考虑减少整个集群路径长度的最佳组合,以最小化"总路径长度"为优化目标,计算所有无人机到达所有目标的可行路径长度,再分布式协商实现目标最优组合。文献[30]研究了机器人集群动态自主决策与规划问题,要求群体中至少有一个机器人访问区域内次要目标或检查点,同时须避开静态和动态障碍物,它采用 D*lite 算法用于动态自主决策与规划,并设计分布式集群自组织规划策略用于遍历检查点,仿真验证了算法适用于不同规模机器人和不同障碍数量的自主决策与规划问题。

7.1.3.5 机器学习方法

可以看出,无论是经典搜索规划法、人工势场函数方法,还是仿生学方法,大多都存在路径适应性差、计算复杂度高、搜索时间长、收敛精度低、容易陷入局部最优等问题。为克服这些缺点,研究人员一直尝试不同技术,其中机器学习方法最受关注。通常,机器学习方法可分为三类[31]:监督学习、进化学习和强化学习等。在机器人集群自主决策与规划技术领域,都有运用这三类方法开展研究的案例。

1) 监督学习

机器人领域的监督学习将神经网络引入经典搜索方法中,使算法既具备探索世界又具有存储经验的能力。通过学习,机器人能够将所呈现的问题与已知问题和适当的解决方案进行比较,并且如果关于解的知识存储在经验中则快速响应。文献[32]提出一种集成群体智能与神经网络的障碍环境自主决策与规划算法,即蚁群交配算法。它通过将 ACO 算法与自适应共振理论神经网络结合,展现出良好的优化特性,能够针对不同环境在不到 100 代的时间内得到解。不过,该方法仍然存在缺点:适应度函数的参数调节十分烦琐,而且 ART-1 的警戒参数对网络的粒度具有显著影响。

2) 进化学习

在机器人领域,进化学习的应用大多基于遗传算法。遗传算法是一种并行随机搜索优化方法。文献[33]提出一种基于遗传算法的水下机器人集群自主决策与规划方法,为每个机器人生成最短避碰路径。机器人行进路径的笛卡尔坐标是随机生成的,它们被编码到染色体中,其适应度由位移总和来定义。通过仿真验证该算法能够为机器人集群规划安全无碰撞路径,增加更多机器人,方法仍然能够获得最优路径。

3) 强化学习

强化学习是一种目标导向的机器学习方法。与监督学习不同,强化学习所需的训练信息是评价而非指导,其主要目的是研究从状态到行动的最佳映射,以得到最大化回报。强化学习在移动机器人的自主决策与规划、运动控制等方面具有普遍适用性。文献[34]研究如何将经典 Q-Learning 方法应用于机器人集群自主决策与规划问题,利用 ACO 算法的信息素机制解决了强化学习系统中的信息共享问题，并对 Q-Learning 方法存在的问题进行了一些改进，并在 Player/Stage 群体智能体仿真平台上进行了仿真验证，相比经典粒子群优化 (particle swarm optimization，PSO)算法，该方法在群体机器人自主决策与规划中具有更高的效率。

4）其他方法

基于教学-学习的优化(teaching-learning-based optimization，TLBO)算法[35-36]模拟教学现象。该算法凭借其收敛速度快、精度高，非常适合解决机器人自主决策与规划问题，为全局自主决策与规划提供了一种新解决方案。文献[37]提出了一种改进 TLBO 机器人全局自主决策与规划方法，称为非线性惯性加权改进教学-学习优化(nonlinear inertia weighted teaching-learning-based optimization，NIWTLBO)算法。它在 TLBO 算法中引入非线性惯性加权因子控制学习者的记忆率，并使用动态惯性加权因子代替教师阶段和学习者阶段的原始随机数。仿真试验表明 NIWTLBO 算法比 TLBO 算法和其他算法具有更快的收敛速度和更高的搜索路径精度。

7.1.4 无人机集群自主决策与规划的主要挑战

寻求复杂环境中高效率和可扩展性的规划与决策算法成为集群领域的热点问题。为适应瞬息万变的复杂动态环境，如何实现兼顾优化性和快速性的动态决策和任务、航迹重规划，仍然还是挑战性的问题。其挑战性主要包括如下几方面：

1）任务时变和耦合给集群自主决策和规划带来的挑战

集群通常以并行方式同时遂行多重任务，但是各子任务往往具有时变性和不确定性，且彼此耦合。例如，在集群协同区域侦查和目标抵近跟踪的典型任务中，侦察和跟踪任务耦合，地面目标数量、运动状态不断变化(动态出现/被遮蔽，且不规则运动等)，无人机数量不断变化(部分损毁、部分返航补充燃料、部分通信失联等)、环境区域复杂(山区环境，通常为不规则的非凸构型)等，导致集群各任务不断变化。故而，一方面，任务耦合使得集群自主决策与规划通常不具有闭式的全局优化解；另一方面，任务时变又要求集群不断进行在线的求解和优化，分布式决策和规划通常只能得到局部的优化解。

2）局部信息不一致给集群自主决策和规划带来的挑战

集群采用分布式感知/通信和邻域协作方式执行任务。一方面，各架无人机得到的信息通常并不一致。例如，多架无人机对同一个地面目标的定位，各无人机基于自身携带的传感器对其定位信息并不一致；即使各无人机基于通信进行目标关联和信息融合,但是由于无人机之间的信息传递步长有限,集群中各无人机之间的信息并不一致,更进一步加剧了各无人机决策和规划优化的难度。另一方面,各无人机基于自身和局部信息进行决策与规划,得到的执行结果可能不一致,甚至是冲突的。例如,多架无人机决策哪一架跟踪某一个地面目标时,基于不一致状态信息,可能有两架或者多架无人机认为自己执行跟踪任务;也可能没有一架无人机认为自己执行跟踪任务(均认为应该由其他无人机执行该任务)。故而,信息不一致,一方面加剧了决策和规划取得优化解的难度,另一方面容易造成决策与规划结果的冲突。

3)维数爆炸集群自主决策和规划带来的挑战

集群通常由大量个体组成,同时还具有底层空间的高维度特性,导致维度巨大且计算复杂。无人机集群的数量众多,考虑个体与群体之间的交互变量,集群自主决策与规划的变量随数量规模指数增加。通常,决策与规划需要考虑多平台空间约束、时间约束、任务耦合约束、航迹防撞约束以及约束间的大量错综复杂的耦合交联关系。故而,任务的复杂性、多样性和集群数量导致决策与规划空间急剧膨胀和高度耦合,使得集群自主决策与规划问题建模困难,求解困难。此外,维数的增加必然带来决策与规划时间性能的降低,对于时敏性任务,必须在算法最优性与时间性能之间权衡。规划算法对问题维度是指数依赖。例如,自主决策与规划通常是在多项式空间(polynomial space,PSPACE)完整的。在高维度空间中,精确求解可行路径在数学上规模很大且计算复杂;如果考虑最优性,计算复杂度进一步增加,即使离线计算都是难以承受的。故而,很多常见的规划算法仅在低维空间可行。进一步,与地面机器人相比,无人机速度更快,动力学系统更复杂,机载计算能力更有限。因此,无人机决策与规划算法必须尽可能降低计算量,且须具有更强的实时性。

综上,无人机集群的任务耦合、局部信息不一致、维数爆炸等特点使得集群无人机的协同决策和规划非常具有挑战性。

7.2　无人机集群区域覆盖搜索规划

无人机集群区域覆盖主要解决如何通过大规模无人机进行指定区域的覆盖,从而达到集群系统的最佳性能,如覆盖时间最短、覆盖率最高等。无人机集群覆盖具有十分广泛的应用,如地理测绘、搜索救援、灾情监视等。尽管指定覆盖区域可能在形状和大小上有所不同,也可能充满各种障碍,但利用无人机进行区域覆盖主要包括以下几个流程。首先,无人机感知环境信息后,利用一些区域分割方法对指定区域进行划分[38-39],这是无人机行为决策的基础。其次,无人机执行任务规划和航迹规划进程[40-41]。最后,无人机的控制器和执行器完成规划好的任务流程[42]。在这些步骤中,区域分割和行为决策是最为基础和重要的,然而它们本质上是多机集群的区域覆盖任务规划。

7.2.1 面向集群区域覆盖搜索的速度域建模

无人机集群自组织覆盖是利用大规模无人机群以自组织分布式的方式对指定区域进行覆盖的问题,无人机具有的良好机动性能和传感能力能够应付变化环境下的不确定性干扰。无人机集群自组织覆盖问题的目标是寻找最佳的覆盖方案,通过机载计算机运行分布式覆盖算法,将一定的无人机资源部署在指定的感兴趣区域内,使得无人机之间覆盖重叠面积尽可能的少,以获取最大覆盖范围。通常,在该问题中,将无人机的覆盖范围视为一个以无人机当前位置为圆形,覆盖能力范围为半径的圆形区域。集群内无人机通过局部信息进行决策规划,通过最优化局部函数使得全局覆盖问题尽可能地靠近最优解。

将无人机的形状、感知范围和通信范围均构建为圆形,其半径大小分别标记为 r,R 和 CR。此外,每架无人机均有自己的最大速度 v_{max}、最大计算圆形区域半径 R_{max}、最大邻间计算数量 $n_{max} \in \mathbf{N}$ 以及预测时间间隔 τ。无人机的位置用符号 p 表示,速度用 v 表示。无人机随机分布的矩形区域为 Ω_e,其边长均为 l_e。$C(p, R)$ 表示为圆心位置在 p 且半径为 R 的一个开环圆形区域内的所有点,其数学表达式如下:

$$C(m, R) = \{w \mid \|w - m\| < R\} \tag{7-1}$$

集合 $I_n = \{i \mid i \leqslant n, \forall i, n \in \mathbf{N}\}$ 表示无人机的编号集合,无人机 i 的运动控制输入为 $u_i \in \mathbf{R}$,$i \in I_n$,有以下无人机运动离散模型:

$$x_i^{k+1} = x_i^k + u_i, \ u_i, \ x_i \in \mathbf{R}^{2n}, \ i \in I_n \tag{7-2}$$

式中:k 表示时刻,$k = 0, 1, 2, \cdots$

对于多边形区域 $H \in \mathbf{R}^2$,用符号 ∂H 表示其边界,则多边形区域 H 可完全用其边界 ∂H 的顶点表示 h_j,$j \in I_{N(H)}$,其中 $N(H)$ 是区域 H 的顶点数。从数学角度来描述,对于任意多边形区域 H,其面积函数可定义如下:

$$\Theta(H) = \frac{1}{2} \left\| \sum_{j \in I_{N(H)}} (h_j \cdot h_{j+1}) \right\| \tag{7-3}$$

式中：×表示两个向量的叉乘，顶点 h_j 以顺时针方式计数并且 $h_{N(H)+1} \equiv h_1$。

用向量 $\boldsymbol{X} = (x_1^{\mathrm{T}}, x_2^{\mathrm{T}}, \cdots, x_n^{\mathrm{T}})^{\mathrm{T}}$ 表示所有无人机的位置，$H \in \mathbf{R}^2$。无人机需在指定的感兴趣区域 Ω 内，即 $\forall i \in I_n$，$x_i \in \Omega$，其可用线性约束的方式 $AX \leqslant B$ 进行表示，其中矩阵 $\boldsymbol{A}$ 和矩阵 $\boldsymbol{B}$ 由区域 Ω 的顶点 ω_j 确定，$j \in I_{N(\Omega)}$。因此，全局覆盖优化问题用集中式方法求解，可以用以下数学优化模型表示：

$$X: \text{maximize}\, \Theta(\Omega \cap \bigcup_{i \in I_n} C_i) \tag{7-4}$$

$$s.t.\, AX \leqslant B$$

由于集中式优化方法是一个计算密集型方法，因此它受无人机数量的影响较大。若无人机数量规模大则容易导致计算爆炸问题，并且集中式优化方法需要对每架无人机进行一一指派，这对指派中心的稳定可靠性要求很高，即不允许出现问题，同时若某架无人机发生问题则需重新计算。此外，这种为无人机预先规划路径的集中式覆盖方法还需考虑无人机进行覆盖运动时的实时避碰避障问题。这种不灵活、不具有鲁棒性的集中式优化方法虽然较分布式方法能够获取更好的覆盖方案，却没有分布式方法具有的计算量小、自愈性强、实时性高的优势。于是，目前无人机集群覆盖的解决方法研究更多的是分布式方法，每架无人机无须知道全局信息，仅通过自身的局部信息进行自主决策与规划，从而获得全局较优覆盖方案。这种滚动式的分布式优化方法更能适应实时变化的覆盖环境要求。

对于两架具有有限覆盖能力的无人机 A 和无人机 B，它们一开始十分接近彼此但无碰撞，且它们的起始速度均为 0；因此，如果它们需要通过减少两架无人机之间的覆盖重叠率来增加总的覆盖区域面积，那么它们需要选择对彼此有利的新速度。假设无人机 A 在时间间隔 τ 内采用了相对无人机 B 的速度 v，本节将速度 v 称为弱覆盖速度。

集合 $WCV_{A|B}^{\tau}$ 定义为弱覆盖速度空间，是一个包含了所有无人机 A 相对于无人机 B 弱覆盖速度的速度矢量空间，具体的数学表示如下：

$$WCV_{A|B}^{\tau} = \{v \mid \exists t \in [0, \tau] :: tv \in C(p_B - p_A, \| p_B - p_A \|)\} \tag{7-5}$$

与弱覆盖速度空间 $WCV_{A|B}^{\tau}$ 相对应的另一空间，称之为强覆盖速度空间，用符号 $OCV_{A|B}^{\tau}$ 表示。其具体含义为，无人机 A 在时间间隔 τ 内选择相对于无人机 B 的利于总覆盖区域增加的速度空间，具体的数学表示如下：

$$OCV_{A|B}^{\tau} = \{v \mid v \notin WCV_{A|B}^{\tau}\} \tag{7-6}$$

图 7-5 为无人机 A 和无人机 B 的覆盖问题求解在速度域内的描述，可以很容

易发现集合 $WCV_{A|B}^{\tau}$ 和 $WCV_{B|A}^{\tau}$ 是关于原点对称的。在图 7-5(a) 中,一个简易例子呈现无人机 A 和无人机 B 在位型空间上的图形化表示,其中无人机 A 和无人机 B 中心为 p_A 和 p_B,且它们具有不同的形状半径(r_A 和 r_B)和覆盖半径(R_A 和 R_B)。图 7-5(b) 为无人机 A 的弱覆盖速度集合 $WCV_{A|B}^{\tau}$ 的速度域下的图形化表示,其在速度空间内表示为中心在 $(p_B - p_A)/\tau$,半径为 $R_\tau = \|p_B - p_A\|/\tau$ 的圆,其中 τ 是预测时间间隔,在此图中仅呈现 $\tau = 1$ 和 $\tau = 2$ 的情况。$WCVL_{A|B}^{\tau}$ 是一条将弱覆盖速度集合 $WCV_{A|B}^{\tau}$ 和强覆盖速度集合 $OCV_{A|B}^{\tau}$ 完全分开的分割线。

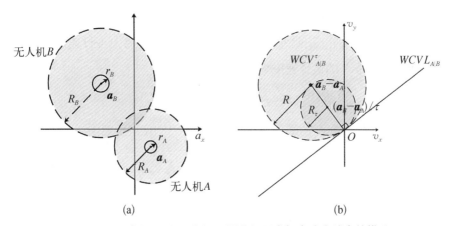

图 7-5　无人机 A 和无人机 B 覆盖问题求解在速度域内的描述

(a) 双机位型情况;(b) 无人机 A 弱覆盖速度集合 $\boldsymbol{WCV}_{A|B}^{\tau}$ 的图形化表示

此外,无人机 B 很难在时间间隔 τ 内以固定的速度 v_B 运动,因此如果无人机 B 的速度是在一个范围波动,即 $v_B \in \boldsymbol{V}_B$,那么无人机 A 也应该选择一个基于无人机 B 的速度波动范围的强覆盖速度集合 $OCV_{A|B}^{\tau}(\boldsymbol{V}_B)$。也就是说,无人机 A 需通过使其相对于无人机 B 的速度,不在无人机 B 速度波动范围内的弱覆盖速度集,也即不在其闵可夫斯基集合 $WCV_{A|B}^{\tau} \oplus V_B$ 中,具体数学化描述如下:

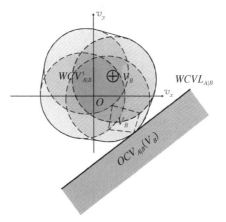

$$OCV_{A|B}^{\tau}(V_B) = \{v \mid v \notin WCV_{A|B}^{\tau} \oplus V_B\} \tag{7-7}$$

图 7-6 为无人机 A 基于无人机 B 速度波动范围内的强覆盖速度集图像化表示。

图 7-6　无人机 A 基于无人机 B 速度波动范围内的强覆盖速度图像化表示

7.2.2　基于相对互惠模型的集群覆盖搜索优化方法设计

集群区域覆盖总的流程方法如下：在每一个时间间隔 Δt 内，无人机 A 都会进行感知、决策和执行动作。在每个周期内，无人机 A 获取自身及其相邻的无人机的当前位置、速度和覆盖半径。对于无人机 A，它只需要考虑其范围内相邻的最近 $n_A^{\max}$ 架无人机 B，即 $\boldsymbol{B} \in \{B_j \mid \underset{j=1:n_A^{\max}}{\operatorname{argmin}} \| p_A - p_{B_j} \| \leqslant D_A^{\max} \}$。本节使用 KD 树方法帮助无人机 A 搜索与无人机 A 相邻所有无人机 B。随后，无人机 A 推断出相对于所有无人机 B 的最佳覆盖速度域 $ORCV_{A|B}^{\tau}$，则 $ORCV_A^{\tau}$ 为无人机 A 在欧几里得空间内离其最近的 $n_A^{\max}$ 架无人机 B 所构成 $ORCV_{A|B}^{\tau}$ 的交集，即 $ORCV_A^{\tau} = \bigcap\limits_{B \neq A} ORCV_{A|B}^{\tau}$。此外，由于无人机 A 还受其最大飞行速度 $v_A^{\max}$ 的限制。因此，无人机 A 的最佳速度域为

$$ORCV_A^{\tau} = C(\boldsymbol{0}, v_A^{\max}) \bigcap \bigcap\limits_{B \neq A} ORCV_{A|B}^{\tau} \qquad (7-8)$$

图 7-7 为无人机 A 的最佳覆盖速度域 $ORCV_A^{\tau}$ 几何示意图。

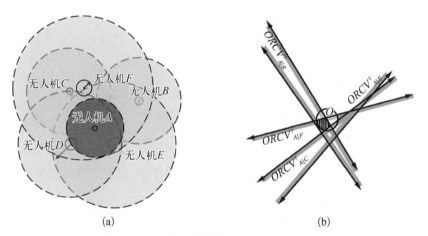

(a)　　　　　　　　　　　　　　(b)

图 7-7　无人机 A 的最佳覆盖速度域$ORCV_A^{\tau}$几何示意图

(a) 位型空间下的多机位置和速度情况；
(b) 速度空间下的无人机 A 最佳覆盖速度域 $ORCV_A^{\tau}$ 的示意图

随后，无人机 A 从其最佳覆盖速度空间 $ORCV_A^{\tau}$ 中选择一个最优速度。在本节中选择最佳覆盖速度空间 $ORCV_A^{\tau}$ 的中心，使得无人机 A 对其所有相邻无人机的覆盖互惠性尽可能相同。

$$v_A^{\text{new}} = \underset{v \in ORCV_A^{\tau}}{\operatorname{argmin}} \| v - v_A^{\text{opt}} \| \qquad (7-9)$$

最后，无人机 A 执行决策速度 v_A^{new}，到达它的新位置：

$$p_A^{\text{new}} = p_A + v_A^{\text{new}} \Delta t \qquad\qquad (7-10)$$

式(7-9)和式(7-10)是计算无人机 A 的新决策速度 v_A^{new} 的重要部分,可通过线性规划有效完成。尽管无人机 A 的新决策速度 v_A^{new} 仍受其最大速度的限制,但这并不会对其算法的计算复杂度有很大的改变。此外,无人机 A 的最佳覆盖速度空间 $ORCV_A^{\tau}$ 是一个凸区域,可以通过随机添加线性约束的方式有效地对该凸区域进行限定。因此,算法的运行时间取决于约束的数量 n,等同于无人机 A 的最大邻间计算数量 n_A^{new},因此算法计算复杂度为 $O(n)$。此外,图 7-8 为无人机 A 的最佳覆盖速度空间 $ORCV_A^{\tau}$ 的两种情况,其中图 7-8(a)及其对应的图 7-8(b)为可行集情况,图 7-8(c)及其对应的图 7-8(d)为空集情况。这需要采取不同的优化策略。

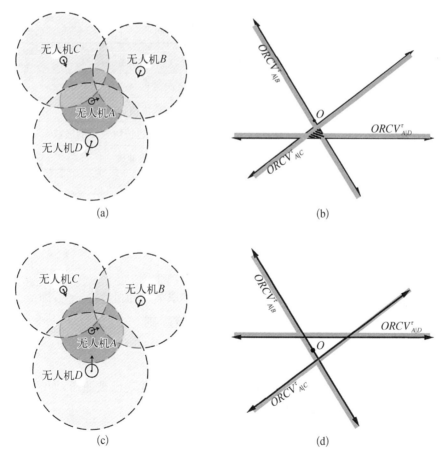

(a)　　　　　　　　　　　　　　(b)

(c)　　　　　　　　　　　　　　(d)

图 7-8　无人机 A 的最佳覆盖速度空间 $ORCV_A^{\tau}$ 的两种情况

(a) 可行位型情况;(b) 相对应的可行速度空间;(c) 空集位型情况;(d) 相对应的空集速度空间

接下来设计一种基于蒙特卡洛的最优速度搜索方法,该方法较其他传统遍历方法有着更高的搜寻效率。

1) 随机概率法

一般而言,传统的搜索方法必须确定搜索空间的确切区域,然而最优覆盖速度空间因为具有较强的不确定性,故一般很难获取确定的形态,且遍历最优覆盖速度空间内的所有可能值显然不大可能。因此,基于蒙特卡洛的随机概率方法在本节中被提出,用于最优覆盖速度空间的最佳速度搜索确定。

基于蒙特卡洛的随机概率方法利用概率性收敛的思想,通过在最优覆盖速度空间内随机撒点,则当采样数量足够多时,可以认为所有采样点的中心即为最佳覆盖速度空间的中心,而这并不需要知道确切的最佳覆盖速度空间的具体形状。

为了方便推导和交流,本节中运用的部分符号及其说明如表 7-1 所示。

表 7-1 部分符号及其说明

符　　号	说　　明
v_{opt}	最佳速度决策
PR	未知形状的最优覆盖速度空间
$Square(x)$	中心在原点 O、边长均为 x 的区域
$RV(S)$	集合 S 内的随机速度
$AVE(G)$	集合 G 的欧几里得中心
$IdleVel()$	零速度
$NUM(S)$	集合 S 的元素数量

随机概率法的核心思想如下所示:

推论: 在最优覆盖速度区域 PR 中,随机抽取大量随机速度 v_{rand},即 $v_{rand} \in PR$,并由所有随机速度 v_{rand} 构成随机速度集合 G,则

$$AVE(G) \rightarrow v_{opt} \qquad (7-11)$$

证明:假设最优覆盖速度区域 PR 内的所有速度均已被遍历,而区域 PR 的中心是本节设定的最佳速度,则具有以下公式成立:

$$v_{opt} = \sum v_i / Num(PR), \ v_i \in PR \qquad (7-12)$$

此外,随机速度集合 G 的中心为

$$AVE(G) = \sum_{i=1}^{n} v_i/n, \ v_i \in G \qquad (7-13)$$

当采用速度点数 n 足够大时，根据伯努利大数定理，则

$$\lim_{n \to \infty} p\{| AVE(G) - v_{\text{opt}} | < \varepsilon\} = 1, \ \forall \varepsilon > 0 \qquad (7-14)$$

2) 优化空间

最优覆盖速度空间的构建可能会出现两种情况：一种是可达空间；另一种是不可达空间。

(1) 可达空间。当最优覆盖速度空间是可达时，最佳速度搜索如下所示：

算法 7 - 1 Random Probability Exploration of the Optimal Velocity v_A^{opt}

输入：无人机 A maximal velocity v_A^{max}, constrains of neighbor UAVs $ORCV_{A|*}^{\tau}$

输出：The optimal velocity decision v_A^{opt}

① Computational Rectangle Domain：$RandVelRange = Square(\| v_A^{\text{max}} \|)$

② 随机速度：$v_{\text{rand}} = RV(RandVelRange)$

③ 设置准确度：$AN = 1\ 000$

④ 初始化：$N = 1$, $FN = 0$, $FD = \Phi$

⑤ while $N \leqslant AN$ do

⑥   if $\| v_{\text{rand}} \| \leqslant \| v_A^{\text{max}} \|$ then

⑦   if $v_{\text{rand}} \subset ORCV_{A|*}^{\tau}$ then

⑧ $v_{\text{rand}} \to FD$

⑨ $FN = FN + 1$

⑩   end if

⑪   end if

⑫ $N = N + 1$

⑬ end while

⑭ 最佳速度被搜索到 $v_A^{\text{opt}} = AVE(FD)$

⑮ 返回

---

(2) 不可达空间。当最优覆盖速度空间是空集时，最佳速度搜索如下所示：

算法 7 - 2 Lounger strategy

输入：UAV A maximal velocity v_A^{max}, constrains of neighbor UAVs $ORCV_{A|*}^{\tau}$

输出：The optimal velocity decision v_A^{opt}

Process 1~13 is same as 算法 1

if FN = 0

Output $v_A^{\mathrm{opt}} = \mathrm{IdleVel}()$ ▷ Adopt idle velocity.

end if

return

___

7.2.3 基于相对互惠模型的集群覆盖搜索优化方法仿真

7.2.3.1 随机搜索法有效性验证

为验证随机搜索法的有效性,本节在无障碍环境及静态障碍环境下进行验证。测试指标主要包括覆盖率、无谓损失率、轨迹平滑情况和收敛速度等。

试验环境为 i7-6700HQ CPU 的八核 2.60 GHz 计算机,利用 C++进行编程,利用 OpenMP 实现关键计算的并行运算。此外,利用机器人操作系统 ROS 结合 Gazebo 进行仿真测试,验证算法的可靠性。具体仿真参数设置如表 7-2 所示。

表 7-2 具体仿真参数设置

参　数	数　值	描　述
T	0.25 s	仿真步长
ζ	10^{-5}	算法终止阈值
l_e, l_a	250 m, 50 m	区域 Ω_e 和 Ω_a 的边长
n, n'	25, 1 000	无人机数量
$v_i^{\max}$	2 m/s	无人机最大速度
r, R, CR	0.5 m, 25 m, 70 m	无人机机身半径、覆盖半径和通信半径
$n_i^{\max}$, $R_i^{\max}$	4 m, 51 m	最大考虑邻近无人机数和最大考虑无人机邻近范围

当 $sup \parallel a_{i+1}^* - a_i^* \parallel_2 \leqslant \zeta$ 时,算法将会终止运行。此外,一开始无人机均随机分布在区域 Ω_a 内。

1) 小规模仿真测试

图 7-9 为无障碍环境下的封闭区域下 Ω_a 覆盖,无人机数目为 25 架。一开始,无人机均随机分布在拥挤区域 Ω_a 内,如图 7-9(a)所示。随后,无人机根据自身的局部信息采用本节提出的基于互惠机制的协同覆盖方法开始移动;无人机系统呈现群体无碰撞的扩散行为,以此增加区域的覆盖率;所有无人机的轨迹记录如图 7-9(b)所示,可以发现轨迹较为平滑。如图 7-9(c)所示,当仿真步数 $k=574$ 时,算法已经收敛至最优覆盖情况,可以看出系统达到了较优的覆盖效果。

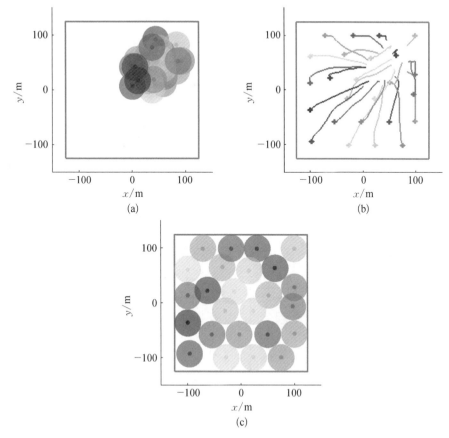

图 7 - 9   无障碍封闭环境下 Ω_a 覆盖

(a) 初始情况；(b) 移动轨迹；(c) 最优覆盖

在无人机移动的过程中，每架无人机都避免了与其他无人机的碰撞可能。图 7 - 10 为移动过程中所有无人机中距离最近的两架无人机之间的距离变化图，其中粗实线为双机最小距离变化图，细虚线为碰撞阈值也就是双机的机身半径和。由图 7 - 10 可知，所有无人机中距离最近的两架距离是不断变大的，而且由于距离始终高于阈值，所以整个过程是无碰撞的。

随后，进行静态障碍环境下的试验测试，如图 7 - 11 所示，静态障碍物 Ω_o 为一个边长为 10 m 的正方形障碍，其余条件与无障碍环境测试相同。图 7 - 11(a) 所示为无人机的起始情况。随后，无人机开始扩散以提高覆盖率，同时对无人机之间避碰和障碍物避碰进行平衡。障碍物只有在无人机 A 的考虑范围内才会被考虑，测试中障碍考虑范围半径等于无人机的覆盖半径。图 7 - 11(b) 所示为无人机的运动轨迹记录，可以发现静态方形障碍周围的无人机均很好地绕过了

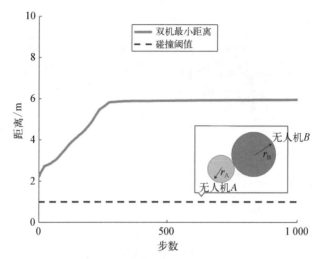

图 7–10　所有无人机中距离最近的两架无人机之间的距离变化图

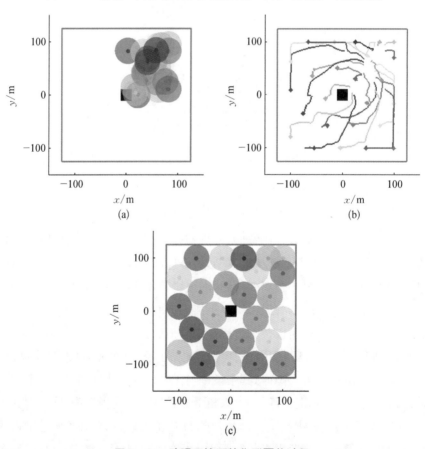

图 7–11　障碍环境下的集群覆盖过程

（a）初始情况；（b）运动轨迹；（c）最优覆盖

障碍。图 7-11(c)所示为最终优化的覆盖效果,其在仿真步数 $k=1\,248$ 时达到收敛。

如图 7-12 所示,粗实线表示所有无人机中距离最近的两架无人机之间的距离变化,虚细线表示无人机之间的碰撞阈值,也就是双机的机体半径之和。从图 7-12 可以看出,双无人机之间的最小距离随着时间推进不断变大,其间并没有小于碰撞阈值发生碰撞情况。这表明在障碍环境下,所有无人机之间均无碰撞行为,在集群协同覆盖的同时实现了有效的无人机之间避碰。

图 7-13 展示在集群覆盖过程中需要考虑避障的无人机与障碍之间的距离

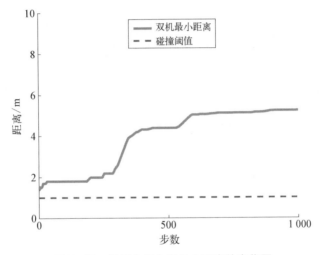

图 7-12 双无人机之间最小距离的变化图

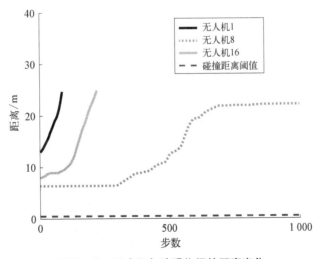

图 7-13 无人机与障碍物间的距离变化

变化,其中障碍物只有在无人机的考虑范围内时该无人机才考虑避障。在本测试障碍环境下,只有1号、8号和16号无人机与障碍物的距离小于其覆盖半径,考虑了避障行为,其余无人机均因障碍物超出了其考虑范围而无须考虑。从图7-13可以看出,无人机均与障碍物无碰撞,能够有效地避开障碍物,而且距离随着覆盖过程不断增大,其中细虚线为无人机与障碍物的碰撞距离阈值。

为了客观评估提出的随机搜索方法,将对其进行量化评估,并与两类代表性算法进行对比。其中,分区决策型代表算法为 Voronoi 分割法,直接决策型代表算法为虚拟力法,三种方法均在同一环境同一参数条件下运行对比。图7-14所示为 Voronoi 分割法和虚拟力法的覆盖情况。

通过对比覆盖情况,可以直观对比两种方法,可以发现在 $k=574$ 时,基于相对互惠模型的集群覆盖搜索优化方法已经达到最佳覆盖,较其他两种方法有着更好的覆盖效果。

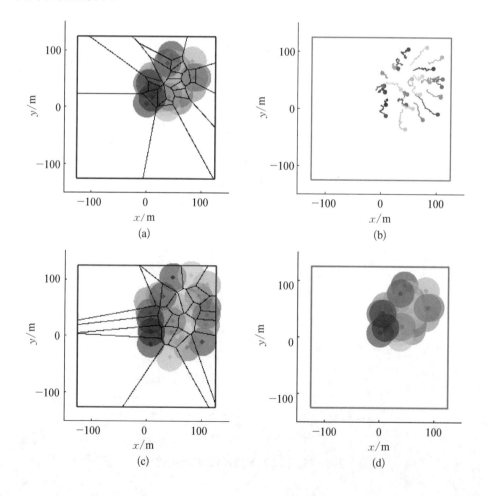

(a)

(b)

(c)

(d)

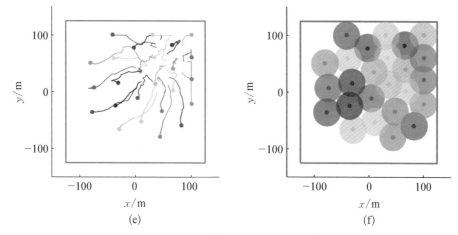

(e)　　　　　　　　　　　　　　(f)

图 7-14　Voronoi 分割法和虚拟力法的覆盖情况

(a) Voronoi 分割法的初始情况；(b) Voronoi 分割法的运动轨迹($k=0\sim574$)；
(c) Voronoi 分割法的覆盖情况($k=574$)；(d) 虚拟力法的初始情况；
(e) 虚拟力法的运动轨迹($k=0\sim574$)；(f) 虚拟力法的覆盖情况($k=574$)

图 7-15 是在仿真过程 $k=0\sim574$ 中三种方法的运动轨迹对比，通过随机放大同一架无人机（第 23 号无人机）进行对比发现，随机搜索方法生成的轨迹较 Voronoi 分割法和虚拟力法更为平滑，能够有效地减少无人机运动时产生的振荡问题。这归功于随机搜索方法考虑了无人机之间的互惠行为，而另两种代表算法并未考虑。

随后，对三种方法进行覆盖率和无谓损失率的情况对比，覆盖率为集群覆盖面积与集群最大覆盖区域面积的比值，而无谓损失率为集群覆盖能力损失情况与集群覆盖能力的比值。图 7-16 为三种方法的覆盖率变化对比，其中细实线为随机搜索方法，虚线为虚拟力法，点线为 Voronoi 分割法。可以发现，同一时刻随机搜索方法较另外两种方法具有更高的覆盖率，这是由于随机搜索方法的互惠机制提高了协同覆盖效率。

图 7-17 所示为三种方法的无谓损失率对比，同样细实线为随机搜索方法，虚线为虚拟力法，点线为 Voronoi 分割法。可以发现，方法较另外两种方法有着较低的无谓损失率，说明随机搜索方法具有更好的覆盖使用能力和资源利用效率。

随着无人机数量规模的增长，三种方法呈现出不同的收敛速度。从图 7-18 中，可以发现随机搜索方法较另两种方法具有更快的收敛速度，说明该方法在无人机数量规模上具有很好的可扩展能力。

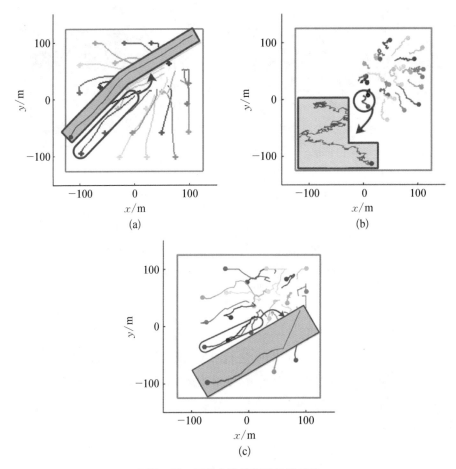

图 7-15　三种方法的运动轨迹对比

（a）随机搜索方法；（b）Voronoi 分割法；（c）虚拟力法

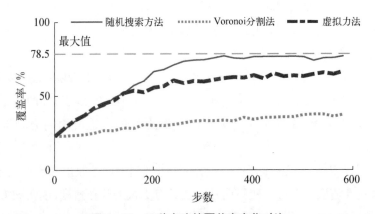

图 7-16　三种方法的覆盖率变化对比

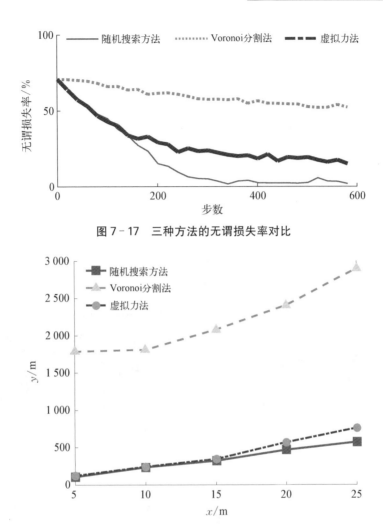

图 7‑17　三种方法的无谓损失率对比

图 7‑18　三种方法的收敛速度情况对比

表 7‑3 所示为不同环境下的集群覆盖任务中三种方法的单步计算速度对比,其中无人机数 $n=25$。随机搜索方法平均花费 14.807 ms 进行覆盖决策优化,虚拟力法平均花费 42.798 ms,而 Voronoi 分割法平均花费大于 500 ms。这是因为随机搜索方法直接在速度域内进行决策优化,而 Voronoi 分割法花费了太多时间在位型空间中的区域分割等计算中。

2) 大规模系统验证

为了验证随机搜索方法的可扩展性,设计一个集群覆盖试验进行测试。试验由 1 000 架无人机进行集群覆盖任务,覆盖区域为(2 000×1 000)m 的矩形区域 Ω_C',并有多个静态障碍物在环境当中。无人机的参数同前节试验相同。

表 7 - 3　三种方法的单步计算速度对比($n=25$)

方　法	情况 1	情况 2	情况 3	平均时间/ms
随机搜索方法	10.857	20.280	13.266	14.807
Voronoi 分割法	591.148	605.856	632.880	609.961
虚拟力法	36.749	48.072	43.573	42.798

　　千机协同覆盖试验过程如图 7 - 19 所示。首先,无人机均为静止并随机分布在一个($1\,000 \times 500$)m 的矩形区域中,如图 7 - 19(a)所示。随后,无人机集群根据随机搜索方法进行无碰撞的互动覆盖行为,覆盖面积不断增加,其运动轨迹如图 7 - 19(b)所示。最后,算法收敛到最优覆盖情况,如图 7 - 19(c)所示。

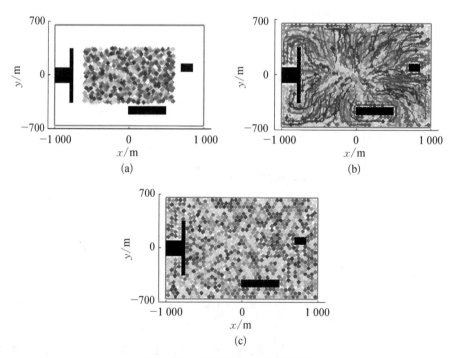

图 7 - 19　千机协同覆盖试验过程

(a) 初始情况($t=0$);(b) 运动轨迹($t=0\sim5\,226$);(c) 最优覆盖($t=5\,226$)

　　以上试验仿真和数据表明,提出的随机搜索方法的优势可以总结如下:首先,该方法是一个分布式的、异步的、自组织的集群控制方法,通过这个方法可让集群覆盖具有更高的覆盖率、更少的无谓损失率以及更快的收敛速度。其次,该方法引导的无人机运动轨迹更为平滑,并且它所需的决策时间也更短。最后,该方法可用于多种不同场景,如障碍环境下、大规模集群覆盖等扩展应用,另外它也具备避碰避障能力和良好的灵活性。

7.2.3.2 基于机器人操作系统的集群覆盖仿真试验

为了进一步验证随机搜索方法的有效性,利用机器人操作系统 ROS Jade,结合三维仿真软件 Gazebo,在一台运行 Ubuntu14.04 系统的 X86 架构的计算机上进行集群协同覆盖的仿真试验。

仿真试验实例化一个集群协同覆盖的缩影,即 16 架四旋翼无人机执行山区地带的协同覆盖任务。该山区区域大约为 16 384 m^2,也就是边长为 128 m 的正方形区域。每架无人机在 50 m 的高空中飞行,最大速度为 20 m/s,单机覆盖范围为 (30×30) m。特别说明,每架无人机实例化为一个独立的 ROS 节点,这意味着这个仿真是以一种分布式的方式运行的。Gazebo 仿真的飞行情况截图如图 7 - 20 所示。

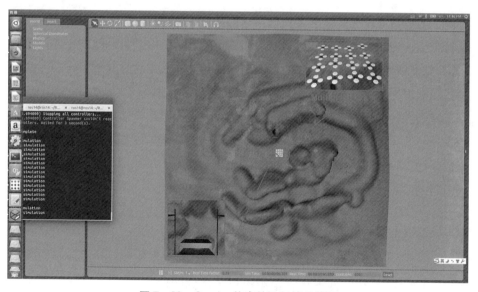

图 7 - 20 Gazebo 仿真的飞行情况截图

在图 7 - 21 中,捕获了三个典型瞬间,其中图 7 - 21(a)表明 16 架四旋翼无人机一开始集合在山形区域的中央。随后,无人机开始自主、协同、无碰撞扩散,增加覆盖区域的面积,如图 7 - 21(b)所示。最后,10 s 后,无人机到达一个稳定的状态,达到最优覆盖,如图 7 - 21(c)所示。从 Gazebo 仿真中,可看出本章随机搜索方法具有潜在的实用价值。

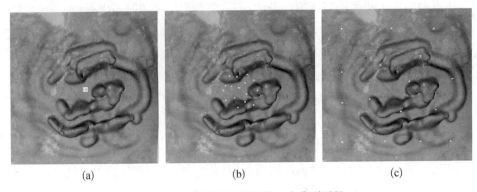

(a)　　　　　　　　　　(b)　　　　　　　　　　(c)

图 7-21　集群协同覆盖的三个典型瞬间

(a) 初始集合($t=0$);(b) 扩散覆盖($t=2$ s);(c) 最优覆盖($t=10$ s)

7.3　无人机集群自组织任务规划方法

无人机集群任务调度问题面向多机协同监测问题,解决任务排序、时序协调与计划生成问题。若要对问题进行求解,则需要满足实时性要求、机动响应性要求,如突发状况要调度无人机去观测新目标、信息在线分发的 QoS 要求等,这都给优化求解提出了特殊的要求。因此,为了能够快速有效地得到最优解,需要选择一种高性能算法来实现这一目的,本节设计了局部迭代搜索优化算法对其求解。针对原始算法中插值策略和移除策略对时间处理的手段相同导致成功率较低的问题,对移除策略进行优化改进,并根据初步获得的结果对启发式策略流程进行改进。将所设计算法对带时间窗的团队定向问题(team orienteering problem with time windows,TOPTW)模型进行求解,并通过大量的测试集验证了该算法的有效性和性能。

7.3.1　网络化条件下集群自组织任务规划问题建模

7.3.1.1　建模要素及特性分析

网络条件下,多机任务调度需要解决多机任务系统中的网络资源优化分配和无人机调度问题。对多机任务调度建模应该简单而完整地描述要解决的问题。建立的模型应该既能涵盖网络环境下多机任务规划问题的关键因素,将任务 QoS 体系有机结合,同时要避免考虑过多次要因素增加求解难度甚至无法求解。因此,本节内容从网络环境出发,描述多机执行任务的过程,对多机执行任务的关键因素进行分析,从中精炼提取出任务调度的模型。

设监测环境 E 为一个 $L_X \times L_Y$ 的有界矩形区域,M 架无人机在同一时刻从控制中心进入监测区域中执行任务。在区域内分布着 P 个 3G 基站和 N 个任务点,分别用集合 $W = \{1, \cdots, P\}$ 和 $V = \{1, \cdots, N\}$ 表示,集合 V 中节点 1 表示无人机的出发点,节点 N 表示无人机的回收点,出发点和回收点没有任务收益。一个典型的多机环保监测任务调度想定如图 7-22 所示。给定无向网络 $G = (V, E, M)$,W 表示网络节点集合即任务点集合,每个任务点都有其任务时间窗,E 表示网络边集合,W 表示任务点属性集合,分别有时延、抖动、吞吐量、可用带宽等 QoS 参数。监测点 1 为起始点,监测点 N 为回收点。监测点 i 和监测点 j 最短距离的飞行时间为 t_{ij}。O_{iwm} 和 C_{iwm} 表示第 m 架无人机的任务序列中,监测点 i 的第 w 个时间窗的开始时间和结束时间。e_{imz} 表示第 m 架无人机任务序列中,监测点 i 的 z 属性值。E_z 则是属性 z 的用户 QoS 要求。e_{imt},e_{imq},e_{imu},e_{imc} 表示监测点 i 在无人机 m 的序列中的传输时延、抖动、吞吐量、可用带宽。E_t,E_q,E_u,E_c 分别表示用户在传输时延、抖动、吞吐量、可用带宽等方面的 QoS 要求。

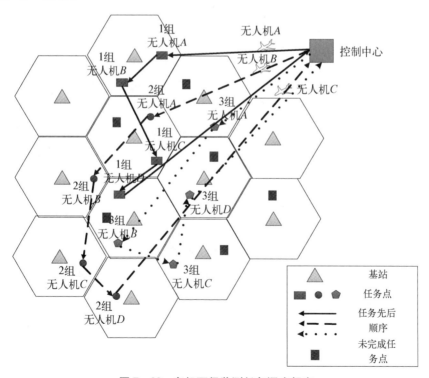

图 7-22　多机环保监测任务调度想定

7.3.1.2 任务调度模型

每个监测任务因任务等级、任务紧迫程度不同,导致执行后获得的收益不同。用无人机执行任务获得的任务总收益来评价任务调度方案的优劣,满足:

$$\max \sum_{d=1}^{M} \sum_{i=2}^{N-1} S_i y_{id} \tag{7-15}$$

式中:S_i 表示监测点 i 的目标收益,初始点和回收点并不包括在监测点之内。

M 架无人机协同并各自对不同的监测点进行监测,要求满足下列约束条件:

(1) 无人机从初始点出发,执行完所有监测点的任务后最终回到回收点,如下:

$$\sum_{d=1}^{M} \sum_{j=2}^{N} x_{1j}^d = \sum_{d=1}^{M} \sum_{i=1}^{N-1} x_{iN}^d = M \tag{7-16}$$

式中:d 表示第 d 架无人机;i、j 分别表示第 i 个和第 j 个监测点。决策变量含义如下:

$$x_{ij}^d = \begin{cases} 1, & \text{如果无人机 } d \text{ 从监测点 } i \text{ 飞行到监测点 } j \\ 0, & \text{其他} \end{cases}$$

$$y_{jd} = \begin{cases} 1, & \text{如果无人机 } d \text{ 对监测点 } j \text{ 进行监测} \\ 0, & \text{其他} \end{cases}$$

式中:x_{ij}^d 用于判断无人机是否从监测点 i 飞到监测点 j,y_i^d 用于判断无人机是否对监测点 i 进行监测。即使无人机从监测点 i 飞行到监测点 j,但未对监测点 j 进行监测,仍然不能获得该点任务收益。

(2) 无人机对任务点进行监测,则要满足监测路线的连通性。若无人机要对监测点 o 进行监测,则必须从前一个监测点 i 飞到监测点 o,再对其监测,监测完毕后再飞向下一个监测点 j。如下:

$$\sum_{i=1}^{N-1} x_{io}^d = \sum_{j=2}^{N} x_{oj}^d = \sum_{w=1}^{W} y_{ow}^d, \quad o=2, \cdots, N-1; d=1, \cdots, M \tag{7-17}$$

式中:每个任务点有 W 个时间窗,y_{ow}^d 表示监测点 o 处的第 w 时间窗的决策变量。也就是说,若无人机从监测点 i 飞到监测点 j 并对其执行监测任务,则无人机到达监测点 j 的时间要早于开始执行任务的时间。

$$s_{id} + T_i + c_{ij} - s_{jd} \leqslant P(1 - x_{ij)}^d, \quad i, j=1, \cdots, N; d=1, \cdots, M \tag{7-18}$$

式中:左式代表无人机 d 到达监测点 j 的时间,利用上一个监测点 i 的开始执

行任务时间 s_{id}、监测点 i 的任务时间 T_i、从监测点 i 到监测点 j 的飞行时间 c_{ij} 来获得。P 为一个足够大的常数。

（3）为了合理利用无人机资源，将其公平分配到所有监测点，要求对每个监测点最多只能监测一次，如下：

$$\sum_{d=1}^{M} y_{id} \leqslant 1, \ i = 2, \cdots, N-1 \tag{7-19}$$

（4）为了满足每个任务点的 QoS 要求，对每个任务点的传输时延、抖动、吞吐量、可用带宽做了约束，为了使约束形式统一，对不同约束性质的参数进行转换，降低模型难度和计算复杂度。其中时延、抖动属于负属性参数，即越小越好，吞吐量、可用带宽属于正属性参数，即越大越好。于是对吞吐量和带宽参数做如下处理：

吞吐量参数：$E_u = 1/E'_u$，其中 E'_u 是用户对吞吐量的服务要求，E_u 是模型所使用的吞吐量要求参数。$e^d_{ju} = 1/e^d_{ju}{}'$，其中 $e^d_{ju}{}'$ 是任务点 j 在无人机 d 的任务序列中的吞吐量属性，e^d_{ut} 则是模型中所使用的属性表达式。

带宽参数：$E_c = 1/E'_c$，其中 E'_c 是用户对时带宽的服务要求，E_c 是模型中所使用的带宽要求参数。$e^d_{jc} = 1/e^d_{jc}{}'$，其中 $e^d_{jc}{}'$ 是任务点 j 在无人机 d 的任务序列中的带宽属性，e^d_{jc} 则是模型中所使用的属性表达式。

约束可以表示为

$$\sum_{d=1}^{M} \sum_{j=1}^{N} e^d_{jz} y_{jd} \leqslant E_z; \ z = t, \ q, \ u, \ c \tag{7-20}$$

（5）无人机需要在监测点所处基站区域的网络闲时进行数据传输，即传输时间满足时间窗约束：

$$O_{iwd} \leqslant s_{id} \leqslant C_{iwd}, \ i = 1, \cdots, N; \ d = 1, \cdots, M; \ \exists w \in \{1, \cdots, W\} \tag{7-21}$$

其中，每个任务点有 W 个时间窗，O_{iwd} 为任务点 i 的时间窗 w 在无人机 d 的起始时间，C_{iwd} 为任务点 i 的时间窗 w 在无人机 d 的终止时间。

（6）受监测站的人员和飞机工作时间的限制，无人机也应在工作时间内执行监测任务，即

$$\sum_{i=1}^{N-1} \left(T_i y_{id} + w_{id} + \sum_{j=2, j \neq i}^{N} c_{ij} x^d_{ij} \right) \leqslant T_{\max}; \ d = 1, \cdots, M \tag{7-22}$$

式中：T_i 表示对监测点 i 执行监测任务所需时间；w_{id} 表示在监测点 i 处由于时间窗的原因而等待的时间，若无人机在监测点 i 的时间窗范围内到达，则 w_{id} 为

零,故 $w_{jd}=\max\{0,O_j-(s_{id}+T_i+c_{ij})\}$;$c_{ij}$ 表示从监测点 i 飞到监测点 j 所需时间。本式表示无人机 d 任务途中对监测点的监测时间、飞行时间、等待时间的总和不超过总时间约束 $T_{\max}$。

综上所述,考虑网络忙闲时约束的多机任务调度模型归纳如下:

$$\max\sum_{d=1}^{M}\sum_{i=2}^{N-1}S_i y_{id}$$

$$s.t.\begin{cases}\sum\limits_{d=1}^{M}\sum\limits_{j=2}^{N}x_{1j}^{d}=\sum\limits_{d=1}^{M}\sum\limits_{i=1}^{N-1}x_{iN}^{d}=M\\[2mm]\sum\limits_{i=1}^{N-1}x_{io}^{d}=\sum\limits_{j=2}^{N}x_{oj}^{d}=\sum\limits_{w=1}^{W}y_{ow}^{d},\ o=2,\cdots,N-1;\ d=1,\cdots,M\\[2mm]s_{id}+T_i+c_{ij}-s_{jd}\leqslant P(1-x_{ij}^{d}),\ i,j=1,\cdots,N;\ d=1,\cdots,M\\[2mm]\sum\limits_{d=1}^{M}y_{id}\leqslant 1,\ i=2,\cdots,N-1\\[2mm]\sum\limits_{d=1}^{M}\sum\limits_{j=1}^{N}e_{jz}^{d}y_{jd}\leqslant E_z;\ z=t,q,u,c\\[2mm]\exists w\in\{1,\cdots,W\}:O_{iwd}\leqslant s_{id}\leqslant C_{iwd},\ i=1,\cdots,N;\ d=1,\cdots,M\\[2mm]\sum\limits_{i=1}^{N-1}\Big(T_i y_{id}+w_{id}+\sum\limits_{j=2,j\neq i}^{N}c_{ij}x_{ij}^{d}\Big)\leqslant T_{\max};\ d=1,\cdots,M\\[2mm]w_{jd}=\max\{0,O_j-(s_{id}+T_i+c_{ij})\}\\[2mm]x_{ij}^{d},y_{id}\in\{0,1\},\ i,j=1,\cdots,N;\ d=1,\cdots,M\end{cases}$$

在无人机实际执行任务过程中,由于网络瞬息多变,可以分为多个忙闲时段。如果不能在网络闲时段对目标执行监测并实时传回数据,任务执行的时效性会大打折扣,因此要求无人机能够在网络闲时将监测数据进行传输。在本节的应用背景中,无人机的数目是比较有限的,其数目是否足以支持监测全部的目标,在调度之前是难以确定的。无人机执行任务的时间不仅有时间窗限制,而且执行任务的总时间由于无人机油耗以及操作人员的工作时间等限制不能超过规定的时间总长,这就增加了问题求解的难度。

7.3.2　基于团队定向问题的集群自组织任务规划方法设计

7.3.2.1　面向网络环境中多机任务调度优化求解问题分析

网络环境中多机任务调度问题是一个多约束的 NP 难问题,难以对其求解。

为提高任务调度对突发状况的响应能力,需要能够在较短的时间内获得高质量的结果。在网络环境中多机任务调度中,可能存在距离远的任务点收益高的情况,或者 QoS 低的任务点收益高,这就意味着如果一味为了寻求高收益就可能导致不能满足任务时间约束,以及 QoS 参数的约束。这样便使得求解过程中难以选择任务点作为解序列中的值。因此,简单的构建解以及改进的启发式方法可能导致计算过程不能满足约束的方向发展。这些方法不能充分检查解中的任务点约束是否满足,或者不能成功地纠正错误决策。任务时间窗和多个 QoS 约束使得求解过程更为复杂。在应对很多求解困难的优化问题时,元启发式方法是唯一可用的方法。基于这些考虑,本节提出了一种简单而快速的局部迭代搜索(iterated local search,ILS)算法,并且在可用的测试集上有很好的执行效果。

1) ILS 算法基本原理

由于元启发式方法比较复杂,不适用于实时性问题,通常需要将领域知识纳入元启发式方法的设计中。然而,这使得启发式与元启发式方法之间的界限模糊,并且可能会失去元启发式方法的简单性和通用性的优点。为了解决这一问题,可以将元启发式方法模块化,使它划分为几个部分,每个部分都有自己的特殊性。特别是,需要一个完全通用的部分,尽管任何特定领域的问题构建到元启发式方法时将会受限于另一部分。最后,因为元启发式方法潜在的复杂性,要求它可以作为一个"黑盒"过程。局部迭代搜索算法便提供了一个简单的方法来满足这些需求。

简而言之,局部迭代搜索启发式方法的本质如下:通过嵌入的启发式过程来生成一组解,局部迭代搜索启发式方法迭代构建这一组解从而生成比启发式重复随机试验更好的解。局部迭代搜索有两个要点:① 必须有一个简单的可跟随链;② 在简化的空间内寻找更优解的搜索过程是由一个"黑盒"启发式得到的输出来定义的。

假设给出了一个特定问题的算法,并将其当作局部迭代搜索启发式方法,如果实际上它并非是局部迭代搜索启发式方法,那么就有一个问题,这种方法能通过迭代的过程来得以优化吗? 答案是肯定的。令 C 作为组合优化问题的代价方程,目标是使 C 最小化。将候选解记为 s,并且所有的 s 属于集合 S。最后,为了能有高性能表现,假设局部搜索过程是确定性的。对于给定的输入 s,其输出为 s^*,且 $C(S^*) \leqslant C(S)$。局部搜索便定义成从集合 S 映射到集合 S^* 的过程。局部搜索是一种顺序化的搜索方式,搜索路径形成一个轨迹,针对当前解,试图从其邻域找到一个更好的解来代替当前解,如果找不到则停止搜索过程。

通过局部搜索来提高解的质量的最简单方法是反复改变初始搜索点来进行搜索。于是每个 s^* 的产生都是独立的,而大量的测试使得存在解处于 C 较小的分布中。虽然这种随机重新开始产生独立采样的方法在某些时候是种有效的策略,但是当测试集合很大时,这种方法并不能很好地跟踪代价减小的分布。因此,在大规模数据集的搜索中,随机采样很难找到最佳解。

为了解决上述大数据量造成的问题,需要重新考虑局部搜索方法:从集合 S 中搜索更好的解放到 S^* 中,$C(S^*) \leqslant C(S)$。下一步便是采取迭代的方式,即使用局部搜索从解集合 S^* 到更小的解集合 S^{**},其中 S^{**} 的平均约束的值更小。方法的执行过程便是局部搜索嵌入迭代的过程。这样的结构,可以进行尽可能多次数的迭代,形成层次嵌套的局部搜索。通过进一步审查,可以看到方法存在的问题,正是如何制订超越最底层次水平的局部搜索:局部搜索需要一个邻域结构,而这并不能先验地给出。最重要的难题是如何在解集 S^* 中定义邻域,从而能有效地枚举和获取邻域。

进一步考虑,如下讨论的是 S^* 中较好的邻域结构。首先,根据上述,S 集合中的邻域结构导致了 S 子集合中的典型邻域结构:两个子集合是最近邻域,仅仅当它们包含的解为最近邻域。然后,这些子集合将吸引 s^* 向代价变小方向发展。给出 S^* 集合的邻域概念,这个概念表示如下:s_1^* 和 s_2^* 是 S^* 中的邻域,当 s_1^* 和 s_2^* 的吸引域有公共部分,如在集合 S 中包含有最近邻域解。然而,这个定义有个重要的不足,那就是在实践中不能将 s^* 的所有邻域一一列出,因为足以用来计算的方法可以找到 s^* 的吸引域中的所有解 s。尽管如此,也可以随机地产生最近邻域。从 s^* 开始,在 S 中创造一组随机路径,s_1,s_2,$\cdots$,s_i,其中 s_{j+1} 是 s_j 的一个最近邻域。确定这条路径中的第一个 s_j 属于一个不同的吸引域,因此在 s_j 中应用局部搜索可以有 $s^{*\prime} \neq s^*$。那么 $s^{*\prime}$ 就是 s^* 的一个最近邻域。

给出这一过程,便可在 S^* 中执行局部搜索。递归地拓展参数,可以看到一个方法可以实现嵌套搜索,用递归的方式在 S,S^*,S^{**} 中执行局部搜索。然而,在 S^* 级别的最近邻域搜索,其计算代价高昂,因为在找到一个新的吸引方向前需要执行多次局部搜索。因为需要放弃在 S^* 中随机搜索最近邻域的方式,而使用一种较弱的接近概念,从而允许在 S^* 中快速随机搜索。这种结构导致在 S^* 中有偏向的取样,如果能够找到一种从 s^* 搜索到下一个的合适的计算方式,这种取样将比随机取样更好。

2) ILS 算法优化分析

本节主要说明如何优化一个 ILS 算法并使其获得高性能。其中有四个组成部分需要考虑：获取初始解、局部搜索、扰动、接受准则。在提出一个算法之前，需要先设计一个比较基础的 ILS 算法，即① 该算法能够从一个随机解开始或者由贪婪启发式构造并返回解；② 对于大多数问题，局部搜索算法是可行的；③ 对于扰动而言，在邻域上的高阶随机扰动比使用局部搜索算法更为有效；④ 接受准则的合理性是减少代价。这种基础的 ILS 算法的执行通常比随机重新开始的方法表现更好。然后通过运行这个基本的 ILS 算法来构建解，并通过改进四个模块来提高整个算法的性能。如果可以考虑特异性的组合优化问题，这应该特别有效。在实践中，这种协调方法在 ILS 算法中比其他方法使用的模块元启发更少。其原因可能在于减少模块，使 ILS 算法的复杂性降低，使得每个组件的功能相对容易理解。最后需要考虑的是 ILS 算法的整体优化，事实上不同的组件彼此影响，所以有必要了解它们之间的相互作用。

7.3.2.2 ILS 算法的改进和设计

ILS 算法中包括两个重要步骤：插值策略和移除策略。插值策略是初始解的建立，根据总任务时间约束和时间窗约束求得初始解；移除策略则是将固定数量的任务点从初始解中删除的过程。ILS 算法的启发式策略是一个迭代的过程，通过对初始解的反复迭代移除策略和插值策略两个过程获得，直到最后获得的解序列经过多次迭代不再有改进为止。

1) 插值策略

插值策略是往解序列中一个接一个插入监测点的过程。插值策略流程图如图 7 - 23 所示。

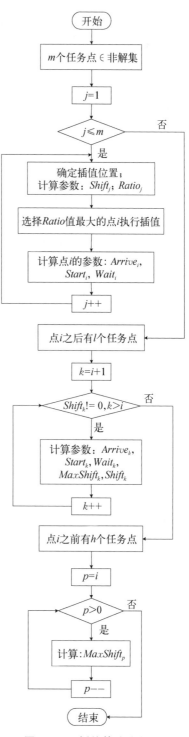

图 7 - 23 插值策略流程图

在往现有的解序列中插入新的监测点前,需要验证新的解序列在插值之后仍然能满足序列中所有监测点的时间窗。一个个验证解序列中所有监测点的可行性需要很长时间,这一过程可通过记录现有解序列中每个监测点的 $MaxShift$ 和 $Wait$ 来解决。$Wait$ 定义为无人机到达监测点后时间窗开始之前的等待时间。如果无人机在监测点的时间窗范围内到达,则 $Wait$ 为零。$MaxShift$ 定义为某个给定监测点在不影响解序列中其他监测点的可行性前提下能完成监测任务的最长时间范围。

$$Wait_i = \max[0, O_i - a_i] \tag{7-23}$$

$$MaxShift_i = \min[C_i - s_i, Wait_{i+1} + MaxShift_{i+1}] \tag{7-24}$$

在现有的解序列中的 i 与 k 之间插入 j 将会产生时间损耗,定义如下:

$$Shift_j = c_{ij} + Wait_j + T_j + c_{jk} - c_{ik} \tag{7-25}$$

为了保证新的解序列的可行性,$Shift_j$ 需要满足如下条件:

$$Shift_j = c_{ij} + Wait_j + T_j + c_{jk} - c_{ik} \leqslant Wait_k + MaxShift_k \tag{7-26}$$

同样地,无人机对监测点 j 执行任务时需要满足它的时间窗。对每个未在解序列中的监测点而言,$Shift_j$ 越小则越有可能被选为插值点。为了选择新的监测点插入到解序列中,定义新变量 $Ratio$ 来决定插入值。

$$Ratio_i = (S_i)^2 / Shift_i \tag{7-27}$$

计算每个待插入的监测点的 $Ratio$ 值,选择该值最大的监测点作为插值点。

每执行一次插值后,路径中所有其他监测点的相关参数都因此产生改变,需要更新相关参数,插入点之后的序列需要更新等待时间($Wait$)、到达时间(a)、开始监测时间(s)和 $MaxShift$。

下面几个公式则是插值点为之后的监测点需要更新的参数,如在 i 和 k 之间插入 j:

$$Shift_j = c_{ij} + Wait_j + T_j + c_{jk} - c_{ik} \tag{7-28}$$

$$Wait_{k^*} = \max[0, Wait_k - Shift_j] \tag{7-29}$$

$$a_{k^*} = a_k + Shift_j \tag{7-30}$$

$$Shift_k = \max[0, Shift_j - Wait_k] \tag{7-31}$$

$$s_{k^*} = s_k + Shift_k \tag{7-32}$$

$$MaxShift_{k*} = MaxShift_k - Shift_k \qquad (7-33)$$

监测点 k 之后的监测点序列同样按照上述公式进行更新,直到 $Shift$ 减少到零。其中带 $*$ 号的参数表示更新后的值。

插入点之前的监测点序列则需要更新 $MaxShift$ 的值。

下面用一个简单的插值示例来描述插值过程。如图 7-23 所示,在点 0 与点 5 之间插入点 2,根据时间窗的不同可能,插值可能成功也可能失败。

图 7-24(a):从初始点出发直接到达监测点 5,在点 5 的时间窗开始之前到达,需要等待一段时间 $Wait_5$。

图 7-24(b):在图 7-24(a) 的序列初始点与 5 之间插入点 2,点 2 的插入需要经过从起始点到点 2 的飞行时间 C_{12},在点 2 的时间窗开始 O_2 之前的等待时间为 $Wait_2$,以及在点 2 的任务时间为 T_2。经过这段时间后,依然满足点 5 的时间窗且不对点 5 的任务造成影响,故点 2 的插入是可行的。a'_5 和 $Wait'_5$ 分别是插值后到达点 5 的时间和等待时间。

图 7-24(c):点 2 的插入使得点 5 的任务时间推后,而且任务完成时时间窗已结束,点 5 的任务不能完成。其中 a'_2 是到达点 2 的时间,图 7-24(c) 中可看到,到达任务点 5 的时间已经接近点 5 的任务时间窗关闭时间,剩余时间不足以完成任务,故点 2 的插入是不可行的。

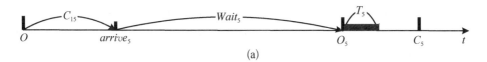

(a)

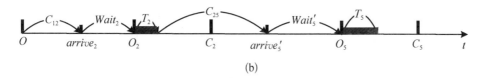

(b)

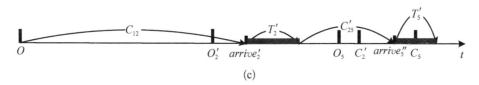

(c)

图 7-24　插值示例

(a) 只有监测点 5 时的监测序列;(b) 在监测点 5 前成功插入监测点 2;
(c) 监测点 2 不能插入在监测点 5 之前

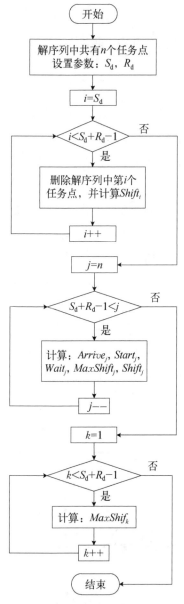

图 7-25　移除策略流程图

2）移除策略

插值的过程能够较快地构造出很好的解，但是它可能会导致算法陷入局部最优解。基于这一考虑，采用移除策略来避免局部最优：移除最终解序列中的一个或多个监测点。该移除策略流程图如图 7-25 所示。

在这个过程中，需要给定两个变量：连续移除多少个监测点（R_d），从哪个监测点开始移除（S_d）。如果移除的序列太长导致中途到达终点，那么则返回起始点继续该操作直到 R_d 个监测点被移除。移除完 R_d 个监测点后，这之后的监测点顺序前移补位，以避免不必要的等待时间。如果由于时间窗的原因后续监测点不能前移，则移除位置后的序列保持不变。与上一节插值操作类似，这些监测点同样要更新相关参数。移除位置之前的监测点只需要更新 $MaxShift$。

与插值策略部分更新参数类似，但是移除过程中的 $Shift$ 与插值过程中对应的含义不同。在插值过程中，插入点 j 后，点 j 后的解序列其相应的到达时间、任务开始时间会因点 j 的插入而推迟。移除一段序列后，如移除从第 i 点到第 j 点这一段序列，第 j 点后的解序列及其相应的到达时间、任务开始时间会因此提前。因此，移除步骤中的更新公式与插值步骤中的有所差异。

（1）若移除序列长度不超过 S_d 后的序列长度，即删除解序列中间一段。

$$Shift_{S_d \to S_d+R_d} = c_{S_d-1,\,S_d} + \sum_{i=S_d}^{S_d+R_d} Wait_i + \sum_{i=S_d}^{S_d+R_d} T_i + \sum_{i=S_d}^{S_d+R_d-1} c_{i,\,i+1} - c_{S_d+R_d,\,S_d+R_d+1}$$

$$(7-34)$$

$$a_{k^*} = a_k - Shift_j \qquad (7-35)$$

$$\begin{cases} Wait_k = 0, \ Shift_k = \min[s_k - O_k, \ Shift] \\ Wait_k > 0, \ Shift_k = 0 \end{cases} \tag{7-36}$$

$$\begin{cases} Wait_k > 0, \ Wait_{k^*} = Wait_k + Shift_j \\ Wait_k = 0, \ Wait_{k^*} = \min[0, \ O_k - a_{k^*}] \end{cases} \tag{7-37}$$

$Wait$ 的值会影响到 $Shift$，故先计算 $Shift$ 的更新值，再计算 $Wait$。

$$s_{k^*} = s_k - Shift_k \tag{7-38}$$

$$MaxShift_{k^*} = MaxShift_k + Shift_k \tag{7-39}$$

(2) 移除序列长度超过 S_d 后的序列长度，则移除完 S_d 后的所有解序列后，再接着从序列首部开始继续移除，直到移除序列数达到 R_d。即删除一头一尾，首部删除 $R_d + S_d - N - 1$ 个，尾部删除 $N - S_d + 1$ 个，其中 N 是第 m 条解序列中的点个数，除了 $Shift$ 之外，其他参数与情况(1)求解一样。例如，$N = 6$，$S_d = 4$，$R_d = 5$ 时，从第 4 个点开始删除，删除点 4，5，6，即 $N - S_d + 1 = 3$ 个点，再从首部开始删除 $R_d - (N - S_d + 1) = R_d + S_d - N - 1 = 2$ 个点。

$$Shift_{1 \to S_d + R_d - N - 1} = \sum_{i=1}^{S_d + R_d - N - 1} Wait_i + \sum_{i=1}^{S_d + R_d - N - 1} T_i + \sum_{i=1}^{S_d + R_d - N - 1} c_{i, i+1} \tag{7-40}$$

$$a_{k^*} = a_k - Shift_j \tag{7-41}$$

$$\begin{cases} Wait_k = 0, \ Shift_k = \min[s_k - O_k, \ Shift] \\ Wait_k > 0, \ Shift_k = 0 \end{cases} \tag{7-42}$$

$$\begin{cases} Wait_k > 0, \ Wait_{k^*} = Wait_k + Shift_j \\ Wait_k = 0, \ Wait_{k^*} = \min[0, \ O_k - a_{k^*}] \end{cases} \tag{7-43}$$

$$s_{k^*} = s_k - Shift_k \tag{7-44}$$

$$MaxShift_{k^*} = MaxShift_k + Shift_k \tag{7-45}$$

3) 启发式策略

将前两节所述子过程结合到算法整体流程中，便是局部迭代搜索算法，其流程图如图 7-26 所示。

本算法的初始状态是一组空的解序列，并将移除策略的参数设为 1。首先，对初始解执行插值策略操作，直到经过一定次数的循环之后，当前解不再改进。如果当前解比已记录的最优解更好，则记录下这个解并将 R_d 初始化为 1。然后，对当

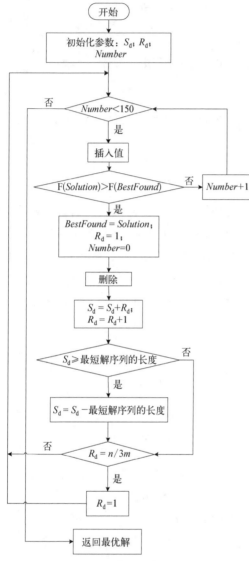

图 7-26　局部迭代搜索算法流程图

前解使用移除策略，每经过一个移除之后，S_d 的值都更新为 $S_d + R_d$，R_d 的值则增加 1。如果 S_d 的值大于或等于最短路径长度，则该路径长度作为新的移除位置。若 $R_d = n/(3m)$，则将 R_d 重置为 1。

这种启发式算法称为局部迭代搜索。通过使用前文所述的移除策略，每次移除中都会有一定数量的监测点从解序列中移除，在整个流程中，几乎所有的监测点都被移除了至少一次。通过这一步骤，就可以快速有效地消去次优解。由于本算法总是从当前解中继续搜索，这使得算法更为快速，在求解的过程中它不会返回到原来的最优解再继续搜索。这个过程称为基于随机验收标准的局部迭代搜索。

求解开始前，最大移除数量（$n/(3m)$）和最大迭代次数（150）是需要事先定义好的参数。在试验中，改变最大移除数，从 n/m 到 $n/(5m)$ 改变这个比值，若数值太大可能超过解序列长度，数值太小则并没有显著地提高解的质量或减少计算时间。进一步增大迭代次数也不会显著提高获得的解，只会增加计算时间。因此，最大移除数和最大迭代次数的初始值分别定义为 $n/(3m)$ 和 150，在试验过程中再根据解序列的长度对最大移除数进行更改使其不超过解序列长度。

7.3.3　基于团队定向问题的集群自组织任务规划方法验证

模型只针对本章中网络环境中的多机任务调度问题，并没有已有的测试算例可以对该模型算法进行验证。因此需要在一个传统模型中验证算法,而且该模型与本章所建模型需要有相似之处。TOPTW模型虽没有考虑QoS约束,但其建模思想与本章类似,因此在本节中,对TOPTW模型进行优化求解。在该问题中一组无人机在时间约束T_{max}下飞行到带有时间窗的监测点进行监测任务。其任务目标是获得最高的任务收益。为了找到TOPTW模型的最优解,本试验使用局部迭代搜索的方法对其求解。

为了对ILS算法的性能进行更深入的分析,需要构造符合TOPTW模型的测试算例,并且这些测试算例的最优解需要是已知的。这样才能判断算法是否可行并对算法性能进行比较。需要注意的是,带有时间窗的测试算例与不带时间窗的算例是很不一样的,测试算例中的各任务点属性,必须要包含模型所带约束属性。

在本算法的可行性测试中与现有ACO算法得到的结果进行比较,并使用Solomon测试集。这些测试集中的参数包括任务点坐标、任务时间、任务点收益、时间窗下限、时间窗上限。测试集参数格式如表7-4所示。这些实例中,测试点的个数全为100,坐标范围为0~100,无人机的数量则分别设定为2,3,4。本章所使用的问题实例,监测目标的地理分布数据参考Solomon构造的问题实例,其中测试算例的构造按任务点地理分布特性分别为均匀分布(c101~c109)、聚集分布(r101~r112)和混合型(rc101~rc108)。

表7-4 测试集参数格式

序号	X坐标	Y坐标	任务点收益	任务时间/min	任务时间窗
0	20	35	—	—	[0, 240]
1	15	45	20	10	[190, 211]
2	45	50	30	10	[50, 80]
3	30	35	10	10	[109, 139]
...					
100	35	35	30	10	[65, 95]

表7-5~表7-8比较了ILS算法与蚁群(ant colony algorithm,ACA)算法的试验结果。其中ACA算法的结果是该问题的最优解。试验结果包括两种算法的收益以及差距、ILS算法的实现点个数及计算时间。从结果中可看出,ILS算法所得收益大部分都要低于ACA算法所得收益,所有算例的平均Gap为1.09%,

最大值为 10.8%。其中有 14 个结果要优于 ACA 算法结果,且 10 个为均匀分布,4 个为聚集分布,从而可看出 ILS 算法在均匀分布的算例中有更好的表现。

表 7-5 无人机数量 $m=4$ 时试验结果

算 例	ACA 算法收益	ILS 算法收益	$Gap/\%$	实现点数	ILS 算法计算时间/s
c101	1 020	1 060	-3.9	39	2.1
c102	1 150	1 050	8.7	35	2.1
c103	1 190	1 120	5.9	40	2.0
c104	1 240	1 220	1.6	42	2.1
c105	1 060	1 090	-2.8	41	2.2
c106	1 070	1 080	-0.9	41	2.3
c107	1 120	1 100	1.8	43	2.6
c108	1 120	1 050	6.2	44	3.0
c109	1 190	1 150	3.4	45	2.5
r101	608	683	-12.3	29	1.8
r102	836	797	4.7	36	2.0
r103	909	941	-3.5	44	2.4
r104	957	913	4.6	43	2.6
r105	771	745	3.4	35	2.8
r106	893	880	1.5	40	2.9
r107	937	927	1.1	44	2.1
r108	994	940	5.4	45	2.4
r109	879	876	0.34	41	2.8
r110	908	900	0.88	43	2.4
r111	944	925	2.0	45	2.6
r112	954	940	1.5	44	2.2
rc101	808	799	1.1	37	1.8
rc102	903	880	2.5	41	2.6
rc103	948	947	0.10	41	2.4
rc104	1 052	1 019	3.1	42	2.9
rc105	875	844	3.5	38	2.2

续　表

算　例	ACA算法收益	ILS算法收益	Gap/%	实现点数	ILS算法计算时间/s
rc106	908	892	1.8	37	2.3
rc107	964	954	1.0	43	2.9
rc108	1 007	991	1.6	43	3.1
平均	973	956	1.52	41	2.4

表 7 - 6　无人机数量 m = 3 时试验结果

算　例	ACA算法收益	ILS算法收益	Gap/%	实现点数	ILS算法计算时间/s
c101	810	910	−12.3	30	2.0
c102	920	910	1.1	29	1.8
c103	980	970	1.0	32	1.9
c104	1 020	910	10.8	29	1.8
c105	870	940	−8.0	32	1.9
c106	870	930	−6.9	28	1.8
c107	910	910	0.0	30	1.9
c108	920	900	2.1	31	1.8
c109	970	960	1.0	33	1.8
r101	481	490	−1.9	24	1.8
r102	691	680	1.6	29	1.7
r103	736	725	1.5	34	1.8
r104	773	763	1.3	33	2.1
r105	620	610	1.6	30	2.1
r106	722	710	1.7	33	2.0
r107	757	753	0.5	34	2.0
r108	790	790	0.0	33	2.1
r109	710	700	1.4	31	2.1
r110	737	715	3.0	32	2.1
r111	770	756	1.8	33	2.0
r112	769	764	0.65	34	1.9

续　表

算　例	ACA算法收益	ILS算法收益	$Gap/\%$	实现点数	ILS算法计算时间/s
rc101	621	610	1.8	29	1.8
rc102	710	696	2.0	30	2.1
rc103	747	724	3.1	31	2.0
rc104	823	811	1.4	34	2.2
rc105	682	663	2.8	30	1.9
rc106	695	678	2.4	31	1.9
rc107	755	751	0.52	33	2.1
rc108	783	761	2.8	32	2.1
平均	781	776	0.65	31	1.9

表 7-7　无人机数量 $m=2$ 时试验结果

算　例	ACA算法收益	ILS算法收益	$Gap/\%$	实现点数	ILS算法计算时间/s
c101	590	610	−3.4	21	1.4
c102	660	700	−6.1	19	1.3
c103	710	710	0.0	20	1.4
c104	760	710	6.6	20	1.4
c105	640	730	−14.0	22	1.5
c106	620	700	−12.9	21	1.4
c107	670	650	3.0	20	1.4
c108	680	670	1.5	22	1.5
c109	720	700	2.8	21	1.4
r101	349	310	11.2	12	0.9
r102	508	510	−0.4	20	1.4
r103	520	516	0.77	22	1.6
r104	544	521	4.2	21	1.4
r105	453	435	4.0	19	1.3
r106	529	513	3.0	21	1.5
r107	529	516	2.5	20	1.4
r108	556	544	2.2	22	1.5

续　表

算　例	ACA算法收益	ILS算法收益	$Gap/\%$	实现点数	ILS算法计算时间/s
r109	506	495	2.2	20	1.4
r110	525	516	1.7	21	1.4
r111	538	524	2.6	21	1.4
r112	543	527	3.0	22	1.5
rc101	427	421	1.4	19	1.4
rc102	505	498	1.4	20	1.3
rc103	516	511	1.0	20	1.4
rc104	575	554	3.7	22	1.4
rc105	480	471	1.9	20	1.4
rc106	481	468	2.7	21	1.5
rc107	534	522	2.2	22	1.4
rc108	550	535	2.7	20	1.4
平均	559	554	1.1	20	1.4

表 7-8　ILS算法和ACA算法的平均计算时间比较

算　法	无人机数目/架	计算时间/s
ILS	2	1.4
	3	1.9
	4	2.4
ACA	2	1 317
	3	1 422
	4	1 523

从表 7-8 可看出,ILS算法的计算速度相较 ACA算法提高了近千倍,故虽然结果要差些许,却大幅提高了计算速率。

7.4　无人机集群分布式机载航路自主重规划

无人机集群分布式机载航路自主重规划是无人机自主根据获得的全局、周遭局部态势实时在线形成飞行航线。航线既需要考虑全局的任务目标，又要考虑局部的避开障碍和规避威胁能力，从而在最大限度地降低被威胁、目标探测概率或杀伤概率的同时，仍能引导无人机趋向于最终目标。与此同时，机载航电系统分配给自主系统组件的计算和存储资源是有限的，如何在性能约束条件下实时高效地动态生成航路，是制约系统可用性的关键。全局态势的大范围和局部态势的高精度都会对存储和计算带来不可回避的负担，有效解决两者之间的矛盾是该领域亟待解决的关键技术之一。

本节提出一种基于多分辨率小波分解在线态势建图的改进标签实时航路重规划方法。首先采用多分辨率压缩进行态势建图。在靠近无人机的区域进行高分辨率态势建图，无人机能够进行精细的飞行控制；在远离飞机的区域进行低分辨率态势建图，使得无人机能够进行更粗略的方向引导。这种态势建图方法既能够确保后续航路规划的全局特性，克服了经典滚动时域控制思想无法满足收敛性的缺点，又能够确保无人机能够进行精确的避障和规避等飞行控制。在多分辨率态势建图基础上，将带多约束的最低风险航路优化问题描述为权值约束最短路径问题，并提出了改进标签设置法。该方法可以在线生成油耗、航时等多约束下的最低探测、毁伤风险航路，避免了无法采用变分法求解规划问题解析解的缺点。

7.4.1　基于多分辨率小波分解在线态势建图

假设环境 $W \subset \mathbf{R}^2$ 包括障碍物空间 $O \subset W$ 和无障碍配置空间 $F = W \backslash O$。

首先考虑简化的一维空间中采用小波变换对 W 进行多分辨率分解。通过基本初等函数 $\phi_{J,k}$ 和 $\psi_{J,k}$ 的线性组合构造函数 $f(x) \in L^2(\mathbf{R})$，如下

$$f(x) = \sum_{k \in \mathbf{Z}} a_{J,k} \cdot \phi_{J,k}(x) + \sum_{j \geqslant J} \sum_{k \in \mathbf{Z}} d_{j,k} \cdot \Psi_{j,k}(x) \qquad (7-46)$$

式中：$\phi_{J,k}(x) = 2^{J/2} \phi(2^J x - k)$ 和 $\psi_{i,k} = 2^{j/2} \psi(2^j x - k)$。$J$ 的选择取决于低分辨率或 $f(x)$ 的粗略近似。$L^2(\mathbf{R})$ 的其余部分被小波函数 $\psi_{j,k}(x)$ 描述，提供更高或更精细分辨率的函数细节。换句话说，当在最粗层次（低分辨率）分析函数 $f(x)$ 时，只有最突出的特征将显现出来。加入更精细的层次（高分辨率）意味着增加函数 $f(x)$ 越来越多的细节。故而式（7-46）通过不同层次的分辨率揭示函数 $f(x)$ 的不同细节特性。在理想情况下，尺度函数和小波函数都是连续的，也就是说，它们仅在有限的时间间隔内非零。这允许小波捕获函数 $f(x)$ 的局部特征。

小波变换可以通过引入以下函数很容易地扩展到二维情况：

$$\Phi_{j,k,\ell}(x,y) = \phi_{j,k}(x)\phi_{j,\ell}(y) \qquad (7-47)$$

$$\Psi^1_{j,k,\ell}(x,y) = \phi_{j,k}(x)\psi_{j,\ell}(y) \qquad (7-48)$$

$$\Psi^2_{j,k,\ell}(x,y) = \psi_{j,k}(x)\phi_{j,\ell}(y) \qquad (7-49)$$

$$\Psi^3_{j,k,\ell}(x,y) = \psi_{j,k}(x)\psi_{j,\ell}(y) \qquad (7-50)$$

给定一个函数 $f(x) \in L^2(\mathbf{R}^2)$，扩展式(7-46)，得

$$f(x,y) = \sum_{k,\ell \in \mathbf{Z}} a_{J,k,\ell} \cdot \Phi_{j,k,\ell}(x,y) + \sum_{i=1}^{3} \sum_{j \geqslant J} \sum_{k,\ell \in \mathbf{Z}} d^i_{j,k,\ell} \cdot \Psi^i_{j,k,\ell}(x,y)$$

$$(7-51)$$

式中：对于正交子波的情况，逼近系数由下式给出：

$$a_{j,k,\ell} = \int_{-\infty}^{\infty} \int_{-\infty}^{\infty} f(x,y) \cdot \Phi_{j,k,\ell}(x,y) \mathrm{d}x \, \mathrm{d}y \qquad (7-52)$$

细节系数为

$$d^i_{j,k,\ell} = \int_{-\infty}^{\infty} \int_{-\infty}^{\infty} f(x,y) \cdot \Psi^i_{j,k,\ell}(x,y) \mathrm{d}x \, \mathrm{d}y \qquad (7-53)$$

尺度函数为

$$\phi(x) = \begin{cases} 1, & x \in [0,1) \\ 0, & \text{其他} \end{cases} \qquad (7-54)$$

小波函数为

$$\psi(x) = \begin{cases} 1, & x \in [0,1/2) \\ -1, & x \in [1/2,1) \\ 0, & \text{其他} \end{cases} \qquad (7-55)$$

该函数在 $[0,1]$ 上连续，那么尺度函数 $\phi(x)$ 和小波函数 $\psi(x)$ 在长度为 $1/2^j$ 的区间 $I_{j,k} \triangleq [k/2^j, (k+1)/2^j]$ 内也连续。类似地，二维尺度函数 $\Phi_{j,k,\ell}$ 和具有矩形单元 $c^j_{k,\ell} \triangleq I_{j,k} \cdot I_{j,\ell}$ 的小波函数 $\Psi^i_{j,k,\ell}(i=1,2,3)$ 同样满足。

快速提升小波变换提供了函数在不同分辨率层次的快速分解，是经典小波变换速度的 2 倍。它直接在时域中建立小波，从而避免了傅里叶分析过程。此外，快速提升小波变换整数运算可以极大地降低计算成本。这使得快速提升小波变换特别适合用于在低功耗微控制器中处理数据。使用快速提升小波变换还

具有允许相邻单元格直接通过小波系数关联的特性,从而不再需要四叉树分解。

在快速提升小波分解中,如图 7-27 所示,在第一块分割原始信号 a_n 为两个含有奇数和偶数索引样本的不相交样本集。由于奇数和偶数子集局部地彼此相关,每个信号通过相应的算子 P 和 U 后由相反的信号提升(双重和原始提升,或预测和更新)。最后,结果归一化为常数 k_a 和 k_d,分别得到逼近和细节系数 a_{n-1} 和 d_{n-1}。

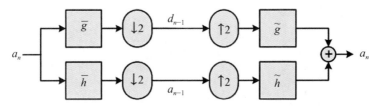

图 7-27 采用小波提升方案的一步分解

快速提升小波有许多优点,如更快的计算速度、原位计算系数(节省了内存)、即时反变换、拓展不规则问题的一般性等。特别地,提升方案适用于输入数据为整数样本的许多应用。

假定 $W=[0,1]\times[0,1]$,使用 $2^N\times 2^N$ 的分离网格描述。最精细水平的分辨率 $J_{\max}$ 以 N 为界。该小波在分辨率层次 $J\geqslant J_{\min}$ 分解,如下所示:

$$f(x,y)=\sum_{k,\ell=0}^{2^J-1}a_{J,k,\ell}\Phi_{J,k,\ell}(x,y)+\sum_{i=1}^{3}\sum_{j=J}^{N-1}\sum_{k,\ell=0}^{2^j-1}d_{j,k,\ell}^{i}\Psi_{j,k,\ell}^{i}(x,y)$$

$$(7-56)$$

那么用一个函数 $rm:W\mapsto M$,表示 $x=(x,y)$ 处的风险度量,其中 M 是整数 m 不同风险度量水平的集合,定义如下:

$$M\triangleq\{M_i:M_1<M_2<\cdots<M_m\}\qquad(7-57)$$

障碍物空间 O 定义为风险度量值超过特定阈值 $\overline{M}$ 的空间:

$$O=\{x\in W\mid rm(x)>\overline{M},\overline{M}\in M\}\qquad(7-58)$$

对于 $x\in F$,考虑 $rm(x)$ 作为智能体到障碍物的空间接近度,或者概率 $x\in O$。

在分辨率的不同层次 $J_{\min}\leqslant j\leqslant J_{\max}$ 构造 W 的近似,在这个意义上,j 用于内部的所有点,则

$$N(x_0,r_j)\triangleq\{x\in W:\|x-x_0\|_{\infty}\leqslant r_j\}\qquad(7-59)$$

式中：$r_{J_{\max}} \leqslant r_j \leqslant r_{J_{\min}}$。　更高的分辨率被用于接近当前位置的点，不同层次较粗糙的分辨率根据与当前点的距离在别处被使用。因此，距离当前位置越远，W 表示越粗糙，图 7 - 28 显示了这种情况。$J_{\max}$ 的选择是由此层次的所有单元可被解析为自由或障碍单元的要求来确定。$J_{\min}$ 以及窗口跨度 r_j 的选择是由机载计算资源决定的。

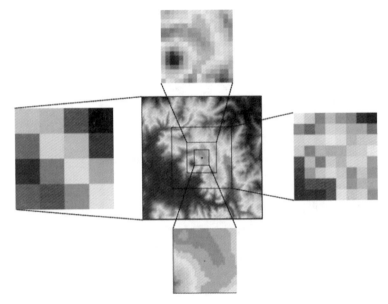

图 7 - 28　多分辨率环境表征

W 上的多分辨率单元分解如下：

$$C_d = \Delta C_d^{J_{\min}} \oplus \cdots \oplus \Delta C_d^{J_{\max}} \tag{7-60}$$

式中：ΔC_d^j 是 $1/2^j \times 1/2^j$ 维度的单元 $c_{k,\ell}^j$ 的并集。

为多分辨率单元分解 C_d 分配一个拓扑图 $G = (V, E)$。属于集合 V 的节点代表 C_d 中的单元 $c_{k,\ell}^j$，集合 E 中的边缘表示这些节点之间的连通性关系。图 G 的连通性可以直接从小波系数来构建。

因为二维小波的尺度函数 $\Phi_{J,k,\ell}$ 和小波函数 $\Psi_{j,k,\ell}^i (i=1, 2, 3)$ 与方形单元相关联，相应地逼近与非零细节系数编码相关的单元几何体（尺寸和位置）的必要信息。逼近系数是单元风险度量的平均值，细节系数确定各单元的大小。更具体地说，考虑一个在 j_0 层次的单元 $c_{k,\ell}^{j_0}$，维度为 $1/2^{j_0} \times 1/2^{j_0}$，位置为 (k, ℓ)。如果单元与一个非零逼近系数 $a_{j_0,k,\ell}$ 相关联，同时在范围 $j_0 \leqslant j \leqslant J_{\max}$ 相应的细节系数 $d_{j,k,\ell}^i (i=1, 2, 3)$ 都为零，该单元称为独立。否则，该单元标记为亲本单元,并又在 j_0+1 层次分成四个子单元。如果子单元不能进一步细分,则分类为独立的单元。如图 7-29 所示,最上面的亲本单元在 j_0+1 层次划分为三个独立的单元,在象限 I,II,III 各有非零逼近系数。对于象限 IV,该单元在 j_0+2 层次进一步细分为四个独立的子单元。

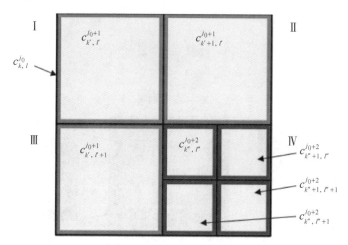

图 7-29 不同层次的多分辨率单元细分

假设给出了小波变换的风险度量函数 rm 达到 $J_{\min}$ 层次。单元维度的最粗糙层次设置为 $J_{\min}$。在图 7-29 中,最初的粗糙网格描绘在左侧。智能体位于 $x=(x,y)$,高分辨率由 r 给出。从粗糙单元 $c_{k,\ell}^{j_0}$ 开始,通过确定单元部分相交或全部属于集合 $N(x,r)$ 来区分不同分辨率层次的单元。该单元很容易地通过选择标志,如 $(k,\ell)\in(K(j_0),L(j_0))$ 来确定满足该性质。如果单元需要细分为更高分辨率单元,首先在当前单元(本地重建)上进行反向快速提升小波变换,以便恢复在 j_0+1 层次的四个逼近系数和相应细节系数。然后,采用光栅扫描法(Z字形搜索:I→II→III→IV)检查每个单元在本单元格内的重叠。此过程递归重复进行,直到达到最高分辨率层次 $J_{\max}$。图 7-30 表示递归光栅扫描检索。一旦单元被识别为独立的,在图 G 中分配一个节点,该节点成本为代表单元中平均风险度量的逼近系数。此外,与当前单元相关的细节系数都设置为零;这将提供单元之间必要的连通性信息。

在一个单元被确定为独立单元之后,搜索相邻单元以建立与当前单元的邻接关系。2个单元 c_i 和 c_j 是邻接的,如果 $\partial c_i \cap \partial c_j \neq \varnothing$,$i\neq j$,其中 ∂c_i 表示单元 c_i 的边界。对于方形单元的情况,这暗示2个单元是仅沿着以下8个方向邻接:左、上、右、下和4个对角方向。紧接着用单元识别的递归栅格搜索,邻接搜索要求在被确定为独立单元的 2 个单元之间建立联系。回顾从左到右,从上到下(曲折前进)的栅格搜索过程,如图 7 - 30 所示,限制邻接搜索的方向:当前单元的左,左上,上和右上。通过此举,给予一半的链路(8 个连接)与当前单元连接,剩余的链路作为递归光栅扫描前进到下一个单元与当前单元连接。另外,由于处理不同维度的单元,需要设计出一种通用的方法来查找单元之间的邻接关系。

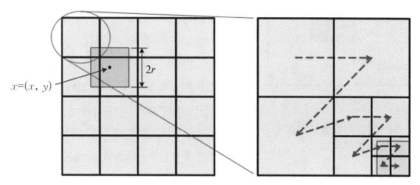

图 7 - 30　递归光栅扫描检索

从图 7 - 31 可知本单元内各子单元的基本搜索方向。朝向外部搜索区域的虚线箭头点,也就是相邻单元可以超出本单元,而朝向内部搜索区域的实线箭头点则属于本单元。在每个搜索中,隐含假设相邻单元的层次可以从亲本单元变化到 J_{max}(外部连接),或者从当前单元到 J_{max}(内部连接)。

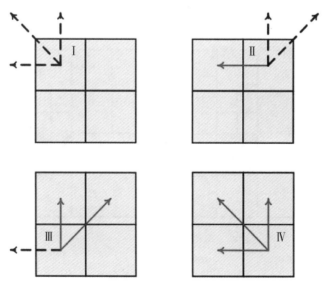

图 7 - 31　相对于子单元位置的基本连接属性

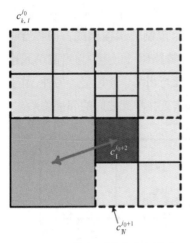

图 7-32　沿左侧搜索方向搜索
相邻的单元

子单元从本单元继承搜索区域，其搜索方向以图 7-31 中的实线箭头之一结束。在图 7-32 中，当前单元选择为 $c_{\mathrm{I}}^{j_0+2}$。该单元是亲本单元 $c_{\mathrm{IV}}^{j_0+1}$ 的子单元，还成为最顶端本单元 $c_{k,\ell}^{j_0}$ 的子单元。单元 $c_{\mathrm{IV}}^{j_0+1}$ 位于最上方本单元 $c_{k,\ell}^{j_0}$ 第四象限内，对 $c_{\mathrm{IV}}^{j_0+1}$ 的搜索区域以 j_0+1 层次的内部搜索结束，其邻接搜索属性在左、左上和顶部搜索方向被继承到单元 $c_{\mathrm{I}}^{j_0+2}$。在确定基本搜索方向后，优化相邻搜索以寻找独立的、邻接于当前单元的相对单元。由于当前单元的相对单元可以具有不同的维度，所以通过检查相对单元的相关细节系数建立连接。

如果相对单元不是一个独立的单元，也就是说，如果它是由更细的单元组成，则邻接搜索算法细化其搜索到较高的层次。这种细化随后强制搜索更细的维度（层次）。随后，相对单元的细节系数被检查以寻找邻接于当前单元的下一个更细的单元。对于 $c_{\mathrm{I}}^{j_0+2}$ 左上方的搜索方向，如图 7-33(a) 所示，搜索过程最初通过相应的细节系数检查位于当前单元的左上方单元 $c_{\mathrm{I}}^{j_0+1}$。假如与单元 $c_{\mathrm{I}}^{j_0+1}$ 相关联的细节系数取非零值，所述单元不是一个独立的单元。随后，单元 $c_{\mathrm{I}}^{j_0+1}$ 被分割，相对单元到当前单元成为独立的邻接单元时搜索过程在 j_0+2 层

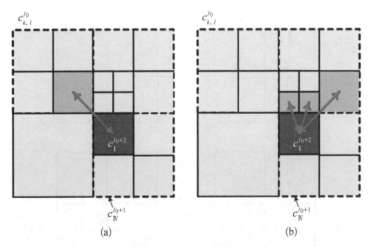

(a)　(b)

图 7-33　细化的邻接搜索算法

（a）搜索左上方；（b）搜索上方

次重复。图 7-33(a) 中，由于沿左上方向除阴影 1 外不存在其他独立单元，因此双向连接在当前与相对单元之间建立。

同样地，对于顶端的搜索方向，两个 j_0+3 层次和一个 j_0+2 层次单元被认为是独立的且邻接于当前单元。双向连接被相应地从当前单元 $c_1^{j_0+2}$ 连接到这些邻接单元。最后，图 7-34 表示从与小波系数相关联的多分辨率单元分解中得到图形结构的例子。不失一般性，节点位于每个单元的中心。实线表示单元之间的连接关系。

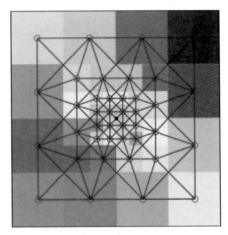

图 7-34　三个层次的多分辨率单元分解构建的连接关系

7.5.2　基于改进标签法的无人机实时航路重规划方法

在满足航线距离（油耗）约束的同时，给出一种最优规避威胁航线规划的一般方法。这里的威胁侧重于与雷达探测相关的风险。图 7-35 和图 7-36 分别为在尽量避开两个雷达的情况下，无约束的最佳轨迹和长度约束下的最佳轨迹。图中的曲线对应于在接近雷达领域最大值的风险水平集。当无人机离开雷达时风险下降，当无人机接近雷达时风险上升。

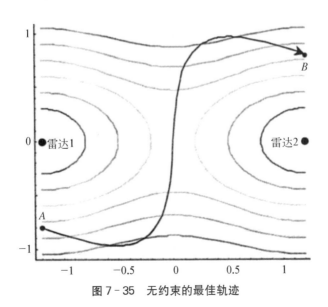

图 7-35　无约束的最佳轨迹

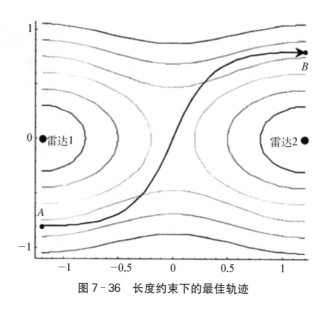

图 7‑36 长度约束下的最佳轨迹

为了制订优化风险路径的方案，有以下假设：

（1）水平飞机模型，即无人机的位置被认为只在一个水平面上。

（2）无人机的雷达探测不依赖于其航向和爬升角度。

（3）旋转角度不依赖于轨道位置。

（4）无人机轨迹的可容许域假设为所有雷达装置的一个探测区域。就是说，无人机到每个雷达装置的距离不大于雷达最大探测距离。

（5）就任何特定无人机位置每单位长度的风险指数而言，风险是量化的。简化的威胁模型假设风险指数 r 与风险因子 σ 成正比，与无人机位置到雷达位置距离的平方成倒数关系。风险因子 σ 取决于雷达的技术特性如最大检测范围、最小可检测信号、天线的发射功率、天线增益和雷达能量的波长。可以认为所有的雷达技术特性保持不变，因此在这样的风险因子假设下，对雷达而言 σ_i 是恒定的。假如 $d_i = \sqrt{(x-a_i)^2 + (y-b_i)^2}$ 是无人机位置 (x, y) 到雷达位置 (a_i, b_i) 的距离，轨迹点 (x, y) 的风险指数 r_i 由 $r_i(x, y) = \sigma_i d_i^{-2}$ 给出。假设风险是距离平方的倒数，如风险指数可以表述为 $r_i(x, y) = \sigma_i d_i^{-4}$，其对应于从无人机反射信号的雷达探测模型。在这种情况下，风险因子 σ_i 定义了无人机的雷达反射截面（radar cross-section，RCS）。

（6）在容许偏差域的每一点，N 个雷达装置的累积风险被评估为每个雷达的风险总和，如 $r = \sum_{i=1}^{N} r_i = \sum_{i=1}^{N} \sigma_i d_i^{-2}$。

（7）无人机速度被假定为常数，因此时间增量 dt 与单位长度 ds 线性相关：$ds = V_0 dt$。

（8）对于任何特定的无人机位置 (x, y)，每单位长度 ds 的风险计算为风险指数和单位长度的乘积，如 $rds = \sum_{i=1}^{N} \sigma_i d_i^{-2} ds$。

（9）沿路径 P 的风险累积 R 由表达式 $R(P) = \int_P rds$ 呈现。

基于模型假设（1）～假设（9），路径长度约束时的优化问题阐述如下：N 表示雷达的数量，(a_i, b_i) 表示雷达位置，其中 $i = \overline{1, N}$。无人机的出发地和目的地分别为 $A(x_1, y_1)$ 和 $B(x_2, y_2)$。从 A 到 B 的路径 P 与综合风险 $R(P)$ 以及总长度 $l(P)$ 相关联。最佳路径 P_* 应最大限度地减少长度约束 $l(P) \leqslant l_*$。优化问题呈现如下：

$$\min_P R(P) \tag{7-61}$$
$$s.t. l(P) \leqslant l_*$$

式中：$R(P)$ 和 $l(P)$ 由以下表达式定义为

$$R(P) = \int_A^B \sum_{i=1}^{N} \sigma_i d_i^{-2} ds \tag{7-62}$$

$$l(P) = \int_A^B ds \tag{7-63}$$

网格无向图的权值约束最短路径问题可以通过网络流优化算法有效地求解。然而这些算法的计算时间与预先设定的最佳轨迹的精度呈指数关系。假设无人机轨迹的允许偏差域是一个无向图 $G = (V, A)$，其中 $V = \{1, \cdots, n\}$ 包含 n 个节点，A 是一组无向弧。轨迹 $(x(\cdot), y(\cdot))$ 与图 G 中的路径 P 近似，其中路径 P 由一系列节点 $\{j_0, j_1, \cdots, j_p\}$ 定义，例如 $j_0 = A$，$j_p = B$ 和对于所有从 1 到 p 的 k 值，满足 $\{j_{k-1}, j_k\} \in A$。为了配置为网络优化问题，分别对式（7-62）和式（7-63）离散近似，以确定其风险和轨迹长度。

$$\int_A^B \left(\sum_{i=1}^{N} \sigma_i d_i^{-2} \right) ds = \sum_{k=1}^{p} \sum_{i=1}^{N} \sigma_i r_{i, j_{k-1} j_k} \Delta s_{j_{k-1} j_k} \tag{7-64}$$

$$\int_A^B ds = \sum_{k=1}^{p} \Delta s_{j_{k-1} j_k} \tag{7-65}$$

式中：$\Delta s_{j_{k-1}j_k}$ 是弧 (j_{k-1}, j_k) 的长度；$r_{i,j_{k-1}j_k}$ 表示弧 (j_{k-1}, j_k) 的风险指数。假如 $x(j_k)$ 和 $y(j_k)$ 是节点 j_k 的 x 和 y 坐标，弧长 $\Delta s_{j_{k-1}j_k}$ 由以下表达式定义：

$$\Delta s_{j_{k-1}j_k} = \sqrt{(x(j_k) - x(j_{k-1}))^2 + (y(j_k) - y(j_{k-1}))^2} \qquad (7-66)$$

风险指数可确定为

$$r_{i,j_{k-1}j_k} = \frac{\theta_{i,j_{k-1}j_k}}{\sin \theta_{i,j_{k-1}j_k}} \parallel r_{i,j_{k-1}} \parallel^{-1} \cdot \parallel r_{i,j_k} \parallel^{-1} \qquad (7-67)$$

当 $\theta_{i,j_{k-1}j_k}$ 趋近于零，风险指数具有限值 $\parallel r_{i,j_{k-1}} \parallel^{-1} \cdot \parallel r_{i,j_k} \parallel^{-1}$。在极限情况下，$\Delta s_{j_{k-1}j_k} \to 0$，例如 $j_{k-1} \to j_k$，则 $\theta_{i,j_{k-1}j_k} \to 0$，$\parallel r_{i,j_{k-1}} \parallel \to \parallel r_{i,j_k} \parallel$，式 (7-67) 在点 j_k 与风险指数的定义一致。

图 7-37 给出了解决风险最小化问题的网络流实例。两个雷达时，粗折线是该地区的一条路径，(j_{k-1}, j_k) 是这条路径的一个弧。两节点 j_{k-1} 与 j_k 之间的距离为弧长 $\Delta s_{j_{k-1}j_k}$。$\parallel r_{i,j_{k-1}} \parallel$ 和 $\parallel r_{i,j_k} \parallel$ 分别定义了雷达 1 到节点 j_{k-1} 和 j_k 的距离。

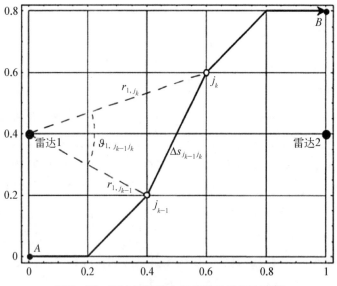

图 7-37　解决风险最小化问题的网络流实例

$$c_{j_{k-1}j_k} = \sum_{i=1}^{N} \sigma_i r_{i,j_{k-1}j_k} \Delta s_{j_{k-1}j_k} \qquad (7-68)$$

值 $R(P)$ 和 $l(P)$ 被重新整理，得

$$R(P) = \sum_{k=1}^{p} c_{j_{k-1}j_k} \tag{7-69}$$

$$l(P) = \sum_{k=1}^{p} \Delta s_{j_{k-1}j_k} \tag{7-70}$$

每一段弧 $(j_{k-1}, j_k) \in A$ 都与它的长度 $\Delta s_{j_{k-1}j_k}$ 和非负成本 $c_{j_{k-1}j_k}$ 相关。考虑到值 $\Delta s_{j_{k-1}j_k}$ 作为弧的权值,用 $R(P)$ 表示路径 P 的成本, $l(P)$ 表示沿路径 P 累积的总权值。假如总权值 $l(P)$ 最多为 l_* ,即 $l(P) \leqslant l_*$,则路径 P 是权值可行的。

权值约束最短路径问题可表述为:要求找到一条从点 A 到点 B 的可行路径 P ,使成本 $R(P)$ 最小,即

$$\min_{P} \sum_{k=1}^{p} c_{j_{k-1}j_k}$$
$$s.t. \sum_{k=1}^{p} \Delta s_{j_{k-1}j_k} \leqslant l_* \tag{7-71}$$

式(7-71)与时间窗最短路径问题和资源约束最短路径问题密切相关。用于解决权值约束最短路径问题的算法分为三大类:基于动态编程方法的标签设定算法、缩放算法和拉格朗日松弛算法。在权值为正的情况下,标签设定算法是最有效的。梯度优化和切割平面方法是拉格朗日松弛算法的核心,在一种资源的情况下对解决权值约束最短路径问题的拉格朗日对偶问题是有效的。缩放算法对于权值约束最短路径问题使用基于成本的缩放和舍入的两个完全多项式近似方案。第一种方案是一种几何对分搜索;第二种方案是迭代延伸路径。为了解决权值约束最短路径问题,由式(7-71)所定义,使用配有预处理过程的改进标签设置法。

让 $[N; A]$ 作为一个普通网络并与各个弧 (x, y) 相连接,就得到 $m+1$ 个非负的有限数 $a(x, y)$ 和 $b_i(x, y), i=1, 2, 3, \cdots, m$ 。然后由问题 (T) 所表示的受制于许多额外线性约束的从源 $s \in N$ 到库 $t \in N$ 的最短路径问题可以表示如下:在全文中,向量 $V \leqslant U$ 隐含每个元素 $v_i \leqslant u_i$ 。同样, $V \leqslant U$ 隐含每个元素 $v_i \leqslant u_i$,并且至少有一个 i 满足 $v_i < u_i$ 。上述两个不等式的否定也被用到。

问题 (T) 的最小化为

$$z_0(f) = \sum_{(x, y) \in A} a(x, y) f(x, y) \tag{7-72}$$

受限于：

$$z_0(f) = \sum_{y \in N} f(x, y) - \sum_{y \in N} f(y, x) = \begin{cases} 1, & x = s \\ -1, & x = t \\ 0, & \text{其他} \end{cases} \quad (7-73)$$

$$z_0(f) = \sum_{(x, y) \in A} b_i(x, y) f(x, y) \leqslant B_i, \ i = 1, 2, \cdots, m \quad (7-74)$$

$$f(x, y) = 0 \text{ 或 } 1 \forall (x, y) \in A \quad (7-75)$$

问题(T)的可行链由f表示，F表示所有可行链的集合。

问题(T)与每一个$f \in F$关联时，矢量为

$$z(f) = (z_0(f), z_1(f), \cdots, z_i(f), \cdots, z_m(f)) \quad (7-76)$$

其中：

$$z_0(f) = \sum_{(x, y) \in A} a(x, y) f(x, y) \quad (7-77)$$

$$z_i(f) = \sum_{(x, y) \in A} b_i(x, y) f(x, y), \ i = 1, 2, \cdots, m \quad (7-78)$$

很明显，$f^* \in F$在问题(T)中是最佳的，如果

$$z_0(f^*) \leqslant z_0(f) \quad \forall f \in F \quad (7-79)$$

如果F是空的，则问题(T)是不可行的。定义一个集合：

$$Z = \{z(f) \mid f \in F\} \quad (7-80)$$

关于有效向量的概念，发现$z(\hat{f})$在集合$\mathbf{Z}$中是有效的，对于每一个$z(f) \in \mathbf{Z}$，满足：

$$z(f) > z(\hat{f}) \quad (7-81)$$

假如$z(\hat{f})$满足式(7-81)，链$\hat{f} \in F$是有效的。设E是F中的所有有效链的集合。

该算法由两部分组成。第一部分包括可能导致网络缩小的某些操作，无论是揭示最佳链或建立问题(T)的不可行性，计算可能会在这里终止。如果在第一部分不发生终止，计算进入第二部分，可能具有缩小网络的可能性。在第二部分发现最佳链或证明问题(T)是不可行的。很容易看到，当约束集式(7-74)是空的，在第二部分给出的多向量标记方案降低了Dijkstra算法。为了说明该算法，引入符号如下：

$$B = (B_1, B_2, \cdots, B_i, \cdots, B_m)$$

其中 $B_i(i=1, 2, \cdots, m)$ 在问题 (T) 中定义。

$$b(x, y) = (b_1(x, y), b_2(x, y), \cdots, b_i(x, y), \cdots, b_m(x, y))$$

其中 $b_i(x, y)(i=1, 2, \cdots, m)$ 在问题 (T) 中定义。

$$c(x, y) = (a(x, y), b(x, y))$$

$g(z)$ 是 s 到 $z \in N$ 的最短距离,弧 (x, y) 的长度为 $a(x, y)$,可通过 Dijkstra 算法找到。

$g(z)$ 是 $z \in N$ 到 t 的最短距离,弧 (x, y) 的长度为 $a(x, y)$。

$h_i(z)$ 是 s 到 $z \in N$ 的最短距离,弧 (x, y) 的长度为 $b_i(x, y)$。

$h_i(z)$ 是 $z \in N$ 到 t 的最短距离,弧 (x, y) 的长度为 $b_i(x, y)$。

$$h(z) = (h_1(z), h_2(z), \cdots, h_i(z), \cdots, h_m(z))$$

$$\bar{h}(z) = (\bar{h}_1(z), \bar{h}_2(z), \cdots, \bar{h}_i(z), \cdots, \bar{h}_m(z))$$

$$v(z) = h(z) + \bar{h}(z)$$

$\theta^r(y)$ 是在节点 y 的第 r 标签,结构为 $[x^l; \alpha^r(y)]$,其中 x^l 为标签指数,$\alpha^r(y)$ 在节点 x,利用关系 $\alpha^l(x) + c(x, y) = \alpha^r(y)$ 从第 l 标签得到。$\alpha^r(y)$ 是 $m+1$ 个元素的矢量,以便 $\alpha^r(y) = (d^r(y), q^r(y))$,其中 $d^r(y)$ 为标量,$q^r(y) = (q_1^r(y), q_2^r(y), \cdots, q_i^r(r), \cdots, q_m^r(y))$。需要注意的是,标签 $\theta^r(y)$ 是指从 s 到 $y \in N$ 的链,其目标函数值为 $d^r(y)$,第 i 约束函数值为 $q_i^r(y)$,$i=1, 2, \cdots, m$。

$L(y)$ 是节点 y 暂定标签的集合。$L = U_y L(y)$。

$P(y)$ 是节点 y 所有的永久标签的集合。$P = U_y P(y)$。

(1) 第一部分。

步骤 1:在 $[N; A]$ 中检查 s 和 t 是否连接。如果"是",进入步骤 2;否则,问题不可行,因此终止。

步骤 2:寻找 $g(t)$ 并检查是否有任何长度为 $g(t)$ 的替代链满足式(7-75)。如果"是",则获得最佳的解决方案并因此终止;否则进入步骤 3。

步骤 3:计算 $h(t)$,并且如果 $h(t) > B$,问题不可行,因此终止;否则对所有 $y \in N$ 计算 $h(y)$ 和 $\bar{h}(y)$,即 $v(y) = h(y) + \bar{h}(y)$,进入步骤 4。

步骤 4:如果对于任意 $y, v(y) > B$,删除 y,每一个经过节点 y 从 s 到 t 的链都违反至少一条约束。对于任意方向的弧(x, y)，如果$h(x)+b(x, y)+\bar{h}(y)>B$，删除弧$(x, y)$，因为每一个使用弧$(x, y)$从$s$到$t$的链都违反至少一条约束。同样，对于任何无向弧$(x, y)$，如果$h(x)+b(x, y)+\bar{h}(y)>B$且$h(y)+b(y, x)+\bar{h}(x)>B$，删除弧$(x, y)$；如果只有一个关系保留，则删除该弧仅有的方向。在这个步骤中，如果至少有一个节点或弧线方向被删除，由当前网络代替$[N; A]$并返回到步骤1；否则进入步骤5。

步骤5：对所有$y \in N$计算$\bar{g}(y)$。凭借$\bar{h}(y)$和$\bar{g}(y)$，当前网络进入第二部分的步骤1。

（2）第二部分。

步骤1：（初始化）在源节点s指定一个试探性标签$\theta^1(s)$，如$\theta^1(s)=[-; \alpha^1(s)]$，其中$\alpha^1(s)=(d^1(s), q^1(s))$，$d^1(s)=0$，$q^1(s)=(0, 0, \cdots, 0)$。

对所有$y \in N$，设定$L(s)=\{\theta^1(s)\}$，$L(y \neq s)=\varnothing$，$P(y)=\varnothing$且$P=U_y P(y)$，进入步骤2。

步骤2：设定$L=U_y L(y)$并检查L是否为空。如果"是"，问题(T)不可行，因此终止；否则对每一个$\theta^r(y) \in L$标识集合$\hat{L}=\{\theta^v(x) \in L \mid d^v(x) \leqslant d^r(y)\}$，并对每一个$\theta^r(y) \in \hat{L}$，$q^r(y)>q^v(x)$找到$\hat{\hat{L}}=\{\theta^v(x) \in \hat{L}\}$。进入步骤3。

步骤3：如果$\hat{\hat{L}}(t) \neq \varnothing$，则最佳的解决方案通过$\hat{\hat{L}}(t)$获得并因此终止，否则设定$P=P \bigcup \hat{\hat{L}}$，$L=L-\hat{\hat{L}}$。用每一个$\theta^l(k) \in \hat{\hat{L}}$计算所有矢量$\alpha^l(k)+c(k, y)$，考虑每一段弧$(k, y)$，如$q^l(k)+b(k, y)+\bar{h}(y) \leqslant B$。如果$L(t)=\phi$，$d^l(k)+a(k, y)+\bar{g}(y) \leqslant d^r(t)$，其中对于所有$\theta^r(t) \in L(t)$有$d^r(t) \leqslant d^r(t)$。如果没有这样的矢量存在，则返回步骤2；否则进入步骤4。

步骤4：用在步骤3中计算的每个矢量$\alpha^l(k)+c(k, y)$，指定暂定标签。如果$P(y) \bigcup L(y)=\varnothing$，然后在节点$y$指定暂定标签$\theta^l(y)=k^l$，$\alpha^l(y)$，其中$\alpha^l(y)=\alpha^l(k)+c(k, y)$，设定$L(y)=L(y) \bigcup \{\theta^l(y)\}$。否则，$P(y) \bigcup L(y) \neq \varnothing$，检查所有$\theta^r(y) \in P(y) \bigcup L(y)$是否满足$\alpha^l(k)+c(k, y) \geqslant \alpha^r(y)$。如果"是"，舍弃该矢量；否则插入一个暂定标签$\theta^v(y)$，如$v$不同于$\theta^r(y) \in P(y) \bigcup L(y)$中的$r$。$\theta^v(y)=[k^l, \alpha^v(y)]$，其中$\alpha^v(y)=\alpha^l(k)+c(k, y)$，设定$L(y)=L(y) \bigcup \{\theta^v(y)\}$。在完成步骤3中所有矢量的计算后，进入步骤5。

步骤5：确定每个y，其中至少一个标签已经在步骤4中引入，对至少一个标签$\theta^v(y) \in P(y) \bigcup L(y)$满足集合$D(y)=\{\theta^r(y) \in L(y) \mid \alpha^r(y) \geqslant$

$\alpha^v(y)\}$。设定 $L(y)=L(y)-D(y)$，然后返回步骤 2。

7.5.3 基于 X‑Plane 的分布式机载航路重规划半实物仿真试验

半实物仿真试验采用附录 A 中的单机半实物仿真环境。在此环境中，对本节提出的航线重规划算法进行测试。通过不断地增加威胁、变换起点位置、变换终点位置三种操作，重复操作预设的试验步骤，记录每一次任务重规划算法所需的必要时间。

1）突发威胁下机载任务重规划

当无人机沿着默认的航线飞行时，在地面站上，操作人员突然在当前航线的某个位置设置威胁（见图 7‑38），开启重规划算法并记录算法时间（见表 7‑9）。

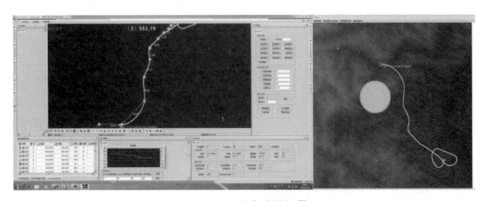

图 7‑38 突发威胁场景

表 7‑9 增加障碍物，算法所耗时间

起点 x	起点 y	障碍物 x	障碍物 y	半径/ m	终点 x	终点 y	构建搜索 图/s	标签搜索/ s
850	850	279	559	50	160	160	0.308 344	0.023 521
830	830	284	564	50	160	160	0.308 371	0.020 898
810	810	289	569	50	160	160	0.308 245	0.020 844
790	790	294	574	50	160	160	0.308 666	0.021 231
770	770	299	579	50	160	160	0.310 041	0.022 328
750	750	304	584	50	160	160	0.312 677	0.030 552
730	730	309	589	50	160	160	0.308 945	0.030 063
710	710	314	594	50	160	160	0.309 328	0.030 354

续　表

起点 x	起点 y	障碍物 x	障碍物 y	半径/ m	终点 x	终点 y	构建搜索 图/s	标签搜索/ s
690	690	319	599	50	160	160	0.309 227	0.029 927
670	670	324	604	50	160	160	0.309 076	0.027 898
650	650	329	609	50	160	160	0.310 988	0.027 542
630	630	334	614	50	160	160	0.309 332	0.027 089
610	610	339	619	50	160	160	0.309 238	0.029 369
590	590	344	624	50	160	160	0.308 572	0.025 687
570	570	349	629	50	160	160	0.313 179	0.025 269
550	550	354	634	50	160	160	0.309 332	0.025 425
530	530	359	639	50	160	160	0.308 994	0.025 192
510	510	364	644	50	160	160	0.309 069	0.024 449

2）目标点变化时机载任务重规划

在无人机盘旋时,选择变化起点,并将新起点发给重规划算法,更换起点前的航路点如图 7－39 所示,更换后的航路点如图 7－40 所示,可以看到重规划算法规划出了从新起点到终点的新航线。测试中通过不断变换起始点,对半实物仿真环境中的航线重规划算法时间性能进行测试。

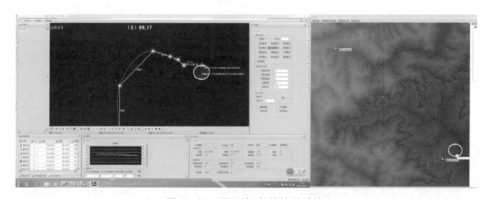

图 7－39　更改起点前的航路点

在程序中,设置起始点的坐标呈线性变化时,通过反复运行程序,并记录每一次算法所耗时间,如表 7－10 所示。

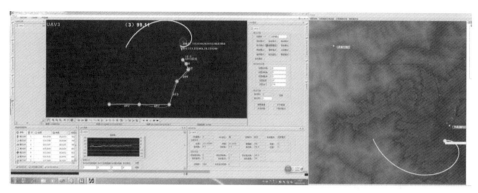

图 7-40 更换后的航路点

表 7-10 线性改变起点坐标,算法所耗时间

起点 x	起点 y	终点 x	终点 y	构建搜索图/s	标签搜索/s
850	850	160	160	0.307 222	0.023 521
830	830	160	160	0.311 212	0.020 898
810	810	160	160	0.307 283	0.020 844
790	790	160	160	0.307 637	0.021 231
770	770	160	160	0.309 934	0.022 328
750	750	160	160	0.311 712	0.030 552
730	730	160	160	0.308 563	0.030 063
710	710	160	160	0.309 778	0.030 354
690	690	160	160	0.311 706	0.029 927
670	670	160	160	0.307 892	0.027 898
650	650	160	160	0.309 573	0.027 542
630	630	160	160	0.308 564	0.027 089
610	610	160	160	0.309 005	0.029 369
590	590	160	160	0.308 894	0.025 687
570	570	160	160	0.308 109	0.025 269
550	550	160	160	0.322 023	0.025 425
530	530	160	160	0.308 247	0.025 192
510	510	160	160	0.310 280	0.024 449

在程序中,设置起始点的坐标随机变化,并反复运行路径重规划程序,记录每一次算法所用的时间,如表 7-11 所示。

表 7-11 随机改变起点坐标，算法所耗时间

起点 x	起点 y	终点 x	终点 y	构建搜索图/s	标签搜索/s
723	626	160	160	0.310 343	0.029 384
917	655	160	160	0.336 698	0.018 298
733	875	160	160	0.309 176	0.026 648
726	632	160	160	0.309 129	0.030 210
789	761	160	160	0.366 612	0.025 154
902	567	160	160	0.309 567	0.017 754
830	599	160	160	0.313 037	0.024 361
703	866	160	160	0.309 818	0.026 251
680	766	160	160	0.311 746	0.028 210
912	676	160	160	0.308 502	0.020 436
551	708	160	160	0.312 267	0.026 728
707	569	160	160	0.310 407	0.028 561
722	870	160	160	0.311 114	0.026 825
602	863	160	160	0.309 848	0.020 516
607	875	160	160	0.311 218	0.020 563
869	742	160	160	0.311 040	0.025 827
562	798	160	160	0.309 551	0.019 968
809	707	160	160	0.311 337	0.025 187

从表 7-9～表 7-11 的构建搜索图和标签检索时间结果来看，在复杂地形环境中，在构建的机载任务重规划原理样机中，目标点变化时重规划算法总时间小于 350 ms，突发威胁时重规划算法总时间小于 350 ms，能够满足无人机实时的航线重规划要求。

7.5 无人机集群多子群多目标跟踪决策与引导

7.5.1 多机协同多目标跟踪问题分析

无人机集群协同跟踪地面多目标主要涉及三大问题。首先是多目标分配问题，在多目标跟踪问题中，为了更好地发挥无人机的效用，希望以最少的无人机

跟踪尽可能多的目标。无人机机载传感器的探测范围有限。本节假设无人机装有云台,可以实现全方位的观测,但是每个时刻只能观测一块区域,并且无人机的观测区域的范围与机载传感器的视场角和无人机高度相关。目标分配算法需要研究如何分配无人机对地面多个目标进行跟踪,才能保持对目标的持续跟踪,并充分发挥无人机的效能。其次是目标状态融合问题,无论是目标分配还是目标跟踪,其基本条件就是目标的准确状态估计信息。在无人机对目标的探测过程中,存在很多的影响因素,如无人机姿态的误差、机载传感器角度的误差以及图像处理过程中的误差等。因此,无人机对地面目标的定位存在很多误差。目标状态融合估计算法需要解决在这些误差存在的条件下,如何得到准确的目标信息。最后是无人机集群运动导引问题,在任务分配完成后,无人机需要对目标进行持续跟踪。无人机对目标的有效跟踪也反过来影响目标定位的效果。在复杂环境下,无人机飞行空域还存在障碍和禁飞区域等无人机无法进入的区域。无人机运动导引算法除了需要解决对目标的有效跟踪的问题外,还需要在无人机遇到无法进入的区域时保持对目标的跟踪。

　　航迹生成在目标跟踪任务中是一个重要的研究方面。无人机目标跟踪主要分为对地面目标跟踪和对空中目标跟踪。文献[43]将无人机规避和跟踪空中目标作为一个非线性运动导引控制过程。将无人机碰撞规避问题和机动目标跟踪问题转化为到达虚拟目标点和虚拟交汇点的问题,设计了相应的避碰导引律和跟踪导引律。对地面目标跟踪在国内外已有大量研究[44]。文献[45]在无人机目标跟踪任务过程中考虑地形和雷达因素。使用改进的 A* 算法结合目标状态信息对无人机航迹进行规划,引导无人机在跟踪目标的同时避开威胁区域。

　　对地面目标跟踪分为很多种方式,最常用的两种是 Persistent 跟踪和 Standoff 跟踪[46-47]。Persistent 跟踪是指被跟踪对象持续保持在无人机传感器的有效观测范围内。它主要用于在城市等复杂环境中,需要多架无人机协作以维持目标跟踪任务的鲁棒性。Standoff 跟踪要求无人机与目标保持一定距离,保证无人机对目标的测量覆盖,也使无人机能够灵活地应对目标的突变情况。常用的引导方法有 VF 制导和参考点制导。文献[48]针对地面固定目标设计了一种仅依赖于传感器的制导律,引导无人机在目标上空进行定距盘旋跟踪。该算法不需要传统的视线角信号以及目标和无人机自身的定位信息,之后将该制导律推广到地面匀速目标和变速移动目标的跟踪制导。文献[49-51]使用李雅谱诺夫向量场(lyapunov guidance vector field, LGVF)方法建立一个引导 VF 对无人机的航向进行引导,即引导无人机以一定的半径绕目标飞行,在此基础上针对两架无人机跟踪移动目标跟踪,引入了第二个 LGVF,用于控制两个飞行器间的相位角,从而保证无人机在对目标进行盘旋跟踪过程中的避碰和不同视角上的监视跟踪。文献[52]针对有时间约束的多机协同 Standoff 跟踪需求,构建 tau 制导VF,引导无人机对目标进行定距盘旋跟踪。文献[53]将协同 Standoff 跟踪中的制导控制问题分为横测向控制和纵向控制,对参考点制导(reference point guidance,RPG)进行改进,作为无人机的横测向制导律,并给定无人机的纵向制导律,试验证明改进 RPG 方法具有调节速度快且稳态精度高的优点。文献[54]针对无人机在基于 RPG 方法的制导律下存在参考视线与相对速度方向夹角需要保持为锐角,转弯速率在无人机运动方向远离目标情况下设计了基于改进RPG 方法的 MUAVs 协同 Standoff 目标跟踪横侧向制导律和纵向制导律。

采用最优控制思想求解最优控制量的方法也被广泛应用。该方法主要包括模型预测控制和滚动时域优化(receding horizon control,RHC)方法。文献[55]考虑无人机飞行过程中的约束条件,通过 NMPC 实现无人机在线优化控制。文献[56]考虑在模型预测控制中,对目标状态预测的重要作用,提出结合道路地图的信息来增强估计的准确性。结合道路信息,对地面目标状态进行估计,实现对地面移动目标的有效跟踪。文献[57]研究了基于 RHO 的纯方位角被动测量的无人机协同最优目标跟踪问题,采用最优控制的思想求取最优估计的控制量,实时调整无人机的航向,达到最优目标跟踪。

近年来,学习的思想也逐渐延伸到地面目标跟踪应用中来。文献[58]采用基于学习的模型预测控制(learning based model predictive control,LBMPC)算法的多机编队协同跟踪地面目标算法。LBMPC 算法包含了统计学习和控制器设计,用于优化控制系统的安全性、鲁棒性和收敛性。这些算法都是基于离线思想,得到优化后的模型,不适用于实时运动规划。文献[59]针对多数使用固定翼无人机跟踪地面目标的方法需要一个或多个严格假设,限制了无人机的使用方式,提出基于博弈论的无人机跟踪方法,最后采用动态规划的方法来确定无人机最优控制策略。

目前,大部分关于目标跟踪的研究都是针对单目标的,针对多目标的研究也在逐步深入[60]。文献[61]设计了多个机器人协同跟踪多个目标的算法。算法假设机器人在有限范围内,有全方位的环境感知能力。设定机器人之间产生排斥力,目标对机器人产生引力。采用人工势场法,在探测范围内的目标和其他机器人共同作用于机器人,引导机器人运动。文献[62]提出了一种分布式的多机协同跟踪多个地面移动目标的算法。采用扩展卡尔曼滤波算法进行传感器融合估计,之后采用贪婪算法进行传感器的最优配置,最后规划无人机的跟踪路径。文献[63]通过 K - means 聚类算法对目标进行分组,使用 VF 制导方法,设计了可变的 Standoff 半径,实现对地面目标组的跟踪。这些方法没有考虑环境的复杂性,如遇到威胁区域、禁飞区域,或者目标被遮挡等情况,在这些情况下目标丢失的概率变大,影响对目标的跟踪。文献[64]针对目标可能丢失的问题,考虑无人机传感器覆盖范围限制和无人机速度限制,通过粒子滤波器来预测目标的存在区域,然后产生控制命令使得所预测区域在无人机的探测范围之内,为了提高目标预测的准确性,道路信息也被考虑在粒子滤波器中。这种方法只考虑了目标/目标组不变的情况,但是在多目标跟踪中,目标组之间的目标交换是常见的现象。

在实际应用中,无人机往往会遇到一些威胁或者障碍,需要对其进行规避才能继续完成任务。避障一般有两类方法[65]:第一类通过全局规划或者在线重规划;第二类利用无人机机载传感器对障碍进行探测,根据障碍信息进行航迹重规划。魏瑞轩等人将参考点航路跟踪制导法进行改进,设计障碍规避制导律,确定了规避制导的时机和参考点的选取原则[66]。Call 等人提出了基于人工势场法的障碍规避算法,通过构建障碍的排斥场和目标的吸引场来引导无人机的运动方向[67]。文献[68]运用比例导引设计了碰撞规避算法。

现阶段对地面多目标跟踪问题的研究还不多。多数研究关注的是对单个目标的跟踪。跟踪多目标和跟踪单目标的不同在于,多目标跟踪问题涉及任务指派的问题。无人机运动导引算法要求实时性高,计算量大的运动导引方法很难达到实际应用要求。采用制导律的方法对无人机进行引导是一种常用的无人机运动导引方法,其优点在于实时性高。但是制导律控制精度还有待提高,需要研究如何提高制导律的控制精度。本节考虑到环境中存在遮蔽区域的情况,提出了基于层次聚类的多机跟踪地面多目标分配方法。针对地面目标运动状态不确定和无人机视场有限等情况,设计了可变的无人机跟踪半径。在层次聚类的基础上,将复杂环境中的遮蔽区域考虑到算法中。之后形成在目标分组完成后无人机的分配策略。本节设计了数值仿真试验,对目标分组算法和无人机分配策略进行了可行性验证。

7.6.2 无人机集群多子群多目标分配方法

地面目标跟踪任务是无人机的典型任务之一。由于军事任务的集群性,很多情况下无人机需要对多个目标进行跟踪。在多机协同跟踪多目标的过程中,由于目标的分散性,为了能对目标进行持续跟踪,需要对目标进行分组,并进一步根据目标分组对无人机进行分配。考虑实际情况中可能无法预先知道无人机的数量,因此无法预先得到目标应该被分为多少组。在设计目标分组算法时需考虑遮蔽区域的情况。在得到目标组后,根据目标组和无人机的分布以及周围的环境完成对无人机的分配以及跟踪距离的确定。

7.6.2.1 基于层次聚类的目标分组算法

在对地面多目标跟踪的过程中,目标的分布比较分散,目标的信息不确定。为了最大化无人机的探测性能,一般采用先将目标分组的策略。先根据无人机数量确定组别数量,再采取 K‐means 聚类算法对目标进行分组。这种策略有一定的局限性,不能最大限度地利用无人机。

1) 现有的聚类算法

(1) K‐means 聚类算法。K‐means 聚类算法将所有数据分为 k 类,使每类里面的数据相似度高,而两个类之间的数据相似度较低。K‐means 聚类算法的处理过程如下:首先,随机或者根据预先信息选取 k 个数据,作为初始的聚类中心;对剩余的每个数据,根据其与各聚类中心的距离,将其与最近的聚类中心分为一类。然后,重新计算每个簇的平均值。这个过程不断重复,直到准则函数收敛。通常,采用平方误差准则,其定义如下:

$$E = \sum_{i=1}^{k} \sum_{p \subset C_i} | p - m_i |^2 \qquad (7-82)$$

式中:E 为数据集中所有数据平方误差的和;p 为数据集中的数据;m_i 为类中心。

K‐means 聚类算法需要在算法开始的时候输入最终的类别数,并且选用不同的初始聚类点得到的结果相差较大。在多目标跟踪中,希望以较少的无人机获得较好的观测和跟踪效果,并且大多数时候无法确定类别数。因此,K‐means 聚类算法在对多目标分类时的局限性较大,不能满足实际需求。

(2) 层次聚类算法。层次聚类(hierarchical clustering)算法(见图 7‐41):通过计算不同类别数据点间的相似度,经过不停的迭代过程,最终创建一棵有层次的嵌套聚类树。在最终的聚类树中,最低层是不同类别的原始数据点,顶层是一个聚类的根节点,也就是最终将所有的数据点都聚类为同一类。创建聚类树的方法一般分为两种:自上而下的分裂算法和自下而上的合并算法。

自下而上的合并算法通过计算两类数据间的相似性,将所有数据点中最为相似的两类数据分为同一组。经过反复迭代合并的过程,根据所有的数据点生成一颗聚类树。简单地说,合并算法是通过计算每两个类别的数据点之间的距离来确定它们之间的相似性,并将相似度最高的两个数据点或类别进行组合,生成聚类树。

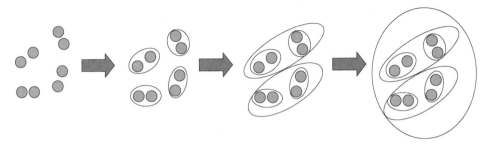

图 7 - 41　层次聚类算法示意图

层次聚类算法较大的优点就是通过层次聚类,可以得到整个聚类的过程和所有数据点的分布。通过图 7 - 42 所示的聚类树,可以根据实际需要得到想要的聚类结果。比如,可以根据实际需求确定 cluster 数目,然后直接根据树结构来得到结果。如果需要改变 cluster 数目,不需要再次计算就可以直接得到聚类结果。又或者可以确定聚类的规则,判断在聚类树的哪一层符合既定的规则,将那一层的结果选为聚类结果。但是,层次聚类无可避免地有计算量大的缺点。由于在生成聚类树的过程中,每次都要计算不同类内所有数据点之间的距离,计算量会随着数据点数量的增加呈指数增长。

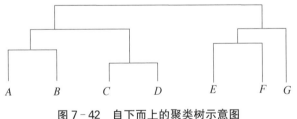

图 7 - 42　自下而上的聚类树示意图

2) 基于层次聚类的多目标分组算法

在多机协同跟踪多目标的过程中,希望以较少的无人机覆盖尽可能多的目标,尽量发挥无人机的探测性能。很多时候无法直接确定需要的 cluster 数目,因此在对目标进行分组时不能直接使用 K - means 聚类算法。由于传感器的探测范围有限,并且如果距离过远的话,传回来的图像中目标所占的像素点过少,识别目标准确率过低,因此在对目标进行观测、定位的过程中,无人机有一个最大的观测范围限制,并且不同的观测距离所对应的图像传感器的视野不同。无

人机的跟踪半径应该满足:

$$D_S \leqslant D_{\max} \tag{7-83}$$

式中: D_S 为无人机跟踪半径; $D_{\max}$ 为无人机的最大跟踪距离,由无人机飞行高度、图像传感器视角和分辨率以及目标的大小决定。

如图 7 - 43 是根据目标组的大小计算无人机跟踪半径的示意图。其计算公式如下:

$$D_{S_k} = \frac{R_i + R_m}{\sin((\alpha_f - \varepsilon_m)/2)} \tag{7-84}$$

式中: R_i 为第 i 类的半径,考虑到目标定位存在的一定的误差,以及在目标丢失后需要给目标一定的反应时间,因此需要对类的半径进行补偿; R_m 是对 R_i 的补偿; α_f 为图像传感器的视角。如果目标在由图像传感器获取的图像边缘的话,则目标识别的准确率会下降,因此考虑对图像传感器的视角进行补偿。 ε_m 是对图像传感器视角的补偿。

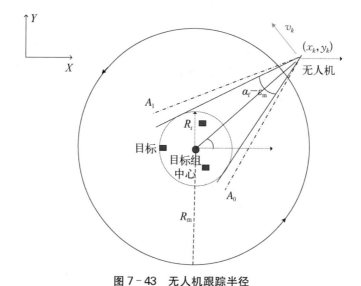

图 7 - 43 无人机跟踪半径

根据式(7 - 83)和式(7 - 84),则

$$\frac{R_k + R_m}{\sin((\alpha_f - \varepsilon_m)/2)} \leqslant D_{\max} \tag{7-85}$$

在图像传感器参数固定和无人机飞行高度确定的情况下, $D_{\max}$, α_f 为定值,因此目标组的半径存在上限,即

$$R_k \leqslant R_{\max} \tag{7-86}$$

为减小计算量,按下式计算目标组的中心点和半径:

$$x_k^{tc} = \frac{1}{N_k} \sum_{i \in p_k} x_k^i \tag{7-87}$$

$$R_k = \max_{i \in p_k}(d_{i,k}^{tc}) \tag{7-88}$$

式中:x_k^{tc} 为第 k 个目标组的中心坐标;N_k 为第 k 个目标组的目标个数;p_k 为第 k 个目标组的目标编号的集合;x_k^i 为第 k 个目标组内第 i 个目标的坐标;R_k 为第 k 个目标组的半径;$d_{i,k}^{tc}$ 为第 k 个目标组中第 i 个目标到目标组中心的距离。

由于层次聚类算法中可以根据实际需求来决定聚类的停止时间,因此考虑采用基于层次聚类的目标分配算法。使用基于层次聚类的目标分组算法(见图 7-44)保证得到的目标组都符合式(7-86)所示的约束条件。

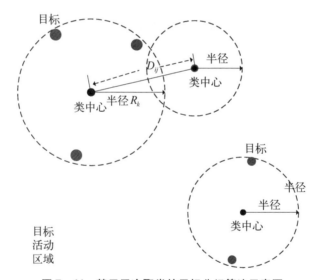

图 7-44 基于层次聚类的目标分组算法示意图

层次聚类算法从初始状态到最终状态所需要的计算量过大,不满足算法的实时性要求。考虑到地面静止或者慢动目标,目标运动具有连续性,在较短的时间内位置变化较小,故而下一次聚类的结果与上一次聚类的结果相差不大。因此在对目标进行聚类的时候,只需在初始化的时候进行所有对象的聚类;在之后的聚类过程中,可以将上次的聚类结果作为下次聚类的初始类别,只需进行较少的计算即可。

基于层次聚类的目标分组算法如下:

算法 7-3　基于层次聚类的目标分组算法

① 初始化。若为第一次聚类,则将每个目标归为一类,否则使用上一次的聚类结果作为初始分配结果。每一类的中心为目标的位置,类的半径设为 0

② 计算每两个类中心位置的距离,取其中的最小值 D_{ij},若最小距离 $D_{ij} < R_{max}$,则将这两类合并为一类,类中心为所有目标的均值,半径为距离中心最远的目标点到中心的距离。若最小距离大于 R_{max},则维持原来的分组

③ 计算每个类的包围圆的半径大小,若半径大于 R_{max}(无人机机载传感器的探测范围),则将距离圆心最远的目标分离出去,单独分为一类。若半径都小于 R_{max},则维持原来的分组

④ 重复②和③,直到不需要再进行目标组的合并和分离,即算法结束

3)考虑遮蔽区域的多目标分组算法

在无人机执行跟踪任务的过程中,经常会出现目标被遮蔽的情况,如被大树、房屋等遮蔽。在目标被遮蔽后,无人机无法对目标进行观测和跟踪。如果要使无人机能够持续跟踪目标,需要根据遮挡区域的信息做出相应的决策。考虑遮蔽情况目标分组示意图如图 7-45 所示。

遮蔽物的体积一般不大,假设容纳在无人机的传感器视场之内。因此,考虑在目标进入遮蔽区域后,将进入遮蔽区域的目标先单独分为一个组,其中心为遮蔽区域的中心,半径为遮蔽区域的半径。然后将其与其他的目标组一起作为目标分配算法的初始状态,继续求解。

根据图 7-46,可以得到在目标进入遮蔽区域后,目标组的半径计算方法:

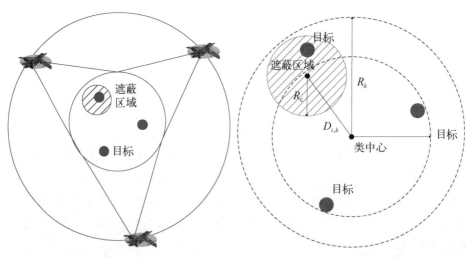

图 7-45　考虑遮蔽情况目标分组示意图　　图 7-46　目标进入遮蔽区域情况示意图

（1）先将处于遮蔽区域内的目标的坐标设定为遮蔽区域的中心位置，使用这个位置计算整个目标组的中心点。

（2）计算类中心到遮蔽区域中心点的距离 $D_{i,k}$，则包含遮蔽区域的目标组的半径为

$$R_k = R_c + D_{i,k} \tag{7-89}$$

式中：R_c 为遮蔽区域的半径。

考虑遮蔽情况的目标分组算法流程如下：

算法 7-4　考虑遮蔽情况的目标分组算法

① 初始化。若为第一次聚类，则将每个目标归为一类，否则，使用上一次的聚类结果作为初始分配结果。如目标在遮蔽区域外，则每一类的中心为目标的位置，类的半径设为 0；若目标在遮蔽区域内，则认为目标的坐标为遮蔽区域的中心，其所属类的中心为遮蔽区域的中心，其半径为遮蔽区域半径

② 计算每两个类中心位置的距离，取其中的最小值。若最小距离小于 $R_{\max}$，则将这两类合并为一类。若最小距离大于 $R_{\max}$，则维持原来的分组

③ 计算每个类的包围圆的半径大小，若半径大于 $R_{\max}$（无人机机载传感器的探测范围），则将距离圆心最远的目标分离出去，单独分为一类。若半径都小于 $R_{\max}$，则维持原来的分组

④ 重复②和③，直到不需要再进行目标组的合并和分离，算法结束

4）基于多目标分组的多机调度策略

（1）问题公式化。在目标分组完成后，需要对每个目标组分配无人机。无人机分配依据是使得无人机到达时间最短，且观测到尽可能多的目标，并使无人机覆盖范围最大，以便在出现目标分离或者出现新目标的情况下，无人机能够迅速反应。

首先，对无人机分配问题公式化。

定义一个 $m \times n$ 的矩阵 B 如下：

$$B = [x_{ij}]_{m \times n} \tag{7-90}$$

其中，

$$x_{ij} = \begin{cases} 1 & \text{无人机 } i \text{ 跟踪目标组 } j \\ 0 & \text{其他} \end{cases} \tag{7-91}$$

为了使出现目标分离或者出现新的目标时，无人机能够迅速反应，分配方案的优化目标如下：

$$\min J = \sum_{j} \left\{ \xi_1 \cdot x_{ij} \cdot (d_{ij} - D_{s_j}) + \xi_2 \cdot \left(\sum_{i} x_{ij} - N_j \right) \cdot \varepsilon \left(N_j - \sum_{i} x_{ij} \right) \right\}$$

$$(7 - 92)$$

式中：d_{ij} 为第 i 架无人机与第 j 个目标组中心的距离；D_{s_j} 为第 j 个目标组需要的跟踪半径；N_j 为第 j 个目标组的目标个数；ξ_1、ξ_2 为固定参数；$\varepsilon(\cdot)$ 为单位阶跃函数。

需要满足如下条件：

$$\begin{cases} \sum_{i} \sum_{j} x_{ij} = N \\ \sum_{i} x_{ij} = 1 \end{cases}$$

$$(7 - 93)$$

式中：N 为无人机的数量，式（7 - 93）表示一架无人机一次只能跟踪一个目标组。在无人机调度的过程中可能出现下面三种情况：

a. 无人机的数量大于目标组的数量。为了能够保证每个目标组都被探测到，还需满足下面的约束：

$$\sum_{j} x_{ij} \geqslant 1$$

$$(7 - 94)$$

式（7 - 94）表示一个目标组至少有一架无人机跟踪。

b. 无人机的数量小于目标组的数量。这种情况下一般有两种处理方式：第一是目标位置比较分散，在接下来一段时间内没有聚为一组的趋势。这样无人机无法保证对所有的目标都进行持续跟踪，则根据目标组的重要性，丢弃不重要的目标组。目标组的重要性可以由地面控制站操作人员指定，或者事先规定。第二是目标位置相对集中，可以预测目标未来趋势，若有两个组合为一组的趋势，则可以将它们当成一个组进行跟踪。

c. 无人机数量等于目标组数量。这种情况下只需根据无人机位置和目标组位置，对无人机进行调度。

（2）传感器角度选取。在目标分完组后，可能出现目标组分离或者合并的情况。在目标组分离时，目标半径减小，传感器只需要对着目标组中心进行观测，就可以将覆盖所有目标。在目标组合并的时候，目标组的半径变大，无人机需要将跟踪半径调大，才能覆盖到目标组内的所有目标。但是在目标组刚合并的时候，无人机距离目标组较近，探测视场较小。因此，在目标组合并的时候，无人机先继续跟踪原来的目标组，在跟踪距离达到新的目标组的要求后，无人机机载传感器对新的目标组进行跟踪。

5）多目标分配算法仿真试验

（1）多目标分组算法试验。试验设置 8 个目标，初始位置分别为[0，0]，[200，0]，[100，0]，[100，100]，[0，400]，[0，800]，[800，0]，[800，800]。一个遮蔽区域，其中心为[400，500]，半径为 30 m。$R_{max}=100$ m。仿真时间为 100 s。

试验结果如图 4 - 47 所示。

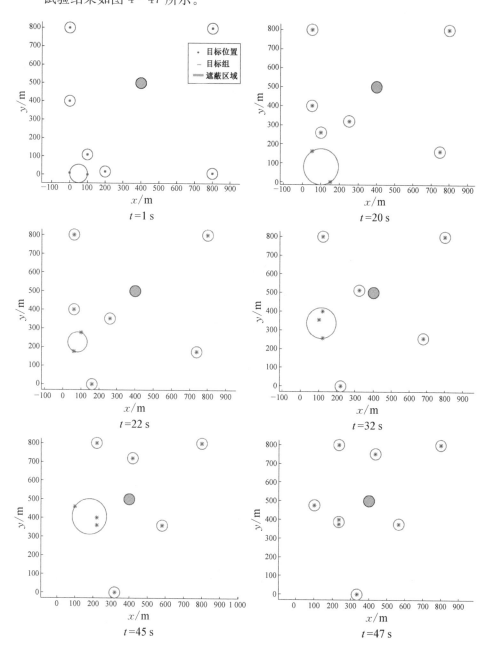

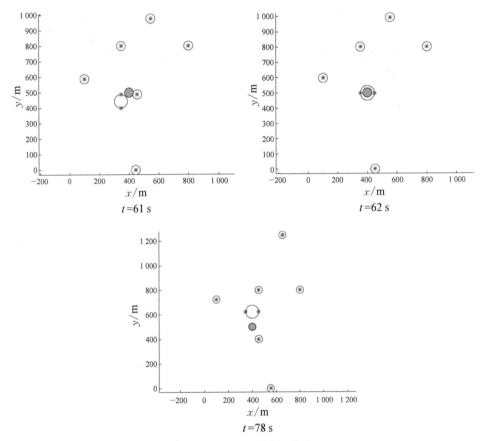

图 7-47　多目标分组试验

图中灰点代表目标,灰色圆形代表目标组,黑色区域为遮蔽区域。从图中可以看到,在第 20 秒时,由两个目标组成的目标组半径接近临界值,在第 22 秒时两个目标分离,其中一个目标因为与其他的一个目标距离较近而被分为一组。在第 32 秒时,把三个目标分到同一个组,这个组的半径在第 45 秒的时候接近于临界值,在第 47 秒的时候分离成两个组。在第 61 秒时,有两个目标组接近遮蔽区域,但是都没有进入遮蔽区域。在第 62 秒时,有一个目标进入遮蔽区域,三个目标并入同一个组,并将遮蔽区域包含在内。在第 78 秒时,目标离开了遮蔽区域。试验结果表明,所提出的算法能够较好地对目标进行分组,并对遮蔽区域有包容性。

(2) 多目标分配算法综合试验。为了验证提出的目标分配算法和无人机分配策略的可行性,设计了数值仿真试验并对其进行验证。试验采用 5 架无人机协同跟踪 6 个目标。多机跟踪多目标仿真试验条件如表 7-12 所示。

表 7-12　多机跟踪多目标仿真试验条件

目标初始位置(x,y)	$(0,10)$,$(900,700)$,$(100,0)$$(900,650)$,$(0,0)$,$(500,800)$
无人机初始状态(x, y,ϕ,v)	$(-200,0,p_i,25)$,$(-200,600,p_i,25)$,$(700,0,p_i,25)$, $(700,500,0,25)$,$(300,600,0,25)$
无人机最大、最小速度	$V_{max}=35$ m/s,$V_{min}=15$ m/s
目标组半径设置	$R_{max}=100$ m
跟踪距离	若目标组半径小于 30 m,对峙距离为 80 m;否则,根据目标组半径计算
遮挡区域	中心为$(450,600)$,半径为 30 m
障碍	中心为$(0,370)$,$r_b=20$,$R_b=60$

仿真试验对可能发生的几种情况进行测试,包括目标组合并、目标组分离、目标进入遮蔽区域、无人机遇到障碍等情况。试验结果如图 4-48 所示。

图 7-48 为多目标跟踪试验的过程。图 7-48(a)为初始状态,在预先的信息下,指派无人机对目标进行跟踪,无人机的调度主要考虑了目标组的状态和无人机的位置。目标一共分为三个组,组内目标的数量分别为 1,2,3。五架无人机被分配去跟踪三个目标组。其中,拥有三个目标的目标组 1 由三架无人机跟踪,其余两组各一架无人机跟踪。图 7-48(b)为进入正常的跟踪状态。图 7-48(c)中目标组 2 进入到遮蔽区域。目标组进入遮蔽区域后,无人机需要覆盖整个遮蔽区域,因此无人机 5 的盘旋半径变大。原有目标组 1 中有一个目标分离出去,分

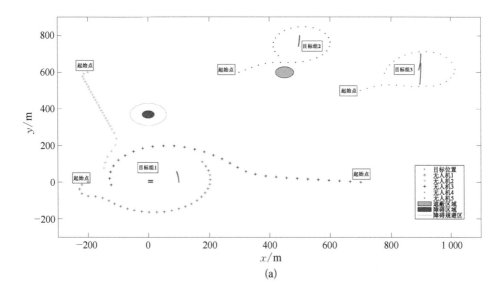

(a)

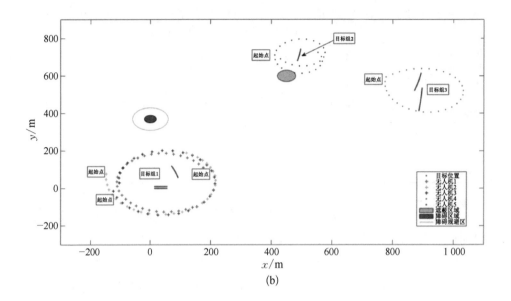

(b)

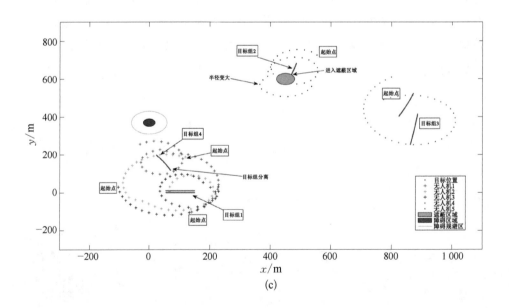

(c)

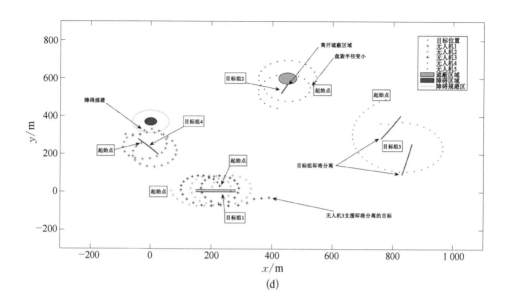

(d)

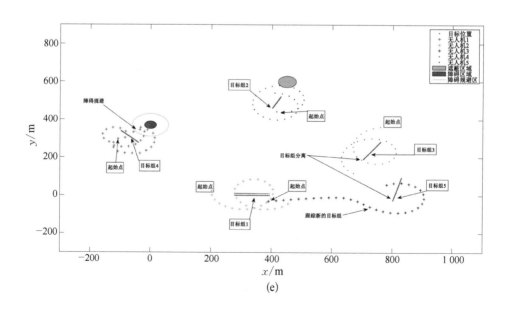

(e)

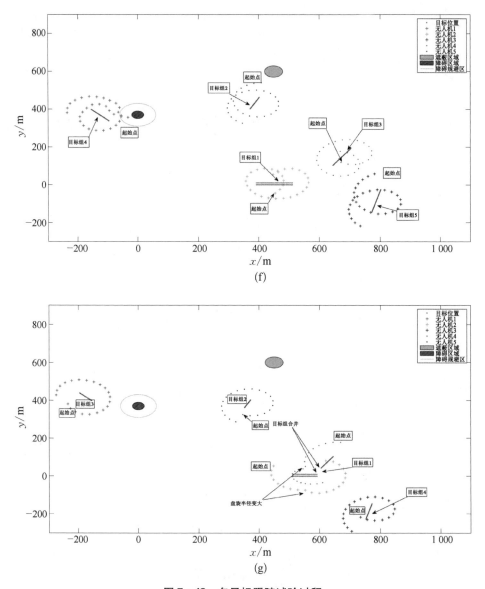

图 7 - 48　多目标跟踪试验过程

(a) 初始状态；(b) 进入跟踪状态；(c) 目标进入遮蔽区域；(d) 目标组分离；
(e) 无人机搜索、跟踪新的目标组；(f) 进入新的跟踪状态；(g) 目标组合并

离出去的目标被单独分为目标组 4。无人机 1 被分配去跟踪目标组 4。无人机 2
和无人机 3 继续跟踪目标组 1。图 7-48(d)中目标组 2 离开遮蔽区域。无人机
5 的盘旋半径相应减小到原来的值。同时原有目标组 3 里的两个目标距离不断
变大，有分离成两个目标组的趋势。为了保持对目标的持续跟踪，无人机 3 往新

的目标组飞行,对其进行观测,无人机 2 继续跟踪目标组 1。图 7 - 48(e)中无人机 3 跟踪新产生的目标组 5,并且无人机 1 在跟踪目标组 4 的期间遇到障碍物,对障碍进行了及时规避。图 7 - 48(f)为进入正常的跟踪状态。在图 7 - 48(g)中,原有目标组 1 和目标组 3 进行了合并。合并之后无人机 4 和无人机 2 同时对新的目标组进行跟踪。合并之后的目标组半径变大,无人机 4 和无人机 2 的盘旋半径变大。试验结果表明了目标分组算法和无人机分配策略在目标跟踪中的可行性。

7.6.3 基于 LGVF 算法的子群目标跟踪方法

多架无人机对目标进行跟踪的一个优势在于,能够通过重叠传感器的测量来得到对目标位置和速度的较好估计,无人平台的位置很大程度上影响到测量的精准度。本章设计的 LGVF 保距算法将无人机引导到以目标为中心的极限环上,在多架无人机跟踪地面目标的过程中,若能够保持无人机均匀分布在被跟踪目标的上空,则能够有效提高对目标的探测效果。为此,本节将采用 LGVF 算法通过相位控制使无人机之间保持一个恒定的相位角,实现无人机的均匀分布。

7.6.3.1 多机协同目标跟踪 LGVF 保角算法

以两机编队为例,假定其相位角分别为 φ_i 和 φ_j,期望相对相位角为 $\varphi_{i,j,d}$,选取如下李维谱诺夫函数:

$$LV_p = (\varphi_i - \varphi_j - \varphi_{i,j,d})^2 \tag{7-95}$$

选择角速度:

$$\dot{\varphi}_i = V_0/D_s$$
$$\dot{\varphi}_j = k_2 \cdot (\varphi_i - \varphi_j - \varphi_{i,j,d}) + V_0/D_s \tag{7-96}$$

得

$$\frac{\mathrm{d}LV_p}{\mathrm{d}t} = -2k_2 \cdot LV_p \leqslant 0 \tag{7-97}$$

由式(7 - 97)可知,无人机之间的相位角会收敛到 $\varphi_{i,j,d}$。对应无人机的速度为

$$V_{i,0} = V_0$$
$$V_{j,0} = k_2 \cdot (\varphi_i - \varphi_j - \varphi_{i,j,d}) \cdot D_s + V_0 \tag{7-98}$$

则无人机的加速度为

$$u_j^V(t) = -k_3(V_j - V_{j,0}) \tag{7-99}$$

式中：k_3 为系数；V_j 为第 j 架无人机原有速度。

7.6.3.2 加入反馈控制的多机协同目标运动导引算法

使用 LGVF 算法实现多机均匀分布在目标上空的时候，同样会产生算法收敛慢的问题。针对这个问题设计了基于无人机之间的相位角的反馈控制结构。加上之前的 LGVF 保距算法，多机协同跟踪目标整体框图如图 7-49 所示。

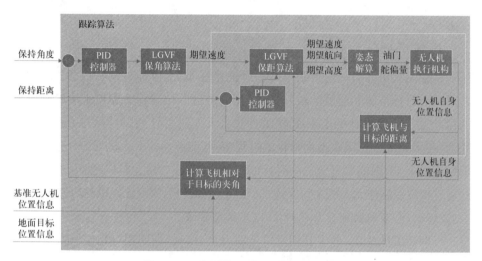

图 7-49 多机协同跟踪目标整体框图

经过 LGVF 保角算法得到无人机期望速度后，将期望速度输出给 LGVF 保距算法模块。LGVF 保距算法模块根据期望速度和期望跟踪距离，计算得到无人机的期望航向。再经过姿态解算模块解算成油门和舵偏量，直接作用到无人机，引导无人机进行运动。在无人机运动后，根据无人机现有位置和目标位置，计算现有夹角，与期望角度相差。差值经过 PID 控制器后，再进入 LGVF 保角算法模块。这样，根据外环的反馈控制结构，调节 PID 控制器中的参数，实现加快算法的收敛速度。

7.6.3.3 无人机对地目标跟踪运动导引仿真试验

多机协同目标跟踪试验分为两个部分，双机跟踪地面匀速直线运动目标和双机跟踪地面非线性运动目标。下面分别使用原始 LGVF 算法、改进 LGVF 保距算法和改进 LGVF 保角算法进行试验。

1）多机跟踪匀速直线运动目标

仿真条件设置如下：① 无人机 1 初始状态为（400，0，$p_i/2$，25），无人机 2

的初始状态为$(0, 400, p_i, 25)$,指定速度$V_0 = 25$,对峙距离$D_s = 120$,相位角设定为$180°$;无人机最大最小速度分别设为35 m/s和15 m/s;② 目标初始状态为$(0, 0, 4, 4)$;③ 障碍的位置为$(200, 100)$,$r_b = 20$,$R_b = 60$。

仿真结果如下:

仿真试验对比了在使用不同算法引导双机跟踪地面匀速运动目标时在避障、跟踪距离和相位角方面的性能。图7-50为双机跟踪地面匀速运动目标的

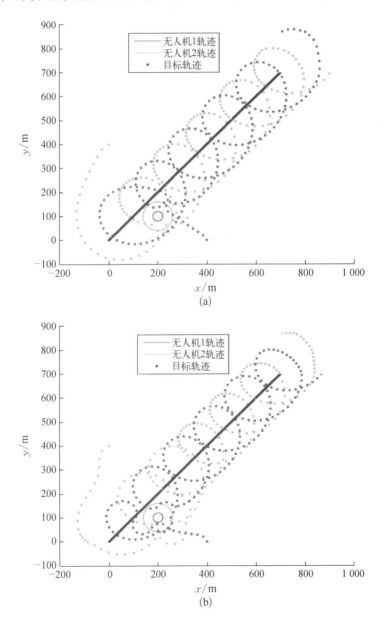

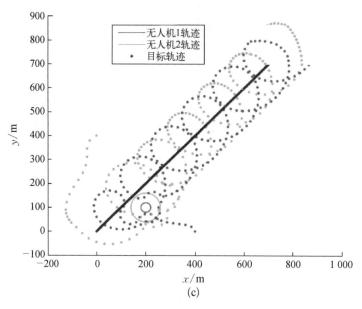

图7-50 双机跟踪地面匀速运动目标的轨迹图

(a) 原始算法；(b) 改进保距算法；(c) 改进保角保距算法

轨迹图。从图中可以看到，三种算法都能引导无人机跟踪地面目标同时避开障碍。图7-51和图7-52是无人机1和无人机2的跟踪距离误差图。两张图对比可以看到，改进的算法引导无人机跟踪地面匀速直线运动时，在保持跟踪距离

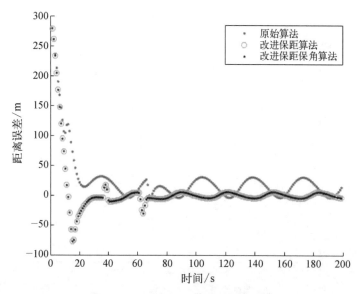

图7-51 无人机1跟踪距离误差图

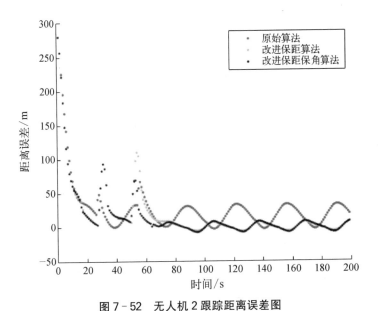

图 7‑52　无人机 2 跟踪距离误差图

方面的性能比原始算法更加优越。在跟踪地面移动目标时,由于协同的原因,无人机 2 的速度会发生变化,这对单独的 LGVF 保距算法对距离的保持会有一定的影响,但是两者的误差在稳定后基本为 0 m。图 7‑52 所示为双机跟踪地面目

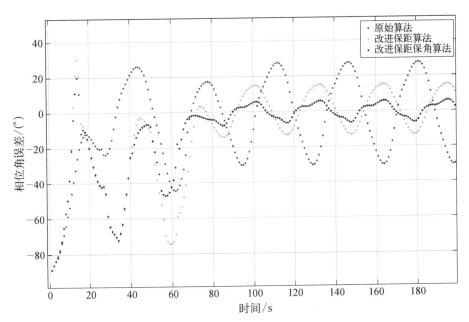

图 7‑53　两架无人机的相位角

标时双机之间的相位角。可以看到,在使用改进 LGVF 保距算法时由于能够更好地保持两架无人机与目标的距离,因此两架无人机之间的相位角误差要小于原始算法。在使用改进 LGVF 保角算法引导两架无人机之间保持一定的相位角后,相位角的误差进一步减小,误差振幅约为 $6°$。

2）多机跟踪非线性运动目标

为了验证改进的算法在跟踪非线性运动目标时的性能,对多机跟踪非线性运动目标进行了仿真试验。除了目标的运动状态不一致之外,其他试验条件与双机跟踪匀速直线运动目标条件相同。试验结果如下:

从图 7-54～图 7-57 中可以看到,在跟踪地面非线性运动目标时改进算法在跟踪距离和保持相位角方面的性能同样比原始算法优越。在距离保持方面,与跟踪地面匀速运动目标时相差不大。但是在相位角保持方面,改进的算法相位角误差振幅约为 10 m。相比跟踪地面匀速运动目标时的相位角误差大一些,表明在地面目标进行转弯时,对无人机之间保持一定相位角有一定的影响。

7.6.3.4　多机协同目标跟踪试验验证

协同跟踪试验验证采用附录 A 中的无人机飞行测试系统。试验采用三架"双子星"无人机跟踪单辆汽车。图 7-58 为试验系统的结构示意图。

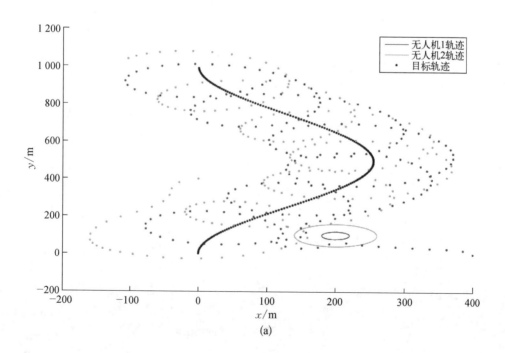

(a)

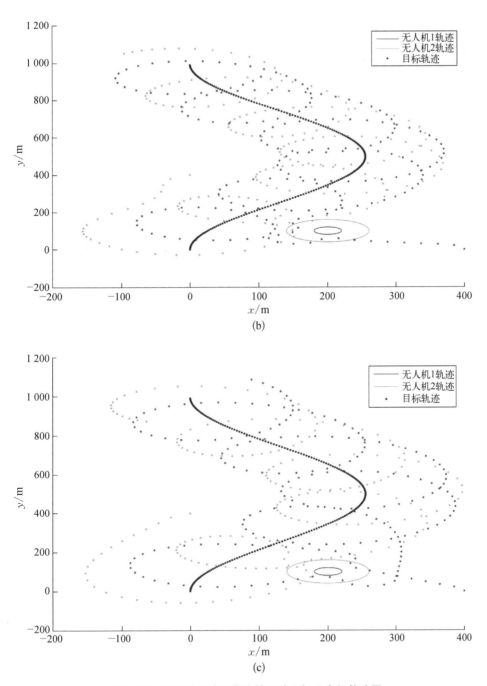

图 7-54　多机跟踪地面非线性运动目标无人机轨迹图

（a）原始算法；（b）改进保距算法；（c）改进保角保距算法

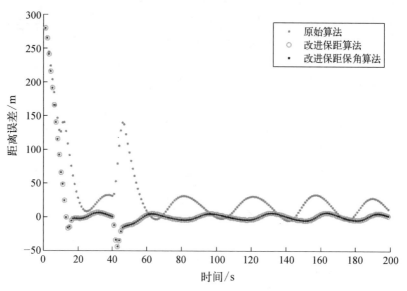

图 7‑55　无人机 1 跟踪距离误差图

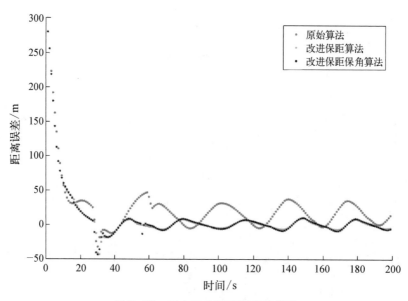

图 7‑56　无人机 2 跟踪距离误差图

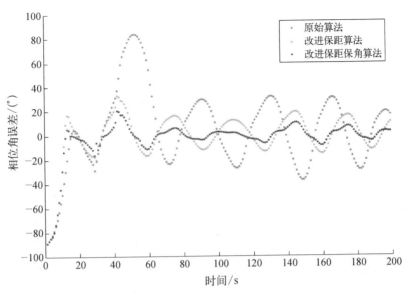

图 7-57 两架无人机的相位角

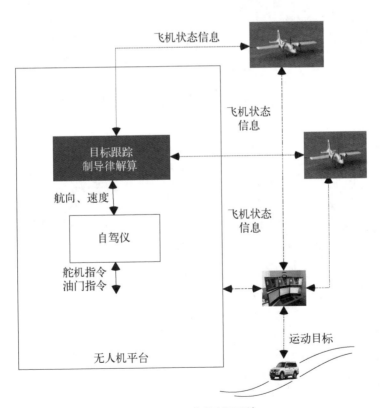

图 7-58 试验验证系统

试验设置如下：目标运动速度约为 6 m/s，目标运动模型为分段直线运动。为了保证试验过程中无人机的安全，第一架无人机飞行高度为 90 m，第二架无人机飞行高度为 95 m，第三架无人机飞行高度为 100 m，三架无人机从同一个地方起飞，经过同一个盘旋点后进入跟踪模式。Standoff 跟踪距离为 110 m，飞机巡航速度为 18 m/s，最低速设置为 13 m/s，最高速设置为 23 m/s，无人机之间的观测相位角设定为 120°。地面控制站试验结果如图 7 - 59 所示。

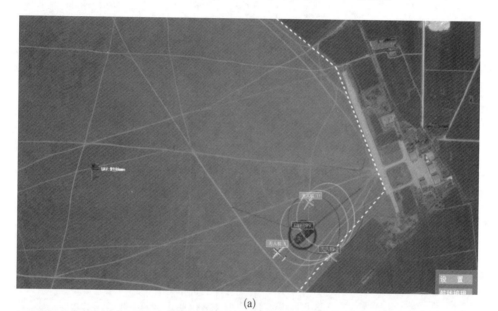

(a)

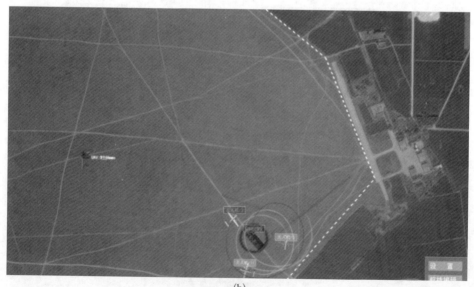

(b)

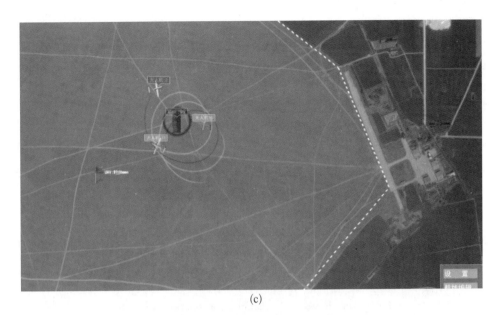

(c)

图 7‑59　地面控制站试验结果

（a）目标直线运动；（b）目标转弯；（c）目标第二次转弯

目标的运动线路分为三个直线段，其间进行了两次转弯。可以看到无人机能够较好地跟踪目标，并且无人机之间保持了一定的相位角。

7.6　结语

无人机集群自主决策与规划技术是无人机集群分布式自主协同"感知—判断—决策—行动"的核心环节之一，属于"决策"环节，具体包括决策和规划两个子环节，决定着无人机集群执行任务的效能。本章讲述了无人机集群自主决策与规划问题描述及现状、集群自主决策与规划总体框架设计、集群区域覆盖搜索规划方法、集群自组织任务规划方法、集群多目标跟踪决策与引导方法、集群协同航路协调规划方法等。本章提出了一系列理论和技术上可行、性能上高效的集群决策和规划方法，并且能够在工程上具有可实现性，为工程上实现无人机集群执行任务提供了有效借鉴。

参|考|文|献 ••

[1] WHITE B. Cooperative path planning of unmanned aerial vehicles[J]. Journal of Guidance

Control & Dynamics, 2010, 34(5): 1601 - 1602.

[2] LI Y, LI Y, GUO Y P. Cooperative path planning of robot swarm based on ACO[C]// 2017 IEEE 2nd, Information Technology, Networking, Electronic and Automation Control Conference(INEC). IEEE, 2017: 1428 - 1432.

[3] WALLAR A, PLAKU E. Path planning for swarms by combining probabilistic roadmaps and potential fields[J]. Towards Autonomous Robotic Systems, 2013(8069): 417 - 428.

[4] GAZI V, PASSINO K M. Stability analysis of swarms. IEEE Transactions on Automatic Control, 2003,4(48): 692 - 697.

[5] GARNIER S, GAUTRAIS J, THERAULAZ G. The biological principles of swarm intelligence[J]. Swarm Intelligence, 2007, 1(1): 3 - 31.

[6] PENG J S. The robot path optimization of improved artificial fish-swarm algorithm[J]. Computer Modelling & New Technologies, 2014, 18(6): 147 - 152.

[7] ZHOU J, DAI G Z, HE D Q, et al. Swarm intelligence: ant-based robot path planning [C]// Fifth International Conference on Information Assurance and Security. IEEE Computer Society, 2009: 459 - 463.

[8] ASHOK S. Ant colony based path planning for swarm robots[C]// Conference on Advances in Robotics. ACM, 2015: 61.

[9] ZHANG Y, HUA Y H. Path planning of mobile robot based on hybrid improved artificial fish swarm algorithm[J]. 2018, 17(5): 130 - 136.

[10] YAO Z, REN Z. Path planning for coalmine rescue robot based on hybrid adaptive artificial fish swarm algorithm[J]. International Journal of Control & Automation, 2014, 7(8): 1 - 12.

[11] DUAN H, QIAO P. Pigeon-inspired optimization: a new swarm intelligence optimizer for air robot path planning[J]. International Journal of Intelligent Computing & Cybernetics, 2014, 7(1): 24 - 37.

[12] 杜鹏桢,唐振民,陆建峰,等.不确定环境下基于改进萤火虫算法的地面自主车辆全局自主决策与规划方法[J].电子学报,2014,42(3): 616 - 624.

[13] 田原. 两种萤火虫算法的研究[J].科学家,2016,4(6): 21 - 21.

[14] HIDALGO-PANIAGUA A, VEGA-RODRÍGUEZ M A, FERRUZ J, et al. Solving the multi-objective path planning problem in mobile robotics with a firefly-based approach [J]. Soft Computing, 2017, 21(4): 1 - 16.

[15] KIM H C, KIM J S, JI Y K, et al. Path planning of swarm mobile robots using firefly algorithm[J]. Journal of Institute of Control Robotics & Systems, 2013, 19(5): 435 - 441.

[16] ZHU Q D, YAN Y J, XING Z Y. Robot path planning based on artificial potential field approach with simulated annealing[C]//ISDA'06. Sixth International Conference on Intelligent Systems Design and Applications. IEEE Computer Society, 2006: 622 - 627.

[17] KHATIB O. Real-time obstacle avoidance for manipulators and mobile robots[J]. International Journal of Robotics Research, 1986,5(1): 90 - 98.

[18] UZOL O, YAVRUCUK I, SEZERUZOL N. Panel-method-based path planning and

collaborative target tracking for swarming micro air vehicles[J]. Journal of Aircraft，2015，47(2)：544-550.

[19] WALLAR A，PLAKU E. Path planning for swarms in dynamic environments by combining probabilistic roadmaps and potential fields[C]// Swarm Intelligence. IEEE，2015：1-8.

[20] KIM S H，LEE G，HONG I，et al. New potential functions for multi robot pathplanning：SWARM or SPREAD[C]//The International Conference on Computer and Automation Engineering. IEEE，2010：557-561.

[21] SHANMUGAVEL M，TSOURDOS A，WHITE B，et al. 3D dubins sets based coordinated path planning for swarm of UAVs[C]//Procedings of AIAA Guidance，Navigation，and Control Conference and Exhibit. AIAA，2006：21-24.

[22] LIN C C，CHUANG W J，LIAO Y D. Path planning based on bezier curve for robot swarms[C]//Sixth International Conference on Genetic and Evolutionary Computing. IEEE，2013：253-256.

[23] FAROUKI R T，SAKKALIS T. Pythagorean hodographs[J]. Ibm Journal of Research & Development，1990，34(5)：736-752.

[24] SHANMUGAVEL M，TSOURDOS A，ZBIKOWSKI R，et al. A solution to simultaneous arrival ofmultiple UAVs using pythagorean hodograph curves[C]//American Control Conference. IEEE 2006 American contral conference，2006：2813-2818.

[25] SUBCHAN S，WHITE B A，TSOURDOS A，et al. Pythagorean Hodograph (PH) path planning for tracking airborne contaminant using sensor swarm[C]// Instrumentation and Measurement Technology Conference Proceedings，2008. Imtc. IEEE，2008：501-506.

[26] DONG S，ZHU X，LONG G. Cooperative planning method for swarm UAVs based on hierarchical strategy [C]//International Conference on System Science，Engineering Design and Manufacturing Informatization. IEEE，2012：304-307.

[27] BAYAZIT O B，LIEN J M，AMATO N M. Swarming behavior using probabilistic roadmap techniques[M]. Springer Berlin Heidelberg，2004.

[28] HUANG L，ROGOWSKI L，MIN J K，et al. Path planning and aggregation for a microrobot swarm in vascular networks using a global input[C]//International Conference on Intelligent Robots and Systems. IEEE，2017：414-420.

[29] GUASTELLA D C，CAVALLARO N D，MELITA C D，et al. 3D path planning for UAV swarm missions[C]// International Conference. IEEE，2018：33-37.

[30] JANN M，ANAVATTI S，BISWAS S. Path planning for multi-vehicle autonomous swarms in dynamic environment [C]// Ninth International Conference on Advanced Computational Intelligence. IEEE，2017：48-53.

[31] SHARKEY N E. The new wave in robot learning [J]. Robotics & Autonomous Systems，1997，22(3-4)：179-185.

[32] ĆURKOVIĆ，PETAR，JERBIĆ B，et al. Swarm-based approach to path planning using honey-bees mating algorithm and ART neural network[J]. Solid State Phenomena，2009，147-149(5)：74-79.

［33］VICMUDO M P, DADIOS E P, VICERRA R R P. Path planning of underwater swarm robots using genetic algorithm［C］// International Conference on Humanoid, Nanotechnology, Information Technology, Communication and Control, Environment and Management. IEEE, 2014: 1 - 5.

［34］VIGORITO C M. Distributed path planning for mobile robots using a swarm of interacting reinforcement learners［C］// International Joint Conference on Autonomous Agents and Multiagent Systems. ACM, 2007: 120.

［35］SHI Z, TU J, ZHANG Q, et al. The improved q-learning algorithm based on pheromone mechanism for swarm robot system［C］//Control Conference. IEEE, 2013: 6033 - 6038.

［36］RAO R V, SAVSANI V J, VAKHARIA D P. Teaching-learning-based optimization: an optimization method forcontinuous non-linear large scale problems［J］. Inf. Sci, 2012 (183): 1 - 15.

［37］WU Z, FU W, XUE R, et al. A novel global path planning method for mobile robots based on teaching-learning-based optimization［J］. Information, 2016, 7(3): 39.

［38］STERGIOPOULOS Y, TZES A. Cooperative positioning/orientation control of mobile heterogeneous anisotropic sensor networks for area coverage［C］//Proceedings IEEE International Conferencee on Robotics and Antomation(ICRA). IEEE, 2014: 1106 - 1111.

［39］STERGIOPOULOS Y, TZES A. Autonomous deployment of heterogeneous mobile agents with arbitrarily anisotropic sensing patterns［C］. 2012 20th Mediterrnean Conference on Control & Automation(MED), 2012: 1585 - 1590.

［40］SOLTERO D E, SCHWAGER M, RUS D, Decentralized path planning for coverage tasks using gradient descent adaptive control［J］. Int. J. Rob. Res., 2014,33(3): 401 - 425.

［41］LAMBROU T P, PANAYIOTOU C G, Collaborative path planning for event search and exploration in mixed sensor networks［J］. Int. J. Rob. Res., 2013,32(12): 1424 - 1437.

［42］VARGA M, BASIRI M, HEITZ G, et al. Distributed formation control of fixed wing micro aerial vehicles for area coverage［C］//2015 IEEE/RSJ International Conference on Intelligent Robots and Systems (IROS). IEEE, 2015: 669 - 674.

［43］牛轶峰,凌黎华.无人机规避或跟踪空中目标的自适应运动导引方法［J］.国防科技大学学报,2017,39(4): 116 - 124.

［44］高翔,方洋旺,颜世权,等.仅有角度测量的双机协同机动目标跟踪定位自主决策与规划［J］.红外与激光工程,2013,42(10): 2805 - 2811.

［45］席庆彪,杨述星,张帅,等.基于 A* 算法的无人机地面目标跟踪［J］.火力与指挥控制,2017,42(3): 25 - 28.

［46］赵长春,梁浩全,祝明,等.基于改进 RPG 方法的 MUAVs 协同目标跟踪［J］.航空学报,2016,37(5): 1644 - 1656.

［47］安敬蕊.海上搜寻无人机移动目标识别与跟踪［D］.南京：南京航空航天大学,2014.

［48］张民,田鹏飞,陈欣.一种无人机定距盘旋跟踪制导律及稳定性证明［J］.航空学报,2016,37(11): 3425 - 3434.

[49] LIM S, KIM Y, LEE D, et al. Standoff target tracking using a vector field for multiple unmanned aircrafts[J]. Journal of Intelligent and Robotic System, 2013, 69(1-4): 347-360.

[50] FREW E W, LAWRENCE D A, MORRIS S. Coordinated Standoff tracking of moving targets using Lyapunov guidance vector fields[J]. Journal of Guidance, Control, and Dynamics, 2008, 31(2): 290-306.

[51] CHEN H. UAV path planning with tangent-plus-Lyapunov vector field guidance and obstacle avoidance[J]. IEEE Transactions on Aerospace and Electronic Systems, 2013, 49(2): 840-856.

[52] 杨祖强,方舟,李平.基于tau矢量场制导的多无人机协同Standoff跟踪方法[J].浙江大学学报(工学版),2016,50(5): 984-992.

[53] 王树磊,魏瑞轩,郭庆,等.面向协同Standoff跟踪问题的无人机制导律[J].航空学报,2014,35(6): 1684-1693.

[54] 赵长春,梁浩全,祝明,等.基于改进RPG方法的MUAVs协同目标跟踪[J].航空学报,2016,37(5): 1644-1656.

[55] 朱黔,周锐,董卓宁,等.角度测量下双机协同Standoff目标跟踪[J].北京航空航天大学学报,2015,41(11): 2116-2123.

[56] HYONDONG O H, SEUNGKEUN K, ANTONIOS T. Road-map-assisted standoff tracking of moving ground vehicle using nonlinear model predictive control[C]. IEEE Transactions on Aerospace and Electronic Systems, 2015, 52(2): 975-986.

[57] 李飞飞,李超,周锐.基于优化的多机协同目标被动跟踪与控制方法[J].电光与控制,2014,21(8): 33-36.

[58] HAFEZ A T, GIVIGI S N, GHAMRY K A, et al. Multiple cooperative UAVs target tracking using learning based model predictive control[C]//International Conference on Unmanned Aircraft Systems. IEEE, 2015: 1017-1024.

[59] 戴冬,王果,王磊.博弈论在固定翼无人机地面目标跟踪控制中的应用[J].计算机工程,2016,42(7): 287-292+298.

[60] 任然.基于误差信息熵的多传感器多目标分配方法研究[J].信息通信,2017(1): 36-37.

[61] 周彤,洪炳镕,朴松昊,等.基于多机器人自组织协作的多目标跟踪[J].高技术通信,2007(12): 1250-1255.

[62] FARMANI N, SUN L, PACK D. Tracking Multiple Mobile Targets Using Cooperative Unmanned Aerial Vehicles[C]//International Conference on Unmanned Aircraft Systems (ICUAS). IEEE, 2015: 395-400.

[63] HYONDONG O, SEUNGKEUN K, HYO-SANG S, et al. Coordinated standoff tracking of moving target groups using multiple UAVs[J]. IEEE Transactions on Aerospace and Electronic Systems, 2015, 5(12): 1501-1514.

[64] HYONDONG O, LIU C, SEUNGKEUN K, et al. Coordinated standoff tracking of in- and out-of-surveillance targets using constrained particle filter for UAVs[C]. Loughborough University Institution Repository, 2015: 499-504.

[65] MUJUMDAR A, PADHI R. Evolving philosophies on autonomous obstacle/collision

avoidance of unmanned aerial vehicles[J]. Journal of Aerospace Computing，Information，and Communication，2011，8(2)：17 - 41.

[66] 魏瑞轩,周凯,王树磊,等.面向未知环境的无人机障碍规避制导律设计[J].系统工程与电子技术,2015,37(9)：2096 - 2101.

[67] CALL B，BEARD R，TAYLOR C，et al. Obstacle avoidance for unmanned air vehicles using image feature tracking[C]//Proceeding of the AIAA Gudiance，Navigation，and Control Conference，and Exhibit. AIAA，2006：1 - 9.

[68] HAN S C，BANG H. Proportional navigation-based Optimal Collision Avoidance for UAVs[J]. Journal of Institute of Control，Robots and Systems，2004，10(11)：1065 - 1070.

8 技术发展趋势

在自然界中,为弥补个体有限的能力,诸多的生物种群都能通过个体相互之间或者局部区域的交流与合作而呈现出某种群体行为,如鱼群的结群游弋、鸟群聚集迁徙以及蚂蚁协同搬运等。正是这些生物界的观察激励了研究人员深入探索集群系统群体行为的原理和模式,以期实现仅通过系统内局部的信息交换,使外部呈现出规则有序的协同行为的工作机制。受此激励,人们希望开发像鸟群、鱼群一样自由集结可以执行全局任务的无人集群系统。近年来,控制和无人机等领域的研究人员对无人机集群控制的关键技术和工程实现进行了深入的研究,并实现了一些具有典型代表意义的无人机集群系统。故而,本书专注于无人机集群这一新型协同模式,围绕集群协同的核心关键技术和工程实践展开。

无人机集群兼具机械化、信息化和智能化的特点,有望在未来军民领域发挥重大作用,但是目前尚不具备在复杂环境中分布执行任务的能力。集群协同的关键技术,如体系架构、通信组网、规划决策、集群飞行等,虽然开展的研究较多,但是较少针对小型固定翼无人机的特点和复杂环境的任务需求展开。未来集群系统的发展,可以从以下几个方面考虑。

1)以群体智能为牵引,构建具有任务能力的无人机集群系统

群体智能广泛存在于狼群围猎、鸟群迁徙等生物群体活动和群策群力、头脑风暴等人类社会活动中。其基本原理是通过个体之间的合作与竞争,聚合简单个体行为形成群体合力,完成单纯依靠数量叠加所无法胜任的复杂任务。无人机集群具有较强的运动能力和一定的感知决策能力,可模仿狼群、鸟群等生物群体活动,以无中心自组织的方式协同完成复杂任务。故而,一方面无人机集群是群体智能技术验证和应用的理想载体之一;另一方面群体智能将赋能无人机集群系统,使得其能更高效地完成各类任务。

目前群体智能和集群系统的研究均较多，但是很多研究都停留在理论层面。特别地，如何有效结合两者，如何根据群体智能的需求构建无人机集群系统，如何根据任务需求提升集群系统的智能程度，开辟一条从理论到实践切实可行的方法路线尚有待突破。

2）以多样化任务为导向，设计易扩展互操作的集群体系结构

集群系统本质为数量众多的独立同构/异构实体通过通信构成交联的复杂巨系统。随着规模增加，集群系统的复杂度不论在理论研究还是系统实现上，均呈指数上升。故而，体系结构的设计一方面要解决该复杂系统的信息流、控制流的交互组织问题，另一方面也需要尽量在软件、硬件上降低系统的耦合度和复杂性。通过规范化和标准化的软件模块、硬件组件和无人机之间交互协议的设计，将不同数量，甚至不同类型的无人平台高效地结合在一起，是体系结构等顶层设计面临的挑战。特别地，现有集群系统往往只考虑执行单一任务，但未来期望集群系统能够遂行多种不同的任务，如同时兼顾边境巡查、区域封控、通信阻塞等，体系结构的设计需要同时考虑多样化任务需求。故而设计规模易扩展、适宜于不同任务的体系结构，是集群系统必须考虑的顶层设计。

3）以分布式在线处理为特征，提升协同OODA回路响应时间和行为决策能力

无人机集群需考虑多平台空间约束、时间约束、任务耦合约束以及相互耦合关系等，其状态空间将随无人机的数量呈幂指数增长，使得集群系统的OODA回路必须以分布方式进行。同时，集群可以采用多平台、多视角等相关关系，提升OODA回路的效能。但是，现有OODA回路的相关算法大多采用集中式处理，很难直接扩展到规模较大且可利用相关关系的集群系统中。此外，集群系统机载计算和存储能力非常有限。但是集群在动态时变环境中，如对时敏目标的察打一体任务中，需要很强的实时性。需要较大计算/存储的OODA回路相关算法无法直接在集群系统中使用或者难以满足快速OODA回路的需求。故而，满足机载性能要求，采用分布式处理的快速OODA相关算法，将是集群系统未来的重要发展方向。

4）以意外事件处理为核心，设计大规模集群协同飞行控制算法

系统规模的进一步增大，关键在于其可扩展性研究。良好的可扩展性可以确保无人机动态加入和退出集群时，系统仍然能够维持较好的稳定性，并能够保持较好的控制精度。故而，集群规模可扩展性研究在理论与实际应用上具有巨大的价值。

此外,现有飞行主要是在理想环境中进行的。面向实际任务时,不可避免地存在各种意外情况,如无人机部分损毁、各类空中移动障碍、突发天气变化、通信干扰压制、导航欺骗等。以意外事件处理为核心研究大规模集群稳健协同问题,将是无人机集群系统执行对抗性任务的行为基础。

5) 以低成本轻质化为导向,牵引无人机系统平台/载荷/通信系统的研制

集群系统往往以规模优势取代质量优势,且不畏惧部分平台的损毁,故而大规模集群系统往往严格限制单机系统的成本,包括平台、机载控制器、感知/打击载荷,以及通信端机等。同时,小型固定翼无人机的挂载质量非常有限,对上述载荷的质量也有严格要求。现有的无人机载荷往往追求大而全,性能较高,但是质量较重、价格较高,并不适合在无人机集群上直接使用。故而,研发满足集群需求的低成本轻质化平台和载荷,对集群任务能力的形成至关重要。

6) 以平行仿真为手段,构建虚实结合的标准化开放性集群协同测试环境

一方面,集群系统的发展方兴未艾,大规模集群的试验验证,组织困难且成本高昂,很大程度上限制了集群系统的能力提升。另一方面,集群协同理论和关键技术的研究缺乏整体牵引性,各种集群协同算法烟囱式发展,缺乏统一的基本任务、基础平台和可行的比较评判。一种可行的方式是采用平行仿真手段构建虚实结合的集群系统,既包含部分实物系统,也可任意添加高保真度的虚拟无人机系统,两者混合执行任务。同时,设计典型任务,构建标准任务环境和开发接口,并以竞赛的方式推广开放开源给相关研究单位,协力推动群体协同系统任务能力的提升。

附录 A　无人机集群半实物仿真和飞行验证系统

为促进无人机集群系统关键算法的开发及验证,构建固定翼无人机集群半实物仿真系统和飞行验证系统。本书的验证工作主要基于这两套系统。

A.1　半实物仿真系统

为有效促进集群协同算法开发及验证,基于飞行模拟软件 X-Plane 构建了固定翼无人机半实物仿真系统,并以此为基础扩展成 40 架无人机规模的集群仿真环境。

1) 基于 X-Plane 的无人机半实物仿真系统

无人机半实物仿真系统主要由 X-Plane 飞行模拟器、自驾仪以及地面控制站三部分组成,各部分之间采用以太网通信。半实物仿真环境如图 A-1(a)所

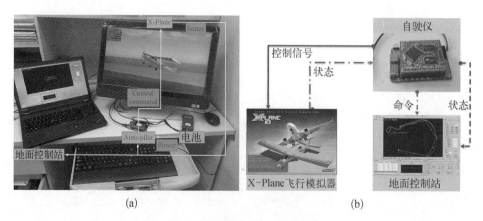

图 A-1　单机半实物仿真环境

(a) 单机半实物仿真系统；(b) 单机半实物仿真结构

示,各部分的逻辑关系如图 A‐1(b)所示。仿真系统和真实环境的对应关系如表 A‐1 所示。

表 A‐1　仿真环境与真实环境的对应关系

仿 真 系 统	真 实 环 境
X‐Plane 飞行模拟器	无人机平台
	飞行环境
	传感器
网　线	数据链路(电台)
自驾仪	自驾仪
地面控制站	地面控制站

在半实物仿真中,X‐Plane 飞行模拟器主要用于无人机动力学以及飞行环境的模拟。X‐Plane 飞行模拟器是一款功能全面、性能强大的模拟飞行软件。它能够提供高度精确的飞机模型和飞行环境,具有与被模拟的无人机相同的气动特性,如图 A‐2 所示。因其高逼真度的仿真效果,X‐Plane 得到了美国联邦航空管理局的认证。X‐Plane 提供了各种亚声速飞机、超声速飞机、军用机、民用机、固定翼飞机、直升机甚至航天飞机等真实动力学模型和三维仿真。环境地图包括北纬 74°到南纬 60°的所有地形地貌,超过 33 000 个机场环境,甚至还包含火星地貌。它可以真实地模拟晴天、大雨、阵风和暴雪等天气,模拟风力、风速和风向,甚至温度的突变。作为最全面的飞机模拟软件,X‐Plane 同样支持用户自己设计飞机、地图和天气,可以在线修改仿真环境中的任何模型和参数,并且通过用户数据协议

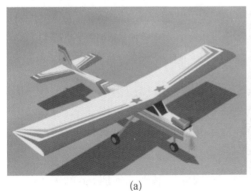

(a)　　　　　　　　　　　　(b)

图 A‐2　X‐Plane 飞行模拟器

(a) 无人机模型;(b) 无人机飞行环境

(user datagram protocol，UDP)对外部提供了丰富的飞行接口，适合用于飞行控制的二次开发。半实物仿真中，采用了一种典型的仿真无人机，型号为 PT - 60。

机载自驾仪支持包括商用 Pixhawk 以及课题组自行研制的网络化自驾仪等多款自驾仪设备。Pixhawk 是一款基于 ARM 芯片 32 位开源。网络化自驾仪为课题组自行研制，采用双核 ARM 构成，安装嵌入式 uCOS 操作系统，具备固定翼无人机姿态稳定、样条曲线跟踪和自动航迹规划等能力，如图 A - 3 所示。

图 A-3　网络化自驾仪

地面控制站主要负责控制指令的发出以及无人机状态的显示。它监测无人机的飞行状态和实时数据采集，同时负责一些高级指令（如任务切换、起飞降落等）的发送。地面控制站可以显示无人机的运动轨迹，以及速度、俯仰角、航向角等飞行数据，还可以显示全球的地形图。通过地面控制站可以改变无人机的航线以及飞行模式。图 A - 4 是地面控制站的显示界面。

自驾仪通过 UDP 和 X - Plane 进行数据交互。X - Plane 可以实时反馈无人机与环境作用之后的状态信息到自驾仪。根据当前的无人机状态和期望指令，自驾仪经过算法解算之后，将得到具体的控制舵量返回给 X - Plane 中无人机的舵面和油门控制，完成一次完整的控制周期。同时，还可以在 X - Plane 中添加很多环境信息，如不同大小和方向的风干扰等进一步测试控制器的性能。

2）基于 X - Plane 的无人机集群仿真环境

在单机半实物仿真环境的基础上，进一步构建了基于 X - Plane 的无人机集群半实物仿真环境，包括多台服务器、2 台千兆网交换机、机架式显示器、自驾仪、协同控制器、集群地面控制站等硬件，如图 A - 5 所示。

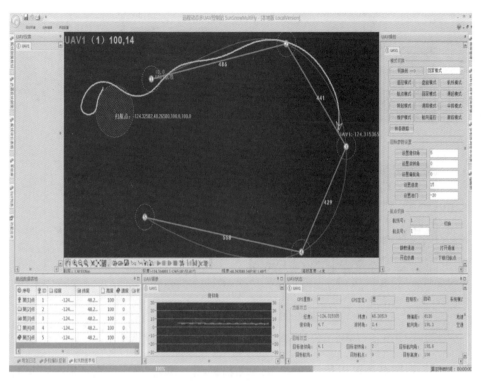

图 A‒4 地面控制站的显示界面

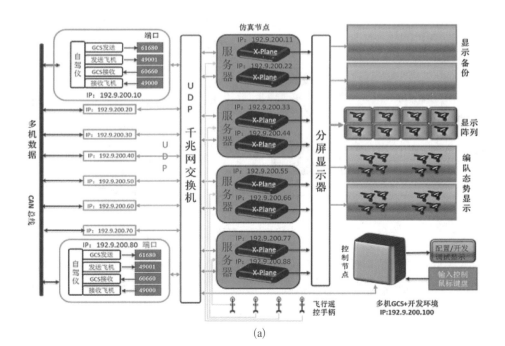

(a)

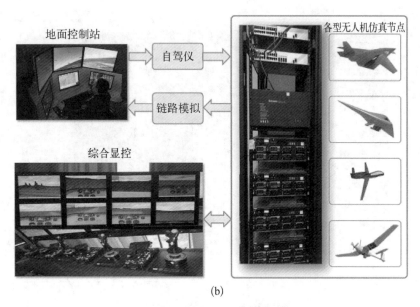

(b)

图 A-5 无人机集群仿真环境

（a）集群仿真环境逻辑框图；（b）集群仿真环境实物图

每一台服务器可以运行 1～4 个无人机模型。根据需要,仿真环境可以运行 40 架无人机。无人机集群仿真环境的信号流图如图 A-6 所示。

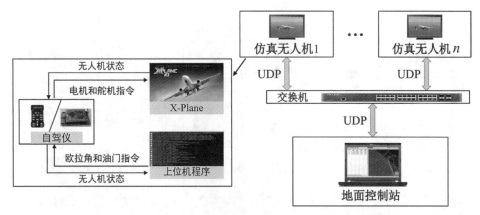

图 A-6 无人机集群仿真环境的信号流图

不同于单机仿真系统,无人机集群系统增加了协同控制器,即每一个自驾仪对应一个协同控制器。自驾仪接收 X-Plane 中仿真飞机的状态数据,并将其转发给协同控制器。协同控制器中的软件（上位机程序）基于 ROS 环境开发,并实现本书中的体系架构以及相关算法。上位机程序生成欧拉角和油门指令,发送给自驾仪;自驾仪再生成电机和舵机指令,发送到 X – Plane 中驱动无人机飞行。

　　集群地面控制站采用课题组开发的多屏地面控制站,并且运行自主开发的地面控制站软件,如图 A – 7 所示。该软件集成了飞行轨迹实时显示、飞控状态监控和顶层命令发送等功能,可为多机的飞行轨迹、当前状态提供实时显示,并兼具数据分析和记录等功能。地面控制站支持 UDP 网络、串口等多种方式,从而为无人机集群的统一管理提供了支撑。将多个半实物仿真系统与地面控制站相连,并采用 UDP 作为通信协议,即完成了集群半实物仿真环境的构建。

图 A – 7　多屏集群地面控制站

A.2　无人机集群飞行验证系统

　　整个飞行试验系统主要包括四个部分:集群无人机平台、通信模块、协同控制器上位机和集群地面控制站。无人机平台搭载了协同控制器,并通过通信设备和地面控制站产生数据交互。地面控制站负责接收并显示无人机的实时状态,同时发送与飞行模式相关的顶层控制指令到上位机。协同控制器具备运算能力强、数据存储量大的优势,安装了基于 ROS 的模块化机载软件,根据地面控制站指挥控制命令,与其他无人机协同生成姿态控制指令,驱动无人机完成相应的动作。

　　1) 集群无人机平台

　　无人机平台选用"灵雁"固定翼无人机,如图 A – 8 所示。飞机翼展 1 800 mm,体长 1 220 mm,整机质量 1.1 kg,最大起飞质量 5 kg。

图 A-8　无人机平台

2）通信模块

　　根据无人机集群通信设计的需求，选择低功耗电台构建控制链路，选择自组网通信构建数据链路。低功耗电台如图 A-9 所示，传输距离约 5 km，通过中继器延伸可提供数据信号的透明传输，能适应各种点对点、点对多点的无线数据通信方式，具有发射功率大、传输距离远、收发一体、安装方便、使用简单、性价比高、误码率低、稳定可靠等特点。自组网端机如图 A-10 所示，传输距离为 10 km，可以提供 10 Mb/s 的高带宽传输，具备子网分裂与融合，节点快速入网等功能。

自组网通信
终端核心板

机载
天线

图 A-9　控制链路低功耗电台　　　　　图 A-10　自组网端机

3）协同控制器上位机

　　上位机直接采用商用嵌入式计算器 Odroid-XU4。它搭载了主频为 2 GHz

的三星 Exynos 5422 八核处理器与 2 GB RAM,主板上设有以太网接口、2 个
USB 3.0 接口、1 个 USB 2.0 接口、1 个 HDMI 视频接口以及 1 个 GPIO 接口。
由于采用了 ARM 架构,因此 ODROID XU4 可以运行基于 ARM 架构所设计的
操作系统,包括 Debian,Ubuntu 以及 Android 等。

4) 集群地面控制站

为适应户外使用,基于车辆改装了车载移动式集群地面控制站,如图 A-11
所示。集群地面控制站的软件与集群仿真环境中多屏地面控制站一致。

图 A-11 车载移动式集群地面控制站

通信模块、协同控制器(包括上位机和自驾仪)均集成在无人机平台上,
如图 A-12 所示。

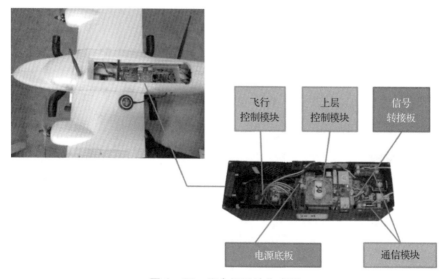

图 A-12 无人机系统集成图

　　无人机集群仿真环境和集群飞行环境能够完全无缝衔接，其中自驾仪程序、协同控制器程序和地面控制站程序均完全保持一致。在半实物仿真环境中验证后的算法，可以直接用于集群飞行系统。

附录 B　基本概念和定义

如果一个函数 $\gamma: \mathcal{R}_+ \to \mathcal{R}_+$ 是 $\mathcal{K}$ 类函数，则它是连续严格递增的而且 $\gamma(0) = 0$；如果它是无界的，那么它是 $\mathcal{KL}_\infty$ 类函数。对于二元函数 $\beta: \mathcal{R}_+ \times \mathcal{R}_+ \to \mathcal{R}_+$，如果固定变量 t，函数 $\beta(\cdot, t)$ 为 $\mathcal{K}$ 类函数；固定变量 s，函数 $\beta(s, \cdot)$ 单调递减且当 s 趋近于无穷时等于 0，那么称为 $\mathcal{KL}$ 类函数。

考虑将 x 作为状态和 w 作为外部输入的非线性系统：

$$\dot{x}(t) = f(x(t), w(t)) \tag{B-1}$$

其中，$f: \mathcal{R}^n \times \mathcal{R}^m \to \mathcal{R}^n$ 是一个局部 Lipschitz 函数。

定义：输入状态稳定。

如果存在一个 $\mathcal{KL}$ 类的函数 β 和一个 $\mathcal{K}$ 类函数 γ，使得对于每一个初始状态 $x(0)$ 和每一个定义在 $[0, \infty)$ 上的可测有界输入 $w(\cdot)$，式（B-1）在 $[0, \infty)$ 上的解恒定存在且满足：

$$|x(t)| \leqslant \beta(|x(0)|, \gamma(\|w\|)), \ \forall t \geqslant 0 \tag{B-2}$$

那么式（B-1）称为以 w 为输入的输入状态稳定（input-to-state stable，ISS）系统。

关于 ISS 系统的重要的结论如下：

引理 1：如果式（B-1）是以 w 为输入的 ISS 系统，那么零输入系统 $\dot{x} = f(x, 0)$ 在 $x = 0$ 处全局渐进稳定（global asymptotic stable，GAS）。

定义：考虑式（B-1），如果函数 V 几乎处处可微，而且满足：

(1) V 正定且径向无界，存在函数 $\underline{\alpha}, \bar{\alpha} \in \mathcal{K}_\infty$ 使得

$$\underline{\alpha}(|x|) \leqslant V(x) \leqslant \bar{\alpha}(|x|), \ \forall x \in \mathcal{R}^n \tag{B-3}$$

2) 存在正函数 α 和 $\mathcal{K}$ 类函数 γ，得

$$\dot{V}(x, u) \leqslant -\alpha(V(x)) + \gamma(|w|), \quad \forall x \in \mathcal{R}^n, \quad \forall w \in \mathcal{R}^m \quad (\text{B-4})$$

函数 V 称为式（B-1）ISS-Lyapunov 函数。

引理 2： 当且仅当存在 ISS-Lyapunov 函数时，式（B-1）是输入状态稳定的。

引理 3： 考虑级联系统，即

$$\dot{z} = f(z, x)$$
$$\dot{x} = g(x, u) \quad (\text{B-5})$$

如果这两个子系统都是 ISS 的，那么每一个子系统都存在一个 ISS-Lyapunov 函数，进而这个级联系统也同样是 ISS 的。另外，一种特殊的情况是第二个子系统没有控制输入时，如果第一个子系统是全局渐进稳定（globally asymptotically stable，GAS），第二个子系统是 ISS 的，则这个级联系统是 GAS 的。

缩　略　语

缩　写	全　文	中　文
DARPA	Defense Advanced Research Projects Agency	国防部预先研究计划局
OFFSET	Offensive swarm-enabled tactics	进攻性蜂群使能战术
CODE	Collaborative operations in denied environment	拒止环境中协同行动
SoSITE	System of systems integration technology & experimentation	系统集成技术和试验体系
DBM	Distributed battle management	分布式作战管理
USHM	UAV swarm health management	无人机集群健康管理
LOCUST	Low-cost unmanned aerial vehicle swarming technology	低成本无人机集群技术
ONR	Office of Naval Research	美国海军研究办公室
SCO	Strategic Capabilities Office	美国国防部战略能力办公室
CICADA	Close-in covert autonomous disposable aircraft	近战隐蔽自主一次性无人机
ALFA - S	Air - launched flexible asset - swarm	无人机集群概念项目
OODA	Observe - orient - decide - act	感知-判断-决策-行动
NS	NATO STANAG	标准化协议
AMPE	Average mean position error	平均位置误差
MANET	Mobile ad hoc network	移动自组网
VANET	Vehicular ad-hoc network	车载自组网
AANET	Airborne ad-hoc network	航空自组网
FANET	Flying ad-hoc networks	飞行自组网
ASC	Active synchronous communication	主动同步通信
TDMA	Time division multiple access	时分多址访问
FPRR	Five-phase reservation protocol	五步预留

HRMA	Hop reservation multiple access	调频预留多址访问
HTDMA	Hybrid time division multiple access	混合时分多址访问
ARQ	Automatic repeat request	自动重传请求
CSMA	Carrier sense multiple access	载波侦听多路访问
MACA	Multiple access with collision avoidance	避免冲突的多路访问
RTS	Request to send	请求发送
CTS	Clear to send	消除发送
MACAW	Multiple access with collision avoidance for wireless	无线通信多址访问与碰撞回避
ACK	Acknowledge character	应答确认
DS	Data sending	数据发送
DCF	Distributed coordination function	分布式控制模式
CSMA/CA	Carrier-sense multiple access with collision avoidance	载波侦听多址访问与碰撞回避
BTMA	Busy-tone multiple access	忙音多址访问协议
DBTMA	Double busy-tone multiple access	双忙音多址访问
CUL	Channel usage list	信道使用列表
FCL	Free channel list	空闲信道列表
MMAC	Multi-channel MAC	多信道 MAC
PCL	Preferable channel list	优先信道列表
FSMM	Finite state machine modeling	有限状态机建模
OLSR	Optimized link state routing	最优化链路状态路由
MPR	Multipoint relay	多点中继
TC	Topology control	全网广播拓扑控制
AODV	Ad hoc on demand distance vector	按需距离矢量
DSR	Dynamic source routing	动态源路由
LANMAR	Landmark routing	地标自组网路由
FSR	Fisheye state routing	鱼眼状态路由
LARI	Location aided routing 1	基于位置辅助路由
ZRP	Zone routing protocl	混合式路由协议
BFS	Breadth first search	广度优先搜索
CA	Collision avoidance	碰撞规避
VM	Velocity matching	速度匹配
FC	Flock centering	向中心靠拢
TC	Time-critical	时间关键
TECS	Total energy control system	总能量控制
PS	Point stabilization	点镇定

TT	Trajectory tracking	轨迹跟踪
PF	Path following	路径跟踪
SL	Straight line	直线路径跟踪
OP	Orbit path	圆弧路径跟踪
CP	Curved path	曲线路径跟踪
VTP	virtual target point	基于虚拟目标点
NLGL	NonLinear guidance law	非线性导航律
CCA	Carrot-chasing algorithm	逐点法
PLOS	Pure pursuit and LOS-based	纯追逐和基于视线追踪的混合方法
ATE	Along-track error	法向误差
CTE	Cross-track error	侧向误差
AP	Artificialphysics	拟态物理法
CS	Configuration space	配置空间
ST	Subtarget	子目标
SQP	Sequential quadric programming	序列二次规划
SPGD	Stochastic parallel gradient descent	随机并行梯度下降
SGT	Satisfying game theory	满足式博弈问题
RCH	Reciprocal conflict-free heading range	互惠式冲突避免方向范围
ACO	Ant colony optimization	蚁群优化
AFS	Artificial fish swarm	人工鱼群
PIO	Pigeon-inspired optimization	鸽群优化
NP	Non-deterministic polynomial	非确定多项式
APFs	Artificial potential functions	人工势场函数法
CRoPS	Combined roadmaps and potentials for swarms	组合路标图与势场集群自主决策与规划
CRoPS	Combined roadmaps and potentials for swarms for dynamic obstacles	可规避动态障碍物的组合路标图与势场集群自主决策与规划
PRMs	Probabilistic roadmap techniques	概率路标图
RRT	Rapid-exploration random tree	快速扩展随机树
TOPTW	Team orienteering problem with time windows	带时间窗的团队定向问题
ILS	Iterated local search	局部迭代搜索
LBMPC	Learning based model predictive control	基于学习的模型预测控制
LGVF	Lyapunov guidance vector field	李雅谱诺夫向量场

索　引